中等职业教育国家规划教材

全国中等职业教育教材审定委员会审定

林果生产技术（南方本）

Linguo Shengchan Jishu(Nanfangben)

（第二版）

主 编 陈 杰

高等教育出版社·北京

内容简介

本书是中等职业教育种植类专业国家规划教材，是在第一版基础上，根据《国家职业教育改革实施方案》等文件精神，以及"做中学、做中教"等职教办学理念进行了修订。

本书主要介绍了南方果树育苗、果园建立、果园管理等内容，并对梨、葡萄、猕猴桃、桃、李、柿、枣、柑橘、杨梅、龙眼、荔枝、芒果、香蕉、菠萝等14种南方常见果树与特色果树的主要种类、优良品种、生长开花结果习性、果苗定植、土肥水管理、整形修剪、花果管理、果实采收及采后处理等技术做了详细介绍，并注意引入新品种、新知识、新技术和新方法。

为方便教学，本书配有教学资源，按照本书最后一页的使用说明登录网址：http://abook.hep.com.cn/sve，可获得网上相关学习资源。

本书可供南方中等职业学校现代农艺技术、果蔬花卉生产技术、现代林业技术、观光农业经营等专业使用，同时也可以作为果农、林农的培训教材，以及果树生产技术人员的参考资料。

图书在版编目（CIP）数据

林果生产技术：南方本 / 陈杰主编. --2版. --北京：高等教育出版社，2023.8
ISBN 978-7-04-057085-4

Ⅰ.①林… Ⅱ.①陈… Ⅲ.①果树园艺-中等专业学校-教材 Ⅳ.①S66

中国版本图书馆CIP数据核字（2021）第197371号

策划编辑	方朋飞	责任编辑	方朋飞	封面设计	张雨微	版式设计	童 丹
插图绘制	杨伟露	责任校对	王 雨	责任印制	高 峰		

出版发行	高等教育出版社	网 址	http://www.hep.edu.cn	
社 址	北京市西城区德外大街4号		http://www.hep.com.cn	
邮政编码	100120	网上订购	http://www.hepmall.com.cn	
印 刷	固安县铭成印刷有限公司		http://www.hepmall.com	
开 本	889mm×1194mm 1/16		http://www.hepmall.cn	
印 张	32.25	版 次	2002年3月第1版	
字 数	670千字		2023年8月第2版	
购书热线	010-58581118	印 次	2023年8月第1次印刷	
咨询电话	400-810-0598	定 价	52.00元	

本书如有缺页、倒页、脱页等质量问题，请到所购图书销售部门联系调换
版权所有 侵权必究
物 料 号 57085-00

第二版前言

本书是根据《国家职业教育改革实施方案》等文件精神，以及"做中学、做中教"的职业教育办学理念进行修订的，主要供南方中等职业学校农林类专业使用。

本书的特色表现在以下几个方面：

1. 体现了职业教育教学的特点

本次修订践行五个对接，即"专业与产业、职业岗位对接，专业课程内容与职业标准对接，教学过程与生产过程对接，学历证书与职业资格证书对接，职业教育与终身学习对接"。

2. 适应中等职业教育教学改革的要求

在编写中以基础知识"必需"、基本理论"够用"、基本技能"会用"为原则，突出林果生产基本知识与生产技术，删去有关研究性很强的或陈旧的内容，将知识与技能融于同一任务中，以实现"理实一体、教学做一体"。

3. 创新了中等职业教育教材结构

在编写中贯穿校企融合、工学结合、项目化教学的理念。按照"模块—项目—任务"体例进行编写，每个项目包括"项目导入""任务""项目小结""综合测试"等栏目，每个任务按照"任务目标""任务准备""任务实施""任务反思"等环节编写。

4. 反映了林果生产的新知识、新技术、新成果

编写中充分反映当前林果生产领域中的新知识、新技术、新成果，将我国南方地区正在试用的一些新技术编入本书所配学习卡资源中的"资料库"，以拓展学生视野。登录Abook网站http://abook.hep.com.cn可获取教学资源，详细使用说明见本书最后的"郑重声明"页。

5. 突出了技能训练

本次编写强化技能训练，每一任务中的"任务实施"要求学生即学即用，按照前面"任务准备"中学到的知识进行实际操作或实地调查、观察，以适应职业岗位的要求。

本书分三大模块，由17个项目、69个任务组成。模块一为果树生产基础，主要包括果树育苗、果园建立、果园管理三个项目；模块二为落叶果树栽培及果品采收，主要介绍了梨、葡萄、猕猴桃、桃、李、柿、枣7种落叶果树；模块三为常绿果树栽培及果品采收，主要介绍了柑橘、杨梅、龙眼、荔枝、芒果、香蕉、菠萝7种常绿果树。主要介绍了以上南方常见14种果树的主要种类、优良品种、生长和开花结果特性，以及主要生产技术。每种果树的主要生产技术包括苗木定植、土肥水管理、树体整形修剪等管理措施，以及果实采收及采后处理等技术。

本书含"林果生产技术"课程两个学期的教学任务,建议总学时为144。各项目学时分配见下表(仅供参考):

模块	项目	建议学时数
走进"林果生产技术"课程		2
一、果树生产基础	1 果树育苗	14
	2 果园建立	10
	3 果园管理	14
二、落叶果树栽培及果品采收	4 梨	8
	5 葡萄	8
	6 猕猴桃	6
	7 桃	8
	8 李	6
	9 柿	6
	10 枣	6
三、常绿果树栽培及果品采收	11 柑橘	12
	12 杨梅	6
	13 龙眼	8
	14 荔枝	8
	15 芒果	6
	16 香蕉	8
	17 菠萝	8
总学时		144

本书由陈杰担任主编,参加编写的人员还有:赖品明、孟英君、王国章、沈孝生。全书由陈杰负责编写提纲的拟定、书稿的修改、统稿及定稿。具体编写分工如下:陈杰编写"走进'林果生产技术'课程",以及项目1、9、10、11;赖品明编写项目13、14、15、16、17;孟英君编写项目2、3;王国章编写项目4、7、12;沈孝生编写项目5、6、8。本书在编写过程中,得到江西赣州农业学校、广东高州农业技术学校、四川安岳第一职业技术学校、浙江余姚市第二职业技术学校、湖南岳阳县职业中专的大力支持,参考了诸多专家学者的论著,在此一并表示感谢!

限于编者水平所限,加上时间仓促,不足之处恳请各位读者提出宝贵意见,以便今后修改完善。读者意见反馈信箱:zz_dzyj@pub.hep.cn。

编 者

2021 年 3 月

第一版前言

本书依据教育部制定的中等职业学校种植专业林果生产技术教学基本要求编写而成。

本书以具备从事林果生产所必需的专业知识、专项实践技能和综合职业能力的高素质劳动者和中初级人才为培养目标，结合我国现阶段农林类中等职业学校的教学条件，全面介绍了柑橘等9类南方主要果树的优良品种特性和高产栽培技术。编写中以生产操作步骤为主线，文字简明扼要，插图形象生动，内容易学易懂，方法先进实用，技术具体明确。在编排上，各章节既相互沟通，又相互独立。每章后面均安排了与该章内容相关的实验实训课和复习思考题，以便于学生边学边练边掌握，有利于提高学生动手能力和创新能力。

本书由殷华林任主编，叶学斌、龚双江任副主编。绪论、第一章由殷华林编写，第二章由陶涛编写，第三章由邓建平编写，第四章由吴利谦编写。殷华林负责全书编写提纲的拟定、书稿的修改、统稿及定稿，并为本书绘制了全部插图。

在本书送交全国中等职业教育教材审定委员会审定之前，高等教育出版社特邀请安徽农业大学张良富教授审阅。安徽省合肥林校、湖南省长沙农校、广东省梅州农校、安徽省教科所等单位以及吴士琴、陈鹏、刘桂琴等同志在教材编写中给予了大力支持，在此一并表示衷心感谢。

随着科学技术的发展，林果生产的新技术、新品种不断涌现，编写面向我国南方地区林果生产的适用教材任重而道远。由于编者水平有限，经验不足，不妥之处在所难免，恳请读者在使用中提出宝贵意见，以便进一步修订完善。

编　者

2001年3月

目　录

走进"林果生产技术"课程 …………………………………………………………… 1

模块一　果树生产基础

项目1　果树育苗 ………………………… 11
 任务1.1　苗圃地的建立 ………………… 11
 任务1.2　实生苗的培育 ………………… 16
 任务1.3　营养繁殖苗的培育 …………… 29
 任务1.4　容器育苗与保护地育苗 ……… 52
 任务1.5　苗木出圃 ……………………… 62
项目2　果园建立 ………………………… 69
 任务2.1　果园的选择与规划 …………… 69
 任务2.2　果园的开垦 …………………… 82
 任务2.3　果树栽植 ……………………… 89
项目3　果园管理 ………………………… 103
 任务3.1　土肥水管理 …………………… 103
 任务3.2　整形修剪 ……………………… 114
 任务3.3　花果管理 ……………………… 129
 任务3.4　植物生长调节剂的应用 ……… 142

模块二　落叶果树栽培及果品采收

项目4　梨 ………………………………… 155
 任务4.1　梨主要种类和品种 …………… 155
 任务4.2　梨树生长、开花结果特性 …… 161
 任务4.3　梨树栽培技术 ………………… 167
 任务4.4　梨果采收 ……………………… 179
项目5　葡萄 ……………………………… 185
 任务5.1　葡萄主要种类和品种 ………… 185
 任务5.2　葡萄生长、开花结果
     特性 …………………………… 189
 任务5.3　葡萄栽培技术 ………………… 195
 任务5.4　葡萄避雨设施栽培 …………… 208
 任务5.5　葡萄果实采收 ………………… 213
项目6　猕猴桃 …………………………… 217
 任务6.1　猕猴桃主要种类和品种 ……… 217
 任务6.2　猕猴桃树生长、开花结果特性 … 221
 任务6.3　猕猴桃树栽培技术 …………… 224
 任务6.4　猕猴桃果实采收 ……………… 230
项目7　桃 ………………………………… 234
 任务7.1　桃主要种类和品种 …………… 234
 任务7.2　桃树生长、开花结果特性 …… 240
 任务7.3　桃树栽培技术 ………………… 245
 任务7.4　桃果采收 ……………………… 255
项目8　李 ………………………………… 260
 任务8.1　李主要种类和品种 …………… 260
 任务8.2　李树生长、开花结果特性 …… 265
 任务8.3　李树栽培技术 ………………… 270
 任务8.4　李果采收 ……………………… 278
项目9　柿 ………………………………… 281
 任务9.1　柿主要种类和品种 …………… 281
 任务9.2　柿树生长、开花结果特性 …… 285
 任务9.3　柿树栽培技术 ………………… 289
 任务9.4　柿果采收 ……………………… 294

项目 10　枣 …………………………………… 299
　任务 10.1　枣主要种类和品种 ………… 299
　任务 10.2　枣树生长、开花结果特性 …… 302
　任务 10.3　枣树栽培技术 ……………… 308
　任务 10.4　枣果采收 …………………… 314

模块三　常绿果树栽培及果品采收

项目 11　柑橘 …………………………………… 323
　任务 11.1　柑橘主要种类和品种 ………… 323
　任务 11.2　柑橘树生长、开花结果特性 …… 330
　任务 11.3　柑橘树栽培技术 ……………… 337
　任务 11.4　柑橘果实采收 ………………… 350
项目 12　杨梅 …………………………………… 356
　任务 12.1　杨梅主要种类和品种 ………… 356
　任务 12.2　杨梅树生长、开花结果特性 …… 361
　任务 12.3　杨梅树栽培技术 ……………… 366
　任务 12.4　杨梅果实采收 ………………… 373
项目 13　龙眼 …………………………………… 378
　任务 13.1　龙眼主要种类和品种 ………… 378
　任务 13.2　龙眼树生长、开花结果特性 …… 384
　任务 13.3　龙眼树栽培技术 ……………… 390
　任务 13.4　龙眼果实采收 ………………… 399
项目 14　荔枝 …………………………………… 403
　任务 14.1　荔枝主要种类和品种 ………… 403
　任务 14.2　荔枝树生长、开花结果特性 …… 406
　任务 14.3　荔枝树栽培技术 ……………… 412
　任务 14.4　荔枝果实采收 ………………… 422
项目 15　芒果 …………………………………… 426
　任务 15.1　芒果主要种类和品种 ………… 426
　任务 15.2　芒果树生长、开花结果特性 …… 430
　任务 15.3　芒果树栽培技术 ……………… 435
　任务 15.4　芒果果实采收 ………………… 443
项目 16　香蕉 …………………………………… 449
　任务 16.1　香蕉主要种类和品种 ………… 449
　任务 16.2　香蕉树生长、开花结果特性 …… 455
　任务 16.3　香蕉树栽培技术 ……………… 462
　任务 16.4　香蕉果实采收 ………………… 472
项目 17　菠萝 …………………………………… 480
　任务 17.1　菠萝主要种类和品种 ………… 480
　任务 17.2　菠萝树生长、开花结果特性 …… 484
　任务 17.3　菠萝树栽培技术 ……………… 491
　任务 17.4　菠萝果实采收 ………………… 500

参考文献 …………………………………………………………………………………… 506

走进"林果生产技术"课程

小王在城市郊区建了个 0.5 hm² 的生态农庄，种了脐橙、柚子、葡萄、柿、枣、桃、杨梅等果树，小王的朋友小张每次去小王的农庄，都被这五颜六色的花果深深地吸引住了，对小王羡慕不已，心想要是自己也能像小王一样工作、生活在绿荫浓郁、花果飘香的农庄里该有多好呀。小王却对他说："这不算什么，也就是一些常规品种，我还想去农校学习，种一些有观赏价值的果树品种，比如茶壶枣、葫芦枣、磨盘枣、牛心柿、马奶葡萄什么的，增加农庄的休闲、观赏功能，到收获季节，可以让你们城里人来我这儿呼吸新鲜空气，采摘果实，顺便活动活动筋骨。"

在本课程中，林果即指果树（本书以下通称果树）。果树是国民经济及人们生活中不可或缺的生产、生活资料。让我们走进"林果生产技术"课程，了解果树的概念及果树的类别，了解我国果树生产在农业生产中的地位、意义及发展前景，掌握本课程学习内容及方法，为进一步学习果树生产技术奠定基础。

一、果树及其分类

1. 果树

果树是指能提供可食用果实的多年生植物及其砧木。其中，"可食用果实"在植物学概念中分别是果皮、种皮、种仁、花托等，如图 0-1 所示，本书中通称"果实"。大多数果树为木本植物，少数为草本植物，如草莓、香蕉、菠萝等。**果树是经济作物，是园艺作物的一部分。**

2. 果树树体

果树树体（图 0-2）分为地上部和地下部。地上部包括树干和树冠；地下部是根系，包括主根、侧根和须根。地上部和地下部的交界处称为根颈。树干是树体的中轴，又分为主干和中心干两部分。主干是根颈以上到第一主枝之间的部分；中心干是主干以上到树顶之间的部分。树冠内比较粗大而起骨架作用的枝，称为骨干枝。直接着生在树干上的永久性骨干枝称为主枝；主枝上的主要分枝称为侧枝（副主枝）。结果枝直接着生在各级骨干枝上，是构成树冠、叶幕和生长果实的基本单位，是生长叶片、形成花芽、开花、结果的部分。

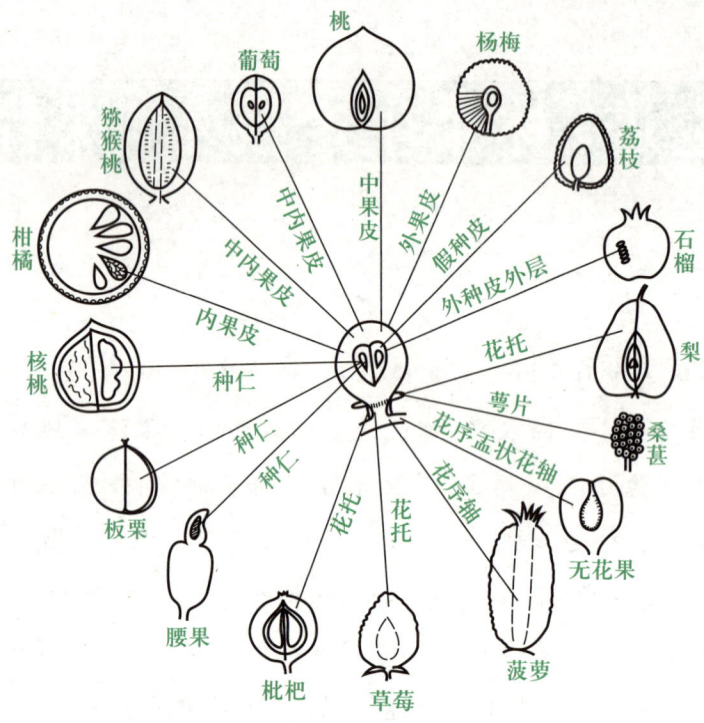

图 0-1　果实结构及食用部分图解

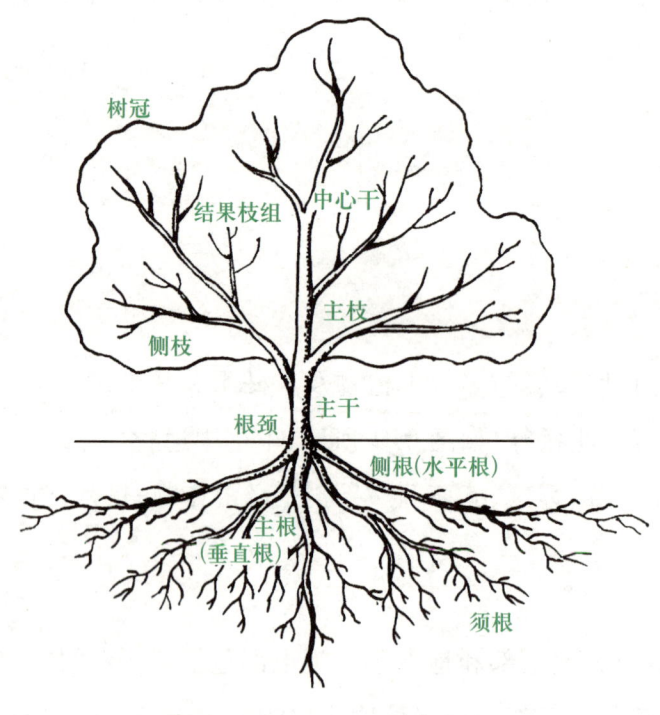

图 0-2　果树主要树体组成

从图 0-2 可见，果树的若干结果枝形成结果枝组。对这些结果枝组进行整形修剪，使之合理地分布在主枝上，使各叶片与花果尽可能同步得到阳光照射，再辅以耕作、施肥、灌溉等栽培措施，果树便能长出大小适中、色泽匀称，果香味浓的果实。

3. 果树分类

我国疆土辽阔,自然环境优越,果树资源尤为丰富。据统计,我国共有原产果树和引种果树690余种,其中重要的果树有300余种。为便于研究、栽培和利用,应进行必要的分类。

（1）按是否落叶分。果树根据是否落叶,可分为落叶果树和常绿果树两大类。

（2）按生态适应性分。根据果树的生态适应性,可分为温带果树、亚热带果树、热带果树和寒带果树。

（3）按植株形态特征分。根据树木形态特征,可分为乔木果树、灌木果树、藤本果树和多年生草本果树。

（4）按果实结构分。根据果实的结构,可分为仁果类果树、核果类果树、浆果类果树、坚果类果树、聚复果类果树、荚果类果树、柑果类果树、荔果类果树。

果树生产中是根据生物学特性相近、栽培措施大体相似的原则来分类的,各种果树所属类别如表0-1所示。

表0-1 果树生产中各种果树所属类别

落叶果树	仁果类:苹果、海棠、沙果、梨、山楂、木瓜
	核果类:桃、梅、李、杏、樱桃、枣
	浆果类:树莓、葡萄、猕猴桃、无花果、石榴、醋栗
	坚果类:核桃、山核桃、板栗、榛、扁桃、银杏
	荚果类:柿、酸豆
常绿果树	柑果类:柑、橘、甜橙、酸橙、金柑、柠檬、四季橘
	浆果类:杨梅、蒲桃、番木瓜、人心果、番石榴、枇杷
	核果类:杨梅、芒果、橄榄、油梨、枣椰
	坚果类:椰子、槟榔、香榧、澳洲坚果、榴莲、腰果
	荔果类:荔枝、龙眼、韶子
	聚复果类:树菠萝、面包果、番荔枝、刺番荔枝
	多年生草本类:香蕉、菠萝

二、果树生产

果树生产是人们为获得可供食用的优质水果,采用各类技术营造适合果实生长发育环境的过程,包括果园建立、育苗、栽培管理、果实采收的整个过程。果树生产的各个环节相互联系、相互制约。要做好果树生产,必须了解果树品种及其生长发育规律,计划好各个生产环节的工作时间,熟悉各环节的工作程序,才能生产出优质水果。

三、果树生产的作用

1. 果树生产是国民经济的重要组成部分

国民经济中,农业是第一产业,果树是农业的重要组成部分。随着人民生活水平的不断提高与国家经济结构的转变,果品生产变得日益重要,对振兴农村经济、繁荣市场和提高人民生活水平都具有重要意义。

不少种类的果树适宜生长在土地较贫瘠、较干旱、较高寒地带,而且多年生木本植物根系发达,绝大多数扎根深,可利用地表深处的水分和养分,因此,发展果树生产能因地制宜,充分利用荒山、荒滩、荒地("三荒")。果树带来的经济效益较大,曾有"一亩园十亩田"之说,有助于当地农民充分利用贫瘠荒地,多方面生产适销对路的果品,增加经济收入。

2. 果树产品是加工业的重要原料

果品除可鲜食外,还可加工制成罐头、果酒、果干、果酱、果脯、蜜饯、果汁等产品,其副产品可提炼有效成分,如柠檬皮可提取香精,核桃壳可制取活性炭,这些都是轻工业原料。

3. 果树产品营养价值高

果品营养丰富,富含各种营养物质,如多种维生素及矿质元素、膳食纤维、糖、蛋白质、脂肪等。果品已经成为人们生活的必需品。

4. 果树产品具有良好的医疗保健作用

许多果品中的活性物质可预防与治疗疾病,具有开胃、助消化、润肺止咳等医疗效果,能促进人体生长、发育和健康、长寿。一些果树的枝、叶、花、果、根是我国传统的中药材,有良好的药效。

5. 果树生产的生态效益

常言说"树大根深",种植果树有利于防风固沙、防止水土流失、涵养水源,改善生态环境。果树也是城乡绿化、美化环境的树种,能起到净化空气、改善局部小气候、促进人类身心健康的作用。

四、果树生产的历史、现状及发展趋势

1. 果树生产的历史

我国是世界八大果树原产中心之一,原产于我国的果树种类约为全世界栽培果树的 1/4

以上,柑、橘、甜橙、荔枝、龙眼、枇杷、杨梅、桃、李、杏、梅、白梨、沙梨、秋子梨、中国樱桃、枣、柿、板栗、银杏、沙果、海棠、山楂、猕猴桃均原产于我国。根据史料记载,距今 3 000 年前就已经开始进行果树栽培及驯化活动,如桃、梅、李、杏、樱桃、枣、柿等果树,在春秋以前就有栽培,战国时已盛行栽培柑橘。北魏贾思勰的《齐民要术》(成书于公元 533—544 年)对果树的繁殖、栽植及管理,以及果品的贮藏与加工都有较详细的记载,特别对梨树的嫁接技术记载更为详尽;宋代韩彦直的《橘录》(成书于公元 1178 年)是我国最早的一部柑橘专著,记载了柑橘的种和品种 27 个,详细论述了柑橘品种的特性、栽培技术、果品的贮藏与加工。《橘录》是世界上第一部完整的"柑橘栽培学"。古代的文献资料考证,充分说明了我国果树栽培历史悠久,果树种质资源丰富。同时,也说明我国古代的果树栽培技术具有很高的水平。

2. 果树生产的现状

我国是原产果树最多的国家。我国土地辽阔,气候条件多样,自然环境优越,果树资源丰富,许多有经济价值的果树都原产于我国。例如广东的新会橙、四川的鹅蛋柑、浙江黄岩本地早、江西南丰蜜橘、广西沙田柚、山东肥城佛桃、安徽砀山酥梨、山东莱阳茌梨、天津鸭梨、山东乐陵金丝小枣、新疆无核白葡萄等。这些资源在世界各国的果树育种工作中,都发挥了积极的作用。

我国拥有世界上绝大多数栽培品种。全世界的果树包括野生果树在内约 60 科、2 800 种,其中栽培较多的约 300 种。我国古代就注意引进国外果树树种,因此,现有果树 50 余科、近 300 种。据世界粮农组织统计,2007 年世界水果总产量(不含瓜类)达到 49 971.1 万 t,中国产量居首位,达 9 441.8 万 t,占世界水果总产量的 18.9%;其次是印度,5 114.2 万 t;巴西 3 681.8 万 t,美国 2 496.2 万 t。我国主产苹果、柑橘、梨、桃、香蕉与葡萄,印度主产香蕉、柑橘和苹果,巴西主产柑橘、香蕉,美国主产柑橘、苹果、葡萄和桃。世界水果总产量以柑橘最高,2007 年已达到 11 565.1 万 t,其次是香蕉 8 126.3 万 t,葡萄为 6 627.2 万 t,苹果为 6 425.6 万 t。2007 年,我国人均水果占有量为 47.7 kg,世界人均水果占有量为 75.7 kg。2007 年,世界果树种植总面积为 47 144.4 万 hm²,而中国果树种植总面积为 958.7 万 hm²,占世界水果总面积的 2.03%。我国果树的树种、品种结构在逐渐优化,早、中、晚熟品种比例趋于合理,树种之间的比例也正向协调的方向发展。我国水果的总产值在种植业中仅次于粮食和蔬菜,果树生产已成为主产区农业经济发展的支柱。

3. 果树生产的发展趋势

当前,世界果树栽培发展的新趋势是:采用常规技术和生物技术培育新品种(类型),果树育种的目标是高产、优质、配套、抗病虫、抗逆境、耐贮藏和具有特殊性状;品种更新速度加快,周期缩短,优、新品种能较快地应用于生产,转化为生产力;运用无病毒栽培技术,以充分发挥树体的生产潜力;良种栽培区域化、基地化,形成大量优质拳头产品,打开国际市场;广泛使用化学调控技术,加强采后研究,采用气调等先进的贮藏技术,与包装、运输等组配成完善的果品流通链,实现优质鲜果周年供应。

我国果树栽培今后的发展趋向是:以优化树种、品种结构为重点,以普及良种优系为前提,以提高单产、质量、效益为目的,以推广普及先进技术为动力,以与国际接轨为方向,努力实现果树生产、管理现代化,变果品生产产量大国为果品生产质量强国。

五、果树生产存在的问题及对策

1. 果树生产存在的问题

与先进国家比,我国果树单产低。我国人均果品占有量也仅为世界人均占有量的一半,但一些地区已出现卖果难问题。

(1) 果品质量差。在市场上表现为果品个头大小不一,形状欠整齐;果面着色差,有病斑、挤压碰伤;肉质发面、味淡、偏酸、香气不足等。据统计:优质柑橘产量不到总产量的30%,高档果产量不到总产量的50%。其原因是多方面的,除栽培管理和缺乏优良品种之外,主要原因是普遍早采,如脐橙,我国多数果园生产不出果面着色好、果形整齐、品质优良的果品,有的果园在正常成熟前15~30天就采收上市,着色差,品质差,经人工上色上市;芒果提前采收、后熟或人工催熟上市。

(2) 单产较低。全国水果平均单产长期徘徊在200~300 kg,1998年虽达历史新高,也只及中等发达国家的40%左右。如苹果,美国加州单产2 200 kg,我国不到400 kg。

(3) 消费方式单一。我国果品加工量占总产量的5%~10%,90%以上鲜食,而世界上果品鲜食与加工的比例大约为:柑橘63∶35,苹果70∶30。近年尽管引进果汁等加工生产线,但由于缺乏适合加工专用的优良果品原料,加上技术、组织管理跟不上,加工品质量不高,价格贵,销量少,商品的市场竞争力不强。

2. 提升果业生产经营质量的对策

针对我国果树生产存在的问题,面对国内外市场对果品的需求,应大力依靠科技进步发展果品业。

(1) 加大科技成果转化力度,使果树生产适应国内外市场的变化。逐步实现果品业科技成果产业化,提高果农文化和科技素质,建立技术密集型的果品生产企业,使果树业由传统农业向商品化、专业化、产业化方向转变。

(2) 转变大部分果园广种薄收、高投入低产出的现状,加强对现有低产园的改造,提高单产和品质。应用现有果树生态区划的研究成果,因地制宜发展当地名特优品种,适当集中建立优质果树商品基地。改进栽培技术,实现以矮化密植为中心的现代集约化栽培,充分利用国外先进技术,并与国内已取得的成果组装配套,形成规范化、系列化、实用化的生产技术。

(3) 对我国丰富多彩的种质资源进行进一步鉴定、研究并加速利用。充分挖掘生物本身的潜能,通过基因重组(常规育种或生物工程),培育优质、高产、多抗新品种(或类型)。

(4) 应用细胞工程技术,建立无病毒组培苗木的繁育和推广体系,实现果树无病毒良种化栽培。借助生物工程技术,将特殊性状的基因进行遗传转化或重组,选育更多优质、多抗、高产新品种。

(5) 推动果树生产企业逐步向股份合作制、股份制过渡,实现规模经营。在建立农村社会服务体系过程中,注意完善果树产前、产中、产后服务,特别是流通销售、包装贮运和加工等产后服务,实现农工商三位一体,统一经营管理,以提高果树生产的商品率和果品的附加值。

六、本课程学习内容与学习方法

1. 本门课程学习的主要内容

本教材包括两个模块:模块一"果树生产基础"主要包括果树育苗、果园建立、果园管理3个项目;模块二"落叶果树栽培及果品采收"介绍了梨、葡萄、猕猴桃、桃、李、柿、枣7个项目;模块三"常绿果树栽培及果品采收",主要包括柑橘、杨梅、龙眼、荔枝、芒果、香蕉、菠萝7个项目,共14种南方常见果树与特色果树的主要种类、优良品种和生长发育环境,以及主要生产技术。每种树种的主要生产技术包括育苗、建园、土肥水管理、树体管理及果实采收等;各模块下的项目主要由若干学习任务组成,每个任务下设"任务目标""任务准备""任务实施""任务反思"4个板块内容;围绕每个项目还有"项目导入""项目小结""项目测试""相关链接""考证指导"等。

2. 本门课程的学习方法

本课程的编写基于"做中学、做中教"的职业教育教学理念,融理论知识学习与实践操作于一体,以利于开展理论实践一体化教学,利于学生熟悉知识、掌握技术、强化技能。因此在学习果树生产技术的过程中希望能够做到:

(1) 重视知识的记忆、讨论,现象观察和习题练习。果树生产中的基本概念与植物生长发育规律需要结合生活生产中的实践细心观察,在反复的习题练习、课堂讨论、实践操作中加深理解,着重了解果树主要种类品种、果树的生物学特性、对环境条件的要求,并能够融会贯通地理解这些知识在果树栽培技术中的运用。

(2) 重视实践操作,掌握果树生产的基本技能。在"做"中学习,在与同学、与教师的问题讨论中学习,结合实践掌握必要的生产管理技能。在实践中要勤动脑、多动手,不拒小活,用心体验,才能在反复的操作中逐渐体会出技术的精妙,才能在今后的工作乃至生活中举一反三,灵活运用。

(3) 重视拓宽知识面。提倡遇到问题不放过,通过各种渠道、方式,如利用网络搜索,询问教师、相关技术人员和同学,查找相关书籍和期刊等找到事实真相和问题症结,达到拓宽知识面、增强专业能力的目的。

总之,在本课程的理论学习和实践过程中,要以严谨的科学态度,逐步学会用辩证唯物主义的观点和方法,一分为二,多角度、全方位去观察问题、分析问题和解决问题。

3. 请同学们在教师指导下进行以下体验

(1) 选取你最喜欢的 1~2 种水果,查找它们的营养价值,写成短文,题目是"××的营养价值"。

(2) 参观当地果园,并填写表 0-2。

表 0-2 ＿＿＿＿＿＿果园调查表

调查项目	调查内容
与交通主干道的距离	
与居民居住区的距离	
与附近工厂或矿区的距离	
附近的水源状况	
果园地势	
采收期	
上一年总产量	
上一年产地销售单价	
计算上一年该果园毛收入	总产量×当年产地销售单价 =
上一年市场销售单价	
果品销售去向	

(3) 观察果树的树体组成,绘出树体结构图。

模块一　果树生产基础

- 项目1　果树育苗
- 项目2　果园建立
- 项目3　果园管理

项目 1

果树育苗

项目导入

3年前,小王到老李果苗场买了2 800余株脐橙苗木,开发了3.5 hm² 脐橙园。可是,果苗在生长过程中出现了不同程度的枝梢黄化,这可急坏了小王,小王急忙请来果树专家,专家告诉他脐橙树得了柑橘黄龙病,这批苗木带病毒!可邻居小张开发的脐橙园,幼树生长很健壮。小王这才得知,原来育苗也这么有学问。

了解果树育苗的意义、方式及苗圃地选择规划,掌握实生苗、嫁接苗、营养繁殖苗的繁殖方法及操作技术,了解容器育苗及保护地育苗的方法,掌握苗木的出圃技术。

任务 1.1 苗圃地的建立

任务目标

知识目标:1.了解果树苗圃规划的原则。
　　　　2.熟悉果树苗圃耕作的内容与方法。
技能目标:1.能正确选择果树苗圃地。
　　　　2.能进行果树苗圃地的规划。
　　　　3.掌握果树苗圃整地方法。

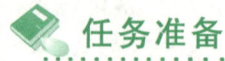

一、苗圃地的选择

在选择苗圃地时,主要的考虑是要为苗木生长尽可能提供良好的环境条件。

1. 地点

苗圃地:① 要交通方便,便于运输和销售,减少运苗过程中苗木损失和避免因失水而导致的苗木质量下降,最好设立在苗木需求地区的中心;② 要靠近水源,以便于灌溉;③ 要远离病虫害疫区;④ 要远离排放大量烟尘、有毒气体和废料的环境。

2. 地势

苗圃地宜选择背风向阳、地势较高、地形平坦开阔(坡度在 5°以下)、排水良好地带。过于黏重、瘠薄、干旱、排水不良或地下水位在 1 m 以上的低地,都不宜作苗圃地。

3. 土壤

苗圃地的土壤要选疏松肥沃、土层深厚(50 cm 以上)、灌溉方便、中性或微酸性的沙壤土、壤土,以及风害少、无病虫害的地方。

二、苗圃地的规划

苗圃的规划要因地制宜,安排好道路、排灌系统和房屋建筑,充分利用土地,提高苗圃工作效率。根据育苗的多少,可分为专业苗圃和非专业苗圃。

1. 专业苗圃

专业苗圃的规划除了要考虑生产用地外,还要进一步规划好非生产用地(图 1-1-1)。

(1) 生产用地:专业苗圃生产用地由母本区、繁殖区、轮作区组成。

母本区:是指提供优良繁殖材料的苗圃地。繁殖材料指的是用作育苗的种子、接穗、芽、插条、根等。母本区一般分为良种母本区和砧木母本区。母本区的主要任务,是提供繁殖苗木所需要的接穗、插条和砧木。

繁殖区:也称育苗圃。根据所培育苗木的种类,可将繁殖区分为实生苗培育区、自根苗培

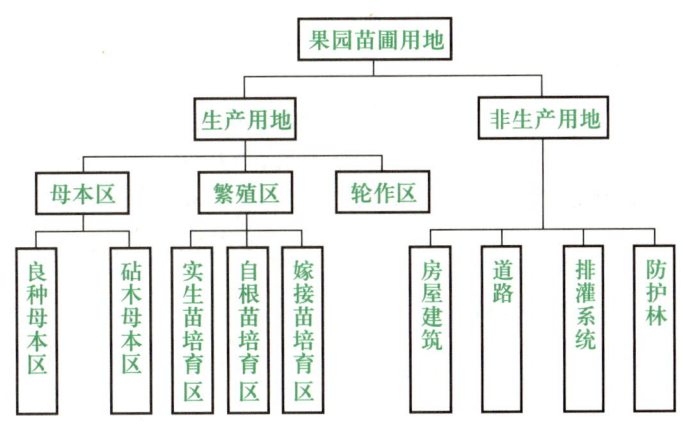

图 1-1-1　果树苗圃地规划示意图

育区和嫁接苗培育区。为了耕作方便,各育苗区最好结合地形采用长方形划分,一般长度不短于 100 m,宽度为长度的 1/3~1/2。同树种、同龄期的苗木应相对集中安排,以便于病虫防治和苗木管理。

轮作区:同一种苗木连作,常会降低苗木的质量和产量,故在分区时要适当安排轮作区。一般情况下,育过一次苗的圃地,不可连续再用于育同种果苗,要隔 2~3 年后方可再用,不同种果苗间隔时间可短些。轮作的作物,可选用豆科、薯类等。

(2)非生产用地:非生产用地主要用于配置工棚、肥料池、休闲区等工作及生活场所。其次是道路、排灌设施、防护林等。道路规划时要结合区划进行,合理规划干道、支路、小路等道路系统。排灌设施结合道路和地形统一规划修建,包括引水渠、输水渠、灌溉渠、排水沟,组成排灌系统。

2. 非专业苗圃

非专业苗圃一般面积比较小,育苗种类和数量都比较少,可以不进行区划,而以畦为单位,分别培育不同树种、品种的苗木。

三、苗圃地的耕作

苗圃地的耕作包括整地、施基肥、土壤消毒、做床等。

1. 整地

一般对苗圃地进行深翻后冻垡或晒垡,以杀死害虫和减少杂草危害。山区苗圃还要修筑地埂和排水沟等,同时结合深翻进行土壤改良(掺沙改黏或掺黏改沙),育苗前再中耕细耙一次,以利蓄水保墒。南方苗圃土壤较黏重,要在耕后晒垡,再连续耕地 3~4 次,达到碎垡、地平的目的。

2. 施基肥

苗圃中常用的基肥是厩肥、堆肥、人畜粪、饼肥等有机肥料。一般堆肥、厩肥每亩可施 2 000~3 000 kg，人畜粪尿每亩施 1 000~1 500 kg，饼肥每亩施 100~150 kg。这些肥料都要充分腐熟，结合整地均匀撒开，通过翻地将肥料翻入耕作层的中部。

3. 土壤消毒

土壤消毒的目的是消灭土壤中的病原物和地下害虫、杂草种子等。土壤消毒常用的方法是：

（1）高温消毒：在圃地表面焚烧秸秆等杂物，通过加热土壤表层而杀灭杂草和病菌。

（2）药剂处理：40%的福尔马林（甲醛）50 mL 加水 6~12 kg 喷洒，用于防治苗木病害；50%辛硫磷乳油 2 g 拌适量细土均匀撒在苗床上，防治地下害虫。以上各药量均指 1 m^2 的苗床面积。喷洒药剂后，要用塑料薄膜蒙住苗床密封 24 小时，在播种或扦插前 1 周左右揭开薄膜，使药剂挥发。

4. 做床

果树多用床式育苗。苗床宽 1~1.5 m、高 25~30 cm，垄（步道）宽 30~40 cm，长度和方向视地形和作业情况而定（图 1-1-2）。

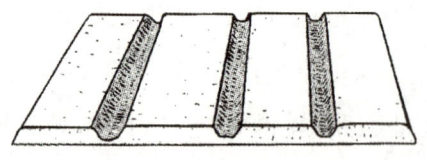

图 1-1-2　苗床

做床要在晴天土地整好后进行。做床时要用两根 1 m 长的竹竿放在苗床两端作为标尺，并根据苗床长度拉上细绳，再用锹依绳做步道，使苗床平整，步道通直，并有利于排水。

苗圃地整理和做床

1. 实训目的

学会整地、施肥、做床、土壤消毒的基本方法，掌握做床的技术要领。要求认真观看示范，积极动手参与，在劳动中注意安全。实训结束后要把工具擦净归齐，场地要清理干净。

2. 工具材料

铁锹、耧耙、抬筐、抬杠、肥料、农药、喷雾器、塑料薄膜、1 m 竹尺、细绳（图 1-1-3）。

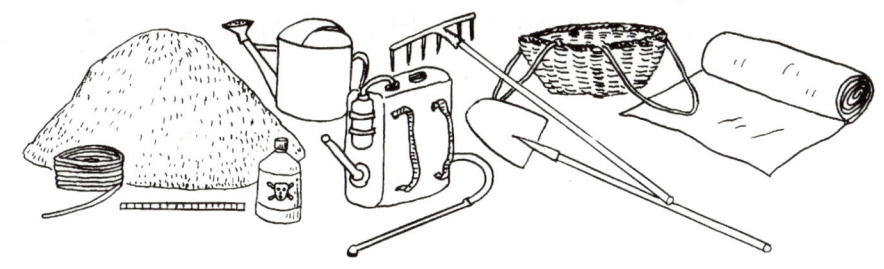

图 1-1-3　整地和做床的工具及材料

3. 操作步骤

（1）将准备好的农家肥按用量施在苗圃地上后，用铁锹均匀撒开（图 1-1-4）。

（2）用铁锹翻耕土壤。在翻土时拣去杂草、树根、石块等物，并打碎土块，尽力使土面平整。

（3）从田块一端开始，用竹尺量好苗床宽度，在竹尺一端插下细绳作为苗床的边，用铁锹依绳做步道（图 1-1-5）。

图 1-1-4　撒施肥料　　　　图 1-1-5　做步道

（4）用耧耙将苗床耧平。

（5）按苗床面积所需的用药量配制农药，均匀喷洒后盖上塑料薄膜（图 1-1-6）。

图 1-1-6　喷洒农药

4. 注意事项

肥料撒施均匀,深翻入土;土壤翻耙细致,无土块、无杂物;床面平整,宽度、高度符合标准;步道通直,深浅一致,宽度符合标准;塑料薄膜覆盖整齐,边角压实;场地清理整洁,工具擦净,归位整齐。

任务反思

1. 如何选择苗圃地?
2. 苗圃地应怎样进行规划?
3. 苗圃地如何施基肥?
4. 苗圃地如何进行土壤消毒?

任务 1.2　实生苗的培育

任务目标

知识目标:1. 了解实生苗的特点及用途。
　　　　2. 了解果树实生苗种子采集、处理与贮藏。
　　　　3. 熟悉果树种子生命力的鉴定方法。
　　　　4. 熟悉果树种子的播种方法。
技能目标:1. 能做种子发芽试验。
　　　　2. 能进行实地播种操作。
　　　　3. 会用层积法贮藏和处理种子。

一、实生苗的特点及利用

1. 实生苗的特点

由种子繁殖获得的苗木称为**实生苗**。实生苗根系发达,适应性广、抗性强,便于大量繁殖,种子不带病毒,在隔离的条件下可育成无毒苗,但实生苗后代变异性大,易发生变异。

2. 实生苗的利用

实生苗主要用作嫁接苗的砧木。也有一些树种如核桃、板栗、榛子等可直接作栽培苗用。

二、种子采集、处理与贮藏

1. 砧木种子的采集

（1）采种树的选择:砧木种子应当从品种纯正、生长健壮、抗逆性强、无严重病虫害的成年母株上,采集充分成熟、子粒饱满的种子。

（2）建立采种圃:大型苗圃一般都专门开辟砧木母树区,建立采种圃。

（3）适时采种:采种时期要根据果实成熟特征,确定不同砧木树种的采收适期。充分成熟时采收的果实,种仁饱满,发芽率高,生命力强,层积沙藏时不易霉烂;未充分成熟的种子,种仁发育不完全,内部营养不足,生命力弱,发芽率低,生长势弱,不宜采集。

（4）采种方法:采种要选择晴天。一般有采摘法、摇落法、地面收集法3种。采摘法可借助采种工具(图1-2-1)。摇落法可用采种网(图1-2-2)或地面铺设帆布、塑料薄膜来收集。地面收集法主要适用于果实脱落不易被吹散的果树,如板栗、核桃、银杏、芒果等。

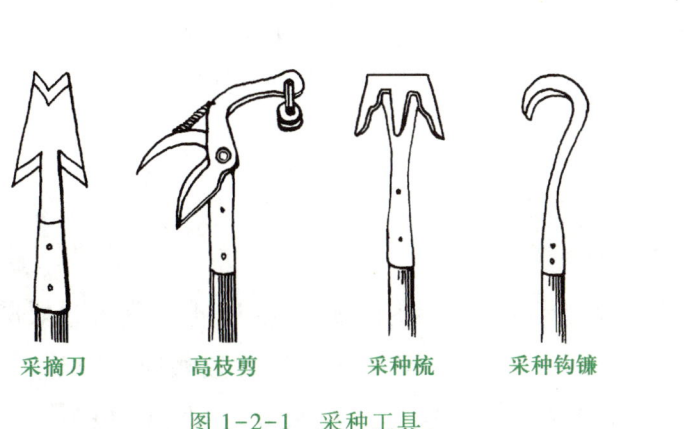

图1-2-1 采种工具

图1-2-2 采种网

2. 种子的处理

（1）取种:果实采收后,应根据各种果实的特点,取出种子。如仁果类或核果类果实采下以后,凡果肉无利用价值的,可堆放在棚下或背阴处堆积,使果肉、果皮软化。堆积过程中要经常翻动,防止发热损伤种胚,降低种子生命力,堆放7~8天后,即可用水淘洗取种(图1-2-3)。果肉可以利用的,可结合加工过程取种。如果在加工过程中果实曾在50℃以上的温水或碱液中处理过,则无取种价值,因为这样的种子常会在沙藏过程中霉变或发芽率不高。

(2) 清除杂质:通过筛、扬、水选和粒选,把经过贮藏而发生虫蛀、霉烂的种子剔除。

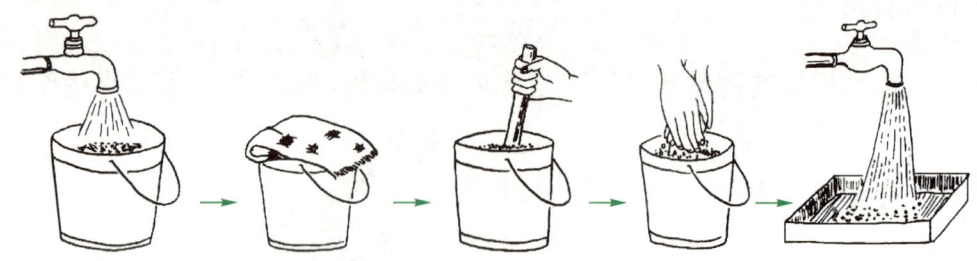

图 1-2-3 肉质果取种程序

(3) 干燥:种子取出后,用清水冲洗干净,漂去空瘪种子,然后薄薄地摊放在阴凉通风处晾干,以防种子霉烂变质。种子不能受烈日暴晒,暴晒的种子,常因受热过大,失水过快,造成种皮皱缩,使种子失去发芽能力。如限于场所或阴雨天气,则应及时进行人工干燥,一般可在干燥的室内晾干,但温度不超过35℃,并且要逐步增温,使种子均匀干燥。含油量高的种子,如核桃等,应先晾晒至充分干燥,然后降温,再贮于冷凉干燥处。含淀粉量大的种子,如板栗等,采收后应立即沙藏,防止失水,才能保证种子的生命力。大多数落叶果树,如沙梨、毛桃、山杏、酸枣、核桃等,宜在晾干后干燥保存,即将种子装入布袋内或缸、桶、木箱内,扎好口或盖严盖,以防止种子生虫或受鼠害,并放到通风干燥的房屋里。大多数常绿果树种子随采随播,不需干燥,如要保存可用湿润的河沙进行贮藏。

(4) 种子分级:种子晾干后应进行精选分级,筛去杂物,去除破粒,并根据种子大小、饱满程度加以分级。选择粒大、饱满、均匀、无病虫害、不发霉的种子用于沙藏,可使播种后出苗率高,苗木整齐,生长均匀,有利管理。

3. 种子的贮藏

(1) 种子贮藏方法有干藏和湿藏两种。

● 干藏法:将充分干燥的种子装入袋、篓、缸等容器中,放在经过环境消毒的低温、干燥、通风处。多数果树种子贮藏的安全含水量和它充分风干的含水量大致相同,如李、杏、毛桃等种子含水量在20%～24%,柑橘、龙眼、荔枝等种子则需保持在30%甚至40%以上。气温控制在0～8℃。通气良好。贮藏期间要经常检查,以防受潮变质(图1-2-4)。

● 湿藏法:晚秋时,将含水量要求较高的种子用湿沙层积法贮藏。若量大,可在地势高、排水良好处挖窖。窖底铺一层10～20 cm厚的湿沙,把种子与湿沙按1∶3的比例混合均匀放入窖内。也可以将种子与湿沙相间层积处理。沙的湿度,以手握成团不出水,松手一触即散为宜。窖中每隔1 m插一束草把,以利于通气,堆至50～60 cm高,上盖一层湿沙10～20 cm厚(稍高出地面),最后加盖草帘或10～20 cm厚的秸秆,四周挖好排水沟(图1-2-5)。贮藏过程

图 1-2-4 种子干藏法

中要经常检查,及时拣出变质种子,注意沙的湿度不可过大,但干燥时要洒水保湿。在冬季不太冷的地区,可在室外地面层积,先在地面铺一层厚 5~10 cm 湿沙,再将种子与湿沙充分混合后堆放其上,堆的厚度不超过 50 cm,在堆上再覆一层 5~10 cm 湿沙,最后上面覆盖草帘或盖塑料薄膜,以利保湿和遮雨。

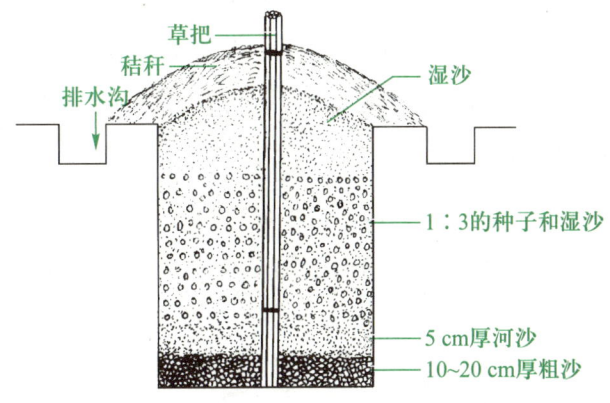

图 1-2-5 种子窖藏

种子数量少时可用木箱、桶等作层积容器,先在底部放入一层厚 5~10 cm 的湿沙,将准备好的种子与湿沙按 1∶3 的比例均匀混合后,放在容器内,在表面再覆盖一层厚 5~10 cm 的湿沙(或盖上一层塑料薄膜),将层积容器放在 2~7 ℃ 的室内,并经常保持沙的湿润状态(图 1-2-6)。也可在室内堆藏(图 1-2-7)。方法与在室外地面层积相同。

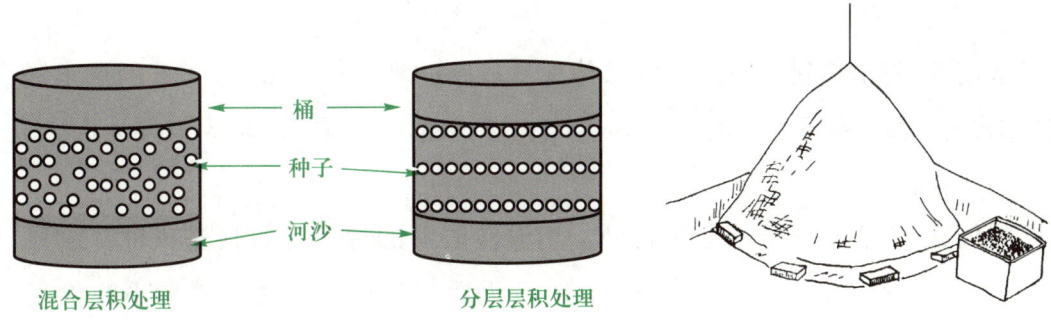

图 1-2-6 种子层积处理　　　　图 1-2-7 室内沙藏

（2）种子贮藏应注意的问题：无论采用哪种层积方法，层积完毕均应插标签，注明种子名称、层积日期和种子数量。在层积期间要定期检查温度、湿度及通气状况，以防种子霉烂，并注意防止鼠害。春季温度回升，要勤检查翻拌，使种子发芽整齐。如未到播种适期，种子已开始露白，应将种子堆积到背阴冷凉处，延迟种子的萌发。

三、播种

1. 种子生命力的鉴定

为了确定种子质量和计划播种量，应在层积或播种前对种子生命力进行鉴定。常用鉴定方法有：

（1）**外部性状鉴定法**：生命力强的种子，种皮不皱缩、有光泽，种仁饱满，种胚和子叶具有品种固有色泽，不透明，有弹性，用指按压时不破碎，无霉烂味。

（2）**染色法**：通常可用靛蓝胭脂红染色。即用40℃温水浸种1 h，剥去内外种皮，将胚浸入0.1%～0.2%的靛蓝胭脂红水溶液中，在室温下3～5 h。能发芽的种子不着色，因死细胞的原生质易着色，所以凡是染色的即失去生命力，不着色的为有生命力的种子。

（3）**发芽试验法**：取一定数量的种子，在适宜的条件下，使其发芽，根据发芽百分率，确定种子的生命力。

2. 播种前的处理

（1）**种子品质检验**：主要包括测定种子的纯净度、千粒重、发芽率、生命力等。

（2）**种子消毒**：为了防止幼苗发生病害，通常要对种子进行消毒，可用0.15%的福尔马林（40%甲醛）溶液浸种15～30 min，浸后密闭2 h，摊开阴干即播，但已催芽种子不宜用此方法。也可使用50%多菌灵粉剂，按照10 kg种子用50%粉剂的比例拌种即播。

（3）**催芽**：由于种子的种皮硬度不匀，所出的苗也参差不齐。为使种子出苗快、齐、匀、全、壮，就要进行催芽。常用方法有：

• 温水浸种：对山核桃、君迁子、野柿等种皮较厚的种子可用60～70℃的热水浸泡，并缓慢搅拌使水渐凉，然后换清水浸泡12～24 h，将已膨胀的种子取出，与3倍湿沙混合放温暖处催芽（图1-2-8）。

• 层积催芽：方法与种子沙藏法相同。用湿沙贮藏的种子可直接进入催芽阶段，用干藏法贮藏的种子要在催芽前将种子用水浸泡1～2天后拌沙层积处理。播前不断检查，种子有20%～40%裂口时即可取出播种。主要果树种子层积催芽天数见表1-2-1。

图 1-2-8 温水浸种催芽

表 1-2-1 主要果树种子层积催芽天数

树种	层积天数
棠梨、杏、山杏、猕猴桃、酸枣、山核桃、枳	60~80
毛桃、李、樱桃、君迁子、野柿、银杏	80~100
杨梅、山樱桃	150~180

- 机械破种:少量种子可用剪刀、砂纸或砖头破种,如芒果(图 1-2-9)。

3. 播种

(1) 播种期与播种量:

- 播种期:一般分为春播、秋播、随采随播三种,具体的播种时间要根据当地的气候、土壤条件和种子特性决定。春播一般在 2—3 月,大多数落叶果树种子需要经过层积处理

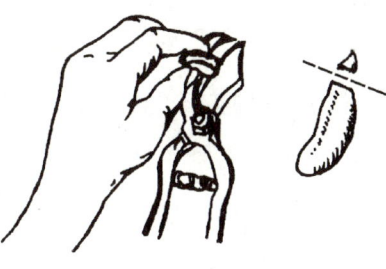

图 1-2-9 机械破种

完成后熟、露白后进行,出苗整齐、幼苗生长一致、出苗率高;秋播一般在 10 月中旬至 12 月,秋播可省去种子的层积、催芽等工序,且发芽早,但出苗不整齐、幼苗生长参差不齐、出苗率低;大多数常绿果树种子不需要层积处理,应随采随播,如枇杷在 5—6 月,龙眼在 8—9 月。

- 播种量:单位面积的用种量称为播种量。一般以 kg/亩表示。播种量通常与种子的大小、纯净度和发芽率有关。

$$播种量 = \frac{每亩计划出苗数}{每千克种子数 \times 种子发芽率 \times 种子纯净率}$$

常见果树或砧木播种情况见表 1-2-2。

表 1-2-2 常见果树或砧木播种情况

树种	采种期/月	贮藏或层积要求	粒数/kg	播种量/(kg/亩)	播种时期/月	播种深度/cm	备注
枳壳	9—10	沙藏	4 400~6 000	30~40	2—3	1~2	播嫩种在 7—8 月
荔枝	6—7	沙藏催芽	320~400	120~200	随采随播	2	

续表

树种	采种期/月	贮藏或层积要求	粒数/kg	播种量/(kg/亩)	播种时期/月	播种深度/cm	备注
龙眼	7—9	沙藏催芽	500~600	73~100	随采随播	1~2	
湖北海棠	9—10	0~7℃ 30~50天	80 000~120 000	1~1.5	2—3	2	
沙梨	8—9	0~5℃	20 000~40 000	1.5~2	2—3	2	
毛桃	8	沙藏 80~100天	400~600	30~40	10—11,2—3	5~6	缝合线立放
板栗	9—10	0~5℃ 100~180天	120~300	100~150	2—3月初	4~5	种子平放
枇杷	5—6	沙藏催芽	500~540	50~75	随采随播	<1	
核桃	9—10	沙藏 60~90天	60~100	97~200	随采随播	6~10	缝合线立放
石榴	8—9	沙藏		3~5	3	1.5	

(2) 播种方法：种子的播种有直播和床播两种。直播是将种子直接播在嫁接圃内，不经移栽，直接嫁接出圃。床播是将种子播在预先准备好的苗床中，出苗后再行移栽。苗床播种方法有撒播、条播和点播三种。

● 撒播：适用于小粒种子，如沙梨、猕猴桃等，播前先在畦内取出一部分表土作播种后覆土用，再将畦面整平耙细，然后灌水，待水下渗后，将种子均匀撒在畦面上，然后覆上一薄层细土，覆土厚度为种子横径的2~3倍，再盖上一薄层细沙，有条件的可用薄膜或秸秆覆盖，有利于种子萌发。

● 条播：一般小粒种子（如沙梨、枳壳等）可进行畦内条播或大垄条播。畦内条播时每畦可播2~4行，采用4行时可用双行带状条播（图1-2-10），畦内小行距因畦内播种行数而定，边行至少距畦埂10 cm，双行带状播种时窄行距20~30 cm，宽行距30~40 cm。播种时，在整平的畦面上按行距开小沟，沟深根据种子大小、发芽难易、土壤性质及干湿程度等确定，小粒种子宜浅，大粒种子宜深；发芽较迟的种子宜深。在土壤条件适宜时，播种催芽的种子，播种深度一般以种子横径1~3倍为宜。开沟后先在沟内灌足底水，待水下渗后，将种子均匀地播在沟内。垄条播一般在垄台上开沟播种。播法同畦条播，播种后及时覆土，覆土要细碎。有条件的覆土后上面撒一层细沙或进行秸秆、薄膜等覆盖，以保持湿度，有利于种子萌发出土。

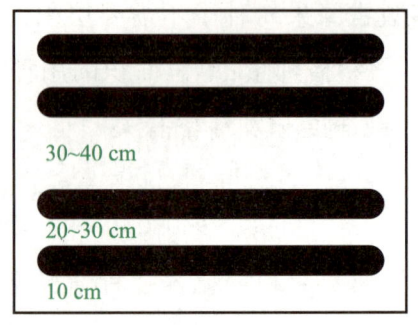

图1-2-10 条播

- 点播(也称穴播):适用大粒种子,如核桃、板栗、桃等。播前在畦内按行距开沟,然后按株距点播种子,一般行距30~40 cm,株距10~15 cm,每处点播1~2粒种子,覆土厚度3~5 cm。播种板栗、核桃时,应注意种子放置方向,板栗应平放(图1-2-11),核桃应将种子平放后使缝合线与地面垂直,这样有利于幼苗出土生长。

(3) 播种后的管理:

- 揭去覆盖物:种子萌芽出苗达40%时,要及时揭去薄膜,可保证幼苗正常生长,防止幼苗茎弯曲。揭薄膜时间应在阴天或傍晚,揭后要搭荫棚遮阳(图1-2-12)。
- 淋水:幼苗刚出土时,要保持床土湿润,注意苗木土壤湿度的变化,如发现表土过干,要适时喷水,忌用大水浇灌,以免影响幼苗正常生长。

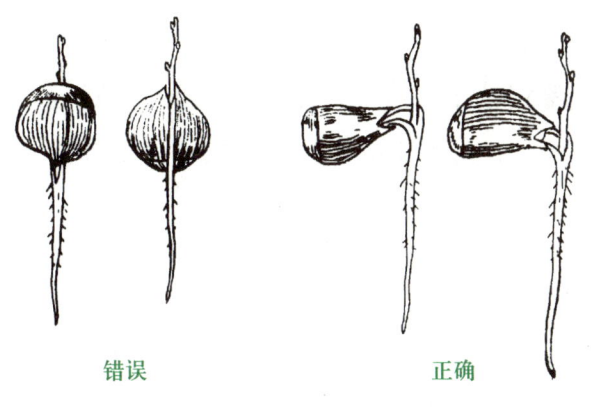

错误　　　　　正确

图1-2-11　板栗种子横放的发芽效果

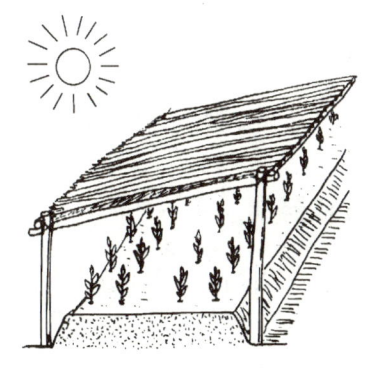

图1-2-12　搭荫棚遮阳

- 间苗移栽:幼苗长有2~3片真叶时,密度过大的应进行间苗移栽,间掉病苗、弱苗和畸形幼苗,对生长正常而又过密的幼苗进行移栽。移栽前2~3天要灌透水,以便于挖苗。挖苗时尽量多带土,注意少伤根,最好就近间苗移栽,随挖随栽,栽后及时浇水(图1-2-13)。
- 田间管理:幼苗出齐后,注意及时除草、松土、施肥,保持土壤疏松和无杂草,并加强病虫害防治。苗圃虫害有蛴螬、地老虎、蝼蛄等地下害虫(图1-2-14),发现危害可用敌百虫(美曲膦酯)拌麦麸做诱饵毒杀,有食叶害虫要及时打药防治,有利于幼苗的健壮生长。

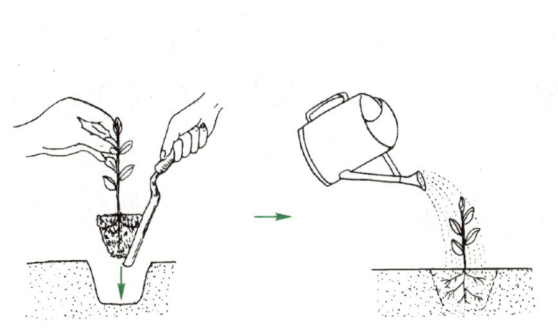

图1-2-13　带土移苗补苗

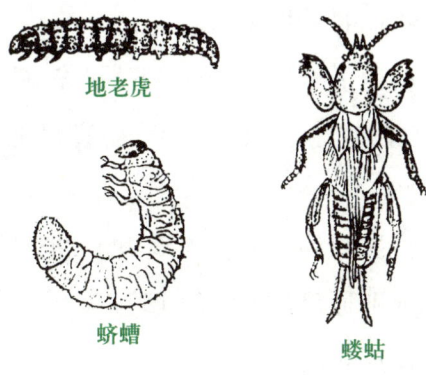

图1-2-14　常见地下害虫

- 摘心：当幼苗长到 30 cm 左右时，要适时进行摘心，促进苗木加粗，同时除去苗干基部 5~10 cm 的萌蘖，以保证嫁接部位光滑。

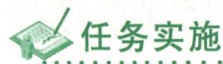
任务实施

一、种子质量的简易鉴定

1. 实训目的

掌握种子质量鉴定技能，熟悉种子质量鉴定技术过程。要求细心检测、认真记录、不浪费材料。实验结束后将实验报告填写完整，实验用品归还原位、摆放整齐，场地清理干净。

2. 材料器具

果树种子、直尺、玻璃板、天平、烧杯、培养皿、放大镜、滤纸（或卫生纸）、靛蓝。

3. 操作步骤

优质种子纯净、整齐、饱满、发芽率高、无病虫害。种子质量的简易鉴定主要是通过观察判断，检验种子的净度、千粒重、发芽能力等来鉴别种子的质量。

（1）观察判断：种子质量的鉴别首先是用目测法，主要看种子的大小、颜色和形状等。如果种子的体积明显小于正常种子或颜色明显变浅或发暗、失去光泽，或明显变形，或有异味，或有虫眼及虫蛀的痕迹，都可以视为废种子。

（2）种子净度测定：净度指纯净种子占试样质量的百分率，它是种子品质的主要指标，也是决定播种量的依据之一。

（3）从种子堆里按上层、下层，东、南、西、北各方向随机取样，然后将抽样的种子充分混合，平摊在桌面上，摆成四方形，用直尺通过它的中心划一个对角十字，取其中的 1/4（四分法取样）来测定。

（4）将被测种子摊在玻璃板上，把纯净种子挑出放在一边，废种子和杂物放在另一边。

（5）分别称重（图 1-2-15）。

（6）计算净度：

$$净度 = \frac{纯净种子重}{纯净种子重+废种子重+杂物重} \times 100\%$$

图 1-2-15　种子净度测定

4. 种子千粒重测定

1 000 粒纯净干种子的质量简称千粒重,以克(g)为单位。千粒重能说明种子的大小和饱满程度。千粒重的数值越大,说明种子内含的营养物质越丰富。

(1) 从每批种子中随机取 1 000 粒为 1 组,重复取 2 组。千粒重在 50 g 以上的可取 500 粒为 1 组,千粒重在 500 g 以上的可取 250 粒为 1 组。

(2) 称重后计算两组的平均数。当两组种子质量之间的误差大于平均值的 5% 时,应重做。如仍然超过 5%,则计算 4 组的平均值。如纯净种子少于 1 000 粒,可将其全部称重,然后换算成千粒重(图 1-2-16)。

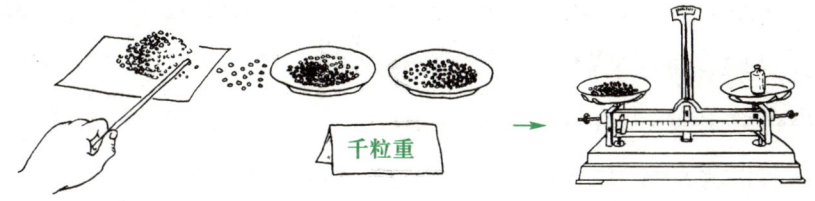

图 1-2-16　种子千粒重测定

5. 种子发芽率测定

发芽率是指在规定的时间、温度、湿度下,正常发芽粒数占供试种子总数的百分率。在播种前测试种子发芽率,有助于准确地确定播种量。一般测试果树种子发芽率的技术比较复杂,例如有些树种的发芽试验需要 1 个月以上的时间。对于一些需要较长时间低温休眠的种子,试验就更复杂,而且还需要一些特殊设备,如光照发芽箱、恒温箱等。但对于发芽时间短的树种,可以采用简易测定方法。

(1) 从纯净的种子中随机取 100 粒种子为 1 组,共取 4 组,种粒大的可以取 50 粒或 25 粒为 1 组。用始温为 45 ℃ 水浸种 24 h(图 1-2-17)。

(2) 将浸后的种子取出消毒,分组放入小容器中注入 0.15% 浓度的福尔马林溶液,以浸没种子为度,随即盖好容器,20 min 后倒出福尔马林溶液,再盖好闷 30 min,然后用清水洗种子(图 1-2-18)。

(3) 将种子取出放在垫有滤纸(或卫生纸)的容器内,种子需整齐排开,然后上面再盖一层吸水纸(图 1-2-19)。

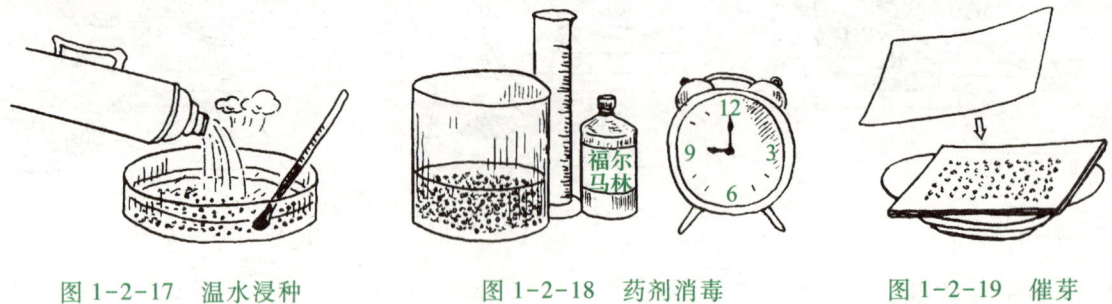

图 1-2-17　温水浸种　　　　　图 1-2-18　药剂消毒　　　　　图 1-2-19　催芽

(4) 将容器放于温暖处,定时洒水保湿,同时保持通风和光照。

(5) 当种子开始发芽时,记录发芽的时间和数量,最后根据胚根最终超过种子直径 1/2 的长度来确定发芽率。计算公式:

$$种子发芽率 = \frac{在规定时间内的发芽种子数}{供试种子数} \times 100\%$$

6. 种子生命力的测定

种子潜在的发芽能力称为种子的生命力。根据种子死细胞易着色,活细胞不易着色的原理,将种仁置于染色剂中,通过染色的程度可快速判断种子的生命力。染色剂类型很多,果树种子大多用靛蓝染色效果较好,在没有靛蓝的情况下,用红墨水、蓝墨水、医用红汞代替也可。

(1) 将靛蓝用蒸馏水配成 0.05%~0.1% 溶液,随配随用,不宜久放(图 1-2-20)。

(2) 从纯净种子中用四分法随机取种 50 粒或 100 粒,共取 4 次重复。将种子浸在 30℃ 以下水中浸泡软化 2~3 h,去除外壳,用刀片沿子叶开口处纵切成对半,用其中有种胚的一半备用(图 1-2-21)。

(3) 将备用的半粒种子全部浸入染色剂中,保持 30℃、3~12 h。

(4) 染色结束后,取出种子立即用清水冲洗,放在白色滤纸上,用放大镜观察种子被染色情况。没被染色的为生命力高的种子;种胚染成斑点状为生命力弱的种子;种胚全着色或胚根、胚茎大部分着色为无生命力的种子(图 1-2-22)。

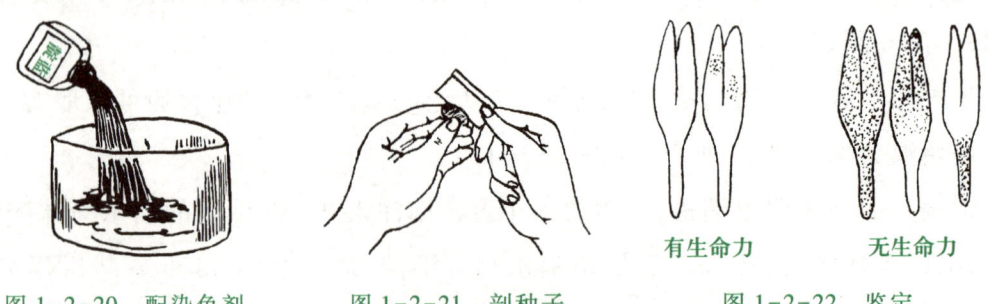

图 1-2-20　配染色剂　　　　　图 1-2-21　剖种子　　　　　图 1-2-22　鉴定

(5) 计算种子的生命力:根据有一定生命力的种粒数量与受测总量计算种子生命力的百

分率,近似代表其发芽率。

部分果树种子质量分级表见表 1-2-3。

表 1-2-3 部分果树种子质量分级表

树种	Ⅰ级 净度不低于/%	Ⅰ级 发芽率不低于/%	Ⅰ级 生命力不低于/%	Ⅱ级 净度不低于/%	Ⅱ级 发芽率不低于/%	Ⅱ级 生命力不低于/%	Ⅲ级 净度不低于/%	Ⅲ级 发芽率不低于/%	Ⅲ级 生命力不低于/%	含水量不高于/%
银杏	99	85	—	99	75	—	99	65	—	25~20
海棠	95	—	—	90	—	—	90	—	—	10
棠梨	95	—	85	90	—	70	90	—	60	10
山杏	99	—	90	99	—	80	99	—	70	10
山桃	99	—	90	99	—	80	99	—	70	10
板栗	98	—	—	96	—	—	94	—	—	30~25
核桃	99	80	—	99	70	—	—	—	—	12

(摘自国家标准局 1999 年 1 月 1 日颁布的林木种子国家标准 GB7908—1999)

7. 作业

(1) 如何测定种子的净度?

(2) 如何测定种子的千粒重?

(3) 如何测定种子的发芽率?

二、实地播种

1. 目的要求

了解播种程序,掌握撒播、条播、点播的基本方法。要求认真观看示范,积极参与播种过程,注意节约种子。

2. 工具材料

果树种子、锄头、粗眼筛、喷壶、土杂肥、塑料薄膜、2 cm×20 cm 长木条。

3. 操作步骤

(1) 条播:

- 用木条在做好的苗床上按纵向四行压出播种沟(图1-2-23)。
- 将种子均匀细致地播在沟内。
- 用细眼筛将土杂肥筛盖在种子上,覆盖厚度以平沟面为度(图1-2-24)。
- 用喷壶浇透床土后盖上塑料薄膜。

 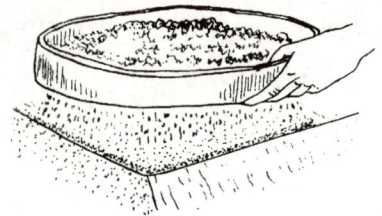

图1-2-23　压播种沟　　　　图1-2-24　覆土

(2) 点播：
- 用锄头在床面上按 15 cm×25 cm 株行距打出深约 5 cm 的小穴。
- 将种子按腹背缝线与地面平行的方式横放入穴中(图1-2-25)。
- 将土杂肥撒盖在种子上,厚度略高于床面(图1-2-26)。

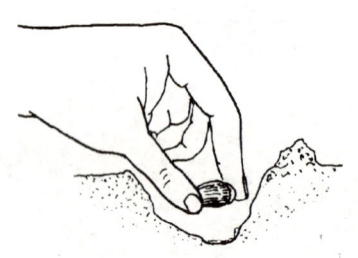 

图1-2-25　种子横放　　　　图1-2-26　撒盖土杂肥

4. 注意事项

条播行整齐一致,覆土厚度均匀,塑料薄膜覆盖平整,边角压实;点播穴整齐均匀,深浅一致,种子摆放符合要求,覆土完整,无漏穴、空穴现象,床面平整;场地清理整洁,工具擦净,整齐归位。

任务反思

1. 实生苗有何特点及应用?
2. 如何采集种子?
3. 砧木种子采下后应作哪些处理?
4. 种子贮藏有哪些方法?
5. 如何鉴定种子的生命力?
6. 播种前种子要经过哪些处理?

7. 苗木种子播种有哪些方法？

8. 怎样间苗？

任务1.3　营养繁殖苗的培育

任务目标

知识目标：1. 了解果树营养繁殖苗的特点。

　　　　　2. 熟悉果树常用营养繁殖育苗的类型和技术原理。

技能目标：1. 掌握果树嫁接繁殖技术。

　　　　　2. 掌握果树扦插繁殖技术。

　　　　　3. 掌握果树压条繁殖技术。

　　　　　4. 掌握果树分株繁殖技术。

任务准备

营养繁殖是将果树的根、茎、叶等营养器官作为繁殖材料，利用其再生能力培育果苗的方法，又称无性繁殖。利用营养繁殖获得的苗木称为**营养繁殖苗**，其中，采用嫁接繁殖的苗木叫**嫁接苗**，采用扦插、压条、分株繁殖的苗木由于是从枝上促发不定根而形成新植株，故又统称为**自根苗**。营养繁殖苗具有能保持母本树优良性状和特性，能早结果、早丰产的优点，尤其是没有种子的果树，如无核葡萄、无核枣类品种、无核大山楂类品种等。**果树育苗绝大部分是采用嫁接法**。

一、嫁接育苗

嫁接育苗是将一株植物的枝段或芽接到另一株植物的适当部位，使它们愈合形成一个新的植株。接在上部的不具有根系的部分（枝和芽）称为"**接穗**"，位于下面承受接穗的，具有根系的部分，称为"**砧木**"（图1-3-1）。所培育的苗木称为**嫁接苗**。

1. 嫁接苗的特点及利用

嫁接苗一般具有早结果、易繁殖，能保持接穗品种的优良性状，具有提高苗木抗寒、旱、涝、病虫害的能力。用矮化砧木还可使果树矮化。

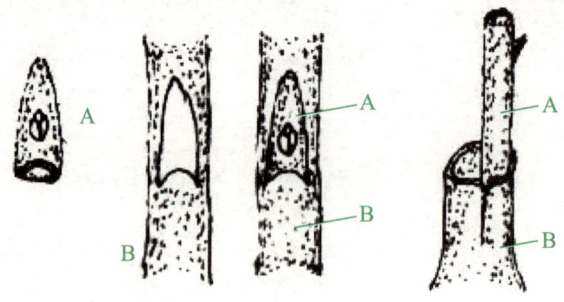

A. 接穗(芽或枝);B. 砧木。

图 1-3-1 嫁接

嫁接苗主要用于果树苗木繁殖、品种更新、树势恢复。

2. 嫁接成活的原理

嫁接后,砧木和接穗的削面在受伤细胞愈伤激素的刺激下产生愈伤组织,砧木和接穗的愈伤组织经过多次分化,将双方木质部导管和韧皮部筛管的输导组织沟通,水分和养分得以相互输送,砧穗愈合成为一新植株。

(1) 亲和力与嫁接:亲和力指砧木和接穗嫁接后能否愈合并正常生长发育的能力,是嫁接成活的关键因素和基本条件。亲和力越强,嫁接成活率越高。

(2) 亲缘关系与嫁接:砧木和接穗的亲缘关系越近,亲和力越强。一般同种类的亲和力最强,其嫁接成活率高;同属异种间则因果树种类而异,多数果树亲和力较强;同科异属植物间,一般嫁接亲和力较弱,但柑橘类的属间亲和力强,如柑橘属与枳属可进行嫁接。

3. 砧木的选择

果树生产上选择与嫁接品种亲和力强的苗木作砧木,可获得良好的综合性状,使嫁接果树具有适应性广、矮化、抗旱、耐湿、耐寒、抗病虫害等特性。南方主要果树常用的砧木见表 1-3-1。

表 1-3-1 南方主要果树常用砧木

树种	常用砧木	树种	常用砧木
柑橘	枳、酸橘、酸柚、红橘	葡萄	山葡萄、SO4、5BB
龙眼	本砧、大乌圆、石硖	猕猴桃	本砧、野生猕猴桃
荔枝	本砧、禾荔、黑叶	桃	毛桃、山桃
芒果	本砧、土枥、扁桃	李	毛桃、李
枇杷	本砧、石楠、野生枇杷	柿	本砧、君迁子
梨	沙梨、棠梨、杜梨	板栗	本砧、茅栗、锥栗
杨梅	本砧、野生杨梅	枣	本砧、酸枣

4. 接穗的选择、采集、包装与贮藏

（1）采穗母树的选择：接穗应从良种母本园或采穗圃采集，也可从生产园采集。采穗母树应具备：品种纯正、生长健壮、丰产稳产、抗逆性强，无检疫病虫害的推广良种壮树。幼龄树、弱势树、病虫害严重的树不宜作为采穗母树（图1-3-2）。

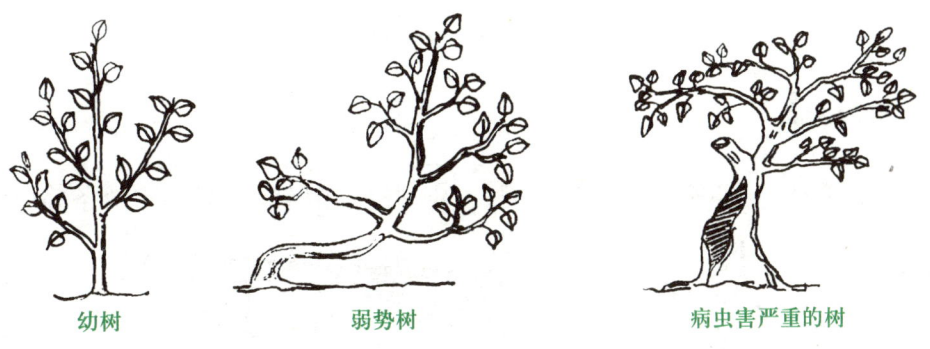

图1-3-2 不可采接穗的树

（2）接穗的采集：常绿果树采集树冠外围中上部健壮充实、芽眼饱满、已木质化的当年生枝或一年生枝作接穗。落叶果树在树木落叶后即可采集，用量大时可结合冬季修剪采集，最迟不能晚于发芽前14~21天。采后截去两端保留中段（图1-3-3）。病虫害发生严重、有检疫对象的果园，不宜采集接穗。芽接接穗在生长季节随采随接，采后立即剪去叶片保留一段0.5~1cm长的叶柄（图1-3-4）。

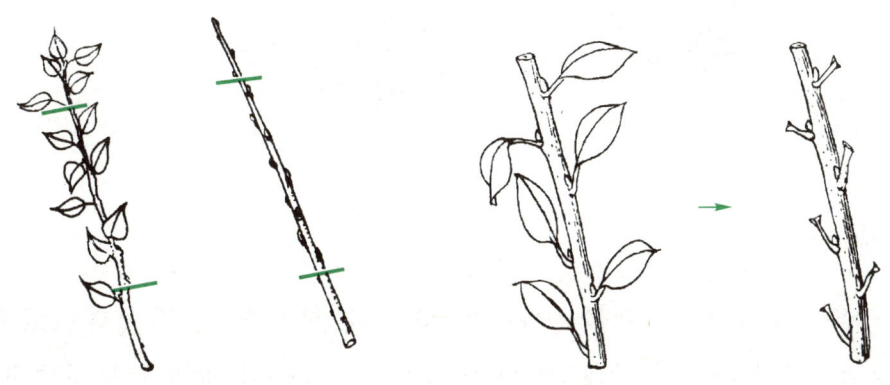

图1-3-3 去两端留中段　　　图1-3-4 剪去叶片

（3）接穗的包装：采下的接穗要分品种捆扎，去叶修整完好，每50~100枝绑成一捆，挂牌标明品种、数量、采集时间和地点，然后装入塑料袋中，迅速运到嫁接场所或贮藏点（图1-3-5）。

（4）接穗的贮藏：芽接接穗不需贮藏，随采随用，只需放在清水或用湿纱布包好即可。枝接接穗如暂时不用，必须用湿布和苔藓保湿，量多时可用沙藏或冷库贮藏。苗木若需调运，必须用湿布或湿麻袋包裹，再挂上品种标签，放置背阴处及时调运。调运接穗途中要注意喷水保湿和通风换气，采用冷藏运输效果更好。

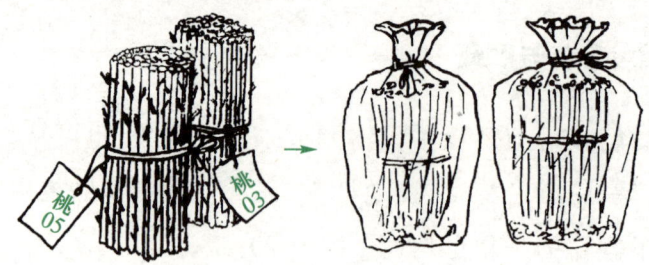

图 1-3-5　接穗包装

5. 嫁接常用的工具

常用嫁接工具有枝剪、芽接刀、劈刀、铲刀、手锯、枝接接穗削制器和塑料条等(图 1-3-6)。

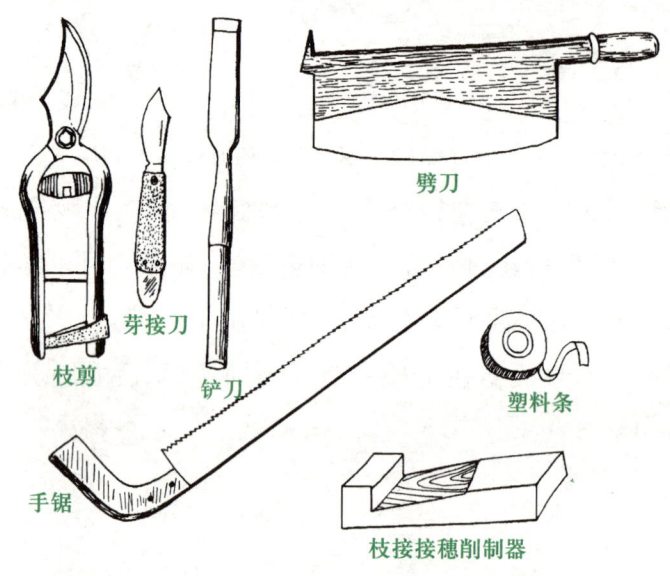

图 1-3-6　嫁接工具

6. 嫁接时期

在华南地区 2—11 月都可以嫁接,但以春季 3—4 月和秋季 9—10 月嫁接成活率高。枝接常在 3—4 月和 9—10 月进行;芽接在 2—11 月都可进行,以生长期便于取芽时期最适宜。

7. 嫁接方法

(1) 枝接:一般在春季砧木萌动而接穗未萌动时进行,在"惊蛰"到"谷雨"之间。有的在生长季节也能进行,如舌接、靠接等。常用的枝接方法有劈接、切接、插皮接、舌接、靠接等。

- 劈接:适用于较粗的砧木,并广泛用于果树高接换头(图 1-3-7)。
- 切接:适用于根茎 1~2 cm 粗的砧木(图 1-3-8)。
- 插皮接:适用于直径在 1.5 cm 以上的砧木,但砧木树皮要能剥离(图 1-3-9)。
- 舌接:适用于嫁接砧、穗粗细大体相同的苗木,葡萄等髓心较大的果树常用此法

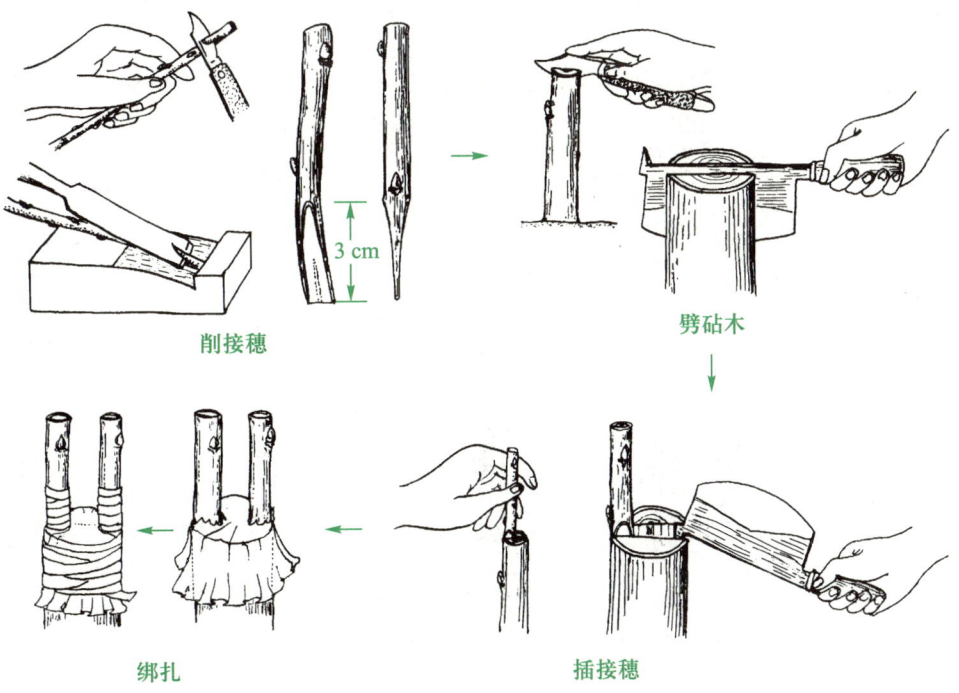

图 1-3-7 劈接

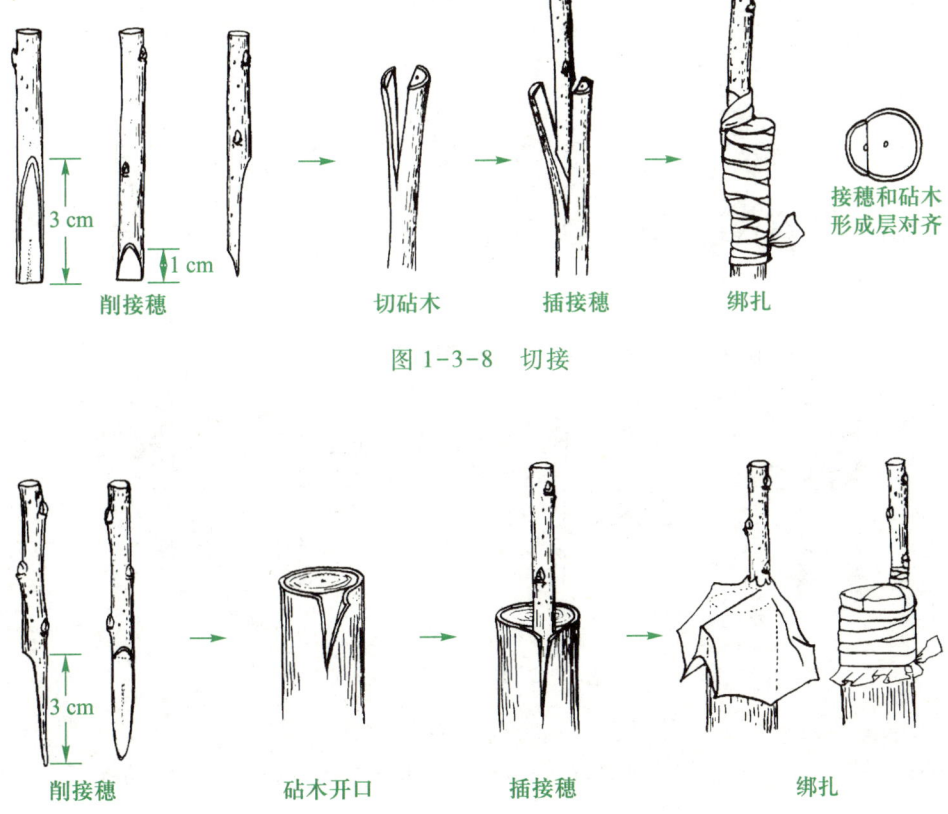

图 1-3-8 切接

图 1-3-9 插皮接

（图1-3-10）。

- 靠接：常用于某些特殊情况，如挽救垂危果树，改良盆栽果树，或改换品种等（图1-3-11）。

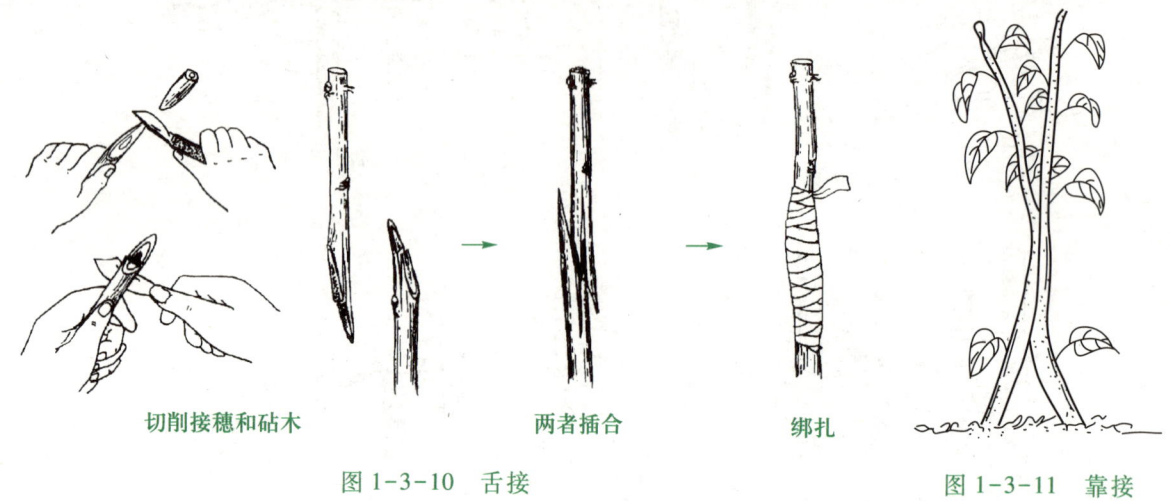

图1-3-10 舌接　　　　　图1-3-11 靠接

（2）芽接：适于春、夏、秋三季进行，即在生长季节进行。常用的芽接方法包括T形芽接、方块形芽接、芽片腹接、嵌芽接等。

- T形芽接：又称盾状芽接，通常用于1~2年生小砧木，韧皮部不厚，较易成活的树种，如桃、杏、梨等（图1-3-12）。

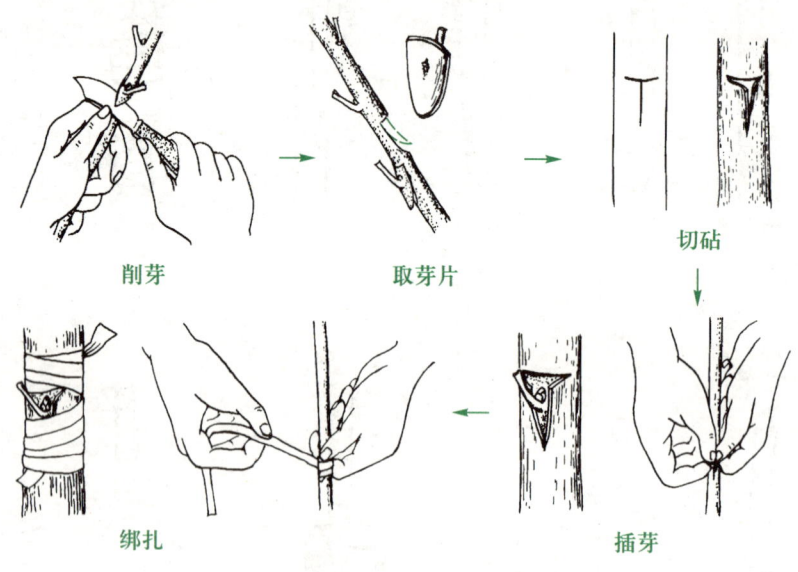

图1-3-12 T形芽接

- 方块形芽接：适用于成活较难及树皮较厚、砧木较粗的树种，如柿、核桃等（图1-3-13）。
- 芽片腹接：又称小芽腹接，适用于砧木较小的树种，如桃、柑橘等（图1-3-14）。取芽时倒持接穗，用刀从芽下方1~1.5 cm处削下芽片，详见本任务实施部分。

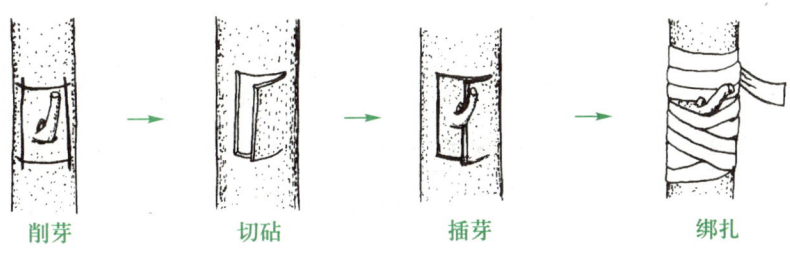

图 1-3-13　方块形芽接

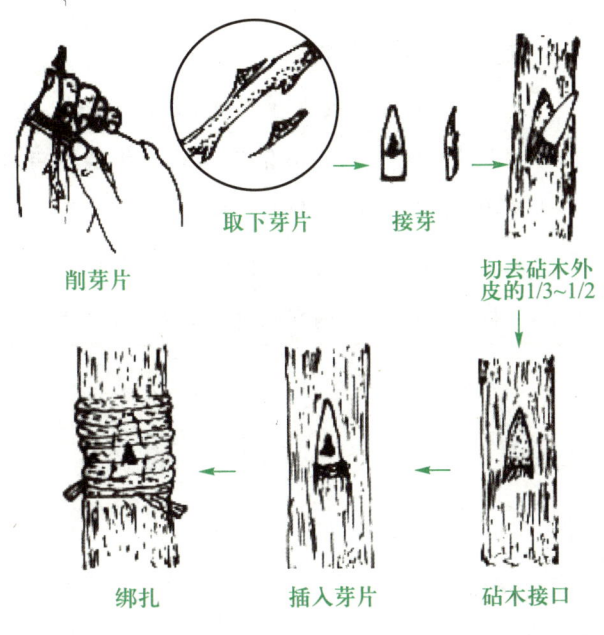

图 1-3-14　芽片腹接

- 嵌芽接：对于不易离皮或枝条有棱角沟纹的树种可用此法(图 1-3-15)。从接穗芽上方下削约 2 cm 取芽，要深入木质部，再从芽下方切入 0.6 cm，即可取下带木质部的芽片备用。

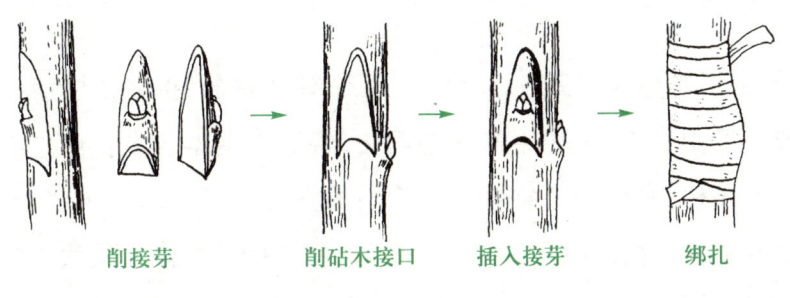

图 1-3-15　嵌芽接

嫁接的分类方法较多，果树生产中最常见的嫁接育苗方法是枝接与芽接。常见的嫁接方法见表 1-3-2。

表 1-3-2　常见嫁接方法

分类	名称	嫁接方法
嫁接时期	生长季嫁接	果树生长期嫁接,常用芽接
	休眠期嫁接	果树休眠期嫁接,常用枝接
嫁接场所	地接	在苗圃地,不起苗直接嫁接
	掘接	掘起砧木,在室内或其他场所嫁接
嫁接部位	高接	在树冠较高位置嫁接,常用于高接换种
	平接	树干近地面嫁接,多用于苗木繁殖
	腹接	在枝、干的腹部嫁接
嫁接材料和方法	枝接	用带芽的枝条作接穗,有劈接、切接、插皮接、舌接等
	芽接	用芽片作接穗,有T形芽接、方块形芽接、嵌芽接、芽片腹接等
	根接	利用根部作砧木,直接与植株嫁接
	靠接	砧、穗都不剪断,嫁接部位削面靠紧嫁接
	桥接	用枝或根的一段,两端同时接于树干上下两处

8. 嫁接应注意的事项

总的要求是做到"快、准、光、净、紧"。

(1) 快:指操作动作要快,刀具要锋利。

(2) 准:指砧木与接穗的形成层要对准。

(3) 光:指接穗的削面要光洁平整。

(4) 净:指刀具、削面、切口、芽片等要保持干净。

(5) 紧:指绑扎要紧。

9. 嫁接后的管理

(1) 防晒保湿:为了避免接穗失水,嫁接后应采取遮阳措施,例如搭棚、套纸袋(图 1-3-16)或接穗涂蜡。一般在苗圃地嫁接,多用搭棚遮阳法,将遮阳网架设在苗床之上即可。而常绿树种嫁接或高接换头的果树,最好用套袋或伤口涂蜡的方法。

(2) 检查成活与补接:芽接 14 天左右、枝接 28 天左右即可检查成活。如果芽接接芽新鲜有光泽,叶柄一触即落,即为成活(图 1-3-17)。当枝接接穗上芽萌发,则表明成活。对芽接未成活者可予以补接;枝接未成活者可培养砧木萌枝留作来年补接。

(3) 剪砧:芽接成活后,第二年早春萌芽前,应在接芽上 0.6 cm 处将砧木剪掉,剪口向接芽背后微斜,剪口要平整,以利剪口正常愈合。春季芽接者,分两次剪砧,第一次是在接芽发芽

 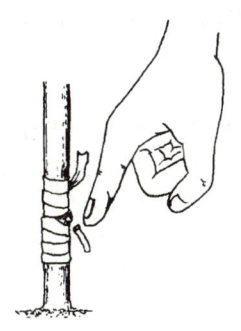

图 1-3-16　套纸袋　　　图 1-3-17　检查成活情况

后,离接芽上方 3~4 片叶处剪去砧木梢,第二次是当接芽长成的新梢木质化后,再将嫁接部位上方 2~3 cm 处以 30 度角斜剪去全部砧桩,要求剪口光滑,不伤及接芽新梢,不能压裂砧木剪口(图 1-3-18)。为了培养"三当苗"(当年播种、当年嫁接、当年出圃),对夏季芽接成活者可先折砧,后剪砧(图 1-3-19)。

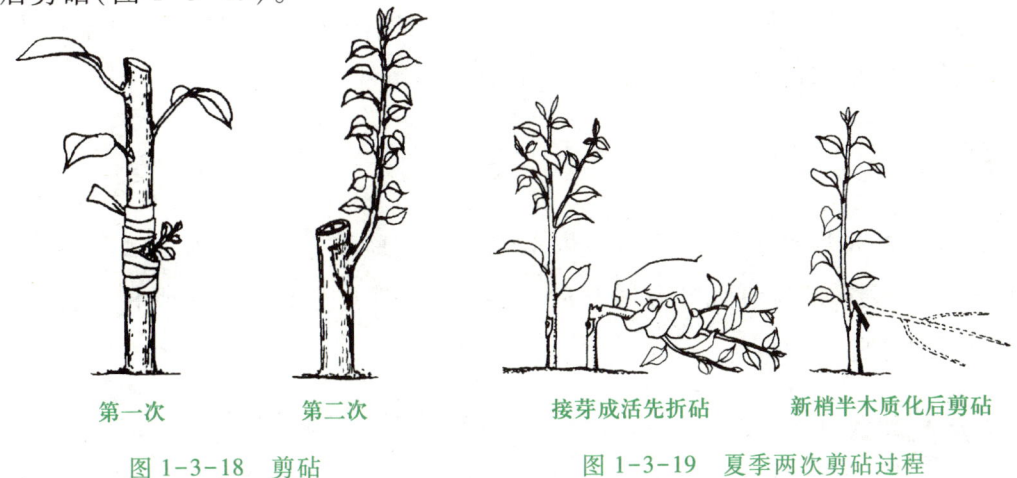

第一次　　　第二次　　　接芽成活先折砧　　新梢半木质化后剪砧

图 1-3-18　剪砧　　　　　图 1-3-19　夏季两次剪砧过程

(4) 除萌蘖:剪砧后,砧木上会陆续萌生许多萌蘖,要及时除去,以免消耗养分和水分。除萌蘖应多次反复进行(图 1-3-20)。

(5) 立支柱:对接穗当年抽生新梢(长至 10~15 cm)、生长快的树种,为防风折,可紧贴砧木立一小棍加以固定(图 1-3-21)。

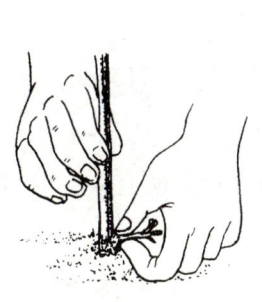 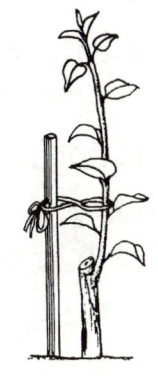

图 1-3-20　除萌蘖　　　图 1-3-21　立支柱

（6）解绑：芽接成活后一般2~3周即可解绑。枝接成活后则应待成活的接穗与砧木伤口愈合后，方可解除绑扎物。

（7）圃内整形：对桃树等果树，当新梢超过定干高度而继续生长时，可进行摘心，促发侧枝。对整形带以下的芽也要随时抹除，以免消耗营养。

（8）其他管理：主要是灌水施肥、松土除草、防治病虫害等常规措施，基本与实生苗管理方法相同。

二、扦插育苗

1. 扦插成活的原理

扦插育苗主要是利用果树营养器官的再生能力（细胞全能性），枝、芽、叶能萌发新根（不定根）或根系能萌发新芽（不定芽），而长成一个独立的植株。

2. 扦插时期

以当地土温15~20 cm处稳定在10℃以上时开始。插条可在晚秋或初冬结合冬季修剪时剪取，并进行沙藏，到第二年春天气温回升后扦插，也可随剪随插。一般硬枝扦插在2月中下旬至4月上旬，绿枝随采随插。

3. 扦插方法

通常有硬枝扦插、嫩枝扦插和根插三种。**硬枝扦插**是用木质化枝条进行扦插，**嫩枝扦插**是利用当年生尚未木质化或半木质化的新梢在生长期进行扦插，**根插**是用根段进行扦插。

（1）硬枝扦插：用充分木质化，且发育良好的枝条作为插穗进行插条育苗，如葡萄、石榴等果树常用此方法。具体步骤如下：

● 采插条：在休眠期，以树木刚落叶，营养尚未流向根部时采集最好。要选择优良母株上生长健壮、芽眼饱满的一年生枝条作插条。徒长枝、细弱枝不宜作插条。**葡萄不可在萌芽前采条，以防引起伤流。**

● 剪插穗：种条采回后，应立即剪穗。插条剪留长度10~15 cm，有2~3个饱满芽，上端的剪口在芽上0.5~1.0 cm处，剪成平口，下端的剪口紧贴芽下0.5~1.0 cm处剪，在芽的背面成30°~50°的斜面，剪口应平滑，以利愈合。剪好后按每50根或100根扎成一捆。捆扎时上下切口方向要一致，以备扦插或贮藏。

● 贮藏：春季剪穗可随剪随插。冬季采条剪穗可用湿沙贮藏，其方法可参照种子沙藏法。

● 扦插：扦插密度以生长时树叶互相不重叠为标准，通常树叶宽大、生长快、土壤肥沃的，株行距可大些;反之,则可小些。扦插深度为:落叶果树地面上露出1~2个芽,深达插穗总长的2/3~3/4为宜;常绿果树扦插深度为插穗总长的1/2~1/3。扦插方法可直插也可斜插。通常易生根、插穗短、土壤条件较好时用直插;而难生根、插穗长、土壤较黏重时用斜插。但斜插易出现偏根现象,不利起苗、包装和栽植。苗床的要求与播种苗基本相同。扦插时可先在苗床上用其他枝条先打一个洞,再插入插条,切记不可倒插。插后要压实插条四周的土壤,并及时浇水,使插条与土壤密接(图1-3-22)。

(2) 嫩枝扦插:用尚未木质化或半木质化的带叶新梢作为插穗进行插条育苗。凡能用硬枝扦插成活的果树,均可采用嫩枝扦插,如葡萄、龙眼、荔枝、枇杷、杨梅等。嫩枝扦插比硬枝扦插易生根,成活率高,但在炎夏季节管理难度较大。

嫩枝扦插多在6—7月采条,插条长10~15 cm。为了有利于生根,减少水分蒸发,基部叶片要去掉,上部叶片要剪去1/3或1/2,下切口应在叶或腋芽之下。插条要随剪随插,扦插深度为插条的1/2。插后随即喷一次透水,并立即设荫棚遮阳(图1-3-23)。

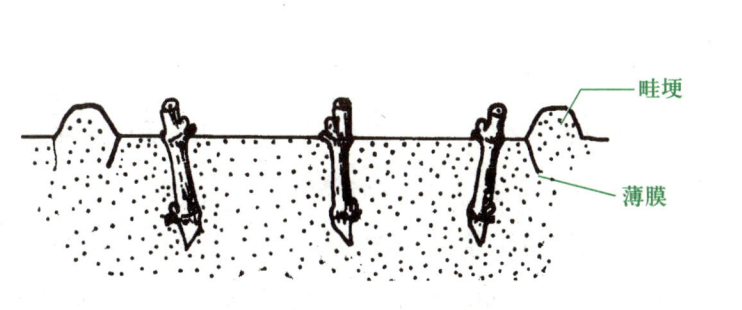
图1-3-22 葡萄硬枝扦插

图1-3-23 嫩枝扦插

(3) 根插:通常在秋季掘苗或移栽时采集根段进行扦插育苗。根插育苗是利用根上能生出不定芽的原理培育新植株的。对于枝插不易发根的果树,如棠梨、枣、猕猴桃、无花果、柿、核桃等均可采用埋根育苗。

根插用的根段直径通常在0.5~2cm,全根插,或剪截为5~8cm或10~15cm的根段,上剪口平,下剪口斜。按50根或100根捆成一捆,上下剪口方向要一致,将下剪口向下,排于沙床上催芽(图1-3-24),或进行沙藏,春季进行露地扦插。根插方法与硬枝扦插法相同,直插或平插均可。即按10 cm×25 cm的株行距将根段埋入苗床,上端与床面齐平,不可倒插,如果两端分辨不清,则可将根段埋于床下,埋后培一土丘(图1-3-25)。发芽后扒开土丘使芽生长。幼苗长至10cm高时,每个插根留一壮条,其余除去并培土。

4. 扦插后的管理

扦插后的管理工作主要是保持插床湿润,防止插条在生根之前因叶面水分蒸发过多,造成插条失水枯死。所以,硬枝插条育苗出现发芽抽梢现象时并不一定说明插条已经成活。如果不注意浇水保湿,插条往往会因失水大于吸水而枯萎,造成育苗失败。在生长季节,扦插苗除了盖帘遮阳外,还要坚持每天叶面喷水5~6次。

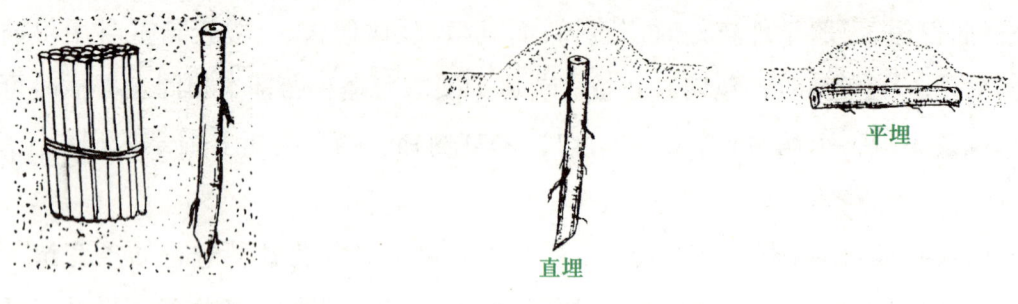

图 1-3-24　排根催芽　　　　　　　　图 1-3-25　埋根方法

平时除草只能用手拔,不可用工具锄草,以防止触动插条影响生根。插条生根前不要施肥,但在地面上扦插生根的,则可在原地施肥,以促进生长。如果是在河沙等插床上扦插的,生根后要等新根生长到2 cm以上时,选择阴天,将扦插苗移栽到土壤苗床上生长。

5. 促进插条生根的办法

促进插条生根通常有以下方法:

(1) 选择松软、透气的床土:除选择沙壤土之外,还可以用细河沙、木炭粉、珍珠岩、蛭石等透气透水性能好、杂菌少、无污染的材料填在扦插床内作扦插基质。

(2) 用植物生长调节剂处理插条:促进插条生根的植物生长调节剂很多,生产中常用ABT生根粉。使用方法:将1 g ABT生根粉溶于500 mL酒精中,再加1 L凉开水,即配成浓度为0.1%的原液。使用时,将原液加水20倍稀释成5 mg/L的溶液浸泡插条基部。浸入深度为2 cm左右,浸泡时间0.5~1 h。取出即插。

6. 常用自根苗繁殖(含扦插)的果树

自根苗繁殖通常包括扦插繁殖、压条繁殖和分株繁殖,压条育苗和分株育苗方法详见下面内容。常用自根苗繁殖果树,见表1-3-3。

表 1-3-3　常用自根苗繁殖果树

	方法	常用果树
扦插繁殖	硬枝扦插、嫩枝扦插	葡萄、无花果、石榴、佛手、猕猴桃
	根插	枣、梨
压条繁殖	曲枝压条、水平压条	葡萄、猕猴桃
	直立压条	梨、李
	空中压条	荔枝、龙眼、杨梅、柑橘

续表

方法		常用果树
分株繁殖	根蘖分株	枣、李、梨
	吸芽分株	香蕉、菠萝
	匍匐茎分株	草莓

三、压条育苗

压条育苗是将枝条压入土中或培土包裹,待其生根后再分出若干新植株的育苗方法。

1. 压条前的准备

压条前,应准备好压条生根的基质材料。常用于压条生根的基质材料主要有塘泥、锯屑、牛粪、稻谷壳等,要求材料无污染。

2. 压条的方法

按照枝条压入土中的形式,压条方法分为曲枝压条、水平压条、直立压条、空中压条。

（1）曲枝压条:将母株枝梢先端一部分弯曲埋入土中,深10 cm左右,并用小枝杈等将其固定,在欲使其生根处刻伤,然后埋土,生根后与母株分离（图1-3-26）。曲枝压条适于枝条柔软的树种,如葡萄、猕猴桃等。

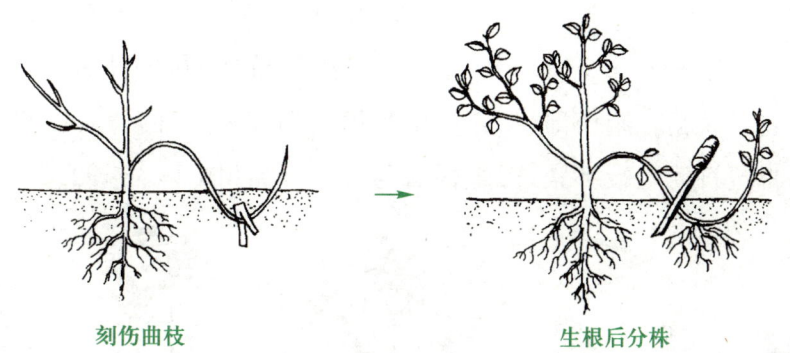

刻伤曲枝　　　　生根后分株

图1-3-26　曲枝压条

（2）水平压条:将枝蔓压入10 cm的浅沟内,用枝杈等固定,顶梢露出地面,待各节抽出新梢后,随新梢的增高分次培土,使新梢基部生根,然后切离母体（图1-3-27）。

（3）直立压条:冬季或早春萌芽前将母株基部离地面15~20 cm处剪断,促使其发生多个新梢,待新梢长到20 cm以上时,将基部环剥或刻伤,并培土使其生根。培土高度约为新梢高度的一半。当新梢长到40 cm左右时,进行第二次培土,一般培土两次即可。秋季扒开培土,

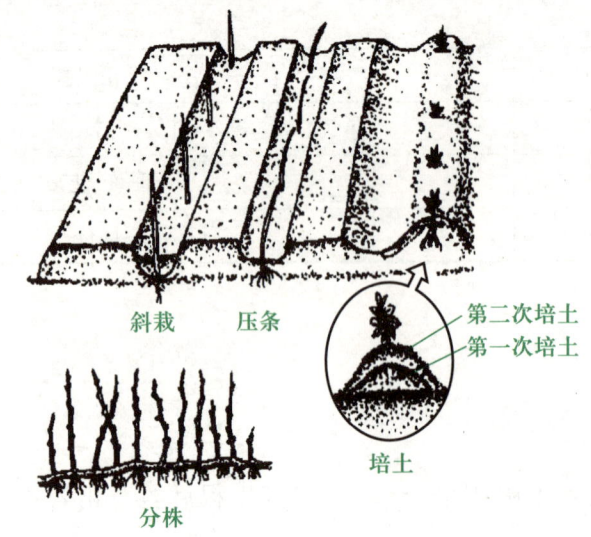

图 1-3-27 水平压条

(引自《果树生产技术》,马俊,2009)

分株起苗(图 1-3-28)。直立压条适于易生萌蘖的幼树。

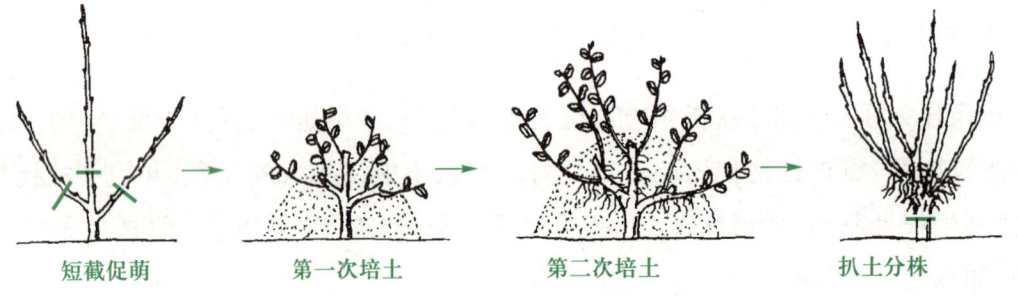

图 1-3-28 直立压条

(4) 空中压条:一般在春季 3—4 月,选一至二年生枝条,在要使其生根的部位环剥或刻伤,然后用塑料布卷成筒套在刻伤部位,先将塑料筒下端绑紧,筒内装入松软肥沃的培养土,并保持一定湿度,再将塑料筒上端绑紧,待生根后与母株分离(图 1-3-29)。

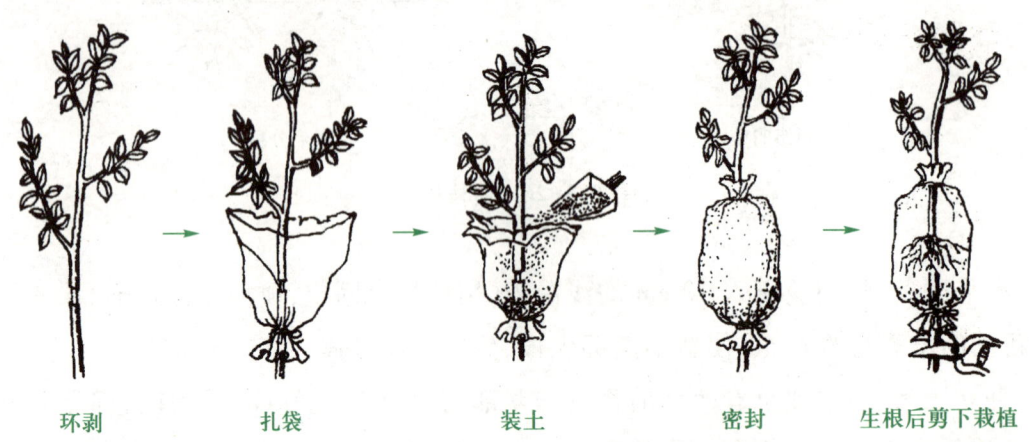

图 1-3-29 空中压条

3. 常用压条育苗的果树

常用压条育苗的果树参见表1-3-3。

四、分株育苗

分株育苗是利用根颈基部,或地下茎、水平根萌蘖芽条,使其分离母株后长成新的植株的繁殖方法。凡是根部发生的根蘖或靠近根部的茎上发生的分蘖芽,经分离后长成的苗木,称为分根苗或分蘖苗,简称"根蘖苗"。分株一般在春季和秋季进行,宜在根蘖苗根系旺盛且粗壮时分株;否则,会因根蘖苗根系少而弱,吸收养分和水分的能力也弱,而引起根蘖苗生长弱,甚至萎蔫枯死。

1. 分株育苗的方法

分株育苗的方法有根蘖分株、吸芽分株和匍匐茎分株三种。

(1) 根蘖分株:枣、山楂、树莓、樱桃、李、石榴、沙梨等树种根系在自然条件或外界刺激下可以产生大量的不定芽。当这些不定芽发出新的枝条后,连同根系一起剪离母株,成为一个独立植株,这种育苗方式称为根蘖分株,所产生的幼苗称为根蘖苗(图1-3-30)。

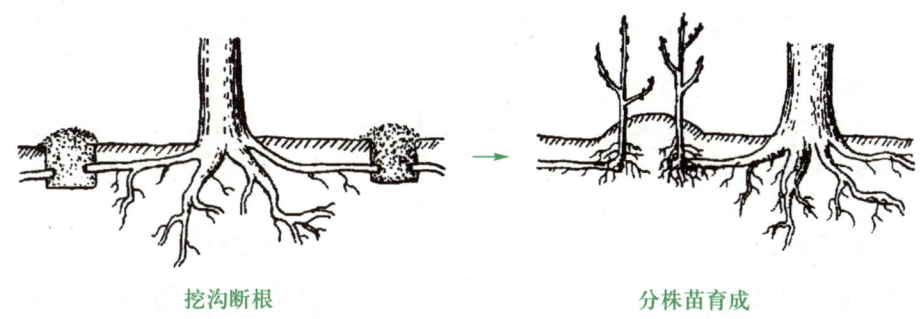

图1-3-30 根蘖分株育苗

(2) 吸芽分株:香蕉地下茎在生长季节可以抽生吸芽,菠萝地上茎叶腋间也能抽生吸芽,并在基部产生不定根。将吸芽与母株分开,便可培育出与母株遗传性一致的无性系幼苗。

(3) 匍匐茎分株:草莓繁殖常用此法。草莓地上茎的腋芽在生长季节能够萌发出一段匍匐于地面的变态茎,称为匍匐茎。匍匐茎的节位上能够发生叶簇和芽,下部与土壤接触,长出不定根。夏末秋初,将匍匐茎上长出叶簇、芽和不定根的幼苗剪断挖出,便可得到独立的幼苗。

2. 常用分株育苗的果树

常用分株育苗的果树参见表1-3-3。

五、高接换种

果树**高接换种**是在欲更换品种的大树主枝或健壮侧枝上嫁接优良品种接穗,达到快速更换品种、更新树势和提高产量的目的。

1. 品种的选择

（1）高接的品种：① 高接后所换上的品种,是经过试验证明,比原有品种更丰产,品质更优良,抗逆性更强,并具有较高的市场竞争力的新品种；② 一些新选、新育和新引种的优良株系的接穗,通过高接来扩大接穗来源；③ 为加快良种选育,将良种接穗高接在已结果的成年树上,可缩短童期,提早进入结果,达到提前鉴定遗传性状的目的。

（2）被换接的品种：① 品种已发生退化,品质变劣,经过高接换种,可以淘汰劣质品种,更换优良品种；② 调整品种结构,以提高市场竞争力,达到高产、优质、高效的栽培目的；③ 长期不结果的实生树,经过高接换种,可达到提早结果、提早丰产的目的；④ 树龄较长,已经进入衰老期,或是长期失管的果园,树体衰弱,通过高接良种壮年树上的接穗,可达到更新树体、恢复树势和提高产量的目的。

2. 高接换种的方法

（1）春季高接换种的方法：春季操作时间为2月下旬至4月份。方法有切接、劈接和腹接。即在**树枝上部,可选用切接法**,并保留1/3~1/4量的辅养枝,以制造一定的养分,供给接穗及树体的生长；在**树枝中部,可选用劈接法**,因砧木较粗大,可采用在砧桩切面上的切口中,接1~2个接穗；在**树枝的中下部,可选用腹接法**。

（2）秋季高接换种的方法：秋季操作时间为8月下旬至10月份。**秋季可采用芽接和腹接,**以芽接为主,腹接为辅。

（3）夏季高接换种的方法：夏季气温过高,在超过24℃时,不适宜高接换种。因此,夏季,即5月中旬至6月中旬,不宜进行大范围的高接换种,只能进行少量的补接。**夏季可采用腹接和芽接,**以腹接为主,芽接为辅。

3. 高接换种的部位

高接换种的部位,应从树形和降低嫁接部位方面去考虑。一般幼树可在一级主枝上15~

25 cm 处,采用切接或劈接,接 3~6 枝;较大的树,在主干分枝点以上 1 m 左右处,选择直立、斜生的健壮主枝或粗侧枝,采用切接或劈接时,在离分枝点 15~20 cm 处锯断,进行嫁接。一般接 10~20 枝。如果采用芽接和腹接,则不必回缩,只要选择分布均匀、直径 3 cm 以下的侧枝中下部进行高接即可。高接时还要考虑枝条生长状态,直立枝接在外侧,斜生枝接在两侧,水平枝接在上方。

4. 高接换种后的管理

高接换种后,认真做好管理工作是高接换种成败的关键。

(1) 伤口包扎清毒:芽接和腹接后,应立即用塑料薄膜包扎伤口;切接和劈接,伤口应用 75%的酒精进行消毒,涂上树脂净或防腐剂(如油漆、石硫合剂等)进行防腐,然后包扎塑料薄膜,进行保湿。

(2) 检查成活与补接:10 天后即可检查成活,若接穗失去绿色,表明未接活,应立即补接。

(3) 解膜与剪砧:春夏季嫁接成活者,应及时解除薄膜。待露出芽眼,应及时剪砧,第一次在离接口上方 15~20 cm 处剪断,保留的活桩可作新梢扶直之用。第二次在新梢停止生长时进行,在接口处以 30°角斜剪去全部砧桩。要求剪口光滑,不伤及接芽新梢,伤口涂蜡或沥青保护,以利愈合。秋季嫁接者,则应在翌年立春后解除薄膜,露出芽眼,并进行剪砧,防止接穗越冬时受冻死亡。

(4) 除萌蘖:高接后,在砧桩上会抽发大量萌蘖,要及时除去,一般 5~7 天抹除萌蘖一次,促使接穗新梢生长健壮。

(5) 摘心:高接后,梢长 20~25 cm 时,应进行摘心,促使分枝,增粗枝梢,待抽发第二次梢和第三次梢,经过连续摘心处理,即可培养紧凑的树冠。

(6) 设立支柱:接穗新梢枝粗叶大,应设立支柱,加以保护,以防机械损伤和风吹折断(图 1-3-31)。

图 1-3-31　立支柱

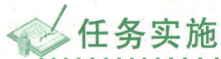 任务实施

一、枝接

1. 目的要求

学会枝接主要方法,掌握削接穗、切砧木、绑扎等嫁接基本技能。要求实训前将刀剪磨锋利,实训中注意安全,认真训练,熟练操作手法。实训结束后场地清理干净。

2. 工具材料

枝剪、芽接刀、塑料条、竹签、树木枝条(下端浸入水中)。

3. 操作步骤

(1) 切接训练:

- 削接穗:先在接穗先端斜削一刀,削掉 1/3 木质部,斜面长约 2 cm,再在削口背面斜削一个小斜面,稍削去一些木质部,小削面长 0.8~1 cm,要求这两个削面均是一刀削成,即总共两刀(图 1-3-32)。削时注意安全,下刀要准,出刀要快,反复训练才会使削面一刀削成而光滑。削后剪下接穗(图 1-3-33),置于盛水容器中待插。

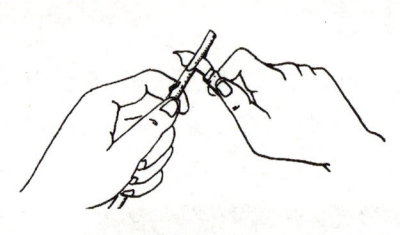
图 1-3-32 削接穗

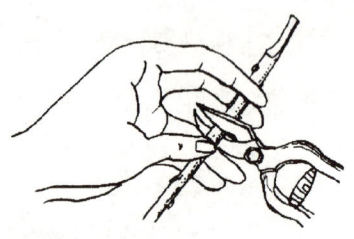
图 1-3-33 剪截接穗

- 切砧木:用粗于接穗的枝条练习,切口应与接穗削面等宽,以利两边形成层均能对上。切口长度为 2 cm,下切时要注意安全。
- 插接穗 插入动作要准确,**接穗要留白约 0.5 cm**,以利此处生长愈合组织(图 1-3-34)。
- 绑扎:绑扎要两个人配合练习。一人扶住砧木的下端竖于桌面,另一人做绑扎练习。绑时从下向上绕,切口要全部密封在塑料条内,收口要绕回至砧木上(图 1-3-35)。注意不要一个人拿着接好的枝条转动绑扎,这样不利于掌握实地嫁接手法。

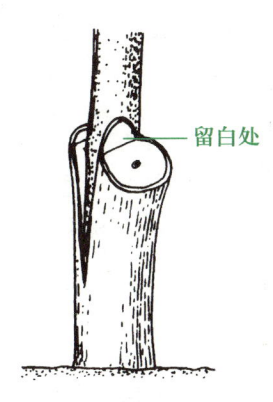
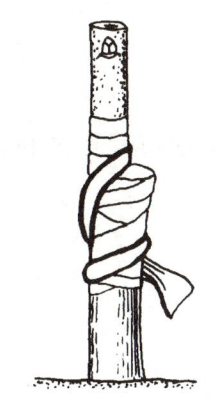

图 1-3-34　接穗留白　　　图 1-3-35　绑扎方法

(2) 劈接训练：

劈接的接穗削法和插入砧木切口方式（只对一边形成层）与切接有区别，所以在切接训练的基础上，应重点练习削接穗。先在接穗下端一侧削 2~3 cm 长的楔形削面，另一侧也同样削一刀。**要注意一侧较宽，一侧较窄**（图 1-3-36）。这两个削面也要求两刀削成，所以要反复训练。

(3) 插皮接训练：

- 削接穗：在接穗下端一刀削出 2~2.5 cm 长的马耳形削面，削成后即剪下置于盛水容器中。
- 划砧木：在砧木切面一侧用刀划一小口，顺划破口插接穗，或用竹签从形成层处插入撑一小口，以利接穗插入（图 1-3-37），后面的插接穗、绑扎与切接基本相同，**也要注意接穗留白**。

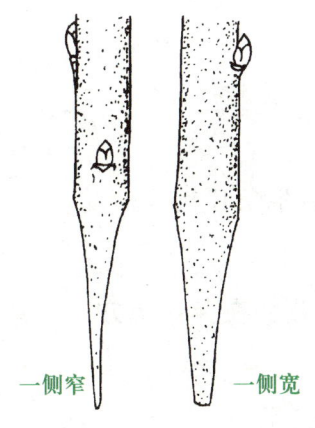

图 1-3-36　接穗削法　　　图 1-3-37　竹签撑口

(4) 舌接训练：

此法砧木和接穗的削切均一样，削面均为 3 cm，切口在削舌的 1/3 处，切口深约 1 cm，对插时动作要轻。**绑扎收头处要在砧木上。**

4. 作业

根据以上实训,总结切接操作的技术要点。

二、芽接

1. 目的要求

掌握芽接技术。要求动作熟练规范,认真细致,爱护树木,确保成活。

2. 工具材料

芽接刀或单面刀片、塑料绑扎带、小布片、接穗、砧木。

3. 操作步骤

(1) T形芽接训练:

- 划芽片:用"三刀法"或"两刀法"划出芽片,暂不取下(图1-3-38)。

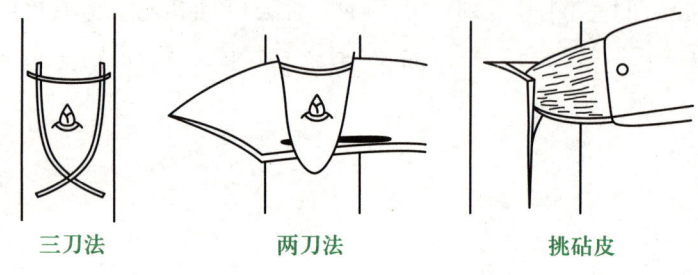

图 1-3-38　划芽片和挑砧皮

- 划砧口:用刀尖在砧木上划出T形口,用刀后牛角片挑开砧皮。
- 插芽片:迅速从接穗上剥下芽片插入T形口。
- 绑扎:从下向上绑绕,夏季嫁接要留出芽尖,**收头在芽片上方**。

(2) 方块形芽接训练:

- 划芽片:最好用双刀片芽接刀(图1-3-39)取芽。
- 划砧木:用三刀法划口,可以有两种划法,但均要将挑开的皮切去一半(图1-3-40)。其他与T形芽接练习相同。

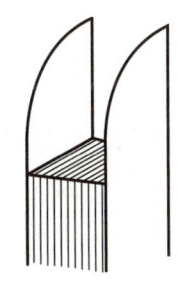 

图 1-3-39　双刀片芽接刀　　　图 1-3-40　将挑开的砧木皮切去一半

(3) 芽片腹接法训练：

● 采集接穗,剪去叶片,插于盛水的容器中(图 1-3-41)。

● 用布片擦净砧木上的待接部位,选光滑、老嫩适中(枝条木质较为坚硬)处,按图 1-3-42 所示切出接口。然后右手拿刀,左手捏住树皮向下切约 1.5 cm,不宜太深,稍带木质即可。在第一刀下 1.3 cm 处切去切口外皮长度的 2/3~1/2,切口下便出现一条"舌头"。

● 倒持接穗,从接穗芽上 1.3 cm 处横切一刀,然后向下削 2.5 cm,揭下芽片,去掉木质部,从芽下横切一刀,形成长方块(图 1-3-43)。

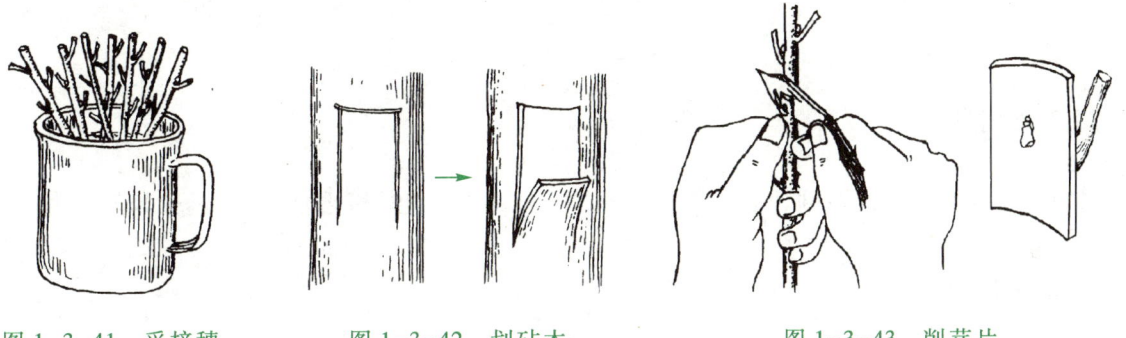

图 1-3-41　采接穗　　　　图 1-3-42　划砧木　　　　图 1-3-43　削芽片

● 右手捏芽片,下端插入砧木的"舌头"内,上端对齐切口,左右贴紧砧木的木质部(图 1-3-44)。

● 绑扎时从下向上绑,芽眼处要按紧(图 1-3-45),**可以不露芽全部扎紧**。

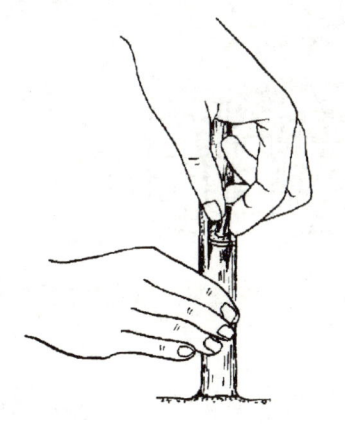 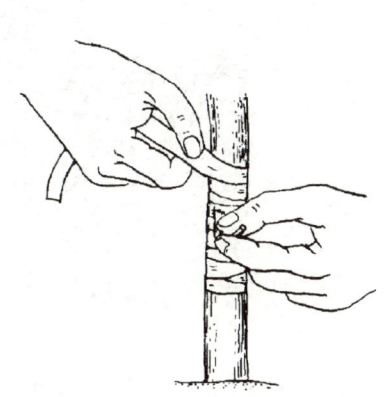

图 1-3-44　插接芽　　　　　　图 1-3-45　绑扎

4. 注意事项

接后两周检查,成活后用刀尖挑破塑料带,让芽萌出,不成活时要及时补接;此法可以在各种果树上练习,如没有小苗砧木,可在大树一年生枝上练习操作。

5. 作业

根据以上实际操作,总结芽片腹接操作的技术要点。

三、嫩枝扦插

1. 目的要求

了解插条育苗的过程,学会采条、剪穗、搭棚等一系列操作方法,掌握插条育苗关键技术。要求正确使用工具,注意安全,认真观察枝条生长情况,爱护树木,不浪费枝条,细心操作,保持场地整洁。

2. 工具材料

枝剪、扦插沙床、遮阳网(或竹帘)、5 mg/L 的 ABT 生根粉溶液、供采条的母树、细眼喷壶。

3. 操作步骤

(1) 采集枝条按要求剪成 10~15 cm 长、下部去叶、上部剪去半张叶片的插穗,并分成粗、中、细三级。

(2) 将插条分别浸入 ABT 生根粉溶液中(图 1-3-46),浸泡 30 分钟。

图 1-3-46 分级浸药

(3) 将粗、中、细三级插穗分别按 15 cm×25 cm 株行距插入沙床,入沙深度为插条总长的 1/2,插后浇透水(图 1-3-47)。

(4) 搭设荫棚,盖好遮阳网或竹帘(图1-3-48)。

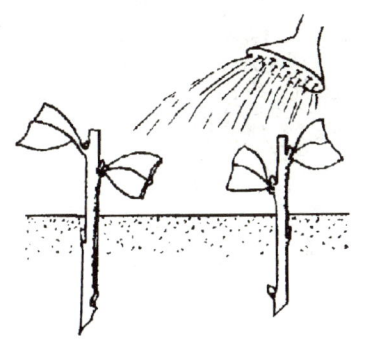
图1-3-47 插后浇水

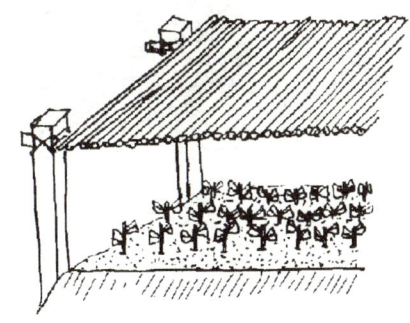
图1-3-48 搭棚遮阳

4. 作业

根据以上实际操作,总结嫩枝扦插操作的技术要点。

四、空中压条

1. 目的要求

掌握果树空中压条育苗的方法。

2. 工具材料

适合空中压条的果树、环剥刀、枝剪、生根粉、薄膜、绑绳、桶等。

3. 操作步骤

(1) 一般在上学期(2月中旬至6月底)、树液活动旺盛、便于环状剥皮时进行为宜。

(2) 选择品种纯正、生长健壮、丰产稳产、无病虫害的壮年果树,对2~3年生(或直径1~2 cm)的健壮枝条进行环剥。

(3) 在枝条离基部10 cm处,将枝条表皮用刀割几条伤口,或环剥宽2.5~4 cm(根据枝条粗细灵活掌握)的剥口,并刮去形成层,以利生根(图1-3-49)。

(4) 以保湿透气性良好、有一定养分的肥沃园土、苔藓为包扎生根基质,但稻草泥条、木糠混合肥泥、泥炭土及海绵也可以使用。基质湿度以手握成团,但没有水滴出为宜,制作成直径6~10 cm、长10~15 cm的泥团。

(5) 在环剥处涂3 000~5 000 mg/kg的吲哚乙酸或萘乙酸,或生根粉,用于催根。

(6) 外包塑料薄膜保湿,注意防止包内水分过多烂根。

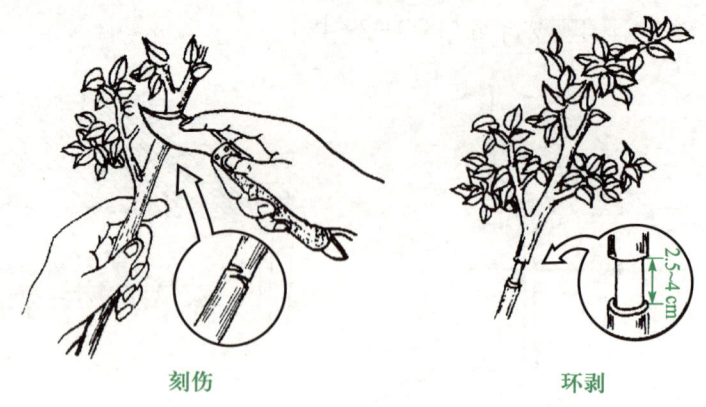

图 1-3-49　刻伤与环剥

(7) 一般经 30~40 天即可在包扎物外见到新长出的白色嫩根，2~3 个月长出 2~3 次根。当围绕在包扎物外成为根团时，就可将压条苗割离母体成为新植株，进行假植或定植。

任务反思

1. 小芽腹接如何操作？
2. 怎样做好嫁接后的管理工作？
3. 如何进行硬枝扦插？
4. 嫩枝扦插怎样进行？
5. 促使插条生根有何办法？
6. 怎样做好扦插后的管理工作？
7. 压条育苗方法有哪些？其技术要点是什么？
8. 分株育苗有哪些方法？
9. 如何选择高接品种？
10. 如何确定高接换种的部位？
11. 怎样做好高接换种后的管理工作？

任务 1.4　容器育苗与保护地育苗

任务目标

知识目标：1. 了解容器育苗的特点。

2. 掌握营养土的常用配方。

3. 了解保护地育苗设施。

技能目标：1. 会制作纸质培养袋。

2. 会容器播种。

任务准备

一、容器育苗

1. 容器育苗的特点

容器育苗是在装有营养土的容器里培育苗木的方法。它具有成活率高、不受栽植季节限制、节约种子、可缩短育苗年限、有利于培育优质壮苗、有利于实现育苗机械化等优点。生产上已广泛使用容器育苗来培育果苗。

2. 育苗容器的制作

育苗容器有两类：一类具外壁，内盛培养基质，如各种育苗钵、育苗袋、育苗盘、育苗箱等；另一类无外壁，将腐熟厩肥或泥炭加园土，并混少量化肥压制成钵状或块状，供育苗用，如育苗杯、育苗砖（图1-4-1）。

育苗杯　　　育苗砖　　　育苗袋　　　育苗篮

图1-4-1　育苗容器

（1）育苗袋的制作：常用牛皮纸、旧报纸、塑料薄膜制作而成。

（2）育苗杯的制作：可用浸软的稻草与黄泥加水拌成泥浆缠绕在木模上，封底，拔出晒干制成（图1-4-2）。

（3）育苗砖的制作：选择肥沃的沙质壤土，加入少量的有机肥和磷肥，加适量水，调和成稠泥浆，待泥浆稍干，用砖刀切成一定规格的长方体，每个育苗砖中央用木棒压出直径2 cm、深

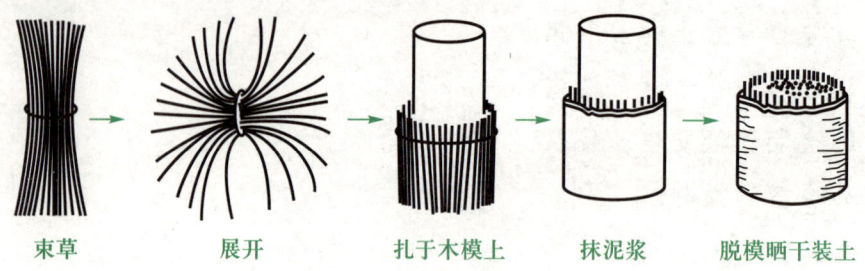

束草　　　　展开　　　扎于木模上　　抹泥浆　　脱模晒干装土

图 1-4-2　草泥育苗杯的制作

6 cm 的孔(图 1-4-3)。

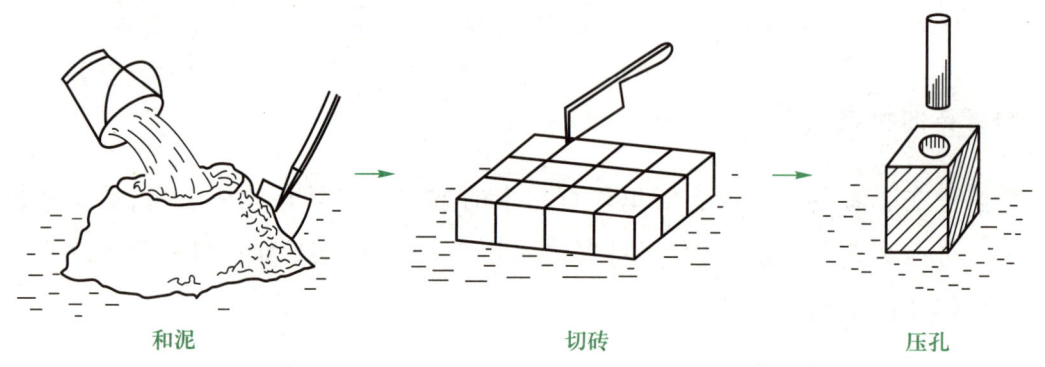

和泥　　　　　　　　切砖　　　　　　　压孔

图 1-4-3　育苗砖的制作

(4) 育苗篮的制作：用竹子编制而成，适用于山区果园。

3. 营养土配制

(1) 常用材料：泥炭、蛭石、珍珠岩、森林腐殖土(荒地表土)、黄心土(黄棕壤去掉表土)、未耕种的山地土、河沙、树皮粉、碎稻壳、炉渣等。

(2) 常用配方：

配方一：火烧土 78%~88%，完全腐熟的堆肥 10%~20%，过磷酸钙 2%。

配方二：泥炭、火烧土、黄心土各 1/3。

配方三：火烧土 1/2~1/3、山坡土或黄心土 1/2~2/3。

配方四：黄心土 56%、腐殖土 33%、沙子 11%。

配方五：黄心土 85%、沙子 13%、磷肥 2%。

配方六：沙土 65%、腐熟羊粪 35%。

在各种配方中，另选蛭石、珍珠岩、碎稻壳、锯木屑中的一种，按营养土的 10%~20% 加入。配置时，营养土应用孔径为 0.3~0.5cm 的筛子筛除杂草、树根、石块，然后边喷洒消毒剂(3%硫酸亚铁溶液，30 L/m³)边搅拌营养土，再覆盖堆放 4~5 天备用(图 1-4-4)。

图 1-4-4 营养土配制

4. 育苗方法

(1) 建床装土：选背风向阳处，建成前沿高 15~20 cm，后沿高 40~45 cm 的育苗床，床底铺 30 cm 厚的细沙。将培养土装入容器中分层敦实，上端留 1~1.5 cm，以备播种、覆土。装好后的容器紧挨着排放入苗床，空隙中填充沙土（图 1-4-5）。

(2) 催芽播种：将经过消毒催芽的种子按每个容器 2~3 粒播入，播后覆上培养土，再加盖锯末或碎稻草。最后，用喷壶喷水，水要浇透（图 1-4-6）。

(3) 抚育管理：从播种到出苗，都要保持容器内营养土的湿度，每天要喷水一次。如果气温低，要用塑料薄膜覆盖，晚上还要加盖草帘（图 1-4-7）。幼苗出土后，要及时做好病虫害防治、除草、间苗、补苗、浇水、追肥等工作。管理要求与播种育苗管理基本相同。

容器育苗除用于播种外，也可用于插条、埋根育苗。为保证容器完好，有利提高成活率，一般苗出齐后 20~30 天即可出圃栽植。

图 1-4-5 空隙填沙　　　图 1-4-6 播后浇水　　　图 1-4-7 夜晚盖草帘

二、保护地育苗

1. 保护地育苗的特点

保护地育苗是在设施保护下，在气候条件不适宜苗木生长的时期，创造适宜的环境来培育适龄的壮苗。保护地育苗具有缩短幼苗生育期，节约种子，提高土地利用率，增加单位面积年产苗量，适应现代化、集约化、规模化生产苗木等优点，生产上广泛应用于大批量快速培育壮苗。

2. 保护地育苗的设施

目前国内保护地育苗设施主要有温室、温床、阳畦冷床和塑料拱棚四种。

（1）温室又称暖房，温室育苗是利用人工搭建的能透光、保温的设施进行育苗。温室种类较多，根据不同屋架材料、采光材料和加温条件，分为单屋面温室、双屋面温室、玻璃温室、薄膜温室，日光温室、太阳能温室等。

（2）温床育苗根据加热方式又分为酿热、火热、水热和电热等四种：① 酿热温床：是靠马粪等酿热材料加温，具有增温平缓的特点；② 电热温床：是在阳畦或大棚中设置电热加温线以改善地温状况，且可实行调控，有利于培育壮苗；③ 火道温床：是在冷床下建回笼火道，人工烧柴草加温的育苗设施；④ 地热线温床：是利用地热线管中的水温进行加热的育苗设施。

（3）阳畦冷床育苗又称日光温室（床），是利用太阳光能增加床内温度，在冬春之际进行育苗。

（4）塑料拱棚育苗在我国发展速度快，近年来，塑料遮阳网膜应用广泛，与塑料薄膜配套使用。

3. 保护地育苗方法

（1）地膜覆盖育苗：它是用透明的聚乙烯、聚氯乙烯等塑料薄膜裁成一定宽度覆盖在已播种或即将插条、埋根的苗床上，以促进发芽、出苗的育苗方法。地膜覆盖可以增加地温，调节土温，保墒护墒，防止水土流失，保持土壤疏松，促进土壤微生物活化和酶的活性，改善田间小气候，并能减少杂草滋生，节约生产成本。

- 地膜的选择：选择标准是以宽度 120~160 mm、厚度 0.014 mm 为好。这种地膜保温、保墒，提墒效果好，残膜易回收，环境污染小。厚度小于 0.014 mm 的地膜，成本虽然较低，但不易回收，也容易拉裂；厚度大于 0.014 mm 的地膜，成本较高，且透光率较差。

- 覆膜育苗：在播种覆土后，就可用地膜覆盖。如果床土干燥，则应淋透水再覆膜。覆膜后四周用土压严，以不见皱纹、不松浮为好。也可以趁土壤湿软，用小薄板直接将地膜压入畦边的泥土中。覆膜时，不要为节省地膜而使纵向拉伸过大，以免造成地膜破裂。覆膜后，要经常查田护膜。发现刮风揭膜或地膜破口透风，要及时盖严压牢，确保增温保墒效果。当幼苗出土时，要及时开孔放苗，并随即在膜孔上盖一把湿土，压住苗周地膜（图1-4-8）。结合放苗，将压在膜下的杂草拔去。

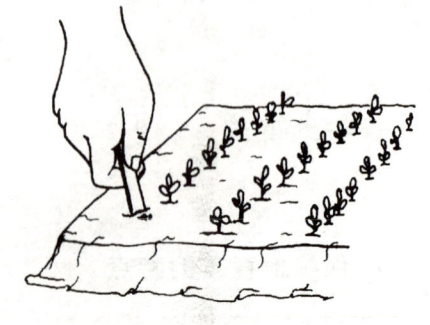

图 1-4-8 破膜放苗

插条育苗者,在扦插前用刀片在插穴处开一"+"字形孔,插后在地膜切口处覆土、盖压,并稍微凸起(图1-4-9)。

• 苗期管理:通常地膜只要同土面紧贴,就能抑制杂草生长。如果覆盖不严,杂草滋生,则必须揭膜拔草后再盖土。追肥时要本着"勤、薄、少"的原则,用稀薄人粪尿淋施。苗木生长后期残膜已不起作用,一定要集中回收,以防环境污染。

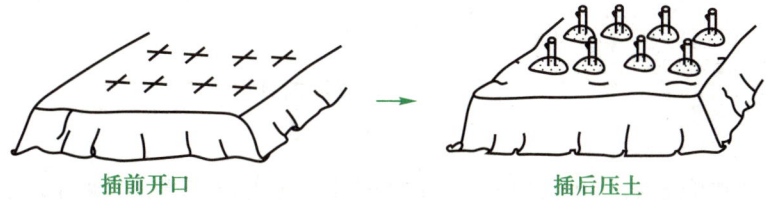

图1-4-9 破膜扦插

(2)塑料大棚育苗:塑料大棚具有结构简单、耐用、性能良好、建造容易、拆卸方便等优点。塑料大棚育苗可延长苗木生长期,减少风、霜、干旱和杂草的危害。苗木生长量大而整齐,发育健壮,缩短了育苗年限。

• 大棚的种类:从大棚结构和建造材料上来考虑,通常有竹木结构大棚、简易钢管大棚和装配式镀锌钢管大棚。竹木结构大棚(图1-4-10)采用竹或竹木为拱架材料,特点是取材容易,成本低,建造方便;简易钢管大棚(图1-4-11)采用黑铁管或镀锌黑铁管建造,具有结构简单、建造和维修容易、寿命长、抗风雪、载荷能力较强的特点;装配式镀锌钢管大棚(图1-4-12)采用薄壁镀锌钢管组装而成,这种大棚结构强度高,耗钢量少,防锈性能好,棚内无支柱,操作管理方便,透光率高。

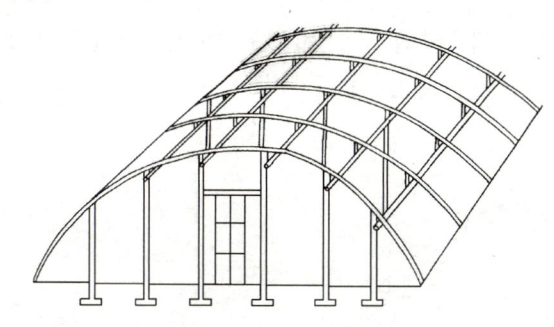

图1-4-10 竹木大棚

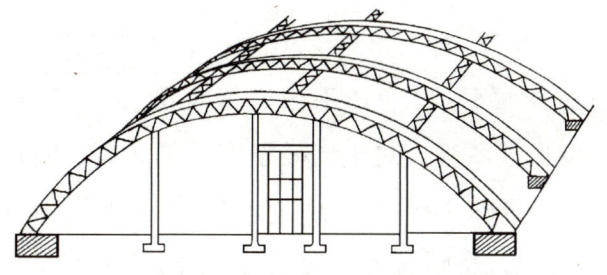

图1-4-11 无柱钢架大棚

图 1-4-12　装配式镀锌钢管大棚

● 大棚建造：大棚应选择在地势平坦、背风向阳、有灌溉条件的地方建造。建造程序依次为：准备材料→平整土地→画底线→埋立柱→架拱棚→扣薄膜→压薄膜。

大棚建好后，即可在棚内地面筑苗床，并修设道路、渠道、喷灌设施。

● 大棚的管理：塑料大棚育苗过程是在封闭的环境中进行的，在大棚内，温、光、水、气等条件均与露地不同，管理上也应不同。

A. 光照：主要来自太阳光。塑料薄膜的透光率是日辐射量的75%~80%，但使用一段时间后逐渐降低到50%左右，如果尘土黏结多或附有水滴，透过的光线则更少。特别是在冬季，随着自然光照的减弱，日照时间变短，更会感到光照不足。这样就需要采用钠光灯、水银灯、卤化金属灯等辅助照明（图1-4-13）。

B. 通风：通风是调节大棚内温度的主要措施。在春季气温较低时，一般白天可只开两端门窗通风（图1-4-14）。5月上旬至7月下旬，外界气温高，当棚内气温上升到30℃时，首先开两端门窗通风；中午气温继续上升，再开天窗和侧窗通风；当气温上升到38℃时，除开天窗、侧窗外，还需揭开两侧薄膜彻底放风（图1-4-15）。下午5点以后，棚内气温降至25℃时，需及时关门窗，盖侧膜，使气温适当回升，以保持夜间正常温度。

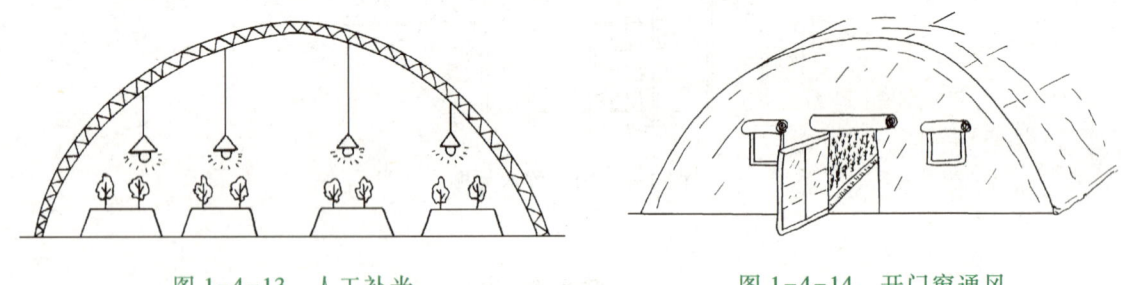

图 1-4-13　人工补光　　　　　　　图 1-4-14　开门窗通风

C. 水分：大棚育苗，无论是播种、扦插还是用容器育苗，由于棚内温度高，蒸发量大，幼苗生长迅速，需水量多，所以要加强灌溉。对于用插条育苗的大棚，还可以设置喷雾装置，即在苗床一侧埋设自来水管，管道上每隔1 m安装高1 m的直立式喷雾装置。管顶安装喷头（图1-4-16）。喷雾装置安装好以后，将喷管与水源接通，中间加一个控制阀。

D. 二氧化碳（CO_2）：大棚中气体条件的关键是CO_2亏缺。虽然通风可以提高棚内CO_2浓度,但不能彻底解决问题。较为有效的办法有两种:一是增施有机肥料,二是使用CO_2发生装置。

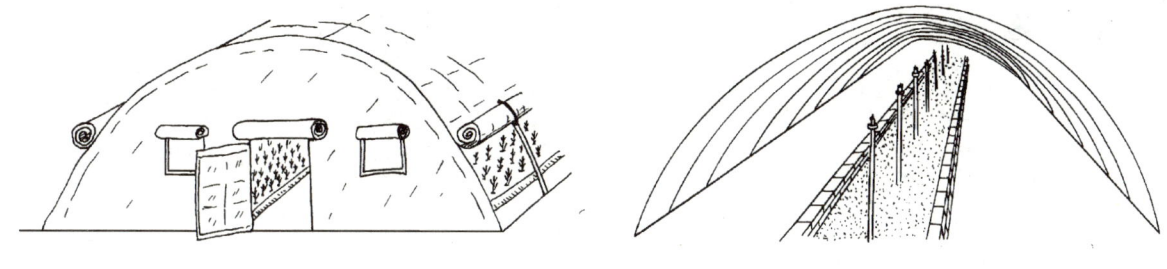

图1-4-15 两侧揭膜通风　　　　　图1-4-16 固定喷雾装置

CO_2发生装置是利用物质间的化学反应产生CO_2。最常用的是NH_4HCO_3-H_2SO_4法。其生产CO_2的反应式为:

$$2NH_4HCO_3 + H_2SO_4 \rightarrow (NH_4)_2SO_4 + 2CO_2 \uparrow + 2H_2O$$

此法取材方便,成本低,生产应用较多。应用时把一份浓硫酸缓缓倒入3份清水中,稀释成稀硫酸后,由塑料漏斗装入酸液桶,通过控液开关,调整流量进入反应桶,与碳酸氢铵反应产生CO_2,生成的CO_2气体进入碱水桶中,吸收SO_2,净化CO_2,然后再由塑料管排放到大棚中(图1-4-17)。

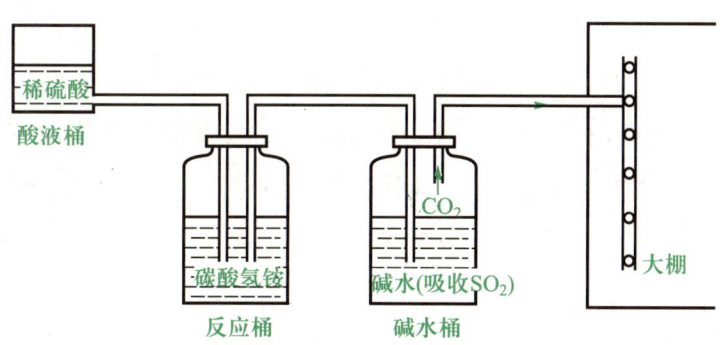

图1-4-17 二氧化碳发生装置

利用该装置形成的CO_2可用上述化学反应式计算出来。反应完后的残液,加入过量的碳酸氢铵,完全与硫酸中和,就成为硫酸铵溶液,可以作为肥料施用。

塑料大棚育苗与露地育苗的其他管理措施基本相同。在生产上,一般把无墙和无加温、无保温覆盖等设施的塑料棚室称大棚。把有墙和有保温覆盖及简易加温设施的塑料棚室称塑料薄膜温室,如日光温室。这种温室也是保护地的一种,在建造上较为复杂,但育苗管理措施与大棚基本相同。

生产上还有一种保护地育苗方法,即小拱棚育苗。它是塑料大棚的缩小,适用于培育小型苗木。这种设施同样可收到提前播种,延长生长期的效果,其构造如图1-4-18所示。管理的重点是在高温时要加强通风。

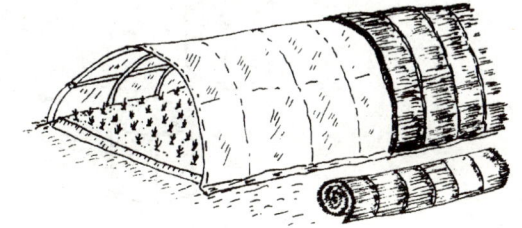

图1-4-18 塑料小拱棚

任务实施

容器制作与播种

1. 目的要求

学会制作纸质营养袋,掌握容器育苗播种技能。要求认真制作营养袋,细心操作,不浪费材料,相互协作,完成任务。

2. 工具材料

旧报纸或牛皮纸、裁纸刀,培养土、河沙、锯木屑、筛子、铲子、喷水壶、塑料薄膜,已浸种催芽的果树种子。

3. 操作步骤

(1) 将旧报纸或牛皮纸裁成 20 cm×28 cm 大小(一张大报纸裁成 8 张)按图 1-4-19 折成高 10 cm、直径 7~9 cm 的有底纸袋,最好用双层报纸折。一般 1 kg 旧报纸可做 200 多只(双层)。

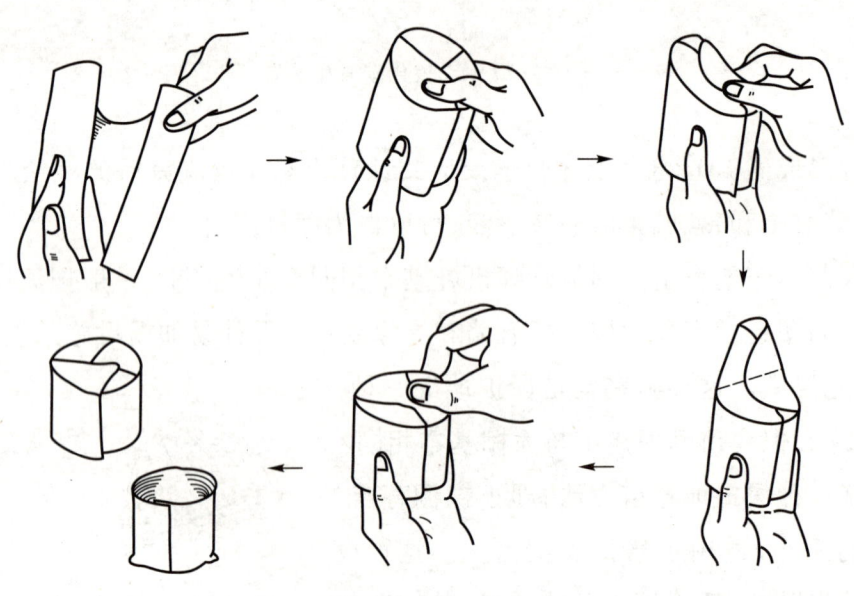

图 1-4-19 折叠纸袋

（2）将培养土过筛后装填于纸袋之中，下部压实，使袋形固定；上半部稍松，有利发根（图 1-4-20）。

（3）按纸袋量做好育苗床（图 1-4-21）。

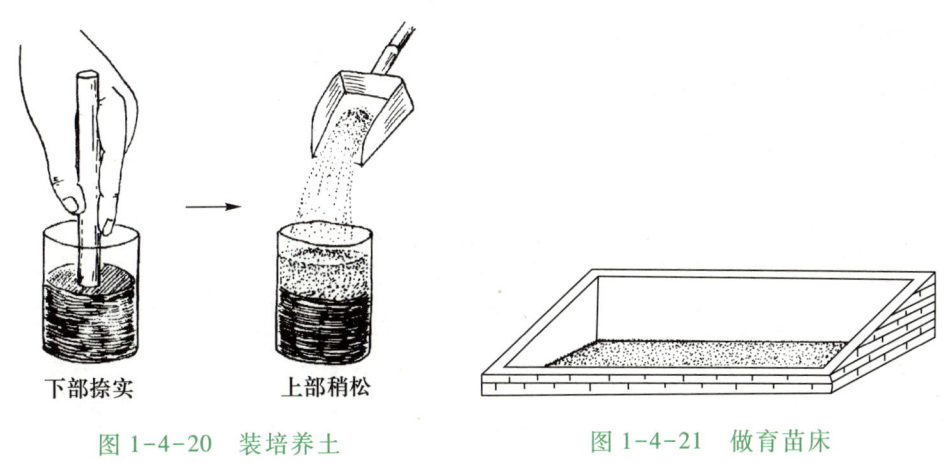

图 1-4-20　装培养土　　　　图 1-4-21　做育苗床

（4）将装好土的营养袋紧密排于苗床之中，空隙处填上河沙，用喷水壶浇透底水（图 1-4-22）。

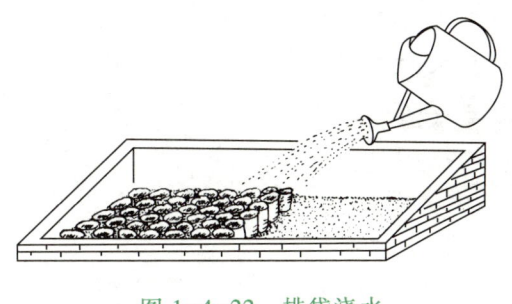

图 1-4-22　排袋浇水

（5）每袋中播 1~2 粒种子，覆盖 1 cm 厚营养土，再加盖锯木屑，上覆塑料薄膜保温保湿。

4. 注意事项

（1）此项操作可结合季节或生产要求安排。

（2）已催芽长根的种子可以每袋播 1 粒。

5. 作业

根据以上实际操作，总结容器制作的技术要点。

任务反思

1. 容器育苗如何配制营养土？
2. 塑料大棚育苗如何调节棚内的温度、湿度、光照和气体？
3. 地膜覆盖育苗如何选择地膜？
4. 试述地膜覆盖育苗的全过程。

任务 1.5　苗 木 出 圃

任务目标

知识目标：1. 了解果树苗木起苗的方法。
　　　　　2. 熟悉果树苗木的整理方法。
　　　　　3. 熟悉果树苗木的假植方法。
技能目标：1. 能进行果树苗木的起苗。
　　　　　2. 能进行果树苗木的整理。
　　　　　3. 能进行果树苗木的假植。

任务准备

苗木出圃的过程，主要包括起苗、分级、包装和假植。

一、起苗

1. 起苗前的准备

包括待出圃的苗木,稻草、包装袋、草绳等包装材料,石硫合剂,锄头、铁铲、枝剪等。

2. 起苗时间

通常在春季和秋季起苗,落叶果树起苗时间,在秋季落叶后或第二年春季苗木萌芽前,秋季起苗的苗木要假植。常绿果树起苗时间,在春梢萌发前或秋梢停止生长后。容器育苗,因根系完整,移栽不易损伤根系,故苗木移栽不受季节限制。

3. 起苗方法

通常包括带土起苗与不带土起苗。

(1) 带土起苗:一般用于龙眼、荔枝等常绿果树苗木的起苗,利于定植成活。方法是以苗木主干为中心,将起苗工具从苗株两侧直接插入土中,然后把起苗工具与苗木边根带泥一同拔起,根部即带有高 20 cm、直径 12 cm 的圆筒形泥团,剪去过长的主根,苗木挖出后立即用塑料薄膜袋将整个泥团包好,扎紧。

(2) 不带土起苗:起苗时,先沿苗床方向,距第一行苗 20 cm 左右处先挖一条 25~30 cm 深的沟(图 1-5-1),然后在第一行与第二行苗中间用铁锹或苗锄铲下,同时切断苗木侧根,把苗推向沟中,取出苗木,以后各行依此类推(图 1-5-2)。

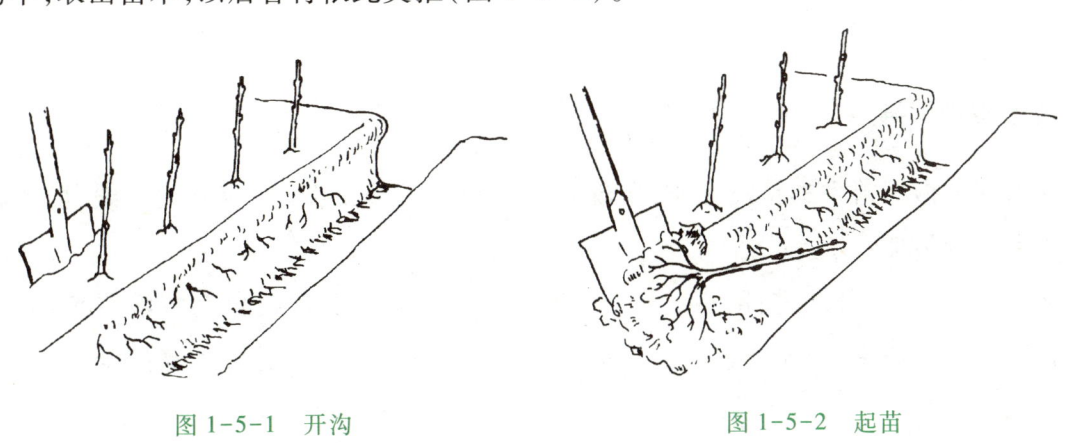

图 1-5-1　开沟　　　　　　图 1-5-2　起苗

起出的苗木要用草帘盖上,避免风吹干苗根,同时苗木还要用泥浆蘸根系护根。容器苗起苗不要将容器弄破,防止营养土漏掉。

二、苗木分级

1. 苗木分级标准

为使生产用苗合乎规格,起苗后应按照当地苗木分级标准,把苗木分为一、二、三级和等外级(废苗)。一、二级苗是符合出圃标准的苗木;三级苗不可出圃,需移植继续培育;剩下的有病虫害、机械损伤、根系发育不良的等外级苗(废苗)不计入出苗量。

2. 苗木整理

起出的苗木要进行适当修剪,剪除受伤的根,对过长的主根及侧根适当短截(图 1-5-3),

剪除枯枝、病虫枝、砧上的萌蘖,常绿果树苗木还要剪除部分枝叶(图 1-5-4)。

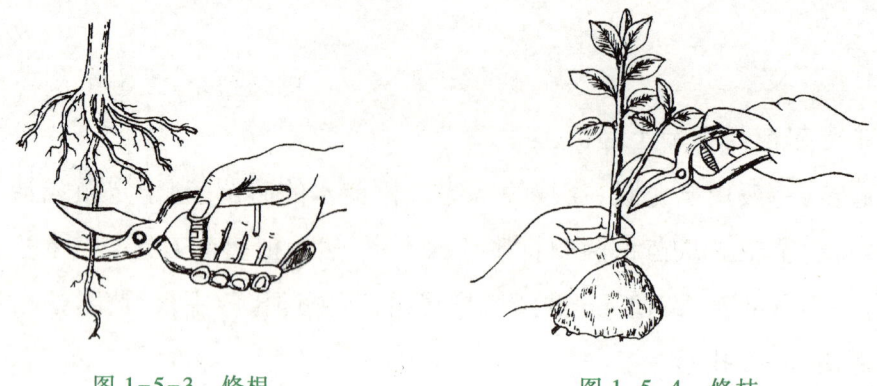

图 1-5-3　修根　　　　　　　　图 1-5-4　修枝

三、苗木出圃的管理

1. 苗木检疫消毒

苗木出圃要做好苗木的检疫工作,发现有检疫对象的病虫苗木,应就地烧毁,防止检疫病虫害随苗木进行传播。

出圃苗木包装前,必须进行消毒。方法有用 4°~5°波美度石硫合剂溶液浸苗木 3~5 分钟,再用清水冲洗;或用 0.1%升汞液浸 1~3 分钟,再用清水冲洗;还可用硫酸铜、波尔多液等进行消毒。

2. 苗木假植

起苗后,将苗木根部用湿润的土壤暂时埋植称假植(图 1-5-5)。假植时,应选择排水良好、背风、便于管理的地方挖假植沟,沟宽 1 m、深 60 cm,东西走向,不可在低洼地或土壤过于干燥的地方挖沟。苗木向北斜排于沟内,切忌整捆堆放,根系与茎的下部用湿润的混沙土盖严,踩实,使土壤与根系紧密结合,防止透风、受冻与干枯。总的要求是"疏排、深埋、踏实"。假植地四周应开排水沟。

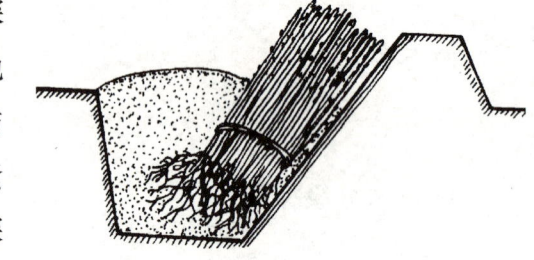

图 1-5-5　假植

为取苗方便,苗木假植后应插标牌,注明树种、苗木年龄和数量、假植时间,发现覆土下沉要及时培土。如翌春苗木不能及时栽植,还要采取覆盖、遮阳、降温等措施推迟苗木萌发。

常绿果树一般随起随栽,不进行假植。

3. 苗木包装与运输

为防止苗木在运输途中被风吹日晒,使苗根干枯或受机械损伤,运输时应妥善包装。

(1) 运输时间在一天以内者,可将苗木直接放在运具上,事先垫一层湿草或苔藓。苗木放置时应根对根分层放,最后在上面用湿草或其他湿润材料进行覆盖(图1-5-6)。

(2) 运输时间在一天以上者,必须将苗木按50~100株绑成捆,标明品种名称、数量,用草包、塑料袋、编织袋等材料包装,包装时苗木根部要蘸泥浆(泥浆稠度以蘸在根上不显现根颜色为度),并在根部填充湿草、苔藓等保湿材料,常绿果苗还要露出苗冠以利通气(图1-5-7),包装后拴上标签,写明品种、砧木、等级、数量及出圃日期。运输途中,要防止苗木发热和干燥,注意喷水。到达目的地后应立即拆包栽植或假植。

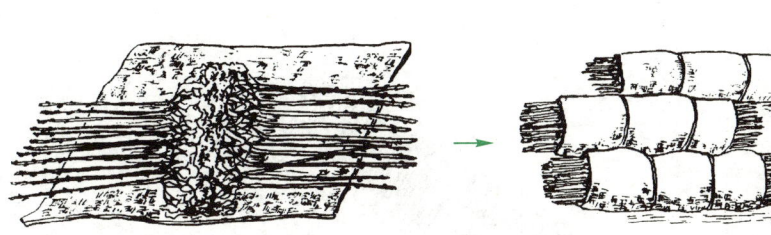

图1-5-6 苗木包装

图1-5-7 常绿苗包装

苗木出圃的操作

1. 目的要求

了解苗木出圃工序,掌握起苗、分级、包装技术。要求注意安全,积极参加劳动,实训结束后工具擦净归位,场地清理干净。

2. 工具材料

铁锹、苗锄、枝剪、草绳、草包、稻草。

3. 操作步骤

(1) 顺苗木开沟,掘出苗木。

(2) 取出苗木,用枝剪修去过长的侧根,以方便运输和栽植,同时可刺激生出更多的侧根和须根(图1-5-8)。

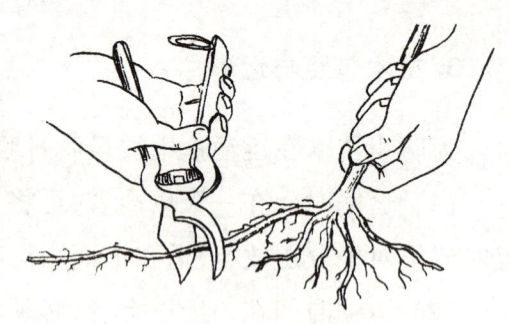

图1-5-8 修整侧根

(3) 根据苗木生长状况,将苗木分级,按不同等级打包。

(4) 在地上铺开草包,将苗木根对根排放,每50或100株为一捆,根上覆盖湿稻草后打包捆扎(图1-5-9)。

(5) 对不外运的苗木,在合适地点挖一道假植沟,将苗木排放于沟内假植(图1-5-10)。踩实土后浇水,并在四周挖出排水沟。

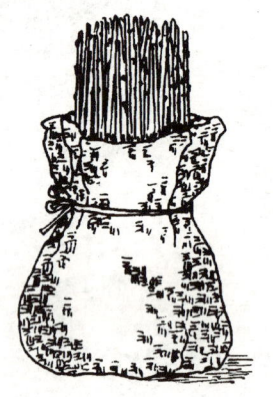

图1-5-9 打包

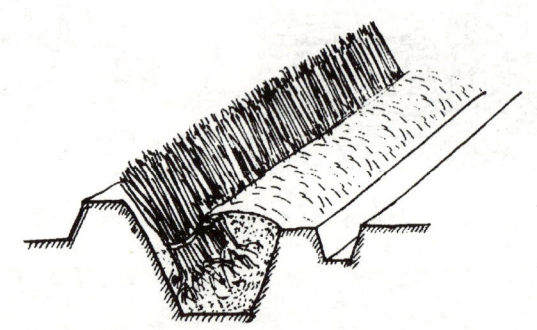

图1-5-10 开沟假植

4. 作业

根据以上操作,总结苗木出圃操作的技术要点。

任务反思

1. 如何确定起苗时间?
2. 苗木出圃时如何起苗?
3. 起苗后的苗木怎样消毒?
4. 出圃后的苗木不立即栽种应怎样进行假植?

项目小结

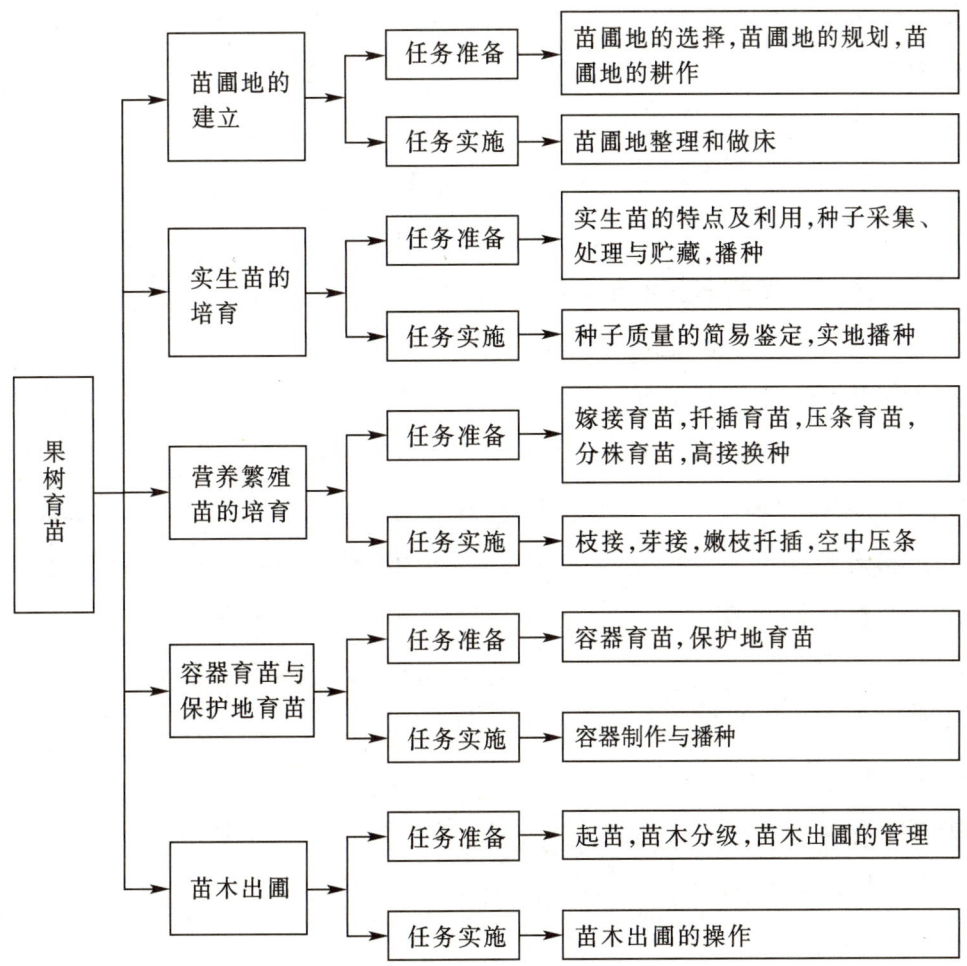

综合测试

一、选择题

1. 营养繁殖苗是利用果树营养器官繁殖的植株,主要包括(　　)。

A. 嫁接　　　　　　B. 扦插　　　　　　C. 压条　　　　　　D. 分株

2. 果树育苗方式主要有(　　)。

A. 露地育苗　　　　B. 保护地育苗　　　C. 容器育苗　　　　D. 嫁接育苗

3. 母本园的主要任务,是提供繁殖苗木所需要的(　　)材料。

A. 砧木　　　　　　B. 种子　　　　　　C. 插条　　　　　　D. 接穗

4. 砧木种子的采集方法主要有(　　)。

A. 采摘法 B. 摇落法 C. 地面收集法 D. 竹竿敲打法

5. 苗床播种方法主要有( )。

A. 撒播 B. 条播 C. 点播 D. 直播

6. 砧木和接穗的亲缘关系越近,亲和力越强。( )的亲缘关系最近。

A. 同属同种间 B. 同属异种间

C. 同科异属植物间 D. 同科同属植物间

7. 按照枝条压入土中或用泥土包裹的形式,压条分为( )。

A. 曲枝压条 B. 水平压条 C. 直立压条 D. 空中压条

8. 目前国内保护地育苗设备主要有( )。

A. 温室 B. 温床 C. 阳畦冷床 D. 塑料拱棚

9. 温床育苗根据加热方式分为( )。

A. 酿热 B. 火热 C. 水热 D. 电热

10. 塑料大棚从结构和建造材料上来考虑,通常有( )。

A. 竹木结构大棚 B. 简易钢管大棚

C. 装配式镀锌钢管大棚 D. 以上都不是

二、简答题

1. 怎样进行种子的层积处理?

2. 怎样进行硬枝扦插?

3. 怎样促进插条生根?

4. 苗木应怎样进行假植?

三、综合分析题

小张从山东良繁种子公司购进一批枳壳砧木种子,在种子播种前,小张对这批种子应进行哪些操作来保证出苗率?

项目 2

果园建立

项目导入

2013年《中共中央 国务院关于加快发展现代农业、进一步增强农村发展活力的若干意见》中提出:"制定专门计划,对符合条件的中高等学校毕业生、退役军人、返乡农民工务农创业给予补助和贷款支持。"家住四川省中部丘陵地区的中等职业技术学校种植专业毕业生小王看准这一政策优势,决定利用自己所学专业知识立足家乡自主创业建果园,发展特色水果生产。让我们一起来帮小王建立果园吧。

学习本项目,可了解不同类型的园地对果树生长的关系,熟悉果树生长发育对环境条件的要求,进行园地选择,严格规划,合理配置品种;了解园地的规划设计方法,并掌握园地规划设计技术;学会山地果园梯田的开垦方法,初步掌握等高梯田修筑技术。

任务 2.1 果园的选择与规划

任务目标

知识目标:1. 了解果园的类型。
  2. 了解果园的生态条件及标准。
  3. 理解果树树种、品种的选择依据。
  4. 熟悉果园规划原则与设计内容。

技能目标:1. 能根据果园规划原则合理地规划果园。
  2. 能因地制宜地配置果园树种、品种。

任务准备

一、果园的选择

根据果树栽培区域化、生产规模化、集约化和无公害化的发展趋势,建园的自然条件一定要符合当地主栽果树的生态习性。总的要求是气候适宜,土壤深厚,改土成本低,水源充足,交通便利,地下水位在1.5 m以下,无工业废气、污水和粉尘污染。

1. 平地

平地面积较大,较平缓开阔,坡度<5°,土壤、气候基本一致。平地建园具有规划管理方便、有利机械化生产、劳动效率高、果树生长发育好、产量高的优点。但平地通风、日照、排水条件不如山地,果实品质和耐贮力也比山地差。

我国南方的平地可分为冲积平原、洪积平原、湖滨滨海地和海涂。冲积平原建园要注意地下水位,地下水位高于1.5 m的地方不可选作果园。湖滨滨海地和海涂调节气温有良好作用,建园时要改沙培肥,营造防风林。洪积平原沙砾、卵石多,保水保肥性能差,不宜建园。近山处也不宜建园,以防山洪、石洪危害。

2. 丘陵地

相对高差<200 m叫丘陵,100 m以下为浅丘,100~200 m为深丘。丘陵地高度不大,上下交通方便,较山地易管理,发展果园较为理想;但丘陵地因地形、土壤、水、肥条件在短距离内变化差异较大,故在果园规划上不易统一设计,且在管理上不易实施较为一致的农业技术。

浅丘土层较厚,坡度平缓,因此水肥差异较小,较易划分小区,水土保持不费工,提水灌溉使用低扬程抽水机即可。不同坡向的光照条件差异小,果实品质相差不大,适宜全方位建园。深丘则适宜在麓部建园。

3. 山地

凡光照充足、土层深厚、无风害山地,都是果树适栽地。山地日照好,果实色泽、品质好,耐贮藏,病虫害少。我国山地约占60%,是选择发展果树的适宜基地。山地发展果园主要考虑的是果树最适的垂直分布带、坡向、坡度和坡形。山麓坡地是果树发展的理想场所。

二、果园的规划和设计

果园规划的步骤：① 进行宜园地调查；② 进行园区测绘；③ 进行果园总体规划。

1. 宜园地调查

调查内容有以下五项：

（1）地况：果园位置、面积、界址、水利、交通、海拔、坡向、坡度、坡形、土壤冲刷及切割情况。

（2）气候：年平均温度、各月平均温度、绝对最高最低温度，年降水量、雨季、旱季、无霜期、台风发生时期及风向、山区小气候、工厂毒气、煤烟等。

（3）土壤：母岩、成土母质、土类、土层深度、土壤机械组成、pH、有机质含量、肥源等。

（4）植被：果树种类、分布、生长结果情况，野生植物种类分布，野生砧木树种，其他地被物。

（5）社会情况：人口、劳力、交通能源，当地果树品种的商品竞争能力，果树每亩纯收入，果品流通渠道，果品供需状况，果品加工贮藏状况等。

2. 园区测绘

果园的规划设计应在地形图或平面图上进行。获得建园地区地形图的方法有两种：一是利用现有地形图，二是实地测绘。由于实地测绘需要仪器设备，并且涉及测量学专业知识与技能，较为复杂，所以，利用现有地形图较为容易。

目前，我国测绘部门已对全国大部分地区进行了 1∶10 000 地形图的测绘，这些图称为国家基本图。除此之外，水利、城建、地质、石油、矿山、农垦、林业等部门也对所涉及的地区进行了各种比例尺地形图的测绘工作。因此，在规划设计前，可首先向上述有关部门了解、搜集建园地区的现有地形图。

由于现有的地形图比例尺不一定适合规划设计的需要，常需对原有地形图放大。常用方法有两种：

（1）格网法：用此法放大地形图，需先在原图上画出格网，再按放大的尺寸在图纸上画出格网，继而将原图各格内地物和等高线上诸点位置转绘到图纸上的相应格内，即得到放大的地形图（图 2-1-1）。

（2）缩放仪法：缩放仪是根据相似形对应边成比例的原理制成（图 2-1-2）。用它放大地形图，不仅绘图速度快，而且可以使原图免受格网的污损。

将图形放大时，可将缩放仪的 S 处固定，在 A 处装上描针，E 处的铅笔即可随之绘出与原

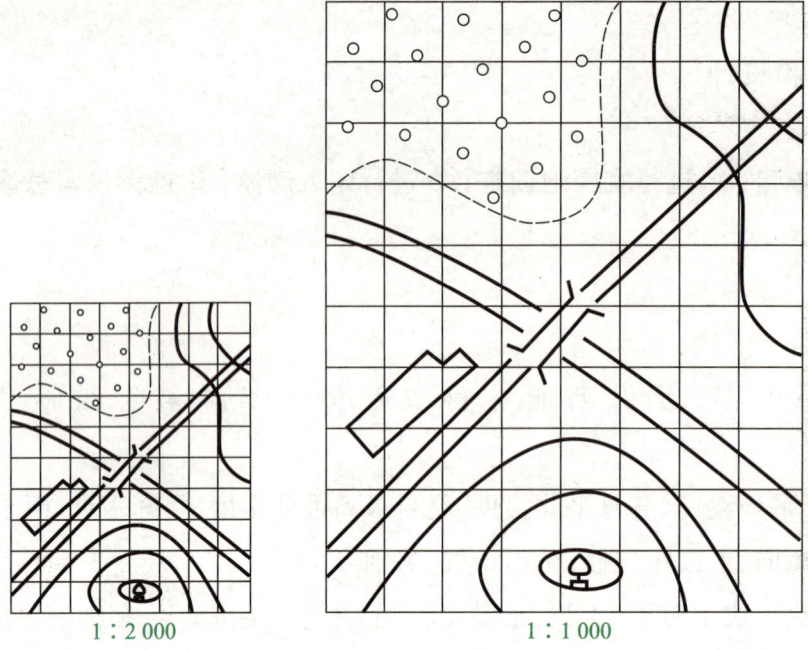

图 2-1-1　格网法缩放地形图

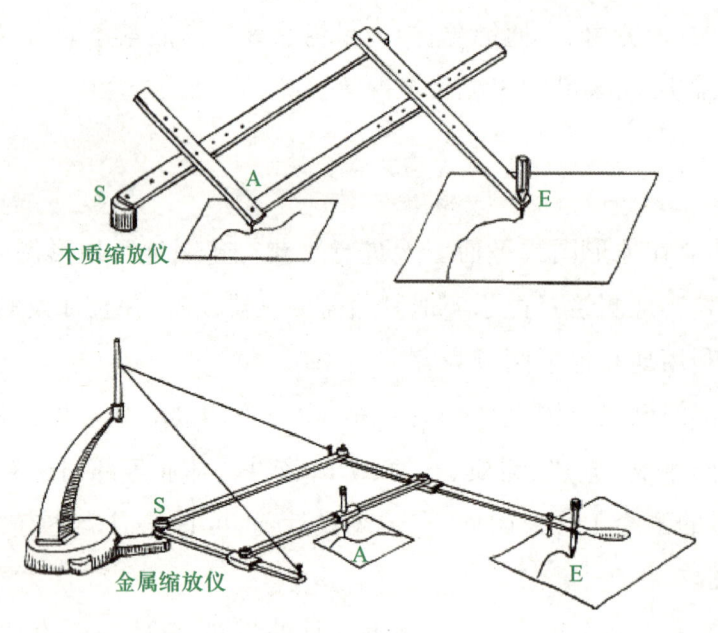

图 2-1-2　缩放仪

图相似的放大图形。

果园规划设计所用的地形图，一般要求比例为 1∶1 000，等高线高差 0.5~1 m。

3. 果园总体规划

果园总体规划内容是规划小区、道路、排灌系统、辅助建筑物、防护林；规划水土保持、土壤改良方法；规划所栽树种、品种等。在大型果园中，果树面积应占总土地面积的 80%~85%，防护林占5%～10%,道路占4%～5%,建筑等辅助用地占6%。总体规划应与单项规划结合,反复研讨,并进行经济核算后确定。设计书中还应包括果园投资回报的核算,即果树投产年限、产量、产值、资金回收、利润概算等。在距城镇较近的地方,还要考虑到旅游观光型果园的配套设施,如食、宿、游、购的项目设计。

(1) 划分小区:小区是果园的基本单位。**划分时以便于管理和采取一致的农业技术措施为原则**。小区面积形状见表2-1-1。

表2-1-1 小区面积与形状

类型	面积/亩	形状
平地大型果园	100～180	以长方形、南北行为宜;不规范地形可随形就势,灵活处理;山地果园小区长边与等高线平行
平地小型果园	50～80	
丘陵果园	30～50	
山地果园	20～30	
个体家庭果园	3～5 或 10～20	

(2) 规划道路:规划道路有主路、干路、支路之分。

- 主路:设计在贯穿全园的适中位置,山地主路可环山或呈"之"字形(图2-1-3)。宽5～7 m,坡降不超过7%,汽车路转弯半径不小于10 m。

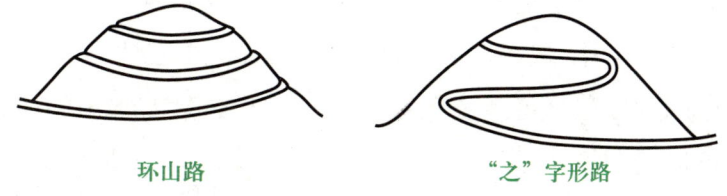

图2-1-3 山地主路

- 干路:宽4～5 m,连接主路和小区,是小区的分界线,两边有排水沟及肥池。排水沟的设计一般与道路同步。道路两侧设排灌水明渠,道路上每隔10～15 m用沙石修成直径5～10 cm的暗渠排水到两侧沟内(图2-1-4)。水池与水沟要相连,每亩蓄水10 m³以上。每50亩果园设计一个约30 m³的肥池。

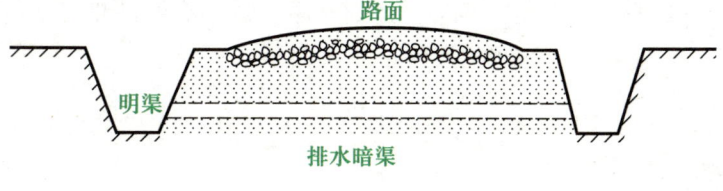

图2-1-4 水沟设计

- 支路:平地宽2～4 m,山地宽1 m,为人行道。

(3) 规划果园灌溉系统：果园灌溉系统包括蓄水和输水。水源可从水库、河流提取或利用地下水。灌溉方法有喷灌、滴灌、地面灌三大类。

● 喷灌：喷灌适用于各种类型的果园，其优点是：可节约用水，基本不产生深层渗漏和地表径流；可保持原有土壤的疏松状态，减少对土壤的破坏；可调节果园小气候，减少高低温、干风对果树造成的危害，甚至还可减少裂果现象；节省劳力，工作效率高；便于田间机械作业，如施肥、喷药等都可利用它进行。喷灌主要缺点是控制不当会导致湿度超高，加重某些真菌病害的发生。喷灌系统一般包括水源、动力、水泵、输入水管道及喷头。

● 滴灌：滴灌的优点是：可节约用水，比喷灌节水一半左右；滴灌系统全部自动化，可将劳动力减少至最低限度；为果树创造最适宜的土壤水分、养分和通气条件，促进果树生长发育。滴灌的缺点是：需要管材较多，投资较大，管道和滴头容易堵塞，对过滤设备要求严格且不能调节小气候。滴灌系统主要组成部分是：水泵、化肥罐、过滤器、输入水管（干管和支管）、灌水管（毛管）和滴水管（滴头）。

● 地面灌：地面灌水系统由水源和各级灌溉渠道组成。水源选择主要有两种形式：一是修建小型水库蓄水，其位置应高于果园，对果园进行自流灌溉；二是从江河等地引水，可通过扬水式取水或自流式取水保证果园对水的需求。

(4) 辅助建筑物：因地制宜，设计农具房、住宿用房、包装场贮藏室、加工厂、农机房、配药间、养蜂场等。观光型果园还要设计商场、餐厅、休憩空间等旅游设施。

(5) 防护林：防护林要选择生长快、寿命长、枝叶繁茂、适应性强，与果树无相同病虫害或不是果树病虫害的中间寄主，有一定经济效益的树种。我国南方常用的树种有：马尾松、杉木、悬铃木、麻栎、枫香、樟树、苦楝、女贞、油茶、桑、日本珊瑚树、木麻黄、竹等。果园的防护林由防止主害风的主林带和防止主害风以外风力的副林带构成。主林带一般栽5～8行，副林带2～4行。乔木按2 m×2.5 m株行距，灌木按1 m×1 m株行距配置。主、副林带的带间距与道口配置见图2-1-5。

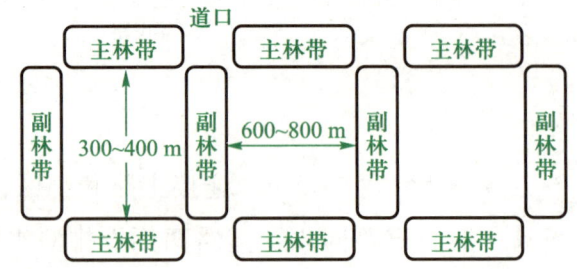

图2-1-5 主、副林带与道口的配置示意

防护林要设计成疏透结构或通风结构，不要设计成紧密结构（图2-1-6）。林带方向应与果园有害风、经常性的大风风向呈垂直或25°～30°偏角。

三、果园的生态条件

果园是一个动态平衡的人工生态系统。在环境与果树之间，环境条件起主导作用，是果树适地适栽的重要依据，其中温度、光照、空气、水分、土壤等是果树生存的必要条件。

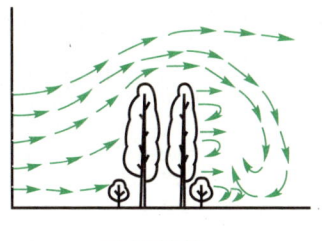 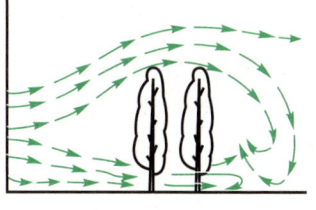 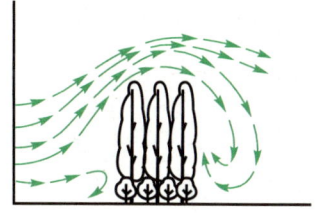

|疏透结构|通风结构|紧密结构|

图 2-1-6　不同结构林带防风特性示意

1. 温度

果树的地理分布受温度条件限制,其中主要是年平均温度、生长期的积温和冬季最低温。主要果树适栽的年平均温度如表 2-1-2 所示。

表 2-1-2　主要果树适栽的年平均温度　　　　　　　　　　　单位:℃

树种	年平均温度	树种	年平均温度
柑橘	16~18	梨(秋子梨)	5~7
桃(华南系)	12~17	(白梨)	7~15
葡萄	5~18	(砂梨)	15~20
李	3~22	杏	6~14
枣(南枣)	15~20	樱桃(西洋)	7~12
核桃	8~10	(中国)	15~16
枇杷	16~17	柿(南方)	15~20

对果树而言,在外界综合条件下**能使果树萌芽的日平均温度为生物学有效温度的起点**。落叶果树的生物学有效温度的起点多在平均温度 6~10 ℃,常绿果树 10~15 ℃。生长季中生物学有效温度的累积值为生物学有效积温。果树在生长期内,从萌芽到开花和果实成熟要求有一定的积温(表 2-1-3)。

表 2-1-3　不同果树开花和果实成熟时期的积温　　　　　　　单位:℃

树种	开花	果实成熟
柑橘	—	3 000~3 500
梨(洋梨)	435	867
桃	470	1 083
葡萄	—	2 100~3 700
杏	357	649
樱桃(西洋)	404	446

温度的剧烈变化对果树的危害尤其严重,特别是在生长发育关键时期。生产实践中低

温的危害较高温涉及的面大、程度深、后果重。低温危害果树的表现分为冻害、寒伤、冷旱、霜害。高温则表现为局部受害并间接使树体生病。夏季高温会使果树的枝条和果实发生日灼。

2. 光

果树的一生与光照关系密切。**光照过多或不足都会影响果树的生长和结果**,进而造成病态。果树对光的需要程度,与各树种、品种原产地的位置和长期适应的自然条件有关。在落叶果树中以桃、扁桃、杏、枣、阿月浑子最喜光;苹果、梨、沙果、李、樱桃、葡萄、柿、板栗次之;核桃、山核桃、山楂、猕猴桃较耐阴。常绿果树中以椰子、香蕉较喜光,荔枝、龙眼次之,杨梅、柑橘、枇杷较耐阴。

果树生长结果需要光照。果园和果树受光可分为上光、前光、下光、后光四种类型。**上光和前光是果树正常生长发育的主要光源,下光和后光可增进树冠下部的果实品质**。因此在建园及采取管理措施时,要通过各种手段最大限度地利用阳光,保证果园和果树光照充足。

3. 水分

果树体内的生理活动都是在水参与下才能正常进行的。水分过多或不足,都会加速果树衰老,缩短结果年限。各种果树对水分的要求和忍耐力不同,表现为对干旱、水涝的不同抵抗能力。不同果树抗旱性和抗涝性的表现能力见表2-1-4。

表2-1-4 不同果树抗旱性和抗涝性的表现能力

抗旱性		抗涝性	
表现能力	树种	表现能力	树种
强	桃、扁桃、杏、石榴、枣、无花果、核桃、菠萝、枣椰(棕枣)、油橄榄	强	甘蔗、椰子、荔枝、枣、葡萄、中国梨(杜梨砧)、柿、仁果类
中等	苹果、梨、柿、樱桃、李、梅、柑橘	中等	柑橘
弱	香蕉、枇杷、杨梅	弱	桃、无花果、凤梨

果树在各个物候期对水分的要求不同,根据果树需水特点,正确、合理地进行果园供水,是保证果树优质高产的重要措施之一。果树各个物候期需水特点见表2-1-5。

表2-1-5 果树各个物候期需水特点

物候期	需水特点
春季萌芽前	此期需要一定水分才能发芽;水分不足,常延迟萌芽期或萌芽不整齐一致,影响新梢生长;冬春干旱应在春初补足水分

续表

物候期	需水特点
花期	此期干燥或水分过多,常引起落花落果,降低坐果率;空气较干燥,可缩短花期,影响授粉
新梢生长期	此期温度急剧上升,枝叶生长旺盛,对缺水反应最敏感,为需水临界期;此期供水不足,则生长缓慢,甚至早期停止生长;春梢过短秋梢过长即为由于前期缺水、后期水分过多所致
花芽分化期	此期需水相对较少,如水分过多则分化减少;一般降雨适量则不应灌水
果实发育期	此期需一定水分,但过多会引起后期落果或造成裂果,易罹患果实病害,影响产量;果实快速增大期是成熟前 20~30 天,这是增产的关键期,必须保证水分供应;否则,影响产量

解决果园灌水和果树需水问题的途径有两个:一是保水节流,如土壤改良及合理耕作、及时松土和覆盖、山地水土保持工程、雨季蓄水冬季积雪等;二是开源灌溉,如开辟水源,合理灌溉,雨季排水,排蓄结合。

4. 土壤

土壤是果树栽培的基础,良好的土壤结构能满足果树对水、肥、气、热的要求,因而是丰产的基础。

(1) 土壤温度:土壤温度直接影响根系的活动,同时制约各种盐类的溶解速度、土壤微生物的活动及有机质的分解和养分转化等。果树根系生长与土温有关。当土壤温度过高时,则根系受伤害甚至枯死,故可采取土壤覆盖或密植来解决。冬季地温低于-3℃时,即可发生冻害,低于-15℃时大根受冻。

(2) 土壤水分与通气:水分是提高土壤肥力的重要因素,土壤营养物质只能在有水的情况下才被溶解和利用,所以肥水是不可分的。水分还能调节土壤湿度。一般果树根系在田间持水量 60%~80% 时活动适宜。土壤干旱时,土壤溶液浓度高,根系不能正常吸水反而发生外渗透现象,所以施肥后应立即灌水以便根系吸收。

果树根系一般在土壤空气中氧含量不低于 15% 时生长正常,不低于 12% 时才发生新根。各种果树对通气条件要求不同,越橘对缺氧忍耐力最强;柑橘可生长在水田地埂上,对缺氧反应不敏感;梨、苹果反应中等;桃最敏感,缺氧即死亡。

(3) 土壤酸碱度:土壤酸碱度与土壤中有机质、矿质元素的分解和利用以及微生物的活动有关。各种果树对酸碱度的要求不同,核果类和苹果要求中性,柑橘要求微酸性。几种主要果树对酸碱度的适应范围见表 2-1-6。

表 2-1-6　几种主要果树对酸碱度的适应范围(pH)

果树种类	适应范围	最适范围
柑橘	5.0～6.5	6.0～6.5
梨	5.4～8.5	5.6～7.2
桃	5.0～8.2	5.2～6.8
葡萄	7.5～8.3	5.8～7.5
枣	5.0～8.5	5.2～8.0

建立果园时,尚须考虑是老果园换栽还是新辟果园。因果树在树种间存在忌地再植现象,即重茬栽培时植物生长发育不良的现象,也称连作障碍。同一树种最好不要在同一土地上连作。桃的忌地现象极为明显,无花果、枇杷忌地现象也很明显,苹果、梨、葡萄有忌地现象。柑橘、核桃忌地现象较轻。

5. 环境污染

环境污染包括空气污染、水体污染和土壤污染。

污染的空气使果树枯萎、落叶、减产,品质变坏,助长病虫害发生。如二氧化硫使桃新梢中部叶片出现明显烟斑,苹果果皮龟裂;氟化物使果树的叶尖和叶缘呈油浸状态,由黄变褐,逐渐向叶身发展,严重时致叶片干枯脱落;臭氧侵害果树使叶片黄化变白,落花落果,早期落叶;而碱厂、塑料厂等散发出的氯和氯化氢等可使苹果和核桃受害。

工矿废水和农药污染是水体和土壤污染的污染源。工业废水使土壤土质变坏、板结无结构、盐渍化,致果树不能生长。连续施用农药致土壤污染,农药进入果树树体,最后到种子与果实中,形成残毒。

为确保果园实现早果、高产、优质、低消耗的目标,建园时要综合考虑果园环境条件,尽可能选择适宜的地点和树种,以免受灾。

四、树种、品种的选配

果树生产区域化、良种化和建立高标准的果园,是果树生产现代化的标志,在一定的地区内必须选择最适宜的树种和品种。

1. 选择树种、品种的依据

(1) 树种的生物学和生态学特性:一般应选择当地名优特产果树;已经试种成功、有较长栽培历史的果树和经济性状较佳的果树。从外地引种要根据果树本身的生长发育规律和对外界条件的要求,而且要经过试种。

(2) 果园经营目的和任务:果园经营应面向市场,进行市场调查,对市场作出正确的预测,确定主攻方向。城郊果园应选骨干品种加上早、中、晚熟品种搭配;离城区较远的,则要选择耐贮运的品种;山区宜选干果类树种;有加工厂的可选加工品种。

2. 树种、品种的合理配置

果园配置树种、品种,要因地制宜,合理布局。在同一地区,由于地形、土壤和气候的不同,应配置与之相适应的树种品种。一般仁果类、柑橘、香蕉等宜配置在肥、水条件较好的地段上,而核桃、桃、李、枣、板栗、柿则可栽在砾质土和较干燥的地段上。

南方海拔不高的山地,下部可配置枇杷、梨、柿等,中部配置柑橘、桃、李、杏等,上部配置板栗、枣等;阳坡栽植比较喜光的树种,如桃、葡萄等;易遭大风的地区,不宜栽植仁果类;水稻田可种蕉柑,盐碱地可种葡萄、无花果等。

在树种确定之后,就要考虑品种的组成。品种数量的多少,因树种和果园面积大小而定。如柑橘、梨等耐贮运的果树,按450亩(30 hm^2)规模的果园计,可安排3~5个品种,以晚熟耐贮运的品种为主。桃、杏、李等不耐贮运的核果类果树,每个品种供应期短,品种应多些,可按成熟期合理排开。一般按10~15天安排一个品种,这样有利于均衡上市和劳动力调配。各种果树在果园有贮藏条件的情况下,晚熟品种占比例可大些。没有贮藏条件的,各品种应依市场需求安排。

3. 授粉树的配置

保证果树正常授粉受精,是提高产量和果品质量的重要条件之一。对雌雄异株、雌雄异熟、自花不实或花粉败育的果树必须配置授粉树。

(1) 需配置授粉树的常见树种如下:
- 自花不实的:梨、李、柚、甜樱桃、梅。
- 雌雄异株的:杨梅、猕猴桃、银杏、香榧。
- 异花授粉可提高产量的:柑橘、桃、龙眼、荔枝、枇杷、芒果、油梨等。
- 雌雄异熟的:核桃、板栗、山核桃、长山核桃等。

(2) 授粉树的条件:优良的授粉树应与主栽品种同时开花,且花粉多、发芽率高;与主栽品种寿命相近,每年都开花;授粉后不影响果实品质;可与主栽品种相互授粉,都具经济价值;适宜当地的环境条件。

常见果树主栽品种与授粉品种组合如表2-1-7所示。

表 2-1-7　部分果树主栽品种与授粉品种组合

树种	主栽品种	授粉品种
荔枝	黑叶	三月红、大造、桂味
	禾荔	黑叶、尚书怀
	兰竹	黑叶、早红
	糯米糍	黑叶、桂味
	妃子笑	三月红、白糖罂
梨	苍溪梨	二宫白、金川雪梨、鸭梨、茌梨
	二宫白	苍溪、金水 1 号
	菊水	长十郎、湘南、晚三吉、八云、新世纪
	晚三吉	太白、菊水、江岛、新高
	金花梨	晚三吉、雪花梨
	杭青	杭红、黄蜜、黄花、长十郎
	黄花	八云、祇园、石井早生、20 世纪
	长十郎	八云、红梨、新高、今村秋、二宫白
桃	霞晖 1 号	早花露、雨花露
	早硕蜜	早花露、晕雨露
	安农水蜜	早花露、雨花露
	惠民蜜桃	上海水蜜、春蕾、雨花露
李	早黄李	布尔班克
	大石早生	小核李、美丽李、跃进李
	长特丽娜	黑宝石、早玫瑰、威克森
	牛心李	阿伯特李（早丰）
猕猴桃	艾博特	马吐阿
	海沃特	陶木里
	金魁	兴山 10 号

（3）授粉树的配置方式：授粉树配置方式与距离，根据授粉品种的情况及授粉方式而异，可每 9 株配置一株授粉树，也可隔行配置、等行配置，具体方式见图 2-1-7。

对于杨梅、银杏、香榧等雌雄异株的果树，雄树花粉量大，可栽于花期迎风向的果园边界作少量配置。

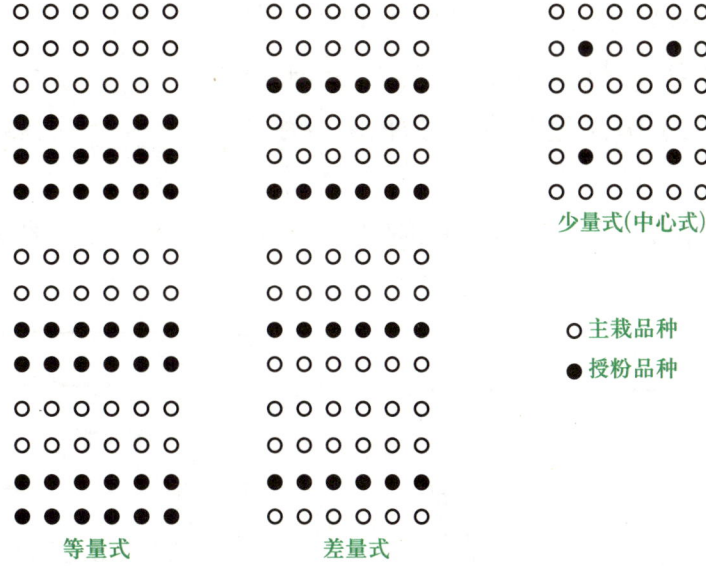

图 2-1-7 授粉品种配置方式

果园规划设计

1. 目的要求

了解园地规划设计的过程,学会地形图的放大、绘制,能正确使用绘图工具,掌握园地规划设计步骤和绘图方法。要求认真勘查,细致绘图,完成设计任务。

2. 工具材料

绘图笔、绘图墨水、2H 和 3B 铅笔、透明胶带、三角尺、直尺、卡规、地形图、绘图板、绘图纸、硫酸拷贝纸、刀片。

3. 操作步骤

（1）熟读准备建园地区的地形图,根据地形图勘查建园区,了解建园区土壤、水源、地形、植被情况,并作详细记录。

（2）用缩放仪在绘图纸上绘出建园区域比例为 1∶1 000 的地形图。

（3）将放大的地形图草图用透明胶带固定在绘图板上（图 2-1-8）。

（4）用 2H 铅笔在地形图草图上进行规划设计。先绘出图框（图 2-1-9），再用道路分出果树栽培小区，依次设计出排灌系统、防护林带、辅助建筑等。

（5）设计结束后，用 3B 铅笔描绘清楚，标明图题、图例，写上文字说明，画上指北针和比例尺。

（6）把硫酸纸覆于设计图上，用透明胶带固定后，用绘图笔将设计图描绘成底图备晒。

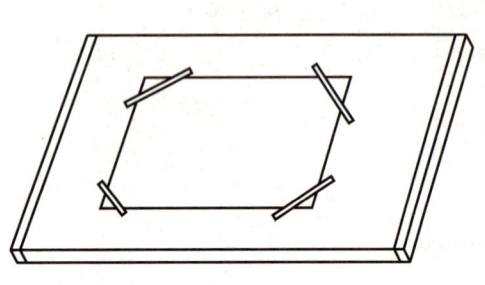

图 2-1-8　固定地形草图

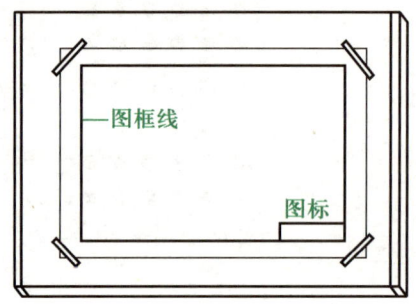

图 2-1-9　绘图框

任务反思

1. 山地发展果园主要考虑的因素有哪些？
2. 果园规划时对防护林的选择有哪些要求？
3. 果园规划设计包括哪些内容？
4. 选择树种、品种的依据有哪些？
5. 选择授粉树的首要条件是什么？

任务 2.2　果园的开垦

任务目标

知识目标：1. 了解山地、旱地与洼地果园开垦的方法。
　　　　　2. 掌握水稻田改种果树的土壤改造方法。
技能目标：1. 能进行山地、旱地与洼地果园的开垦。
　　　　　2. 能进行山地等高梯田的修筑。

任务准备

一、果园开垦的主要任务

果园开垦是果园规划中一项基础性工作,一般应在定植前半年进行。其主要任务包括清地、翻耕、平整地、开壕沟或梯田,定标挖种植穴或开种植沟等。其好坏直接影响果园的水土保持、生产管理,果树生长和果实产量,必须予以重视。

二、山地果园的开垦

1. 修筑等高梯田

梯田是山地果园普遍采用的一种水土保持形式,它是将坡地改成台阶式平地,使种植面的坡度消失,从而防止雨水对种植面土壤的冲刷。同时,由于地面平整,耕作方便,保水保肥能力强,因而所栽植的果树生长良好,树势健壮(图2-2-1)。

梯田由梯壁、梯面、边埂和背沟(竹节沟)组成(图2-2-2)。

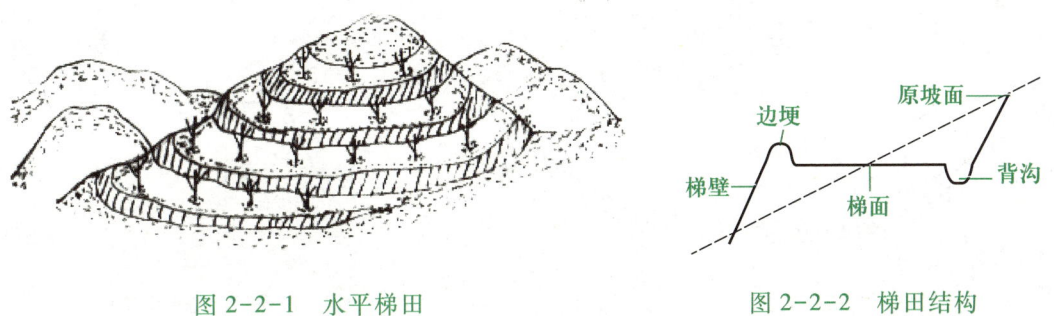

图2-2-1 水平梯田　　　　图2-2-2 梯田结构

(1)清理园地:把杂草、杂木与石块清理出园,草木晒干后集中烧掉作肥料用。

(2)确定等高线:

● 测定基点:选择能代表该片坡地大部分坡度的地段,作一与横向水平垂直的直线即基线,自上而下地定出第一个基点。然后用一根与定植行距等长的竹竿(或皮尺),将其一端放在第一个选定的基点上,另一端顺着基线与横向水平线相交,其端点即为第二个基点,依次得出第三、第四……n个基点。基点选出后,在各端点插上竹签。

● 测定等高线:

用等腰人字架测定。如图2-2-3所示,人字架长1.5 m左右,两人操作,一人手持人字架,一人用石灰画点。以基点1为起点,向左右延伸,测出等高线。测定时,人字架顶端吊一铅垂线,将人字架的甲脚放在基点上,乙脚沿山坡上下移动,待铅垂线与人字架上的中线相吻合时,定出的这一点为等高线上的第一个等高点,并做上标记。然后使人字架的乙脚不动,将甲脚旋转180°后,沿山坡上下移动,使铅垂线与人字架上的中线相吻合时,测出的这一点为等高线上的第二个等高点。照此法反复测定,直至测定完等高线上的各个等高点为止。将测出的各点连接起来,即为等高线。依同样的方法测出各条等高线。由于坡地地形及地面坡度大小不一,在同一等高线上的梯面可能宽窄不一。等高线测定后,必须进行校正。按照"大弯随弯,小弯取直"的原则,通过增线或减线的方法,进行调整。也就是等高线距离太密时,应舍去过密的线(减线);太宽时又酌情加线(增线)。经过校正的等高线就是修筑梯田的中轴线,按照一定距离定下中线桩,并插上竹签。

(3) 梯田的修筑方法:修筑梯田,一般从山的上部向下修。修筑时,先修梯壁(垒壁)。随着梯壁的增高,将中轴线上侧的土填入,逐一踩紧捣实。这样边挖梯面边筑梯壁,将梯田修好。然后,平整梯面,并做到外高内低,外筑边埂而内修背沟。边埂宽30 cm左右,高10~15 cm。梯田内沿开背沟,背沟宽30 cm,深度20~30 cm。每隔10 m左右在沟底挖一宽30 cm,深10~20 cm的沉沙坑,并在下方筑一小坝,形成"竹节沟",使地表水顺内沟流失,避免大雨时雨水冲刷梯壁而崩塌垮壁(图2-2-4)。

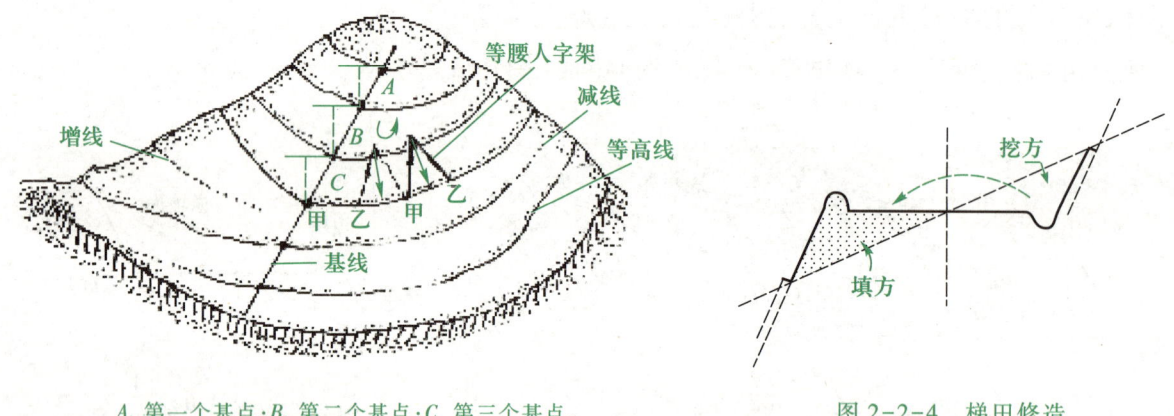

A. 第一个基点;B. 第二个基点;C. 第三个基点。
图2-2-3 用等腰人字架测定基点、等高线示意

图2-2-4 梯田修造

(4) 挖壕沟或种植穴:山地、丘陵地采用壕沟式,即将种植行挖成深80~100 cm,宽1 m的壕沟(图2-2-5)。挖穴时,应以栽植点为中心,画圆挖掘,将挖出的表土和底土,分别堆放在定植穴的两侧。最好是秋栽树,夏挖穴;春栽树,秋挖穴。**提前挖穴,可使坑内土壤有较长的风化时间,有利于土壤熟化。**如果栽植穴内有石块、砾片,则应拣出。特别是土质不好的地区,挖大穴对改良土壤有着极其重要的作用。一般深度要求在60~100 cm。**水平梯田定植穴、沟的位置,应在梯面靠外沿1/3~2/5处**(图2-2-6),即在中心线外沿。因内沿土壤熟化程度和光线均不如外沿,且生产管理的便道都设在内沿。

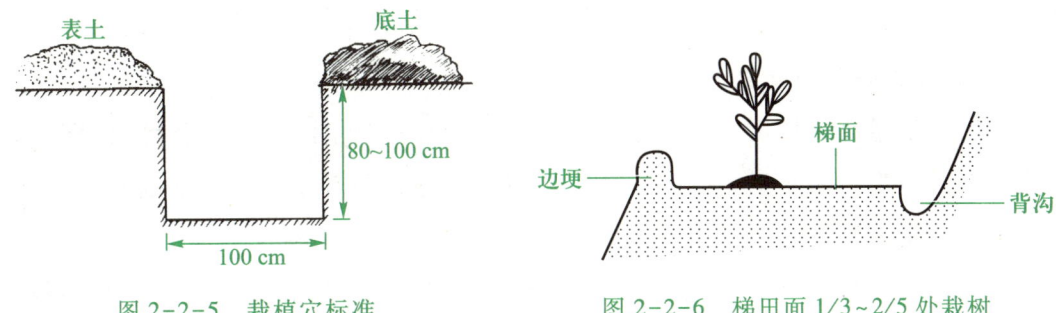

图 2-2-5 栽植穴标准　　　　图 2-2-6 梯田面 1/3~2/5 处栽树

(5) 回填表土与施肥:无论是栽植穴还是栽植壕沟,都必须施足基肥,这就是通常所说的大肥栽植。栽植前,把事先挖出的表土与肥料回填穴(沟)。回填通常有两种方式,一种是将基肥和土拌匀填回穴(沟)内,另一种是将肥和土分层填入(图 2-2-7)。一般每立方米需新鲜有机肥 50~60 kg 或干有机肥 30 kg,磷肥 1 kg,石灰 1 kg,枯饼 2~3 kg,或亩施优质农家肥 5 000 kg。

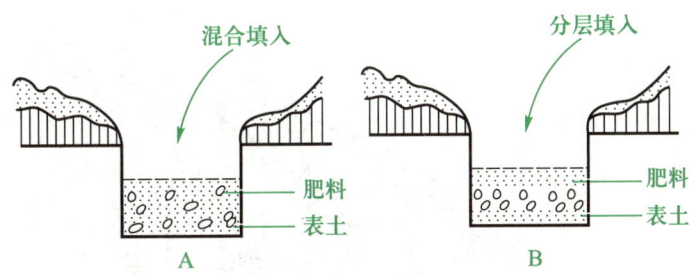

A. 肥料与表土混合填入;B. 肥料与表土分层填入。

图 2-2-7 栽植穴(沟)的土肥回填方式

2. 挖鱼鳞坑

坡度较大、地形复杂的山坡地,不适合修水平梯田和撩壕时,可以挖鱼鳞坑来进行水土保持,或因一时劳力不足、资金紧缺,来不及修筑梯田的山坡,可先修鱼鳞坑(图 2-2-8),以后逐步修筑水平梯田。

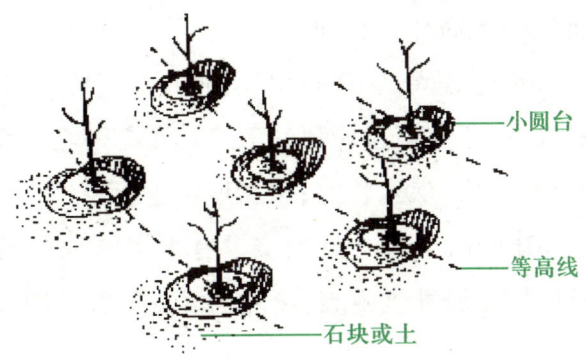

图 2-2-8 鱼鳞坑

(1) 确定定植点：修筑时，先定基线，测好等高线，其方法与等高梯田相同。在等高线上，根据果树定植的株行距来确定定植点。

(2) 挖坑：以定植点为中心，从坡上部取土，修成外高内低半月形的小台面，直径 2~5 m，一半在中轴线内，一半在中轴线外，台面的外缘用石块或土堆砌，以利保蓄雨水。将各小台面连起来看，好似鱼鳞状排列。

(3) 回填表土与施肥：在筑鱼鳞坑时，要将表土填入定植穴，并施入有机肥料。这样，栽植的果树才能生长好。

3. 撩壕

撩壕（图 2-2-9）是在山坡上，按照等高线挖成等高沟，把挖出的土在沟的外侧堆成垄，在垄外坡（壕外坡）栽果树，这种方法可以削弱地表径流，使雨水渗入撩壕内，既保持了水土，又可增加坡的利用面积。

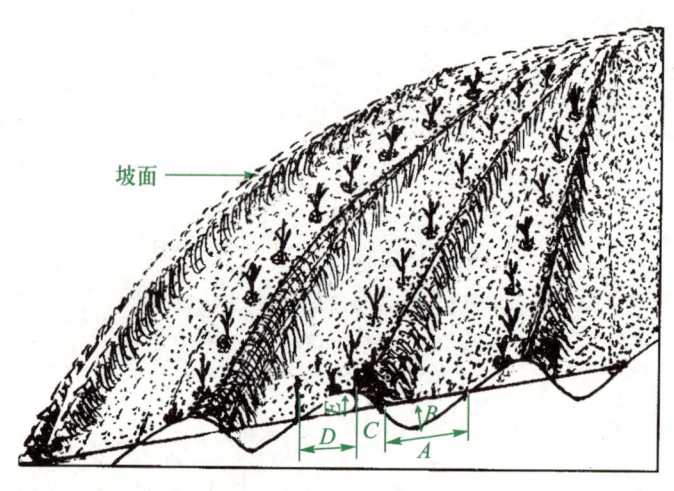

A. 壕宽；*B.* 壕深；*C.* 壕内坡；*D.* 壕外坡；*E.* 壕高。

图 2-2-9　撩壕断面图

(1) 确定等高线：其方法与等高梯田相同。

(2) 挖撩壕：撩壕规格伸缩性较大，一般自壕顶到沟心，宽可 1~1.5 m，沟底距原坡面 25~30 cm，壕外坡宽 1~1.2 m，壕高（原坡面至壕顶）25~30 cm。撩壕工程量不大，简单易行，而且坡面土壤的层次及肥沃性破坏不大，保水性好；撩壕增厚了土层，所以对果树生长很有利，适于坡度较小的缓坡（5°左右）地建园时采用。但撩壕没有平坦的种植面，不便施肥和机械操作，尤其在坡度过大（超过 10°）时，撩壕堆土困难，壕外土壤流失大。因此，撩壕应用范围小，是临时的水土保持措施。

(3) 回填表土与施肥：同前述"修筑等高梯田"。

三、旱地果园的开垦

1. 平地果园的开垦

平地包括旱田、平缓旱地、疏林地及荒地。

（1）规模在 150 亩（10 hm²）以上的果园，可采用重型大马力拖拉机进行深犁（30 cm），重耙 2 次后，在与坡度垂直方向定线开行和定坑，根据果树树种来确定行株距。如坡度在 5°~10°，可按等高线定行。按同坡向 15 亩（1 hm²）或 30~45 亩（2~3 hm²）为一小区，小区间设 1 m 宽的支道（或小工作道），4 个以上的小区间设 3 m 宽的作业道与支道相连。果园内设等高防洪、排水、蓄水沟；防洪沟设于果园上方，宽 100 cm、深 60 cm；排水和蓄水沟宽 60 cm、深 30 cm。

（2）规模在 150 亩（10 hm²）以下的小果园，由于设在平地或平缓地，应精心开垦和进行集约化栽培与管理，在有限的土地面积中夺取优质、高产、高效益。开垦中尽量采用大马力重型拖拉机进行深耕重耙 2 次，然后根据地形、地势和果树树种，按等高线或直线确定行株距。坡度在 5°~10°时，可采用水平梯田开垦，根据果树树种来确定行株距；坡度在 5°以下，地形完整的经犁耙可按直线开种植畦，畦开浅排水沟，沟宽 50 cm、深 20 cm，种植坑直径 1 m、深 0.8~1 m。如在旱田或地下水位高的旱地建园，必须深沟高畦，以利排水和果树根系正常生长。

2. 丘陵果园的开垦

海拔高度在 400 m 以下，坡度在 20°以内的丘陵地建果园较为适宜。

（1）兴建 150 亩以上的果园，可根据海拔高度、坡面大小、坡度大小的不同，采取以下措施：

● 坡度 10°~15°、坡面 45 亩以上、海拔 200 m 以下的丘陵地，可采取 45 匹马力左右履带或中型的、具挖土和推地于一体的多功能拖拉机，先按行距等高定点线推成 2~3 m 宽水平梯带，而后再按株距定点挖种植坑（1 m³ 见方）。

● 海拔在 200~400 m 高、坡度 15°~20°、坡面在 45 亩以下丘陵地，先按行距等高定点挖、推成 1~1.5 m 宽水平梯带，而后按株距定点挖成 0.6 m×0.6 m×0.6 m 的种植坑。

（2）兴建 150 亩以下的果园，可根据开垦地海拔高度、坡度，以坡面大小进行等高定行距，先开成水平梯带，然后按株距挖坑；或者根据行距等高线定株距挖坑，种植后力求在 2 年内，结合扩坑压施绿肥、作物秸秆、有机肥改土时逐次修成水平梯带，方便今后作业、水土保持和抗旱。开垦和挖坑应在回填、施基肥前两个月完成，使种植坑壁得到较长时间的风化。

四、洼地的开垦、水稻田改种果树的土壤改造

洼地、水稻田地表土肥沃,但土层薄,水能否排出、地下水位能否降低,是种植果树成功的关键。洼地、水稻田应考虑能排能灌,即雨天能排水,天旱时能灌水。洼地、水稻田可用深浅沟相间形式,即每两畦之间挖一深沟蓄水,挖一浅沟为工作行。洼地、水稻田种果树不能挖坑,而应在畦上做土墩,根据地下水位的高低来确定土墩的高度,但必须保证在最高地下水位时,根系活动的土壤层至少要有 60 cm 深。在排水难、地下水位高的果园,土墩的高度最少要有 50 cm。土墩基部直径 120~130 cm,墩面宽 80~100 cm,呈馒头形土堆。地下水位较低的果园,土墩可以矮一点,一般土墩高 30~35 cm,墩面直径 80~100 cm,田的四周要开排水沟,保证排水畅通。墩高确定以后,就可依已定的种植方式和株行距,标出种植点后筑墩。筑墩时应把表土层的土壤集中起来做墩,并在墩内适当施入有机肥。无论高墩式或低墩式,种植后均应逐年修沟培土,有条件的还应不断添加客土,增大根系活动的土壤层,并把畦面整成龟背形,以利于排除畦面积水。

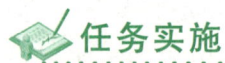
任务实施

山地果园梯田的开垦

1. 目的要求

通过果园开垦现场的观察,学会山地果园梯田的开垦方法,初步掌握等高梯田修筑技术。

2. 工具材料

指南针、等腰人字架、手持坡度计、测绳、木桩、石灰、挖掘工具。可供修筑梯田的斜坡地。

3. 操作步骤

(1) 测等高线:
- 定基点:相邻两基点的水平距离就是今后梯田面的实际宽度。确定基点间的距离需根据坡度大小和树种行距的宽窄要求而定。如在地形或坡度变化较大的坡面定基点时,要选择有代表性的坡面(即能代表整个坡面的一般坡度),自上而下进行定点,打上木桩。
- 测等高点:用等腰人字架或测量仪器,向基点的两侧顺序定出与第一基点等高的所有

水平点(为有利于排水,点间可保持 0.2%~0.3%的比降)。点间距离一般以 3~5 m 为宜。

- 划等高线:由于坡面局部地形的变化缘故,在划定等高线时会产生曲度过大或造成等高线间的距离宽窄不一,故在实际划定时要进行增减线的调整,才便于施工。

(2) 筑梯田壁和梯田埂:等高线划定后,开始施工的第一步是在等高线上筑梯田壁和梯田埂。可采用石砌,也可采用土筑的土壁,但要层层夯实,并使梯田壁向内倾斜呈 60°~70°,以防倒塌。

南方多雨地区在筑梯田埂时,要根据历史上最大日降雨量确定其高度。筑埂要力求水平,并使梯田面向内倾斜 5°,以防雨水汇集一处溢出,造成局部冲刷。

(3) 平整梯田面:平整梯田面时,如山地土壤上下层肥力差异大,应将表土集中到梯田面中央,取心土筑壁,然后以梯田埂的水平线作标准进行平整。如表土与心土肥力差别不大,则可直接进行平整。

4. 作业

根据以上实际操作情况,总结山地果园梯田开垦的技术要点。

任务反思

1. 山地梯田由哪几部分组成?
2. 如何测定等高线?
3. 山地应怎样修筑等高梯田?
4. 果树定植时,挖沟(穴)后应怎样回填土和肥?
5. 比较山地开垦等高梯田、鱼鳞坑、撩壕各有何优缺点。

任务 2.3 果树栽植

任务目标

知识目标:1. 了解果树栽植前的准备。
    2. 熟悉果树栽植技术。
    3. 熟悉果树栽后管理方法。
技能目标:1. 能因地制宜做好果树栽前准备工作。
    2. 能按规范栽植果树。

3. 能正确实施果树栽后管理。

任务准备

一、栽植前的准备

栽植前的准备包括土壤准备、苗木准备、肥料准备。

1. 土壤准备

果树定植前应对定植地进行整地和土壤改良工作。

（1）山地、丘陵果园：山地、丘陵地如果全面深翻易产生水土流失。整地时可用修筑梯田、撩壕、挖鱼鳞坑等方法。

梯田是将坡地改成台阶或平地，多用片石砌壁，成本较高，但保持水土的效果较好（图2-3-1）。地势较平缓的坡地，可修宽面梯田，每块梯田栽植数行果树。复杂山坡地，可修复式梯田，每块梯田栽1~5株树（图2-3-2）。

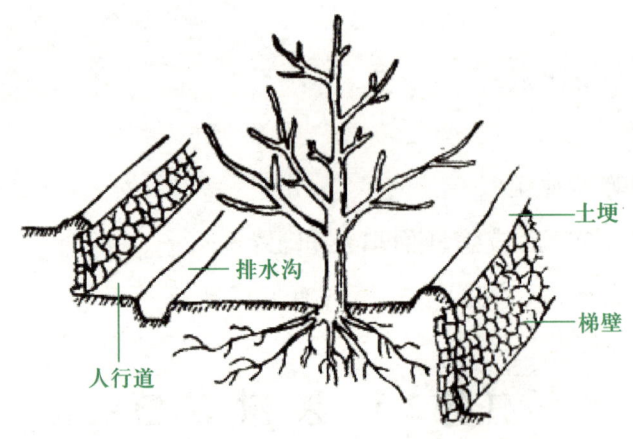

图 2-3-1 梯田示意图

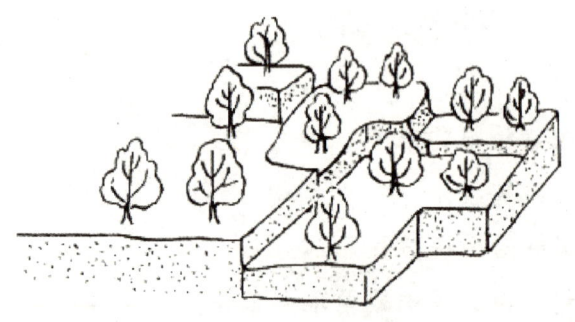

图 2-3-2 复式梯田

撩壕和鱼鳞坑适于坡度较陡、地形复杂、不易修梯田的山坡。

（2）平地果园：平地果园整地重点是改造海涂、盐碱地和海滩地。在海涂、盐碱地栽植果树，是为降低地下水位，减少返盐返碱，可用低畦高埂躲盐栽植法和台田栽植法（图2-3-3）。河滩地要筑埂防洪，挖坑换土（图2-3-4）。

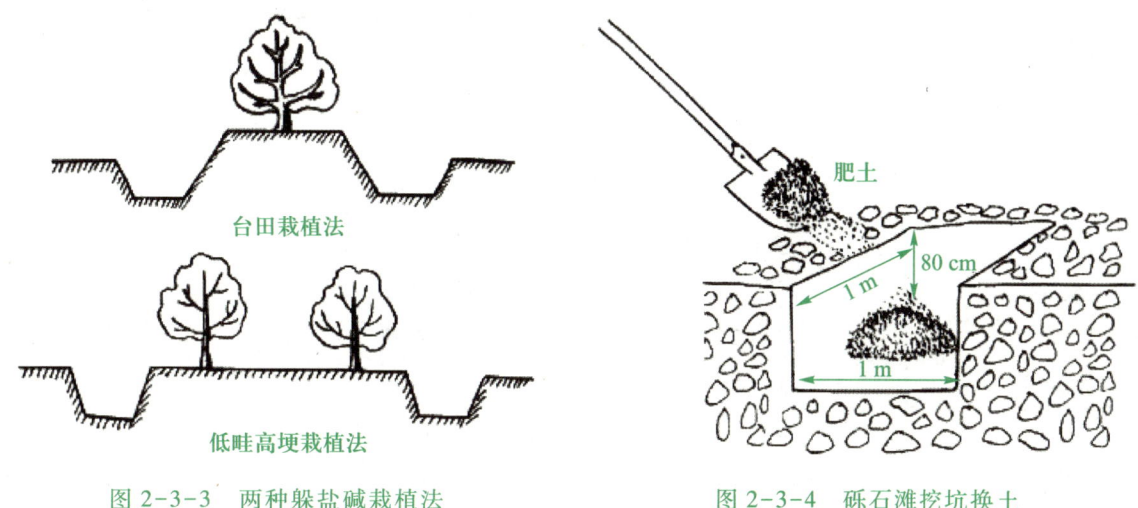

图2-3-3　两种躲盐碱栽植法　　　　图2-3-4　砾石滩挖坑换土

无论是山地还是平地果园，对土壤黏重、排水不良之地，都要采取多施有机肥料、客土掺沙等方法，使土壤理化性质得以改变。栽植前栽植穴要深挖，并施入腐熟的农家肥。

2. 苗木准备

栽植的苗木品种要优良、纯正；根系完整、健壮，枝粗结短、芽子饱满、皮色光泽、无检疫性病虫害；苗木直径最好1.0 cm以上，嫁接口要高出地面约15 cm。苗木在栽植之前必须进行品种核对、登记，发现差错及时纠正。外地调入的苗木，应解包分级，剔除畸形苗、弱小苗或伤口过多、质量较差的苗。选择壮苗将根浸入水，充分吸水后再栽。对带有病虫的苗木，要用3°～5°波美度石硫合剂喷洒或浸苗10～20 min，消毒后用水淋洗再栽。

3. 肥料准备

果树栽植前需提前准备好肥料。每株需有机肥50～100 kg，磷肥1～2kg，石灰适量。

二、栽植密度

果树栽植密度与树种、品种、砧木特性、当地的立地条件、整形方式、管理水平、栽植方式等有很大关系。根据一般管理水平，主要南方果树一次性定植密度可参考表2-3-1、表2-3-2。

新栽果树可以采取"计划密植栽培"。即建园时有目的地增加栽植株数，随着树冠的扩大，进行一次或数次疏除，最后保持一定的株行距，以获得早期丰产，早获收益，经济利用土地。

确定计划密植密度需要进行调查研究,要对当地主栽果树、主栽品种成年盛果期的果树平均冠径进行统计,最后以树冠允许交叉 20 cm 为合适的间隔来计算出永久树株行距。

表 2-3-1 主要南方果树的栽植密度

种类	株/亩	种类	株/亩
温州蜜柑	50~70	枣	20~25
椪柑	60~75	板栗	20
蕉柑	70	芒果	16~22
甜橙	40~45	荔枝、龙眼	15~22
金柑	75~100	黄皮	33
桃、杏	30~40	矮种香蕉	125
梨	20~25	菲律宾菠萝	3 500~5 000
柿	16~20	杨梅	25
枇杷	25~30	番木瓜	146~175
葡萄	100~300	毛叶枣	33~42

表 2-3-2 主要果树栽植密度参考表

种类	株行距/m	密度/(株/亩)	备注
苹果	(4×6)~(6×8)	14~27	乔化砧
	(2×3)~(3×5)	44~111	半矮化砧
	(1.5×3.5)~(2×4)	83~150	矮化砧
梨	(3×5)~(6×8)	27~44	乔化砧
桃	(2×4)~(4×6)	27~83	乔化砧
葡萄	(1.5~2)×(2.5~3.5)	111~296	篱架整形
	(1.5~2)×(4~6)	83~148	棚架整形
核桃	(5×5)~(6×8)	14~19	
板栗	(4×6)~(6×8)	14~27	
枣	(2~4)×(6~8)	14~27	
柿	(3×5)~(6×8)	14~44	
柑橘	(3.5~4.0)×(3~5)	33~63	平地与梯田
无花果	(3~6)×(4~6)	18~56	
杏	(4~5×6.5)~(6×7)	16~22	
李	(3×5)~(4×6)	27~44	
草莓	(0.15~0.25)×(0.15~0.25)	7 000~15 000	

计划密植的间伐树以相隔 10 年伐一次为宜(图 2-3-5)。

⊙×⊙×⊙×⊙×⊙×⊙×⊙×
×△×△×△×△×△×△×△
⊙×⊙×⊙×⊙×⊙×⊙×⊙×

图 2-3-5　计划密植示意图

⊙——永久树　　×——栽后 10 年左右疏去　　△——栽后 20 年左右疏去

部分果树常用计划密植密度可参考表 2-3-3。

表 2-3-3　部分果树常用计划密植密度

树种	永久树密度/（株/亩）	株行距/m	计划密度/（株/亩）	株行距/m
芒果	22	6×5	44	3×5
荔枝	27	6×5	108	3×2.5
龙眼	17	7×5.5	35	3.5×5.5
黄皮	56	4×3	112	2×3
矮化荔枝	56	4×3	112	2×3
椪柑	49	3×4.5	98	3×2.25
蕉柑	49	3×4.5	98	3×2.25
甜橙	42	3.5×4.5	84	3.5×2.25

三、栽植方式

栽植方式的确定以经济利用土地、提高单位面积经济效益及适于园地环境和栽培特点为原则。常用的有以下几种(图 2-3-6)：

1. 长方形栽植

长方形栽植的行距大于株距，通风透光良好，便于管理，便于机械耕作，果实品质好，产量高。生产上多采用。栽植的行向多用南北行。

$$栽植株数 = \frac{栽植地面积}{行距 \times 株距}$$

2. 正方形栽植

正方形栽植的行距和株距相等，便于纵向、横向和斜向耕作。正方形栽植通风透光，管理方便，但不适于密植，土地利用不经济，密植郁闭，不利于间作。

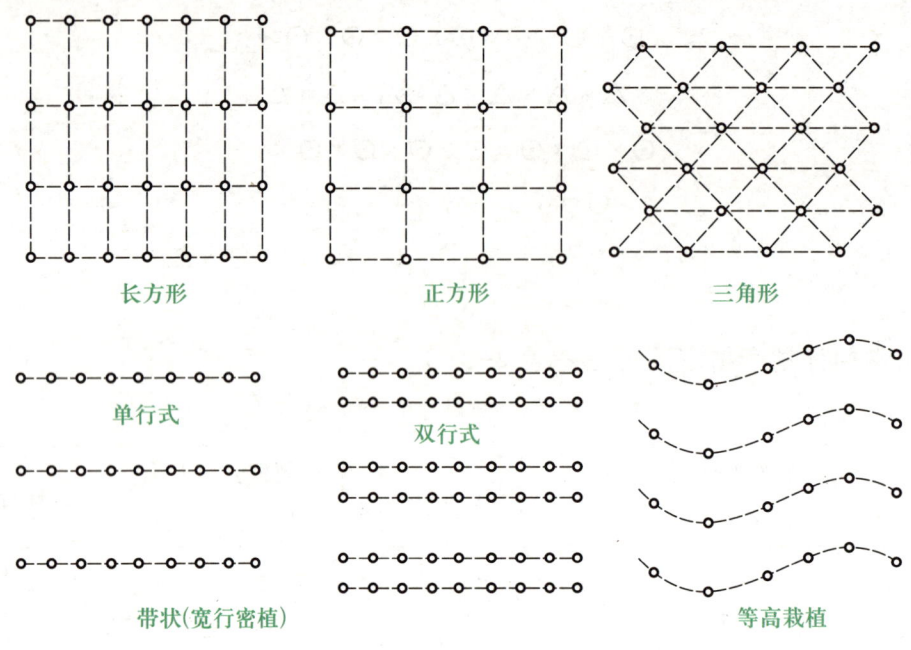

图 2-3-6 栽植方式

$$栽植株数 = \frac{栽植地面积}{栽植距离^2}$$

3. 三角形栽植

三角形栽植即将果树栽植于三角形的三个顶点上,各行交错栽植,适于密植,但通风透光差,不利于管理。

$$栽植株数 = \frac{栽植地面积}{栽植距离^2 \times 0.86}$$

4. 带状栽植

带状栽植也叫双行栽植、篱栽、宽窄行栽植。一般双行成带,带距为行距的 3~4 倍。带内采用长方形或相邻两株错开的三角形栽植。带内较密,群体抗逆性较强,带间距大,通风透光好,便于管理。但带内管理不便。

$$栽植株数 = \frac{栽植地面积}{株距 \times (带距 + 带内行距)} \div 带内行数$$

5. 等高栽植

等高栽植适于山地、丘陵地果园。栽时掌握"大弯就势,小弯取直"的方法调整等高线,并对过宽、过窄处适当增、减植树行线,在行线上按株距栽植。

$$栽植株数 = \frac{栽植地面积}{行距 \times 株距}$$

四、栽植时期

栽植时期应根据果树生长特性及当地气候条件来决定。落叶果树栽植多在落叶后至萌芽前。在冬季较温暖的地区,以秋栽为宜,有利根系恢复。常绿果树在雨季和春、秋季均可栽植。目前一般带土球的苗木和容器苗,除12月、1月不宜栽植外,其余季节均可栽植。

五、栽植方法

栽植流程一般为:确定栽植点→挖栽植穴或沟→填土施肥灌水→栽植。

1. 确定栽植点

平地果园可先在小区的长边和短边划相互垂直的基线各两条,再用测绳拉直定在行距上,用石灰根据测绳上株距的标记撒下栽植穴标记(图2-3-7)。山地以梯田走向为行向,用标有株距的测绳逐行定点,用石灰撒出定植穴标记(图2-3-8)。

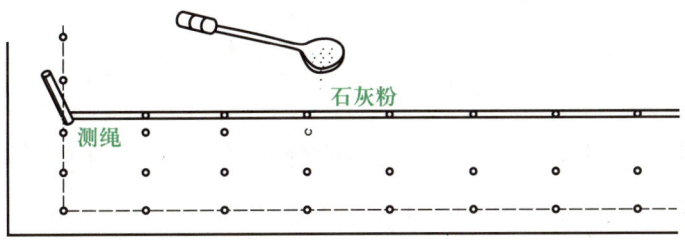

图2-3-7 平地定点法

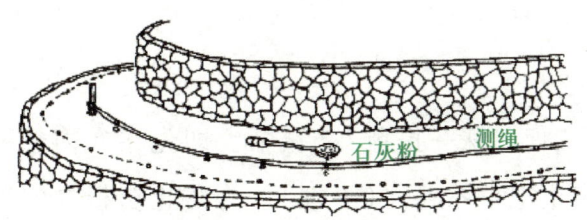

图2-3-8 山地梯田定点

2. 挖栽植穴

可用人工挖掘,也可用挖坑机挖掘(图2-3-9)。定植坑(沟)最好在栽植前2~6个月挖掘,使底土充分风化。平地建园最好挖1 m³的大穴;山地、丘陵、沙地定植穴可略小,0.8 m³较合适,密植园及排水不畅之地,可用抽槽整地的方法(图 2-3-10)。

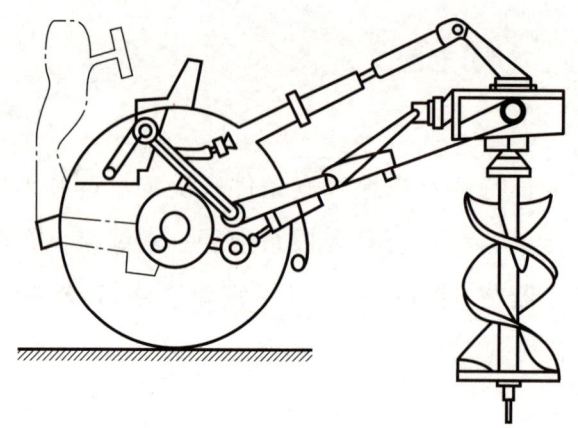

图 2-3-9 挖坑机

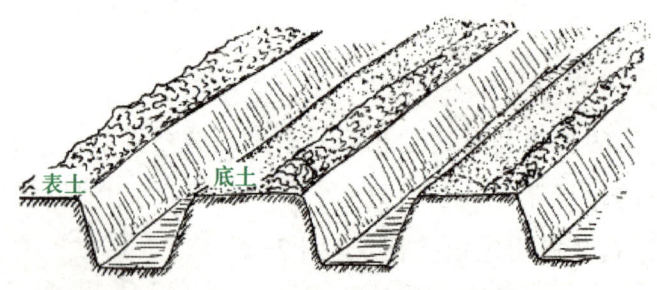

图 2-3-10 抽槽整地

如前所述,无论挖穴或挖沟,表土与心土均应分开堆放。回填时先填表土,后填心土,要压埋有机物,多施有机肥。改良土壤结构,如是红壤土要施石灰,中和土壤的酸度。生石灰应撒在有机质上,磷肥最好与腐熟的农家肥混合施用。定植坑上方常整成高出地面约 20 cm 的土盘,挖穴时应将表土和底土分别堆放。

3. 苗木栽植

栽植技术要点可用"三埋二踩一提苗"来概括。即先在穴内垫一些表土,施入腐熟的农家肥,把树苗放入,填入表土把根系盖住(一埋)。为防止苗根在穴内卷曲,埋后将苗轻轻向上提一提(一提苗),然后扶正苗木,踩实土壤(一踩);再填一层表土至苗的茎与根的交界处(二埋),把土再踩实(二踩);浇水后再培一层土成丘状(三埋)。总的技术要求是分层填土,层层踩实,不窝根露根,根系与土壤密切接触(图 2-3-11)。栽植常绿果树的苗木,以带土栽植为宜,深度以露出根颈为度。苗木适当深栽可提高抗旱能力,但切勿将嫁接口埋入土中。

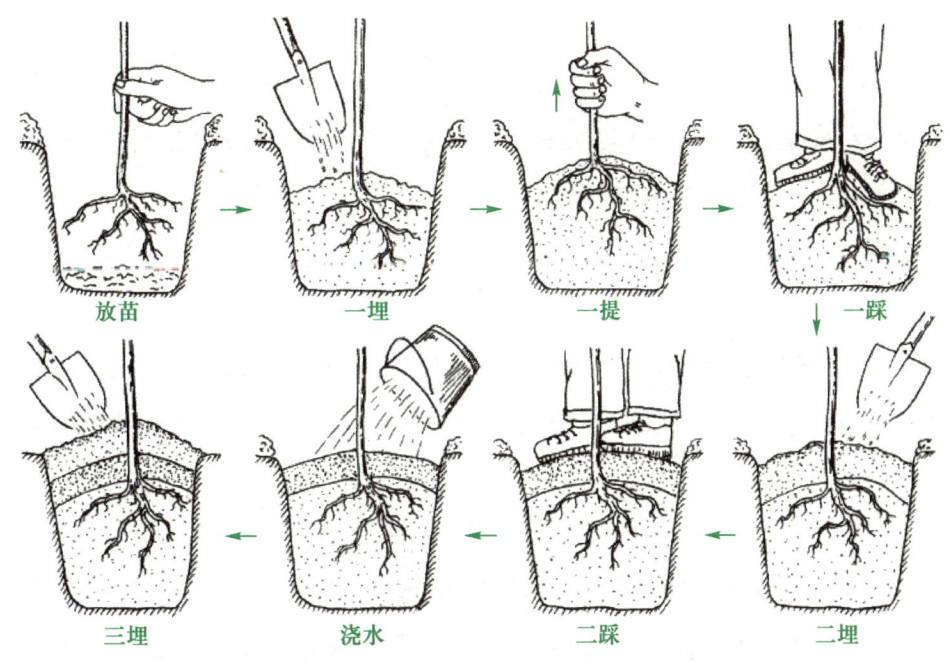

图 2-3-11 "三埋二踩一提苗"栽植法

六、栽后管理

1. 定干

定植后及时定干,一般定干高度 0.6~0.8 m,根据树种不同而异。落叶果树,根据干高要求,在整形带内留足饱满芽,将多余部分剪去,剪时注意剪口芽应朝生长季节主风方向,剪口离芽约 1 cm(图 2-3-12)。常绿果树,栽后剪去生长不充实新梢和少量叶片,以减少蒸发。如果苗木生长细弱,不够定干高度,可进行强截,让其从壮芽处重新萌出壮枝,第二年再定干。

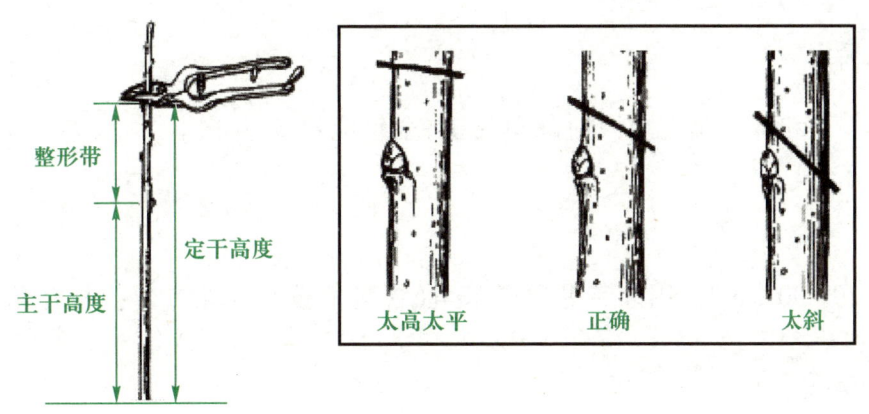

图 2-3-12 定干剪口位置

2. 成活检查

春季发芽时,发现未成活的苗木要及时拔去,并及时补栽。苗木成活后,应及时将砧木上发出的萌蘖及整形带以下的萌芽全部抹掉。

3. 套袋与盖地膜

定干喷药后用塑料袋套干,分三段捆住,并在树干基部用土压住。灌第二次水后,在树干周围 1 m 内用地膜盖住并用土将膜四周压实,防止风将其吹起,达到为土壤增温、保湿的作用。

4. 补水与追肥

定植当天必须灌足水(渗到 0.8~1 m 深),定植第 2~3 天后灌第二次水,严防频繁灌水造成烂根,影响成活率。为确保成活,应栽后半个月再灌一次水,如扣地膜可不用补水。及时追肥缓苗后(约 5 月份),对没有施入底肥的植株施尿素约 50 g/株,开沟施入。注意不要接触到根部。同时进行根外追肥、叶面喷肥。

5. 病虫害防治

早春发芽易受草毛金龟子、大灰象甲等啃食嫩芽,可人工捕杀或用药防治。

6. 解袋除膜

萌芽后,将萌芽部位的塑料膜剪一孔洞,使嫩芽接受通风锻炼并使枝芽从膜孔钻出生长,雨季来临时将套袋全部解除。遇到旱年,6 月应补水 1~2 次。从此以后步入果树栽培一般正常管理。

7. 中耕除草

根据杂草生长和降水情况要及时除草松土,全年应耕 3~4 次。

8. 开角

新梢长到 20~30 cm 时,用牙签等顶开基角(含竞争枝),比第二年拉枝开角好。

9. 培土防寒

在秋后土壤封冻前要灌一次封冻水,然后围绕树干基部培一直径 50 cm 的防寒土堆,防止根颈冻害,解冻后将土堆撤掉。

10. 树干涂白

树干涂白可防冻、防其他动物啃树皮。

果树栽植

1. 目的要求

了解果树栽植程序,掌握整地、定点、挖穴、栽植的基本技能。要求积极参加劳动,细致整地,认真栽植,爱护劳动工具。实训结束后工具归位,场地清理干净。

2. 工具材料

铁锹、测绳、石灰粉、农家肥、水桶、抬筐、果苗。

3. 操作步骤

(1) 按规划设计要求,对园地进行整理。
(2) 用测绳和标杆在园地上定出栽植穴,用石灰粉撒出穴位。
(3) 挖穴,注意表土、心土分开堆放,穴的大小要符合规格(图 2-3-13)。
(4) 每穴内填入 25 kg 农家肥。
(5) 将果苗分散于每个栽植穴中。
(6) 按"三埋二踩一提苗"的要求将苗木栽好。
(7) 栽后定干及绑支柱(图 2-3-14)。

4. 作业

根据以上实际操作,总结果树栽植的技术要点。

1. 果园栽植用苗木总体要求有哪些?
2. 果树栽植的技术环节有哪些?

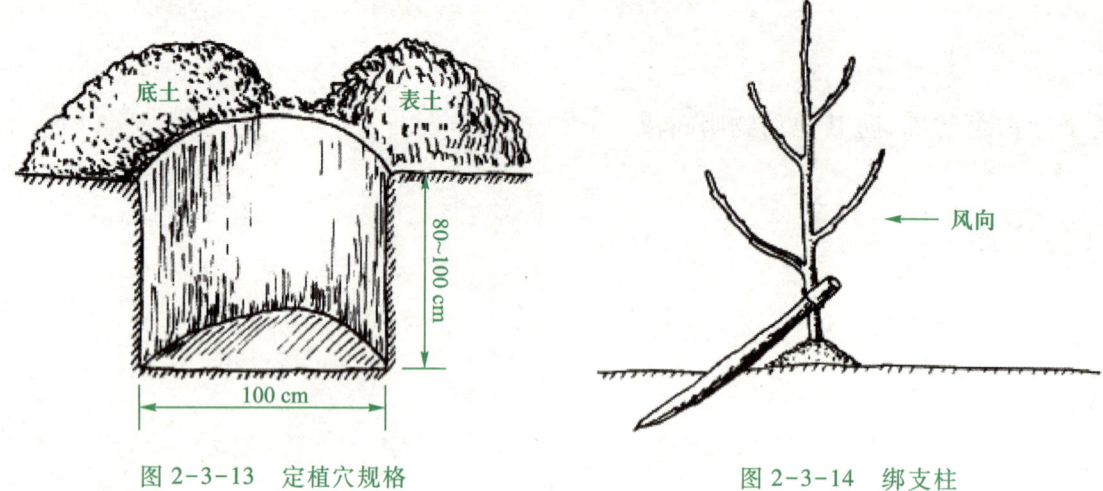

图 2-3-13 定植穴规格　　　图 2-3-14 绑支柱

3. 果树定植后管理的主要内容是什么？
4. 苗木栽植的技术要点是什么？

项目小结

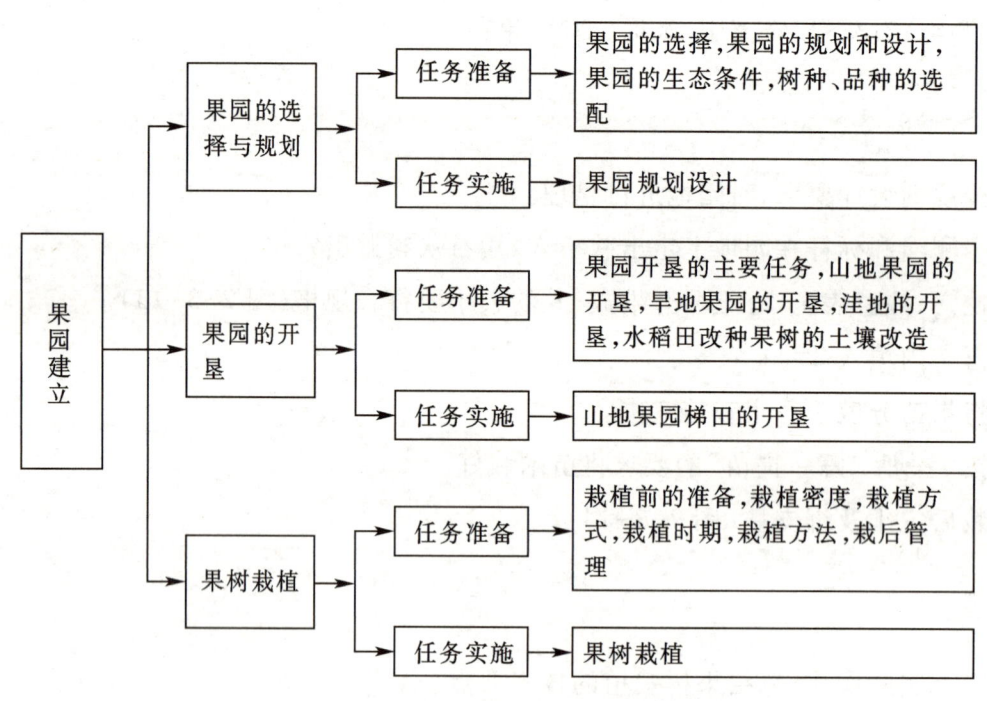

综合测试

一、单项选择题

1. 下列关于园地的选择说法错误的是(　　)。

A. 在冲积平原上地下水位高于1.5 m的地方不可建果园

B. 深丘适宜在麓部建园

C. 山地是种植果树的适宜基地

D. 在园地选择上丘陵比平地好,比山地差

2. 果园的基本单位是(　　)。

A. 小区　　　　　B. 道路　　　　　C. 防护林　　　　　D. 排灌设施

3. 果树的分布主要受(　　)的限制。

A. 温度　　　　　B. 光　　　　　C. 水　　　　　D. 土壤

4. 果树在树种间存在忌地再植现象。下列果树中忌地现象极明显的是(　　)。

A. 柑橘　　　　　B. 核桃　　　　　C. 桃　　　　　D. 葡萄

5. 授粉树与主栽品种间的首要条件是(　　)。

A. 寿命相近　　　　　B. 同时开花　　　　　C. 适宜当地环境　　　　　D. 有经济价值

二、多项选择题

1. 果园的选择要考虑的主要因素有(　　)。

A. 气候　　　　　B. 水源　　　　　C. 交通运输

D. 地形　　　　　E. 土壤

2. 果园规划的步骤有(　　)。

A. 宜园地调查　　　　　B. 园区测绘　　　　　C. 果园总体规划

D. 果园水土保持规划　　　　　E. 果树栽植

3. 下列果树中必须配置授粉树的是(　　)。

A. 梨　　　　　B. 李　　　　　C. 杨梅

D. 核桃　　　　　E. 香蕉

4. 下列关于果树栽植方式的说法正确的是(　　)。

A. 生产上多采用长方形栽植,栽植的行向多用东西行。

B. 正方形栽植通风透光,管理方便,但不适于密植。

C. 三角形栽植适于密植,但通风透光差,不便于管理。

D. 带状栽植也叫双行栽植、篱栽、宽窄行栽植

E. 等高栽植适于山地、丘陵地果园

5. 果树栽植技术包括(　　)等项内容。

A. 土壤和苗木准备　　B. 确定栽植密度与确定栽植方式

C. 确定栽植时期　　D. 确定栽植方法　　E. 栽植后管理

三、简答题

1. 园地选择总的要求是什么?

2. 果园规划和设计包括的内容有哪些？

3. 哪些果树必须配置授粉树？授粉树应具备哪些条件？

4. 果园栽植用苗木有哪些要求？苗木栽植前要做哪些准备？

四、综合分析题

小王的果园中刚定植了一批柠檬苗，为提高柠檬苗的成活率并加快生长发育，小王应采取哪些管理措施？

项目 3

果园管理

项目导入

有"中国柠檬之都"美誉的四川省安岳县的柠檬种植业因受2012年冬季低温及2013年春旱的影响,柠檬产量明显减少,当年柠檬市场收购价格一路飙升至10元/kg。中等职业技术学校种植专业毕业生小杨于三年前建的200亩柠檬园却硕果累累,每亩达1 500 kg。小杨不仅收回了建园成本,还着实大赚了一笔。不少柠檬种植户纷纷前来向小杨询问个中奥妙,小杨说"科学建园是前提,良种壮苗是根本,合理施行土肥水及整形修剪等综合管理措施是关键,病虫综合防治是保证"。

学习本项目,可了解果园管理的主要内容,包括果园的土、肥、水管理与整形修剪、花果生长管理等,掌握果园土壤改良、土壤施肥、整形修剪、促花与保果技术。

任务 3.1 土肥水管理

任务目标

知识目标:1. 了解土壤管理主要措施的作用及操作要求。
2. 掌握制订施肥方案的方法。
3. 掌握幼龄果园间作作物的方法。
4. 了解不同果树的需水规律及灌溉节水措施。

技能目标:1. 掌握果园深翻改土、覆盖、间作、生草及清耕技术。
2. 能根据果树不同时期熟练运用不同施肥方法。
3. 能适时开展果园灌水与排水。

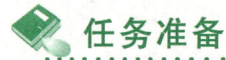 任务准备

一、土壤管理

果园的土壤管理包括土壤改良和土壤耕作。

1. 土壤改良

多数果园建立在丘陵、山地、荒坡、滩涂上,土壤肥力差,土层瘠薄,有机质含量少。虽然定植前对定植穴施用过基肥,但远不能满足果树正常生长结果对土壤的要求。因此,果园土壤改良是伴随着果树生长发育的长期工作。

土壤改良的途径有深翻改土、修整排水沟、培土等。

(1) 深翻改土:果园通过深翻,结合深施绿肥、麸饼肥、粪肥等有机肥,从而改良土壤结构,改善土壤中肥、水、气、热的状况,提高土壤肥力,使果树根系生长良好,有利于植株的开花结果。深翻方式主要有扩穴深翻、隔行或隔株深翻和全园深翻三种(图3-1-1)。

- 扩穴深翻:在幼树栽植后的头2~4年内,自定植穴边缘(如果开沟定植的则从定植沟边缘)开始,每年或隔年向外扩穴,扩宽40~80 cm,深60~100 cm,穴长根据果树的定植距离与果树大小而定,一般100~200 cm。如此逐年扩大,直到全园翻完一遍为止。扩穴深翻结合施绿肥、农家肥(粪肥、堑肥与麸饼肥等)、磷肥及石灰,每株施有机肥30~40 kg,石灰0.5~1.0 kg。

- 隔行深翻:在成年果园,为保持果园良好的土壤肥力,还必须每年深翻一次,深度60~80 cm,长度为株距的一半左右。平地果园可隔一行翻一行,翌年在另外一行深翻;丘陵山地果园,一层梯田一行果树,也可隔两株深翻一个株间的土壤。这种深翻方法,每次深翻只伤及半面根系,可防止伤根太多,既改善了土壤肥力,又有利于果树生长结果。

- 全园深翻:除树盘范围以外,全园一次性深翻一遍。这种方法一次翻完,便于机械化施工和平整土壤,但容易伤根过多。多用于幼龄果园。

(2) 修整排水沟:低洼地、海涂、沙滩及一些地下水位高的平地果园,由于地下水位高,每年雨季土壤湿度大,果树地下水位以下的根系处于水浸状态,会造成根系长期处于缺氧状态,并且土壤会产生许多有毒物质,致使果树生长不良,树势衰退,严重的导致死亡。开沟排水,降低地下水位,是这类果园土壤改良的关键。

(3) 培土:果园培土具有增厚土层、保护根系、增加肥力和改良土壤结构的作用。培土的方法:① 全园培土。把土块均匀分布在全园,经晾晒打碎,通过耕作把所培的土与原来的土壤

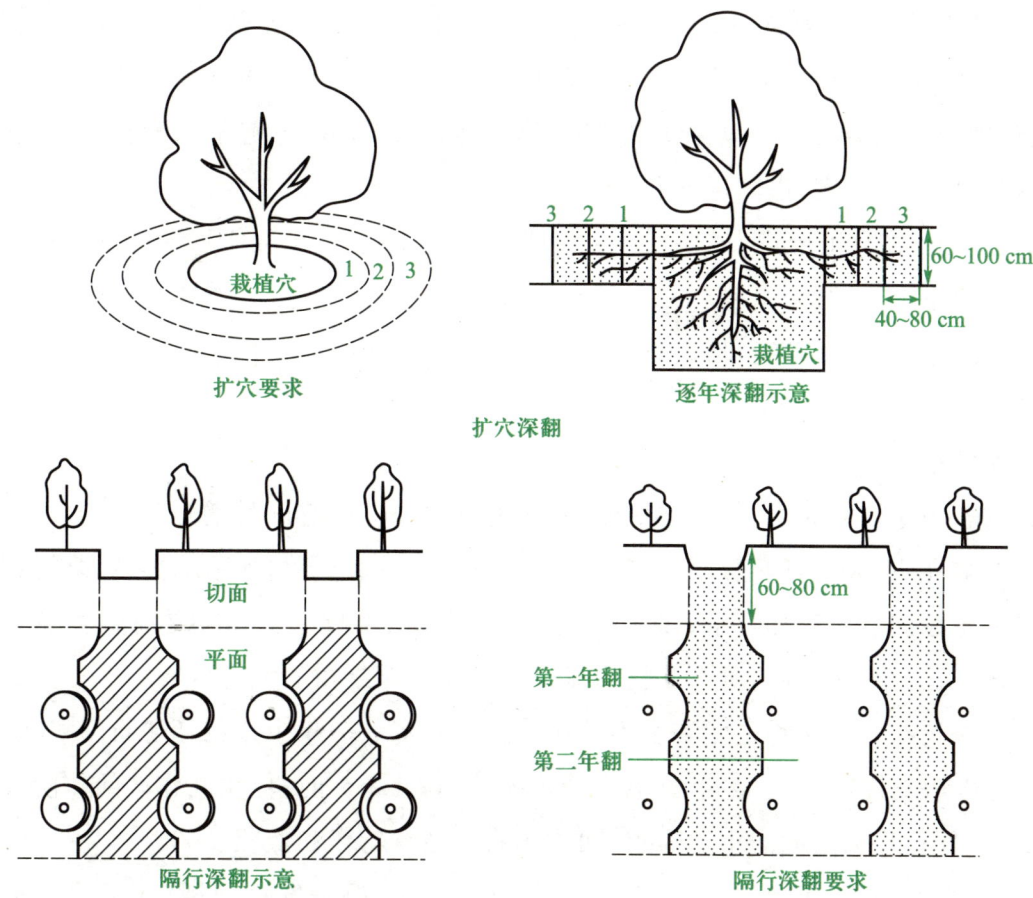

图 3-1-1　果园深翻方式

混合。土质黏重的应培含沙质较多的疏松肥土；含沙质多的可培塘泥、河泥等较黏重的肥土，培土厚度以 5~10 cm 为宜。② 树盘内培土。树盘指树冠垂直投影的范围，是根系分布集中的地方。发生土壤流失的树盘需视土壤流失情况不定期培土。

2. 土壤耕作

（1）幼年树果园：由于果树小，果园空地多，果树吸收水肥能力弱，此时主要任务是创造良好的果树环境：一是做好果园树盘内的精细管理工作；二是搞好果树行间间作物的种植。通过改善果树环境，促进果树的快速生长，尽快挂果并进入丰产期。

A. 树盘的精心管理

树盘管理包括：

- 中耕除草：每年中耕除草 3~5 次，使树盘保持疏松无杂草，以利根系生长。中耕深度以不伤根为原则，一般近树干处要浅，约 10 cm，向外逐渐加深 20~25 cm。中耕除草一般结合施肥进行，在施肥前除净杂草并疏松土壤。
- 树盘覆盖：覆盖有保持土壤水分、防冻、稳定表土温度（冬季增加地表温度，夏季降低地表温度)、防止杂草生长、增加土壤肥力和改良土壤结构的作用。覆盖物多用秸秆、稻草等,厚度一般在 10 cm 左右。亦可用地膜覆盖。覆膜多用 0.03~0.05 mm 的聚氯乙烯地膜,也可用除草膜和黑色地膜。覆盖时期一般在春季追肥、整地、浇水或降雨后,趁墒情覆膜。覆膜时,膜的四周和破损处要用土压实,以防风吹和水分蒸发。

● 树盘培土:在有土壤流失的果园,树盘培土,可保持水土和避免积水;低洼地果园,树盘培土,可促使根系上移,避免水渍烂根。培土一般在秋末冬初进行。缓坡地可隔 2~3 年培土一次,冲刷严重的则一年一次。培土不可过厚,一般为 5~10 cm。根外露时可厚些,但不要超过根颈。

B. 行间间种

幼树果园,由于树体尚小,行间空地较多,可进行间作。适宜间种的作物可选择 1~2 年生的豆科作物,如花生、大豆、印度豇豆、绿豆、蚕豆等;也可种植蔬菜,如葱蒜类、叶菜类、茄果类、姜等;还可种植绿肥、牧草,如苕子、印度豇豆(别名:菜豆、长豆、豆角等,喜高温多湿气候)、猪屎豆、藿香蓟、百喜草等。种植藿香蓟能明显减少红蜘蛛对果树的危害。

间作时,果树与间作作物之间要留不种作物的清耕带。一年生果树留 1 m,2~3 年生果树留 1.5~2 m,以后随树冠扩大,逐年加宽,至行间仅有 1~1.5 m 时,停止间作。间作阶段的管理要满足果树和间作作物共同的水肥需求,间作作物要注意轮作和换茬。

(2) 成年树果园:由于果树已经充分生长,树体扩大,根系发达,吸收水肥的范围不断扩大,果树对养分的总体要求增加。因而,果园管理的主要任务是以提高土壤肥力为主,以满足果树生长和结果对水分和养分日益增长的需要。

● 清耕制:即果园内周年不种其他作物,随时中耕除草,使土壤长期保持疏松无杂草状态的土壤管理制度。一般在冬夏进行适当深度的耕翻,一般深 15~20 cm。

● 生草制:即在果园行间人工种植禾本科、豆科等草种,或自然生草,不翻耕,定期刈割,割下的草就地腐烂或覆盖树盘的一种土壤管理制度。生草制有全园生草制与树盘内清耕或干草覆盖的行间生草制两种(图 3-1-2)。

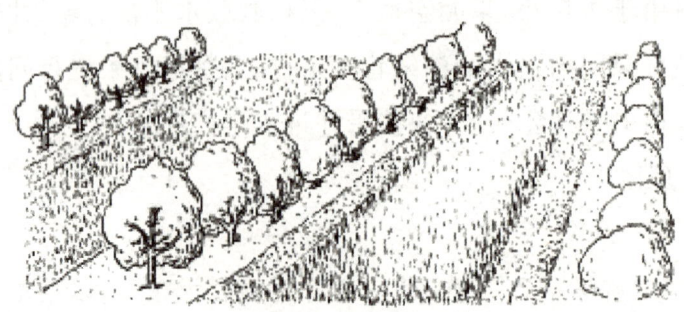

图 3-1-2 果园行间生草制

适合果园人工种植的草种主要有早熟禾、百喜草、野牛劲、羊胡子草、燕麦草、三叶草、紫花苜蓿、草木樨、扁豆黄芪、绿豆、苕子、猪屎豆、多变小冠花、百脉根、紫云英等。

- 清耕覆盖制：在果树需肥水最多的前期保持清耕，后期或雨季覆盖生长作物等，待覆盖作物成长后期，适时翻入土壤作绿肥，或覆盖其他有机物，这种方法称为清耕覆盖制。覆盖物以麦秸、稻草、野草、豆叶、树叶、糠壳为最好，也可用锯末和玉米秸等其他作物秸秆，时间在夏末秋初，厚度以 15~20 cm 为宜。可全园覆盖，也可树盘覆盖和树间覆盖（图 3-1-3）。

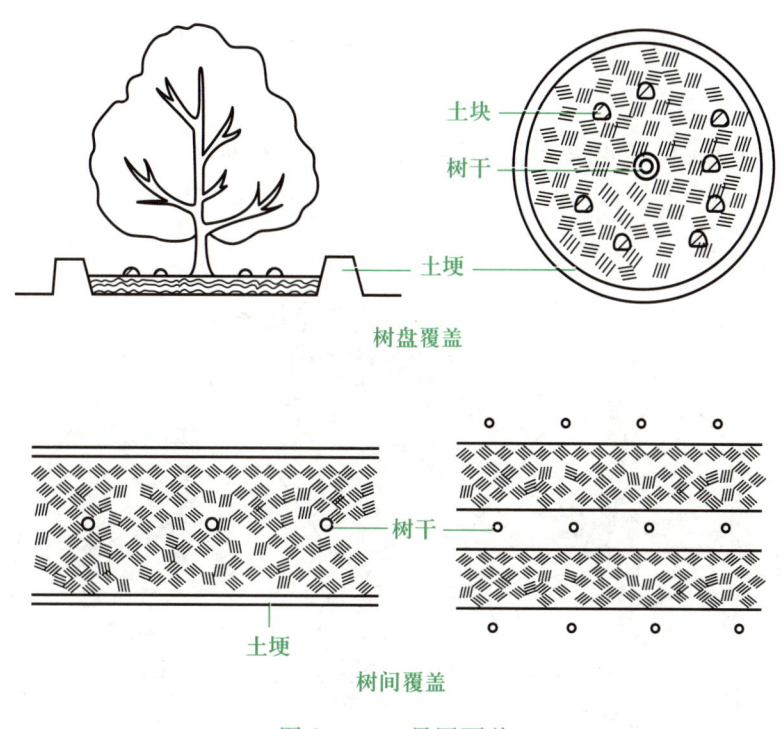

图 3-1-3　果园覆盖

- 免耕制：主要是适当利用除草剂除草，土壤不进行耕翻。在土层深厚、土质好的果园采用，尤其是在湿润多雨的地区，刈草与耕作均有一定困难的果园应用。一般免耕几年以后，改为生草制或清耕覆盖制，过几年再免耕，效果好。

二、果园施肥

果园施肥要注意施肥时期、种类、数量和方法的合理应用。

1. 施肥时期和种类

常言道：有收无收在于水，收多收少在于肥。果园施肥应以基肥为主，基肥多为农家肥，在果实采收后的秋季施入为好。广东、广西、福建、云南等地，落叶果树在落叶后至发芽前一个月施入，常绿果树在 11 月至第二年 1 月施入为好。

追肥在果树生长期施用,既保证当年壮树,又给来年生长结果奠基,是果树生产中不可缺少的施肥环节。果树的追肥要活而有效,准而及时,以速效肥为主,提倡追施复合肥、专用肥、配方肥料。幼树追肥次数宜少,成年结果树一般每年追肥3~4次。果树生长发育各期追肥施用种类如图3-1-4所示。

- 花前追肥,在春季萌芽期施入;施肥种类以氮肥为主,适量配施磷肥。
- 花后追肥,又叫稳果肥,在花谢后坐果期施用;施肥种类主要是氮、磷、镁。
- 果实膨大和花芽分化期追肥,又叫壮果肥;肥料种类以氮、磷、钾配合施用,注意氮肥适量施用。
- 果实生长后期追肥,又叫采果肥;肥料种类以磷、钾为主。

图3-1-4　果树施肥时期及肥料种类

2. 施肥量

施肥量应根据树种、品种、树龄、生长势、土壤肥力状况而定。果树施入基肥的量应大。根据我国各地大量的经验归纳,基肥用量(指优质有机肥)按树龄计:每株每龄在15 kg左右。如按产量计:亩产1 500 kg以下,1 kg果施1.5 kg有机肥;亩产1 500 kg以上,1 kg果施2~2.5 kg有机肥。果树追肥的量要综合各方面的因素而定。有条件的应对果园土壤进行化验分析,结合树体的叶量分析及产量品质状况,具体确定追肥中氮、磷、钾和其他营养元素的比例。

3. 施肥方法

果树施肥方法有土壤施肥与根外施肥两种方式,各自有不同的特点。

(1) 土壤施肥:土壤施肥应尽可能把肥料施在根系集中的地方,以充分发挥肥效。根据果树根系分布特点,追肥可施用在根系分布层的范围内,以肥料随着灌溉水或雨水下渗到中下层而无流失为目标。基肥应深施,引导根系向深广方向发展,形成发达的根系。氮肥在土壤中移动性较强,可浅施;磷、钾肥移动性差,宜深施至根系分布最多处。土壤施肥又分为沟施、穴施、撒施等(图3-1-5)。

- 环状沟施肥:在树冠投影外围挖宽50 cm、深40~60 cm的环状沟,将肥料施入沟内,然后覆土。挖沟时,要避免伤大根,逐年外移。此法简单,但施肥面较小,只局限在沟内,适合幼树使用。

- 条状沟施肥:在树冠外围相对方向挖宽50 cm、深40~60 cm的由树冠大小而定的条沟。东西南北向,每年变换一次,轮换施肥。这种方法在肥源、劳力不足的情况下,生产上使用比较广泛,缺点是肥料集中面小,果树根系吸收养分受到局限。

- 放射状沟施肥:以树干为中心,距树干1 m向外挖4~8条放射形沟,沟宽30 cm,沟里端浅外端深,里深30 cm,外深50~60 cm,长短以超出树冠边缘为止,施肥于沟中。隔年或隔次更换沟的位置,以增加果树根系的吸收面。此法若与环状沟施肥相结合,如施基肥用环状沟,追肥用放射状沟,效果更好。但挖沟时要避开大根,以免挖伤。这种施肥方法肥料与根系接触面大,里外根都能吸收,是一种较好的施肥方法,但在劳力紧缺、肥源不足时不宜采用。

- 穴状施肥:追施化肥和液体肥料如人粪尿等,可用此法。在树冠范围内挖穴4~6个,穴深30~40 cm,倒入肥液或化肥,然后覆土,每年开穴位置错开,以利根系生长。

- 全园撒施:成年果园,根系已布满全园,可采用全园施肥法,即将肥料均匀撒于园内,然后翻入土中,深度约20 cm,一般结合秋耕或春耕进行。此法施肥面积大,大部分根系能吸收到养分,但施肥过浅,不能满足下层根的需求,常导致根系上浮,降低根系固地性,雨季还会使肥效流失,山坡地和沙土地更为严重。此法若与放射沟施肥隔年更换,可互补不足,发挥肥料的最大效用。

- 灌溉施肥:将各种肥料溶于水中,成为根系容易吸收的形态,直接浇于树盘内,能很快被根系吸收利用,比土壤干施肥料大大地提高了肥效,增加了肥料利用率。灌溉施肥可通过管道把液肥输送到树盘,采用滴灌技术,把肥料施入土壤,用于根系吸收,减少劳力,节约果园的施肥成本。水肥施用的推荐浓度:0.5%的复合肥(氮磷钾含量各为15%)液、10%的稀薄腐熟饼肥液或沼液、0.3%的尿素液等。

(2) 根外追肥:根外追肥主要是叶面施肥,具有用量少、吸收快、养分利用速效均衡的特

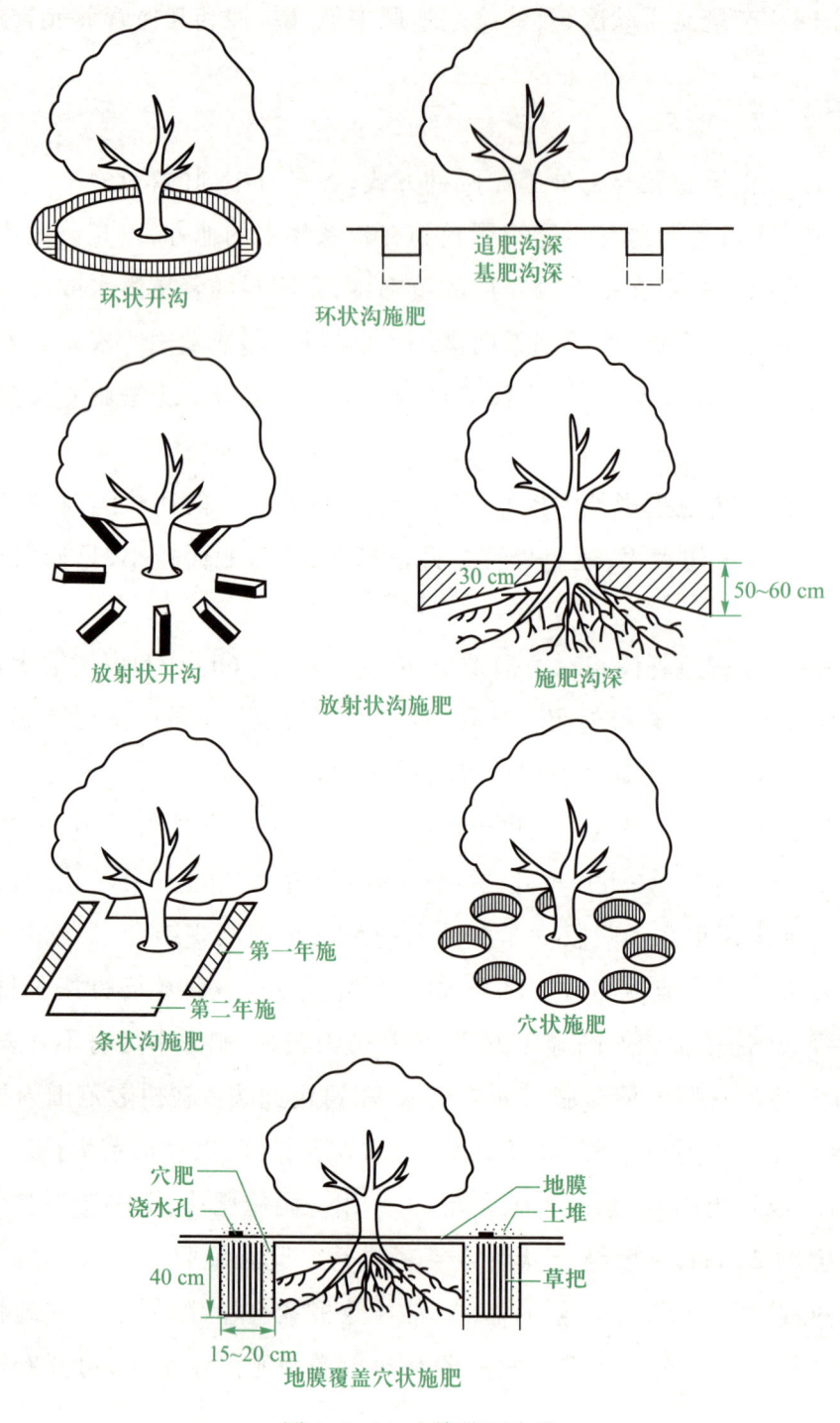

图 3-1-5　土壤施肥方法

点,但根外追肥不能代替土壤施肥,因为根外追肥的用量少,而且有些肥料不能用于叶面喷肥,故土壤施肥与叶面施肥各具特点,互为补充。

果树叶面施肥应严格掌握施用浓度、施用时间和施用次数。施用次数过多、浓度过大,极易产生肥害。如尿素使用浓度为 0.2%～0.4%,连续使用次数较多时,会因尿素中含缩二脲引起中毒,使叶尖变黄,这样反而有害。叶面施肥应选择阴天或晴天无风上午 10 时前或下午 4

时后进行,喷施应细致周到,注意喷布叶背,做到喷布均匀,一般喷至叶片开始滴水珠为度。喷后下雨则效果差或无效,应补喷。喷布浓度严格按要求进行,不可超量,尤其是晴天更应引起重视;否则,由于高温干燥水分蒸发太快,浓度很快增高,容易发生肥害。

果树常用叶面施肥的种类、浓度、时期、次数见表 3-1-1。

表 3-1-1 果树常用叶面施肥的种类、浓度和次数

元素	化肥名称	浓度/%	施用时期	次数
N	尿素(进口)	0.3~0.4	花后、夏秋季	2~3
	尿素(进口)	0.5	冬季	1~2
P	过磷酸钙	1~3(浸出液)	花后	3~4
K	硫酸钾	0.5~1	花后	3~4
N、K	硝酸钾	0.5~1	花芽分化前及分化期	2~3
P、K	磷酸二氢钾	0.2~0.6	花后	2~4
Mg	硫酸镁	2	花后	3~4
N、Mg	硝酸镁	0.5~0.7	花后	2~3
Fe	硫酸亚铁	0.5	花后	2~3
Ca	氯化钙	1~2	落花4周后	1~7
Ca	氯化钙	2.5~6	采收前1个月	1~3
N、Ca	硝酸钙	0.3~1	落花4周后	1~7
N、Ca	硝酸钙	1	采收前1个月花后	1~3
Mn	硫酸锰	0.2~0.3	花后	1
Cu	硫酸铜	0.05	花后至6月底	1
Zn	硫酸锌(加等量石灰)	0.05~0.1	萌芽时、落瓣期或采收前	1
B	硼砂	0.1~0.5	开花期、盛花期	1~2
N、Mo	钼酸铵	0.3~0.6	花后	1~3
P、N	磷酸铵	0.3~0.5	生长期	1~3
P、K	草木灰	1~6	生长期	1~4
Co	硫酸钴	0.1	芒果花芽分化前	1

叶面施肥喷施时期与使用的肥料种类不同,作用效果不同。在萌芽、枝梢生长期喷施尿素、磷酸二氢钾等叶面肥,有促进枝梢生长的作用;在开花期和幼果期喷施硼酸、磷酸二氢钾等叶面肥可减少落果,提高坐果率;在果实发育期喷硫酸钾、磷酸二氢钾、草木灰等叶面肥,可促进果实发育和提高果实品质;在采果后喷施尿素等叶面肥,可恢复树势,加强树体营养积累;在果树缺素时,喷施各种微量元素叶面肥,如硫酸锌、硫酸镁等,可以纠正果树缺素症。

其他根外施肥方法有树干强力注射施肥和输液法。树干强力注射施肥是利用器械持续高压将果树所需的肥料强行注入树体。树干强力注射施肥具有肥料利用率高、用肥量少、见效快、持效长、不污染环境的优点。此法目前多用于注射铁肥,以防治果树失绿,注射时间以春季萌芽前和秋季果实采收后效果最好。输液法是使用由输液瓶(袋)、输液管、专用针头组成的输液器,利用输液瓶中液面与针头间高度差形成的压力,自动将微肥或专用肥料液体缓慢输入树干中(图3-1-6)。

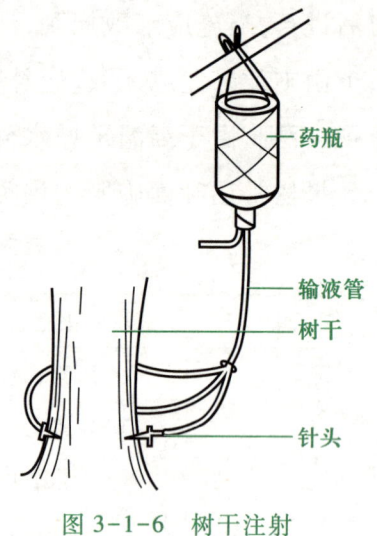

图 3-1-6 树干注射

三、水分管理

当天然降水和果树根系吸水能力已不能满足果树生产需要时,就必须灌水。一般果树生长的前半期,需要提供充足的水分,而后半期则要控制供水,使树适时进入休眠期。

灌水时期和灌水量应视天气、土壤湿度和果树生长阶段而定。灌水应重点放在果树需水多即果树开花期和结果初期、降水又稀少的春末和夏初。此外,灌水时间还应与果园施肥有机结合,以保证肥料的吸收和利用。适宜的灌水量是在灌水后水应渗透根系分布层,达80～100 cm。

灌水方法有沟灌、盘状灌(穴灌)等渠道灌溉法(图3-1-7)和喷灌、滴灌、渗灌等机械化灌溉法(图3-1-8)。目前我国已有自行生产的喷灌和滴灌设施,价格较低而且使用效果较好。

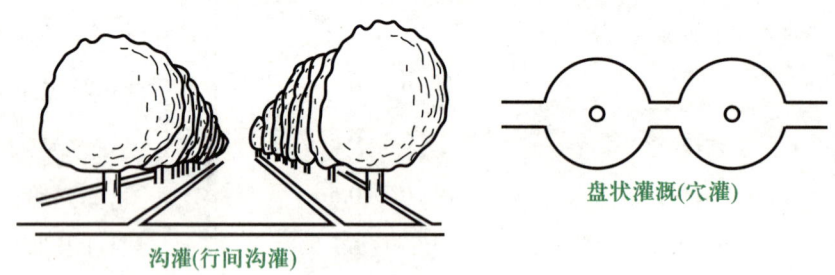

图 3-1-7 渠道灌溉法

当降雨量过大、土壤水分过多时,则要注意排水。长江流域地区在梅雨季节果园排水最重要,果树生长后期也要注意排除积水。因此,在果园规划设计时就要建立明沟排涝、暗管排土壤积水、井排调节区域地下水位的全面排水系统。

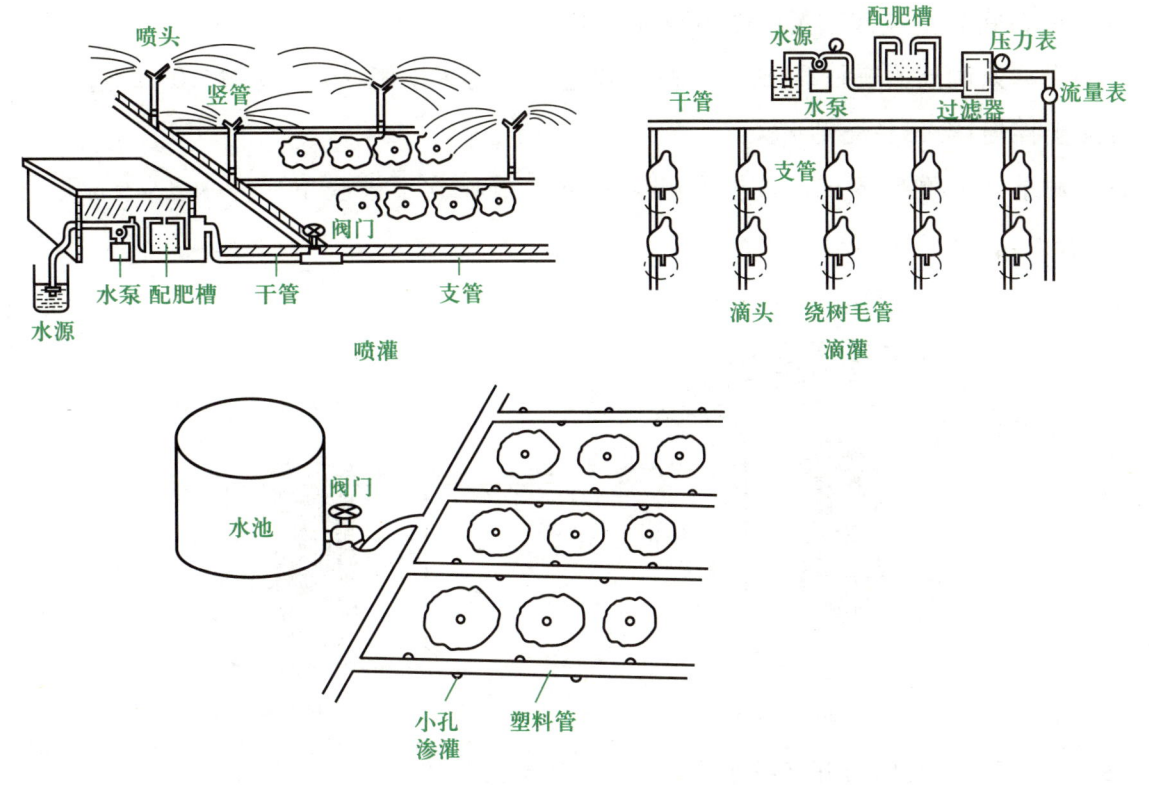

图 3-1-8 机械化灌溉法

果园施肥

1. 目的要求

了解园地施肥的过程和基本操作内容,掌握园地施肥的方法。要求翻地深度一致,施肥量足。

2. 工具材料

铁锹、抬筐、水桶、草把、地膜、农家肥料、尿素、过磷酸钙。

3. 操作步骤

（1）按行距每两人一株果树或按照教师安排实施,逐株扩穴深翻,深度 60 cm ,翻后平整。
（2）在每株果树的树冠垂直线下挖 6~8 个施肥穴,穴深 40 cm,径 30 cm,中间放入草束

(图3-1-9)。每人挖一穴或按照教师安排实施。

(3) 在草束四周填施肥料,成年果树每穴施入量为土杂肥 5 kg、尿素 100 g、过磷酸钙 50 g,三者加土拌匀填入,并浇足水。

(4) 树下盖地膜 6~8 m²,膜边用土压住,每个施肥穴上破膜留一浇水孔,上面用瓦片压盖,以利雨水渗入(图3-1-10)。

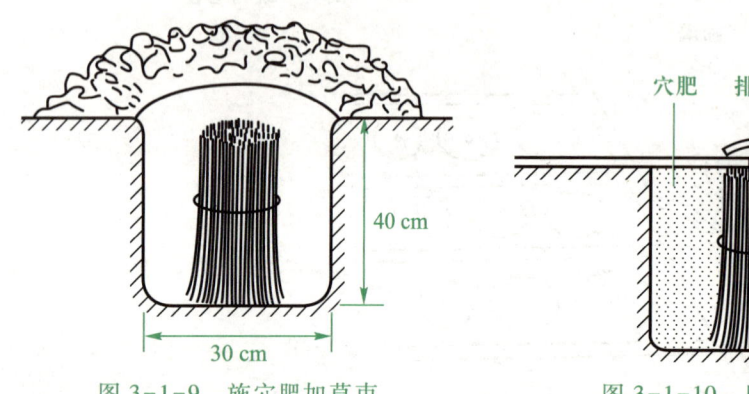

图 3-1-9　施穴肥加草束 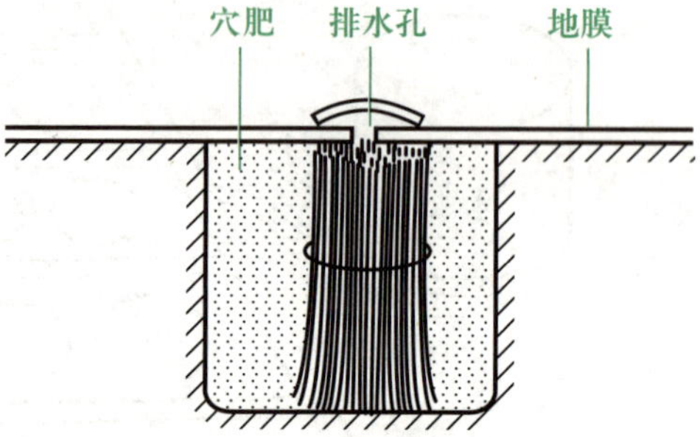　　　　图 3-1-10　压膜留浇水孔

(5) 场地平整后,周边开好排水沟。

任务反思

1. 果园深翻什么时候进行效果最好?成年树深翻的方式以何种为宜?
2. 适宜生草制的草种主要有哪些种类?
3. 果园施肥应以基肥为主,基肥在何时施入为好?
4. 果树年生长期中什么时候需肥较多?
5. 果园灌水重点应放在何时?

任务3.2　整形修剪

任务目标

知识目标:1. 了解果树整形修剪的原则、依据及发展方向。
　　　　　2. 了解果树丰产常用树型。
技能目标:1. 能正确选用果树丰产树型。
　　　　　2. 掌握小冠常用树型的整形要点。

3. 掌握修剪时期和方法。
4. 理解修剪技术的综合运用。

任务准备

树木整形是指人们根据生产生活需要和植物生长发育的特点,对乔灌木枝条或花芽进行修整,从而得到能高效产出量大质优果品的树形,或具观赏价值的优美树形。

树木修剪是对植物器官如茎、枝、芽、根进行疏删剪截,以达到整形目的的做法。

整形修剪是指对树木进行调整,以满足人们生产量大、质优、高效果品或构建优美树形的需求的技术。修剪是整形的手段,整形是修剪的目的。

一、果树的树形

果树的树形是依据其单株树体结构或群体结构的特点而确定的。树形相宜,各果枝光照较充足,将增大优果率。果树的主要树形如图 3-2-1。当前在生产上常用的高产优质树形,仁果类常用疏散分层形,核果类常用自然开心形,柑橘、荔枝、龙眼、芒果等常用自然圆头形,藤蔓性果树常用棚架和篱架形。各地应根据当地自然条件及果树的种类和品种,总结各类高产、稳产、优质树形的经验,结合栽培制度,灵活运用各种树形。

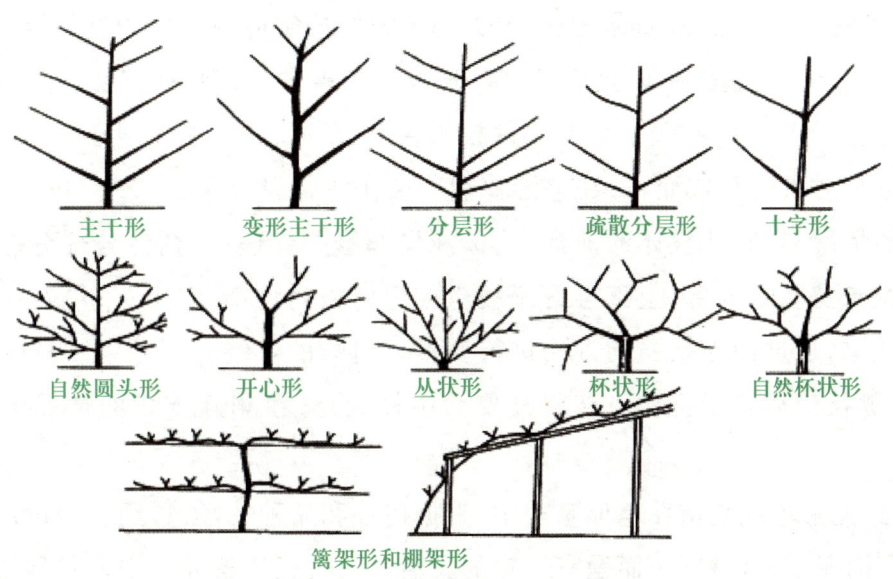

图 3-2-1 果树主要树形示意图

目前,果树矮化密植栽培已成为果树生产发展的必然趋势。矮密栽培有着早结果、早丰产、品质好、方便管理、利于品种更新和采摘的优点,其关键是树冠矮小,一般冠径都小于4 m,树高3~3.5 m。我国常用的小冠树形有小冠疏层形、纺锤形、圆柱形、扇形等(图3-2-2)。

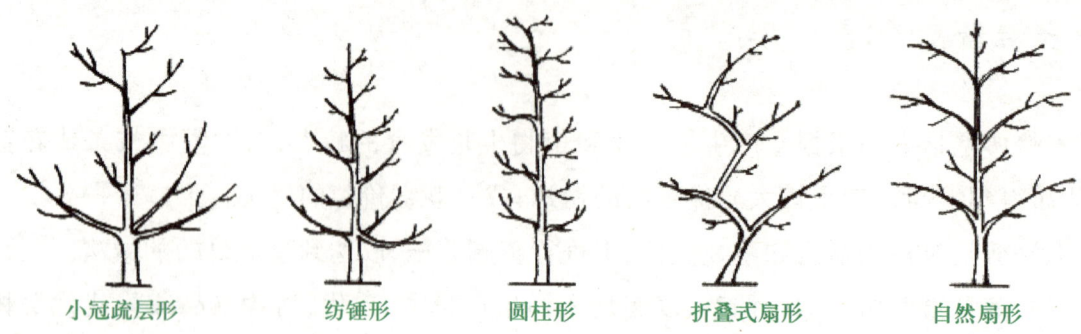

图 3-2-2　常用小冠树形

二、果树整形修剪的基本原则、依据及发展方向

1. 果树整形修剪的基本原则

果树整形修剪须坚持"因树修剪,随枝作形;有形不死,无形不乱;以轻为主,轻重结合;因树制宜,灵活运用"的原则。

因树修剪是要从果树的**整体**着眼,在果树的整形修剪中考虑到树种和品种特性、树龄和树势、生长和结果的平衡状态,以及果园所处的立地条件,确定应该采用的整形修剪措施、修剪的程度等。**如对幼、旺树,整体采取轻剪、多留、长放的修剪方法,则易收到成花、结果的效果**;反之,如果采取整体重剪,多疏多截,仅对局部枝条轻剪、多留,则不能控制旺长,难以成花、结果。

随枝作形是对果树**局部**而言,在整形修剪中要考虑局部枝条的长势、枝量、角度、方位以及开花结果的情况,在服从整体的前提下,保证局部修剪合理,使**树体各部分保持生长均衡**。**同级骨干枝生长势基本均等,上下层骨干枝也应保持相对均衡**,对上强下弱或下强上弱等生长不均衡的现象,通过抑强扶弱的方法进行调整。树冠的各级骨干枝主从分明,即主枝应从属于中心干,侧枝应从属于主枝。从属枝要给主枝让路,在相互干扰的情况下,应控制从属枝的生长。

有形不死,无形不乱是指在整形修剪中,根据树种和品种特性,选用合理树形,但在整形过程中又不完全拘泥于某种树形,而是有一定的灵活性。对无法整成一定形状的树,则应根据其生长状况,使其主从分明,枝叶不致紊乱。

以轻为主,轻重结合,因树制宜,灵活运用就是说修剪量和修剪程度总的要轻,尤其在结果盛期以前,修剪应做到抑强扶弱,正确促控,合理用光,枝组健壮,高产优质。轻剪固然有利于果树生长、缓和树势和促进结果,但为了建造果树骨架,又必须对部分延长枝和辅养枝进行适当控制。轻重结合的具体运用,既有利于快速成型,又利于早结果、早丰产和优质、稳产、高产、低消耗。

2. 整形修剪的依据

整形修剪依据的是树种品种的生物学特性、树龄和树势、果园自然条件和管理水平以及修剪后的生长趋势即修剪反应。此外,栽植方式与密度不同,整形修剪方式也应不同。

(1) 树种品种的生物学特性:不同树种、品种生长结果习性不同,修剪时应采取不同的修剪方法。如**成枝力强**的苹果品种富士,修剪时应**多疏少截,减少枝量**;对**成枝力弱**的品种如早捷,则应**适当短截,增加枝量**。

(2) 树龄和树势:不同树龄,其生长和结果的表现有很大差异。幼树一般长势旺,长枝比例高,所以要在整形基础上,轻剪多留,促其迅速横向扩大树冠,增加枝量。枝量达到一定程度时,要促使枝类比例朝有利于结果的方向转化,以促进成花,及早结果。盛果中后期,果树生长变缓,内膛枝条减少,结果部位外移,产量和质量下降,为延长结果年限,应及时采取局部更新措施,抑前促后,减少外围枝,改善内膛光照。同一树龄,树势强弱不同,修剪量和修剪方法也不同。树势强宜轻剪,树势弱适当重剪。

(3) 果园自然条件和管理水平:一般无霜期较长、高温多雨地区,果树生长较旺,修剪量应轻一些;而对生长期较短、寒冷干旱地区的果树,修剪量则应稍重一些。在土肥水管理条件较好的地方,树势强健,宜多疏少截,适当轻剪;而肥水不足、土壤瘠薄的地方,树势较弱,则宜多截少疏,修剪量可适当加重。

(4) 修剪反应:修剪反应多表现在两方面:一是局部反应,如剪口下萌芽抽枝、结果和形成花芽的情况;二是整体反应,如总生长量、新梢长度与充实程度、花芽形成总量、枝条密度和结果情况等。不同树种品种和不同枝条类型的修剪反应,是修剪的重要依据。

3. 整形修剪的发展方向

整形修剪是林果栽培中比较费工的作业。为了普及修剪技术,提高生产效益,果树整形修剪技术逐渐向简化修剪、机械修剪、化学修剪、矮化修剪发展。

(1) 简化修剪:主要指简化和矮化树形,选用短枝型品种,减少修剪次数,能节约劳力,提高工效。

(2) 机械修剪:指用机械代替人工修剪。修剪工具有电动链式手锯、气动高枝锯和剪、圆盘锯剪、升降台、自动推进吊台等。利用机械修剪,工效大大提高。机械修剪后需要进行人工查剪或配合化学药剂控制,即可获得满意效果。

(3) 化学修剪:采用生长调节剂来代替部分修剪技术。如促进萌发、开张角度使用化学摘心剂、细胞分裂素（BA）、生长抑制剂三碘苯甲酸（TIBA）等代替人工摘心拔枝等措施；促进生长、促进成花结果使用比久（B9）、矮壮素（CCC）、多效唑（PP333）、萘乙酸（NAA）和 TIBA 等；促进长势、减少花量使用赤霉素（GA）；疏花疏果、提高坐果率使用生长抑制剂 2,4,5-涕丙酸（2,4,5-TP）等；促进落叶、控制徒长使用 2,4,5-TP、TIBA 等。

（4）矮化修剪：指控制果树高度的修剪，可提高劳动生产率，增加早期结果及扩大产量，增进果实品质，提高经济效益。

三、果树修剪方法

1. 树木修剪常见术语及方法

树木修剪包括果树修剪及林木修剪，常见术语有短截、回缩、摘心、疏剪、抹芽、长放、拉枝、曲枝、扭梢、拿枝、环剥、环割、环扎等，其修剪方法、修剪对象和功效见表 3-2-1。

表 3-2-1　树木修剪常见术语及其修剪对象和作用

修剪术语	修剪方法	修剪对象	作用
短截	剪去 1～2 年生枝条的一部分。根据短截的程度不同，分轻短截、中短截、重短截和极重短截	1～2 年生老熟枝条	缩短枝条，促进分枝
回缩	对多年生枝条或大枝的短剪	多年生枝条或大枝	促进多年生枝条或大枝潜伏芽的萌发，使骨干枝、老树更新复壮
摘心	用手摘除幼嫩、未木质化枝条的顶端	幼嫩、未木质化的枝条	削弱顶端优势，促进枝条老熟、充实
疏枝	从基部剪除无用枝条	过密枝、病枝、枯枝、弱枝、重叠枝	选优去劣，除密留稀，减少枝条数量，减少养分消耗，提高留用枝的质量，使树冠通风透光
抹芽	用手将幼嫩枝条上的萌芽从基部抹除	幼嫩、未木质化枝条的萌芽	减少枝条数量，节约养分，提高留用枝的质量，促进留用枝老熟、充实
长放（缓放）	留下一年生的长枝不剪	中庸枝、斜生枝、平生枝条	使长枝营养分散，生长减弱，促进中、短果枝的抽生
拉枝	改变枝条角度或方向	直立或分生角度小的枝条	加大枝条的分生角度，抑制营养生长，促进生殖生长
曲枝	将枝条向水平或下垂方向弯曲，加大分枝角度，改变生长方向	直立或近于直立的旺枝	削弱枝条的顶端优势，开张骨干枝角度，抑制营养生长，促进生殖生长

续表

修剪术语	修剪方法	修剪对象	作用
扭梢	在枝梢基部扭转一定的角度,使新梢木质部和韧皮部受伤而不折断,呈扭曲状态	直立或近于直立的半木质化旺枝	增加受扭曲枝梢有机营养的积累,有利花芽形成
拿枝	从枝梢基部到顶部逐段使其弯曲,在损伤木质部的同时不伤皮,并发出较脆的折裂声	直立或近于直立的半木质化旺枝	减弱枝梢长势,使旺枝停长,有利花芽形成,提高翌年萌芽率与产量
环剥	将枝干的韧皮剥去一圈	生长旺盛的幼树、青壮树的骨干枝	削弱树势,使环剥口以上的枝条积累较多的有机养分,有利于花芽分化和保花保果
环割	在枝干上用刀环割一圈,割断韧皮部不伤木质部	生长旺盛的幼树、青壮树的骨干枝	削弱树势,使割口以上的枝条积累较多的有机养分,有利于花芽分化和保花保果。作用弱于环剥
环扎	在枝干上用铁丝环扎一圈,使铁丝陷进枝干皮层	生长旺盛的幼树、青壮树的骨干枝	作用同环割

2. 果树休眠期(冬季)修剪

(1) 休眠期修剪及其意义:落叶果树从秋冬落叶至春季芽开始萌动之前,或常绿果树从晚秋梢停长至翌年春芽开始萌发之前进行的修剪,称休眠期修剪,也称冬季修剪。

落叶果树的休眠期(冬季),自叶片开始脱落至春季树液流动,此期树体贮藏养分较充足,修剪后树体枝芽减少,更有利于集中利用贮藏养分。冬季修剪时期越早,越能促进剪口附近芽的分化和生长,修剪后的反应与效果也越明显;冬季修剪时期越迟,树势得到缓和,分枝数量得以增加。常绿果树的修剪宜在春梢抽生前、老叶最多并将脱落时进行,此期树体贮藏养分较多,剪后养分损失较少。

(2) 休眠期(冬季)修剪的主要内容:疏除病虫枝、密生和并生枝、徒长枝、过多过弱的花枝及其他多余枝条;短截骨干枝、辅养枝及结果枝组的延长枝,或更新果枝;回缩过大过长的辅养枝、结果枝组或过分衰弱的主枝头;刻伤刺激一定部位的芽和枝;调整骨干枝、辅养枝、结果枝组的角度和生长方向。

(3) 涉及休眠期(冬季)修剪的方法:

- 短截:又叫短剪,即剪去一年生枝条的一部分。短截能刺激剪口下侧芽萌发,根据剪截长短又可分为以下几类(图3-2-3):

轻短截:剪去枝条上部一小部分,截后易形成较多的中短枝。

中短截:在枝条中上部饱满芽处短截,截后易形成较多的中长枝。

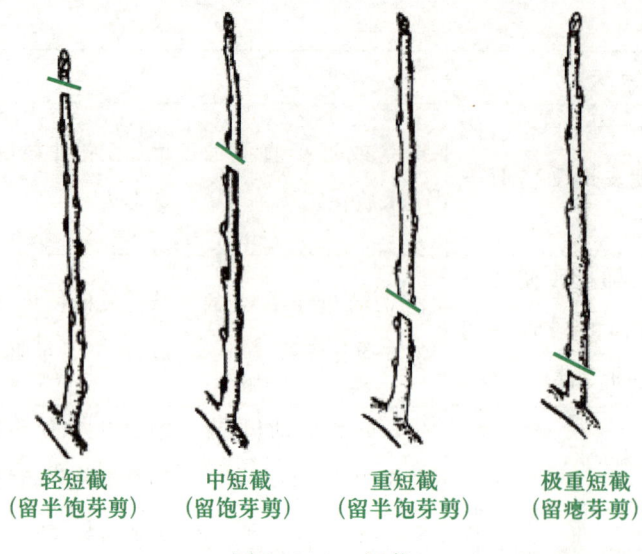

图 3-2-3 短截

重短截:在枝条中、下部短截,截后易抽生 1~2 个旺生枝。

极重短截:截到枝条基部弱芽上,能萌发 1~3 个中短枝,对一些修剪反应敏感的品种,也能萌发旺枝。

短截要注意剪口芽生长的方向、剪口与芽的距离和剪口的方向,一年生枝留剪口的方法如图 3-2-4 所示。

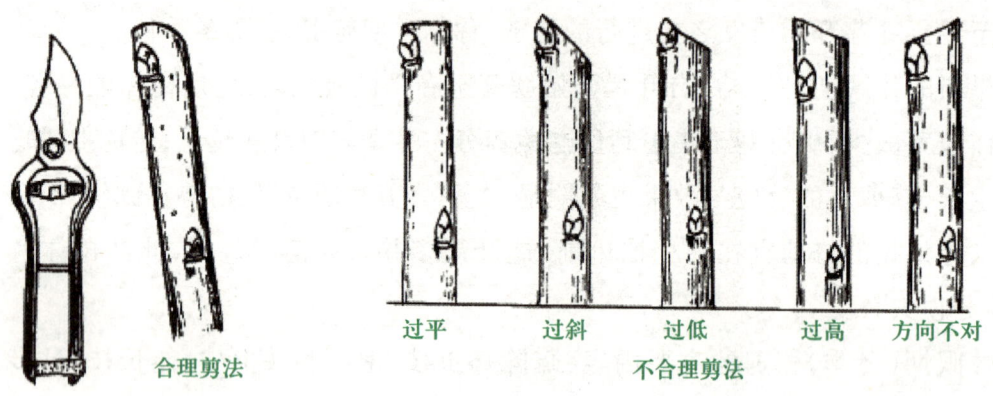

图 3-2-4 一年生枝剪口留法

- 疏枝:又叫疏剪,即把枝条从基部剪除(图 3-2-5)。
- 长放:又叫缓放、甩放,即对一年生枝不剪,有利于形成花芽。
- 回缩:又叫缩剪,指将多年生枝短截到分枝处(图 3-2-6)。作用是使多年生枝改变生长势,改变枝条部位,改变枝条延伸方向,改善通风透光条件。
- 刻伤:发芽前在枝、芽的上方或下方用刀横割皮层,深达木质部。目的是使刻伤下部的芽或枝得到较多养分,促进刻伤下部的芽或枝的生长(图 3-2-7)。

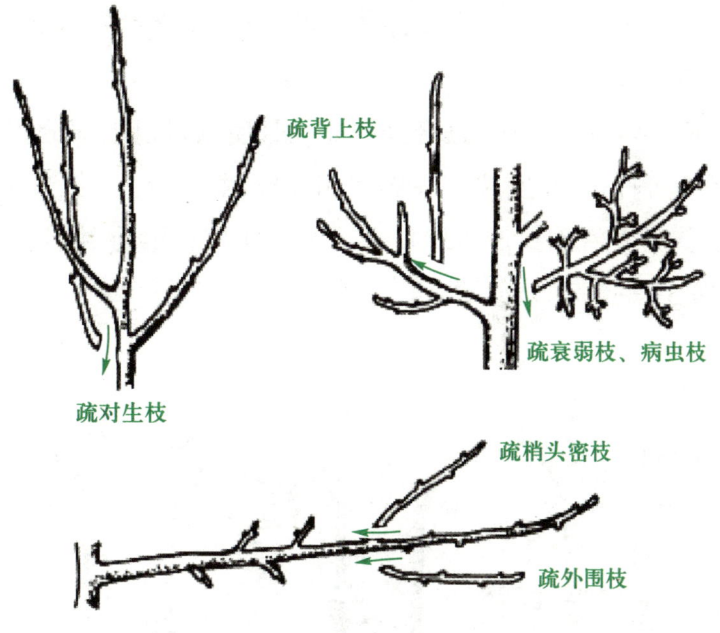

图 3-2-5 疏枝对象

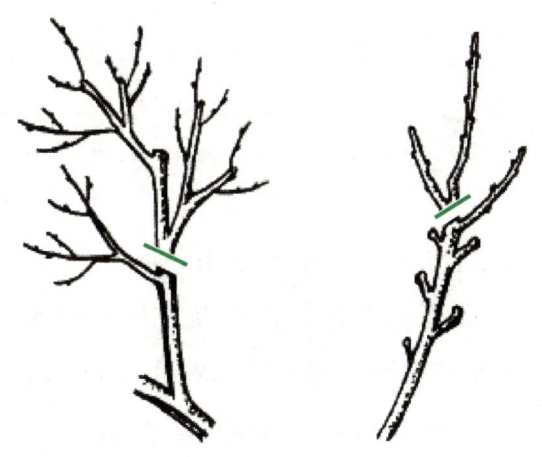

图 3-2-6 回缩

● 开张角度：是整形常用方法，冬夏季修剪时均可运用，如图 3-2-8 所示。

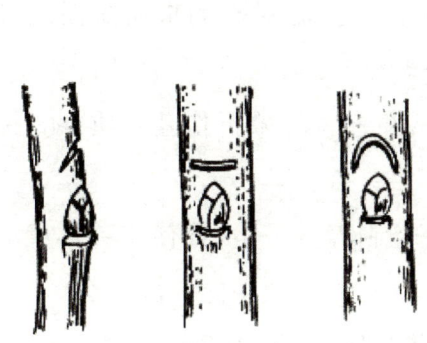

图 3-2-7 刻伤

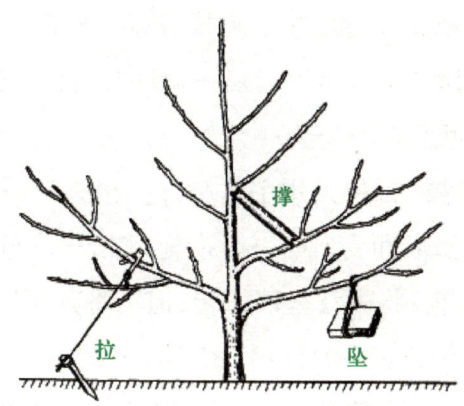

图 3-2-8 开张角度的方法

- 环割、环剥:环割是在枝干上用刀剪或锯环切一圈,深达木质部。生产上常根据枝条长势进行一道或多道环割,以促生分枝。

环剥是在果树生长期内将枝干的韧皮部剥去一圈,使剥口以上部分积累有机营养,有利花芽分化和坐果,同时促进剥口下部发枝。环剥宜用在旺树、旺枝上,以部分施用为好。环剥宽度不超过 1 cm,保证 20 天左右伤口能自然愈合。为防止害虫蛀食并促进伤口愈合,可用干净塑料布条捆扎剥口(图 3-2-9)。

图 3-2-9　环剥

3. 生长期修剪

(1) 生长期修剪及其意义:生长期修剪指春季萌芽后至落叶果树秋冬落叶前或常绿果树晚秋梢停止生长前进行的修剪,又可分为春季修剪、夏季修剪和秋季修剪。生产上根据果树的品种特性、树势、枝条抽生情况及结果情况的不同灵活运用。如核桃树在冬季休眠期修剪会发生大量伤流而削弱树势,因此核桃树在秋季核桃采收后至落叶盛期以前修剪效果好。南方常绿果树常在采果后进行修剪,促进夏梢或秋梢的抽生,培养翌年结果母枝。

(2) 涉及生长期修剪的方法:

生长期修剪方法除了疏枝、抹芽、短截之外,还有如下方法:

- 摘心:将新梢顶端掐去,目的是使养分集中于下部。摘心对有的果树能促发二次枝和使枝条加粗(图 3-2-10)。
- 拿枝(捋枝):用手从基部向梢头轻捋新梢各节,并逐一轻微折伤其木质部。捋枝也是促进花芽形成和变向的一个措施(图 3-2-11)。
- 扭梢:将嫩枝基部扭转,但不将其折断。目的是控制养分下运,促使花芽形成。对有些延长枝则起到变向的作用(图 3-2-12)。
- 别枝:将枝条相互别扭,从而变向缓势,有利于花芽形成(图 3-2-13)。
- 开张角度:用绳拉、泥团坠、枝撑等方法使骨干枝开张角度加大(图 3-2-14)。

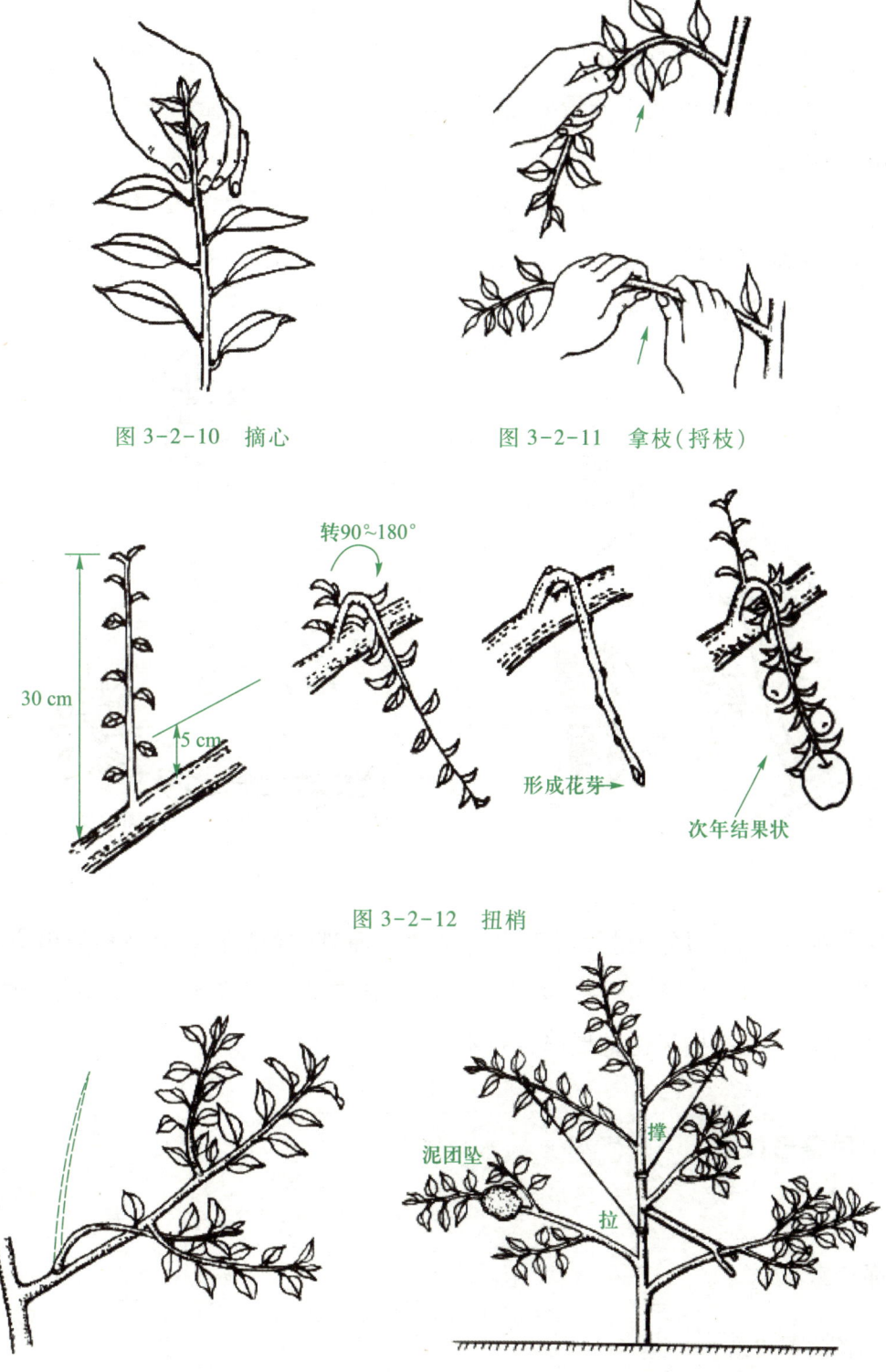

图 3-2-10 摘心　　　图 3-2-11 拿枝（捋枝）

图 3-2-12 扭梢

图 3-2-13 别枝　　　图 3-2-14 开张角度

- 环剥：将枝组或主干上树皮用刀环剥去 0.5~1 cm，目的是阻碍有机养分向下输送，促使花芽分化和坐果（图 3-2-15）。**环剥是对二年生以上枝条进行的"手术"**，在枝干基部 10 cm 左右光滑处，环割两刀，间隔为枝干粗度的 1/10（如枝干粗 5 cm，则间隔 0.5 cm），然后去除中间的皮层。

主干环剥是环剥的一种特殊形式,是从主干上进行的环剥,主要应用于4~8年生密植果树。从距地面20 cm以上的主干光滑处进行环剥,宽度为主干直径的1/10。主干环剥可促进全株花芽分化,并起到控冠作用。

- 环割:将枝组用刀环割出伤口,以阻碍有机物向下输送(图3-2-16)。**环割主要是对一年生枝进行的"手术"**,从枝条基部5 cm处用刀片将皮层割断一圈。粗壮枝条则可进行多道环割,如枝条长1 m以上,则每隔5 cm环割一刀,共割三刀,以增强促花效果。

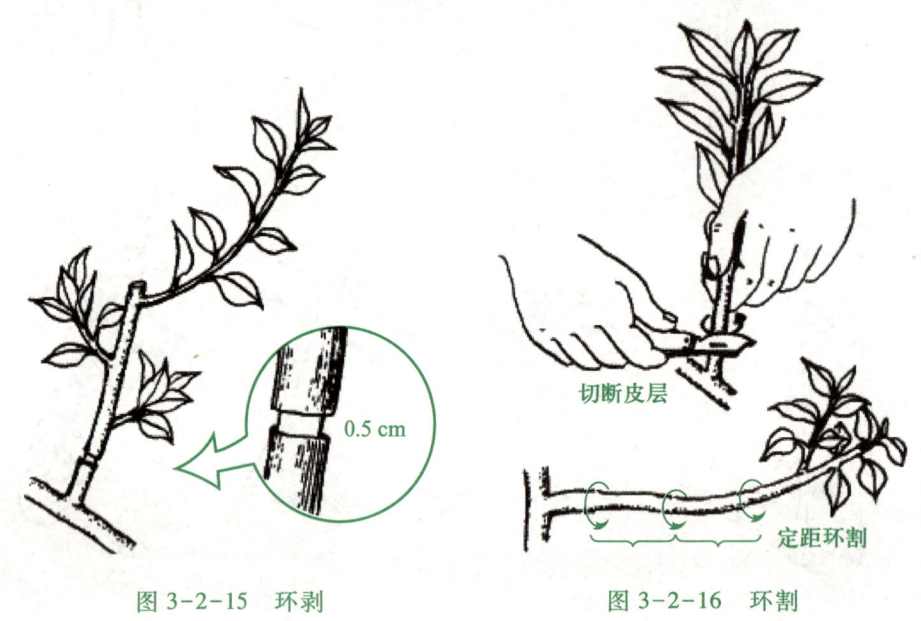

图3-2-15 环剥　　　　　图3-2-16 环割

修剪技术性较强,学习修剪技术,重要的是学透原理,弄清楚采用哪种修剪方法,勇于实践,勤于动手,并勤于观察修剪效果。要学会在同一条件下观察修剪以后的效果,细心比较,总结经验,这样才能真正掌握果树整形修剪技术。

四、果树常用整形技术

1. 局部调整

(1) 调节枝条角度:

- 加大枝条角度的措施:① 留选斜生枝或枝梢下部等作剪口芽;② 利用撑枝(图3-2-17)、拉枝(图3-2-18)、吊枝、扭枝等方法加大角度;③ 利用枝、叶、果本身重量自行拉垂;④ 利用枝叶遮阳,使枝条开张。

- 缩小枝条角度的措施:① 选留向上的枝芽作为剪口芽;② 利用拉、撑,使枝芽直立向上;③ 短截后,枝顶不留果枝或少留果枝;④ 换头、抬枝,缩小角度。

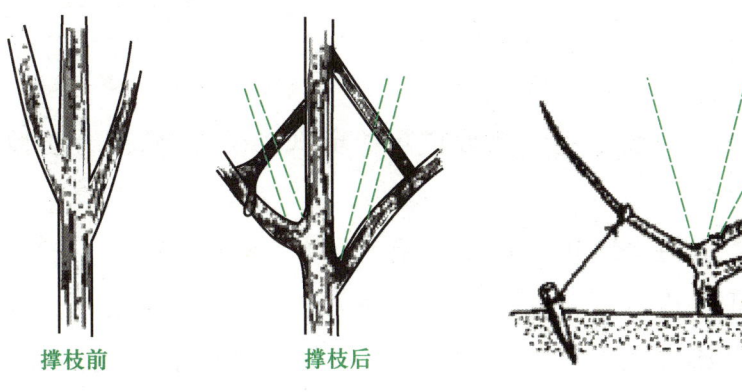

撑枝前　　　撑枝后

图 3-2-17　撑枝　　　　　图 3-2-18　拉枝

(2) 调节花芽量：

● 增加花芽量措施：减少无效枝,疏去密枝、枯枝、弱枝、病虫枝、重叠枝等,改善透光条件;缓和树势,采取长放、拉枝、环割、环剥、扭枝、轻短截、摘心等措施;加大枝条角度;用植物生长素调节,如比久、矮壮素、多效唑、乙烯利、整形素等。

● 减少花芽量的措施：加强树势,提前冬剪,以重短截修剪为主,促进枝梢生长,减少花芽。疏剪花芽。

2. 整体调整

(1) 强壮树修剪：从修剪时期看,冬轻截促结果,夏重截削弱生长;延迟冬剪时间;缓和树势,采取长放、拉枝、环割、环剥、扭枝、轻短截、摘心等措施;加大枝条角度,剪口芽选取枝下芽;用下拉、坠、撑枝方法加大枝条角度,减弱树势,促进成花;减少无效枝,疏去密枝、枯枝、弱枝、病虫枝、重叠枝等,改善透光条件;可利用生长调节剂调节缓和树势,如比久、矮壮素、乙烯利、整形素等。

(2) 弱树修剪：从修剪时期看,冬重截夏轻截促生长;提早冬剪;短截、重剪,留向上的枝和向上的剪口芽;去弱枝,留中庸强壮枝。少留结果枝,特别是骨干枝先端不留结果枝;大枝不剪,减少伤口;可利用生长调节剂促进生长,如赤霉素等。

(3) 上强下弱树修剪：中心干弯曲,换头压低,削弱极性;树冠上部多疏少截,减少枝量,去强留弱,去直留斜,多留果枝(特别是顶端果枝多留);对上部大枝环割,利用伤口抑制生长;在树冠下部少疏多截,去弱留强,去斜留直,少留果枝。

(4) 外强内弱树修剪：开张角度,提高内部相对芽位和改善光照。外围多疏少截,减少枝量,去强留弱,去直留斜,多留果枝;加强夏季弯枝,控制生长势。内膛疏弱枝,少留果枝,枝条增粗后再更新复壮。

(5) 外弱内旺树修剪：外围去弱留强,直线延伸,少留果枝,多截少疏,促进生长;内膛以疏缓为主,多留果枝,开张小枝角度,抑制生长。

3. 常见小冠树形的整形技术

乔木果树在密植条件下,一般采用纺锤形树冠。现以梨树为例,简介纺锤形树冠整形技术。

(1) 定干:定干要高,一般在80~100 cm处剪截。为防止剪口发梢,可于萌芽前后抠除竞争芽梢,并于萌芽前在剪口下30 cm的枝段内按所需发梢位置进行定向定位芽上刻伤或双重刻伤(深刻两道),或在芽上抹"抽枝宝"等植物生长素,以促发侧梢,拉开主枝间距,称"高定干低刻芽"(图3-2-19)。

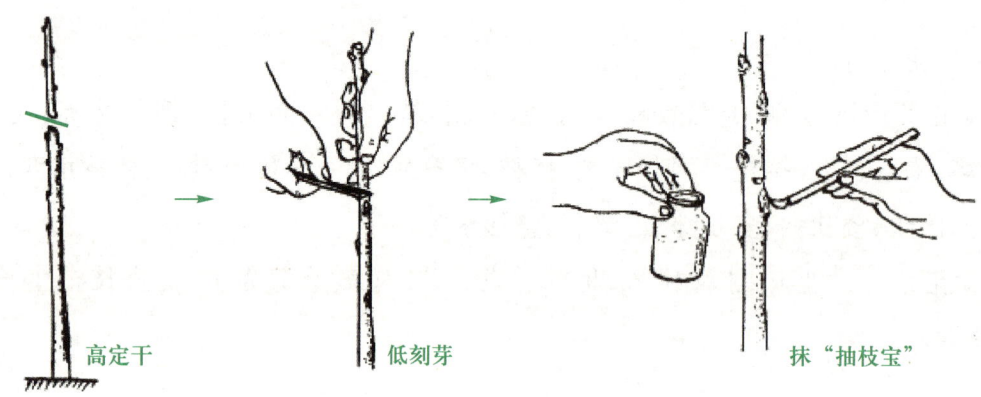

图3-2-19 定干刻芽抹激素

(2) 中心干的修剪:第二年,为防中心干主枝脱空,对中心干可留60 cm左右短截,下部选芽定位刻伤促发梢,萌芽后剪口处理掉竞争枝,控上促下。生长期中心长梢可选芽涂用"抽枝宝",配合摘幼叶促发二次梢,以达到促生主枝及均衡排列的目的(图3-2-20)。

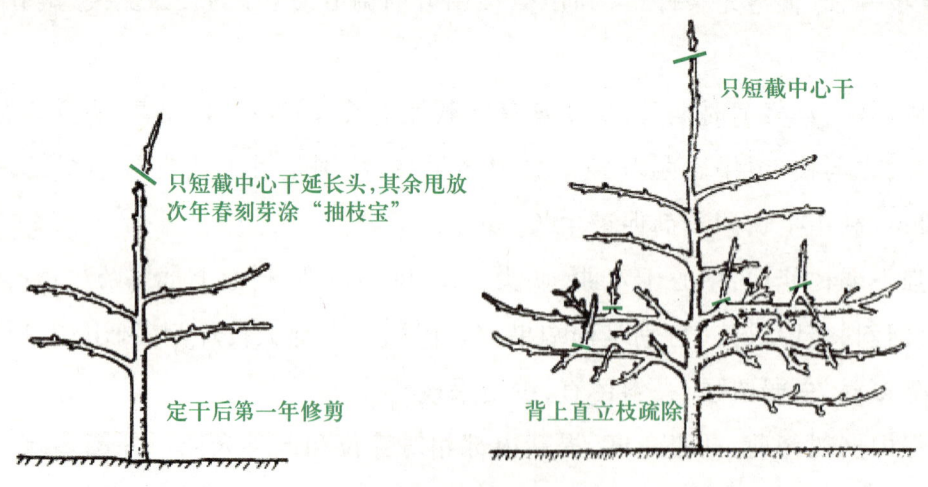

图3-2-20 中心干的修剪

(3) 主枝的修剪:生长前期基本不短截,采用单轴延伸,拉平缓放。为防主枝过粗过强,不可用中心干先端及剪口附近的"竞争枝"培养主枝,而应将"竞争枝"或过旺枝疏除或短截留桩重发。主枝一定要拉平,注意控制主枝背上枝,背上枝组宜小、宜少、宜矮,重点培养两侧,并注意枝组的单轴延伸和更新(图 3-2-21)。主枝基部要定期培养"接班枝",以备适时更新。

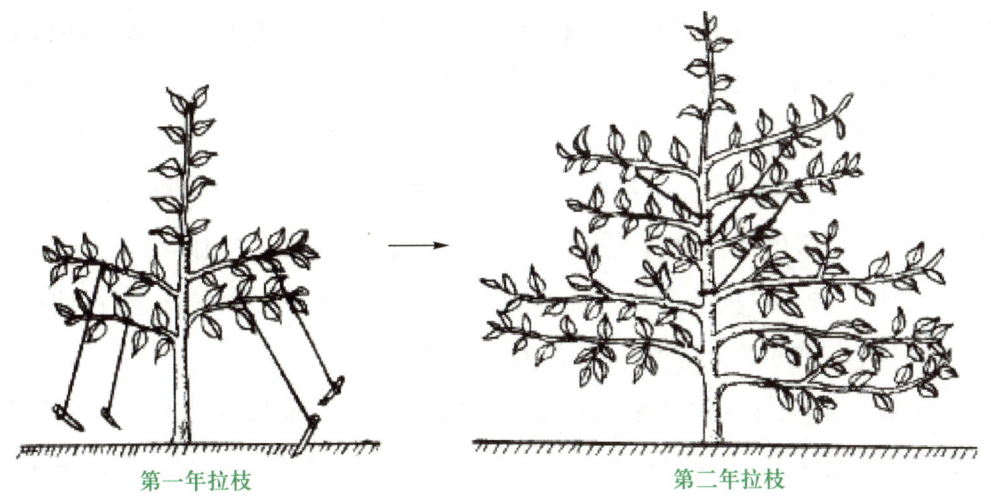

第一年拉枝　　　　　　　　　第二年拉枝

图 3-2-21　主枝的培养

果树冬季修剪

1. 目的要求

了解果树冬季修剪的内容,掌握短截、疏枝、缓放、回缩、伤枝的基本技能。

2. 工具材料

修枝剪、高枝剪、钩镰、手锯、削枝刀、开角器、高凳等。

3. 操作步骤

(1) 修剪操作:
- 仔细观察果树生长的具体表现,如树势的强弱、枝条的稀密、花芽的多少等,并参考历年产量,然后进行修剪。
- 修剪时,先去大枝,再去中枝,最后剪小枝。
- 锯除大枝:最好是两人合作,一人拉锯,一人扶稳枝干;先由大枝下方向上锯进 1/3~1/2,然后再由上向下锯,这样可防大枝劈裂。锯后用锋利的削枝刀把锯口周围的皮层和木质部削平,再用2%硫酸铜溶液消毒,然后涂抹保护剂。

- 疏枝:在旺树上疏旺长、徒长、竞争枝;在弱树上疏弱、病、残枝。在全树上,外围以疏旺为主,内部以疏弱为主。旺树上多疏营养枝,弱树上多疏果枝。疏剪时以从基部剪除为好。下剪(或锯)不要太斜,伤口不要太大,剪口宜剪成缓斜面。一般情况下,不要留桩(图3-2-22)。

- 短截:首先要选方向适中、位置适当、壮而肥大的芽作剪口芽。特别是幼树定干和整形时,更要选好剪口芽的方向;然后从芽的对面下剪,使剪口斜面成45°角,斜面的上方和芽相平,最低部分和芽的基部相平。修剪葡萄时,则应从节间处剪断;否则,在埋土越冬期间,靠近剪口的芽易腐烂或干枯。遇枝条生长不充实或容易受冻的品种,冬季修剪后,剪口易抽缩,为避免剪口芽受伤害,应在芽的上方0.5 cm左右处剪截。

- 长放(缓放):对旺树期间的平、斜、细、弱、腋花芽枝尽量长放,此为"五缓";对徒长、竞争、直立枝这三类不能长放,需剪截,此为"三不缓"。如中央主干过旺,最好采用拉倒缓放。对大型辅养枝缓放时角度一定要大,甚至水平缓放。

- 回缩:是剪截二年生以上枝条。剪截时最好顺树枝分杈的方向或侧方下剪,剪口宜剪成缓斜面。因枝条较粗,操作时应一手拿剪,另一手握住枝条向剪口外方柔力轻推,既省力又不伤剪刀,对不易剪断的粗枝条,不要强行剪截,可用手锯锯除(图3-2-23)。

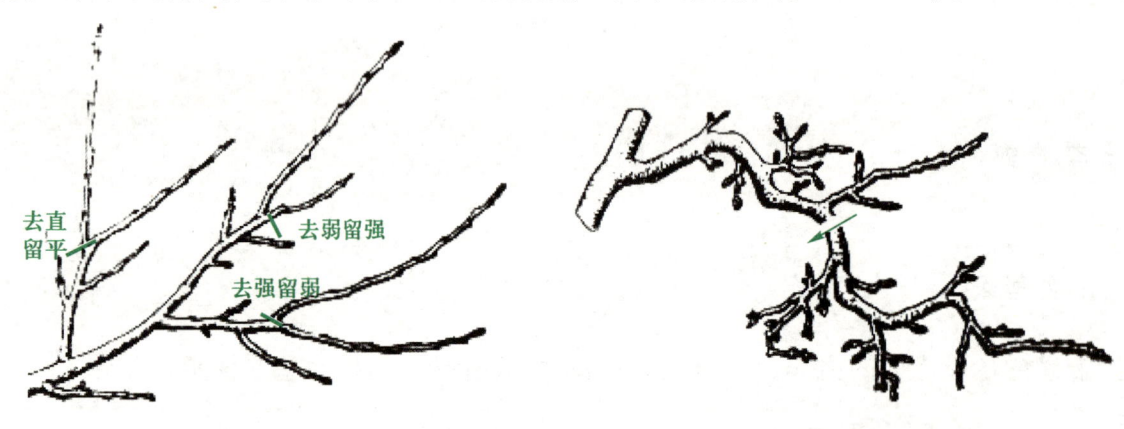

图3-2-22 疏剪的应用　　　　　图3-2-23 应用回缩复壮更新

(2) 复查:剪完一棵树以后,再复查一遍,及时发现和改正修剪不当之处。对留待春季复剪的单株或大枝做好标记。

(3) 清场:对剪下的新梢、枯枝、落叶、僵果,特别是病虫枝或果,集中带出果园外烧毁,不使病虫害蔓延。对可用于嫁接的新品种枝条,剪下后及时整理、捆扎并保存好,以防失水影响成活。

任务反思

1. 果树整形修剪的目的、原则是什么?

2. 果树整形修剪的基本方法有哪些?

3. 果树冬季修剪有哪些内容?

4. 疏枝的对象有哪些?锯除大枝如何操作才能防大枝劈裂?

5. 对枝条实施短截时应如何操作?

6. 果树整形修剪中,对强壮树应如何修剪?

任务 3.3　花 果 管 理

任务目标

知识目标:1. 了解花果管理的主要内容。

2. 熟悉促花、保花保果、疏花疏果常用措施。

技能目标:1. 能正确使用促花、保花保果、疏花疏果技术。

2. 能熟练操作果实套袋技术。

3. 能适时进行果实采收和果实采后处理。

任务准备

果树花果管理的主要内容是促花、保花保果、疏花疏果和果实套袋及果实采收等。在生产中,一般根据果树树势、树龄、花芽多少、花量、坐果率、单果重、单株负荷量等来确定采用的生产管理技术。

一、促花

幼树到初果期常因长势过旺而易抽条,短枝少,难以成花,适期不挂果,为达到早果、稳产、高产、优质高效的目的,可综合运用促花技术,促花结果。

1. 调控肥水促花

对于幼树,秋施基肥应多施磷、钾肥,在不是过分干旱时可只进行冬灌和春灌,后期雨水多时及时排水,控制枝梢贪青旺长。在花芽分化期,尽量控氮控水,抑制秋梢生长,充实芽体,尽量不灌水。

2. 断根促花

幼旺树结合秋施基肥,深翻土壤进行断根修剪,可减弱根系生长优势,调节树体生长与开花坐果的营养矛盾,提高地上部营养积累,使较多的营养用于花芽分化。具体方法是:水田、平地根系较浅的果园,幼年结果树、壮树 9—12 月在树冠滴水线两侧开沟,犁或深锄 30~40 cm,断根并晒根(图 3-3-1),至中午秋叶微卷、叶色稍褪绿时覆土,或在树冠四周全园深耕 25~30 cm 深。中年结果树,若树上不留果,则在采果后全园浅锄 10 cm 左右,锄断表面吸收根,达到控水目的。应注意的是,**断根促花的措施,只适于冬暖、无冻害或少冻害的地区采用,其他地区不宜采用。**此项技术效果好,但较费工。

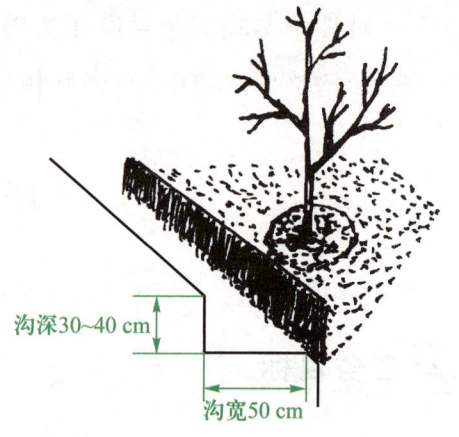

图 3-3-1 开沟断根示意

3. 环割和环剥

环割和环剥是促进幼树成花、提早结果的主要夏剪手段,也是保证连年丰产、稳产的重要技术措施之一。环割和环剥应用的主要时期是在果树花芽分化的临界期。不同树龄进行环割或环剥时操作有所不同。二年生幼树只对辅养枝(1 m 以上)进行多道环割,以促进幼树早结果和控制辅养枝旺长;三年生幼树对下层两年生辅养枝进行环剥,上层一年生辅养枝进行多道环割,以促进辅养枝成花,早结果。同时对下层主枝上长放的一年生长枝(不含主枝延长枝)进行多道环割,促进花芽分化,培养良好结果枝组,提高前期产量;四年生以上果树,树体已基本成形,可采用主干环剥方法控制树冠,促进全树成花,以达到高产、稳产的目的。

4. 变向

综合运用疏、扭、拉、拿、摘等多种技术进行综合处理,改变枝条生长方向,缓和生长势。如采用曲枝、坠枝、别枝等,都可改变枝条生长方向,削弱顶端优势,使中下部短枝增多,有利于形成花芽。

5. 药剂处理

主要使用生长抑制剂来进行促花控冠。对结果少或未结果的旺长树,可于盛花后当周连续喷 2 次 500 倍或 1 000 倍多效唑,间隔 15 天喷 1 次,抑制春梢旺长,也可在 8 月中上旬喷 800 倍多效唑,可抑制秋梢生长。

二、保花保果

果树因树种、品种、生长势等原因,落花落果现象很普遍。加强果园管理、保证树体正常生长发育、增加果树贮藏养分的积累、改善花器发育状况,是果树提高坐果率的根本措施。生产中常用的辅助措施主要有以下几种。

1. 辅助授粉

(1) 合理配置授粉树:绝大多数果树需要配置授粉树,对于品种授粉树配置不足或缺乏的果园,可用高接花枝、挂罐和震花枝的方法来提高授粉率(图 3-3-2)。

图 3-3-2 挂罐法授粉

(2) 花期果园放蜂:果树除杨梅、银杏、香榧、山核桃等风媒花外,大多数果树为虫媒花,果园放蜂能明显提高授粉率,增加坐果。蜜蜂一般 11℃ 即开始活动,16~29℃ 最活跃。一般 4.5~6 亩放一蜂群,蜂箱距果园不要超过 500 m。花期不要喷农药,以防蜂群中毒。花期遇大风、降温、降雨天气,蜜蜂不能活动时,则要进行人工辅助授粉。

(3) 人工授粉:在授粉品种缺乏或花期天气不良时应进行人工授粉,可提高坐果率的 70%~80%。人工授粉时间紧,工作量大,花粉应在预定授粉前 2~3 天,从授粉亲和力高的品种树上采集蕾期或初开的花朵,采下的花朵在室内及时取下花药,摊放在清洁的纸上,室温应在 20~25℃,每天翻动花药 2~3 次,使上下干燥均匀。一般经 1~2 天花药即可开裂散出花粉,筛去杂物,贮于瓶内备用(图 3-3-3)。

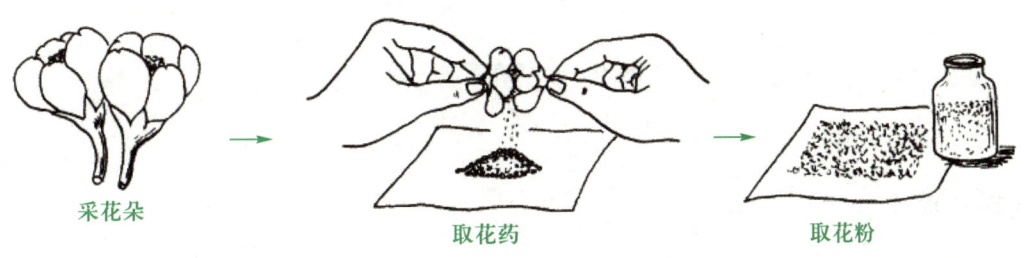

采花朵　　取花药　　取花粉

图 3-3-3 采花粉

生产上如果花粉需要量很大,可使用我国研制的电动采粉器。它直接从绽开的花朵上吸下半湿润状态的新鲜花粉,可省去采花、剥花、取花药、干燥等工序。一人持一台以电池为电源的电动采粉器工作 8 h,可获得纯花粉 80 mL 左右,比人工采粉提高工效 20 倍。

授粉时期选择在果树全株有 15% 的花开放时,一般以花朵开放当天的上午、柱头新鲜湿润时授粉效果最好,坐果率可达80%以上。授粉时可用小毛笔、小橡皮头穿在细铅丝上作为授粉工具(图3-3-4),按花序开花顺序,选择先开肥大的花朵授粉。如桃在长、中果枝上点3~4朵花,短果枝上点2~3朵,梨每一花序上点2~3朵即可(图3-3-5)。

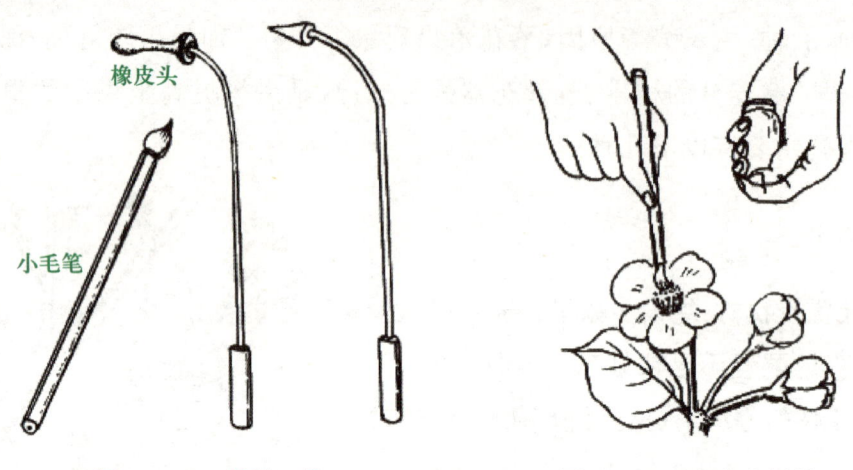

图 3-3-4 授粉工具　　　　　图 3-3-5 点花法授粉

为提高人工授粉效率,可采用喷雾法授粉。用花粉20~25 g、白糖500 g、尿素30 g、硼砂50 g、水10 kg。先把糖和水搅匀,再加入花粉和硼砂,在全株60%花朵开放时喷洒(图3-3-6)。

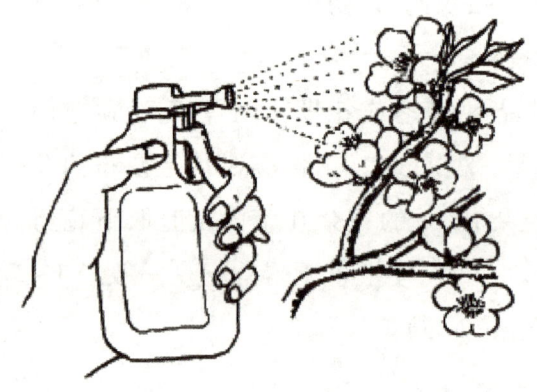

图 3-3-6 喷雾法授粉

2. 花期喷水

果树开花时,如气温高,空气干燥,可在盛花期喷水,使空气湿润,有利于花粉发芽。

3. 应用生长调节剂和微量元素

落花落果的直接原因是果柄与果枝之间形成离层,而离层的形成与内源激素不足有关。在生理落果前和采收前是生长素最缺乏期,此期喷施生长素及微量元素可减少落果。植物生长调节剂的种类、用量及使用时期因果树种类、品种及气候条件而不同。生长上常用的保果激素有赤霉素(920)、2,4-D、细胞分裂素等。此外,开花、幼果期喷施微量元素可提高坐果率,常用微量元素有硼酸、硼酸钠、硫酸锰、硫酸锌、硫酸亚铁、钼酸钠、高锰酸钾等,使用浓度一般为0.1%~0.2%。

4. 病虫防治

病虫害常常直接或间接危害花芽、花或幼果,造成落花落果。因此,及时防治病虫害也是一项保花保果的重要措施。

三、疏花疏果

疏花疏果是疏除过多的花果,减少后期生理落果。疏花疏果可以防止大小年,使果树连年稳产,也能提高果实品质,增加经济效益。

1. 疏花疏果时期

为节省营养,疏花疏果应提早进行,具体时间依树种、品种、开花迟早和坐果多少先后分批完成。除冬季修剪时剪除过多的花芽外,疏花宜在果树盛花期进行;疏果应在生理落果后及早进行。

2. 留果量的确定

留果量应根据树势、枝的强弱与果实的分布状况来决定。在生产中实际操作参照枝果比、叶果比、穗长比来操作较为简便。

(1) 枝果比:就是根据果树上各类一年生枝条的数量与果实总个数的比值。如梨的比值为(3~4):1。

(2) 叶果比:是指叶片总数(或叶总面积)与果实总个数的比值。如苹果一般乔化砧30~40片叶留一个果或60~80 cm² 叶面积留一个果,矮化砧20~30片叶留一个果或50~60 cm² 留一个果;砂梨、柿等的叶果比为(10~15):1;温州蜜柑为(20~25):1;脐橙为(50~60):1。

(3) 穗长比:是指掐去果穗的长度与整个果穗长度的比值,如葡萄常掐去1/5~1/3花穗。

在果园管理水平比较稳定的情况下,可根据果园历年产量、果品质量、花芽数量等,定出全园和单株的适宜留果量,做到心中有数。通常在疏果时增加适宜留果量的5%作为果实生长损耗(如病虫危害、风灾等)。

3. 疏花疏果的方法

人工疏花疏果具有高度的灵活性和准确性。疏花时对花序较多的果枝可隔一去一,或隔几去一,疏去花序上迟开的花,留下优质在开的花(图 3-3-7)。疏果时,要先疏去弱枝上的果、病虫果、畸形果,然后按负荷量疏去过密过多的果(图 3-3-8)。

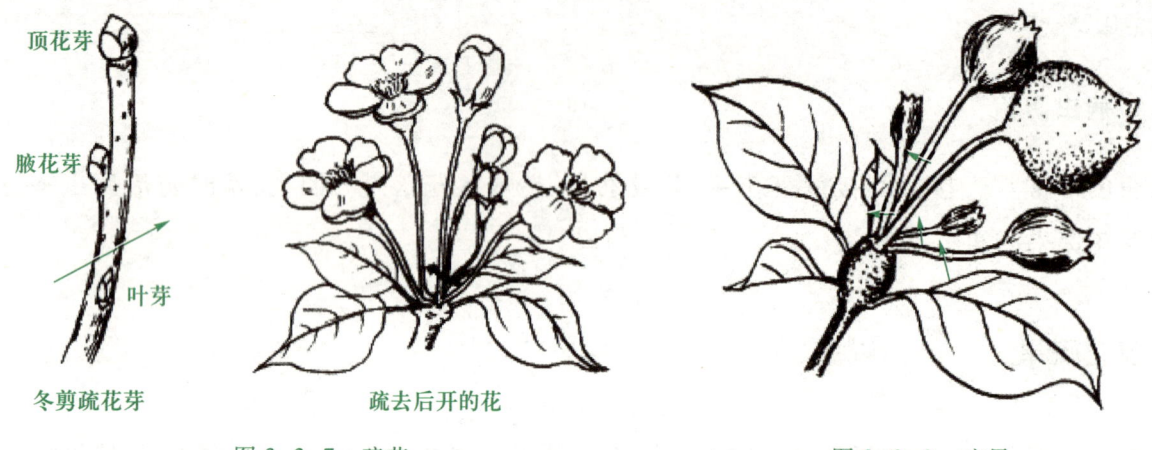

图 3-3-7　疏花　　　　　　　　　　图 3-3-8　疏果

药剂疏花疏果可用 0.06%~0.3% 西维因,于盛花期后 14~21 天喷到果实和果柄上。也可用 0.2~0.4 波美度石硫合剂在盛花期喷洒到花的柱头上。药剂疏花疏果受树种、品种、树势、气候条件影响比较大,在生产上大面积应用时,要先试验,取得经验后再用于生产。

四、果实套袋

果实套袋是生产无公害果品的必要措施之一。果实套袋不仅可以防止果实病虫害,减少果实的农药残留量,生产无公害果品,还可以防止果面污染,促进果实着色,并使果面光洁光滑,提高果品外观质量及水果的耐贮性。在梨、桃、葡萄、芒果、柑橘、荔枝、龙眼、香蕉等果树上已广泛应用。

1. 果袋

果袋按层次分有单层果袋、双层果袋、塑膜袋等;按透光性又可分为透光袋、半透光袋、遮光袋三种。根据其性能还可分为防虫袋、防菌袋、着色袋、防锈袋、防鸟袋、保洁袋等。在生产中根据树种品种及套袋目的的不同也出现了很多专用果袋。如在重庆地区,梨橙、脐橙要选用透气性、透光性能较好的单层白色或黄色果袋,四川省安岳柠檬宜用外黄内黑双层果袋。白梨系统多采用 LA 型果袋,有色梨果品种多用 LB 型果袋。

也可自制果袋,但其防水、防晒、防病性能和耐用性远不及商品果袋。为了防止铅污染,**严禁用废旧书或报纸制作果袋**。

2. 套袋前的树体管理

(1) 套袋前对果树进行合理整形修剪:重点调整结果枝组的数量和空间分布,解决风、光问题;桃主要回缩衰弱枝,疏除旺长枝,甩放结果枝,保持中庸树势;葡萄主要疏除过密枝蔓,重剪生长弱的枝蔓,并做好抹绑蔓工作。

(2) 疏花疏果、合理负载:套袋前严格疏花疏果,调整好树体负载量,实行以花定果技术。苹果和梨等树种按 20~25 cm 的间距留 1 个壮花序,每 1 个花序留 1 个果,桃按 10~15 cm 的间距留 1 个果,葡萄每个结果新梢留 1 穗,每穗留 50~60 粒,于落花后 1 个月完成疏花疏果工作。

(3) 喷施长效杀虫、杀菌剂:除进行果园全年正常病虫防治外,果实套袋前 1~2 天对树体、果面均匀彻底地喷施一次杀虫、杀菌剂。为防止果锈产生,不要用有机磷和波尔多液。

3. 套袋技术

(1) 套袋时间:套袋适宜时期为生理落果后的初期,一般在果实稳定着果后进行。如柠檬春花果宜在 6 月底至 7 月中旬套袋,夏花果宜在 8—9 月套袋。柠檬果实套袋后的生长时间要保证 70~90 天。梨在 5 月上中旬疏果结束后套袋;葡萄在葡萄生理落果后、果粒长到豆粒大小时,经疏粒、整穗后立即套袋。套袋时间以晴天上午 9:00—11:00 和下午 2:00—6:00 为宜。

(2) 纸套的选择与处理:纸袋要求具有较好的抗湿性、抗拉性、通透性,鉴别方法是:用酒精滴于表层不浸、在水中搓不烂、滴水于表层不扩散,有预埋扎丝,用拳头伸入果袋后对光从里向外看无沙眼。套袋前将整捆果实袋放于潮湿处,使之返潮、柔韧,以便于使用。

(3) 套袋的方法:"一撑二套三收四扭":套袋时,每人备一围袋围于腰间用于装果实袋。先用拳头将纸袋撑开,然后将袋口对准幼果,扣入袋中,一个果实套一个纸袋,袋口平于果柄,在果柄或母枝上呈折扇状收紧袋口,反转袋边用预埋扎丝扎紧袋口,再拉伸袋角,确保幼果在袋内悬空(图 3-3-9)。沙田柚、梨、杨桃、石榴等一般一个果套一个袋,而香蕉、葡萄、龙眼等是整个果穗套入一个袋中。

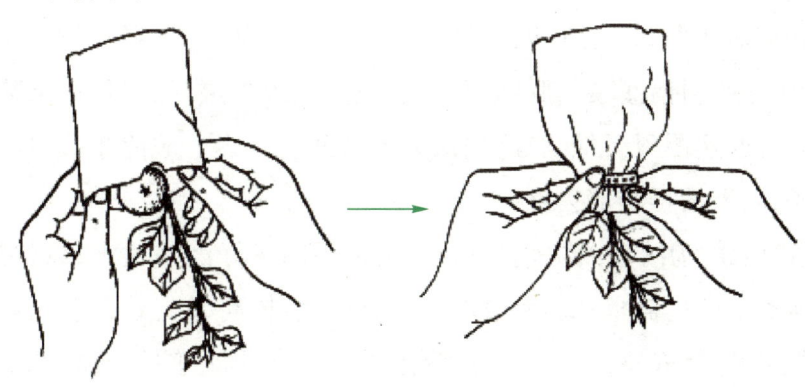

图 3-3-9 果实套袋

(4) 套袋的注意事项:果实套袋前未施药的不能套,前期病虫防治差的不能套;药水未干不能套,若施石硫合剂,应在施药 5~7 天后套袋,避免果实灼伤;露水未干不能套,下雨天不能套;中午高温不能套袋;果实套袋顺序应先上后下,先内后外;纸袋封袋时口向下,不可伤果,特别是果柄。迎风的地方或果柄易脱、太短时,袋口应呈骑马状骑过母枝,在母枝上扎口。防虫袋涂有农药,使用时要注意安全,防止中毒。

4. 套袋后管理

(1) 肥水管理:套袋果园要加强肥水管理以维持健壮的树势,满足果实生长需要。追肥是促进果实膨大的有效措施。追肥应以钾肥为主,补充钙肥。如遇干旱要及时灌水和秸秆覆盖。

(2) 树体管理:树体管理的重点是保叶控梢。结合果树的生长状况和树冠密闭程度,及时疏去强旺竞争枝、徒长枝、密挤枝、无效枝和病虫枝,以减少养分的无效消耗,调节营养分配,以不过分削弱长势、刺激旺长,少损枝叶,宁轻勿重为前提,达到结好果、多成花、利生长、连年优质稳产的目的。

(3) 病虫防治:套袋后至除袋前,是果树各种病虫害相继为害的时期,应重视防治病虫,坚持每 20~25 天喷一次药。喷药要细致、周到、均匀,铲除性杀菌剂和保护性杀菌剂轮换使用,缩短喷药间隔期,将早期落叶病控制在最低程度。

(4) 定期检查套袋:套袋后要不定期抽查套袋果的生长情况。特别是每次降雨后,从不同部位解开一部分果袋看果实,对袋内有积水和袋角通气孔小的,要适当剪大袋角,排水通气,以降低袋内湿度,预防病害的发生。

5. 脱袋前后管理

脱袋时期因树种、品种和纸袋类型而异。丰水、新高、黄金等梨品种采前无须脱袋;桃品种一般在采前 15 天左右脱袋;套葡萄半透明袋的采前不须脱袋,套纸质较厚纸袋的在采前 10~15 天脱袋。脱袋最好选择在阴天或多云天气进行,若晴天脱袋,一般宜选在日出后果实温度与外界温度基本相同时进行,以上午 9:30 至下午 4:00 前为好,应避开午间光照最强期,上午宜脱树北侧袋,下午宜脱树南侧袋。脱除双层袋,应先去掉外层袋,保留内层袋,经 6 个左右晴天后去除内层袋。若遇连阴雨天气,脱除内层袋的时间应推迟。脱除单袋,应先打开袋底放风或将纸袋撕成长条,几天后再全部去除。

(1) 脱袋前管理:① 为减轻或防止日灼,脱袋前果园最好浇一遍水,以保持园内较高的空气湿度和满足树体对水分的需求;② 为增加光照及通风、提高果实着色度,脱袋前疏除冠内徒长枝、交叉重叠枝、外围竞争枝以及骨干枝背上的直立旺梢,打开光路,保证每个果实充分着光。

(2) 脱袋后管理:① 摘叶:主要是摘除遮挡、影响果实受光的叶片,特别是果实周围 5~10 cm 的挡光叶片,可分 2~3 次完成,累计摘叶量以不超过总叶量的 30% 为宜。② 转果及垫果:在摘叶的同时,轻微转果约 180°,使果实的原背光部位向上,全面受光。转果也可分 2~3

次进行。转果后自动回位的果实,可用透明胶袋将果实固定在附近的枝条上。用摘下来的纸袋垫果,主要是为了防止果实除袋后易出现的枝叶磨伤。③ 铺反光膜:地面铺反光膜的时间在内袋摘除后 7 天左右进行,可明显增加树冠内散射光和折射光光量,使果实不易受光的部位获光而增色。方法是顺行间方向整平树盘,在树盘的中外部铺设 2 幅,膜外缘与树冠外缘对齐,再用装有土、沙的塑料袋多点压实。果实采收前 1~2 天将反光膜收起洗净晾干,第 2 年可继续使用。④ 病虫害防治:除袋后喷 1 次甲基托布津等内吸性杀菌剂,防治果实内潜伏病菌引发的病害。采收后,将摘除的废纸袋及时集中烧毁,消灭潜伏在袋上的病虫源,减少次年的病虫为害。

五、果实采收

果实采收是果园管理最后一个环节,采收质量将影响果品质量,影响树体,影响来年产量。

1. 确定果实采收期的依据

(1) 判断果实成熟期:根据果实发育过程中发生的各种变化,可以判断相应的成熟度。

- 根据果实生长日数:从盛花期到果实成熟,不同树种、品种大致有一定的天数。根据盛花期时间和发育天数,即可推算成熟期。

- 根据果实颜色:果实在发育过程中果实颜色有明显的变化。判断的标准是果实由绿色变为应有的颜色,通常果面上有 2/3 已转色即为成熟。

- 根据果肉硬度:果实在发育过程中果肉硬度逐渐降低,未成熟的果实坚硬,而成熟的果实比较松软。果实坚硬可用硬度计测定,方便易行。

- 根据果实脱落难易:核果类和仁果类果实在成熟时,果柄与果枝之间形成离层,稍有触动,即可脱落,可据此判断成熟度。

- 根据种子成熟程度:种子成熟的色泽变化、种仁饱满程度与果实的成熟相一致。果实发育过程中,种子多由白变褐至深褐色,种子色深则往往成熟度高。

在生产实践中,确定果实的成熟度不能仅靠某一项指标,还须综合考虑,往往以一个指标为主,结合其他性状。更重要更直接的是以品尝来判断成熟度,确定采收期。

(2) 确定采收期:适期采收对果实的品质、产量、贮藏性和经济收入都有重要作用。采收过早,产量低,品质差,不耐贮藏;采收过晚,果实过分成熟,硬度降低,不耐贮运,还影响树体营养积累,不利于越冬和翌年生长。采收时期的确定除了果实的成熟度外,还要综合考虑果品的用途、市场需求、人员安排、生态条件、管理水平、树种和品种特性等因素。如同一种水果并都需远途运输,有的按照可食成熟度采收,有的则按照食用成熟度采收。同一树上果实成熟期不一致,应分批采收。干果要充分成熟才能采收。生产上常常以果皮色泽的变化来作为成熟的指标。当果树上有 2/3 的果实达到所要求的成熟度,即可确定为采收期。

2. 采收

（1）人工采收：果实成熟时,果柄容易产生离层的仁果类、核果类树种的果实,直接用手采收。用手握住果实,用食指或拇指按住果柄与果枝的连接处,将果实稍向上托或将果实稍加扭动,连果柄一起采下。

果实成熟时果柄与果枝结合牢固且果实怕坠伤的树种,如葡萄、石榴、柿、柑橘等,可剪或砍下。葡萄从基部剪下,柑橘在靠近花萼处剪下。

果实坚硬,以种子为食用部分的树种,如核桃、板栗、银杏、枣等,可用木杆由内向外顺枝震落后捡拾。

采果时要认真谨慎,尽量使果实完整无损,保护树体不受损失,还要保证人身安全。果实本身的保护组织如茸毛、蜡质、果粉等不可擦去。果柄要保留。尽量避免机械损伤,如指甲伤、碰伤、擦伤、压伤、挤伤、撞伤等。采捡果要轻拿轻放,减少换筐次数,采果工具内要铺垫软物。采果顺序先下后上,先外后内,由近及远。防治折断枝梢、碰掉花芽和叶片。运输时要防止颠、撞、抛、挤、压。

（2）机械采收：某些果树采用机械采收。主要有震动器震落果实、在台式机械上人工采收、应用地面拾果机采收等。

3. 果实分级

果实分级的目的是使商品规范化,便于包装、运输、销售。将过熟、病虫伤、碰压伤的果实剔出,可以减少腐烂损耗。

分级时,工作人员每检查1个果子,在拿起果实之前先看清它暴露在表面的一面,然后用手轻轻捡起翻过来看另一面,这样可以减少果实翻动次数。切忌把果实拿在手里来回翻滚。检查中先剔除等外果（病虫果、压伤果、刺伤果、畸形果、未熟的小青果）,成熟度过高的果单独存放,另作处理。合格果按大小分级。

4. 果实消毒

果实采收后,洗去果面污垢、农药污染和病菌,以保证产品的洁净卫生。理想的洗果消毒剂必须溶于水,具有广谱性,且长时间保持活力;对果实无药害,不影响可食风味,无毒性残留;成本低廉。

0.5%~1%稀盐酸常作为苹果、梨等果实的洗果剂,能溶解铅、砷,但不易去除油脂类污垢,对金属洗果机有腐蚀作用。1%稀盐酸加1%食盐浸果5~6分钟,可增加铅、砷的溶解度,并使果实在洗果机中浮于水面,便于洗果。还可用1%的高锰酸钾或600 mg/L的漂白粉洗果。

杀菌防病洗果剂有酸性洗果剂,如1%稀盐酸,对苹果、梨有防病作用;氧化溶液,如3%次氯酸钠,可以杀灭真菌;3%~8%硼砂、1.5%醋酸铜等均可保护伤口,杀灭细菌。对柑橘类果实可用20 μL/L赤霉素,500~1 000 μL/L托布津、多菌灵、抑霉唑、噻菌灵、双胍盐等进行防腐处理,既可防腐,又能保持青蒂,延长贮藏期。

5. 果实涂蜡

果实涂蜡是在果实表面涂上一层蜡质。主要用于短期贮运,可以减少果实的水分蒸发,防治果皮皱缩,保持新鲜状态;减少与空气接触,降低呼吸强度,保持果肉硬度和品质;防止微生物侵染,减少腐烂;增加果皮的光亮度,美化外观,提高商品价值。用作涂蜡的原料种类较多,我国多采用虫胶乳剂。

6. 果实包装和运输

果实采收后,要经过散热,就地分级包装,装箱要严格,称重要准确,商标要清晰,商品要标准化、规范化,以提高商品品质和市场竞争能力。经包装的果实,规格一致,方便贮藏、运输和销售。内销的果实大多采用竹篓、塑料篓等容器包装,不管采用何种容器包装,都应注意箱(篓)底、箱(篓)内应有衬垫物,防止擦伤果实。对于产自同一产区、同一品种和级别的果实,应力求包装型号、规格一致,以利商品标准化的实施。

运输要求便捷,轻拿轻放,空气流通,严禁日晒雨淋、受潮、虫蛀、鼠咬。运输工具要清洁、干燥、无异味。远途运输需要具备防寒保暖设备,防冻伤。

任务实施

一、人工辅助授粉

1. 目的要求

了解人工辅助授粉过程,学会采集花粉,点授花粉的方法,掌握花药脱粒、干燥、取粉的技能,培养耐心细致的工作作风。要求操作认真,爱护果树,注意安全,节约花粉,正确使用授粉工具,授粉结束后工具集中归位。

2. 工具材料

花药干燥盒、白纸、盛花药小玻璃瓶、橡皮头授粉器、人字梯、授粉品种树。

3. 操作步骤

（1）从授粉树采集半绽开的花蕾，梨花应采树头中间迟开的花，留边花（图3-3-10）。

（2）将采下的花朵在室内两朵对擦，取下花药，把花药摊于洁净白纸上，放在干燥盒中让其自然干燥，开裂后取出花粉，筛去花丝、花粉囊等杂物，贮于小玻璃瓶中（图3-3-11）。

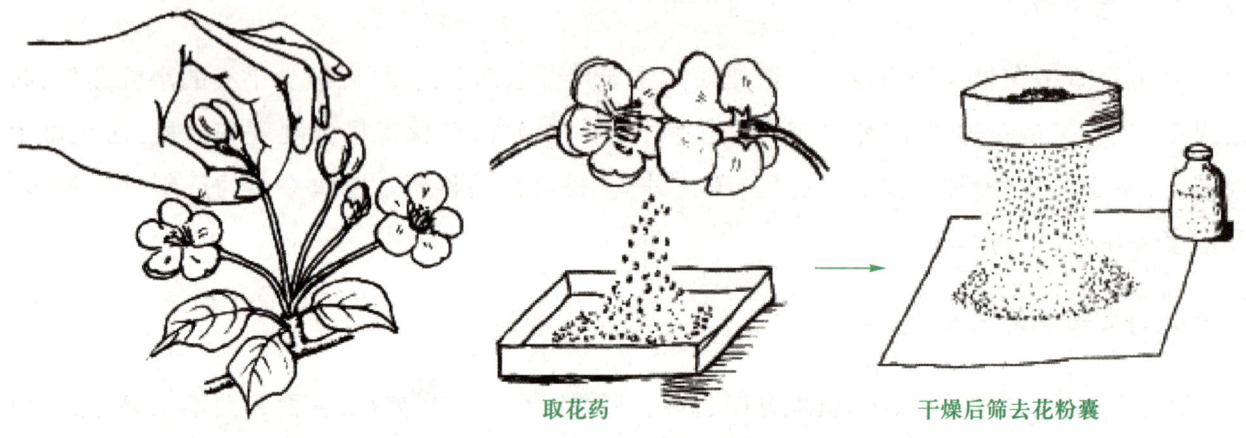

图3-3-10　采花朵　　　　　　图3-3-11　取花粉

（3）每人一株果树，按主枝上的枝组逐枝授粉，选每个果枝（或花序）上先开的花点授3~4朵（图3-3-12）。树冠上部的花站在人字梯上点授。

4. 注意事项

采花取粉要在授粉前3天进行；授粉时间要选择晴天上午花朵开放之时；授粉时要从内至外、从上至下逐枝点授，不要少点漏点。

5. 作业

根据实习情况，总结人工辅助授粉的技术要点。

图3-3-12　点花授粉

二、疏果套袋

1. 目的要求

了解疏果套袋的过程，掌握疏果和套袋的技术。要求认真细致，爱护果树，不浪费材料，注意安全，按质按量完成任务。

2. 工具材料

果实袋、箩筐、人字梯。

3. 操作步骤

（1）先疏去病果、虫果、畸形果，并根据树势和果实分布情况，疏去弱枝上过密的小果，强枝上大果按疏果计划量适当疏去。

（2）每人一株树，将果实袋扎于腰间，逐枝逐个套袋。

（3）按图3-3-13所示流程，完成套袋工作。

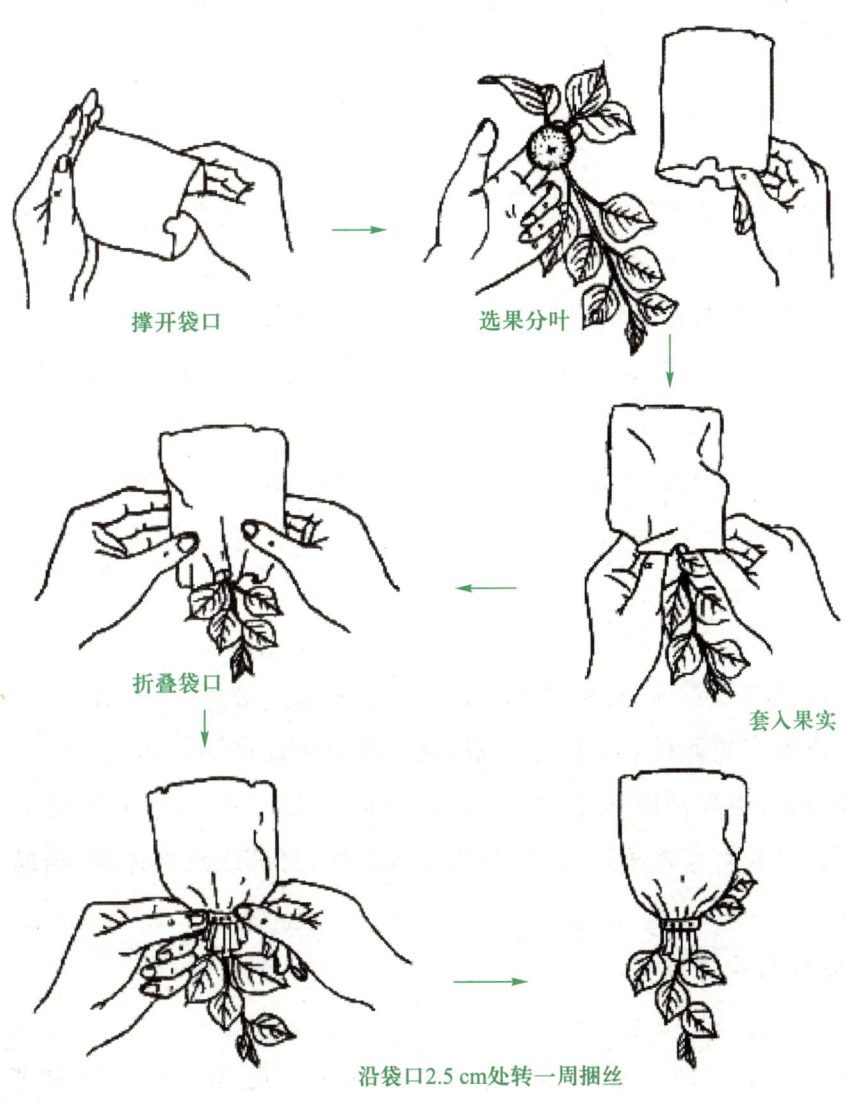

图 3-3-13 果实套袋

任务反思

1. 果树采用环割和环剥技术促花应在什么时期进行？
2. 为确保授粉效果，人工授粉应选择在什么时期进行？
3. 疏花疏果在何时进行为佳？
4. 果实套袋有何意义？果实套袋前如何开展树体管理？
5. 生产实践中如何判断果实成熟期？

任务 3.4　植物生长调节剂的应用

任务目标

知识目标：1. 了解植物生长调节剂的种类。
　　　　　2. 明确植物生长调节剂在林果生产上的主要用途。
技能目标：1. 能依据树种、品种及预期达到的效果正确选用植物生长调节剂。
　　　　　2. 能熟练配制植物生长调节剂。
　　　　　3. 掌握植物生长调节剂在林果生产上应用技术。

任务准备

在现代化的果树栽培管理中，植物生长调节剂是解决一般农业技术不易解决或不易短期内奏效的问题的方便有效途径。如促进生根；化学修剪可促进侧枝萌发、开张角度、控制生长；促进或抑制花芽分化；提高坐果率，防止采前落果；促进果实肥大，形成无核果，改变果实成熟期，提高果实品质，延长果实贮藏寿命；增强树体抗逆性；打破或延长休眠；辅助机械采收等。

一、植物生长调节剂的种类

植物生长调节剂能够改变植物体的某些代谢过程。已确认的生长调节剂有生长素类（Auxins）、赤霉素（GA）、细胞分裂素（CTK）、乙烯发生剂和乙烯发生抑制剂、生长延缓剂和生长抑制剂五大类。目前已列为商品进行注册的植物生长调节剂近 500 种。林果生产中常用植物生长调节剂的种类及效应见表 3-4-1。

表 3-4-1　林果生产中常用植物生长调节剂的种类及效应

种类	常用品名	效应
生长素类（Auxins）	吲哚乙酸（IAA）	植物组织培养
	吲哚丁酸（IBA）	诱导插枝生根
	萘乙酸（NAA）萘丁酸（NBA）萘丙酸（NPA）	用途广泛，促进植物代谢，如开花、生根、早熟和增产等
	萘氧乙酸（NOA）	与 NAA 相似
	2,4-二氯苯氧乙酸（2,4-D）	植物组织培养，防止落花落果，诱导无子果实，果实保鲜，高浓度可杀死多种阔叶杂草
	4-氯苯氧乙酸（PCPA,4-CPA 防落素、促生灵、番茄灵）	促进植物生长，防止落花落果，诱导无子果实，促早熟，增加产量，改善品质等
	4-碘苯氧乙酸，相似的有 4-溴苯氧乙酸（增产灵、增产素）	促进植物生长，防止落花落果，促早熟和增加产量等
	N-甲基-1-萘基氨基甲酸酯（甲萘威、西维因）	干扰生长素运输，使生长较弱的幼果得不到充足养分而脱落，用于苹果的疏果剂；同时也是一种高效低毒杀虫剂
	2,4,5-三氯苯氧乙酸（2,4,5-T）	与 2,4-D 相似
	乙基-5-氯-1H-3-吲哚基醋酸酯（IZAA、吲唑酯、丰果乐）	疏花疏果、促进柑橘果实成熟和改善品质
赤霉素类（GA）	赤霉酸（GA_3、九二〇）	使茎伸长，促进叶的扩大和侧枝生长，促进雄花形成，种子发芽，单性结实和果实形成，储藏保鲜，抑制成熟和衰老，抑制侧芽休眠和地下块茎形成
细胞分裂素类（CTK）	玉米素	植物组织培养，防衰保鲜
	6-苄基腺嘌呤（6-BA、BA、BAP、绿丹）	植物组织培养；提高坐果率，促进果实生长，防衰保鲜
	氯苯甲酸（PBA、SD8839、ACCEL）	与 BA 相似，活性高于 BA
	N-(2-氯-4-吡啶基)-N-苯基脲（CPPU、4PU-30、KT-30）	促进细胞分裂、器官分化、果实肥大；促进叶绿素合成，防止衰老；打破顶端优势，诱导单性结实，促进坐果
乙烯发生剂和乙烯发生抑制剂	2-氯乙基磷酸（乙基磷、乙烯利,CEP,Ethephon ACP,CEPA,一试灵）	催熟、多开雌花，打破休眠
	二氯乙基-双-(酚甲氧基)-硅烷（CGA-15281）	与 CEPA 相似，发生乙烯的速度比 CEPA 快
	氨乙氧乙烯基甘氨酸（AVG、埃维吉）	乙烯发生抑制剂，应用于苹果和梨可减少贮藏中果实硬度的下降；提高坐果率

续表

种类	常用品名	效应
生长延缓剂和生长抑制剂	琥珀酸-2,2-二甲基酰肼(B9,比久,B995)	生长延缓剂,抑制生长和促进花芽分化,使植株矮化,叶绿而厚,增强抗逆性;促进果实着色和增强贮运性
	2-氯乙基三甲基氯化铵(矮壮素、CCC)	生长延缓剂,使植物矮化,茎加粗,叶色加深,提高植株抗逆性
	1-[对-氯苯基]-4,4-二甲基-2-[1,2,3-三氮唑]-戊醇-3(多效唑、控长灵、PP333)	生长延缓剂,用于抑制植物茎的伸长生长和矮化植物,可抑制苹果新梢生长,促进腋芽萌发形成短果枝,可大幅提高产量;也有抑菌作用,又是杀菌剂
	2-氯-9-羟基芴-9-羧酸甲酯(整形素)	抑制顶端分生组织生长,使植株矮化,促进侧芽发生;促进花芽分化、坐果、疏果,控制生长,改变树形,更新复壮
	三碘苯甲酸(TIBA)	抑制茎顶端生长,促进腋芽萌发,开张角度,增加花和结实数,减少采前落果和促进果实成熟
	脱落酸(ABA)	抑制柑橘和落叶果树芽的萌动和枝梢生长,促进衰老,提早上色,形成离层,延长种子休眠,使植株提早停止生长,增强抗寒性

二、植物生长调节剂在林果生产上的应用

植物生长调节剂对林果的生长发育有多方面的效应。在生产中实际应用时,根本措施依然是保证林果正常生长结果的各种基本条件,如水、肥、修剪、防治病虫害等,只有在此基础上结合树种、品种特性和环境特点,在关键时刻合理施用植物生长调节剂,才能充分显示其效应。

1. 应用的时期、浓度和次数

植物生长调节剂的应用时期,决定于药剂种类、药效延续时间、预期达到的效果,以及果树生长发育的阶段等因素。应用时重要的是要确定不同树种、品种适用的浓度,同时必须考虑用药体积及次数,即实际剂量。林果生产中,不同预期效果下生长调节剂应用的时期、浓度和次数见表3-4-2。

表 3-4-2　不同预期效果下植物生长调节剂应用的时期、浓度和次数

预期效果	生长调节剂	浓度/(μL/L)	树种举例	时期及次数
打破种子休眠,促进萌发	GA	1 000	柑橘	浸泡24 h
促进生根	IAA、IBA	5~50	葡萄	扦插前浸插条12~24 h
	NAA	100~400		
防止采前落果	NAA	20~30	苹果	采收前40~30 d,喷1~2次
	B9	1 000~2 000		
疏花疏果	NAA	15~30	苹果	花谢后7~25 d喷1次
	NAA、NAD	20~35	苹果	落花后10 d左右喷1次
	西维因	1 500	梨	盛花期后7 d喷1次
	α-NAA	20~40	梨、桃	盛花期后7~14 d喷1次
提高坐果率	GA	10~30	苹果、梨、山楂	初花期至盛花期喷1次
		50~100	柑橘	谢花后20~40 d喷1次
	B9	1 000	苹果	盛花期后一周喷1次
	PP333	1 000	桃	新梢生长10~30 cm时喷1次
促进果实成熟	乙烯利	500~1 000	苹果、桃	采前30~10 d
抑制新梢生长,促进花芽分化	PP333	2 000	猕猴桃	5月份喷1次可控制新梢生长,缩短节间
		1 000	桃	春季当桃的新梢长10~30 cm时喷1次
	B9	2 000~4 000	苹果	新梢旺长前每隔10~15 d连续喷2~3次
	CCC	5 000		新梢长到10 cm时,每隔10~15 d连续喷2~3次
	乙烯利	800~1 000	荔枝	冬梢萌发前喷1次
诱导单性结实,形成无子果实	GA	50	山楂	花期喷1次可诱导单性结实
		200	葡萄	开花前加少量赤霉素溶液浸蘸花蕾,一周后再蘸花,可诱导形成无子果实
增大果实,提高产量	BA	20	苹果	苹果盛花期喷1次可增加果重
	助壮素	50	梨、桃	在幼果膨大期喷1次可促进果实肥大

2. 生长调节剂使用方法与配制

(1) 使用方法:生长调节剂的使用方法有喷施(溶液或粉剂)、涂抹、浸蘸、茎干包扎、注射以及土壤处理等。常用喷施、涂抹、浸蘸三种方法,土壤处理只在盆栽时用。种子或幼苗处理可用淋水法、滴生长点和喷洒法。插穗处理可用低浓度浸泡12~48 h,或高浓度快速浸沾5~

15 s,也可用粉剂。

（2）配制：一般大多数药剂不溶于水，只溶于酒精等有机溶剂，须先配制原液再稀释。常用的附加剂有6501、平平加、肥皂片、洗衣粉、多元乙二醇、三乙醇氨等。粉剂可用滑石粉、木炭粉、大豆粉或黏土配制。羊毛脂剂可先将药物用少量乙醇（酒精）溶解，再将羊毛脂剂加热搅匀即可。不同植物生长调节剂的剂型及配制时常用的溶剂见表3-4-3。

表3-4-3　不同植物生长调节剂的剂型及配制时常用的溶剂

种类	剂型	常用溶剂
吲哚乙酸（IAA）	粉剂和可湿性粉剂	溶于热水、乙醇、丙酮、乙醚和乙酸乙酯，微溶于水、苯、氯仿；在碱性溶液中稳定
吲哚丁酸（IBA）	92%粉剂	溶于醇、醚和丙酮等有机溶剂，不溶于水和氯仿；使用时先溶于少量乙醇，然后加水稀释到所需浓度，若溶解不全可加热；冷却后加水
萘乙酸（NAA）	80%原粉，遇碱形成盐	溶于丙酮、乙醚和氯仿等有机溶剂，溶于热水；可将原药溶于热水或氨水后再稀释使用
2,4-D	80%粉剂，72%丁酯乳油，55%胺盐水剂	溶于乙醇、乙醚和苯等有机溶剂，难溶于水；配时先用1 mol/L氢氧化钠溶液溶解再加水
赤霉素（GA）	85%结晶粉，遇碱易分解	溶于甲醇、丙酮、乙酸乙酯和pH 6.2的磷酸缓冲液，难溶于水、氯仿、苯、醚、煤油
6-苄基胺基嘌呤（6-BA）	95%粉剂	溶于碱性或酸性溶液，在酸性溶液中稳定，难溶于水；使用时加少量0.1 mol/L盐酸溶液溶解，再加水稀释到所需浓度
乙烯利	40%水剂	溶于水和乙醇，难溶于苯和二氯乙烷；在酸性介质（pH<3.5）中稳定，在碱性介质中分解，很快放出乙烯
西维因	5%粉剂，25%和50%可湿性粉剂	溶于丙酮、苯、甲醇和乙醇等有机溶剂，遇碱水解失效
三碘苯甲酸（TIBA）	98%粉剂	溶于甲醇、乙醇、丙酮、苯和乙醚
多效唑（PP333）	25%乳油，15%可湿性粉剂	溶于甲醇、丙酮
矮壮素（CCC）	50%水剂	易溶于水，不溶于苯、乙醚和无水乙醇，遇碱分解

3. 田间使用时的注意事项

（1）不同树种、品种、生长势、物候期以及气候条件等对植物生长调节剂及其不同浓度的反应不同，为避免发生药害或效果不显著，在大批量应用前要做小量试验。

（2）视要达到的目的，利用药剂间的互相增益作用或互相拮抗作用，可将几种生长调节剂混合或先后配合施用。如 B9 与 CEPA 合用,促进花芽分化;B9+CEPA+化学摘心剂促花等。

(3) 有的植物生长调节剂可以与一些农药混合使用,如 NAA 可与波尔多液及石硫合剂混用,但有的混用则易失效,CEPA、B9 和 GA 与碱性药液混合失效,B9 不能与铜器或铜制剂接触,喷波尔多液要与喷 B9 相隔至少 5 天。

(4) 不论溶于水还是溶于乙醇,都必须将计算出的用量放进较小的容器内先溶解,然后再换至大容器中,稀释至所需要的量,并要随用随配,以免失效。

(5) 喷药时间在晴天傍晚前进行。下雨或烈日下进行都会改变药液浓度,降低药效或发生药害。

(6) 根据具体施用目的,喷施时可着重喷射树体的某一部分。喷施叶片要喷射叶背。要求喷射均匀。

任务实施

植物生长调节剂的配制和果园喷施

1. 目的要求

初步掌握林果生产上常用植物生长调节剂的配制和应用技术。

2. 工具材料

B9,2,4-D,吲哚丁酸(IBA),赤霉酸(GA3、九二〇),乙烯利(CEPA),多效唑(PP333)或其他生长调节剂;70%乙醇(酒精),0.1 N 氢氧化钠,羊毛脂,蒸馏水;天平,大小烧杯,100 mL 定量瓶,酒精灯,温度计,玻璃棒,有色玻璃广口瓶,标签纸,胶水,喷雾器等。

3. 操作步骤

(1) 室内药剂配制

A. 配制水剂:对不易溶于水的药品,如 2,4-D、赤霉素(920)等,配制时按下列步骤进行:
- 称取药品:用天平称取供配药品 1 g(或配制需用量)。
- 溶解药品:将药品放入小烧杯中,加入 70%酒精至完全溶解为止。
- 热水稀释:用酒精溶解后,立即用 60℃热水稀释,以免原液因酒精挥发而改变浓度。其做法是:将 50~60 mL 热水盛入 200 mL 的烧杯中,立即把酒精溶解后的药液缓缓地边加入边搅拌,然后倒入 100 mL 的定量瓶中,再用少量热蒸馏水洗烧杯并倒入定量瓶,最后用热水加至刻度,即成一定浓度的母液(若 1 g 纯药品溶于 100 mL 的水,其母液浓度为 1/100,即 10 000 μL/L)。

配制上述植物生长调节剂时,亦可先用 0.1 N 的 NaOH(或 1 N 的 HCl)溶解,再用水稀释至所需浓度。但需注意,配成的药液是具钠盐(盐酸)水溶液,作用性质略有差异。B9 可用少量稀氨水溶解,然后用水稀释。

• 装瓶备用:配后即把母液装入有色玻璃瓶中,塞紧瓶塞,贴好标签,写明药液的名称、浓度、配制日期等,然后放置在阴凉处备用。高浓度的 2,4-D、萘乙酸溶液较为稳定,一般可储存一段时间,低浓度的药液则应随配随用。

• 用药量的计算:纯药品配制液,使用时,其用药量可按下列公式计算:

$$N_1 V_1 = N_2 V_2$$

即:原药量×需加药量=要配溶液浓度×要配溶液量

但原药剂如非纯药品,其用药量的计算方法如下例:

【例】:果园需喷施 2 000 mg/kg 的 B9 抑制剂,配制 15 kg 重的溶液,需要用多少 B9(B9 含量为 83.1%)?

【解】:先求出 15 kg 2 000 mg/kg 的 B9 溶液中含纯 B9 的质量:

$$1\ 000\ 000 : 2\ 000 = 15\ 000 : x$$

$$x = 30\ g$$

B9 原含量为 83.1%,故必须再求出 30 g B9 纯相当于 83.1% B9 多少克:

$$100 : 83.1 = x : 30$$

$$x = 36.1\ g$$

即:15 kg 水加 36.1 g 含量为 83.1% 的 B9,才能配成浓度为 2 000 mg/kg 的溶液。

也可用上述公式 $N_1 V_1 = N_2 V_2$ 计算,即:

$$83.1\% \times x = 2‰ \times 15\ 000$$

$$x = 36.1\ g$$

B. 配制羊毛脂乳剂:用羊毛脂作为溶剂配成的植物生长调节剂乳剂处理压条、插条或砧木苗等,药效持久。但在配制时,应特别掌握好乳化这一环节。

• 熔化羊毛脂:准确称取一定量的羊毛脂,用间接加热法熔化,稍冷却后待用。

• 溶解药品:准确称取一定量的药品,用上述水剂的配制方法将药品溶解,并准确称量所加入热蒸馏水及酒精的量,一般水的质量应少于羊毛脂的质量。若加入热水中有结晶析出,则加入 NaOH 至溶解为止。

• 乳化:乳化好不好是配制成败的关键,乳化不好,水、脂分离,且不均匀,配制浓度不准确。进行乳化的做法是:一手用滴管吸入药液,并滴入羊毛脂中,另一手执小棒用力迅速均匀搅拌,至药液滴完并乳化在羊毛脂中,羊毛脂由稀变稠,由黄褐色至淡黄色为止。

秋水仙碱羊毛脂乳剂的配制方法同上。

- 装瓶备用:配好的羊毛脂乳化剂装入广口瓶中,贴上标签,写明名称、浓度、配制日期等,即可用较长时间。
- 用药量的计算:计算用药量时,羊毛脂的质量、水及酒精的质量均作为溶剂的质量,加入的药品作为溶质质量,然后按上述公式计算。

(2) 果园喷施

生长调节剂的使用方法有喷施、涂抹、浸蘸、茎干包扎、注射以及土壤处理等,常用的为前三种方法。本实习以生产上常用的药液喷施为主,再根据具体条件选做其他方法。

任务反思

1. 植物生长调节剂有哪五大类?
2. 为促进生根,一般可选用哪些植物生长调节剂?促进果实成熟的植物生长调节剂是哪种?
3. 植物生长调节剂常用的使用方法有哪三种?
4. 植物生长调节剂的喷药时间一般在什么时候进行?

项 目 小 结

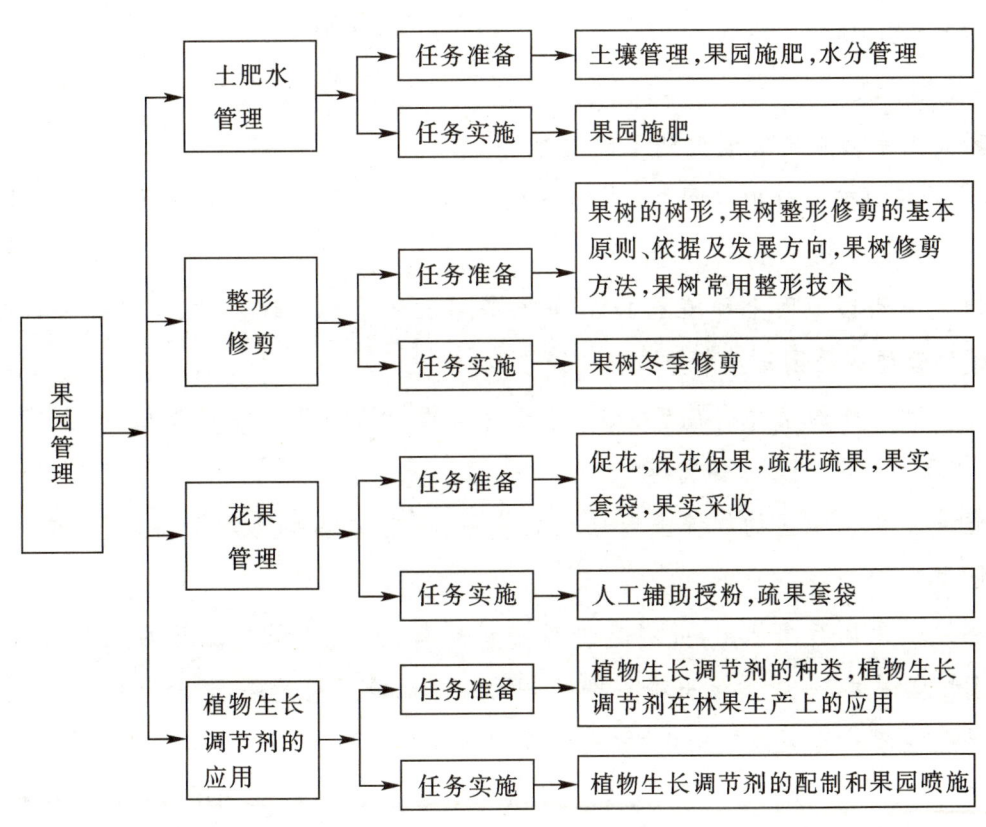

综 合 测 试

一、单项选择题

1. 果园深翻四季均可进行,但以( )深翻效果最好。

   A. 春季　　　　B. 夏季　　　　C. 秋季　　　　D. 冬季

2. 下列关于果园施肥的说法错误的是( )。

   A. 施肥必须结合灌水,肥效才能充分发挥

   B. 果园施肥应以基肥为主,在果实采收后的秋季施入为好

   C. 追肥在果树生长期施用,它是果树生产中不可缺少的施肥环节

   D. 根外追肥具有用量少、吸收快、养分利用速效均衡的特点,可用其代替土壤施肥

3. ( )手法可以形成较多的中长枝,成枝力高,长势强,母枝加粗快,促进枝条生长。

   A. 轻短截　　　B. 中短截　　　C. 重短截　　　D. 极重短截

4. 生长旺盛的果树培养枝组的办法是( )

   A. 先放后缩　　B. 先截再放后　　C. 改造辅养枝　　D. 枝条环剥

5. 为诱导葡萄插枝生根,生产上选用生长调节剂( )进行处理。

   A. 吲哚丁酸(IBA)　　　　　　B. 赤霉酸(GA3、九二〇)

   C. 乙烯利(CEPA)　　　　　　D. 多效唑(PP333)

二、多项选择题

1. 下列关于果园土壤管理说法正确的有( )。

   A. 果园深翻的方式有扩穴深翻、隔行深翻、全园深翻三种。成年树果园以采用隔行深翻并结合增施有机肥为宜

   B. 生草制是果园地面上种植禾本科、豆科等草种的土壤管理制度,这是一种很有前途、便于现代化经营管理的果园土壤管理制度

   C. 用于幼园间作的植物有花生、大豆等豆科植物,西瓜、甜瓜等瓜类植物,白芍、黄芪等药用植物,还可选用甘薯、玉米、棉花等

   D. 我国长江以南地区的红壤土理化性质较差,改良方法是注意保持水土,增施有机肥料和施用磷肥和石灰

   E. 清耕制是果园行间休闲,并经常进行中耕除草,使土壤保持疏松的无杂草状态的一种传统的土壤管理制度,一般适应土壤条件好、肥力高、地势平坦的果园

2. 稳果肥在谢花后坐果期施用,施肥种类主要是( )。

   A. 氮　　　　B. 磷　　　　C. 镁　　　　D. 钾　　　　E. 农家肥

3. 整形修剪的依据是( )。

A. 树种品种的生物学特性 B. 树龄和树势

C. 果园自然条件 D. 果园管理水平

E. 修剪反应

4. 生产实践中为提高果树的坐果率,常采用的保花保果辅助措施有( )。

A. 花期果园放蜂 B. 人工授粉 C. 花期喷水

D. 喷施生长调节剂和微量元素 E. 及时防治病虫

5. 下列关于果实套袋说法错误的是( )。

A. 果实套袋是生产无公害果品的必要措施之一

B. 生产上也可用废旧书或报纸制作自制果实袋,但其防水、防晒、防病性能、耐用性远不及商品果袋

C. 果实套袋前1~2天必须对树体、果面均匀彻底地喷施一次杀虫、杀菌剂

D. 套袋适宜时期为生理落果后的初期,一般在果实稳定着果后进行

E. 果实套袋顺序应先上后下,先内后外;纸袋封袋时口向上,不可伤果,特别是果柄

三、简答题

1. 果园有哪些施肥和灌水方法?

2. 简述整形修剪的原则及发展方向?

3. 果树修剪的方法有哪些?简述果树冬季修剪的主要工作内容。

4. 简述生长调节剂的使用方法

四、综合分析题

老张家于2009年创建密植柠檬园,按"三年试花果,4~6年可达到盛果期"的计划,老张2013年理应喜获丰收。可果园里的柠檬长势旺盛却挂果不多,老张期待的盛果期并没有出现。结合自己所学,为老张想想办法吧。

模块二 落叶果树栽培及果品采收

- 项目4 梨
- 项目5 葡萄
- 项目6 猕猴桃
- 项目7 桃
- 项目8 李
- 项目9 柿
- 项目10 枣

项目 4

梨

项目导入

中等职业学校果树专业毕业生小张于 2008 年春建了 4.5 hm² 梨园,主栽品种为黄金梨,2011 年每亩产量达到 3 000~4 500 kg。连续三年获得了好的收成,不仅收回了建园成本,还着实赚了一笔。小张尝到了种果的甜头,决心利用农村小额资金贷款扩大梨树种植面积,周边梨树种植户纷纷前来向小张请教,小张成了远近闻名的种梨能手。

本项目主要学习梨主要种类和品种,梨树生长和开花结果特性、梨树栽培技术,以及梨果采收。

任务 4.1 梨主要种类和品种

任务目标

知识目标:1. 了解梨的主要种类。
    2. 熟悉梨的优良品种及其特点。
技能目标:1. 能说出当地梨优良品种的特点。
    2. 能正确调查当地梨品种。

任务准备

一、梨主要种类

梨属于蔷薇科梨属植物,为多年生落叶乔木果树。全世界有 30 余种,原产于我国的有秋子梨、白梨、沙梨、滇梨、杜梨、川梨、褐梨和豆梨等 10 余种。我国目前在生产上作为主要经济栽培的有秋子梨、白梨、沙梨和西洋梨。

1. 秋子梨

秋子梨(图 4-1-1)树冠宽阔,发枝力强,嫩梢无毛或微具毛,二年生枝多为黄褐色;叶比白梨、沙梨小,叶缘具刺芒状锐锯齿;果实近球形,果柄短,果皮黄绿色,萼片宿存多数反卷;果肉石细胞多,具香气。一般须后熟方可食用,贮藏后果肉变软或发绵。适栽干燥冷凉气候,南方无栽培价值。

秋子梨系统的优良品种有京白梨、南果梨、鸭广梨等。

2. 白梨

白梨(图 4-1-2)树冠开张,一年生枝多紫褐色;叶片大,卵圆形,基部广楔形或近圆形,先端渐尖,幼叶多呈紫红色;果倒卵形、圆形或椭圆形,果柄长,萼片脱落或半脱落;肉脆汁多,石细胞少,具微香。果实较耐贮藏,不需后熟即可食用。适宜冷凉干燥气候,南方高温地区多数品种表现不适应。

白梨系统的地方优良品种很多,如河北鸭梨、辽宁秋白梨、安徽砀山酥梨等。

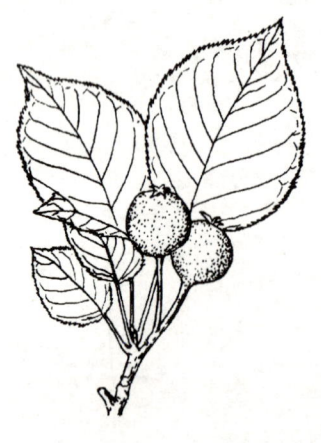

图 4-1-1 秋子梨

图 4-1-2 白梨

3. 沙梨

沙梨(图4-1-3)树较直立,分枝少而粗壮;叶较大,多卵圆形,先端尖长,基部圆形或近心脏形;果多扁圆形,果面大多黄褐色,少数绿色,萼片多脱落;果肉脆汁多,石细胞较多,一般无香气。果实不需后熟即可食用,但耐贮力较差。适宜温暖湿润气候。

沙梨系统的地方优良品种有四川苍溪梨、浙江义乌早三花梨、广西灌阳雪梨等。

此外,日本梨系统均由沙梨选育而成,主要品种有新世纪、菊水、二宫白、晚三吉等。

4. 西洋梨

西洋梨(图4-1-4)树势旺盛,枝条直立;叶小,革质有光泽,椭圆形,叶柄短,先端急尖或短尖,基部心脏形、圆形或楔形,叶缘钝锯齿或全缘;果多坛形或倒卵形,果皮黄或绿色,有锈斑,果柄粗短,果实须经后熟方可食用,后熟后味甜带酸,肉质细软,具香气,不耐贮藏。

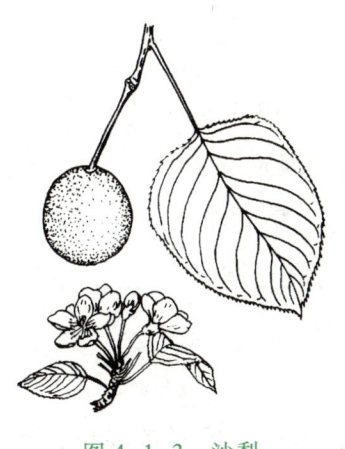

图4-1-3 沙梨

图4-1-4 西洋梨

西洋梨及其杂种的优良品种有巴梨、茄梨、开菲等。

二、梨主要优良品种

沙梨系统

1. 翠冠

翠冠生长势强,萌芽率高,成枝力强;易形成花芽,结果早,以长果枝和短果枝结果为主,丰产;果实近圆形,果个大,平均单果重230 g,最大单果重400 g,果实为绿色,套袋果为黄色,果面光滑;果皮薄,果心小,果肉白色,肉质细嫩,汁液多,味甜,品质上等,可溶性固形物含量12%~13%。7月下旬果实成熟。

2. 翠伏

翠伏又称金水2号。树势较强,树姿半开张,枝梢粗壮,节间较短,以短果枝结果为主,丰产稳产;果较大,平均单果重220 g;果皮黄绿色、有光泽,肉白色,质松脆多汁,味甜微香,可溶性固形物约12%,果心小,品质上等;耐贮、抗旱,抗黑星病和黑斑病,在瘠薄地栽培有裂果。7月中下旬采收。

3. 清香

清香树姿较开张,叶片长椭圆形;果实长圆形,平均单果重280 g;果皮褐色较光滑,果点稀疏,果肉白色,肉质较紧密,汁多味甜,可溶性固形物11%~12%,果心小,品质上等;早果性能好,丰产,成熟期在8月中旬。

4. 西子绿

西子绿树势中等,枝条较开张,萌芽率和成枝力中等,以中短果枝结果为主;果实近圆球形,单果重200~300 g;果皮黄绿色,皮较薄,果点小而少,果面光洁,有蜡质,外观很美;果肉白色,肉质细嫩松脆,汁多味甜,可溶性固形物12%,品质优;果实7月中旬成熟。西子绿是目前南方推广的优良早熟品种。授粉品种可选择菊水、幸水、翠云等。

5. 新杭

新杭树势中等,树姿开张;果实圆球形,单果重200~300 g;果皮黄绿色,果点小,果面较光滑,外观美;果肉黄白色,肉质细嫩松脆,汁多味甜,微有香气,可溶性固形物11.5%,品质上等;抗性强,丰产,是优良的早熟品种。新杭授粉品种有黄花、新雅、雪青等。

6. 早酥

早酥树势强;果实卵形或长卵形,平均单果重200~250 g;果皮黄绿色,皮薄光滑,果点小;果肉白色,肉质细嫩松脆,汁特多,石细胞少,可溶性固形物11%~14%,味甜稍淡,品质上;抗寒、抗旱、抗黑星病,适应性强。早酥丰产,是优良的早熟品种,授粉品种可选择鸭梨、锦丰梨、雪花梨、砀山酥梨等。

7. 幸水

幸水树势强;果实扁圆形,平均单果重160 g;果皮青褐色,果肉黄白色,果心较小,肉质细脆,汁多味甜,可溶性固形物 12.8%,品质上等。幸水早果性好,丰产,是适宜南方发展的优良中熟品种。授粉品种可选择新水、丰水等。

8. 丰水

丰水树势强;枝条细软;果实近圆形,浅褐色,平均单果重约 250 g;果肉致密多汁,味甜微酸,石细胞少,品质上等。丰水是中熟偏晚的优良品种。授粉品种可选择新水、幸水等。

9. 金水 1 号

金水 1 号树势强,树冠较开张;果实正圆形,平均单果重 200 g;果皮黄绿色,果肉中密,果面光洁,外观较美;肉质松脆,汁多味甜,品质中等。金水 1 号是晚熟丰产的优良品种。

10. 黄金梨

黄金梨树势强,树姿开张,萌芽率低,成枝力弱;果实近圆形或稍扁,平均单果重 250 g,大果重 500 g;果皮金黄色,果肉白色,肉质脆嫩,多汁,石细胞少,含糖量 14%,耐贮运;果心极小,可食率达 95%以上,风味甜;不套袋果可溶性固形物含量 14%~16%,套袋果则为 12%~15%;果实 9 月中下旬成熟;不耐干旱,抗黑星病、黑斑病能力强,丰产性强。栽时需配置授粉树。

11. 金二十世纪

金二十世纪是韩国品种,商品名为"水晶梨"。树势强,丰产;单果重约 200 g;果皮黄白色,成熟时晶莹剔透,形似苹果;果汁特多,味香甜脆,为目前我国南方梨之冠。

白梨系统

黄花

黄花树势强健,树冠开张;果实圆锥形,均匀一致,单果重约 200 g;果皮黄褐色,果肉黄白色,肉质细脆多汁,味甜有浓香,可溶性固形物 13%,果心小,品质上等;以短果枝结果为主,适应性强,抗病虫,耐贮运,耐瘠薄。该品种丰产性好,早果性好,为南方各省推广的优良中熟品种。江西在 7 月中下旬至 8 月上中旬成熟。授粉品种可选择八云、祗园、二十世纪、长十朗等。

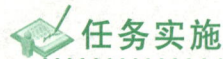 任务实施

调查当地梨品种

1. 目的要求

了解当地栽培和食用的梨品种,感受梨种类的多样性;掌握现场调查方法。

2. 工具材料

图书、信息工具,皮尺、卷尺、小刀、天平、糖度仪、pH 试纸等仪器工具。

3. 操作步骤

(1) 讨论调查内容、步骤、注意事项。

(2) 通过图书、报刊和互联网查阅当地的梨品种资料,选择梨品种较多的梨园,并联系欲调查的农户。

(3) 现场访问,用目测法看各种梨树的外形,并测量同树龄梨树的高度、冠径,记录比较。

(4) 选取当年春季抽生的叶片,观测外形、厚度,并测量各种梨树的叶片大小。记录比较。

(5) 观测各种梨果实的外形、大小、颜色,测量其直径、单果重,剖开观测梨果皮的厚度,果肉的纹理,果心的特点,品尝果肉果汁,测量 pH、糖度。记录比较。

(6) 问询各种梨的树龄、产量、栽培难易度,以及口味、价格等。

(7) 问询当地主栽品种和授粉品种分别有哪些,配置比例如何。

(8) 撰写调查报告,并绘制当地梨品种分布图。

任务反思

1. 调查当地梨种类和品种,了解它们的栽培特点。
2. 适宜南方发展的梨优良品种主要有哪些?

任务 4.2　梨树生长、开花结果特性

任务目标

知识目标：1. 了解梨的生长和开花结果特性。
　　　　　2. 熟悉梨树生长对环境的要求。
技能目标：1. 能正确识别梨树的枝梢类型。
　　　　　2. 能正确观察梨树的结果习性。
　　　　　3. 能正确调查当地梨树的生长环境。

任务准备

一、梨树生长特性

1. 根系

梨树的根系分布较深，垂直根可深达 3~4 m，水平分布范围为树冠的 3~4 倍，一般在离主干 1 m 范围内分布最多。其分布情况与种类品种、砧木、树势、树龄、土壤条件和栽培技术有很大的关系。

土壤温度对根系生长有较大的影响。当春季土温达 0.5 ℃时，根系即开始活动；5~7 ℃时，新根开始生长；13~27 ℃最适宜根系生长，30 ℃时生长不良，31~35 ℃时完全停止生长，高于 35 ℃时根系死亡。

梨树根系的生长与枝梢的生长呈相互消长的关系。**一年中，根系生长有两个高峰**：第一次生长高峰出现在大部分新梢停止生长、叶面积基本形成的高温季节之前，约在 5 月下旬至 6 月上旬，此时土温 20 ℃左右，正值叶片同化养分供应充足时期，最适于根系生长，所以新根大量发生；第二次生长高峰出现在果实采收后，此时高温已过，养分重新积累，根系活动加快，在 9—10 月达到生长高峰，落叶后，气温明显降低，根系活动渐趋缓慢，直至停止。

梨树根系的再生能力强。根系断伤后易于愈合并发生新根，而且易发生根蘖。

2. 芽

依性质分为叶芽和混合芽（生产上称为花芽）。叶芽外形瘦小，顶生或侧生，在形成的第二年多数能萌发抽生新梢，少数不萌发的芽成为隐芽，其寿命很长，对梨树的更新有重要的作用。梨的花芽是混合芽，在萌发后抽生新梢并同时开花结果。花芽肥大饱满，一般着生在枝条顶端，少数品种的枝条上部能形成腋花芽（图4-2-1）。

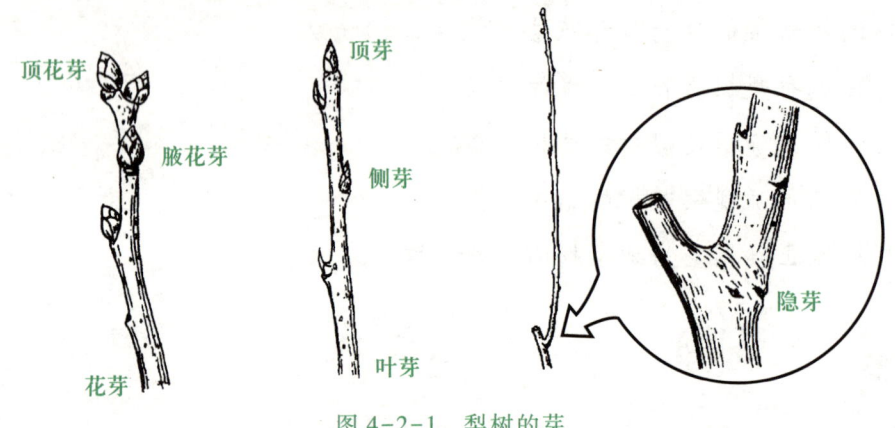

图4-2-1 梨树的芽

梨树的芽具有晚熟性，即新梢上形成的芽一般不在当年萌发，在第二年春季才萌发。芽的异质性明显，同一枝梢上部和中部的芽比较饱满，而下部的芽则发育较差。梨树的萌芽力强，一般品种的萌芽力在80%以上，但成枝力低，形成的长枝少，故梨树树冠枝条稀疏。

3. 枝

依生长势的强弱可分为普通枝、中间枝、徒长枝和纤细枝4种（图4-2-2）。

（1）普通枝：长度在30~60 cm，长势中庸，节间中长，组织充实，叶芽饱满，是培养结果枝的主要枝条。

（2）中间枝：又称叶丛枝，长度约为3 cm，只有一个顶生叶芽，是叶芽萌发后生长量最小的短枝。其顶芽萌发后，如营养充足，生长适度，可形成短果枝；如营养不足，则继续形成中间枝，故有一年生中间枝、二年生中间枝、多年生中间枝之分。

（3）徒长枝：长度在1 m以上，直立生长，节间长，枝粗大，组织不充实，芽瘦小。

（4）纤细枝：长度在30 cm以内，枝条纤细，叶芽饱满，一般与母枝成直角，多着生在树冠中下部，如任其自然生长，其上的叶芽于次年萌发伸长而成为短果枝。

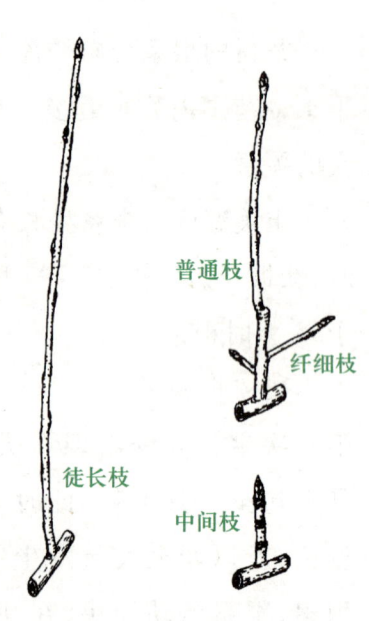

图4-2-2 梨的各种营养枝

二、梨树开花结果习性

1. 花芽分化

梨树花芽分化属于夏秋分化型,大部分品种在 6 月中旬至 8 月分化。一般在新梢停止生长后约 2 周进行,芽鳞形成的一个月内为芽的质变期,以后在芽内逐渐进入形态分化期,至冬季休眠前,花器基本形成。次年开花前一个月,再分化出胚珠和花粉粒,同时花器各部分迅速增大。这一时期所需养分来自树体内部贮藏的养分,若养分充足,则花芽饱满,开花整齐,花粉发芽率高,胚珠受精能力强;反之,则花芽不充实,质量差,影响开花和结果。因此,提高花芽质量的关键是加强秋季管理,防止不正常落叶,增加树体贮藏养分的积累。

2. 花

梨树的花为伞房花序(图 4-2-3),一般有 5~12 朵花,其花数依品种不同差异很大。开花时花序外围的花先开,中间的花后开,先开的花发育较好,坐果率也高。

图 4-2-3 梨树的花序

在正常情况下,梨树每年春季开花一次。如果栽培管理不当,特别是因病虫危害或严重干旱造成早落叶,树体处于被迫休眠状态,到 9—10 月温度和水分条件适宜时,就出现二次开花和二次生长现象。秋季开花减少了次年的花量,消耗树体养分,对次年的产量有很大的影响。故在生产上应加强秋季的肥水管理和病虫防治,增强树势,避免早期落叶引起的二次开花。梨树属异花授粉果树,绝大部分品种自花不实,必须配置授粉树。

3. 结果枝

结果枝依其长度可分为长果枝、中果枝和短果枝 3 种(图 4-2-4)。

(1) 长果枝:长度在 15 cm 以上,组织充实,顶芽及附近的腋芽为花芽,初结果树上此种枝较多,随着树龄增加而逐渐减少。

(2) 中果枝:长度为 5~15 cm,除顶芽为花芽外,腋芽也能形成花芽。

(3) 短果枝:长度在 5 cm 以下,组织充实,顶芽为花

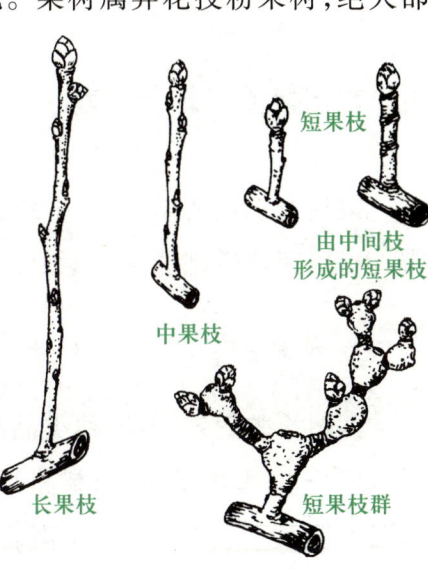

图 4-2-4 梨的各种结果枝

芽。进入盛果期后,此种枝条逐渐增多,是沙梨系统的主要结果枝,可占总结果枝数的90%以上。

(4) 果台副梢:果台是指梨或苹果树的结果枝上,着生果实部位的瘤状部分。果台上的侧生分枝为果台副梢。

(5) 短果枝群:短果枝结果后的果台副梢形成花芽连续结果,几年后多个短果枝聚生成枝群,称为短果枝群。由于不同品种抽生果台枝的能力不同,形成两种短果枝群:果台上抽生1个果台枝的品种,连续单轴结果,形成姜形枝,称为姜形枝群;果台左右两侧抽生2个果台枝,由于多年连续结果形成鸡爪状枝,称鸡爪状枝群。短果枝群应注意更新复壮。

4. 果实

梨树花量大,坐果率较高,凡树势较强、能正常授粉受精、管理较好的,均能达到丰产的要求。

梨树的生理落果一般有两次:第一次在谢花后7天左右,在4月中旬,主要原因是授粉受精不良,或花器发育不全,开花时遇低温阴雨天气也会加剧落果;第二次在谢花后4周左右,约在5月上旬,主要原因是营养不良或营养失调造成。此时正值梅雨季节,光照不足、新梢旺盛生长、梢果矛盾突出,果实往往缺乏养分供应而导致落果。有些品种在果实将近成熟时也有落果现象,称为采前落果。

梨树果实属假果,主要由花托(果肉)、果心和种子三部分组成(图4-2-5)。果实发育所需的时间因品种不同而有很大差异,一般早熟品种约需100天,晚熟品种则需150~180天或更长。

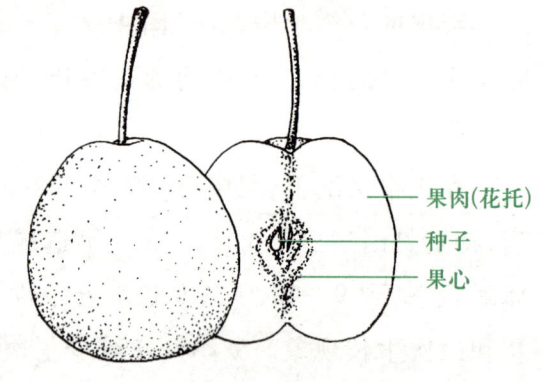

图4-2-5 梨的果实结构

三、梨树对生长环境的要求

梨树对土壤要求不严,平地、山地、低洼地都有栽培。梨树耐寒、耐湿、喜光、怕大风,在寒带、温带、亚热带都能正常生长,是分布最广的一种果树。

1. 温度

梨树比较耐寒,但因种类品种的原产地不同,对温度的要求差异很大。秋子梨耐寒力最强,可耐-30 ℃的低温,白梨和西洋梨次之,能耐-25~-23 ℃的低温,砂梨耐寒稍差,冬季极端低温不能低于-23 ℃。我国南北各梨产区一般冬季无冻害威胁。

南方早春的低温阴雨天气常影响授粉受精,降低坐果率,夏季高温干旱,对果实发育不利。

当日平均气温在 7 ℃ 左右时,梨树开始萌芽,10 ℃ 以上时开花,24 ℃ 时花粉管生长较快,枝梢生长以 20~30 ℃ 最适,35 ℃ 以上生长受到抑制。花芽分化要求 20 ℃ 左右,果实发育期昼夜温差达 10 ℃ 以上时,有利于糖分的积累和转化,并且着色良好,果皮光亮,品质优良。

2. 水分

梨树耐湿性较强,尤以沙梨最耐湿,故其多分布于年降水量 1 000 mm 以上的地区;白梨、西洋梨耐湿力次之,多分布在年降水量为 400~860 mm 的地区;秋子梨耐湿性较差,一般分布在年降水量 400~500 mm 的地区。耐湿性较差的种类不宜在南方多雨高温地区栽培,否则生长不良,枝叶徒长,病害加剧,产量和品质下降。

降雨量和温度高低对果实品质尤其是果皮影响较大。多雨高温气候条件下形成的果实,其果皮粗糙,多锈斑,果点较大,尤以青皮品种表现明显。若在干旱情况下,果实石细胞增多,品质下降,故夏秋干旱季节应及时灌溉防旱。

3. 光照

梨树喜光,年日照时数需 1 600~1 700 h。不同种类品种对光照的要求有差别。秋子梨、白梨要求较多光照,西洋梨次之,沙梨较耐阴。在良好的光照条件下,新梢生长良好,花芽分化质量高,果实品质也好;反之,则新梢生长纤细,影响花芽分化,导致落花落果、病虫害加剧。

4. 风

梨树特别怕风。大风不仅吹落果实,还会使叶片破裂,枝条折断,尤其是果实大、果柄短的品种受害严重。在园地选择时应选择避风的地方栽植梨树,并建造防护林。但微风可调节气温,促进空气流通,加快二氧化碳的补充,从而提高光合效率,提高产量和品质,故梨园不宜离遮挡物太近,栽植密度应保证梨树间的空气流通。

5. 土壤

梨树对各种土壤都能适应,沙土、壤土、黏土都可栽培。但以土层深厚、土质疏松肥沃、排水保水性较好、地下水位低的沙壤土最好。梨对土壤酸碱度的适应范围较广,但以 pH 5.6~7.2 最适宜。梨树具有较强的耐盐碱能力。

6. 地势

梨树对地势选择不严格,山地、平地、丘陵、河滩都可栽培。丘陵山地光照充足,空气流通,排水良好,病虫害少,树势易于控制,易获得高产优质的果实。所以丘陵山地栽培比平地

更有利。在选择坡向时,应根据具体情况考虑。例如风、光照度、日照时数等对梨树都有影响。

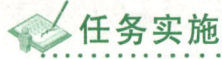
任务实施

梨树生长环境调查

1. 目的要求

了解当地梨树生长期的温度和降水量,通过与梨树最适温度、最适水分比较,明确栽培要点。

2. 工具材料

图书、信息工具,干湿温度计、风速风向仪等。

3. 操作步骤

(1) 讨论调查内容、步骤、注意事项。
(2) 通过图书、报刊和互联网查阅当地栽植的各种梨树品种的最适温度和最适水分。
(3) 到梨园现场访问,调查了解当地的梨树生长期的温度和降水量、当地气候条件与梨树生长的适配程度。问询极端气候条件对梨生产造成的影响。
(4) 了解梨农如何利用当地气候条件,采取哪些栽培措施进行梨生产的。
(5) 现场测量气温、风向、风力和湿度。
(6) 撰写调查报告。

任务反思

1. 梨树的生长、开花结果特性有哪些?
2. 梨树的各部分组成及生长有什么特点?
3. 梨树对环境条件有何要求?本地区栽培梨树有哪些有利条件?

任务 4.3　梨树栽培技术

任务目标

知识目标：1. 了解梨树的定植时期、定植密度和定植方法。
　　　　　2. 熟悉梨树的土肥水管理方法。
　　　　　3. 熟悉梨树的整形修剪方法。
　　　　　4. 熟悉梨树的花果管理技术。
技能目标：1. 能根据梨树生长情况，实施土肥水的有效管理。
　　　　　2. 掌握梨树疏花疏果技术。
　　　　　3. 能根据梨树的品种、树龄进行整形修剪。
　　　　　4. 能有效进行梨树的花果管理。

任务准备

一、梨树定植

1. 定植时期

定植时期以冬栽（11月下旬—翌年1月底）为好，春初栽植易伤根，生长不正常。

2. 定植密度

山地梨园为 4 m×4 m，平地梨园为 5 m×5 m，密植栽培模式为 2 m×(3~4) m。棚架栽培模式，早期采用株行距为 2.5 m×5 m，后期间伐为 5 m×5 m。

3. 栽植方法

根据株行距进行定点，开挖直径 1 m、深 0.8 m 的种植穴，施足基肥，每穴 30~50 kg，另加 1 kg 过磷酸钙。栽植时将苗木树系理顺、分布均匀，一人持苗放在穴的中心，摆平根系，另一人将土填埋在根系上，边埋边拉动苗木，使根系与细土密接，再用脚踏紧，然后回土到高出地面 10~20 cm。最后要及时浇足定根水，待水完全渗入土层后再盖上一层细土，立上支柱，绑缚好苗木。

4. 品种选择及授粉树的配置

（1）品种选择：早熟梨的品种很多，因原产地不同，各品种对气候土壤适应性差异很大，新建梨园的梨树定植时，宜选择优质、丰产和适应性强、无检疫性病虫害的品种，一般1个果园选1~2个主栽品种，不宜过多。长江流域及以南地区可选择沙梨系中翠冠、翠伏、清香、黄花、脆绿、西子绿、新世纪等良种，并且使早熟、中熟品种配套。如果果实需远销，应选择果实中等大小，果重200~250 g，果形圆或扁圆，黄绿或黄褐，皮薄、汁多、肉脆的品种，像翠冠、清香、西子绿、丰水、脆绿、黄花、杭青、新世纪等。

（2）授粉树配置：早熟梨树除极少数品种自花授粉结实力稍强外，绝大多数品种需配置授粉品种方可正常结果。因此在建园时，必须同时考虑授粉品种的栽植，这是提高梨产量的重要措施。授粉品种要求花量大、花粉多，与主栽品种授粉亲和力强，并能互相授粉，花期与主栽品种一致，其本身具有较高的经济价值，能丰产稳产，抗性强。

二、梨树土肥水管理

1. 土壤管理

梨树是深根性果树，**深翻改土是梨园改良土壤行之有效的方法**。秋季深翻较好，此时正值根系的第二次生长高峰，气温较高，根系伤口易愈合，新根可大量发生，同时结合施基肥，改良土壤结构。深翻的方法有扩穴深翻、条沟深翻、隔行深翻、全园深翻等。深翻结合施入有机肥后，要及时灌水，以使根系与土壤紧密接触，促进根系恢复和生长。**地下水位高或低洼地梨园，不宜进行深翻**，可采取培土的方法逐年增厚土层。

幼年梨园空地较多，可以在行间进行间作，改良土壤，增加收入，树盘周围进行清耕，夏秋季干旱时进行覆盖。

成年梨园的土壤管理，可以采取覆盖法、清耕覆盖法和生草法等几种方式。一般采用的方法是在生长期进行清耕；冬季则种植豆科植物（绿肥），如蚕豆、紫云英、苜蓿等，次年春季翻入土中，以增加土壤的有机质含量。

2. 土壤施肥

梨树产量高，需肥量大。丰产梨园在土壤有机质含量较适宜的条件下，每生产100 kg梨果需要补充纯氮300 g，磷150 g，钾300 g。氮、磷、钾三要素的比例大体为2∶1∶2。

（1）施肥时期：根据梨树在年生长周期中对养分的要求和肥料的特点，确定施肥时期。

- 基肥：在秋季采果后至落叶前施入。基肥以有机肥为主，全年的磷肥都在此次施入，因为磷移动性小，在土壤中易被固定，与有机肥混合施入可提高其有效性。基肥的施用量应占全年总施肥量的50%以上。
- 追肥：梨树应根据实际情况进行合理追肥，通常有以下4个时期。

第一次 在萌芽前10天左右追施速效氮肥。此次施肥量可稍大，占全年20%左右。但初结果树和成年的旺树，一般不宜施用过多氮肥。

第二次 在落花后至新梢生长盛期进行，以速效氮肥为主，配合施磷、钾肥，促进枝叶生长，缓和梢果矛盾，减少落果。施肥量占全年的10%~15%。

第三次 在果实膨大期施肥，以钾肥为主，配合施用速效氮肥和磷肥，对于提高果实产量和品质有重要意义。一般早熟品种在6月上旬施肥，中、晚熟品种可稍迟，施肥量占全年的10%~15%。

第四次 在采果后施肥，以速效氮肥为主，主要是恢复树势，加深叶色，提高叶片光合效能，延长叶片寿命，增加贮藏养分，促使枝芽组织发育充实。施肥量占全年的10%左右。

（2）施肥方法：施基肥一般采用环状沟、放射状沟、条沟或穴施等方法，结合深翻改土，分层深施，施后覆土结合灌水。当成年树根系布满全园时，可全园施肥。此外，还可进行根外追肥。

三、梨树整形修剪

1. 幼树整形修剪

（1）幼树整形：梨树适用的树形很多，**目前南方梨产区常用的乔化稀植树形有疏散分层形、延迟开心形和二层开心形等**。

- 疏散分层型：主干高度40~60 cm，有中心干，其上着生3~4层主枝，稀疏分层排列，第一层主枝3~4个，第二层主枝2~3个，第三层主枝1~2个，有时还有第四层，每个主枝上配备1~2个侧枝，一般全树有5~8个主枝，7~10个侧枝，树高3.5 m左右。各层主枝间的距离应根据树势强弱而定，生长势强的，第一、二层之间相距70~80 cm，第二、三层之间相距50~60 cm；生长势弱的，层间距可适当减少，分别为60~80 cm与40~50 cm，原则上做到下层距离大，上层距离小。这种树形符合多种梨树的生长特性，成形较快，结果较早，树冠通风透光，产量较高。梨树疏散分层形及其整形步骤见图4-3-1。

第一年 苗木定植后，在春梢萌发前苗木留70~80 cm短截定干。剪口下选留3~4个生长势强、分布均匀、错落着生枝，作为第一层主枝培养，主枝间距20~30 cm，干高为40~60 cm，中心留一个直立枝，以后逐年培养成中心领导枝。其余枝条全部剪除或拉平，缓和生长势，培

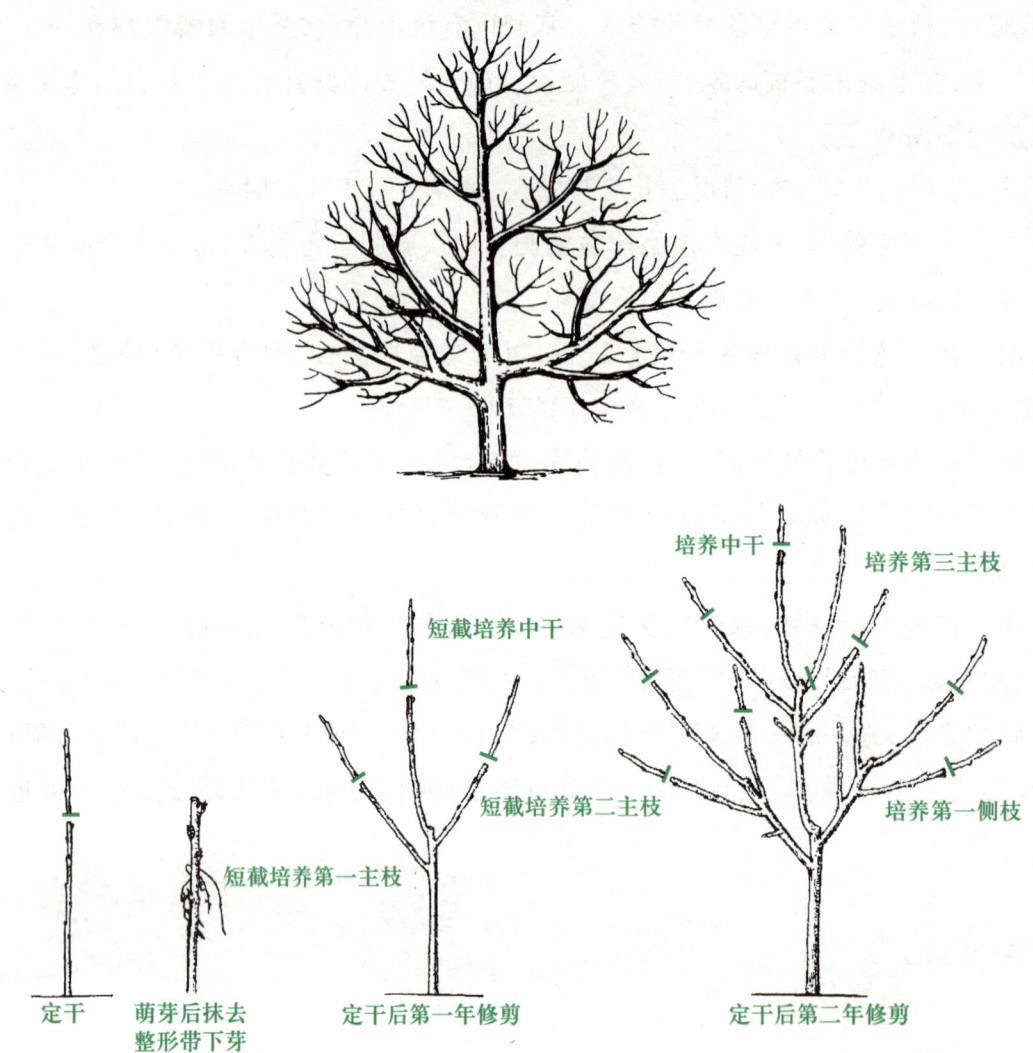

图 4-3-1 疏散分层形及具体整形方法

养成结果枝,促使早结果。作为主枝的三个枝条如生长过旺,过于直立时,可在 6—7 月,采取拉枝技术,使主枝基角达 50°~60°,方位角约呈 120°。冬剪时,剪去延长枝先端约 1/3 衰弱部分。

第二年 在中心领导枝上留 2~3 个主枝作为第二层,层内距为 10~20 cm,这层主枝与第一层主枝之间的层间距保持 70~80 cm。第二层主枝要与第一层主枝错开方向,不要重叠,以免遮光,同时在第一层的每个主枝上选留背斜侧枝 1~2 个,作为副主枝培养,副主枝间距为 30~40 cm,方向相互错开,副主枝与主枝之间水平夹角为 45°。冬剪时,剪去延长枝先端约 1/3 衰弱部分。

第三年 在中心领导枝上再留 1~2 个主枝作为第三层,这层距第二层主枝 50~60 cm,同时在第二层主枝上选 1~2 个背斜侧枝,作为副主枝培养。第三层主枝上,一般不留侧枝。其余枝条,则短枝保留,中枝重剪,培养成结果枝组,**对短果枝和花束状果枝一律保留,让其结果**,

过旺的徒长枝可早摘心,促发分枝培养枝组或从基部疏除。第二、三层主枝基角较第一层主枝要小些,为40°~50°。从上而下俯视,第二、三层主枝正好插入第一层3个主枝之间。当各个主枝培养成功后,可从最后一个主枝以上把中心领导枝锯除,使树冠落头开心,成形树高度约3.5 m。以后修剪时,应该注意保持各级枝的从属关系,使树势均衡发展。

- 延迟开心形:该树形整形的前期与疏散分层形相同,只是当树龄进入盛果期前,树高达3.5 m左右时,即落头封顶时,在6、7主枝处将中心干上部截除,使树冠的上部开心,降低树冠高度,改善树冠内部光照条件(图4-3-2)。这种树形适用于干性强、长势旺的品种,如明月、太白、砀山酥梨等。

- 二层开心形:主干高度40~50 cm,一般有5个主枝,分两层着生。第一层3个主枝,着生角度60°~70°,每个主枝上配备2~4个侧枝,第二层2个主枝,着生角度50°~60°,与第一层相距1~1.2 m,两个主枝伸展方向与第一层3个主枝错开,每主枝配备1~2个侧枝。树高3~3.5 m,冠径6 m左右,当上层主枝形成2~3年后,在最后一主枝上部落头,形成半圆或扁半圆树冠(图4-3-3)。该树形具有疏散分层形和延迟开心形的优点,成形容易,通风透光良好,是近年来应用较多的一种树形。整形过程如下:

图 4-3-2　延迟开心形　　　　　图 4-3-3　二层开心形

第一年　一年生苗木定植后,**离地面70~80 cm短剪定干**,注意剪口下要留7~8个充实饱满的芽。春季萌芽后,将离地面50 cm以下的嫩梢全部抹除,作为主干。剪口下第一芽萌发的新梢作中心干培养。第二芽生长势与第一芽生长势相仿,称为竞争枝,在枝梢多时常疏除。在枝梢较少时,也可将其角度拉开,培养为主枝。其下各芽抽生的新梢,可选择生长势强、势力均衡、方位错开、相距10~15 cm的3~4个新梢作为第一层主枝培养,其余的作为辅养枝培养。在生长季节将强枝拉开,增大角度,缓和生长势;弱枝扶直,缩小角度,以增强生长势,促使各主枝间生长平衡。冬季对中心干和各主枝留50~60 cm短剪。中心干的剪口芽与上次相反,主枝的剪口芽应向外。如主枝生长势不平衡,可按强枝重剪、弱枝轻剪的方法,平衡各主枝的生长势。

第二年 春季萌芽后,调整各主枝延长枝的生长方向,在各主枝距中心干 40~45 cm 处选留一新梢作第一侧枝培养,注意方向错开。夏季将中心干上的新梢在尚未木质化时拉平,留作辅养枝,以缓和生长势,有利于提早结果。冬季对中心干的延长枝及主、侧枝的延长枝各留 40~50 cm 短剪,剪除强旺直立枝,其余的辅养枝可缓放或轻度短剪。

第三年 继续培养中心干,并在其上选留第二层主枝。第二层主枝与第一层主枝相距 1~1.2 m,方向错开。夏季注意调整第二层主枝的生长角度和生长势,培养辅养枝。冬季对主、侧枝短剪 1/4 左右。其余枝条轻剪缓放。当第二层主枝形成 2~3 年后,可落头。树冠便基本成形。

(2) 幼树修剪:

- 冬季修剪:在 11 月—翌年 2 月进行。主要剪去徒长枝、交叉枝、重叠枝、病虫害枝,幼树在此期修剪量很小。骨干延长枝修剪以促发短枝,形成结果枝组为主,通常 50 cm 内的轻剪 1/4~1/3,超过了的如果长势强可剪 30~40 cm。要维持结果枝组和结果枝的全树分布,生长健壮。以短果枝结果为主的品种,要少短截多疏剪,去弱留强,去远留近,去直留斜。

- 夏季修剪:又称生长期修剪,在 3—10 月进行。主要以抹芽、摘心、除萌、拉枝为主。抹去轮生部位的芽或过密的竞争位置上的芽,要重复多次抹,尽早抹,以减少营养的无效消耗;在枝梢长到约 15 cm 长时摘心,促进花芽分化形成。拉枝是在生长季节,利用绳索或铁丝,将其一端绑于枝梢中部,另一端固定于地上木桩,将枝条拉到所需角度,使枝条保持开张,加快树冠面积增大。

2. 结果树修剪

幼树经过 3~4 年的整形修剪后,即可进入结果期。在结果初期还要继续培养树形,完成整形时期的任务。进入结果初期后,应合理修剪,调节生长与结果的矛盾,防止大小年发生和树体早衰,为获得高产稳产和延长盛果期创造条件。下面将各类枝梢的一般修剪方法介绍如下:

(1) 中心干的修剪:进入结果期后,仍需要继续扩大树冠的,对中心干延长枝短截 1/5~1/3;若各层主枝已全部长成,树冠不需要继续扩大,则可对中心干延长枝留弱芽重剪或用弱枝换头;若树高达 4~5 m 时,可在有三叉枝处截顶,实施"落头开心",但不可一次性大剪大锯,造成伤口太多,影响树势和产量,应先对中心干缓放结果,待生长势转弱后再逐步回缩。

(2) 主枝和侧枝的修剪:主枝和侧枝的修剪要注意树体平衡和从属关系,其剪截程度应依品种、树龄、树势而定。凡生长势强的,宜轻度短剪,生长势弱的,剪截可稍重。一般以留 30~40 cm 短剪为宜。梨大多数品种结果初期分枝角度小,树势偏旺,花芽不易形成,产量较低。对这些品种不能因树冠直立、枝条密集而大量疏枝,也不宜过多短截,应该采用撑、拉、里芽外蹬、背后枝换头等方法开张角度,缓和树势,提早结果(图4-3-4)。

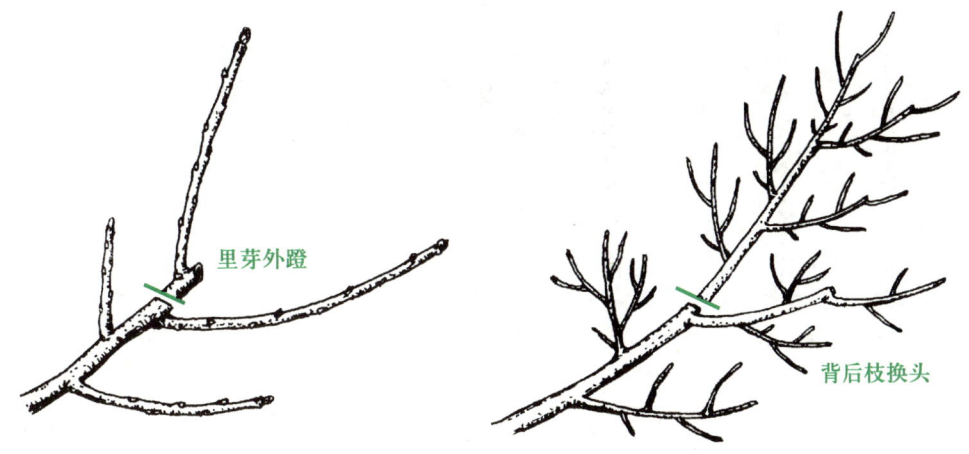

图4-3-4 开张角度的修剪方法

(3) 辅养枝的修剪:梨树成枝力弱,幼年树应适当多留辅养枝,可利用其制造养分,辅助骨干枝加快生长,扩大树冠和增加骨干枝粗度,并可提早结果。但随着树龄增大,对辅养枝要及时加以控制,一般可采取加大角度、环割或环剥,去直留斜、去强留弱、连年缓放等方法,缓和其生长势,促进花芽分化,把它控制在一定范围内结果。当辅养枝影响主枝生长时,应及时回缩,使之成为不同类型的结果枝组。如果无发展空间,则可从基部疏除。

(4) 结果枝组的培养和修剪:

● 结果枝、结果母枝和结果枝组:结果枝是当年萌发花芽并开花结果的枝条,一般着生于结果母枝顶部2~3节。结果母枝指第二年萌发后能抽生结果枝的枝条。结果枝组指多根能开花结果枝条生长在一个骨干枝上,形成的结果枝集群。

● 结果枝组的培养:结果枝组都是由一年生枝通过缓放、回缩、短截和刻伤等多种修剪方法逐年培养出来的,所以除骨干枝的延长枝外,其余的各类枝条,只要有足够的空间,都应培养成为结果枝组。结果枝组可分为大、中、小三种。凡具有2~5个分枝的为小型枝组,6~15个分枝的为中型枝组,15个分枝以上的为大型枝组。各种枝组在一定条件下可以相互转化。

结果枝组的培养方法主要有以下6种(图4-3-5)。

先放后缩 多用于中枝,少数用于长枝。第一年不剪,第二年根据长势回缩到有分枝处或第三年结果后回缩到分枝处。

先放后截 多用于中枝,第一年不剪,第二年在延长枝基部短截。

先截后缩 多用于中枝和长枝。第一年根据枝条着生位置和强弱,进行不同程度的短截,第二年去强留弱,回缩到弱分枝处。

先截后放 多用于中枝。第一年短截,如生长不旺,第二年可缓放。

连截 第一年短截,第二年对其分枝继续进行短截,以培养中、大型枝组。

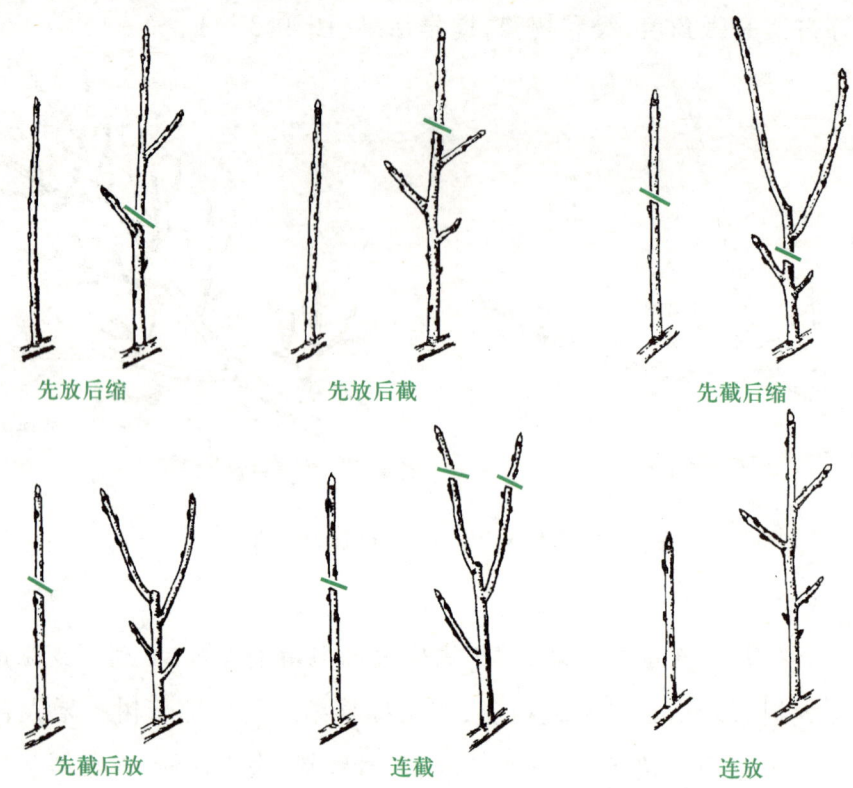

图 4-3-5 结果枝组的培养方法

连放 第一年和第二年都不剪,任其自由生长,分生出中短枝。

结果枝组的培养方法依品种特性、树龄、树势、枝条着生位置等而异。对于花芽易形成的品种,如黄花、菊水等,可采用先截后放或先截后缩法,根据树势强弱对一年生营养枝留 1/3～1/2 短截,次年萌发的新梢,即可形成花芽,从而成为小型结果枝组;对于生长势强、花芽难形成的品种,如明月、来康等,应采用先放后截或先放后缩,甚至连放法,待下部分形成花芽后,再短截或回缩,便于形成中、小型枝组。如果树冠空间大,可采用连截法,对中、小型枝组的延长枝进行短截,将其培养成大型枝组。

结果枝组在骨干枝上的配置,应本着"多而不挤,疏密适度,上下左右,枝枝见光"的原则,一般每米骨干配置 8～10 个枝组,以中小型枝组为主。下层主枝上的枝组应多些,上层主枝和中心干上枝组可少些;主枝前部枝组宜小宜少,中后部枝组宜大宜多;下层角度开张的主枝,枝组可稍多些;反之,可少些。**目标是大、中、小各类枝组配置合理,光照充分,立体结果。**

盛果期以后,树势逐渐减弱,枝组的结果能力也日益降低。需逐年分批对衰老的枝组进行回缩复壮,对已无复壮可能的小型枝组,应该疏除。

- 结果枝组的修剪:**要遵循交替结果、轮换更新的原则**。对枝组内某些枝条进行短剪和回缩,对另一些枝条就必须缓放或轻剪,即所谓"一抬一压""一长一短"的修剪方法。对于幼龄结果枝组,生长结果能力较好并有发展空间的,应让其向空间方向发展;如无发展空间,可对前端分枝去强留弱,加以控制。中期的结果枝组,要维持其中庸的生长势,采取三套枝修剪法,即结果枝、成花枝、营养生长枝各占1/3。当枝组后部略显衰弱时,要及时短截后半部的分枝,疏除部分花芽,恢复枝条的生长势。对于后期的结果枝组,由于分枝较多,导致养分运输不畅,生长势下降,结果能力变差,可将枝轴回缩至强枝壮芽处,同时疏除枝组内的衰弱枝和部分花芽,选强枝带头,进行中度短截,促其生长。

在同一枝组内,已经形成花芽的结果枝,一般应保留结果;没有形成花芽的营养枝,可缓放促花,也可短截发枝。对经缓放后形成结果枝的多年生枝要适度回缩,一般粗度超过1 cm者留5~8个花芽(或短果枝),粗度小于1 cm的留3~5个花芽(或短果枝),以保证其正常结果和抽生良好的果台副梢。梨树果台基部着生少数叶片,并在当年可抽发1~3个副梢,一般以2个居多(图4-3-6)。

如果**营养适当**,果台副梢当年可形成花芽,修剪时**可疏一留一,或截一留一**;如果**营养失调**,则成为叶丛枝或营养枝,抽生两个以上的可去一留一,**叶丛枝留强去弱,营养枝则去强留弱**。如果**营养不足**,果台可能不发生副梢,可以"**破台**",即剪除果台的一部分,促使潜伏芽萌发成枝,必要时可以"**除台**",即将果台全部剪除,促使下部发生更新枝(图4-3-7)。

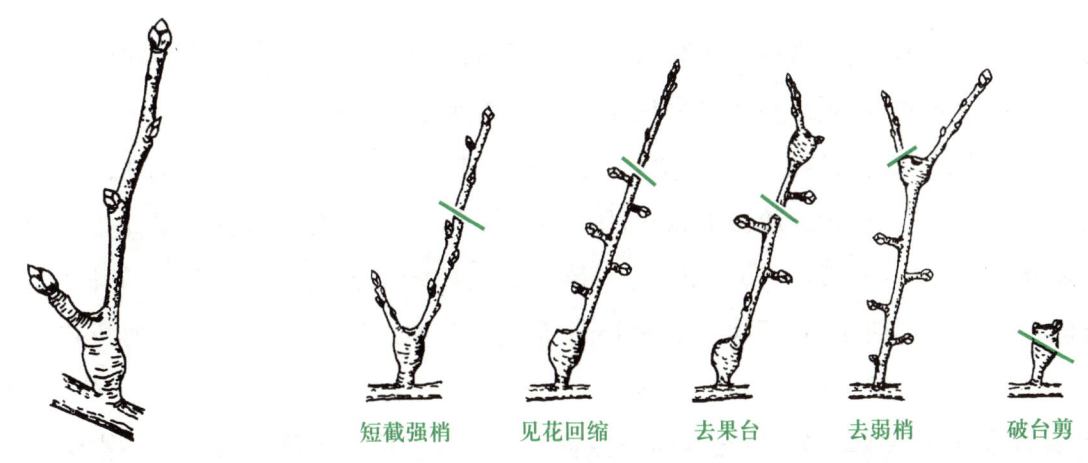

图4-3-6 果台副梢　　　图4-3-7 果台副梢的修剪

梨的果台经多次结果分枝,形成了短果枝群。对于某些品种而言,短果枝群是其主要结果的部位。由于短果枝群本身没有营养枝,所以修剪时必须仔细地疏剪和回缩,防止分枝太多、太密,以维持短果枝群的健壮。**修剪的原则是:疏中留侧,疏上留下,疏弱留强,疏密留稀,疏远留近**(图4-3-8)。

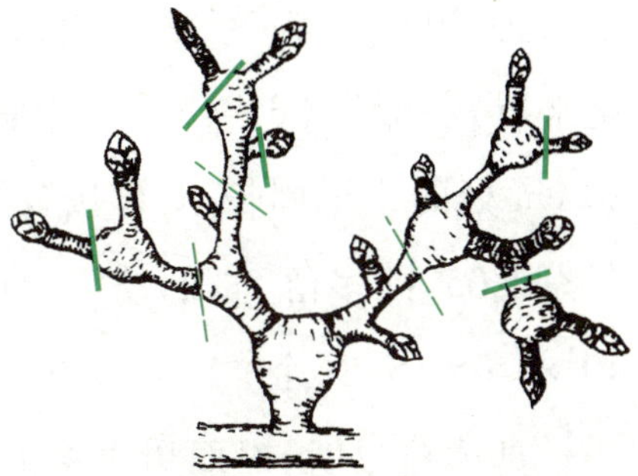

—— 第一年修剪处　---- 第二年修剪处

图4-3-8 短果枝群的修剪

3. 衰老树的更新复壮

梨树生长到30~50年时即开始衰老,表现在结果枝组衰弱或枯死,主枝先端抽生的新梢很少,甚至不能抽生,结果量下降,树势减弱。此时应加强其营养生长,进行更新复壮。修剪时,对骨干枝进行较重的回缩,一般在有健壮分枝处剪截。对结果枝组进行疏剪或回缩。过密的衰弱枝组应适当疏除,过长的多年生枝组,回缩到壮枝壮芽处。这样减少了枝量,缩短了养分运输距离,有利于树势的恢复。

四、梨树花果管理

1. 保花保果

梨大多数品种自花不实或自交结实率低,需要异花授粉才能结果。当授粉树配置不合理、授粉品种花量少、开花期天气不良时,往往使坐果率降低。**保花保果的具体措施有挂花枝罐、高接花枝、花期放蜂和人工辅助授粉等**。在生产中可根据当地情况分别采用。

2. 疏花疏果

梨树进入盛果期后,常因花量较大、坐果过多而影响果形大小和品质,从而降低商品价值,同时导致营养失调,出现大小年结果现象。因此必须进行疏花疏果。

在树体健壮、授粉良好、天气晴暖、坐果率较高的情况下,可提早进行疏花。在花序分离期先疏去多余的花序,一般先疏去弱枝花、腋花、中长果枝的花,花序密度以彼此相距约 20 cm 为宜。在开花时每花序保留 2~3 朵边花,去掉中心花和未完全发育的花朵。疏花可用 0.5 波美度石硫合剂在盛花期喷洒,西维因 1 500 mg/L 在盛花期之后喷洒也有很好的疏花效果。疏果一般在早期落果高潮之后,大约在花落后 14 天进行,坐果率高的品种如二十世纪、菊水等可稍早,坐果率低的品种如巴梨、黄蜜等则应迟疏。留果数量应以不削弱树势和不影响第二年产量为原则,依树体生长发育情况、花量、产量指标和果形大小而定。从叶果比来看,砂梨的叶果比以(20~30):1 为宜,西洋梨以(30~50):1 为宜,鸭梨、香水梨以(15~20):1 为宜。从枝果比来看,一般以(3~4):1 为宜。还可以根据树干周粗度来确定留果量。即先量出距地面 20 cm 处的主干周长 C,再按公式计算留果量。留果量 = $4\times0.08C^2\times A$。A 为保险系数,疏果时 A 为 1.05,即多留 5% 的幼果。例如一株梨树的主干周长为 40 cm,其合理的留果量为 $4\times0.08\times40^2\times1.05 = 538$(个)。

具体疏果时,对弱树果多的树早疏多疏;旺树果少的树晚疏少疏。内膛弱枝,多疏少留;外围强枝,少疏多留;留距主干主枝、枝组近的果实,疏距枝轴远的果实;大果品种各花序预留 1 个,小果品种各花序留 2~3 个;疏去病虫果、小果、畸形果,留下的好果应果梗长而粗,果形较长,萼端紧闭而突出、无病虫害,向下着生。

3. 果实套袋

果实套袋目前在梨树生产中正大力推广,由于套袋明显改善果实外观品质,将大大增加果品商业价值。套袋一般要求在5月中旬完成疏果,然后喷一次杀菌剂和杀虫剂(注意不使用乳剂,以免发生锈斑),于5月下旬前完成套袋,时间不能过迟,否则果实易被病虫危害,套袋效果差。套袋时,注意不要扭伤果柄,不要让幼果贴在袋上,要让幼果悬空在袋中间(图4-3-9)。

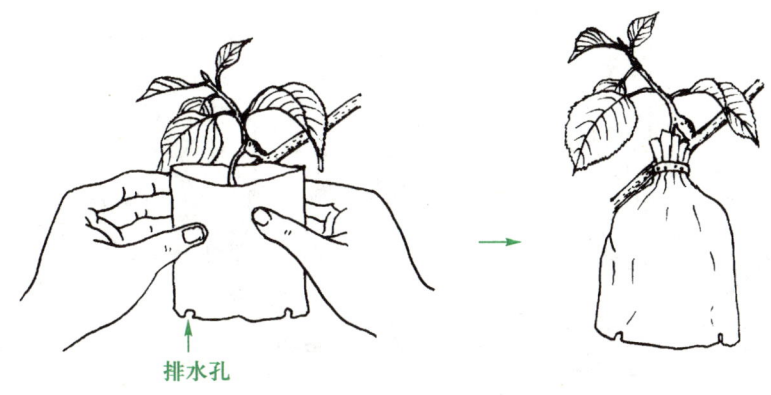

图 4-3-9　梨果套袋

梨树冬季修剪

1. 目的要求

学习和掌握梨树修剪技术和要点,培养不怕苦、不怕累的劳动观念,注意安全,在梯凳上修剪时注意自身保护,修剪完成后,要清理干净场地。

2. 工具材料

成年梨树、修枝剪、手锯、梯凳、伤口保护剂等。

3. 操作步骤

(1) 成年树修剪:

- 骨干枝:如树冠已达到预定高度,可在中心干上选一具有三叉枝处截顶,进行"落头开心"(图4-3-10)。对过长的主枝可适当回缩;角度大的主枝,可以用背后枝换头,注意被换头的枝可培养成枝组,也可疏除,但须留辅养桩,防止原枝从基部锯除后,新枝劈裂;若树冠还可以继续扩大,对骨干枝的延长枝视强弱留30~40 cm短剪。

● 辅养枝:一般采取去强留弱、去直留斜、加大角度、连年缓放等措施,控制其生长时,可进行回缩或疏除。

● 枝组:疏除过密、衰老的枝组,对保留的枝组,按照"三三制"修剪,使枝组内结果枝、甩放枝、短截营养枝每年各占1/3(图4-3-11)。

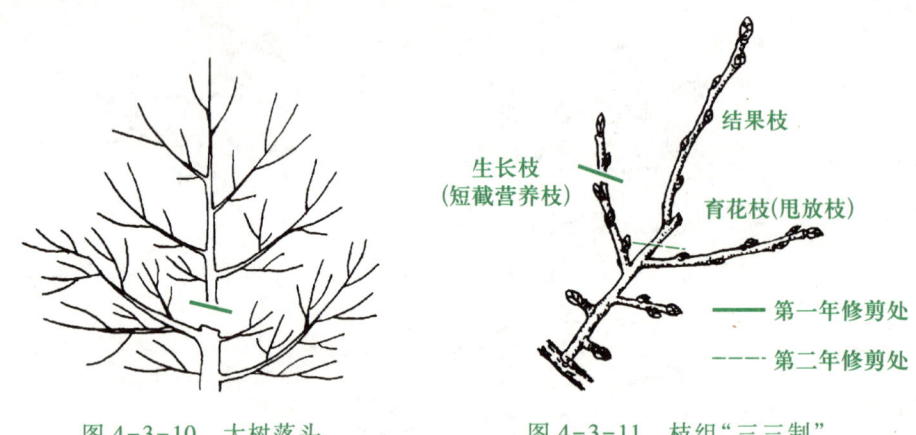

图4-3-10　大树落头　　　　图4-3-11　枝组"三三制"

● 短果枝群:主要采取疏剪和回缩,防止分枝太多太密。疏剪时按照"五疏五留"的原则进行,对于营养枝过少的枝群,可采取破花芽的方法,即将一个花芽剪除一半(图4-3-12),可以促发营养枝,调节叶果比例,增强树势。

● 刮皮:成年梨树枝干的皮呈鳞片状,是病原物、害虫卵、幼虫越冬的场所。每隔1~3年,在初冬时将外皮刮掉。

(2) 放任树修剪:这类树由于未按整形修剪的要求年年修剪,树冠多呈无层次的圆头形,大枝较多,生长紊乱,上部、下部和内膛枝条光秃,产量低且不稳定,应予以合理改造。

修剪时应按照"因树修剪"的原则,首先选定5~7个大枝作为主枝,并适当回缩和换头开张。其余的大枝分批去掉,一般每年疏去1~2个,位置恰当、有发展空间的大枝,可以回缩,以充实内膛。在保留的大枝上选留培养侧枝和各类结果枝组,对病虫枝、枯枝、交叉枝等一律剪除。

不同树龄、树势的放任树,在修剪时应区别对待。如果是5~6年生的幼树,生长势还较旺,只要及时进行合理调节,很容易转化为正常树。一般先选出3~4个位置较好、角度恰当的大枝培养为第一层主枝,疏除其余过密的大枝,在保留的大枝上利用中、长枝培养结果枝组,使树冠不空、不乱。对暂时保留的大枝应改造为辅养枝,并削弱生长势,让其开花结果。如果是已进入盛果枝的放任树,则尽量利用原来树体的骨架,因树整形,利用留下的骨干枝培养结果枝组,使树体逐步做到主侧清楚,从属分明,生长和结果良好。如果树龄较大,树势已逐渐衰退,应该进行更新修剪。在疏除过多无用大枝的基础上,选留5~7个大枝作为骨干枝,进行重回缩(图4-3-13),以促发新枝,更新树冠,同时对小枝应进行细致修剪,去弱留强,去上留下,充实内膛枝组,并结合增施肥料,加强管理,以尽快形成新的树冠,恢复树势。

图 4-3-12　破花剪　　　　图 4-3-13　大枝回缩

任务反思

1. 梨树定植应选择什么时期？定植密度和方法是什么？
2. 梨园应怎样做到合理施肥？
3. 我国南方梨树常用的树形有哪些？各有何特点？
4. 梨树果台副梢枝如何修剪？
5. 怎样进行梨花果实套袋？

任务 4.4　梨 果 采 收

任务目标

知识目标：1. 了解梨果的采收时期。
　　　　　2. 理解梨果的采收方法。
　　　　　3. 掌握梨果的采后处理。
技能目标：1. 能正确采收梨果。
　　　　　2. 采后能正确处理梨果。

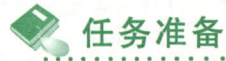
任务准备

一、梨果采收时期

采收时期主要根据种类、品种特性、果实成熟度、果实用途及栽种水平等因素而定。同株上的果实，成熟度不一致，采收时应分期分批进行，这样有利于恢复树势，减少损失。不需经过后熟的果实有沙梨和白梨系统的品种。一般当果面呈现该品种固有色泽，果肉由硬变脆，果柄易与果台分离，种子变为褐色，果实的化学成分和营养价值达到最佳食用阶段时即为**完全成熟**。供鲜食果此时即可采收；用作贮藏的可适当提前在八九成熟时采收；加工制罐用的在接近完全成熟时采收。秋子梨和西洋梨系统的果实需经后熟才能食用。一般在果实个体已经定型、绿色减退、开始呈现本品种近于成熟的色泽、果柄易自果台脱离时采收。采收后放在干湿适中、气温稳定的冷凉场所进行后熟，当手触摸果实有柔软感觉，并有芳香时即已完全成熟。如果不及时采收，任其在树上自然成熟，则果肉变得松软，甚至果心腐烂，失去食用价值。

二、梨果采收方法

采果总的原则是：既要保证果实完整无损又要防止折断果枝，以保证丰产丰收和避免影响来年产量。采果前，要准备好果篮、果篓、采果梯及运输工具。采果时一手拇指和食指提住果柄上部，另一手握住果实底部，向上轻轻一抬即可把果摘下，切忌用力向下拉扯，否则，易损伤果台和果柄。不可将果枝一起摘下。

采果的顺序，应从树冠外围到树冠内膛，从下到上，依次采收，防止碰掉和砸伤果实。高处的果要在梯凳上采，不能上树采摘。对人手无法摘取的枝梢梨果，可用采果网套摘（图4-4-1）。采下的梨要轻拿轻放，防止人为的碰压伤。**采果不宜在下雨、有雾和露水未干时进行**，以免果面有水珠而引起腐烂。若必须在雨天摘果时，需将采收的果实放在通风良好的地方，尽快晾干。

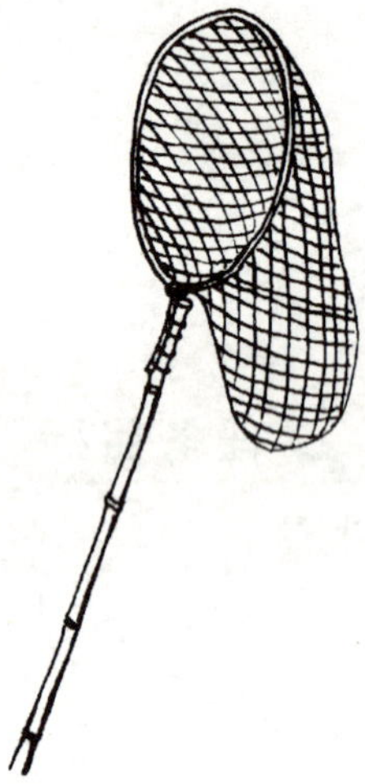

三、采后处理

图4-4-1 采果网

1. 分级

果实采下后，就地进行初选，将病虫果、畸形果，小果、伤果等拣出，再将初选合格的果实运至包装地点进行分级。梨鲜果的分级方法,主要有人工分级和机械分级两种。人工分级最常用的是目测法,即将大小一致、颜色相近的果实作为同一等级。机械分级,是快速、高效的一种分级方法,借助果实分级机械进行。

2. 包装

果实经过分级后,按照市场要求,进行不同的包装。先在箱底铺上一层纸板,纸板必须有一定的厚度,并且韧性强,遇潮不易烂。然后,在纸板上平放果实,一个一个地挨紧。摆完一层后,再在上面平铺一层纸板,然后摆第二层,如此类推,共摆三层。最后,再在果上盖一层纸板,并用塑料带封箱。

3. 贮藏

(1) 贮藏条件:
- 温度:是贮藏梨果成功的决定性条件。沙梨系统采后在 10 ℃下缓慢预冷后,进入 0~3 ℃温度下贮藏。采后应尽快使梨果冷却,否则会大大缩短其贮藏期。
- 湿度:空气相对湿度是贮藏梨果的重要因素之一。一般要求梨的贮藏库中空气相对湿度不低于 85%~92%,冷库应达 85%~95%。
- 气体成分:气体成分对贮藏效果和贮藏期影响很大。沙梨一般用的气体组成是 0.5%~2%的氧、0~1%的二氧化碳、99.5%~97%的氮。

(2) 贮藏方式:梨果贮藏方式多种多样,主要有简易贮藏、通风库贮藏、机械制冷贮藏和气调贮藏等。

任务实施

梨果品质简易鉴定

1. 目的要求

了解梨果品质简易鉴定的过程,掌握梨果品质简易鉴定的方法。

2. 工具材料

4~5 个品种的梨果,水果刀、瓷盘、卡尺、天平、手持糖量计(图 4-4-2)、吸水纸。

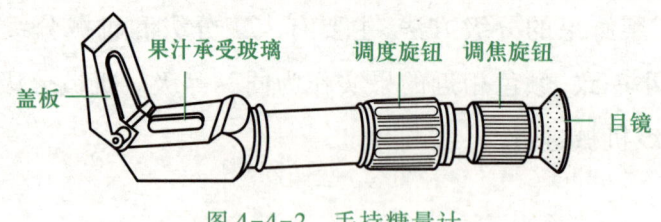

图 4-4-2 手持糖量计

3. 操作步骤

（1）观察记录各种果实的外形、皮色、果点分布、光洁度，称重后记载单果重，用卡尺量出平均果径，并绘出外形图。

（2）用水果刀将梨果分别纵向切开，观察记载果肉颜色、果心大小、果皮厚薄情况。

（3）用手持糖量计测定梨汁中可溶性固形物浓度。测定时将梨汁滴在折光棱镜上，合上盖板，将测糖计对向光源明亮处，调节目镜焦距旋钮，可于视镜中见到明暗分界线的读数，即为梨含可溶性固形物的百分数。可以在一个梨果上取 4 个点的梨汁，求其平均值后记录下来。

（4）将果皮削去，品尝果肉，记录果肉肉质脆松或紧密情况、石细胞含量、果汁含量、香气情况。

（5）将实验结果填入表 4-4-1。

表 4-4-1 梨果品质鉴定记录表

编号	品种	外形	皮色	果点分布	光洁度	单果重/g	果肉颜色	果心径度/cm	果径/cm	果皮厚薄	可溶性固形物/%	果汁	肉质松紧	石细胞量估计	香气

任务反思

1. 判断梨果成熟度的方法有哪些？
2. 梨果的贮藏对温度、湿度的要求是什么？

项 目 小 结

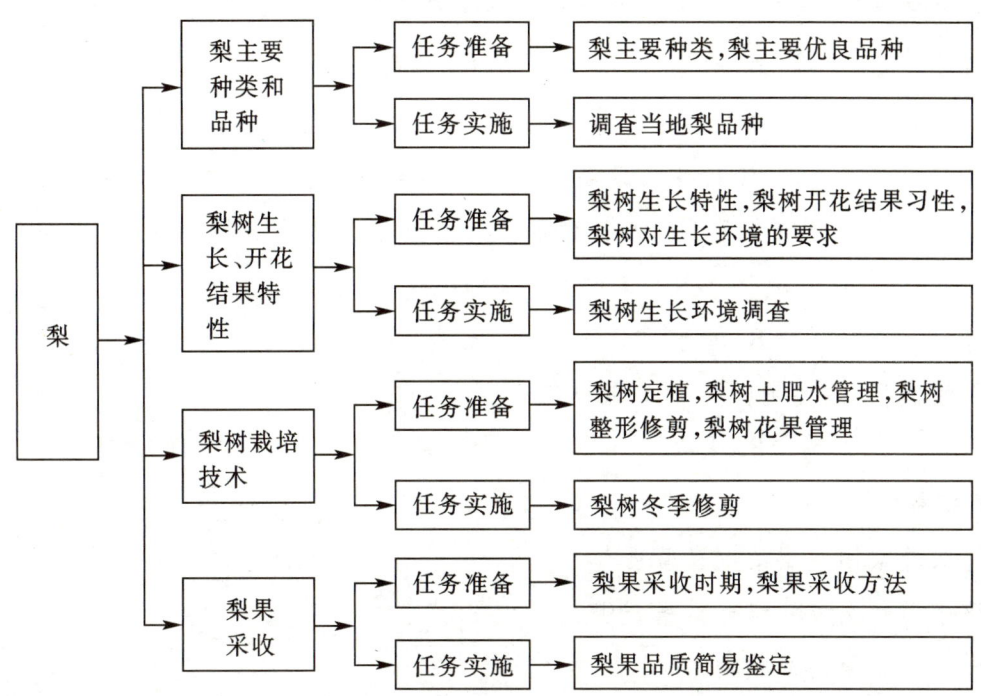

综 合 测 试

一、单项选择题

1. 由( )引入的品种金二十世纪,商品名称为"水晶梨"。果汁特多,味香甜脆,为目前我国南方梨之冠。

  A. 美国   B. 法国   C. 日本   D. 韩国

2. 梨树的芽具有( )性,即新梢上形成的芽一般不在当年萌发,在第二年春季才萌发。

  A. 早熟   B. 中熟   C. 晚熟   D. 多熟

3. 梨树耐湿性较强,尤以( )最耐湿,故其多分布于年降水量 1 000 mm 以上的地区。

  A. 白梨   B. 西洋梨   C. 沙梨   D. 秋子梨

4. 梨的二层开心形主干高度 40~50 cm,一般有( )个主枝,分两层着生。

  A. 3   B. 4   C. 5   D. 6

5. 梨树疏花疏果,从叶果比来看,沙梨的叶果比以( )为宜。

  A. (20~30):1   B. (30~50):1

  C. (15~20):1   D. (3~4):1

二、多项选择题

1. 梨的营养枝依生长势的强弱可分为（　　）等。
   A. 徒长枝　　　　B. 普通营养枝　　　C. 纤细枝　　　　D. 中间枝
2. 梨种类繁多，南方地区生产上栽培的主要种类包括（　　）。
   A. 秋子梨　　　　B. 白梨　　　　　　C. 沙梨　　　　　D. 西洋梨
3. 目前南方梨产区常用的矮化密植树形有（　　）和斜式倒人字形等。
   A. 自然圆头形　　B. 折叠式扇形　　　C. 纺锤形　　　　D. 疏散分层形
4. 由新世纪和翠云杂交而成的西子绿是目前南方推广的优良早熟品种，其授粉品种可选择（　　）等。
   A. 菊水　　　　　B. 幸水　　　　　　C. 杭青　　　　　D. 翠云
5. 梨果属假果，主要由（　　）等部分组成。
   A. 花托　　　　　B. 果心　　　　　　C. 果皮　　　　　D. 种子

三、简答题

1. 怎样实施梨园土壤的改良管理？
2. 应该采用什么方法培养结果枝组？
3. 怎样判断梨果的采收期？

四、综合分析题

梨树的疏花疏果是一个重要的生产技术环节，应如何实施疏花疏果呢？

项目 5

葡萄

项目导入

三年前,小王从中等职业学校毕业。刚毕业时,同班同学大多去了外地,小王也不例外。一年之后,小王有了自己的想法,决心走创业之路,回到家乡,利用农村小额资金贷款,在父亲的帮助下,于2010年冬开发了5 hm² 葡萄园,种植品种为夏黑,2013年7月底刚采完果,收成不错,平均每亩收获果实1 500~2 000 kg,不少葡萄种植户纷纷前来向小王取经,原来小王采用了"避雨设施栽培技术"和"葡萄多次结果技术"。

本项目主要学习葡萄主要品种、树冠及果实的形态,识别不同的种类与品种;了解葡萄的生长、开花结果特性,掌握葡萄的生长对环境条件的要求;掌握葡萄主要生产技术,包括土肥水管理、花果管理、树体整形修剪等,以及葡萄采收方法。

任务 5.1 葡萄主要种类和品种

任务目标

知识目标:1. 了解葡萄的主要种类品种。
2. 了解生产上常见葡萄栽培品种的性状。
技能目标:1. 能正确识别当地葡萄栽培的主要种类品种。
2. 会进行葡萄的引种栽培。

任务准备

一、葡萄主要种类

葡萄属于葡萄科葡萄属,是多年生藤本攀缘果树(图 5-1-1)。葡萄属有 70 种,按地理分布和生态特点可将其分为 3 个种群,即欧亚种群、北美种群和东亚种群。

1. 欧亚种群

欧亚种群仅有一种,即通称的"欧洲种"葡萄,在所有栽培种中价值最高。许多品质优良的鲜食或加工品种如龙眼、牛奶、玫瑰香等都属于本种。

图 5-1-1 葡萄

该种果穗、果粒都较大;叶片薄,具 3~5 个较深裂刻,叶背茸毛少或无;卷须具间歇性(即不是每节都有卷须);果皮薄,不易与果肉分离,果肉致密味甜有芳香;雌雄同株,具有完全花或雌能花;喜光,抗病性较差,不抗根瘤蚜,抗寒性弱,耐旱不耐湿,耐碱不耐酸性土壤。

2. 北美种群

北美种群有 28 个种,仅有几种在生产上和育种上加以利用,多为强健藤木,生长在北美东部的森林、河谷中。作为果实利用的主要是美洲种。用作砧木的有河岸葡萄、沙地葡萄、冬葡萄等。

美洲种葡萄耐寒性强,可耐-30 ℃低温,生长旺盛,叶片厚,茸毛多,无裂刻或裂刻较浅,叶色深绿,卷须具连续性(即每节都有卷须);果皮与果肉易分离,果肉与种子不易分离,品质较差;抗病性强,适应性强,耐潮湿、耐酸、不耐碱性土壤。利用该种与欧洲种杂交培育出了大量优良品种,如巨峰、白香蕉等。

3. 东亚种群

东亚种群有 40 多个种,我国有 34 个野生种,主要有山葡萄、毛葡萄、刺葡萄等。其浆果、穗粒均小,可鲜食,亦可酿酒。用山葡萄酿制的葡萄酒在国际上独树一帜,颇受欢迎。

该种群叶片光滑几乎无毛,间有 3~5 个浅裂;卷须间歇性;果粒小、果皮厚、汁少味酸;抗病、抗寒性强。山葡萄是葡萄属中最抗寒的一种,能耐-40 ℃以下低温,是培育抗寒葡萄品种最好的种质资源。

二、葡萄主要优良品种

1. 巨峰

巨峰属四倍体欧美杂交种。果穗圆锥形,平均穗重约 400 g,果粒近圆形,平均粒重 10~12 g,果皮厚,紫黑色,果肉柔软多汁,酸甜可口,有草莓香味,皮肉种子均易分离。可溶性固形物含量 14%~16%,品质中上等。树势强健,抗逆性强,易落花落果。适合在温暖湿润的南方地区栽培。成熟期为 8 月上旬。

2. 黑奥林

黑奥林又名黑奥林匹亚,欧美杂交种,为中熟品种,与巨峰相近。果穗圆锥形,有副穗,平均穗重约 500 g;果粒近椭圆形,平均粒重 12~13 g,最大粒重 16 g,果皮紫黑色,皮厚,肉较脆,汁多,味甜,有草莓香味。可溶性固形物含量 17%,品质中上等。树势较强,抗病、抗湿,不裂果,无日烧,耐运输。与巨峰相比,坐果好,成熟期相同或稍晚。

3. 藤稔

藤稔属四倍体欧美杂交种。果穗圆锥形,平均穗重 500 g,果粒椭圆形,极大,平均粒重 15 g,疏果后为 22~30 g,最大 35 g 左右。果皮厚,紫黑色,果肉厚,质地致密,有淡草莓香味,味甜。可溶性固形物含量 18%,品质中上。产量高于巨峰,成熟期比巨峰稍早。树势强,结果早,但成熟后易落粒,不耐贮运。

4. 京亚

京亚是四倍体欧美杂交种。平均穗重 400 g,平均粒重 12 g,果皮紫黑色,果肉较硬,汁多味甜香,微具草莓香味。可溶性固形物含量 16%,品质上等。7 月初成熟。生长势强,抗病性强,不脱粒,耐贮运,丰产。

5. 京秀

京秀是欧亚种,早熟,比巨峰早熟 20~25 天。果穗圆锥形,平均穗重 510 g,果粒着生紧密,椭圆形,平均粒重 5~6 g,大的 7 g,粉红色至紫红色,肉脆,味甜。可溶性固形物含量 14%~17.5%,品质上等。种子小,一般 2~3 粒。果粒着生牢固,极耐贮运。生长势中强,较丰产,不裂果,无日灼,落花轻,坐果好,易栽培管理。抗病力中等,易染白粉病和炭疽病。

6. 夏黑

夏黑是欧美杂交种。果穗大多为圆锥形,部分为双歧肩圆锥形,无副穗。果穗大,平均穗重 415 g,粒重 3~3.5 g。赤霉素处理后,平均粒重 7.5 g、最大粒重 12 g、平均穗重 608 g、最大穗重 940 g。果粒着生紧密或极紧密,果穗大小整齐。果粒近圆形,紫黑色到蓝黑色。果皮厚而脆,无涩味。果粉厚。果肉硬脆,无肉囊,果汁紫红色。味浓甜,有浓郁的草莓味。无种子。可溶性固形物含量为 20%~22%。鲜食品质上等。

7. 美人指

美人指是欧亚种,晚熟品种,在 8 月上中旬成熟。果穗圆锥形,平均穗重 450~800 g。果粒长椭圆形,平均粒重 9~10 g,最大可达 18 g,充分成熟时果粒为紫红色。果皮薄,果粉厚,果肉脆甜,可溶性固形物含量为 15%~18%,品质上等。植株生长势强,极性强,易徒长。早果性能好,丰产。在南方宜进行果实套袋、避雨栽培。

8. 红地球

红地球又名美国红提、晚红、大红球、全球红等。欧亚种,属晚熟品种,桂林 9 月上旬成熟。果穗长圆锥形,平均穗重 650~800 g。果粒大,圆形或卵圆形,平均粒重 12~14 g。果皮中厚,鲜红色,色泽艳丽,果肉硬而脆,可削成薄片,酸甜适口。可溶性固形物含量为 17%,品质极佳,极耐贮藏和运输。植株生长势强,丰产性强,抗病力弱,易染黑痘病、白腐病、炭疽病、霜霉病。

此外,适宜于南方栽培的常见品种还有早玫瑰、早红、紫珍香、奥古斯特、京优、秋红、秋黑等。

调查当地葡萄品种

1. 目的要求

了解当地栽培的葡萄品种;掌握现场调查方法。

2. 工具材料

图书、信息查询工具,皮尺、卷尺、小刀、天平、糖度仪、pH 试纸等。

3. 操作步骤

（1）讨论调查内容、步骤、注意事项。

（2）通过图书、报刊和互联网查阅当地的葡萄品种资料，选择葡萄品种较多的葡萄园，并联系调查的农户。

（3）现场访问，用目测法看各种葡萄树的外形，并记录比较。

（4）选取当年春季抽生的叶片，观测外形、厚度，并测量各种葡萄树的叶片大小，记录比较。

（5）观测各种果实的外形、大小、颜色，测量其直径、单果重，品尝果肉果汁，测量 pH、糖度。记录比较。

（6）问询各种葡萄的树龄、产量、栽培难易度，以及口味、价格等。

（7）问询当地栽培的葡萄品种有哪些。

（8）撰写调查报告。

任务反思

1. 我国南方葡萄栽培的主要品种有哪些？各有何性状？
2. 调查当地葡萄栽培的现状。

任务 5.2　葡萄生长、开花结果特性

任务目标

知识目标：1. 了解葡萄地上部组成和各部分名称。

　　　　　2. 熟悉葡萄枝蔓的类型和特点。

　　　　　3. 熟悉葡萄的生长、开花结果习性以及对环境条件的要求。

技能目标：1. 能正确识别葡萄的枝蔓。

　　　　　2. 能正确区分葡萄芽的类型。

　　　　　3. 能正确调查当地的葡萄生长环境。

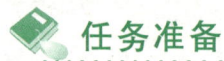

一、葡萄生长特性

葡萄是多年生藤本攀缘果树,其结构见图 5-2-1。

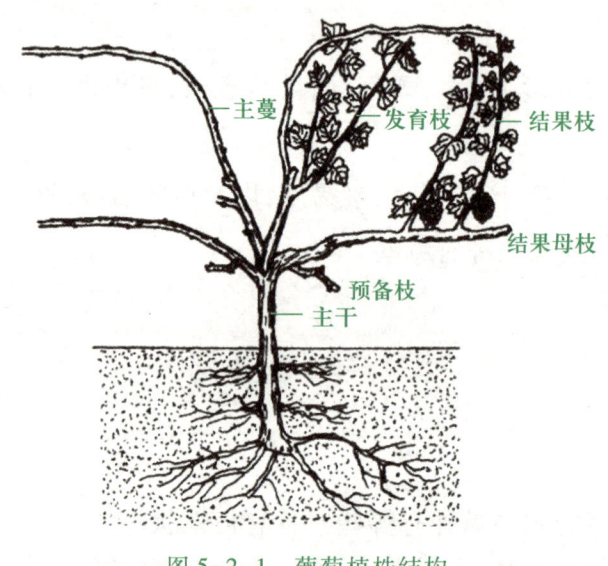

图 5-2-1 葡萄植株结构

1. 根系

葡萄的根系发达(图 5-2-2),肉质化,能贮藏大量养分。葡萄一般采用扦插繁殖,因而没有主根,只有根干、侧根和须根。根系分布的深度可达 1~2 m,主要根群分布在 30~60 cm 土层内。水平分布直径为地上部的 2 倍左右,主要根群分布在定植穴周围 2~3 m。葡萄根系一年有两次生长高峰,第一次在春夏季,此次发根量较多,第二次在秋季落叶前。高温干旱的夏季和寒冷的冬季,根系生长缓慢或停止生长。

2. 枝蔓

葡萄的枝梢又称蔓,它包括主干、主蔓、侧蔓、结果母枝(蔓)、结果枝(蔓)、生长枝(蔓)和副梢等(图 5-2-3)。葡萄枝蔓生长迅速,尤以开花前后生长最快,一年能多次抽梢,新梢的年生长量可达 1~10 m 不等。

3. 芽

葡萄的芽一般分为冬芽、夏芽和隐芽三种,新梢的叶腋间形成冬芽和夏芽。**冬芽**又称芽眼,

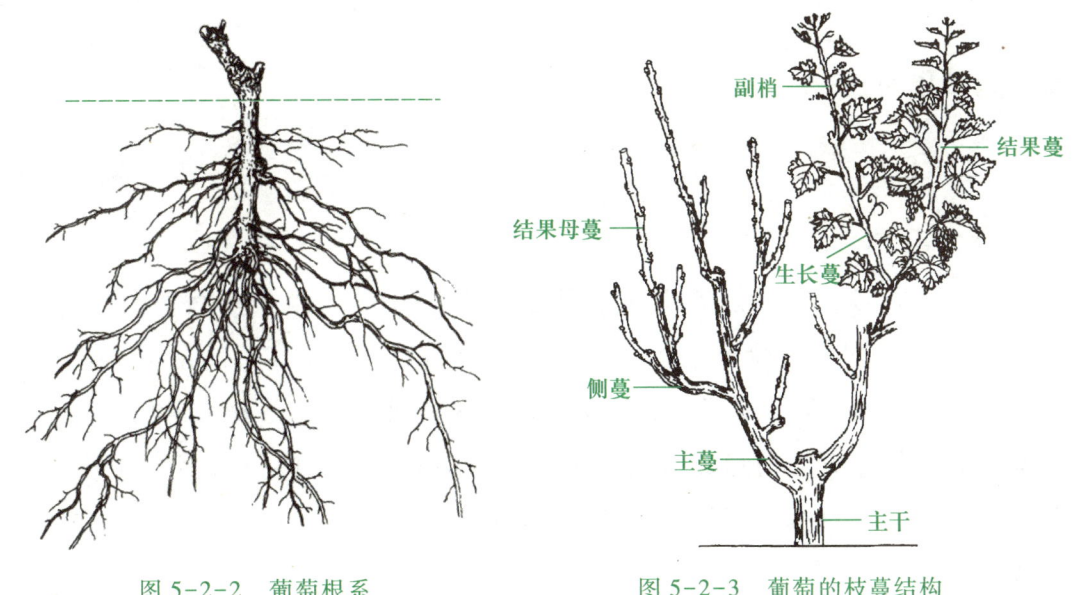

图 5-2-2　葡萄根系　　　　图 5-2-3　葡萄的枝蔓结构

多为混合芽(图 5-2-4),一般当年形成第二年春季萌发,外被鳞片,内生茸毛,内含 1 个主芽和 2~8 个副芽,主芽居中,春季主芽先萌发,部分副芽相继萌发,有时主芽和 1~2 个副芽同时萌发。**夏芽**为裸芽,属早熟性芽,当年萌发成夏芽副梢,夏芽副梢量大且生长迅速(图 5-2-5)。**隐芽**着生于多年生枝蔓上,主要由冬芽的副芽不萌发形成隐芽,也有部分冬芽中的主芽因某些原因不萌发形成隐芽,葡萄的隐芽潜伏期长,有利于树体更新复壮。

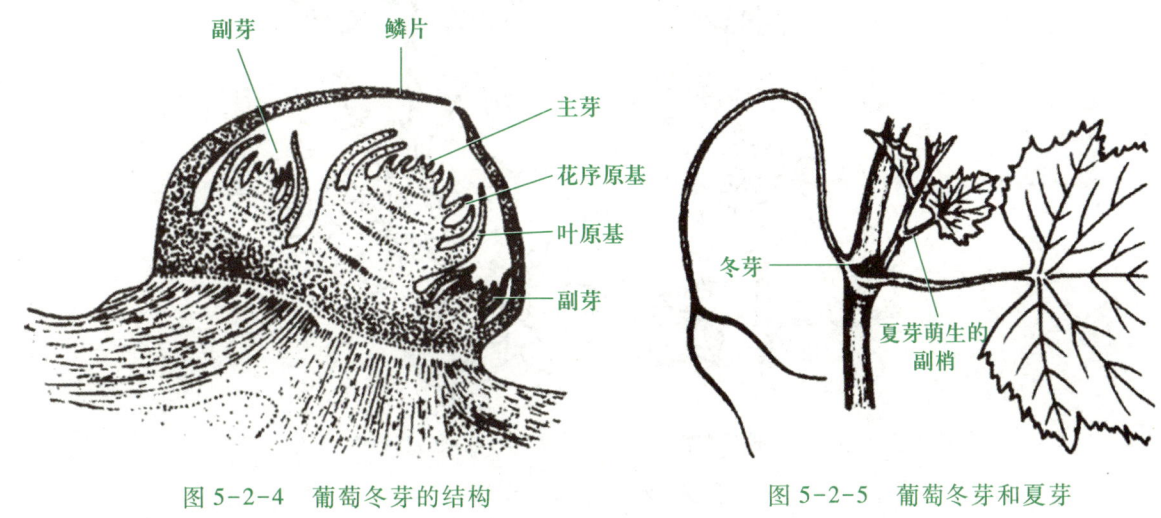

图 5-2-4　葡萄冬芽的结构　　　　图 5-2-5　葡萄冬芽和夏芽

4. 叶

葡萄的叶为掌状单叶,互生,由叶柄和叶片组成。叶片的大小、厚薄、形状、裂刻多少、裂刻深浅、锯齿及其上有无茸毛、茸毛形状和稀密程度等都是鉴别和记载品种的重要标志。葡萄的抗病性与叶片的厚薄、茸毛的多少、颜色的深浅相关,**叶片厚、茸毛多、颜色深的品种抗病力较强**。

二、葡萄开花结果习性

1. 花芽分化

葡萄的花芽为混合花芽,一般着生在结果母枝的 2~16 节,生长势强的品种着生位置高(在 6 节以上),生长势弱的品种着生位置低(一般在 2~6 节)。冬芽一般在 5 月初开始花芽分化,主要分化形成期在 6—8 月,8 月以后花芽分化渐缓。次年春季芽膨大萌发时,上年形成的花序原始体继续分化,于开花前形成完整的花序。副梢的花序一般在新梢第 5~7 节上,在夏芽即将萌发时开始花芽分化。由于形成时间短,花序较小。

2. 卷须与花序

葡萄卷须和花序都是茎的变态。在花芽分化过程中,营养条件好时分化为花序,营养不足时则分化为卷须。欧亚种是每着生两节卷须后间隔一节不着生卷须(间歇性),而美洲种则为连续着生(连续性)(图 5-2-6)。卷须是葡萄的攀缘器官,在栽培中无利用价值。

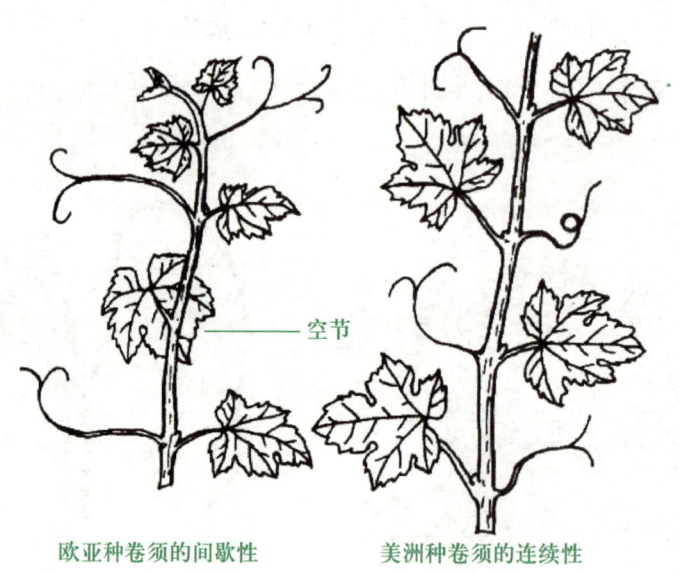

图 5-2-6 葡萄的卷须

花序和卷须一样,着生在叶片的对侧,着生花序之节,不生卷须,花序一般着生在结果蔓的第 4~7 节。

葡萄的花序为复总状花序,一般着生在结果枝的第 3~7 节位上,由花序梗、花序轴和花蕾组成。整个花序上有 200~1 500 个花蕾。葡萄花有两性花和单性花(包括雌能花、雄能花),栽培品种大多为两性花。少数雌能花品种必须授粉才能结果。其花粉极小,易随风传播,昆虫对它也能起传粉作用。

3. 果实

葡萄果实是由子房发育而成的浆果，其形状、大小、色泽因品种不同差别较大。整个花序形成果穗，果穗由穗梗、穗轴和果粒组成。果粒由果梗、果蒂（果梗与果粒相连处的膨大部分）、果刷、果肉、种子等组成（图5-2-7）。每一果粒一般含有1~4粒种子，无核品种是浆果的种子发育不充分造成败育或退化所致。

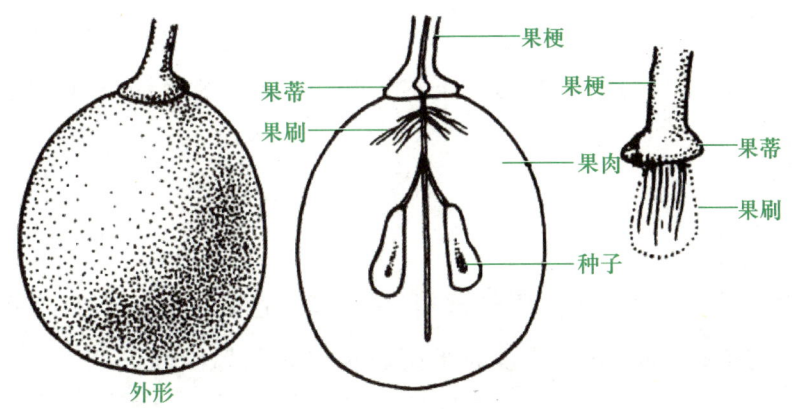

图 5-2-7　葡萄的浆果

三、葡萄对生长环境的要求

1. 温度

葡萄起源于温带和亚热带，性喜温暖。要求的年平均温度为15~23 ℃，以18 ℃最适宜。自萌芽至果实成熟所需积温为2 100~4 000 ℃，早熟品种的积温要求低，一般为2 300 ℃，中熟品种约为2 900 ℃，晚熟品种约为3 700 ℃。

葡萄萌芽期适宜的温度为10~12 ℃；生长最适温度为25~30 ℃；果实成熟期的适宜温度为28~32 ℃；昼夜温差大于10 ℃，则浆果含糖量高，品质好。

2. 水分

葡萄耐旱忌湿，性喜干燥。北美种群、欧美杂交种、东亚种群比欧亚种群耐湿力强，在年降雨量1 000 mm以上的南方地区栽培表现较好，欧亚种群最适宜栽培区年降雨量为600~800 mm。南方地区宜栽培欧美杂交种，若栽培欧洲种，葡萄整个生长期高温多湿，易感病，是南方栽培葡萄的不利条件。目前，南方地区常利用避雨设施技术栽培葡萄。

3. 光照

葡萄是喜光性果树,其光合作用最适宜的光照度是 2 500~5 000 Lx。光照条件好,树体生长健壮、花芽分化充分、浆果着色好、含糖量高、风味浓、品质高;光照不足,果实着色不良、糖度低、品质差、枝梢出现徒长、枝梢不充实、花芽质量差;光照过强,果实发生日灼。果实成熟期需要充足的光照。

4. 土壤

葡萄对土壤的要求不严,pH 5~8 都能正常生长,但以土壤疏松透气、土层深厚肥沃、富含有机质的沙壤土最适宜。

5. 风

葡萄抗风能力弱,大风能吹断葡萄的嫩梢、果穗,甚至吹倒支架。因此葡萄园应选在避风的地方并及早营造防护林。4—6 月要及时绑缚新梢以防被风吹断。

任务实施

葡萄生长环境调查

1. 目的要求

了解当地葡萄生长期的温度和降水量,通过与葡萄最适温度、最适水分比较,明确栽培要点。

2. 工具材料

图书、信息工具,干湿温度计、风速风向仪等。

3. 操作步骤

(1) 讨论调查内容、步骤、注意事项。

(2) 通过图书、报刊和互联网查阅当地的各种葡萄品种的最适温度和最适水分要求。

(3) 到当地气象部门,调查了解当地葡萄生长期的温度和降水量。

(4) 到葡萄园现场访问,了解当地气候条件与葡萄生长的适配程度。问询极端气候条件

对葡萄生产造成的影响。

（5）了解果农如何利用当地气候条件，采取哪些栽培措施进行葡萄生产。

（6）现场测量气温、风向、风力和湿度。

（7）撰写调查报告。

任务反思

1. 葡萄根系生长有哪些特点？生产上如何进行相应的措施管理？
2. 比较葡萄冬芽与夏芽的异同点。
3. 葡萄果实结构包括哪些部分？
4. 葡萄对环境条件的要求是什么？影响葡萄产量的因素是什么？

任务 5.3　葡萄栽培技术

任务目标

知识目标：1. 了解葡萄土肥水管理方法。
　　　　　2. 了解葡萄整形修剪的方法。
　　　　　3. 了解植物生长调节剂在葡萄生产中的应用。
技能目标：1. 会葡萄的疏果和果实套袋。
　　　　　2. 会葡萄的冬季修剪和夏季修剪。
　　　　　3. 能在葡萄生产中正确使用植物生长调节剂。

任务准备

一、葡萄定植

1. 定植时间

一年生或二年生的裸根苗，以1—2月份定植为好；营养袋苗以新根刚长至袋边缘，且根系略有变褐时，在3—4月份定植较好。

2. 定植密度

一般篱架栽植的株行距为(1.0~1.5) m×(2~3) m,棚架栽植的株行距为(1.5~2) m×(3~6) m。

3. 定植方法

篱架栽培常用南北向栽植,棚架栽培以枝蔓南北向生长栽培。山地果园要开垦成梯田,定植前要进行土壤改良,挖好定植沟,放足有机肥,平地或水稻田起高畦挖深沟注意排水。定植前将贮藏苗木浸泡清水12~24 h,吸足水,地上部剪留2~3个饱满芽,根系剪留15~20 cm,定植后树盘内用草覆盖,淋足定根水。

二、葡萄土肥水管理

1. 土壤管理

(1) 合理间作：幼龄葡萄果园,为充分利用行间空地,常常间种花生、豆类、绿叶菜、草莓等作物。注意间种作物必须离植株50 cm以外。

(2) 中耕除草：葡萄园中耕经常在春季结合施萌芽肥、在秋季结合施采果肥进行,深度15~20 cm,生长季节用除草剂进行除草。

(3) 覆盖：在夏季旱季来临前,用稻草、麦秸、玉米秸、豆秸等材料,全园或栽植行覆盖土面,覆草15~20 cm厚,起到保湿降温作用。葡萄园也可采用全园生草或行间、株间生草结合覆盖。选种黑麦草、紫花苜蓿、白三叶、毛叶苕子、三叶草等。多年生品种生草后每年收割3~6次进行覆盖,3~5年后春季翻压,而后休闲1~2年,重新生草。

2. 土壤施肥

葡萄苗木定植当年,在生长季节内肥水管理要勤施薄施,用淡麸水、淡沼液、淡粪水加尿素、复合肥,每10~15天施1次水肥,7月前以氮肥为主,7月后适当控氮肥,改用复合肥或增加磷钾肥,促进花芽形成,每次每株用尿素或复合肥20~50 g。9—10月结合深翻基肥,施入有机肥2 000~3 000 kg/亩。

葡萄结果树根据产量、土质、树势确定施肥量,可参考每生产1 000 kg葡萄,全年需施纯氮5.6~7.8 kg,磷4.6~7.4 kg,钾7.4~8.9 kg,其比例为1∶0.7∶1.5。一年施肥5次。

(1) 萌芽肥：葡萄萌芽前10~15天,结合深翻畦面在植株周围进行土壤追肥,以促进萌发整齐。一般每亩施尿素10~15 kg或磷酸二铵10~20 kg。

(2) 谢花肥:谢花后至幼果第一次膨大期(浆果黄豆大小时),需及时追一次速效肥,既促使果粒膨大,又可促进花芽分化。用氮、磷、钾配合施肥,可每亩追施复合肥 30 kg、硫酸钾 10~15 kg,酌情追施适量氮肥 10~15 kg。

(3) 着色肥:浆果开始着色时进行追肥,以钾肥为主,一般不施氮肥,能提高果实糖度,促进着色和枝蔓成熟。每亩追施硫酸钾 15 kg 左右、过磷酸钙 15 kg。

(4) 采果肥:采果后 5~10 天,施复合肥 30 kg/亩,尿素 10 kg/亩。

(5) 基肥:采果后、落叶前,盛果期树每亩施 2 000~3 000 kg 厩肥(鸡粪、猪粪等畜禽粪)、堆肥等有机肥,其次配少量的微生物肥料(如根瘤菌、固氮菌、磷细菌、硅酸盐细菌、复合菌等)和硫酸钾、过磷酸钙、尿素及果树专用三元复合肥等。

3. 水分管理

葡萄喜干燥,忌积水。南方春季多雨,应注意开沟排水,降低地下水位,降低园内湿度。7—9 月进入干旱季节后,应及时灌水 2~3 次,以保持土壤含水量达到最大田间持水量的 60%~70%。一般可根据葡萄嫩梢的生长状况作为灌水的标志。若嫩梢尖硬而弯曲则为正常,若嫩梢直立而柔软则为缺水表现,应立即灌水。

三、葡萄整形修剪

1. 架式

葡萄栽培必须设立架,以保持一定的树形。架式分篱架、棚架和篱棚架三种。

(1) 篱架:篱架的架面与地面垂直,行间设置支柱,支柱上拉铁丝,将葡萄的枝蔓绑缚其上,形成树篱,故称篱架。该架式的优点是通风透光,果实品质优良,便于管理,但植株极性生长强烈,易造成结果部位上移。适于生长势中等或较弱的品种采用。生产上常用的篱架有单篱架、宽顶单篱架、双十字 V 形架等。

- 单篱架:沿行向每隔 5~6 m 立一支柱,支柱高 2.2~2.7 m,埋入土中 50 cm。第一层铁丝应距地面 50~60 cm,以后每隔 40~50 cm 拉一道铁丝,一共 3~4 道铁丝,铁丝以 12~13 号镀锌铁丝较好(图 5-3-1)。

- 宽顶单篱架:在支柱的顶部固定一个 0.9~1.2 m 的横梁,横梁上穿 4 根铁丝(图 5-3-2)。枝蔓爬上架面部,绑缚在铁丝上,新梢自由下垂。宽顶单篱架的高矮和宽窄,因品种和生长势而有变化,但都是当前世界上推广的"高、宽、垂"栽培模式。

- 双十字 V 形架:柱高 2.5 m,埋入土中 0.6 m,地上 1.9 m。在每根柱上架两根横梁。上横梁长 80~100 cm,下横梁长 60 cm,分别固定在离地面 140 cm 和 105 cm 处。离地面 80 cm 在

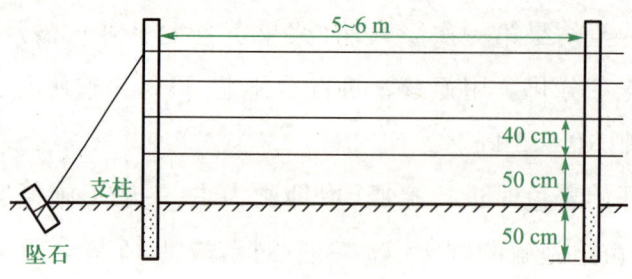

图 5-3-1　单篱架

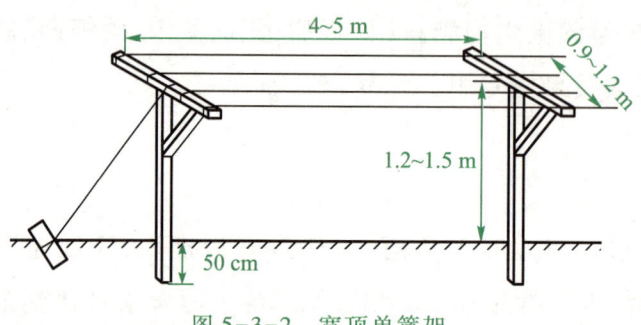

图 5-3-2　宽顶单篱架

立柱两边拉两道铁丝,两道横梁离顶端 5 cm 处各拉一道铁丝,形成双十字 6 道铁丝的架式(图 5-3-3)。

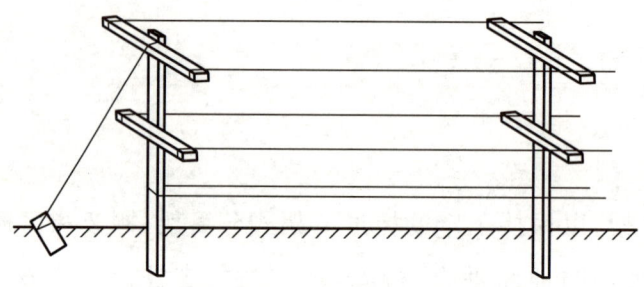

图 5-3-3　双十字 V 形架

(2) 棚架:架高一般为 2~2.5 m,宽 3~6 m,每隔 4~6 m 立一支柱。棚架的种类很多,南方常用的棚架(图 5-3-4)分为水平棚架和倾斜棚架。棚架架面大,单株产量高,通风透光好,病虫害轻。但架材成本较高,管理不方便。

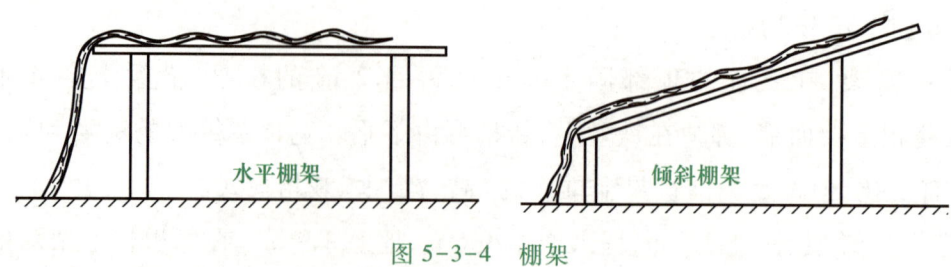

图 5-3-4　棚架

- 水平棚架：支柱顶部水平，架面纵横牵引铁丝，组成边长为 50 cm 的格子，以引缚葡萄枝蔓。
- 倾斜棚架：架的前后高低倾斜角度为 10°~20°。其余与水平棚架相同。

（3）篱棚架：即篱架和棚架的综合形式。除在水平棚面架设铁丝外，垂直面立柱间拉若干道铁丝，这样同一架上兼有棚架和篱架两种架面，能经济利用土地和空间，达到立体结果，但通风透光较差（图 5-3-5）。

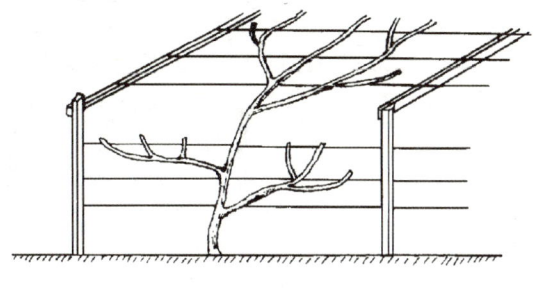

图 5-3-5　篱棚架

2. 整形

葡萄整形一般分有主干形和无主干形两类。南方多采用有主干形，以减轻病害。有主干形包括单臂水平形、双臂水平形、单干扇面形等。

（1）单臂水平形：定植时在第一道铁丝处高剪。若高度不足，则短剪培养一强壮新梢，长至第一道铁丝时摘心，重点培养两个副梢。第一年春季萌芽后，选留两根主梢呈 45°绑在第二道铁丝上，另一主蔓垂直绑在第二道铁丝上。第二年春对已形成单臂单层树形让其结果，另一主蔓照样培养两主梢呈 45°绑在第三道铁丝上，冬季将其中一主梢水平绑在第二道铁丝上，另一主梢垂直绑在第三道铁丝上。依此类推，根据铁丝道数培养层次（图 5-3-6）。

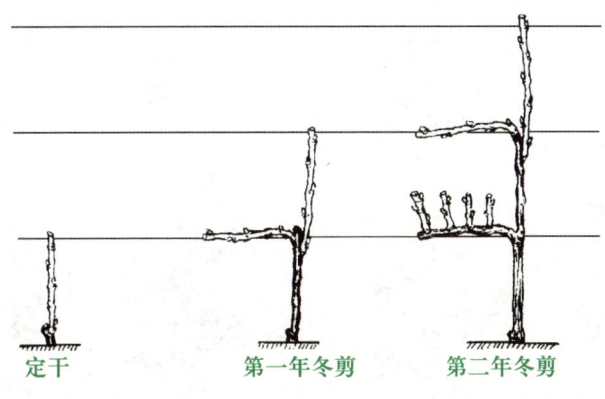

图 5-3-6　单臂水平形整形

（2）双臂水平形：双臂水平形方法与单臂水平形整形方法基本相同，只是多培养一个臂，形成双臂，它适于生长势强的品种（图 5-3-7）。

3. 修剪

葡萄枝蔓的生长量大，修剪量比其他果树也大。根据修剪时期可分为夏季修剪和冬季修剪。

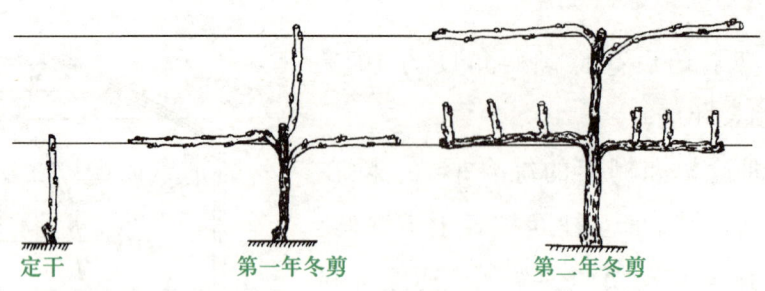

图 5-3-7 双臂水平形整形

（1）夏季修剪：从萌芽到新梢停止生长的整个生长季节里进行的修剪称为夏季修剪，主要包括以下几个方面：

● 抹芽定梢：春季萌芽后，抹除多余的芽，每节只留 1 个芽。当新梢长至 10~20 cm，能看清花序的着生情况时进行定梢。一般在母蔓上每隔 10~15 cm 留一个新梢，每平方米架面留 8~15 个强壮枝梢并且分布均匀。

● 主梢摘心：开花前一周左右进行摘心，少数落花落果严重的品种如巨峰可推迟至开花时摘心。一般结果蔓在花序上留 5~8 片叶摘心，营养蔓留 10~15 片叶摘心（图 5-3-8）。

● 副梢处理：花序以下副梢全部抹除；主梢顶端留 1~2 个副梢，均留 3~5 片叶摘心，副梢再次萌芽时留 2~3 片叶反复摘心；花序以上的其他副梢可全部抹除或留 1~2 片叶摘心，再次抽生的二次副梢全部抹除（图 5-3-9）。

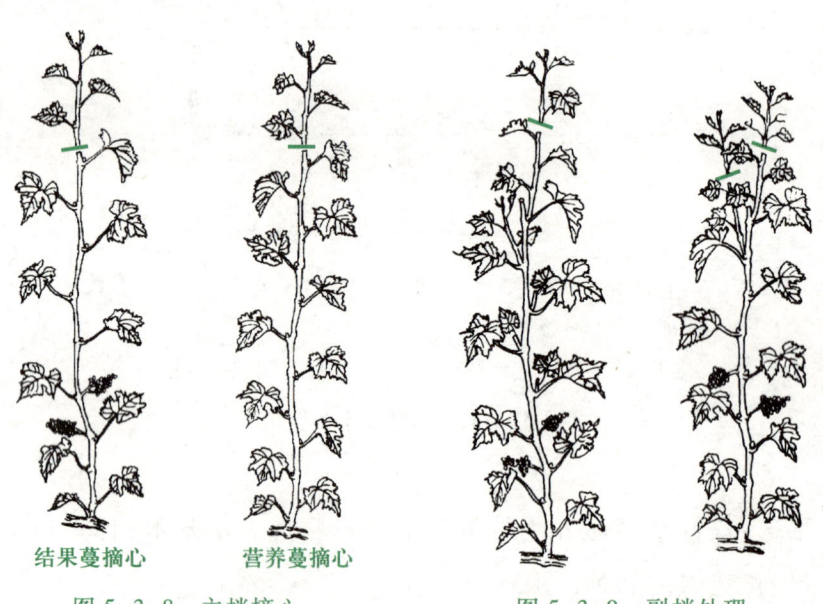

图 5-3-8 主梢摘心　　　图 5-3-9 副梢处理

● 疏花穗，掐穗尖：在开花前后疏除部分花穗。粗度在 0.8 cm 以上的强枝可留两穗；粗度为 0.6~0.8 cm 的中庸枝留一穗；弱枝和预备枝上的果穗全部疏除。掐穗尖是指在开花前摘除副穗和花穗的尖部，只留中部发育良好的 12~14 个小花穗，长 8~10 cm（图 5-3-10）。

● 绑蔓,去卷须:新梢长到 20~30 cm 时要斜绑于架面以缓生长势,在摘心、绑蔓的同时摘除卷须。绑蔓材料需用质地柔软的塑料带、玉米皮、马蔺等。为固定新梢不受铁丝磨损并不影响加粗生长,可采用"8"字形扣绑缚(图 5-3-11)。

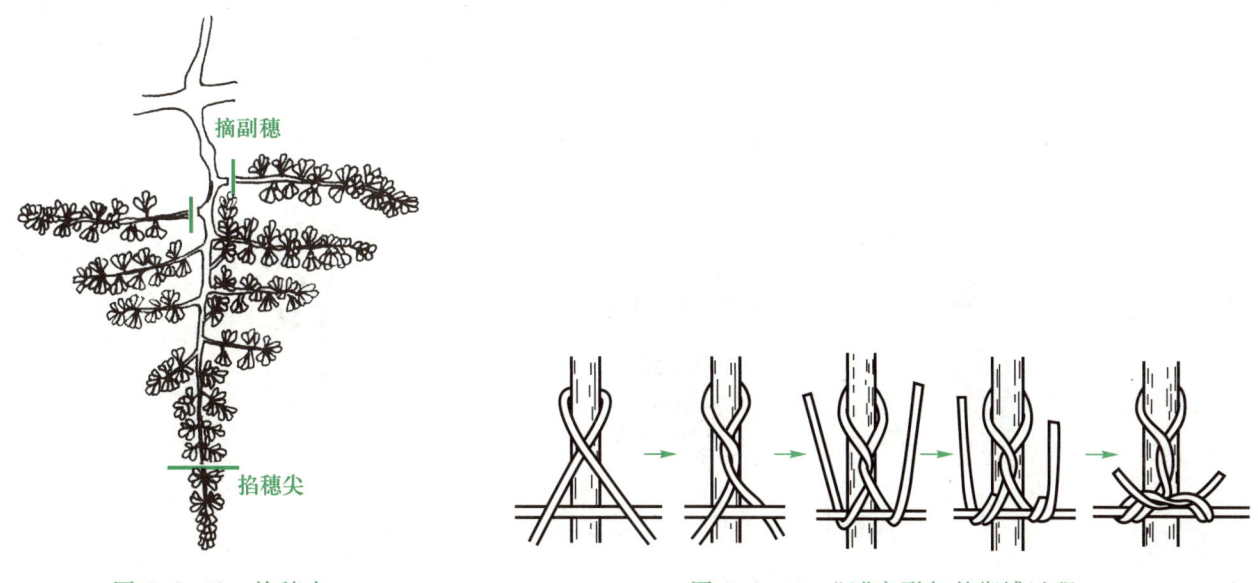

图 5-3-10 掐穗尖　　　　　　　　图 5-3-11 "8"字形扣的绑缚过程

● 疏果粒:疏果粒的目的是使果穗整齐,果粒大小一致,增大单果重。一般在坐果后至硬核期进行,在葡萄落花落果结束后,对要进行疏果的果穗先"摇穗",即以拇指和食指捏住穗梗,再用其余三指轻弹穗部,使将落未落和已脱未落的果粒及花丝花帽震落,再掐穗头、去副穗,疏去小果粒和畸形粒,最后疏去密挤的正常粒(图 5-3-12)。对果粒密度大的品种,可先疏除果粒密挤部位的部分小分枝,再疏单粒;对果粒稀疏的大粒品种如巨峰类,以疏果粒为主,必要时再疏除少量小分枝。某些巨峰葡萄园实行每穗 40 粒,穗重 400 g 的疏粒要求,使单穗外观明显改善。疏果粒是保证葡萄果粒充分增大并疏密适度、整齐美观、提高品质的一项不可缺少的措施。

● 增大粒:环剥可增大果粒,提早着色和成熟。环剥在疏果后接着进行。用芽接刀在新梢第一果穗着生节下 1~2 cm 节间处,环割两刀,宽 0.2~0.3 cm,用刀尖挑下皮环(图 5-3-13)。另外,在花期用浓度为 50~100 mg/kg 的赤霉素浸泡(或喷施)花序 1~2 次,可增大果粒和坐果率。

● 套果袋:套袋或罩纸伞可以减少农药和尘埃的污染,提高果穗外观品质,减少病虫危害。套袋用的纸袋有两种,一是购买葡萄专用袋,二是自制报纸袋[(19~27)cm×(27~38)cm],从有利上色的角度,白色纸袋为好。套袋一般在坐果和疏粒后进行。葡萄套袋前应喷一次广谱性杀菌剂加杀虫剂(多菌灵、甲基托布津、溴氰菊酯、吡虫啉等)。有色品种应在成熟前 10~15 天去袋,如有鸟害可只撕去纸袋的下半部。对适光度好的纸袋和塑膜袋以及可在袋内着色良好的红色和黄色品种,不需提前去袋。罩纸伞是给果穗戴一斗笠式帽(似帽子)的套袋方法(图5-3-14),成本低,操作方便。用一张圆形或方形塑料薄膜或报纸,剪一条缝至中心点,然后把穗轴沿剪开的缝套进中心点,再用订书钉把边缘重叠钉住或用两个大头针别住即可。

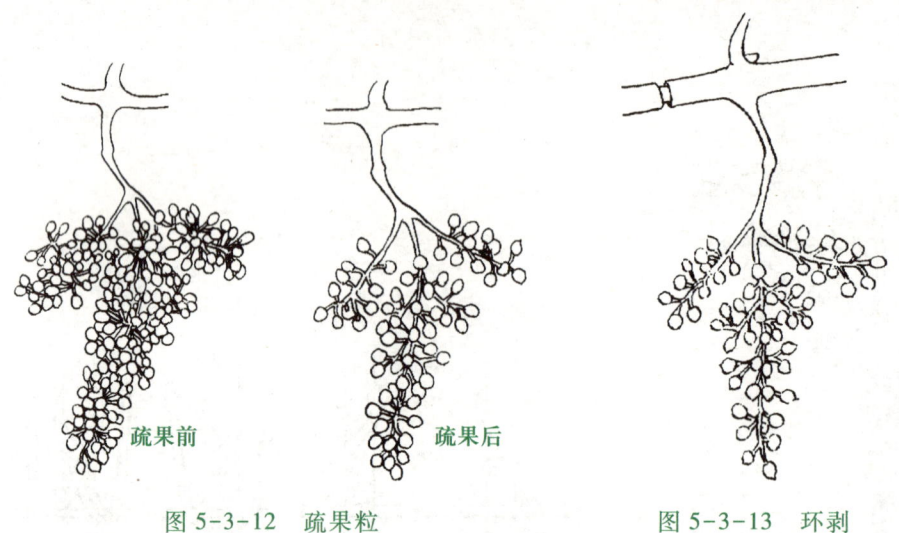

图 5-3-12　疏果粒　　　　　　　图 5-3-13　环剥

(2) 冬季修剪:冬季修剪一般在落叶后一个月至伤流(图5-3-15)前21天进行,主要是结果母蔓的修剪和更新以及多年生蔓的更新。

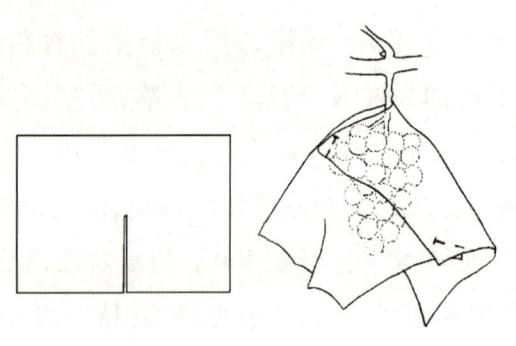
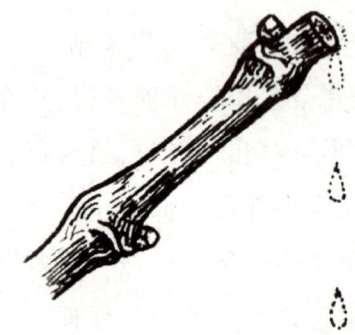

图 5-3-14　罩纸伞　　　　　　　图 5-3-15　伤流

● 结果母蔓的修剪:结果母蔓修剪长度应依品种特性、架式及肥水条件而定。一般可分为短梢修剪、中梢修剪、长梢修剪和极长梢修剪(图5-3-16)。

短梢修剪　结果母蔓留1~4节修剪,适于生长势弱、花芽分化部位低的品种(如康太、红大粒等)或在肥水不足时采用。

中梢修剪　结果母蔓留5~7节修剪,适于生长势中等、花芽分化部位居中的品种(如秋黑、藤川1号等)。

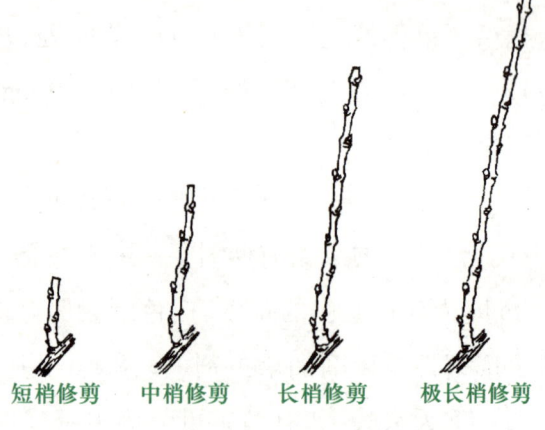

短梢修剪　中梢修剪　长梢修剪　极长梢修剪

图 5-3-16　结果母蔓剪留长度

长梢修剪 结果母蔓留8~12节修剪,适于生长势旺盛、花芽分化部位高的品种(如峰后、美人指等)或肥水条件好、架面大的情况。

极长梢修剪 留12节以上修剪,主要用于幼旺树、延长枝和强旺枝。

具体修剪时,应根据实际情况确定修剪方法。生产上常采用长中短梢混合修剪。如延长枝多用长梢、极长梢修剪,结果蔓可用中、长梢修剪,更新枝主要用短梢修剪。棚架宜采用中长梢修剪,篱架宜用中短梢修剪。

- 结果母蔓的更新:为了防止结果部位上移而造成基部光秃,每年应利用靠近枝梢基部发出的成熟新梢来代替结果枝组,这种交替更新结果枝组的方法称为结果母蔓更新。目前生产上采用的结果母蔓更新方法有单枝更新和双枝更新两种。

单枝更新 冬季修剪时不留预备蔓,结果母蔓中、上部抽生结果蔓结果,下部新梢培养为预备蔓,如果有花序也需摘除。冬季修剪时将预备蔓按结果母蔓的要求修剪,其余的剪除。如此每年反复进行,此法适于发枝力强的品种(图5-3-17)。

双枝更新 双枝更新就是在结果枝组上端留一个结果母枝,下端基部留一个预备枝。上端的结果母枝按需求长度剪留,下端的预备枝留2~3个芽短截,次年,上端的结果母枝开花结果,而下端的预备枝则培养2个新蔓,次年冬剪时,将已结果的果枝连同其母枝一起剪除,预备枝上的2个枝,上端的一个用中长梢修剪作为下一年的结果母枝,下端的一个又作为预备枝进行短梢修剪。以后每年均按此法修剪(亦称一长一短修剪法),不断更新结果母枝。该法培养更新枝容易可靠,适于发枝力弱的品种(图5-3-18)。

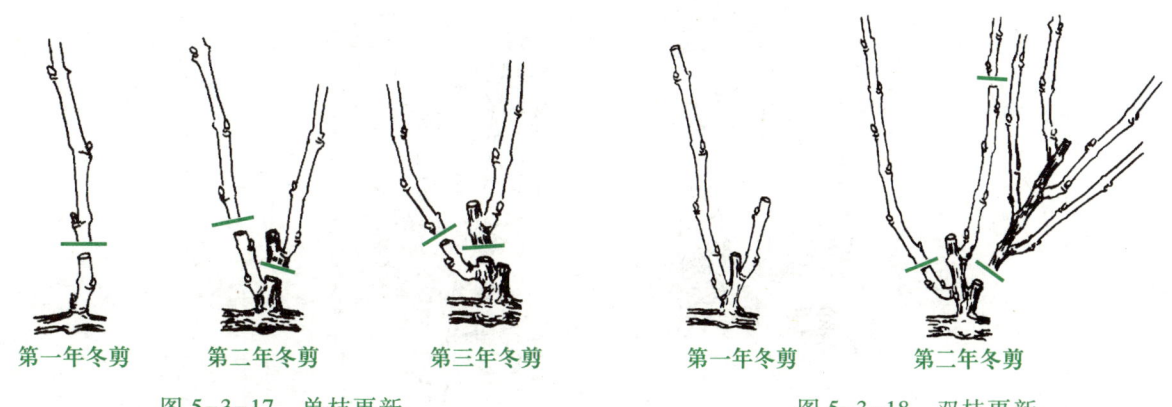

图5-3-17 单枝更新　　　　图5-3-18 双枝更新

- 多年生蔓的更新:可分为全部更新和局部更新。

全部更新 植株全部衰老时,采用全部更新。先培养更新蔓,再分几年或一年完成更新。

局部更新 将老蔓剪去,在老蔓基部选留新蔓作更新枝。冬季修剪时还须疏剪枯枝,病虫枝,无用的二、三次枝及徒长枝等。但生长粗壮、直径在0.8 cm以上的副梢可留作结果母蔓。在修剪时,剪口芽上应留桩,因为葡萄二年生枝蔓的组织疏松、髓部大、易发生伤流而导致枯梢。

四、葡萄诱发多次结果技术

1. 诱发夏芽二次结果

在主梢上花序开花前15~20天，对主梢摘心，摘心节位下必须有1~2个尚未萌动的芽，其余的夏芽副梢全部抹除，使营养集中于顶端的夏芽，促进其分化花序原基，萌发后即可结出二次果。若夏芽抽出的二次梢上没有花序，应立即摘心，以诱发二次副梢结果（图5-3-19）。适于此种方法的品种有巨峰、玫瑰香、佳利酿等。

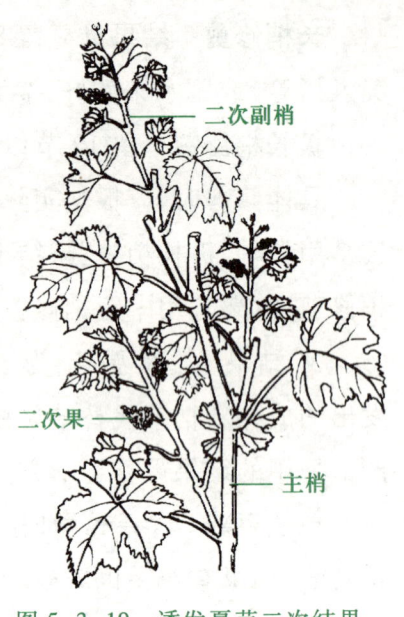

图5-3-19 诱发夏芽二次结果

2. 诱发冬芽二次结果

开花前一周对主梢在花序以上留4~7片叶摘心，抹除所有副梢，大约10天，主梢顶端的冬芽即可萌发结果。但此花序较小，坐果率也较低。因此，可以在该冬芽萌发后，将该冬芽连同其所在的主梢先端一节剪除，其下的一个冬芽可于稍晚后萌发，即可获得良好的二次果（图5-3-20）。适于此种方法的品种有玫瑰香、莎巴珍珠、黑汉等。

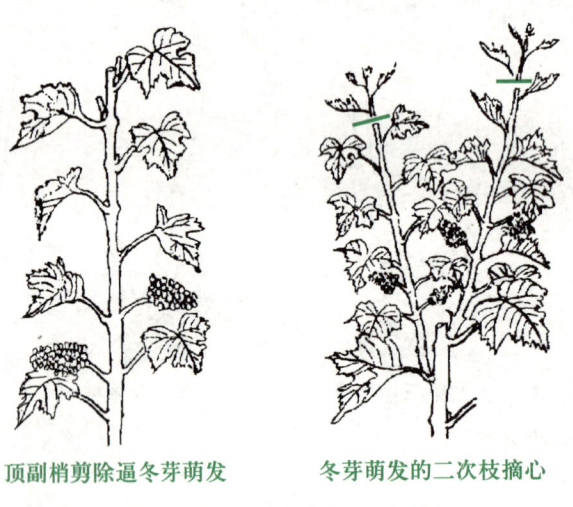

顶副梢剪除逼冬芽萌发　　冬芽萌发的二次枝摘心

图5-3-20 诱发冬芽二次结果

葡萄二次果的果穗和果粒一般比主梢的果小，成熟期晚一个月左右，果皮较厚，着色较差，风味偏酸。因此生产葡萄应以主梢果为主，二次结果为辅。在主梢果产量不足的情况下，利用二次果增加产量有积极意义。但在总的果穗负载量增加、果实生长和成熟期延长的情况下，要特别注意加强肥水管理，增进树体营养，避免因二次结果而使树势衰弱，影响次年的产量。

五、植物生长调节剂在葡萄生产中的应用

生产上,植物生长调节剂主要用于鲜食葡萄的无核化和大粒化,这将大大提高葡萄的食用和商品价值。目前应用得多而广的是赤霉素(GA₃)、植物细胞分裂素(BA)、促生灵(PCPA)、链霉素(SM)。

处理方法常用浸渍法和喷液法。浸渍法是将药剂装在塑料大杯中,将花穗逐个浸入其中。该法用药量少,效果好,但较费工。喷液法是药剂放在手动喷雾器内,对准花穗喷雾。该法省工,但用药量较多,效果稍差。药剂的浓度因葡萄种类品种、使用时期不同而异。一般为10~100 mg/L。使用时应严格控制浓度,否则易产生药害。不同种类品种处理的时期有所差别。如玫瑰香处理的适宜期,第一次一般在展叶后26~30天,或者其展叶数在10~13片时;第二次在盛花期后14天左右,果粒如火柴头大小时。巨峰花前处理在初花前2~5天进行,以使其无核;花后处理在盛花期后15~20天进行,以增大果粒。处理时间过早,果穗出现大小粒,果梗又粗又硬,落花落粒严重;过晚则有核果粒多,果穗伸长受抑制,导致果粒着生过密、粒小,遇雨易发生裂果。处理时应选择树势中庸偏旺、结果稳定丰产的成年树。幼树树势不稳定,易生长过旺,导致落花落粒、衰老树生长势弱,养分供应不足,果粒较小。一天中应选择晴天12:00以前或15:00以后至落日前,以避开气温高于30 ℃的时间段。空气相对湿度在80%左右,并维持两天时间较好。天气干燥,导致药液水分蒸发,易造成药害,但阴雨天处理效果也不好。如果在处理8 h以后降小雨可不再处理,若降大雨,需再处理一次。

利用植物生长调节剂一般是花前处理用赤霉素,花后处理小果粒时用细胞分裂素等。在操作时一定要谨慎小心,严格减少人为误差,以提高田间管理水平。在大面积使用前应先进行小范围试验,以便达到最佳效果。

任务实施

一、葡萄疏果和套袋

1. 目的要求

学会葡萄疏果、增大果粒和套袋的方法,掌握疏果、环剥和套袋的技能。要求在操作中认真细致,轻拿轻放,注意果穗位置的调整,不损坏果穗。实训结束后,场地应清理干净。

2. 工具材料

芽接刀、报纸、大头针。

3. 操作步骤

（1）疏果粒。在葡萄落花落果结束后,对要进行疏果的果穗先"摇穗",即以拇指和食指捏住穗梗,再用其余三指轻弹穗部,使将落未落和已脱未落的果粒及花丝花帽震落,再掐穗头、去副穗,疏去小果粒和畸形粒,再疏去密挤的正常粒。

（2）环剥。环剥可增大果粒,提早着色和成熟。环剥紧接疏果进行。用芽接刀在新梢第一果穗着生节下 1~2 cm 节间处,环割两刀宽 0.2~0.3 cm,用刀尖挑下皮环。

（3）罩纸伞。罩纸伞成本低,操作方便。用旧报纸根据果穗大小裁成 2 或 4 开,沿一个长边中线剪至 1/2 处,罩时将纸伞从剪口套至果梗处,使两边重叠如伞状,边角用大头针别住。

二、葡萄修剪

1. 目的要求

学会葡萄冬季修剪和夏季修剪技术;掌握葡萄修剪技能。

2. 工具材料

成年葡萄树、修枝剪、竹制刀、纤维带。

3. 操作步骤

冬季修剪

（1）结果母蔓的剪留长度。根据实际情况采用长、中、短梢修剪方法。长梢修剪的留 8~12 节,中梢修剪的留 5~7 节,短梢修剪的留 1~4 节。

（2）确定留梢留芽数。修剪前应先确定计划产果量,再由此确定单株留梢留芽数。单株留芽数根据架面大小、整枝形式和树势而定。一般来说,1 m² 架面容纳新梢约 15 根;篱架架面约 15 cm 留 1 根新梢。盛果期冬剪留芽量为布满架面所需新梢的 2 倍。

（3）枝组的修剪和更新。对枝组上结果母蔓的选留原则是去高留低,去密留稀,去弱留强。结果母蔓的更新可采用单枝更新或双枝更新方法。

（4）主蔓更新。当主蔓衰老或结果部位严重外移,造成下部空虚、结果能力下降时,应及时更新。**选留主蔓基部附近的预备蔓**,将需要更新的主蔓剪除。

（5）其他枝蔓修剪。凡不作结果母蔓、骨干蔓或预备枝用的枝蔓,如徒长枝、病虫枝、枯枝、密生枝等都应疏除。

（6）刮剥老树皮。葡萄主干、主蔓和大的侧蔓上的树皮,每年自然干枯,呈条状开裂,是病菌和虫卵寄生潜伏的场所,必须将树皮刮剥下来集中烧毁,以减轻病虫危害。刮剥皮的工具可用竹制刀,切不可用锋利的钢刀或枝剪,以免枝蔓受伤。

夏季修剪

（1）抹芽定梢:春季萌发后进行抹芽。一般萌发早而饱满圆肥的芽多为花芽,萌发迟而尖瘦的芽多为叶芽或质量差的花芽。每个节上只选留一个发育好的芽。当新梢长至 10~20 cm,能辨认花序时定梢。**原则上留结果蔓,去营养蔓;留壮枝,去弱枝**。在枝条稀少的部位和需要留预备枝的部位,若没有结果蔓可留,也可留一定量的营养蔓,多余的新梢全部抹除。

（2）主梢摘心:在开花前到开花初期,将结果蔓在花序以上留 5~8 片摘心,营养蔓留 10~12 片摘心,骨干延长和预备更新梢,则根据冬季修剪要求的长度再多留 2~4 片叶进行摘心。

（3）副梢处理:对副梢的处理,较常用的方法有两种:

● 生长势较弱的品种,只保留结果蔓顶端一个副梢,留 3~5 片叶摘心,其余的副梢及时抹除,二、三次副梢都照此处理。

● 生长势较旺的品种,抹除花序以下的副梢,花序以上的副梢留 1~2 片叶摘心,以后再发生的二、三次副梢均留 1~2 片叶反复摘心。

（4）疏花穗和掐穗尖:开花前后根据生长势疏除弱小与过多的花穗,掐去 1/5~1/4 的穗尖部分和副穗。

（5）绑蔓和去卷须:新梢长至 20~30 cm 时用绳带将新梢均匀地斜绑在架面上,生长期中需绑缚 2~3 次,并随时摘除卷须。

4. 注意事项

（1）短剪时,必须在剪口芽上留 2~3 cm 长的枝段,以保护剪口芽。疏剪或缩剪多年生枝时,也要留 1~2 cm 的残桩,待残桩干枯后,再从基部剪除。

（2）需要水平绑缚的结果母蔓或延长蔓,其剪口芽应留在枝的上方,以利新梢向上生长。

（3）在绑缚新梢时,应小心轻绑,以免折断新梢,但也不能绑得太紧,以免影响新梢茎的横向生长。

（4）冬季修剪剪掉的枝蔓,需从架上取下来。需作为繁殖材料用的,应分品种选取充实健壮的枝蔓贮藏备用。其余的枝蔓和树皮枯叶一并清除,以减少病虫的传播。

任务反思

1. 比较葡萄冬季修剪和夏季修剪技术的特点。
2. 试述植物生长调节剂在葡萄生产上的应用。
3. 如何诱发夏芽二次结果？
4. 如何诱发冬芽二次结果？
5. 如何利用葡萄单枝更新和双枝更新的方法来更新结果母蔓？
6. 试总结葡萄疏果和套袋或罩纸伞的技术要点。

任务 5.4　葡萄避雨设施栽培

任务目标

知识目标：1. 理解南方栽培葡萄采用避雨栽培的重要性。
　　　　　2. 了解生产上葡萄避雨栽培采用的架式。
技能目标：1. 能为葡萄避雨栽培选择合适的架式。
　　　　　2. 会进行葡萄避雨栽培技术。

任务准备

一、葡萄栽培避雨架式

在南方栽培欧亚种葡萄，要采取避雨设施栽培。目前避雨设施主要有简易防雨覆盖、塑料大棚、玻璃温室等类型。简易防雨覆盖因其方法简便、成本低、效果好而应用较多。

1. "T"形宽顶单篱架加拱棚

将篱架由高 2 m 垂直拉 4 道铁丝改为 1.2 m 处水平拉 4 道铁丝，再根据架面大小覆盖塑料薄膜呈拱棚状，即可起到避雨作用（图 5-4-1）。

2. "V"形双十字篱架加小拱棚

如图 5-4-2 所示。在"V"形双十字篱架上加盖小拱棚,也可避雨。

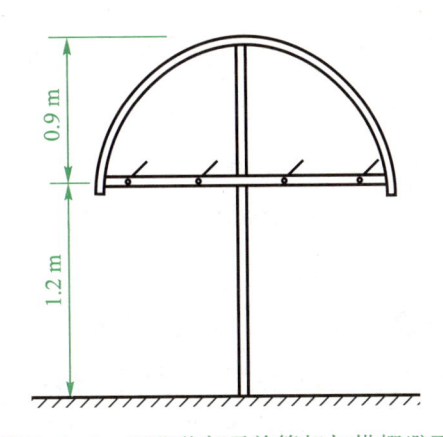

图 5-4-1 "T"形宽顶单篱架加拱棚避雨

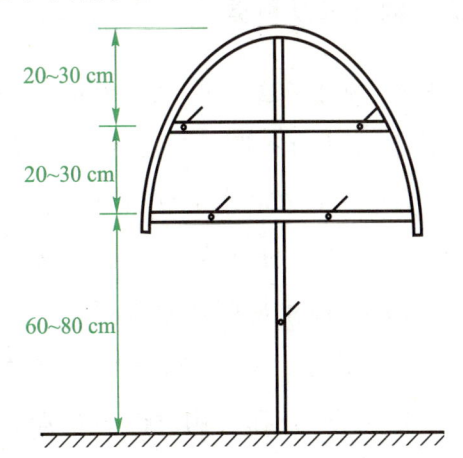

图 5-4-2 "V"形双十字篱架加小拱棚避雨

3. 棚架加小拱棚

在棚架上根据架面大小加小拱棚,覆盖葡萄的主蔓、结果母蔓、果穗及部分新梢即可。简易防雨拱棚覆膜的时间因不同地区和栽培目的而异。一般在发芽前后进行,有强风和晚霜地区应适当推迟。覆盖后架面可以通风,不会产生类似温室的高温危害,而且能够避雨,提高坐果率,减轻裂果率,减少病害发生,减少喷药次数,还能使浆果提前 5~10 天成熟,从而大大提高了经济效益。

二、葡萄避雨栽培技术

1. 建园

(1) 品种选择:南方栽培葡萄夏季高温多雨,宜选择抗高温、抗潮湿和抗病性强的欧亚种或欧美杂交种,如巨峰、京亚、藤稔、峰后等葡萄品种。

(2) 园地选择:南方栽植葡萄应选择土壤深厚、光照充足、土质疏松透气、排水条件好的沙质土,行向以南北向为好。

(3) 定植:将扦插成活的一年生苗于春季 2—3 月栽植,有条件的可采用营养袋育苗进行大苗移栽,在早春移入大田,当年即可开花结果。定植前,沿行向开设宽 50~60 cm、深 40~50 cm 的定植沟,每亩施入杂草或作物秸秆 1 000 kg,充分腐熟的农家肥料 1 500~2 000 kg,钙镁磷肥 50~100 kg,将肥料分层放入沟内,培土整成高出地面 20 cm 的定植畦。采用株行距

0.8 m×2.5 m,每亩种植 230~250 株。定植时注意根系要舒展,逐层培细土踏实,浇足定根水,定植后,畦面覆盖地膜或稻草,增温保湿。

2. 避雨棚选择及种类

（1）窄棚：棚宽 3.2 m、棚高 2.8 m,棚长根据葡萄种植的长度灵活选用,50~100 m 均可,窄棚避雨栽培方式适合行距 3.2~3.4 m 的单、双篱架葡萄栽植模式。建窄棚时不要另外架设棚柱,可用篱架原有的钢筋水泥柱,上端比大田栽培的钢筋水泥柱加长 40~50 cm,其中心留一直径 3 cm 的圆孔,并以桩柱为中心,从圆孔中嵌进一根径粗 3 cm 的镀锌管作横梁,横梁两端用钢筋水泥柱顶上,覆上薄膜压紧即可。

（2）宽棚：棚宽 6 m,棚高 3.5 m,棚长 50~100 m,宽棚模式更适用于行距 2 m 的篱架、平顶棚架栽培。建宽棚时,在避雨棚两边每隔 5~6 m 立一根直钢筋水泥柱,在柱上喷焊直径 3 cm 粗的钢管,地下部分埋入土中 50 cm,横向两根柱子上焊弧形钢管作为拱棚,拱棚中间焊接钢管连成中梁,其上覆盖棚膜压紧即可。

3. 棚膜选择

（1）棚膜：用白色聚氯乙烯膜为好。薄膜厚度：窄棚 0.03 mm,宽棚 0.05 mm。

（2）覆盖和揭膜时间：黑痘病和霜霉病多发地区,葡萄开始萌动时覆膜；一般在雨季到来的 5 月中下旬覆膜。果实采收后揭膜,覆膜期无雨时,可以把棚膜卷起,多照射阳光,增强光合作用,积累营养,利于果实着色和改善品质。

4. 栽培管理

（1）常规管理工作：包括土壤、肥料、水分、整形修剪等,可按照露地葡萄园栽培模式进行。

（2）施肥：每亩施 75~100 kg 复合肥、150 kg 生物有机肥,生长期加喷农家宝 3~4 次。

（3）石灰氮涂芽：多数葡萄品种都需要 7.2 ℃ 以下低温 800~1 200 h,才能打破自然休眠,南方葡萄种植区多因冬季的低温有效时数不够,常常造成葡萄发芽不整齐、花芽分化质量差。所以,在萌芽前 20~30 天,用 50~60 倍石灰氮液涂抹冬芽,可迅速解除葡萄休眠。

（4）夏季修剪：适时进行夏剪,做好抹芽、摘心、摘除副梢、摘卷须、绑蔓、掐穗尖、疏果等工作,减少营养消耗,有利园内通风透光。

（5）合理控制产量：按照合理定产原则,每亩控制在 1 500 kg 左右,尤其是疏除小穗、副穗、掐去 1/5~1/4 过长穗尖和疏除畸形果、小果,可增大单果重,采取果穗套袋,可减少裂果,提高葡萄品质,增加经济效益。

（6）加强病虫害防治：病虫害防治做到以防为主,综合治理,科学使用无公害农药。主要病害有黑痘病、霜霉病、灰霉病、白腐病、炭疽病等,在冬剪后和萌芽前各用一次 3~5 波美度的石硫合剂清园,以消灭各种越冬菌源。在萌芽后至成熟前,以防为主,每7~10天喷药一次,并轮换交替使用农药,防治时期及方法见表5-4-1。

表5-4-1 葡萄病害防治时期及方法一览表

物候期	防治对象	使用农药
萌芽期	黑痘病	50%多菌灵800倍液喷雾
开花期	灰霉病、穗轴病、黑痘病,兼治叶蝉、白粉虱等	速杀灵2 000倍加吡虫啉1 500倍液喷雾
幼果生长期	霜霉病、炭疽病、白腐病等	甲基托布津800倍或可杀得800倍液喷雾
果实膨大期	炭疽病、白腐病等	世高3 000倍液喷雾
果实着色期	霜霉病、炭疽病等	可杀得800倍加杀毒矾600倍液喷雾
果实采收期	霜霉病、褐斑病等	用雷多米尔800倍液喷雾

 任务实施

葡萄不同架式的搭建

1. 目的要求

熟悉葡萄主要架式的结构特点及其架材的规格,掌握葡萄不同架式的搭建技术。

2. 工具材料

紧线器、钳子、卷尺及挖掘工具等。葡萄搭架所用的架材,包括立支柱、横梁、斜支柱、坠石、铅丝等,可根据当地条件,就地取材,如支柱可选用木柱、水泥柱等;铅丝即镀锌铁丝,一般篱架用11~14号铅丝,固定边柱用10~11号铅丝,棚架用8~12号铅丝。

3. 操作步骤

选择葡萄架式 从以下架式中选择适合所栽品种的架式:

(1) 篱架:篱架是葡萄栽培中应用最广泛的架式,其主要类型有单篱架、双篱架和宽顶单篱架。

• 单篱架:参见图5-3-1,架高1~2 m(因地区、品种、树势、整形方式等而异),沿葡萄行向在行内每隔4~5 m设1根立柱,其上拉1~4道铅丝。第一道铅丝离地面50~60 cm,以上各

道铅丝之间的距离为 40~50 cm。

- 双篱架：葡萄植株的两侧，沿行向建立相互靠近的两排单离架，一般架高 1.8 m，两壁相距 70~80 m，两壁略向外倾斜为好，即基部相距 50~60 cm，顶部相距 80~100 cm。
- 宽顶单篱架：参见图 5-3-2，在单篱架支柱的顶部加一横梁，呈"T"字形。横梁宽 60~100 cm。在直立的支柱上拉 1~2 道铅丝，在横梁上两端各拉一道铅丝。

(2) 棚架：参见图 5-3-4 架面与地面倾斜或平行，葡萄枝蔓主要分布在离地面较高的棚面上。

- 大棚架：架长 8~10 m，架的后部（靠近植株基部）高约 1 m，前部高 2~2.5 m，纵横向立柱间距 4~5 m，架面用铅丝拉成网格。
- 小棚架：架长架宽依地块而定（多为 5~6 m），一般第 1 排立柱距地高 1.2~1.6 m；第 2 排立柱高为 2.0 m。纵横向立柱间距 4~5 m，架面用铅丝拉成网格。小棚架可有多种形式，如连叠式、屋脊式和平顶式等。

(3) 棚篱架：基本结构与小棚架相似，参见图 5-3-5。架长 4~5 m，只是将架面后部（靠近植株根部）提高至 1.5~1.6 m，架口高 2~2.2 m。棚篱架不仅利用棚面结果，而且也利用篱面结果。

(4) 柱式架：柱式架也称单柱架，它与前述的篱架和棚架不同，不用铅丝，没有固定的架面。在每株葡萄旁边埋一根单柱，长 1.2~1.8 m，埋入土中 30~50 cm。植株的主干绑缚于单柱上，经过 6~10 年的生长，植株主干变得粗壮坚挺，这时可以去掉支柱，成为真正无架的葡萄植株。柱式架适于冬季暖和不用埋土防寒的地区。

葡萄架式设置操作

(1) 木、竹柱的防腐处理：如选用木、竹柱作葡萄的立柱，埋入土中的部分应进行防腐处理。可用下列任一种处理方法。

- 浸入含 5% 硫酸铜溶液的池子内，4~5 天（时间长些更好）后，将木、竹柱从溶液中取出，风干。
- 浸入煤焦油或木焦油中约 24 h，在加热的情况下可缩短时间，如在沸腾的焦油中浸半小时即可。
- 浸入含 5% 五氯苯酚的柴油溶液中约 24 h。注意用油浸的木柱，需要较长的时间（1 个月以上）才能完全干燥。故春天用的木柱，最好在头年秋季进行处理。

此外，也有用沥青（臭油）涂抹，或用火烧焦木头表层等方法防腐，但不如上述方法效果好。

(2) 架式设置操作以篱架设置为例：

- 挖穴：按葡萄园规划设计要求，沿葡萄行向在行内每隔 4~5 m 挖一直径 30~40 cm、深度 50~70 cm 的立柱栽植穴。

● 埋立柱:将立柱栽入穴内,每行两端的边柱埋入土中深 60~70 cm,行内的中柱埋入土中深约 50 cm。埋边柱时应略向外斜并用锚石或撑柱固定。

● 埋锚石:在边柱靠道路的一侧约 1 m 处,挖深 60~70 cm 的坑,埋入重约 10 kg 的石块,石块上绕 8~10 号的粗铅丝,铅丝引出地面牢牢地捆在边柱的上部和中部。

● 设置铅丝:第一道铅丝距地面 50~60 cm,以上间隔 40~50 cm 设一道铅丝。篱架上拉铅丝时,下层铅丝宜粗些,上层铅丝可细些。将铅丝先在一边柱上固定,然后从另一端用紧线器拉紧固定。

任务反思

1. 葡萄避雨栽培采用的架式有哪些?各有什么特点?
2. 可采用什么方法打破葡萄的休眠?
3. 种葡萄为什么要采取避雨栽培技术。

任务 5.5 葡萄果实采收

任务目标

知识目标:1. 了解葡萄果实采收时期。
　　　　2. 能正确判断果实的成熟度。
技能目标:1. 掌握葡萄果实适宜采收的时期。
　　　　2. 掌握葡萄果实的采收方法。
　　　　3. 掌握葡萄果实采后处理方法。

一、葡萄采收时期

鲜食葡萄一般在成熟度达八成时采收,其标准是:已具有该品种的固有色泽,即有色品种要充分着色,无色品种因品种不同要达到黄、白、金黄、绿黄色,浆果呈半透明状,果肉变软而富有弹性,糖酸比适宜,口感好。由于酿酒用的不同品种对原料的糖、酸、pH 等要求不同,其采收期也不同。例如酿制香槟酒,要求葡萄果实含糖量为18%~20%,含酸量为9~11 g/L;白兰地酒,要求葡萄果实含糖16%~20%,含酸量8~10 g/L;甜葡萄酒,要求葡萄果实含糖量不低于20%~22%,含酸量5~6 g/L;制汁的品种要求含糖量在20%以上,含酸较少,并应在充分成熟后采收。

二、葡萄采收及采后处理

采收应选择晴天进行,雨天与雾天不宜采收。采收时用左手将穗梗拿住,右手剪断穗梗,并立即就地修整果穗,剔除病虫果、破碎果、坏果及小青粒、小果粒等,然后按穗粒大小、整齐程度、色泽情况分级包装。

包装时一般要求二次包装。首先将葡萄装入一个1 kg或2 kg的硬质小盒(图5-5-1),然后将20~40个小盒装入大的硬质运输周转箱。小盒上的标志要清晰,即注明商标、产地、品种、重量、等级等。为保证果品质量应迅速进入市场。

图5-5-1 包装盒

任务实施

将当地栽植的不同葡萄品种果实成熟期作一比较,并以表格形式表示。

任务反思

1. 葡萄果实在什么时候采收较为适宜?
2. 怎样判断葡萄果实的成熟度?
3. 葡萄果实采摘时应怎样操作?

项目小结

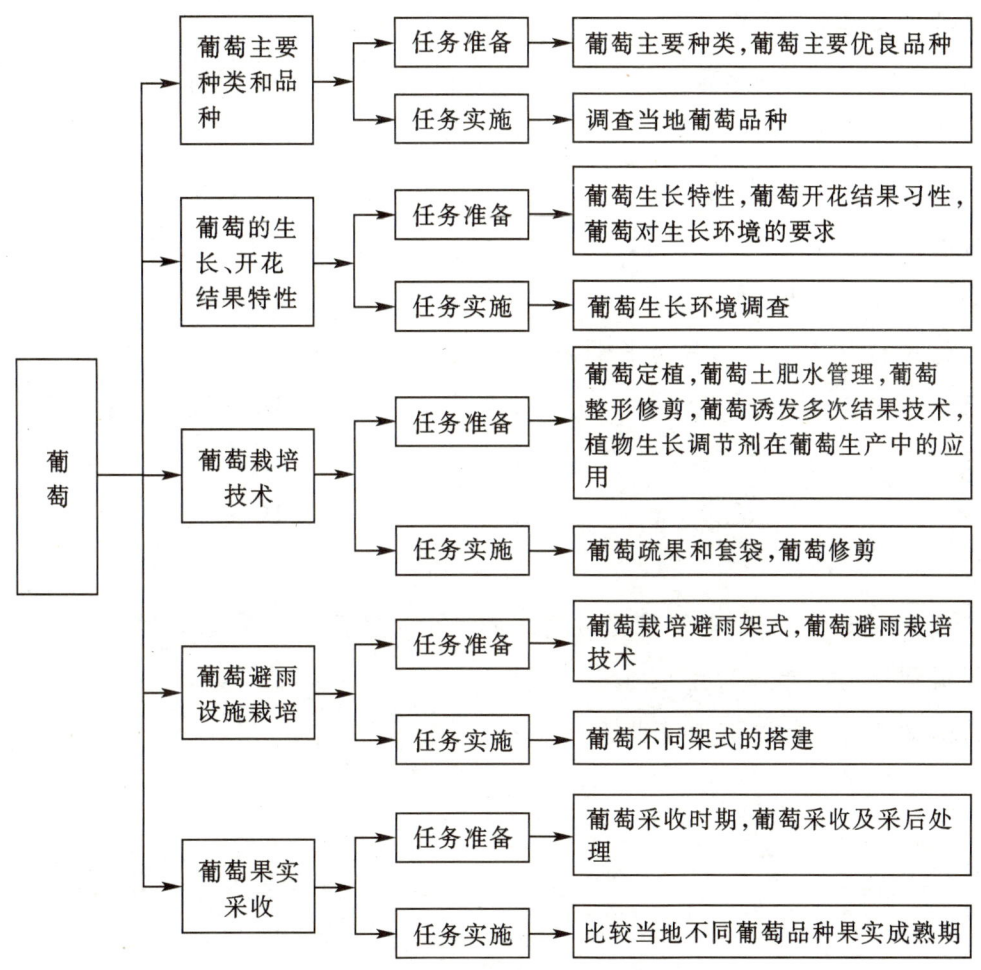

综合测试

一、单项选择题

1. 葡萄的叶为（　　）。
A. 轮生　　　　　B. 对生　　　　　C. 互生　　　　　D. 以上都不是

2. 葡萄的果实属于（　　）。
A. 浆果　　　　　B. 柑果　　　　　C. 核果　　　　　D. 仁果

3. 葡萄棚架包括（　　）。
A. 单壁篱架　　　B. 宽顶单篱架　　C. 双十字 V 形架　D. 水平棚架

4. 葡萄夏季修剪时，通常掐去穗尖（　　）较为适宜。
A. 1/5~1/4　　　B. 1/3~1/2　　　C. 1/4~1/3　　　D. 1/4~1/2

5. 葡萄冬季修剪包括（　　）。

A. 绑蔓　　　　B. 双枝更新　　　C. 抹冬芽　　　D. 抹夏芽

二、多项选择题

1. 葡萄的芽包括（　　）。

A. 冬芽　　　　B. 夏芽　　　　C. 叶芽　　　　D. 隐芽

2. 葡萄的夏芽属于（　　）。

A. 裸芽　　　　B. 隐芽　　　　C. 早熟性芽　　D. 晚熟性芽

3. 葡萄的果穗包括（　　）。

A. 穗轴　　　　B. 果粒　　　　C. 穗梗　　　　D. 果刷

4. 葡萄的果粒包括（　　）等生长调节剂。

A. 种子　　　　B. 果刷　　　　C. 果肉　　　　D. 果梗

5. 诱发葡萄二次结果的芽是（　　）。

A. 腋芽　　　　B. 顶芽　　　　C. 夏芽　　　　D. 冬芽

三、简答题

1. 南方栽种葡萄时，一年中结果葡萄树施肥多少次？怎样掌握施肥量？

2. 怎样促使葡萄一年多次结果？

3. 葡萄避雨设施栽培应怎样选择避雨棚？

项目 6

猕猴桃

项目导入

中等职业学校种植专业毕业生小李于2009年冬开发了 3 hm² 猕猴桃园,栽培品种为红心猕猴桃。2012年4月初,小李就琢磨着,把果实品质提上去,一定能卖到好价钱,于是采用了疏果套袋技术,果实大小均匀,着色好,采摘时,不少客户前来订购,供不应求,价格一路走高,到10月上旬,由原来预计的市场售价 14元/kg 左右,上涨到 20元/kg。邻居老张看到小李的果实卖了好价钱,前来向小李咨询,才知道原来小李的猕猴桃经过了疏果,95%以上的猕猴桃都套了果袋,果实品质确实比别人的好。老张虚心向小李请教疏果套袋技术,经过改进,老张的猕猴桃果收成不错,市场价格也好。

本项目主要学习猕猴桃主要品种、树冠及果实的形态,识别不同的种类与品种;了解猕猴桃的生长特性,掌握猕猴桃的生长、开花结果习性以及对环境条件的要求;掌握猕猴桃主要生产技术,包括土肥水管理、花果管理、树体整形修剪和果品采收。

任务 6.1 猕猴桃主要种类和品种

任务目标

知识目标:1. 了解猕猴桃的主要种类和优良品种。

2. 了解当地猕猴桃品种。

技能目标:1. 能正确识别猕猴桃的主要种类。

2. 能正确调查当地猕猴桃品种。

3. 能说出当地猕猴桃优良品种的特点。

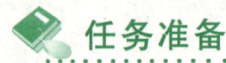

任务准备

一、猕猴桃主要种类

猕猴桃系猕猴桃科猕猴桃属植物，为多年生藤本果树，原产我国，栽培历史悠久。目前全世界有 61 个猕猴桃种，其中 59 个种分布在我国。作为生产栽培的主要是中华猕猴桃、美味猕猴桃、毛花猕猴桃、软枣猕猴桃等，其中中华猕猴桃和美味猕猴桃最具栽培价值。

1. 中华猕猴桃

中华猕猴桃又称软毛猕猴桃，大型落叶藤本，在我国分布最广，集中于秦岭和淮河流域以南。其果实近球形或圆柱形，果面光滑无毛，果皮黄褐色至棕褐色，果肉黄绿色，果重 20~120 g。

2. 美味猕猴桃

美味猕猴桃又称硬毛猕猴桃，大型落叶藤本。为我国栽培面积最大、产量最高的种类，主要分布于黄河以南地区。果皮绿色至棕色，果肉翠绿色或黄绿色，果重 30~200 g，汁多味浓，具清香。

3. 毛花猕猴桃

毛花猕猴桃又称毛冬瓜，分布于长江以南各地，果实重约 30 g，果肉翠绿色，多汁味酸，其代表品种有福建的沙农 18 号。毛花猕猴桃是一种珍奇的野生藤本植物，有果中之王及超级水果之称，含有丰富的维生素 C。据分析测定，每 100 g 毛花猕猴桃鲜果中含 640~925 mg 维生素 C，相当于温州蜜柑的 26 倍多，为中华猕猴桃的 1.5~9.3 倍。

4. 软枣猕猴桃

软枣猕猴桃主要分布于黑龙江、吉林、辽宁、河北、山西等地，黄河以南也有分布，是我国耐寒性强、适应性广、综合利用价值较高的猕猴桃种类。果实椭圆形，小而光滑，单果重 3~5 g，最大可达 13 g，可作为抗寒砧木。其代表种有吉林选育的魁绿。

二、猕猴桃主要优良品种

1. 中华猕猴桃

（1）庐山香猕猴桃：江西省科学院庐山植物园育成。果实长圆形，平均果重 87.5 g，最大果重 140 g,果皮淡黄绿至橙黄色,茸毛黄色,果肉淡黄色,味甜多汁,有蜂蜜香气,可溶性固形物含量为 13.5%~16.8%,维生素含量为 159~170.6 mg/100 g 鲜果肉。品质上等。树势较强,以中短果枝结果为主,花着生在结果枝的 1~6 节叶腋间,结果早,丰产。果实在 10 月中旬成熟。

(2) 魁蜜猕猴桃:由江西省农业科学院园艺研究所选育,中熟,为鲜食、加工两用品种。果实近圆形,平均单果重 92~110 g,最大果重 232 g;果皮绿褐色或棕褐色,茸毛短、易脱落,果肉黄色或绿黄色,质细多汁,酸甜味浓,具香气,维生素含量为 120~148 mg/100 g 鲜果肉。生长势中庸,坐果率高,早果,丰产,稳产,抗风,耐高温。果实常温下可贮存 20 天,冷藏条件下可放 4 个月,贮藏性较好。果实 9 月中旬成熟,采前无落果,并可挂在树上到落叶前后采收。

(3) 金丰猕猴桃:江西省农业科学院园艺研究所选育,为中晚熟鲜食加工两用品种。果实椭圆形,整齐均匀,平均单果重 82~107 g,最大果重 124 g,果皮黄褐色,被有较多短茸毛,毛脱落后,果皮稍粗糙,果肉黄色,质细均匀可切片,多汁,出汁率 70%,味酸甜,有香气,维生素含量为 103 mg/100g 鲜果肉。生长势强,以中、长果枝蔓结果为主,果枝蔓连续结果能力强,无生理落果和采前落果。抗风,耐高温干旱,但果实不耐贮藏,果实 9 月下旬成熟。

(4) 早鲜猕猴桃:由江西省农业科学院园艺研究所选育,早熟,为鲜食、加工两用品种。果实圆柱形,整齐美观,果皮绿褐色或灰褐色,密被茸毛,毛不易脱落,平均单果重 80 g 左右,最大果重 132 g,果肉绿黄色或黄色,酸甜多汁,味浓,有清香,维生素含量为 75~100 mg/100 g 鲜果肉。常温下可保存 10~20 天,冷藏条件下可放 4 个月,货架期 10 天左右。生长势较强,以短果枝和短缩果枝结果为主,坐果率高。其抗风、抗旱、抗涝性均较差。8 月中下旬成熟,有采前落果现象,要及时采收。

(5) 黄金果:是新西兰选育出来的中华猕猴桃新品种,目前已取代海沃德品种,是公认的果实品质优良的品种。果实倒圆锥形或倒梯形,单果重 80~105 g。果皮绿褐色,果肉金黄色,质细多汁,极香甜,维生素 C 含量为 120 mg/100 g 鲜果肉,是较好的鲜食和加工两用型品种。

2. 美味猕猴桃

(1) 米良 1 号猕猴桃:湖南省吉首大学猕猴桃研究所选育。果实长椭圆形或圆柱形,果皮棕褐色,被长茸毛,果顶呈乳头状突起,平均果重 86~96 g,最大果重 162 g。果肉黄绿色,肉质细嫩多汁,酸甜适口,有香味,品质上等。可溶性固形物含量为 16%~18%,果实的维生素 C 含量为 188 mg/100 g 鲜果肉。室温下可贮藏 50 天左右。果实外观不端正是其主要缺陷。该品种生长健壮,树势强,具有树冠成形快、结果早、抗逆性强、丰产性能好、果大和耐贮性能好等特点,适宜在年平均气温 13.9~17.9 ℃,海拔 400~1 200 m,土质疏松的微酸性至中性土壤上栽培。盛果期每亩产量可达 1 500~2 000 kg。果实 10 月上旬成熟。

(2) 金魁猕猴桃:又称为鄂琳猴桃 1 号,湖北省农科院果树茶叶所选育。果实圆柱形,果面具棕褐色茸毛。果实小大整齐一致,平均果重 100 g,最大果重 175 g。果肉翠绿色,质细多汁,风味浓郁,品质上等,可溶性固形物含量为 18% ~ 22%,果实的维生素 C 含量为 100 ~ 242 mg/100 g 鲜果肉。果实贮性强,可在 15 ~ 20 ℃室温下存放 50 天,与其他供试品种相比,是目前最耐贮的品种。生长势强,叶片肥厚,丰产、稳产、适应性广,因而推广面积较大,该品种生长旺盛,其早果性和丰产性优于海沃德,抗逆性较强,在长江流域栽培表现较好。

(3) 川猕 2 号猕猴桃:由四川省苍溪县于 1982 年从河南省引入的野生美味猕猴桃中选育。果实短圆柱形,果皮浅棕灰色,被有糙毛。平均单果重 95 g,最大单果重 183 g。果肉翠绿色、汁多、味甜、微香。可溶性固形物含量为 16.9%,维生素 C 含量为 124 mg/100 g 鲜果肉。在常温下可存放 15 ~ 20 天。树势旺,结果早且丰产。果实成熟期为 10 月上旬。

(4) 沁香猕猴桃:湖南农业大学园艺系选育。果实近圆形或阔卵形,果顶平齐,果形端正美观。平均单果重 85 g,最大单果重 158 g。果肉绿色,肉质细嫩多汁,风味浓,有清香。可溶性固形物含量 15% ~ 17%,果实的维生素 C 含量为 148.46 ~ 236.9 mg/100 g 鲜果肉。果心小,中轴胎座质地柔软,种子较少。果实耐贮藏,常温下可存放 17 ~ 18 天。该品种生长势强,成形快,早果,丰产稳产,宜选择土壤疏松肥沃、土层深厚、水分充足的地段。以在较高海拔的山区栽培最为适宜。果实成熟期为 10 月上旬。

 任务实施

调查当地猕猴桃品种

1. 目的要求

了解当地栽培的猕猴桃品种,掌握现场调查方法。

2. 工具材料

图书、信息工具,皮尺、卷尺、小刀、天平、糖度仪、pH 试纸等仪器工具。

3. 操作步骤

(1) 讨论调查内容、步骤、注意事项。

(2) 通过图书、报刊和互联网查阅当地的猕猴桃品种资料,选择猕猴桃品种较多的猕猴桃园,并联系调查的农户。

(3) 现场访问,用目测法观察各种猕猴桃树的外形,再测量同树龄猕猴桃树的高度、冠径

并作比较。

(4) 选取当年春季抽生的叶片,观测外形、厚度,并测量各种猕猴桃树的叶片大小。记录比较。

(5) 观测各种果实的外形、大小、颜色,测量其直径、单果重,观测果肉的厚度,果毛生长情况,品尝果肉果汁,观察果核的硬度、花纹,测量 pH,测量糖度。记录比较。

(6) 问询各种猕猴桃的树龄、产量、栽培难易度,以及果实口味、价格等。

(7) 撰写调查报告。

任务反思

1. 写出当地栽培的猕猴桃品种。
2. 调查当地猕猴桃栽培管理的现状。

任务 6.2　猕猴桃树生长、开花结果特性

任务目标

知识目标:1. 了解猕猴桃树生长、开花结果特性。
　　　　2. 熟悉猕猴桃树对生长环境的要求。
技能目标:1. 能正确识别猕猴桃树的枝梢类型。
　　　　2. 能正确观察猕猴桃树的开花结果习性。
　　　　3. 能正确调查当地的猕猴桃树生长环境。

任务准备

一、猕猴桃树生长特性

1. 根系

猕猴桃树的根为肉质根,主根不发达,侧根和须根多而密集,侧根随植株生长向四周扩展,生长呈扭曲状。根系集中分布在地下 30~40 cm 深的土层中。在土质疏松、土层深厚、腐殖质

含量高和土壤湿度适宜的园地,其水平根系分布可为地上冠径的 3~4 倍。春季根系开始活动后伤流较严重。

2. 芽

猕猴桃树的芽为鳞芽,鳞片为黄褐色毛状;为腋芽,每个叶腋间有 1~3 个芽;为复芽,且有主副之分,中间较大的芽为主芽,主芽分为叶芽和花芽,两侧为副芽,呈潜伏状;主芽易萌发成为新梢,副芽在主芽受伤或枝条被修剪时才能萌发。猕猴桃树萌发率较低,一般为 47%~54%,这有利于防止枝条过密导致内腔郁闭,减少了管理中的抹芽、疏枝工作。

3. 叶

猕猴桃树叶为单叶互生,叶形倒阔卵形、阔卵形或圆形。叶片大而薄。叶面颜色深,叶背颜色浅,且有绒毛。

4. 枝蔓

猕猴桃树枝属蔓性,在生长前期,蔓具有直立性,先端并不攀缘;在生长后期,其顶端具有逆时针旋转的缠绕性,能自动缠绕在他物或自身上。枝蔓中心有髓,髓部大,圆形;木质部组织疏松,导管大而多。新梢以黄绿色或褐色为主,密生茸毛,老枝灰褐色,无毛。

二、猕猴桃树开花结果习性

1. 开花

猕猴桃树花期因种类和品种的不同而异,环境的变化对其也有影响。软枣猕猴桃、中华猕猴桃初花期多在 4 月中下旬,美味猕猴桃、毛花猕猴桃的初花期多在 4 月下旬。天晴、气温高,花期短;阴天、气温低,开花时间长。花从现蕾到开花需要 25~40 天。花枝开放的时间雄花为 5~8 天,雌花为 3~5 天;全株开放时间,雄株 7~12 天,雌株 5~7 天。雄花的花粉可通过昆虫、风等自然媒体传到雌花的柱头上进行授粉,也可人工授粉。

2. 坐果

猕猴桃树花芽容易形成,坐果率高,落果率低,所以丰产性好。中华猕猴桃、美味猕猴桃主要以短缩果枝、短果枝结果为主。结果枝可分为徒长性结果枝(100~150 cm)、长果枝(50~100 cm)、中果枝(30~50 cm)、短果枝(10~30 cm)和短缩果枝(小于 10 cm)。结果母枝一般可萌发 3~4 个结果枝,发育良好的可达 8~9 个。结果枝通常能坐果 2~5 个,因品种而有差异。结果母枝可连续结果 3~4 年。猕猴桃从终花期到果实成熟,需 120~140 天。

猕猴桃为雌雄异株单性花,形态上雄花和雌花虽都是两性花,但生理上是单性花。其花芽为混合芽,芽体肥大饱满,萌发抽枝后,在新梢中下部的叶腋间形成花蕾,开花结果。雄株较雌株容易形成花枝,花枝较短且花的数量多。

三、猕猴桃树对生长环境的要求

1. 温度

猕猴桃树生长的年平均温度 11.3~16.9 ℃;极端最高温不超过 42.6 ℃,极端最低温不低于-15.8 ℃;初冬不能有急剧寒流(使气温突然下降到-12 ℃以下);≥10 ℃有效积温在 4 500~5 200 ℃;生长期日均温不低于 10~12 ℃,无大风;晚霜期绝对气温不低于-1 ℃;无霜期 160~240 天。

2. 光

猕猴桃树生长的年日照时数 1 300~2 600 h;自然光照强度 42%~45%。属半阴树种,幼苗期喜阴,怕强光直射,育苗时需搭荫棚。成年树需充足的光照,但忌强光直射。

3. 土壤

猕猴桃树生长以深厚、排水良好、湿润中等的黑色腐质土、沙质壤土为佳,pH 5.5~7,微酸性。

4. 水分

猕猴桃树喜潮湿,不耐旱,也不耐涝。适宜在年降水量 700~1 860 mm、空气相对湿度 74%~86%的环境下栽培。在低丘平原地区种植猕猴桃树时,最大的限制因素是高温干旱,除了在生产设施、栽培技术等方面采取抗旱措施外,还应根据当地条件选用耐旱品种。

任务实施

猕猴桃树生长环境调查

1. 目的要求

了解当地猕猴桃树生长期的温度和降水量,通过与猕猴桃树最适温度、水分比较,明确栽培要点。

2. 工具材料

图书、信息工具,干湿温度计、风速风向仪等。

3. 操作步骤

（1）讨论调查内容、步骤、注意事项。

（2）通过图书、报刊和互联网查阅当地的各种猕猴桃品种的最适温度和最适水分要求。

（3）到当地气象部门,调查了解当地的猕猴桃树生长期的温度和降水量。

（4）到猕猴桃园现场访问,了解当地气候条件与猕猴桃生长的适配程度。问询极端气候条件对猕猴桃生产造成的影响。

（5）了解果农如何利用当地气候条件,采取哪些栽培措施进行猕猴桃生产的。

（6）现场测量气温、风向、风力和湿度。

（7）撰写调查报告。

任务反思

1. 猕猴桃树根系生长有哪些特点？
2. 猕猴桃树生长、开花结果习性有哪些特点？
3. 猕猴桃树生长对环境条件的要求是什么？

任务 6.3　猕猴桃树栽培技术

任务目标

知识目标：1. 了解猕猴桃树的定植时期、密度和定植方法。
　　　　　2. 了解猕猴桃树花果管理的方法。

技能目标：1. 掌握猕猴桃树土肥水管理的方法。
　　　　　2. 掌握猕猴桃树整形修剪的方法。
　　　　　3. 能进行猕猴桃的疏果和果实套袋工作。

> 任务准备

掌握猕猴桃树定植、土肥水管理、树体整形修剪等栽培技术；掌握猕猴桃疏花疏果技术。

一、猕猴桃树定植

1. 定植时期

猕猴桃树南方产区最佳定植时期在猕猴桃树落叶之后至翌年早春萌芽之前定植完毕，即 12 月上旬至 2 月上中旬，越早越好。

2. 定植密度

猕猴桃树定植密度依品种、栽培架式、立地条件及栽培管理水平而定。生长势和结果能力强的品种密度小，土壤肥沃的地块也应适当稀一些。一般栽植密度与栽培架式密切相关，篱架栽植密度为 2 m×4 m，T 形架栽植密度为 3 m×4 m，每亩约栽植 56 株，平顶棚架栽植密度为 3 m×5 m。

3. 授粉树的配置

猕猴桃树是雌雄异株，授粉雄株的选择和配置，是保证正常结果的重要条件。雄株的选择应注意与主栽品种花期相同或略早，花粉量大，花期长。雌雄株比例过去认为 8∶1 较为合适，实践证明，雌雄株比例调整到 6∶1 或 5∶1 时，产量更高，品质更佳。

二、猕猴桃树土肥水管理

1. 土壤管理

猕猴桃树生长地的地表土层厚度应能有效防止土壤水分蒸发，保持土壤湿度，改善猕猴桃树的根际环境，有利于根系生长，减轻高温干旱的危害，对防止夏季猕猴桃树叶片焦枯、日灼落果等具有重要作用。覆盖一般在早春时开始，夏季高温来临前完成。覆盖材料可以用作物秸秆、锯末、绿肥、树叶等。

2. 合理施肥

合理施肥是猕猴桃早果、丰产、稳产、优质的重要基础。猕猴桃树施肥分为基肥和追肥。

（1）基肥：施基肥宜早不宜迟，最好在果实采收后或果实成熟期后 7~14 天结合改土进行。

（2）追肥：追肥应根据猕猴桃树枝、叶生长及果实发育特点，分次适时追施。

幼树追肥采用少量多次的方法，一般从萌芽前后开始到 7 月份，每月施尿素 0.2~0.3 kg、氯化钾 0.1~0.2 kg、过磷酸钙 0.2~0.25 kg；盛果期树，按有效成分计一般每公顷施纯氮 168~225 kg、磷 45~52.5 kg、钾 78~85.5 kg。施肥一般分三次进行，3 月上旬发芽前施催梢肥，花后施促果肥，在 6 月下旬—7 月上旬果实开始迅速膨大时施壮果肥。追肥方法以灌溉方式而定，喷灌、滴灌可将肥料溶入水中，随水施入；漫灌、沟灌可在树盘内沟施、穴施或撒施。

3. 水分管理

（1）灌水：猕猴桃属肉质根类植物，根系分布较浅，叶片大蒸腾作用强，耐旱性差。在不同的生长发育时期，猕猴桃树对水分的需求也不一样，特别是高温干旱的夏季需灌水 3~8 次。如此期灌水不及时或灌水不足，将导致植株大量落叶、落果，花芽分化能力降低或停止，甚至枯枝死树。

（2）排水：猕猴桃树怕涝，根系呼吸对氧敏感，积水数天就会落叶或淹死，因此猕猴桃园的排水非常重要。一般在根系分布层的土壤含水量达到土壤最大持水量时应立即排水。果园尤其黏土地果园应开挖排水沟，排水沟间距及深度以雨季积水程度而定。

三、猕猴桃树整形修剪

1. 架式

猕猴桃树通常采用的架式有"T"形架、棚架和篱架（参见图 5-3-2，图 5-3-4，图 5-3-1）。美味猕猴桃树和毛花猕猴桃树生长旺盛，多以中长枝结果，故采用 T 形架和棚架为宜。中华猕猴桃树以中短果枝结果为主，既可选用 T 形架和棚架，也可采用篱架。

2. 整形

（1）"T"形架的整形："T"形架整形将猕猴桃栽植于两个立柱中央，选 1 个强壮的新梢作主干，使其直立生长到第一道铁丝，在第一道铁丝处培养 3 个枝蔓，当 2 条主蔓长到 30~40 cm 时，将其引绑在第一道铁线上，呈水平状，作为第一层主蔓，余下的枝蔓继续生长至架面，培养第二层枝蔓，使之在架面上呈 Y 字形分布。主蔓上每隔 40~50 cm 选留一结果母枝，结果母枝上每隔 30 cm 选留一结果枝，直至枝蔓占满架面空间（图 6-3-1）。

（2）棚架的整形：主干高达 1.7 m 左右，新梢生长超过架面 10~15 cm 时，对主干进行摘心或短截,使其促发 2~3 个大枝,确定 2 个作永久性主蔓。分别将这些主蔓引向架面两端。在主蔓上每隔 40~50 cm 留一结果母枝,结果母枝上每隔 30 cm 留一结果枝,注意左右错开分布(图6-3-2)。

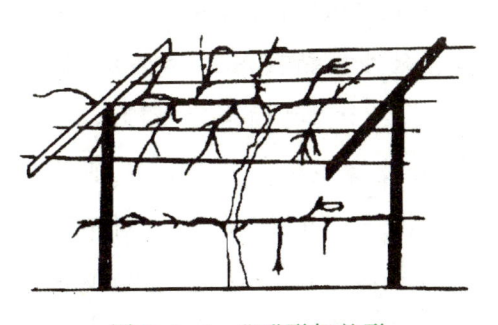

图 6-3-1 "T"形架整形

(引自《果树栽培》,于泽源,2009)

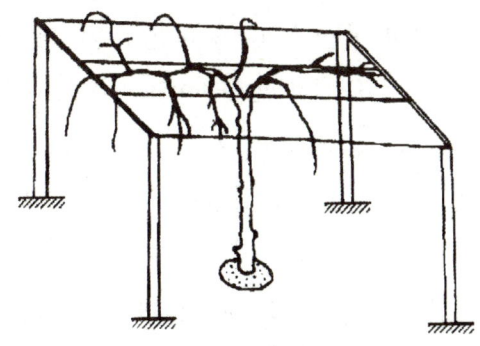

图 6-3-2 棚架整形

(引自《果树栽培》,于泽源,2009)

(3) 篱架的整形:篱架常用单干双臂整形方法。定植时在每棵幼树旁用约 2 m 长的竹竿插作支架,第二年春每一幼树选一强壮新梢绑于竹竿上培养主干,长至篱架铁丝下 10~15 cm 处剪截,促发分枝。选留两枝梢向铁丝两边绑缚培养主枝,最终成单干双臂单层水平形;从主干上再选枝梢让其向上生长,于第二道铁丝下短截,培养两个枝梢向铁丝两边绑缚而成单干双臂双层水平形(图6-3-3)。左右水平方向上的枝条就是主蔓,在主蔓上每隔 30~40 cm 培养侧蔓,侧蔓向铁丝架两边下垂。通过修剪,使第一、二层四个主蔓上生长的侧蔓及结果母枝着生方向相互错开,均匀占据架面空间。单干双臂三层水平形的整形过程与上述双层双臂水平形修剪方式基本相同,只是在第三道铁丝上,再多培养一层枝蔓。

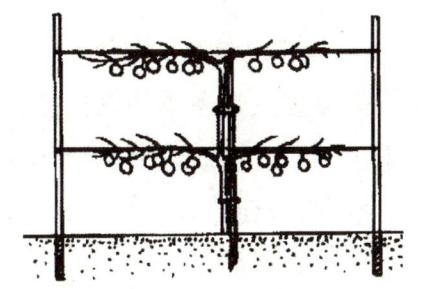

图 6-3-3 单干双臂双层水平形

(引自《果树生产技术》,马俊,2009)

3. 修剪

(1) 冬季修剪:冬季修剪的最佳时期是:冬季落叶后两周至春季伤流发生前两周。过迟修剪容易引起伤流,影响树体。冬季修剪的具体方法是:对生长健壮的普通营养枝,剪去全长的 1/3~1/2,促其转化为翌年的结果母枝;对徒长枝进行轻剪,促进枝条的充实,以便成为结果母枝;其他的枝条如细弱枝、枯枝,病虫枝、交叉枝、重叠枝、下垂枝均应从基部剪除。对结果母枝的修剪应根据品种特点进行,如金魁的结果母枝抽生结果枝的节位比较高,在第 11~13 节尚能抽发结果枝,故对粗壮结果母枝可采用长梢轻剪,中等健壮的可留 7~8 节短截。

(2) 夏季修剪:夏季修剪一般在 4—8 月多次进行。通过除萌、抹芽、摘心、疏花疏果、绑缚新梢等,使枝条合理生长,并减少冬季修剪量。

- **抹芽**:保留早发芽、向阳芽、粗壮芽,抹除位置不当或过密的芽,抹去晚发芽、下部芽和瘦弱芽,除去根基部的萌蘖,主干、主蔓以及大剪口下的萌蘖,对结果母枝上的双生、三生芽只保留一个,枝条背部的徒长芽也要去除。

- 摘心:结果枝及生长枝要进行摘心。摘除结果枝和发育枝生长旺盛新梢的先端幼嫩部分,促进下部新梢生长充实,在开花前 7~10 天,对生长旺盛的结果枝从结果部位以上 7~8 片叶处摘心,生长较弱的结果枝不摘心,徒长枝如作预备枝或更新枝留 4~6 片叶摘心,发育枝留 12 片左右叶摘心,摘心以后只保留 1 个副梢,待其长出 2~3 片叶后再反复摘心。

- 短截、疏枝:疏除过多的发育枝、细弱的结果枝及病虫枝。疏枝的原则是结果母枝上 10~15 cm 保留一个新梢,每平方米架面保留 10~15 个分布均匀的壮枝。对生长过旺而没有及时摘心的新梢及交叉枝、缠绕枝要进行短截。交叉枝、缠绕枝剪到交缠处,下垂枝截至离地面 50cm 处,新梢截留的长度与摘心标准一致。

- 绑蔓:这是猕猴桃生产中工作量较大的一项工作,夏季修剪和冬季修剪,都要按照栽培架式、枝蔓类型和生长情况,适时绑缚。枝条生长到 40 cm 以上、已半木质化才能进行绑缚,过早容易折断新梢。绑蔓材料需用质地柔软的塑料带、玉米皮、马蔺等。为固定新梢不受铁丝磨损并不影响加粗生长,可采用"8"字形扣绑缚(参见图 5-3-11)。

- 雄株的修剪:与雌株修剪不同的是,雄株修剪的重点在夏季,在授粉完毕后立即进行;雌株修剪重点在冬季。雄株修剪的具体方法是:将开过花的雄花枝从基部剪除,再从主干附近的主蔓、侧蔓上选留生长健壮、方位好的新梢加以培养,使之成为翌年的花枝。这样可节约更多的空间,以便雌株生长和结果。

四、猕猴桃树花果管理

1. 控梢保果

对结果枝可在结果部位以上,留 7~8 芽摘心,不足 7~8 芽而自枯封顶的,可不必剪截;对徒长的发育枝或结果枝摘心后,经半个月左右,其顶端又可萌发 2 次枝,对 2 次枝可留 3~4 叶摘心;2 次枝摘心后,还可萌发 3 次枝,3 次枝可留 2~3 叶摘心;8 月中旬以后不必再摘心。健壮长结果枝留果 3~10 个,中果枝 2~3 个,短果枝 1~2 个果。丛状枝不留果,细弱枝、黄化枝少留果或不留果;伞形花结果的只留中间果,摘掉两边果;僵果、畸形果、病虫危害果一律摘掉。叶果比为(6~8):1。

2. 授粉保果

猕猴桃属雌雄异株果树,雌雄株比例一般是 8:1,也可配成 6:1,雌株品种不一样,其配套雄株品种也不一样,配雄株品种的原则是应和雌株品种花期一致,开花期要长,花粉量要大,花粉生命力强。阴雨天需要采用人工授粉来提高授粉受精率,花期可喷 2%~3% 的蔗糖溶液吸引昆虫,有利于授粉。也可在果园中放养蜜蜂来提高授粉率。

3. 疏花疏果

对于成花容易、花量大的雌性品种,为了减少坐果期疏果的工作量,可在蕾期(能分辨侧花蕾时)疏除小的侧花蕾和过密的小主花蕾,有利于主花蕾的生长发育。疏果应在坐果 14 天内进行,疏除畸形果、小果、病虫果及侧花果,保留由主花发育而成、外形端正、形体大的果实。一般强壮果枝留果 5~6 个,中果枝留 3~4 个,短果枝留 1~2 个,弱果枝不留。如果每亩产量控制在 2 000~2 500 kg,只要树势健壮,可达到 90% 以上商品果,每亩留果量 8 000~20 000 个,平均单株留枝量 15 个左右长果枝。一切按量化即数字化确定,不伤树势能稳产。

4. 果实套袋

套袋可以改善果实的外观品质,使果面干净整洁,减少尘埃和农药对果面的污染,减少果实病虫害发生和夏季高温日灼为害,减少贮藏过程中的软化果和腐败果,提高果实的商品性和经济效益。通常选择透气性好、吸水性小、抗张力强、纸质柔软的浅褐色单层木浆纸袋。纸袋规格为 12 cm×16 cm,底部留两个透气缝,袋口上部背面中间有 2~3 cm 的开口,供放入果柄,上端侧面黏合处有 5 cm 长的细铁丝。底部有封口与不封口两种,红阳猕猴桃品种选用不封口袋,其他品种选用封口袋。套袋时间通常在 6 月中下旬—7 月上中旬、落花后约 30 天进行,套袋应在早晨露水干后或药液干后进行,雨后不宜立即套袋,应等果面水珠干了之后再套。套袋前严格疏果,保留果形端正、生长正常的果实,疏掉小果、畸形果和病虫危害果。套袋前必须细致彻底地喷施 1 次杀菌杀虫药,以防褐斑病、小薪甲、金龟子等病虫为害。

任务实施

猕猴桃果实套袋

1. 目的要求

通过实习,掌握猕猴桃果实的套袋方法及套袋技术。

2. 工具材料

猕猴桃专用果袋、绑缚物(细铁丝、塑料薄膜条等)、喷雾器。猕猴桃果园结果树。

3. 操作步骤

（1）袋种的选择与准备：猕猴桃套袋用果袋以透气性好、吸水性小、抗张力强、纸质柔软的黄单层木浆纸袋为好，果袋底部留两透气孔，或底部不封口，规格 165 mm×115 mm。套袋前一天晚上应将纸袋置于潮湿地方，使纸袋软化，以利于扎紧袋口。

（2）套袋方法：① 左手托住纸袋，右手撑开袋口，使袋体鼓胀，并使袋底两角的通气放水孔张开；② 袋口向上，双手执袋口下 2~3 cm 处，将幼果套入袋内，使果柄卡在袋口中间开口的基部；③ 将左右袋口分别向中间横向折叠，叠在一起后，将袋口扎丝弯成"V"形夹住袋口，完成套袋。套时注意用力要轻重适宜，方向要始终向上，避免将扎丝缠在果柄上，要扎紧袋口。这样操作的目的在于使幼果处于袋体中央，并在袋内悬空，防止袋体摩擦果面和避免雨水漏入、病菌入侵和幼果被风吹落。

4. 注意事项

（1）适时掌握套袋时间，通常在落花后 30 天左右进行，用 10~15 天时间套完。套袋过早，容易伤及果柄果皮，不利于幼果发育；套袋过晚，果面粗糙，果柄木质化不便操作，影响套袋效果。

（2）套袋应选择在早晨露水干后，或药液干后进行，一般以晴天上午 9:00—11:30 和下午 4:00—6:30 为宜，雨后也不宜立即套袋。

任务反思

1. 成年猕猴桃树应怎样施肥？
2. 猕猴桃建园时应怎样配置授粉树？
3. 成年猕猴桃树如何修剪？
4. 猕猴桃应怎样保果？

任务 6.4 猕猴桃果实采收

任务目标

知识目标：1. 了解猕猴桃果实采收时期和方法。
2. 明确猕猴桃果实采收的最佳时间。

技能目标:1. 能正确判断猕猴桃果实成熟度。
　　　　2. 掌握正确采收猕猴桃果实的方法和采后处理方法。

一、猕猴桃采收时期

猕猴桃品种繁多,不同品种的成熟期不一,就是同一品种,也因地区、气候、土壤、年份不同,成熟期有所差异。猕猴桃的采收期还受果实用途等因素的影响。目前世界各国主要根据果实可溶性固形物含量来确定猕猴桃适宜的采收期,如新西兰以6.2%、美国和日本以6.5%、法国以7%作为猕猴桃的最低采收指标,这样才能保证果实软熟后具备应有的品质、风味。在我国可溶性固形物含量达到6.5%时可开始采收。一般红阳适宜采收期在9月中下旬,徐香10月上中旬,金香9月底至10月初,秦美10月上中旬,海沃德10月下旬。

二、猕猴桃采收方法

猕猴桃果实成熟时,果实与果柄连接处产生离层。采收时,握住果实,用手指头轻轻地推一下果柄,即可使果实与果柄分离。采摘时要选晴天清晨,注意防止造成物理损伤。

三、猕猴桃采后处理

田间采下的果实应及时运输至阴凉处,用篷布等遮盖,不要在烈日下暴晒。果实采后应及时预冷,并在24 h内入库。冷却方式主要有强制空气冷却、水冷和气流冷却。托盘包装的猕猴桃普遍采用强制空气冷却,在8 h内可使果实温度从室温降至2 ℃。如果贮藏环境中有乙烯存在,就会引起果实成熟。极少量的乙烯也会加速果实的软化,因而可用乙烯利浸果催熟,提早上市。也可用厚度为0.05 mm的聚乙烯薄膜,把一箱一箱装好的猕猴桃整堆包封起来,利用果实自身释放的乙烯催熟。

以猕猴桃果实中可溶性固形物含量为标准,列出当地不同栽培品种的成熟期。

任务反思

1. 猕猴桃果实在什么时候采收较为适宜？
2. 怎样判断猕猴桃果实的成熟度？
3. 猕猴桃果实采收后应怎样处理？

项目小结

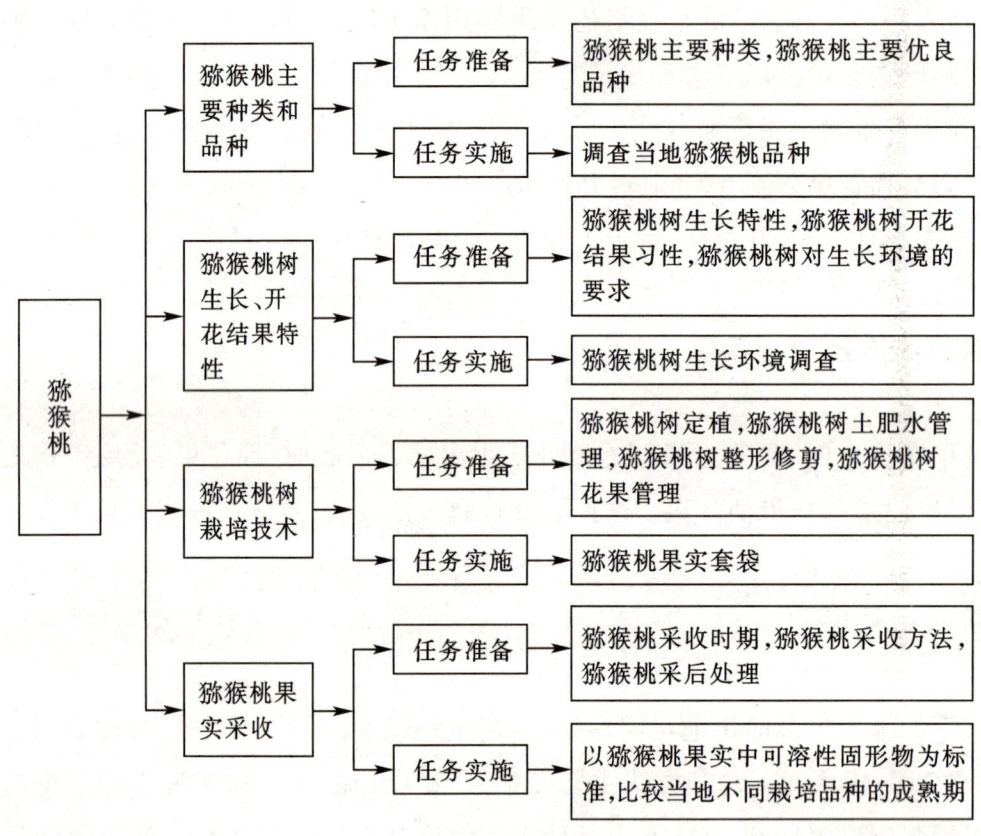

综合测试

一、单项选择题

1. 猕猴桃植株属于（　　）。

   A. 雌雄异株　　　　B. 雌雄同株　　　　C. 雄株　　　　D. 雌株

2. 猕猴桃的芽属于（　　）。

   A. 单芽　　　　　　B. 裸芽　　　　　　C. 鳞芽　　　　D. 被芽

3. 猕猴桃的根属于（　　）。

A. 根茎　　　　　　B. 球茎　　　　　　C. 肉质根　　　　　　D. 块根

4. 猕猴桃叶着生方式为（　　）。

A. 互生　　　　　　B. 单生　　　　　　C. 对生　　　　　　D. 轮生

5. 猕猴桃授粉树配置比例为（　　）。

A. 2∶1　　　　　　B. 4∶1　　　　　　C. 8∶1　　　　　　D. 16∶1

二、多项选择题

1. 猕猴桃的芽属于（　　）。

A. 鳞芽　　　　　　B. 复芽　　　　　　C. 裸芽　　　　　　D. 单芽

2. 猕猴桃授粉树的配置比例为（　　）。

A. 2∶1　　　　　　B. 5∶1　　　　　　C. 6∶1　　　　　　D. 8∶1

3. 猕猴桃属于（　　）。

A. 藤本果树　　　　B. 落叶果树　　　　C. 木本果树　　　　D. 草本果树

4. 猕猴桃夏季修剪工作主要有（　　）。

A. 抹芽　　　　　　B. 摘心　　　　　　C. 疏枝　　　　　　D. 绑蔓

5. 猕猴桃花果管理工作主要包括（　　）。

A. 控梢保果　　　　B. 授粉保果　　　　C. 疏花疏果　　　　D. 果实套袋

三、简答题

1. 猕猴桃雄株修剪与雌株修剪有何不同？雄株应怎样修剪？
2. 怎样做好猕猴桃的花果管理工作？
3. 猕猴桃果实采后应怎样处理？

项目 7

桃

项目导入

小张于 2008 年春建了 5 hm² 桃园,种植的品种为白凤桃,2013 年每亩产量只有 1 000~1 500 kg。而邻居小陈种的桃,每亩产量却达到了 2 000~2 500 kg。相比之下,小陈种的桃挂果累累,果子大,品质好,产量和收入都相差了近一倍。原来小陈种的桃不仅进行了科学修剪,还在桃树上使用了多效唑,桃树树势强,但不徒长,产量高,而且品质好。小张听后表示今后一定要好好向小陈学习桃树的修剪和植物生长调节剂的应用。

本项目主要学习桃树的主要种类与品种;了解桃树的生长、开花结果特性,掌握桃树的生长对环境的要求;掌握桃树土肥水管理、花果管理、树体整形修剪等主要生产技术及保护地栽培技术;桃果的采收。

任务 7.1 桃主要种类和品种

任务目标

知识目标:1. 了解桃的主要种类和优良品种。
    2. 了解当地桃树品种。
技能目标:1. 能正确识别桃的主要种类。
    2. 能说出桃优良品种的特点。
    3. 能正确调查当地桃品种。

任务准备

一、桃主要种类

桃树属于蔷薇科桃属植物,为落叶性小乔木果树。我国栽培和野生的桃树主要有普通桃、山桃、光核桃、甘肃桃、新疆桃5个种类。根据地理分布、果实形状又可分为南方品种群、北方品种群、黄肉品种群、蟠桃品种群、油桃品种群。南方品种群又分为水蜜桃与硬肉桃两类。

1. 普通桃

普通桃又称圆桃,原产我国陕西、甘肃一带。果实近球形,表面有茸毛。我国的栽培桃大多属于普通桃(图7-1-1),并有蟠桃、油桃、寿星桃3个变种。

2. 山桃

山桃产于我国西北、华北及东北等地区。果小,圆形,汁少而干,不能食用。耐寒、耐旱、耐热力均强。为北方桃的主要砧木。

3. 光核桃

图 7-1-1 普通桃

光核桃产于西藏高原及四川等地。果实小,近球形,可食用。核卵形,扁而光滑。

4. 甘肃桃

甘肃桃产于陕西、甘肃。与普通桃极为相似,只是冬芽无茸毛,核面有沟纹、无纹孔,花柱长于雄蕊,约与花瓣等长。

5. 新疆桃

新疆桃产于我国新疆和中亚。果较小,扁球形或球形,茸毛较多。核球形或扁圆形,表面有纵向平行的棱或纹,果肉有特殊风味。

二、桃品种群

桃的品种繁多,根据地理分布、果实性状和用途,可分为以下5个品种群:

1. 南方品种群

南方品种群主要分布在长江流域北纬34°以南的地区,包括华东、华南、华中及西南地区,以江苏、安徽、浙江、云南、贵州、四川等省栽培较多。近年来,由于南北方相互引种,北方各地也有南方品种栽培。南方品种群休眠期短,适应南方高温多湿气候,抗寒、抗旱力较弱。根据肉质性状不同,又分为两个亚群。

(1)水蜜桃亚群:果顶平圆,果肉柔软多汁,果皮易剥离,黏核居多,宜鲜食,不耐贮运。主要品种有玉露、砂子早生、白凤、上海水蜜、大久保等。

(2)硬肉桃亚群:果顶短尖锐,果肉硬脆而致密,汁液较少,缝合线较浅,不易剥皮,多数离核,较耐贮运。主要品种有小暑桃、象牙白、陆林桃、吊枝白、大红袍、芦定香桃等。

2. 北方品种群

北方品种群主要分布在黄河流域的华北、西北及东北一带,即北纬33°~35°以北的地区。以山东、河北、山西、河南、陕西、甘肃等省栽培较多。适应冷凉干燥气候,抗寒、抗旱力较强,多数品种不适应南方温暖湿润气候。根据肉质性状不同,又分为三个亚群。

(1)蜜桃亚群:果形较大,果顶突起,肉质韧而致密,成熟后肉质柔软。汁少,含糖量高,大多数离核,较耐贮运,品质优良。主要品种有肥城桃、深州蜜桃、青州蜜桃、天津水蜜桃等。

(2)面桃亚群:果顶钝尖突,果肉完熟后软绵呈粉状,汁液较少,离核,不耐贮运,抗性较强。主要品种有五月鲜、割谷桃等。

(3)脆桃亚群:果顶突出不显著,肉质脆嫩,汁液较多,离核或半离核。主要品种有一线红、六月鲜等。

3. 黄肉桃品种群

黄肉桃品种群主要分布在西北、西南等地区。随着罐藏加工业的发展,华北、华东等地区栽培面积也日益扩大。果实圆形或长圆形,果皮、果肉均呈黄色至橙黄色,肉质紧密而强韧,适于加工制罐,主要品种有黄露、莲黄、晚黄金等。

4. 蟠桃品种群

蟠桃品种群主要分布在南方沿海一带,江苏、浙江、上海等地栽培较多。果实扁圆形,两端凹入接近种核,形状如饼(图7-1-2),果核纵扁,黏核,果肉溶质,柔软多汁,味香甜,品质

图7-1-2 蟠桃

优。主要品种有撒花红蟠桃、白芒蟠桃、五月鲜扁干等。

5. 油桃品种群

油桃品种群主要分布在西北地区,新疆、甘肃栽培较多。近年来发展很快,南北方都有栽培。果实光滑无毛,果形较小,肉质致密,汁少、稍酸、味浓。主要品种有李光肉桃、紫胭肉桃等。近年来国内育成和从国外引进了不少新品种,如瑞光系列油桃、五月火、丹墨、早红珠等。

三、桃主要优良品种

1. 普通桃品种

(1) 早花露:特早熟品种。从雨花露与上海早水蜜或白花水蜜自然授粉的实生苗中选育而成。果实近圆形,果顶平圆微凹,平均单果重86.5 g,最大125 g。可溶性固形物含量11.0%~13.2%,半离核,核软小。

(2) 春蕾:特早熟品种,由砂子早生×早熟白香露杂交而成。果实长卵形,平均单果重70 g,最大超过100 g,果顶尖圆,可溶性固形物含量8%~11%。核软,半离核。

(3) 雪雨露:早熟。果实长圆形,果顶平,平均果重109 g,最大果重175 g。可溶性固形物含量11%~13%。黏核。

(4) 庆丰:早熟。果实椭圆形,果顶圆,平均果重154 g,大果重208 g。可溶性固形物含量9%,半离核。

(5) 玫瑰露:早熟。果实近圆形,平均单果重111 g,最大果重185 g。可溶性固形物含量10%~12%。黏核。

(6) 白凤:中熟。果实长圆形,平均单果重117 g,最大果重150 g。可溶性固形物含量14.8%。黏核。

(7) 早霞露:果实长圆形,平均单果重85 g,最大果重116 g。可溶性固形物含量8%~10%,黏核。

(8) 仓方早生:中熟。果实近圆形,平均单果重220 g,大果重550 g。可溶性固形物含量12%。黏核。

(9) 燕红:晚熟。果实近圆形,平均单果重220 g,最大果重480 g。可溶性固形物含量13.6%。黏核。

2. 油桃品种

(1) 曙光:特早熟黄肉甜油桃,适于保护地栽培。果实近圆形,平均单果重90~100 g,最大果重150 g。可溶性固形物含量10%。黏核。

（2）华光：特早熟白肉甜油桃，适合保护地栽培，个别年份有裂果现象。果实近圆形，平均单果重80 g，最大果重120 g。可溶性固形物含量在12%以上。黏核。

（3）丹墨：特早熟黄肉甜油桃，适合保护地栽培。果实圆形，平均单果重80 g，最大果重130 g。可溶性固形物含量10%。黏核。

（4）早红珠：特早熟白肉甜油桃。果实近圆形，平均单果重90~100 g，最大果重130 g。可溶性固形物含量11%。黏核。

（5）艳光：早熟白肉甜油桃，适合保护地栽培。果实圆形，平均单果重120 g，最大果重180 g。可溶性固形物含量11%。黏核。

（6）红珊瑚：中熟红色甜油桃，适合保护地栽培。果实近圆形，平均单果重140 g，最大果重168 g。可溶性物固形物含量11%~12%。黏核。

（7）香珊瑚：中熟全红型甜油桃。果实近圆形稍长，平均单果重153 g，最大果重166 g。可溶性固形物含量11%~14%。黏核，核小。

3. 蟠桃品种

（1）早露蟠桃：早熟。果实扁圆形，平均单果重103 g，最大果重140 g。可溶性固形物含量9%~11%。黏核，裂核少。

（2）早魁蜜：早熟。果实扁平，平均单果重130 g，最大180 g。可溶性固形物含量12%~15%。

（3）早硕蜜：早熟。平均单果重95 g，最大130 g。可溶性固形物含量11%~15%，花粉败育，需配置授粉品种。

（4）撒花红蟠桃：早熟。果实为不匀称的扁圆形，平均单果重120 g。黏核，核小。

（5）124蟠桃：中熟。果实扁圆形，平均单果重104 g，最大果重140 g。可溶性固形物含量13%。黏核。

4. 黄桃品种

（1）浙金1号：早熟。果实近圆形，平均单果重111 g，最大果重137 g。可溶性固形物含量9.5%。

（2）郑黄2号：早熟。花粉败育，需配置授粉树。果实近圆形，平均单果重125 g。可溶性固形物含量9%~10%。黏核。

（3）金童5号：中熟。果实近圆形，平均单果重200 g，最大果重265 g。可溶性固形物含量9.9%。黏核。

（4）黄露：中熟。果实短圆形，平均单果重160 g。黏核，耐贮藏，加工性状稳定。

（5）锦绣：晚熟。果实圆形，平均单果重 150 g，最大果重 275 g。可溶性固形物含量 12.5%～16%。黏核，核小，加工性状较好。

（6）金童 7 号：晚熟。果实近圆形，平均单果重 181 g，最大果重 250 g。可溶性固形物含量 11%～15.2%。黏核。加工性状较好。

任务实施

调查当地桃品种

1. 目的要求

了解当地栽培桃品种，掌握现场调查方法。

2. 工具材料

图书、信息工具，皮尺、卷尺、小刀、天平、糖度仪、pH 试纸等仪器工具。

3. 操作步骤

（1）讨论调查内容、步骤、注意事项。

（2）通过图书、报刊和互联网查阅当地的桃品种资料，选择桃品种较多的桃园，并联系调查的农户。

（3）现场访问，用目测法看各种桃树的外形，并测量同树龄桃树的高度、胸径、冠径，记录比较。

（4）选取当年春季抽生的叶片，观测外形、厚度，并测量各种桃树的叶片大小。记录比较。

（5）观测各种果实的外形、大小、颜色，测量其直径、单果重，观测果肉的厚度、果毛生长情况、果核的硬度、花纹，品尝果肉果汁，测量 pH、糖度。记录比较。

（6）问询各种桃的树龄、产量、栽培难易度，以及果实口味、价格等。

（7）问询当地主栽品种和搭配品种分别有哪些，比例怎样。

（8）问询当地新引入的桃品种有哪些。

（9）撰写调查报告，绘制当地桃品种分布图。

任务反思

1. 调查当地桃种类和品种，了解它们的栽培特点。

2. 适于南方栽培的桃树优良品种有哪些?

任务 7.2　桃树生长、开花结果特性

任务目标

知识目标:1. 了解桃树生长特性。
　　　　2. 熟悉桃树对生长环境的要求。
技能目标:1. 能正确识别桃树的枝梢类型。
　　　　2. 能正确观察桃树的开花结果习性。
　　　　3. 能正确调查当地的桃树生长环境。

任务准备

一、桃树生长特性

1. 根系

桃树根系较浅,垂直分布深度只及树高的 1/5~1/3,其吸收根分布深度一般在土层 40 cm 以内,以 10~30 cm 处最多;水平分布范围为树冠的 0.5~1 倍。其分布状况与砧木、品种、栽培密度、土壤质地、地下水位高低等因素有关。

根系在年周期中有两次生长期:第一次在 2 月至 7 月上旬,第二次在 10 月上旬至 11 月底。冬季没有明显的休眠期,一般在土温 4~5 ℃时,根系开始活动,15 ℃以上时,开始旺盛生长,22 ℃时,生长最快,30 ℃以上生长受到抑制。

桃树根系好气性强,要求土壤空气含量在 10%以上,5%以下新根发生少;2%以下,根系大量死亡,故桃树的根系耐湿性差,在排水不良的土壤中,根系易变黑腐烂。

2. 芽

桃的芽分为叶芽和花芽。叶芽腋生和顶生,花芽是纯花芽,腋生。按着生方式,芽又分为单芽和复芽两种。单芽是在每一节上着生一个叶芽或花芽,复芽是在每一节上着生 2~4 个。复芽中花芽和叶芽的组合方式有多种(图 7-2-1),常见的有一个花芽和一个叶芽并生的二复

芽,或两侧为花芽中间为叶芽的三复芽,有的品种如蟠桃也有全部是叶芽或花芽的。叶芽和花芽的着生方式与品种及枝条类型有关。北方品种群如肥城桃多单花芽,而南方品种群如蟠桃和布目早生等则多复花芽;长果枝多为复花芽,短果枝一般为单花芽。

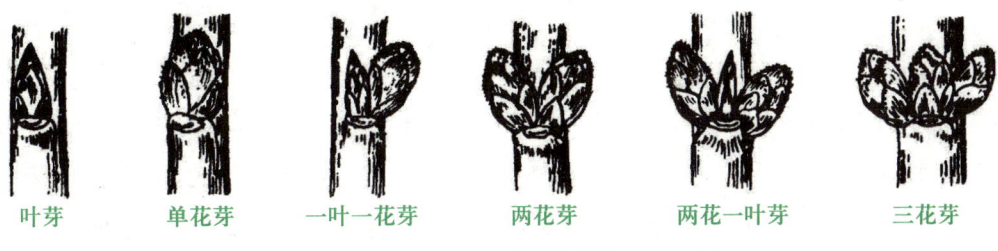

图 7-2-1　桃树的芽

桃树的芽具有早熟性,形成的当年即可萌发。隐芽少且易枯死,但个别也有能保持 10 年以上的。

3. 枝

桃树枝可分为普通枝、叶丛枝和徒长枝(图 7-2-2)。

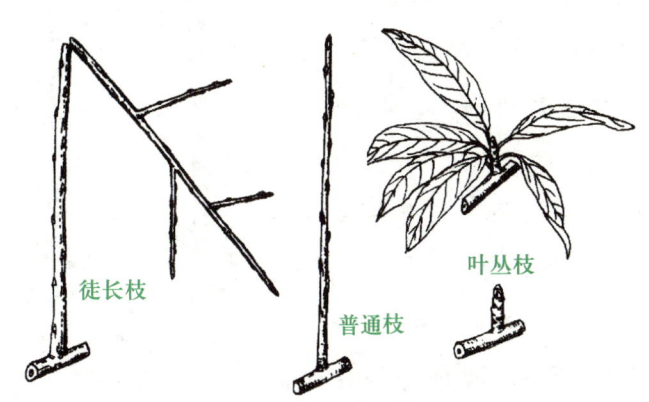

图 7-2-2　桃树的营养枝

(1) 普通枝:长度适中,生长健壮,枝上大部分是叶芽,或有少量花芽,多生长在幼树和旺树上,正常生长的成年树很少见这类枝,它是形成树冠和结果枝更新的枝条。

(2) 叶丛枝:多由基部不充实芽萌发形成,长度在 1~3 cm,仅枝顶着生一个叶芽。叶丛枝多于当年落叶后枯死,个别生长良好的可形成中短果枝或抽生壮枝。

(3) 徒长枝:生长直立,节间长,生长快,组织不充实,易折断。长度在 1 m 以上,其上可分生二次枝,甚至三次枝、四次枝。幼树上的徒长枝可培养为树冠的骨干枝,成年树的徒长枝可利用其二次枝结果,或培养成结果枝组;衰老树可用于树冠更新。

二、桃树开花结果习性

1. 花芽分化

桃树的花芽分化属夏秋分化型。6—8月为花芽分化的重要时期。花芽分化的时期与枝条停止生长的早晚一致,幼树及长果枝停止生长晚,分化晚;成年树及短果枝停止生长早,分化也早,一般全树花芽分化前后可相差14~21天。凡有利于枝梢充实及养分积累的农业技术措施,如幼树控肥、夏季疏枝、环割旺枝、采果前后追施氮磷肥等,均可促进花芽分化。

2. 结果枝

结果枝可分为徒长性果枝,以及长果枝、中果枝、短果枝和花束状短果枝(图7-2-3)5种。

(1) 徒长性果枝:长度为60 cm以上,下部为叶芽,上部多萌发二次梢,花芽多着生于二次梢或三次梢上。可培养为结果枝组,或用于更新。

(2) 长果枝:长度为30~60 cm,中部多复花芽,易萌发二次枝。幼树上这类枝较多,随着树龄增大,长果枝减少。

(3) 中果枝:长度为15~30 cm,多单花芽,结果同时能抽生中短枝,多长在树冠中部,坐果率较高。

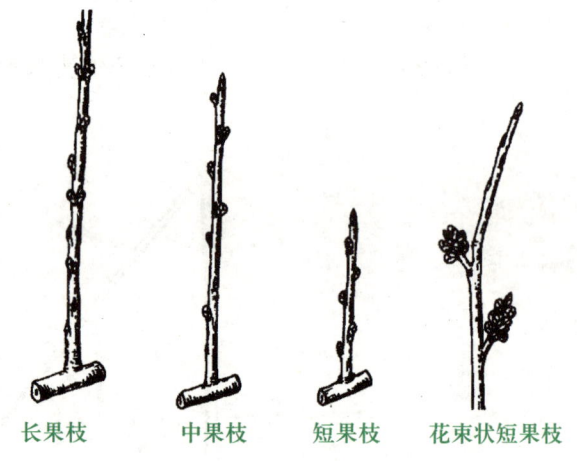

图7-2-3 桃树的结果枝

(4) 短果枝:长度为5~15 cm,除顶芽为叶芽,其余均为单花芽,有的基部有数个叶芽。多长在树冠上部,结果能力差,易枯死。

(5) 花束状短果枝:长度在5 cm以下,顶芽为叶芽,节间短,花芽密集。结果后易枯死,衰老树上这类果枝较多。

桃树各类枝所占比例,因品种、树龄、树势和栽培条件而异。南方品种多以中长果枝为主要果枝,北方品种多以中短果枝为主要果枝;初果期树以长果枝和徒长性果枝结果为主,盛果期树的短果枝和花束状短果枝比例上升,老树则以短果枝及花束状短果枝为主。树势强健的树以徒长性果枝和长果枝、中果枝数量较多,衰弱树多短果枝和花束状短果枝。

3. 开花与坐果

桃树开花比萌芽早,开花期的迟早与地区、品种和年份有关。如广东地区在1月下旬开花,湖南在 3 月中、下旬开花。黄露、莲黄为早花类型,白凤、新大久保为晚花类型。

开花期一般为 6~12 天,花期长短与温度、湿度有关。如花期高温、干燥,天气晴朗,则花期较短,为 6~8 天;如遇冷凉阴雨天气,则花期可长达 18~20 天。同一果枝上部花比下部花先开,先开的花结的果也较大。雌蕊保持授粉受精的时间为 4~5 天。

桃树的坐果率与花期温度有关,平均气温在 10 ℃ 以上有利于花粉发芽和花粉管伸长。

4. 果实的发育和成熟

果实的发育过程可分为 3 个时期:

第一期 谢花后至核硬化前,为果实迅速增大期,一般需 45 天左右。

第二期 核层开始硬化至硬化完成,此期是核层硬化和胚的发育时期,果实增长缓慢。此期长短随品种而异,如早熟品种小玉仅 7 天,中熟的小暑桃 14 天,五云 21 天,晚熟的玉露则需 42 天左右。

第三期 核层硬化完成至果实成熟为止,为果实迅速增大期。此期大约 40 天。

果实发育的长短依品种而不同。南方品种一般为 60~140 天。果实发育在 65 天以内的为特早熟品种,65~90 天为早熟品种,90~125 天为中熟品种,125~150 天为晚熟品种,150 天以上的为特晚熟品种。

三、桃树对生长环境的要求

1. 温度

桃树对温度的适应范围较广,在年平均温度 8~17 ℃ 的地区均可栽培。南方品种群以 12~17 ℃,北方品种群以 8~14 ℃ 为适宜。桃树开花适宜温度为 12~14 ℃,枝叶生长适温为 18~23 ℃,果实成熟适温为 24.5 ℃,根系生长适宜土温为 18 ℃。

桃树在冬季需要一定量的低温才能通过休眠,通常以 7.2 ℃ 以下的积温来表示,大部分品种的需冷量为 450~1 200 小时。在南方冬季 3 个月平均气温超过 10 ℃ 的地区,多数品种落叶延迟,休眠不完全,翌年萌芽、开花显著延迟且不整齐,产量降低。

桃树耐寒性在温带果树中属于较弱的一种,一般 -23 ℃ 以下就发生冻害。各器官的耐寒力不等,桃树的花芽在休眠期能耐 -18~-16 ℃ 的低温,在花蕾期只能忍受 -6.6~-1.8 ℃ 的低温,开花期低于 0 ℃ 即受冻害。故南方桃区应预防早春花期霜冻。

2. 水分

桃树耐旱不耐涝。雨水过多时易引起枝叶徒长,病害加剧,落花落果严重,果实着色差,品质下降,味淡,不耐贮藏。油桃品种群在干燥地区表现好,但在南方栽培易徒长,花少,结果差,品质差,易裂果。故南方栽培油桃一般应有避雨设施。

桃树虽喜干燥,但也需充足的水分供应。特别是种胚形成和新梢生长期,若缺水干旱,则严重影响枝条及果实的正常生长发育,导致大量落果和品质下降。南方5—6月份正值雨季,早中熟品种一般不缺水,但7—8月是干旱季节,晚熟品种需注意灌溉。

3. 光照

桃树最喜光。若光照不良,树体同化产物显著减少,根系生长不良,内膛容易空虚,结果部位易外移,新梢生长不良,花芽分化少,落花落果严重,产量低,品质差。故应注意园地选择和整形修剪,以改善光照条件,促进生长结果。但7—8月过强的直射光常引起枝干、果实日灼,应注意采取措施加以保护。

4. 土壤

桃树对土壤要求不严,一般土壤均可栽培,但以排水良好、土层深厚的沙壤土最适宜。在黏重土壤上结果迟、风味淡,易发生流胶病;在沙土上,则生长弱,产量低,寿命短。桃树喜微酸性土壤,以 pH5~6 最适宜,pH 低于 4 或高于 8 则严重影响生长。桃树对于盐碱有一定的忍耐力,含盐量为 0.1%~0.2% 时也能生长,当达到 0.28% 时,植株部分死亡。栽植桃树,地下水位应在1.5~2 m 以下。

桃树生长环境调查

1. 目的要求

了解当地桃树生长期的温度和降水量,通过与桃树最适温度、水分比较,明确栽培要点。

2. 工具材料

图书、信息工具,干湿温度计、风速风向仪等。

3. 操作步骤

(1) 讨论调查内容、步骤、注意事项。

（2）通过图书、报刊和互联网查阅当地各种桃品种的最适温度和最适水分要求。

（3）调查了解当地桃树生长期的温度和降水量。

（4）到桃园现场访问，了解当地气候条件与桃树生长的适配程度。询问极端气候条件对桃树生产造成的影响。

（5）了解桃农如何利用当地气候条件，采取哪些栽培措施进行桃生产。

（6）现场测量气温、风向、风力和湿度。

（7）撰写调查报告。

任务反思

1. 桃树枝芽生长有何特性？
2. 桃树对环境条件有何要求？

任务 7.3　桃树栽培技术

任务目标

知识目标：1. 了解桃树的定植时期、密度和定植方法。
　　　　　2. 理解桃树的土肥水管理技术。
　　　　　3. 理解桃树整形修剪的具体方法。
　　　　　4. 理解桃树的花果管理技术。
　　　　　5. 了解桃树的保护地栽培。

技能目标：1. 能根据桃树生长情况实施土肥水的有效管理。
　　　　　2. 能根据桃树品种、树龄正确进行整形修剪。
　　　　　3. 能有效进行桃树的花果管理。
　　　　　4. 能正确使用多效唑和进行保护地栽培。

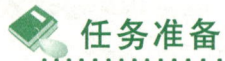 任务准备

一、桃树定植

1. 栽植时期

秋冬 11 月落叶后至次年春季 2 月桃树萌芽前均可以栽植,以秋栽为宜,春季栽植宜早不宜迟。

2. 栽植密度

栽植密度应根据园地的立地条件、品种、整形修剪方式和管理水平等而定,一般株行距为 3 m×4 m 或 4 m×4 m。

3. 栽植方法

定栽穴大小:上部直径 120 cm,底部直径 60~80 cm,深 60~80 cm,一般每穴施有机肥 50 kg。栽植前应对苗木根系进行消毒。栽苗时要将根系舒展开,苗木扶正,嫁接口朝迎风方向,边填土边轻轻向上提苗、踩实,使根系与土充分密接;栽植深度以根颈部分与地面相平为宜;种植完毕,立即灌水。

二、桃树土肥水管理

1. 土壤管理

桃树根系较浅,对土壤反应较敏感,土壤管理主要是进行深翻改土、中耕覆盖和合理间作等。

深翻改土一般在果实采收后结合秋施基肥进行,深度为 50~60 cm,以改善根系生长条件。

南方多雨,土壤易板结,应加强中耕并结合覆盖。全年中耕除草二三次。一般在萌芽前结合追肥全园中耕松土一次,以利土温升高,促进根系生长;生长期内和采果后各进行一次浅耕除草。覆盖可用杂草、农作物、秸秆等在秋季干旱季节进行。覆盖厚度为 15~20 cm,以后每年或隔年添补 20% 左右。

幼树 3~4 年可进行间作。间作作物宜选择豆类、叶菜类和绿肥等矮秆作物。成年树仅在

冬季间做绿肥,夏季则进行清耕。

2. 施肥

桃树新梢生长量大,果实大,对肥料需求量大。幼树生长旺盛,需控制氮肥施用,成年树易衰老,需增施氮肥。营养三要素中,钾对果实发育最重要,需要量也最大。成年树氮、磷、钾的吸收比例为10:(3~4):(10~16),实际施肥量三要素比例以2:1:2为宜,按每生产100 kg果实施纯氮1 kg、磷0.5 kg、钾1 kg计算。全年除施基肥外,还应施追肥1~3次。

基肥一般在落叶前施入,以8月下旬至9月下旬施入效果最好。此时土温较高,有利于肥料分解和根系吸收利用。施肥量占全年施肥量的60%~70%,早熟品种可占到70%~80%,以有机肥为主,氮、磷、钾全面配合,采用环状沟、条沟、放射状沟施肥或全园撒施,施肥深度为30~50 cm。

根据生长结果情况,在萌芽前、谢花后至硬核期、果实膨大期、果实采收后,分期施用速效性肥料。施肥方法可采取土壤施肥,如沟施、穴施、撒施等,也可以采取根外追肥。

3. 水分管理

桃树耐旱怕涝。南方3—6月正值雨季,应注意疏通沟渠,加强排水;7—8月为高温干旱季节,而此时果实迅速膨大,需要一定的水分供应,才能满足正常生长,故需及时灌溉,特别是中、晚熟品种更应注意及时灌水。灌溉可采用喷灌、滴灌等先进灌溉方法,也可采用沟灌、漫灌,但要求速灌速排,以半天为宜,积水时间如在一天以上,植株便会死亡。

三、桃树整形修剪

1. 整形

桃树树形较多,南方常采用的树形有自然开心形、二大主枝自然开心形、改良杯状形、变侧主干形等。

(1)自然开心形:该树形主干高30~50 cm,无中心干,3个主枝均匀分布,开张角度45°~60°,主枝间相距10~15 cm,每个主枝上配备2~3个侧枝,主枝和侧枝上配置枝组(图7-3-1)。该树形整形容易,结构牢固,主次分明,光照良好,利于立体结果,产量较高。具体整形方法如下:

- 定植后:留50~80 cm剪顶定干,整形带20~30 cm。
- 第一年:萌芽后在整形带内选留3个生长健壮,方位角度分布比较均匀的新梢作主枝,抹除整形带以下的新梢,其余新梢留10 cm摘心或扭梢作为辅养枝。冬季修剪时,主枝一般留

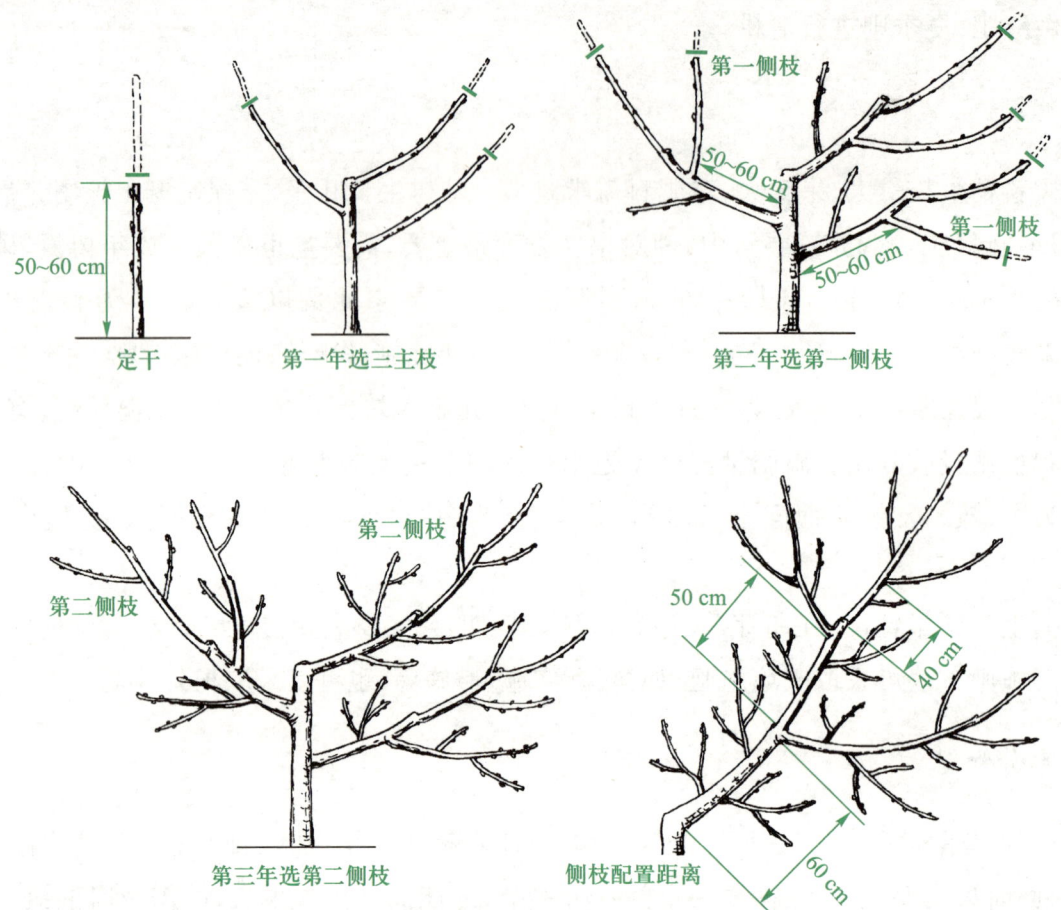

图 7-3-1　自然开心形整形过程

50 cm 左右在饱满芽处短剪,剪口芽留外芽。整个生长季内注意调节3个枝的生长平衡。

- 第二年:主枝延长枝照上年修剪向外延伸,每主枝距基部40 cm左右选配第一侧枝,注意伸展方向,调节生长平衡,冬季在饱满芽处短剪。

- 第三年:主枝延长枝和侧枝照上年修剪。每主枝隔30~40 cm选配第二、第三侧枝,侧枝向两侧交错着生。主枝和侧枝上的小枝尽量保留作辅养枝,并可培养成结果枝组,提早结果,一般3年后树冠可基本形成。

(2) 二大主枝自然开心形:两个主枝配置在相反的两个方向,每个主枝上选留2~3个侧枝,主枝、侧枝上配置枝组。该树形成形容易,主枝之间易于平衡,树冠不密闭,通风透光性好,结果早,单位面积产量高,适于密植(图7-3-2)。

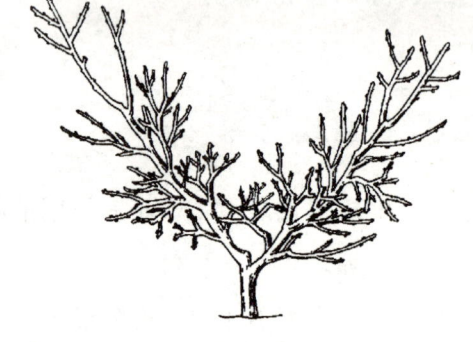

图 7-3-2　二大主枝自然开心形

具体整形方法与自然开心形的整形方法大致相同。

2. 修剪

(1) 冬季修剪:一般在秋季落叶后至翌年春萌芽前进行。主要采取疏剪和短截相结合的方法。

疏剪主要是疏除密生枝、细弱枝、重叠枝、病虫枝、枯枝及无利用价值的徒长枝。短剪是对长果枝留5~8对饱满花芽短剪,长势强而粗壮的可适当长留;中果枝留3~4对花芽短剪;短果枝和花束状短果枝不剪,过密的疏除;生长枝可留1~4芽短剪,使其抽生枝梢转化为结果枝;主枝和侧枝的延长枝一般剪除1/3左右。果枝短剪时注意剪口不要留单花芽(图7-3-3)。

桃树结果部位易上移,修剪时必须重视结果枝组的更新。更新的方法有单枝更新和双枝更新两种。

● 单枝更新:如图7-3-4所示,是将中、长果枝留2~4对花芽短截,使其基部抽生强壮枝梢,上部位任其结果,次年冬季仅留下部一枝,仍留2~4对花芽短截,年年如此反复。

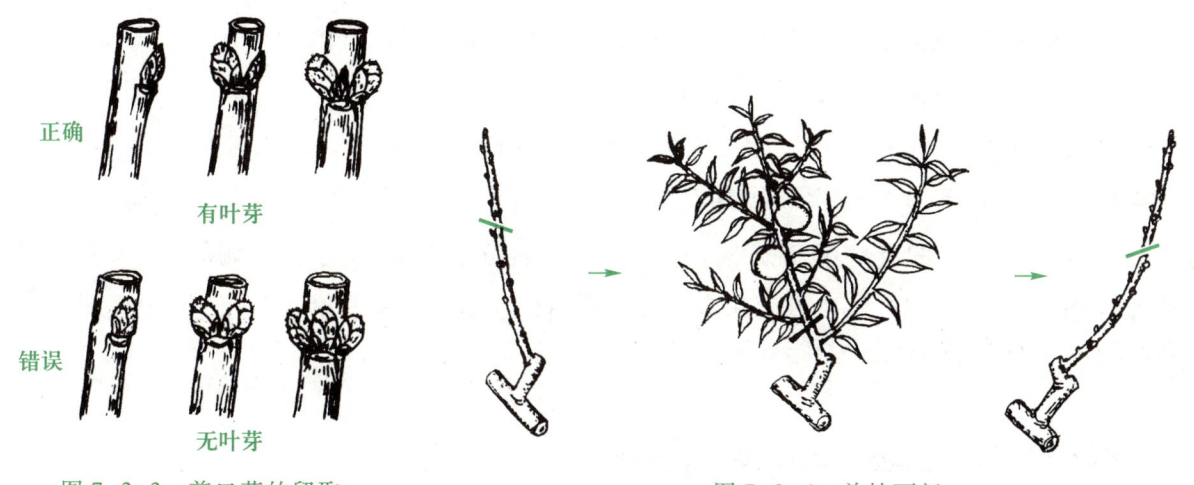

图7-3-3 剪口芽的留取　　　　　图7-3-4 单枝更新

● 双枝更新:如图7-3-5所示,是在同一基枝上靠近基部选留两个中、长果枝,上部果枝留花芽短剪,使其结果,下部一枝留2~3个充实的叶芽短截,使其抽生健壮新梢,即预备枝,次年冬剪时将已结果的枝从基部疏除,预备枝按上年方法进行修剪,如此每年反复进行。

图7-3-5 双枝更新

枝组修剪时要注意果枝密度。以短果枝结果为主的品种,果枝剪口距不少于10 cm;以中长枝结果为主的品种,果枝剪口距不少于5 cm,小型枝组之间距离以15~20 cm为宜(图7-3-6)。

（2）夏季修剪：夏剪与冬剪同样重要，特别是幼树期。夏剪一般每年进行3~4次。

第一次在5月上旬，以抹芽为主，当新梢长到5~6 cm时，抹去无用嫩梢，双梢留一个角度大的，抹掉角度小的。同时结合抹芽，调整主侧枝延长枝的方向和角度；缩剪未坐果的长果枝；对骨干枝分枝基部15 cm内的萌芽及剪锯口处丛生新梢也需要及时抹掉。

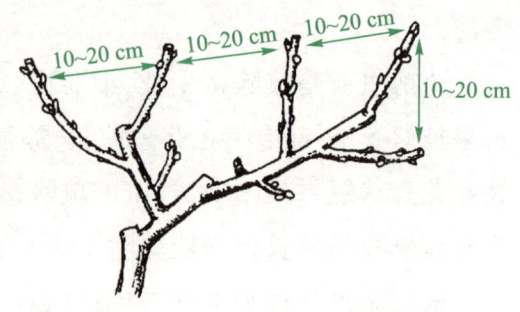

图7-3-6　果枝剪口距离

第二次在5月下旬至6月上旬。主要任务是：新梢长达40~50 cm时疏密枝，控制长枝（徒长枝扭梢）（图7-3-7）；利用二次枝开张角度，剪除副梢延长枝以上的主梢。延长副梢以下的其他副梢摘心，促成枝组，如过密可以疏去；直立旺盛的副梢要摘心控制；对过旺的主枝延长枝应剪梢，过开张的则可用上芽副梢抬高角度。

第三次在7月上中旬。重点是处理结果枝，短截和疏剪结合。一般果枝粗0.8 cm以上，剪1/4或1/5，果枝粗0.8 cm以下，剪1/3或1/4（图7-3-8）。此时正值雨季，树冠易密闭，因此对主枝太过旺盛的要继续疏剪梢；对内膛所有直立新梢进行剪顶或疏除；凡带副梢的枝条要进行摘心，除留基部1~2条，其余留20 cm摘心，但已形成顶芽停止生长的新梢不要摘心。

图7-3-7　控制长枝和徒长枝扭梢

图7-3-8　结果枝短剪

第四次在8月下旬至9月上旬，主要是对未停止生长的各种枝条，普遍进行一次打尖，把嫩梢剪去，可节省养分，促进枝条充实、花芽饱满。

四、桃树花果管理

1. 保花保果

大多数桃树能自花结实，坐果率较高，但有些年份也会因各种原因引起落花落果过多而影响产量。桃树生理落果一般有3次。第一次在谢花后7~14天,主要原因是授粉受精不良或病虫为害、晚霜为害等引起落果。第二次在谢花后21~28天,此次落果较多,主要原因是受精不完全,胚的发育受阻、幼果缺乏所需激素或树体营养不足而引起落果。第三次落果在硬核期前后发生,主要原因是受精胚中途停止发育而造成,此次落果数量较少。针对落花落果的原因,可采取以下保花保果的措施:

(1) 加强土肥水管理,及时防治病虫害,减少秋季落叶,以减少由于雌蕊退化,雌蕊发育不全而引起的落花落果。

(2) 建园时注意配置授粉树,特别是无花粉或花粉败育品种,如砂子早生、霞晖1号等,配置授粉树更是必不可少。

(3) 花期放蜜蜂,进行人工辅助授粉,以提高坐果率。

(4) 利用化学药剂保花保果。在花前喷施1%~2%的硼砂或花期喷0.3%的硼砂,也可在花后喷20 mg/L萘乙酸,坐果率可提高10%;在开花期喷20 mg/L的2,4-D可提高7%坐果率。

2. 疏花疏果

桃树坐果率较高,合理地疏花疏果是桃树优质、丰产、稳产的重要措施之一。

疏花疏果应尽早进行,以节约养分。目前生产上一般在花蕾期进行疏花,第二次落果后进行疏果。疏果前先确定单株产量和单株留果数,再按增加5%~10%留果。

一般长果枝留1~5个果(大果型品种留1~2个,中果型品种留2~3个,小果型品种留4~5个);中果枝留1~3个(大果型留1个,中果型留1~2个,小果型留2~3个);对于短果枝,大果型品种每2~3个枝留1个果,中果型品种1个枝留1个果,小果型品种1个枝可留1~2个;花束状短果枝,粗壮的可留1个果,弱的不留;骨干枝的延长枝及预备枝上均不留果。

也可以按距离来留果,小果型品种隔5~7 cm留1个果,大、中型品种隔8~12 cm留1个果,强枝、壮树、向阳面枝可适当多留。

留果量还可根据叶果比来确定,一般早熟和特早熟品种的叶果比为20∶1,中晚熟品种的叶果比为30∶1,还要根据果型大小进行增减。

3. 果实套袋

桃的果实套袋时间一般在定果后,主要蛀果害虫如桃蛀螟等产卵高峰前进行。

套袋前先喷一遍防病虫的药,然后按疏果的顺序先树上后树下,先树里后树外进行,以免将果实碰掉,也可避免漏套。除袋时间,鲜食用果可在采收前除袋以促进着色。对易着色的品种,在采果前5~6天除袋,难着色的品种则应更早一些,罐藏桃采前不必除袋。

五、多效唑在桃树生产上的应用

多效唑(PP333)是一种新型、高效的植物生长延缓剂,它可强烈地抑制新梢生长和副梢产生,促进营养物质的积累,促进花芽分化,并可使树体矮化,枝条缩短,改善通风透光条件,减轻夏季修剪量。目前在桃树上运用较多且效果很好。

1. 使用方法

多效唑可以进行土施,也可进行叶面喷施,土施一般在萌芽后至5月上旬,新梢长10~20 cm 进行,施时在树冠滴水线以内 50 cm 处挖一深 15~20 cm、宽 30~40 cm 的环状沟,将适量的多效唑用水溶解后用喷壶均匀施入,然后覆土。注意将药液搅匀,防止前稀后浓。

用量为每平方米树冠投影施入 0.25%~15% 的多效唑可湿性粉剂,生产上还应根据品种、树势、树龄等的情况增减。

叶面喷施可在新梢 30 cm 长时进行。1~5 年生树因需扩大树冠,不宜控制太重,可在 7 月中旬至 8 月上旬,每隔 10~15 天喷 1 次,连喷 2~3 次。成年树可在 5 月中旬和 6 月中旬分两次进行。一般第一次使用浓度为 1 g/L,以后每次浓度为 2~3 g/L。

2. 注意事项

(1) 施用量灵活掌握。树势强旺者可多施,保持用药后树势中等,以成花、产量适中为标准。

(2) 多效唑主要用于幼旺树上,对于生长势不强的成年树和衰老树不宜使用,以防树势更加衰弱。

(3) 因土施残留期长,不能连年使用多效唑,否则会严重削弱树势。

(4) 不宜在晚熟品种上应用,因为多效唑能导致果实生长缓慢,影响产量和品质。

(5) 冬季修剪应调整枝组密度,短截部分果枝,促发营养枝使营养枝与结果枝比例达 3:7,果枝率占 70% 左右。

(6) 在生长前期,应增施氮肥培养强壮的树势。

六、桃树保护地栽培

桃树实行保护地栽培,可以使果实提前 2~3 个月成熟,并可使桃树免受雨季高湿度多病虫的影响。南方桃产区保护地栽培设施主要为塑料大棚。在进行保护地栽培时应注意以下几个关键问题。

1. 选址建棚

棚址应选择在光照充足,地势平坦,排水良好,土壤肥沃的地方。大棚的矢高和跨度比例为 1∶(4~6),肩高应在 1.5 m 左右(图 7-3-9)。

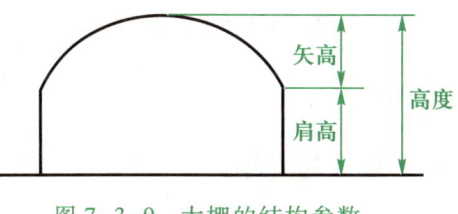

图 7-3-9　大棚的结构参数

2. 品种选择

要从果实商品性、成熟期、丰产性和自花结实能力等方面考虑。

3. 苗木定植

均在棚建好之后,苗木萌芽前完成。采用南北行向,株距 0.5~1 m,行距 1.5~2 m。为控制根系、矮化树体,可用容器栽植或无纺布沟槽栽植(图 7-3-10)。

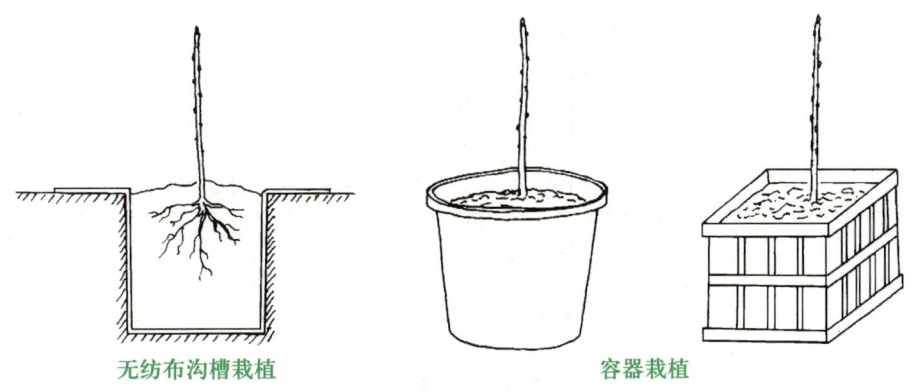

图 7-3-10　限制根系的方法

4. 整形修剪

通常用"Y"字形。两大主枝向东西方向生长。树高控制在 1.8~2.3 m。栽后不定干,待萌芽后把主干拉向行间,呈 45°。主干弯曲处萌发数条徒长枝,选角度、距离合适的一枝作为另一主枝,其余萌条都去掉。每主枝上留 4~5 个结果枝组和数条结果枝(图 7-3-11)。

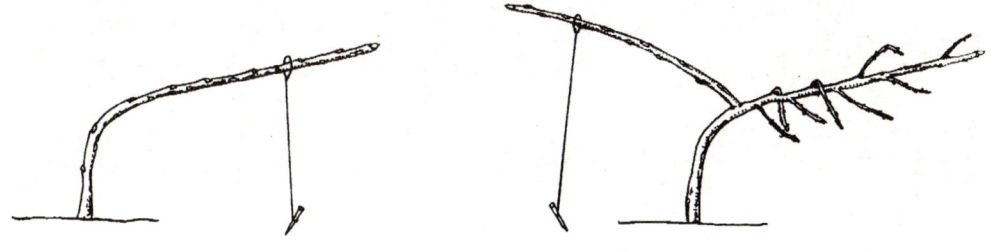

图 7-3-11　"Y"形整形过程

以后的修剪则根据品种特性和生长势,分别采用单枝更新和双枝更新法。同时也要重视夏季修剪。

5. 温度管理

在催芽期和萌芽期,白天温度不宜超过 20 ℃,超过 30 ℃时可引起花芽脱落,可以参考表 7-3-1 进行棚内温度的调节。降温和防止温度升高是通过揭膜放风来实现的。防止低温则要加盖保温材料。

表 7-3-1 桃树保护地栽培管理要点

物候期	昼温/℃	夜温/℃	空气湿度/%	灌水/（mm 和次数）	其他
催芽期	15~20	10~5	80	20	
萌芽期	15~20	10~5	70~80	5~7 5天一次	树下覆膜
开花前后	18~22	15~10	50~60	0	辅助授粉
展叶期	20~25	15~10	60以下	15 7天一次	疏果
新梢伸长期	20~25	15~10	60以下	15 7天一次	定果
硬核至采收	22~28	15~10	60以下	15 7天一次	夏季修剪

6. 湿度管理

降低棚内湿度的主要方式是地面覆盖和通风换气。

7. 其他管理

大棚内其他管理与露地基本相同,但可利用棚内封闭程度高的条件,进行二氧化碳施肥。

任务实施

多效唑的配制与施用

1. 目的要求

通过实习,掌握多效唑的配制和施用方法。

2. 工具材料

锄头、水桶、水壶、喷雾器、15%的多效唑可湿性粉剂、水、赤霉素等。

3. 操作步骤

（1）用锄头在树冠投影的外缘内侧，挖深10 cm、宽30～50 cm的环状沟（以见到吸收根为度）。

（2）把15%的多效唑可湿性粉剂用水稀释成1 000～2 000倍的药液。

（3）不停地搅拌配好的药液，用水壶把配好的药液均匀地洒在环状沟中。

（4）待药水渗下后，覆土。

（5）施后管理：施用后桃树形成的中、长果枝量较大且发生较多的二次枝，则说明多效唑的施用量偏少，应视情况补喷1次300倍的15%多效唑粉剂；若施用后形成的短果枝、花束状短果枝较多，不能萌发二次枝，新梢端部下垂，则说明施用浓度过大，应对树冠均匀喷布50 μL/L赤霉素，以降低多效唑的抑制作用。

任务反思

1. 桃树的结果枝有哪几种？怎样进行修剪？
2. 怎样进行桃树夏季修剪？
3. 怎样对桃树合理施肥？
4. 怎样进行桃树疏花疏果？
5. 怎样进行桃树的保护地栽培？

任务 7.4　桃果采收

任务目标

知识目标：1. 了解桃的采收时期。
　　　　　2. 知道桃采收方法。
技能目标：1. 能正确判断桃适宜采收的时期。
　　　　　2. 掌握正确的桃的采收方法。
　　　　　3. 掌握桃的采后处理方法。

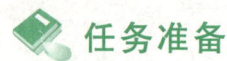 任务准备

一、桃果采收时期

桃果成熟后果实变软,不耐运输、不耐贮藏,应根据果实的品种特性、运输的远近、果实的用途,结合品种的肉质、着色情况等确定适宜的采收时期。采收过早,果实的形态、个头、硬度、色泽、风味、含糖量等都达不到要求,对产量和品质影响很大。采收过晚,桃过熟,果肉变软,不耐运输,风味下降,甚至不堪食用,并且落果增加,造成严重经济损失。

桃果的成熟度通常分为七成、八成、九成、十成熟四个等级。其特征(标准)分别为:七成熟的桃果,底色绿,果实充分发育,果面基本平展无坑洼,果面茸毛较厚;八成熟的果实,底色淡绿(发白),果面丰满,茸毛减少,果肉稍硬,有色品种阳面部分着色;九成熟的桃果,果面的绿色大部分褪尽,不同品种呈现应有底色,茸毛少,果肉稍有弹性,具芳香味,有色品种大部分着色;十成熟果实茸毛脱落,无残留绿色,溶质品种果实柔软多汁,皮易剥离,不溶质果实弹性较大,硬肉果开始变面。一般鲜食品种和短途销售的,采收成熟度在八九成;远途运输者在七八成;供制罐的不溶质黄肉桃可在完熟时采收;软肉黄桃则在七八成时采收。

二、桃果采收方法

桃果的成熟,一般是树冠上部、外围的向阳面先熟,而背阴面和内膛稍晚,所以采收时应按成熟的早晚分期分批采收。

采收桃果时要用手轻握全果,稍稍扭转,果梗就会与果枝分离,切勿硬拉。采下后要轻拿、轻放在果篮中。采收用的筐或箱不宜过大,以装 10~15 kg 为宜,太大易将底部的果挤压坏。并且筐、箱内要加衬垫。

三、桃果采后处理

1. 分级包装

桃果采收集中后,如果不能马上包装运输,应放到阴凉的地方,避免太阳直晒。采收后先剔除残次果,然后选果分级。不可大小果、好坏果一齐装箱。每一个等级的果实要保持大小、色泽基本一致。

采下的桃子如果个头大,品相好,则需要适当的包装,用海绵或泡沫网套将桃子包裹,然后整齐紧密地摆放在纸箱内,每层之间用纸板隔开,注意每箱不超过 15 kg,放满后用胶带封好。

2. 贮藏

为了使桃的果实在较长时间内,保持较好的食用品质和营养价值,应进行贮藏。贮藏方法有以下几种。

（1）低温冷冻法：桃果贮藏的适宜温度为 0~0.6 ℃,相对湿度 90%,在此条件下,大致可贮藏 14~18 天。贮藏的果实在出售前,需移至温暖的环境中后熟。要求后熟时间愈短愈好。

（2）气调贮藏法：在密闭的环境中,降低空气中氧的含量,提高二氧化碳含量,阻止果实的有氧呼吸,达到延缓果实养分消耗的目的。一般在氧气含量 1%,二氧化碳 5% 的环境中,桃果可以贮藏 42 天。

任务实施

桃果采收

1. 目的要求

正确判断桃的成熟程度,进行适期采收,能用正确的方法进行桃的采收,对采收后的桃进行合理处理。

2. 工具材料

果篮、采果梯、纸箱、纸板、胶带、台秤。

3. 操作步骤

（1）看桃的底色：有无绿、淡绿、发白,以及着色情况。
（2）看果实发育程度：果面基本平展无坑洼,果面茸毛生长匀称整齐无缺。
（3）用手轻捏,感觉果肉稍硬还是稍有弹性。
（4）用鼻子闻,桃是否具芳香味。
（5）准备好采果工具。
（6）采收桃果时要用手轻握全果,稍稍扭转,果梗就会与果枝分离,切勿硬拉。采下后要做到轻拿、轻放。

任务反思

1. 判断桃成熟度的方法有哪些？
2. 怎样采摘桃果？
3. 桃的贮藏方法有哪些？

项目小结

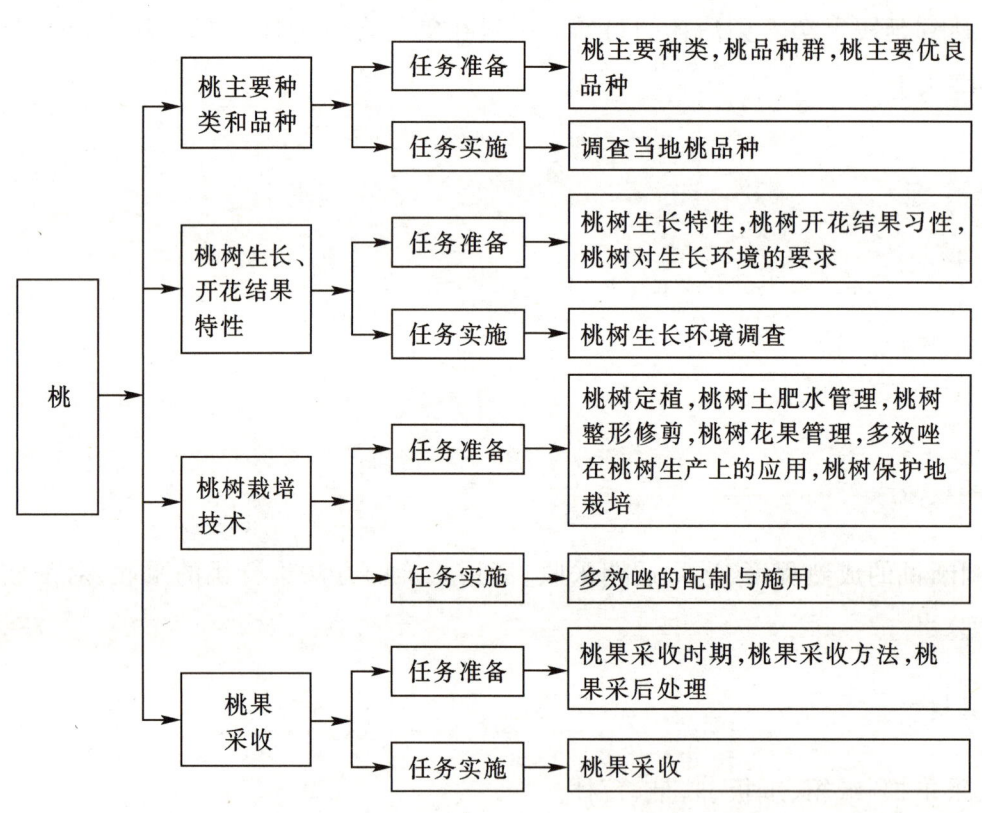

综合测试

一、单项选择题

1. (　　)的果实扁圆形，两端凹入接近种核，形状如饼，果核纵扁，黏核，果肉溶质，柔软多汁，味香甜，品质优。

A. 蟠桃　　　　　B. 黄桃　　　　　C. 油桃　　　　　D. 普通桃

2. 桃树结果期早，易衰老，一般有效生产年限为(　　)年。

A. 5～10　　　　B. 10～15　　　　C. 15～20　　　　D. 20～25

3. 桃的坐果率与花期温度有关,平均气温在(　　)以上有利于花粉发芽和花粉管伸长。

　　A. 4~5 ℃　　　　B. 10 ℃　　　　C. 15 ℃　　　　D. 22 ℃

4. 桃树在(　　)土壤上结果迟,风味淡,易发生流胶病。

　　A. 沙土　　　　B. 壤土　　　　C. 黏土　　　　D. 盐碱土

5. 幼树期夏季修剪一般进行3~4次,第三次在7月上中旬。重点是处理结果枝,采用(　　)和疏剪结合的修剪方法。

　　A. 短剪　　　　B. 疏剪　　　　C. 回缩　　　　D. 扭梢

二、多项选择题

1. 桃属于蔷薇科桃属植物。我国栽培和野生的桃主要有普通桃、(　　)和新疆桃5种。

　　A. 油桃　　　　B. 山桃　　　　C. 光核桃　　　　D. 甘肃桃

2. 桃树的结果枝可分为徒长性果枝、(　　)和花束状短果枝等5种。

　　A. 中间枝　　　　B. 长果枝　　　　C. 中果枝　　　　D. 短果枝

3. 桃树树形较多,南方常采用的树形有(　　)和变侧主干形等。

　　A. 三大主枝自然开心形　　　　B. 二大主枝自然开心形

　　C. 改良杯状形　　　　D. 疏散分层形

4. 桃树保护地栽培在(　　)和硬核至采收的夜间温度应保持在10~15 ℃。

　　A. 萌芽期　　　　B. 开花前后　　　　C. 展叶期　　　　D. 新梢伸长期

5. 桃果的成熟度通常分为(　　)至十成熟四个等级。

　　A. 六成　　　　B. 七成　　　　C. 八成　　　　D. 九成

三、简答题

1. 怎样做好桃园的水分管理?

2. 怎样形成三大主枝自然开心形?

3. 怎样做好桃树保花保果措施?

四、综合分析题

　　为了使桃树免受雨季高湿度多病虫的影响,并使果实提前2~3个月成熟,生产上实行桃树塑料大棚保护地栽培,那么,应解决哪些问题呢?

项目 8

李

项目导入

小张于2008年冬开发了5 hm² 李园,种植品种为黑琥珀、黑宝石、蜜思李。2013年春花开满树,但由于出现了连续低温阴雨天气,挂果少,产量低,尤其是黑琥珀产量更低,而旁边小黄的李园满树挂果,这可把小张愁坏了。经打听,小黄在李树盛花期给树冠喷施了氨基酸钙营养液,不易落果,但小张还是不知其所以然,于是请来了果树专家,经过咨询,才知道其中的奥妙。

本项目主要了解李主要品种的树冠和果实形态,识别不同的种类与品种;了解李树的生长特性,掌握李树开花结果习性及对生长环境的要求;掌握李树管理技术,包括土肥水管理、花果管理、树体整形修剪,以及李果采收。

任务 8.1 李主要种类和品种

任务目标

知识目标:1. 了解李的主要种类和优良品种。
       2. 掌握当地李品种。
技能目标:1. 能正确识别李的主要种类。
       2. 能说出李优良品种的特点。
       3. 能正确调查当地李品种。

> 任务准备

一、李主要种类

李为蔷薇科李属植物。全世界李属植物共有 30 余个种,我国主要有中国李、欧洲李、杏李、樱桃李、美洲李、乌苏里李、加拿大李和黑刺李 8 个种。中国李和欧洲李是全世界栽培最为广泛的两个种,其次是杏李、樱桃李和美洲李。其他三个种以及世界各国李属其他种,均属野生或半野生,未进行人工栽培。

1. 中国李

中国李原产于我国长江流域,是我国种植李树的主要种类,适应性强,萌芽力和成枝力都较强,结果以短果枝和花束状果枝为主。果实圆形或长圆形;果皮有黄色、红色、暗红色或紫色;果梗较长,梗洼深;缝合线明显,果粉厚;果肉为黄色或紫红色。黏核或离核。

2. 欧洲李

欧洲李在我国辽宁、河北、山东等地有种植。欧洲李树为乔木,树势强。树冠高大,圆头形。果实圆形或卵圆形,基部多有乳头状突起;果皮由黄、红直到紫兰色;果肉一般为黄色;果实缝合线较明显,常被灰蓝色果粉。离核或黏核。

3. 杏李

杏李在北京的昌平和怀柔、河南的辉县、陕西的西安等地有少量栽植。本种为小乔木,树尖塔形,枝条直立。果实扁圆形,果梗极短,缝合线深;果皮暗红色或紫红色;果肉淡黄色,质地紧密,具浓香。黏核或半黏核。果实耐贮藏。

4. 樱桃李

樱桃李在中亚、西亚、巴尔干半岛等地均有分布。本种为灌木或小乔木。果小,为圆形或扁圆形;果皮黄色或红色,微具果粉,缝合线浅;果肉多汁,具特殊香气。黏核,核小,呈卵形。一般多用作砧木。

5. 美洲李

美洲李在我国主要分布于东北地区。本种为乔木,树冠开张,枝条有下垂性。果实圆形或卵圆形;果皮红色或黄色,果点明显,果肉黄色,汁液多;果梗较长。黏核。

二、李主要优良品种

1. 携李

携李又名醉李,分布于浙江嘉兴、海宁、海盐、吴兴、长兴、杭州,以及江苏、安徽等地。树势中庸,树姿开张,呈自然半圆形。果实扁圆形,果顶平广微凹,有一形如指甲刮痕斑纹,有"西施指痕"的美称,两侧不对称。果形大,平均单果重约60 g,最重达100 g。果皮较厚,底色黄绿,熟后暗紫红色。果粉薄,果肉浅橙黄色。硬熟期果肉致密,软熟期果实汁液极多,味甘甜浓香,可刺破果皮吸食,只留皮核。可溶性固形物含量14.5%,品质极上。黏核,果核倒卵形,种仁发育不良。果实成熟期在浙江桐乡为7月上旬。

2. 芙蓉李

芙蓉李又名浦李、夫人李、粉李、红心李,主要分布于福建福安、永泰等地。树势强健,枝条开张,呈圆头形。果实大,扁圆形,平均单果重58.4 g,最重达75.5 g。果顶平或微凹,梗洼浅,缝合线稍深而明显。果粉厚,银灰色。果实初熟时皮呈黄绿色,肉为橙红色,肉质清脆。完熟后果皮和果肉均为紫红色,肉软多汁,味甜而微酸。品质上等。核小,果实可食率为98.2%。果实成熟期为7月上中旬。

3. 三华李

三华李在广东、广西、福建等省(自治区)均有分布,以粤北栽培为多。树势强健,枝条开张。其品系有大蜜李、小蜜李、鸡麻李、白肉鸡麻李等。

(1) 大蜜李:果实近圆形,平均单果重55 g,最重达70 g。果顶微凹,缝合线浅,两侧较对称。果皮上有黄色小星点,具果粉。果肉紫红色,肉质爽脆,味甜,有香味。可溶性固形物含量12.5%~16%。成熟期6月下旬。

(2) 小蜜李:果实近圆球形,平均单果重30 g,最重达45 g。可溶性固形物10%~12%。成熟期7月上旬。

(3) 鸡麻李:果实长椭圆形,果实大,平均单果重70 g,最重达90 g。果皮上星点较大,皮厚微涩。果粉厚,果顶凸,缝合线深。果肉深紫红色,肉质脆甜,香味较浓。可溶性固形物含量12%~16%。成熟期6月中下旬。

(4) 白肉鸡麻李:果实中等大小,长椭圆形,两侧不对称。果顶凸,果皮淡黄色。果肉白色爽脆,味甜,香味浓。果核小。落果严重。成熟期6月下旬。

4. 奈李

奈李有黄肉和红肉两大类型。黄肉的果皮、果肉均黄色,肉质稍坚脆而少汁,较晚熟,适于干制和罐藏,如福建古田的油奈和福建沙县、建阳等县的青奈;红肉型的果皮粉红美观,肉质柔软多汁,风味浓,全熟时可剥皮,适于鲜食,如福建沙县、顺昌的花奈,江西奈等。

(1) 花奈:又名大奈、硬皮杏,主产福建省。树姿直立,果实大,桃形,平均单果重 70.3 g,最重可达 85 g。缝合线浅而明显,近梗洼处较深,梗洼周围有放射状沟纹。果皮胭脂红到紫红色,密生灰白色圆形斑点,成熟时更明显如花斑,并有明显油胞突起。果粉厚,银灰色。果肉胭脂红到粉红色,肉厚,质软而润,汁液多,甜酸适度,味美,品质佳。可溶性固形物含量 12.55%。果核大,卵圆形,半离核,核尖部常具空腔,即果核顶部常与果肉分离成蛀孔状。6 月下旬至 7 月上旬成熟。

(2) 青奈:又名青奈李、桃李、歪嘴桃、黄心奈、西洋奈等,主产福建古田、福安等地。树姿直立,树冠半圆形。果实中等大,桃形,平均单果重 65.0 g,最大可达 92.9 g,果顶钝尖,果顶突出稍歪一侧。果柄短,缝合线浅而明显,梗洼窄而深,周围具放射状沟纹。果皮青绿色,成熟时果皮绿中带黄。果面光滑,果粉厚,灰白色,有油胞突起。果肉淡黄至黄色,核形似桃核,纵面沟明显,表面有浅沟纹。果实未完全成熟时,肉脆硬,完熟后,柔软多汁,蜜甜浓香,品质优。可溶性固形物含量 10.5%。果核小,半离核。种子先端部位有空室,种胚大部分发育不良。果实大暑至立秋前成熟。

(3) 油奈:主产福建古田县,浙江、江西、广西等地也有栽培。树势强,树冠半直立。果形大,果形似桃,平均单果重 100 g,最重可达 246 g。缝合线明显,具沟痕。果梗粗短,梗洼广而深,洼周有放射沟纹。果皮青绿色,成熟时果皮呈绿黄色,密生粗大灰白色斑点,果粉薄,灰白色。果肉淡黄色,肉质嫩,汁多,味甜,可溶性固形物含量 16.2%。核小。果实 7 月底成熟。

5. 金塘李

金塘李又名红心李,为浙江主要栽培品种,以金塘栽培历史最悠久。树势强,树冠开心形或杯状形。果实圆形或扁圆形,平均单果重 60 g,最重可达 100 g。果顶圆,微凹陷,稍裂痕,缝合线浅而明显。硬熟期果皮底色黄绿,果顶有暗红色彩,果肉黄绿色;软熟期果肉呈紫红色,果面被灰白色果粉,近核处带有放射状红彩。肉质致密,松脆爽口,味鲜甜,汁稍多,品质上等。可溶性固形物含量 13.5%。果核小,半黏核。果实 7 月上旬成熟。

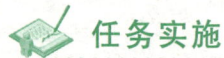 任务实施

调查当地李品种

1. 目的要求

了解当地栽培的李品种；掌握现场调查方法。

2. 工具材料

图书、信息工具，皮尺、卷尺、小刀、天平、糖度仪、pH 试纸等仪器工具。

3. 操作步骤

（1）讨论调查内容、步骤、注意事项。

（2）通过图书、报刊和互联网查阅当地的李品种资料，选择李品种较多的李园，并联系调查的农户。

（3）现场访问，用目测法看各种李树的外形，测量同树龄李树的高度、冠径，记录比较。

（4）观测各种果实的外形、大小、颜色，测量其直径、单果重，剖开观测果皮的厚度、果肉的纹理，品尝果肉果汁，测量 pH、糖度。记录比较。

（5）问询各种李的树龄、产量，栽培难易度，李果口味、价格等。

（6）问询当地主栽品种有哪些。

（7）了解当地新引入的李品种有哪些。

（8）撰写调查报告。

任务反思

1. 当地栽培的李品种有哪些？
2. 调查当地李栽培的现状。

任务 8.2　李树生长、开花结果特性

 任务目标

知识目标：1. 了解李树的生长结果特性。
　　　　　2. 掌握李树对生长环境的要求。
技能目标：1. 能正确识别李树的枝梢类型。
　　　　　2. 能正确观察李树的开花结果习性。
　　　　　3. 能正确调查当地李树的生长环境。

任务准备

一、李树生长特性

1. 根系

一般以桃、李、杏为砧木，抗性强，根系发达，主要分布在距地表 20~40 cm 处，水平根颈比树冠直径大 1~2 倍。用毛桃、毛樱桃作砧木时，根系相对较浅。用实生杏、李自根砧时根系较深。一年中根系的生长活动早于地上部分，停止生长晚于地上部分。土壤温度 5 ℃时，细根开始活动；一年中根系的生长活动早于地上部分，停止生长晚于地上部分。土温稳定在 18~20 ℃时，开始第二次生长，生长量小；土温低于 10 ℃时，根的生长减弱几乎停止。

2. 芽

李树芽的萌发力强，但成枝力较低。幼龄期和初果期除基部 2~3 年芽不萌发外，其余均可萌发。短截后李树剪口下常抽生 3~4 个生长枝。李隐芽寿命长，且萌发力强。

3. 枝梢

营养枝按其生长势强弱，分为普通枝、徒长枝、叶丛枝和纤细枝（图 8-2-1）。
(1) 普通枝：幼树和旺树上多见，一般长 50 cm 以上，生长势旺盛，主要用于扩大李树的树冠或形成新的枝组，扩大结果部位。

（2）徒长枝：幼树上易发生徒长枝。徒长枝多见于树冠上部，由强旺的骨干枝背上芽或直立旺枝上的芽萌发而成。其枝长一般在 60~100 cm。由于徒长枝生长旺盛，消耗养分多，枝态直立、高大，影响通风透光，因此，必须对它加以改造或剪除。

（3）叶丛枝：也称为单芽枝。李树的叶丛枝多由枝条基部的芽萌发而成。由于枝梢基部的芽营养供应不足，因而萌发后不久便停止生长，所形成的枝长度在 1 cm 以下，仅有一顶芽。

（4）纤细枝：由潜伏芽萌发抽生的细弱枝，称为纤细枝。对于这种纤细枝，在树冠内部秃裸或树势衰弱的情况下，可以利用纤细枝结果，或予以更新。

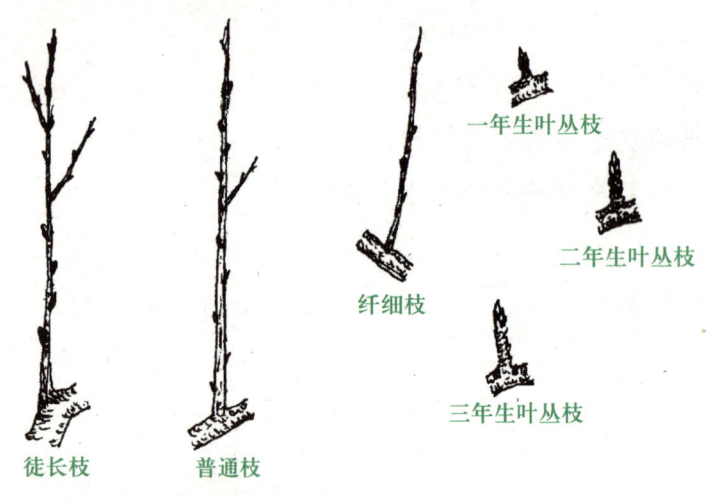

图 8-2-1　李树枝梢的类型

二、李树开花结果习性

1. 花芽分化

李树花芽形成容易，为纯花芽，单生或与叶芽生成复芽，枝条顶芽均为叶芽。每一花芽内常开 2~3 朵花，花较小。李的花芽属夏秋分化型。据湖南农业大学（长沙）观察，艳红李的花芽分化过程表明：花芽分化最早出现在 6 月初；开始分化的盛期在 6 月中旬，可延至 6 月底；花蕾形成期在 6 月上旬—7 月中旬；萼片形成期在 7 月上旬—8 月中旬；花瓣形成期在 8 月初—8 月底；雄蕊形成期在 8 月下旬—9 月中旬；雌蕊形成期最早出现在 9 月中旬，延至 11 月上、中旬。胚珠、胚囊和花粉粒的形成则在翌年春季。

2. 结果枝

李树的结果枝可分为长果枝、中果枝、短果枝、花束状果枝和徒长性果枝（图 8-2-2）。

（1）长果枝：生长粗壮充实，枝长 30~60 cm 或更长。其上着生大量的复花芽，开花量也不少。生长中庸的长果枝，其上多为复花芽，先端常有叶芽，除了开花结果以外，还能抽生新梢，形成健壮的花束状果枝，为连续结果打下良好基础。

(2) 中果枝：生长势中等，枝长为 15~30 cm，其上多为复花芽，多着生在树冠的中部。是初结果期李树的主要结果枝。结果后可发生短果枝和花束状果枝。

(3) 短果枝：长度为 5~15 cm，多发生在各级枝的中下部或多年生枝上，花芽饱满，坐果率较高。短果枝是盛果期李树的主要结果枝，连续结果能力强。

(4) 花束状果枝：长度在 5 cm 以下，顶芽为叶芽。其下排列紧密的花芽，节间极短，组织充实，结果稳定。因为它的花量大，开花时呈束状，所以称之为花束状果枝。这类枝多着生在基枝的中下部，花芽质量好，是主要的结果枝。

(5) 徒长性果枝：长度在 60~100 cm 或以上，生长势强旺，常见于幼、旺树的树冠顶部或树冠外围的向阳处。这类枝如果任其直立生长或采用短截措施，则常因新梢营养生长过旺而坐果率低或难坐果。因此，对徒长性果枝切忌短截，而宜长放。

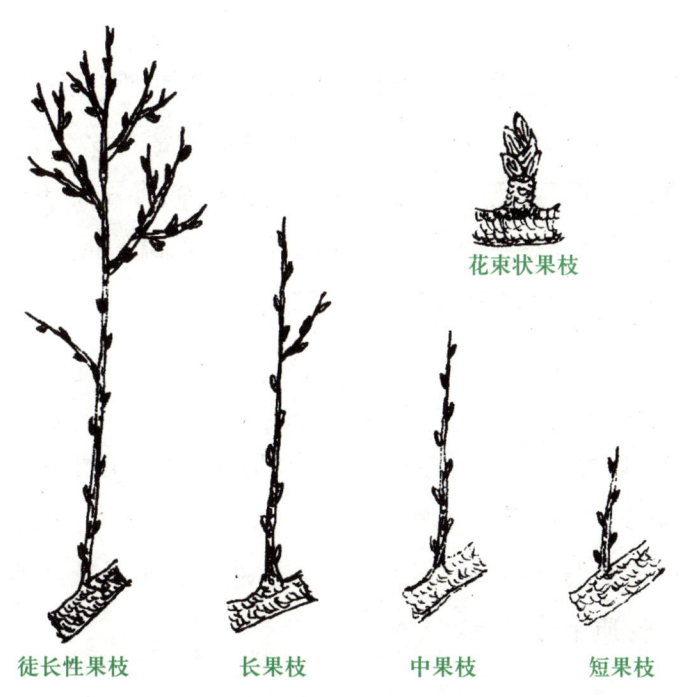

图 8-2-2　李树结果枝的类型

李树主要以短果枝及花束状果枝结果，长、中果枝结果力低。在一株李树上，各类结果枝所占的比例因树龄、树势的不同而异。一般在幼树和强旺树上，中、长果枝较多；在大树和弱树上，中、短果枝较多。

3. 开花坐果

李树花期可分为现蕾期和开花期。现蕾期：从发芽以后能区分出极小的花蕾、花蕾由淡绿色转为白色至花初开前,称现蕾期。开花期:花瓣开放,能见雌、雄蕊时称为开花期。开花期又按开花的量分为初花期、盛花期和谢花期。一般全树有5%的花量开放时称初花期,25%~75%开放时称盛花期,95%以上花瓣脱落时称谢花期。李树开花过程为15~20天,但不同的品种花期各异,长的花期为3~4天,短的花期5~7天。花期的长短还受天气的影响,通常春暖时,花期提早,天气晴朗、气温高、花期短而集中;阴雨天气,气温低,花期推迟,持续时间长。由于气候的变化,个别年份会提前或推迟5~7天。

中国李一般能自花结实,但结实率低,应配置授粉树。也有少数李的品种表现为自花不实,如朱砂李等。此外,即使是自花能结实的品种,异花授粉后,产量也会提高。

三、李树对生长环境的要求

1. 温度

李树对温度的要求因种类和品种不同而异。中国李、欧洲李喜温暖湿润的环境,而美洲李比较耐寒。同是中国李,生长在我国北部寒冷地区的绥棱红、绥李3号等品种,可耐-42~-35 ℃的低温;而生长在南方的隽李、芙蓉李等则对低温的适应性较差,冬季低于-20 ℃就不能正常孕育果实。李树花期的适宜温度为12~16 ℃。不同发育阶段对低温的抵抗力不同,如花蕾期-1.1 ℃以下就会受害;花期和幼果期受害温度则在-0.5 ℃以下。

2. 光

李树属于喜光植物,以樱桃李喜光性最强,其次是欧洲李,美洲李和中国李又次之。通风透光良好的果园和树体,果实着色好,糖分高,枝条粗壮,花芽饱满。阴坡和树膛内光照差的地方果实晚熟,品质差,枝条细弱,叶片薄。因此栽植李树应在光照较好的地方并修整成合理的树形,这对李树的高产、优质十分必要。

3. 水分

李树为浅根树种,因种类、砧木不同,对水分要求有所不同。欧洲李喜湿润环境,中国李则对水分适应性较强;毛桃砧木一般耐涝性较强,抗旱性差;山桃耐涝性差,抗旱性强;毛樱桃根系浅,不太抗旱。因此在较干旱地区栽培李树应有灌溉条件,在低洼黏重的土壤上种植李树要注意雨季排涝。

4. 土壤

对土壤的适应性以中国李最强,几乎各种土壤上李树均有较强的适应能力,欧洲李、美洲李适应性不如中国李。但所有李树均以土层深厚的沙壤至中壤土栽培表现好。黏性土壤和沙性过强的土壤应加以改良。

李树生长环境调查

1. 目的要求

了解当地李树生长期的温度和降水量,通过与李树最适温度、最适水分比较,明确栽培要点。

2. 工具材料

图书、信息工具,干湿温度计、风速风向仪等。

3. 操作步骤

(1) 讨论调查内容、步骤、注意事项。

(2) 通过图书、报刊和互联网查阅当地各种李品种的最适温度和最适水分。

(3) 到当地气象部门,调查了解当地李树生长期的温度和降水量。

(4) 到李园现场访问当地气候条件与李树生长的适配程度;问询极端气候条件对李树生产造成的影响。

(5) 了解果农如何利用当地气候条件,采取哪些栽培措施进行李树生产。

(6) 现场测量气温、风向、风力和湿度。

(7) 撰写调查报告。

任务反思

1. 李树根系生长有哪些特点?
2. 李树生长枝有哪些类型?
3. 李树结果枝有哪些类型?
4. 李树对生长环境的要求是什么?

任务 8.3　李树栽培技术

任务目标

知识目标：1. 了解李树的定植时期、密度和定植方法。
　　　　　2. 了解李树土肥水管理方法。
　　　　　3. 掌握李树整形修剪方法。
　　　　　4. 掌握李树花果管理方法。
技能目标：1. 能根据李树生长情况实施土肥水的有效管理。
　　　　　2. 能进行李树的整形修剪工作。
　　　　　3. 能进行李树的疏花疏果工作。

任务准备

一、李树定植

1. 定植时期

李树在南方地区有春栽和秋栽两个时期，习惯上多进行秋栽。如果是就近取苗，以落叶后定植为宜。

2. 定植密度

李树苗木定植在地势平坦、土层较厚、土壤肥力较高、气候温暖、管理条件较好的地区，株行距可适当稀些。因为在这种良好的生长环境下，单株生长发育比较茂盛，株间易过早郁闭，影响李果品质提高。定植株行距可采用 3 m×4 m，每亩栽 55 株；而在山地或河滩地、肥力较差、干旱少雨的地区定植，可适当密植，株行距为 2.5 m×4 m，每亩栽 66 株。

3. 定植方法

定植前，要先将苗木根系进行修剪、整理，剪去根部受伤部位，然后挖一深约 80 cm 的穴，一人持苗，放在穴的中心，摆平根系。另一人将肥土填埋在根系上，边埋边拉动苗木，使根系与细土密接,再用脚踏紧,覆土盖平。最后做好直径1 m的树盘,及时浇足定根水,待水完全渗入土层后再盖上一层细土,立上支柱,绑缚好苗木。

4. 授粉树的配置

(1) 授粉树应具备的条件:授粉品种与主栽品种授粉亲和性要好,且花期相遇或较主栽品种开花稍早;授粉品种应能适应当地的环境条件,且本身的果实品质好,经济价值高;授粉树花粉量大,花粉质量好,发芽率高。部分李品种的授粉组合见表8-3-1。

表 8-3-1 部分李品种的授粉组合

主栽品种	授粉品种
大石早生李	美丽李++,黑宝石李++,圣玫瑰李-,拉罗达李-,蜜思李-
圣玫瑰李	圣玫瑰李(可自花结实)
蜜思李	圣玫瑰李++,红肉李++,黑宝石李++,大石早生李+
红肉李	圣玫瑰李++,黑宝石李++
先锋李	圣玫瑰李++,拉罗达李++,蜜思李-
黑琥珀李	玫瑰皇后李++,圣玫瑰李+,黑宝石李+,拉罗达李-
黑宝石李	圣玫瑰李++,大石早生李++,蜜思李++
安哥诺李	圣玫瑰李++,黑宝石李++

注:++表示授粉良好;+表示授粉较好;-表示授粉不良。

(2) 授粉树的配置:李树栽植时需配植10%~20%以上的授粉品种,可以按1∶1进行等量栽植,即2行主栽品种间隔2行授粉品种。当授粉树与主栽品种授粉亲和性好,但授粉树果实品质不太好时,授粉树要尽量少栽,可以按授粉树与主栽树为1∶2或1∶(3~4)的比例栽种,即每隔2~4行主栽品种栽1行授粉品种。如果还要加大主栽品种比例,则可以每8株主栽品种夹栽1株授粉树,但要注意主栽品种与授粉树间最大距离不要超过30 m,距离越近,授粉效果越好。

二、李树土肥水管理

1. 土壤管理

平原地区如有条件应进行全园深翻40~60 cm,并增施有机肥。如没有深翻条件,则挖定植沟或穴,沟宽或穴直径80~100 cm,深60~80 cm;距地表30 cm以下填入表土+植物秸秆+优质腐熟有机肥的混合物,沙滩地有条件的在此层加些黏土,以提高保肥保水能力;距地表10~

30 cm 处填入腐熟有机肥与表土的混合物,0~10 cm 只填入表土;填好坑或沟后灌一次透水。山丘坡地如坡度较大应修筑梯田,缓坡且土层较厚时可修等高撩壕。平原低洼地块最好起垄栽植,行内比行间高出 10~20 cm,有利于排水防涝。栽植前对苗木应进行必要的处理。远途运输的苗木如有失水现象,应在定植前浸水 12~24 h,并对根系进行消毒,对伤根、劈根及过长根进行修剪。栽前根系蘸 1% 的磷酸二氢钾,利于发根。

2. 合理施肥浇水

要使李树早期丰产,必须加强幼树管理,使幼树整齐健壮。当新梢长至 15~20 cm 时,及时追肥,7 月以前以氮肥为主,每隔 15 天左右追施一次,共追 3~4 次,每次每株施尿素约 50 g,对弱株应多追肥 2~3 次,使弱株尽快追上壮旺树,使树势相近。7 月中旬以后适当追施磷、钾肥,以促进枝芽充实,可在 7 月中旬、8 月上旬、9 月上旬追三次肥,每次追磷酸二铵 50 g、硫酸钾 30 g。除地下追肥外,还应叶面喷肥,前期以尿素为主,用 0.2%~0.3% 的尿素溶液,后期则用 0.3%~0.4% 磷酸二氢钾,全年喷 5~6 次。追肥时开沟 5~10 cm 施入,可在雨前施用,干旱无雨追肥后应灌水。

三、李树整形修剪

李树树形通常有:自然开心形(图 8-3-1)、疏散分层形(图 8-3-2)。

图 8-3-1 自然开心形

图 8-3-2 疏散分层形

1. 整形

(1) 自然开心形:70 cm 左右定干,主干上留 3 个主枝,相距 10~15 cm 以 120°平面夹角配置,主枝与主干的夹角 40°~45°。每个主枝上配置 2~3 个侧枝,侧枝留的距离及数量根据栽植株行距的大小而定。在主侧枝上配置大、中、小型结果枝组。整形过程如下：

第一年 苗木定植后，在春梢萌芽前留60~70 cm短截定干，剪口芽以下20 cm为整形带，整形带内选择3个生长势强、分布均匀、相距10 cm左右的新梢作为主枝培养，其余新梢除少数作辅养枝外，全部抹去。整形带以下即为主干，在主干上萌发的枝、芽应及时抹除，保持主干有30~35 cm高度。夏季新梢尚未完全硬化之前，采用拉枝技术，将新梢角度拉开，使主枝与主干角度呈40°~45°。要防止将枝拉成弯弓状，否则弯曲突出部位易出现强旺枝，扰乱树形。

第二年 春季发芽前短截主枝先端衰弱部分，即剪去1/4或1/5，大树冠留长50~60 cm，小树冠留长30~40 cm。如果主枝的着生角度较小，过于直立，则剪口芽选用外芽或采取拉枝技术以加大主枝的开张角度。在各主枝的中部选留2~3个向外斜向生长的分枝作侧枝，进行中度短截，剪去1/3。各主枝上萌发的结果枝、花束状果枝全部保留，10 cm以上的中长枝条，可稍重短截，促其萌发分生发育枝和结果枝。

第三年 继续培养主枝和副主枝，将主枝的延长枝适度剪截，即剪去1/4或1/5，侧枝剪去1/3先端衰弱部分，剪口芽留外芽，促发枝梢，继续扩大生长，形成树冠。主枝、侧枝上萌发的短果枝和花束状果枝全部保留；有竞争枝、徒长枝的可采用绑枝法、拉枝法改变方向，缓放结果；树冠内的强旺枝条，无缓放空间者可疏除；其余枝条只要不重叠，不交叉，一律缓放，结果后回缩培养成结果枝组。主枝要保持斜直生长，以维持生长强势。陆续在各主枝上相距30~40 cm选留2~3个副主枝，方向相互错开，并与主干呈60°~70°。在主枝、副主枝上，保留短果枝和花束状果枝，使其结果（图8-3-3）。

(2) 疏散分层形：主干高度30~40 cm，中心干主枝数5~7个，稀疏地排列在中心干上，第一层主枝数3个，第二层主枝数2个，第三层主枝数1~2个，通常2~3层，盛果后期留2层，对中心主干上的第三层主枝疏去后，称疏散二层式。第一层主枝基角为50°~60°，间距为20~30 cm，分布均匀，方位角呈约120°，第二、第三层主枝基角略小些，为45°~50°，从第二、第三层主枝俯视，正好插入第一层3个主枝之间。第二层主枝间距为10~20 cm，与第一层间距为50~60 cm。第一层主枝上配副主枝2~3个，第二、第三层主枝上配副主枝1~2个，各主枝上副主枝间距30~40 cm，方向相互错开，副主枝与主枝之间水平夹角为45°。整形过程如下：

第一年 苗木定植后，在春梢萌发前留70~80 cm短截定干。剪口下选留三个生长势强、分布均匀、错落着生的新梢作为第一层主枝培养，主枝间距20~30 cm，干高为30~40 cm，中心留一个直立枝，以后逐年培养成中心领导枝。其余枝条全部剪除或拉平，缓和生长势，培养成结果枝，促其早结果。冬剪时，对主枝和中心领导枝要轻度短截，一般可剪去枝长的1/4~1/3。作为主枝的三个枝条如生长过旺、过于直立时，可在6—7月，采取拉枝技术，使主枝基角达50°~60°，方位角呈约120°。

第二年 在中心领导枝上留2个主枝作为第二层，间距为10~20 cm，这层主枝与第一层主枝之间的层间距保持50~60 cm。第二层主枝要与第一层主枝错开方向，不要重叠，以免遮

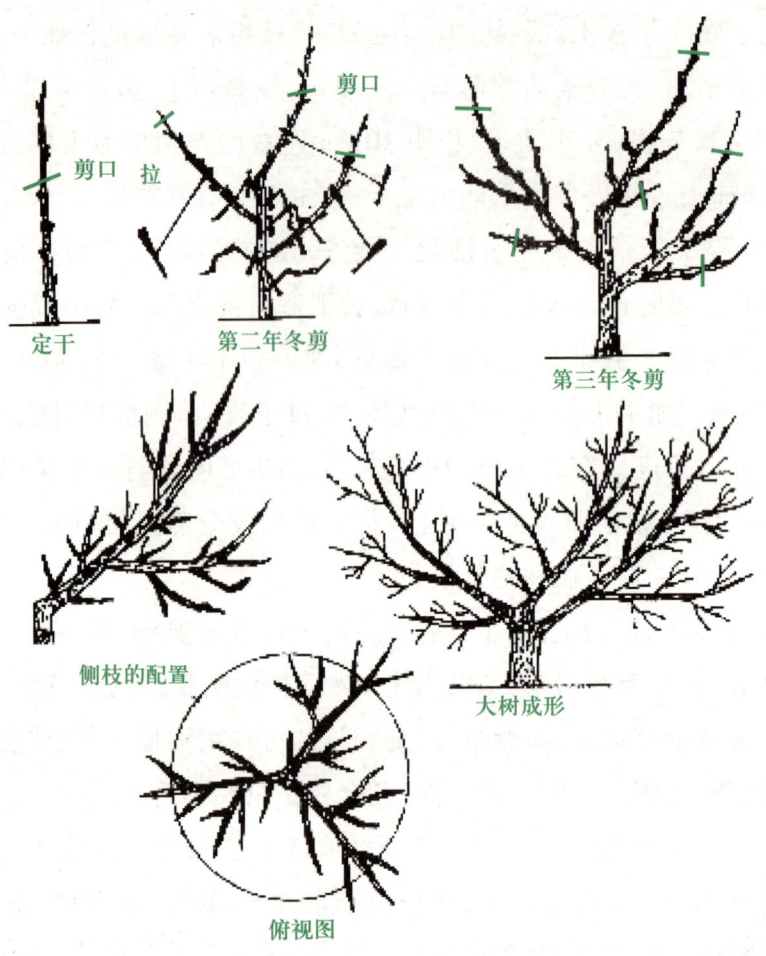

图 8-3-3 自然开心形整形过程

光,同时在第一层的每个主枝上选留背斜侧枝 2~3 个,作为副主枝培养,副主枝间距为 30~40 cm,方向相互错开,副主枝与主枝之间水平夹角为 45°。冬剪时,各主枝延长枝做轻度短截,即剪去枝梢先端衰弱部分的 1/4~1/3。

第三年 在中心领导枝上再留 1~2 个主枝作为第三层,这层距第二层主枝 50~60 cm,同时在第二层主枝上选 1~2 个背斜侧枝,作为副主枝培养。第三层主枝一般不留侧枝。其余枝条,则短枝保留,中枝重剪,培养成结果枝组,对短果枝和花束状果枝一律保留,让其结果,过旺的徒长枝可早摘心,促发分枝培养枝组或从基部疏除。第二、第三层主枝基角较第一层主枝要小些,为 40°~50°。俯视下,第二、第三层主枝正好插入第一层 3 个主枝之间。当各个主枝已经培养成后,可从最后一个主枝以上把中心领导枝锯除,使树冠落头开心,成形树高度约 3.5 m。以后修剪时,应该注意保持各级枝的从属关系,使树势均衡发展(图 8-3-4)。

2. 修剪

(1) 以自然开心形为例:李树幼龄期萌芽力和成枝力均较强,长势很旺,如要达到多出短果枝和花束状果枝的目的,必须轻剪甩放,减少短剪,适当疏枝,有利于树势缓和,多发花束状果枝和短果枝。李树幼龄期要加强夏剪,一般随时进行,但应重点做好以下几次修剪:

- 4月下旬—5月上旬:对枝头较多的旺枝适当疏除,背上旺枝密枝疏除,削弱顶端优势,促进下部多发短枝。
- 5月下旬—6月上旬:对骨干枝需发枝的部位可短截促发分枝,对冬剪剪口下生出新梢过多者可疏除,枝头保持约60°。其余枝条角度要大于枝头。背上枝可去除或捋平利用。
- 7—8月:重点是处理内膛背上直立枝和枝头过密枝,促进通风透光。
- 9月下旬:对未停长的新梢全部摘心,促进枝条充分成熟,有利于安全越冬,也有利于第二年芽的萌发生长。无论是冬剪还是夏剪,均应注意平衡树势。对强旺枝重截后疏除多余枝,并压低枝角,对弱枝则轻剪长留,抬高枝角,可逐渐使枝势平衡。

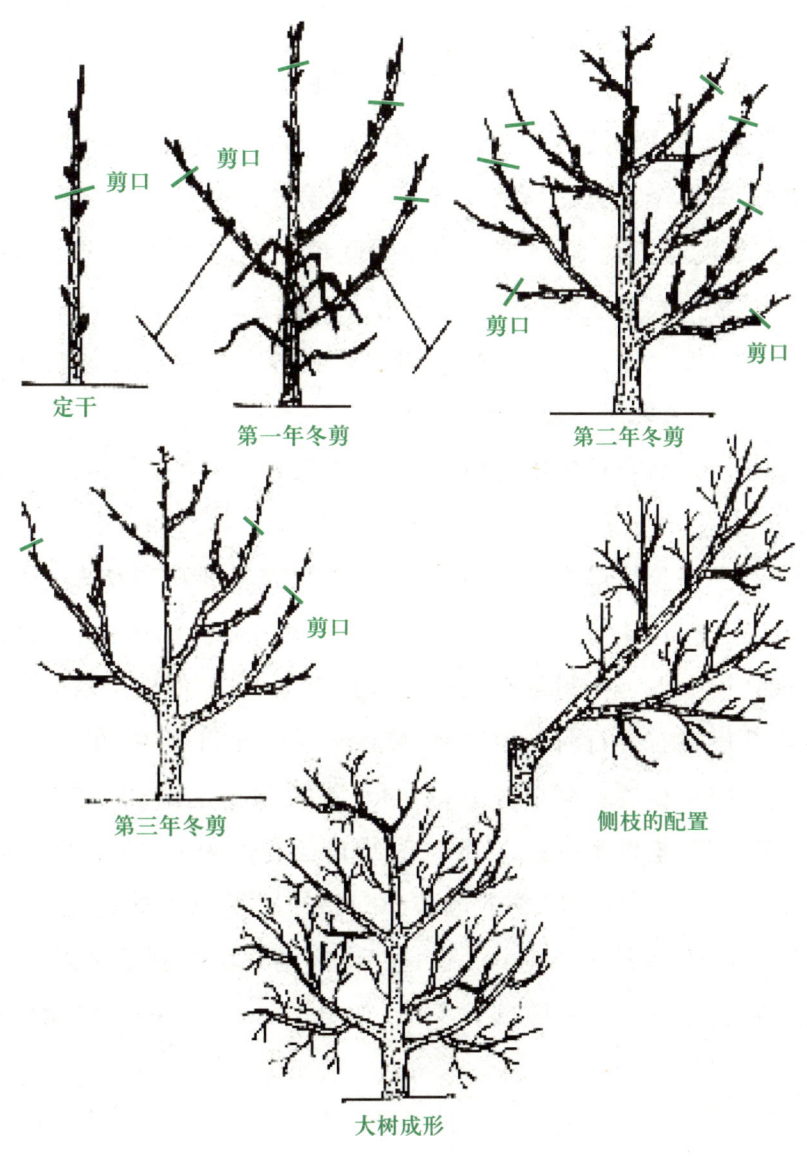

图8-3-4 疏散分层形整形过程

(2) 成龄树的修剪:当李树大量结果后,树势趋于缓和且较稳定,修剪的目的是调整生长与结果的相对平衡,维持盛果期的年限。在修剪上对初进入盛果期的树应该以疏剪为主,短截为辅,适当回缩,在保持结果正常的条件下,要每年保证有一定量的壮枝新梢,只有这样才能保持树势,也才能保证每年有年轻的花束状果枝形成,保持旺盛的结果能力。

(3) 衰老树的修剪:李树树势明显减弱、结果量明显降低时,表明树已衰老。此时修剪的目的是恢复树势,维持产量。修剪以冬剪为主,促进更新。在加强地下肥水的基础上,适当重截,去弱留强,对弱枝头及时回缩更新,促进复壮。

四、李树花果管理

1. 保花保果

中国李的栽培品种多自交不亲和,且有异交不亲和现象,因此李树常常开花很多,但落花落果较严重。一般有三个高峰:第一次自开花完成后开始,由花器发育不全、失去受精能力或未受精造成。据调查,朱砂李花蕊败育率达 92.3%。第二次从开花后 14~28 天开始,果实似大米粒大小时幼果和果梗变黄脱落,主要是由授粉受精不良,如授粉树不足、缺少传粉昆虫、花期低温、花粉管不能正常伸长等造成。第三次是在第二次落果后 3 周左右开始,主要是因为营养供应不足,胚发育中途停止死亡造成落果。因此要获得丰产稳产,需进行保花保果,坐果后还要根据坐果的多少进行疏果。主要措施有:

(1) 加强采后管理:采后合理施肥、修剪及保护好叶片,对花芽分化充实有重要作用,可减少下年落花落果的发生。

(2) 人工授粉:是提高坐果最有效的措施,注意采集花粉要从亲和力强的品种树上采。在授粉树缺乏时必须人工授粉,即使不缺授粉树,但遇上阴雨或低温等不良天气,传粉昆虫活动较少,也应人工辅助授粉。人工授粉最有效的办法是人工点授,但费工较多。也可采用人工抖粉,即在花粉中掺入 5 倍左右滑石粉等填充物,装入多层纱布口袋中,在李树花上部慢慢抖动。还可用掸授,即用鸡毛掸子在授粉树上滚动,后再在被授粉树上滚动。据浙江农业大学试验,用蜜李等花粉给木李授粉,坐果率可达 21.8%,套袋自交的仅 8%~4%,自然授粉的为 12.2%。

(3) 花期喷硼:花期喷 0.1%~0.2% 的硼酸+0.1% 的尿素也可促进花粉管的伸长,促进坐果,另外用 0.2% 的硼砂+0.2% 磷酸二氢钾+30 mg/kg 防落素也有利于坐果。

(4) 喷施营养液:在盛花期树冠喷施营养液,如氨基酸、倍力钙、氨基酸钙等,具有良好的保果效果。

(5) 放蜂:花前 7 天左右在李园每公顷放一箱蜜蜂,可明显提高坐果率。

(6) 花前回缩及疏枝:对树势较弱树,对拖拉较长的果枝进行回缩,并疏去过密的细弱枝,一可集中养分,加强通风透光,二可疏去一部分花,减少营养消耗,有利于提高坐果且增大果个。

2. 疏花疏果

疏果能适当增大果实,提高商品价值,还可保证连年丰产稳产。因此李树在坐果较好时必须进行疏果。疏果量的确定应根据品种特性、果个大小、肥水条件等综合因素加以考虑。对坐果率高的品种,应早疏,并一次性定果。如晚红李,只要授粉品种配置合理,坐果率极高,且不易落果,必须疏果,否则果实偏小。根据生产实践,晚红李的疏果应根据不同枝类确定,留果距离。对背上强旺的1~2年生花束状枝可7~10 cm留一个果,对平斜的较壮花束状枝10~15 cm留一个果,而对下垂的细弱枝则应15~20 cm留一个果,甚至不留果,待枝势转强时再留果。对果实大的品种应留稀些,反之留密一些;肥水条件好树势强健可适当多留果,而肥水条件差,树势又弱的树少留果。

任务实施

李树整形修剪

1. 目的要求

通过实习,学会李树的整形与修剪技术。

2. 工具材料

修枝剪、手锯、梯子、绳子、木桩等。李的幼树、结果树。

3. 操作步骤

(1) 幼年树的整形与修剪:李幼树定植后,在距地面40~50 cm处定干。生长期从所发新梢中选留三个生长均衡健壮、方向适宜、基角40°~50°的枝条作为主枝培养。冬剪时,对三个主枝适当短截。第二年从剪口下萌发的新梢中选健壮、角度适宜的新梢做延长枝,中度短截,继续扩大树冠。再从下部新梢中选择位置适宜的健壮枝条做第一侧枝,其他枝条在不影响主、侧枝生长的前提下,可插空选留,使之结果或培养结果枝组。这样经过二三年后,便可培养出具有三个强壮主枝、每个主枝上着生2~3个健壮侧枝的自然开心形树冠。

李树是以短果枝和花束状果枝结果为主的果树,**幼树整形修剪时应掌握轻剪、多放、少截的原则**。一般延长枝留40~60 cm短截,约剪去原枝长的1/3。延长枝下面较旺的发育枝留1/3短截,其余中庸枝均缓放,过密枝疏除。对分枝少的树,适当轻短截,促生分枝。

(2) 结果树修剪:延长枝短截程度可逐年加重,对中、短果枝和花束状结果枝一般不截,使之结果,长果枝可留 3~8 芽短截。着生在主、侧枝两侧的徒长枝、健壮发育枝可利用短截或先放后缩法培养结果枝组。如树势较弱时,对延长枝和其他分枝要多短截少缓放。对多年生衰老枝组,可在有健壮分枝处回缩。

任务反思

1. 成年李树应怎样施肥?
2. 李树应怎样进行整形修剪?
3. 如何做好李树花果管理工作。

任务 8.4 李 果 采 收

任务目标

知识目标:1. 了解李果采收时期和方法。
　　　　2. 明确李果采收的最佳时间。
技能目标:1. 能正确判断李果成熟度。
　　　　2. 会用正确方法进行李果采收。

任务准备

一、李果采收时期

李果充分成熟后容易软化,不耐贮运。鲜食用李宜在半软熟期采收,供加工蜜饯或糖水罐头用李宜在硬熟期采收。全树果实成熟不一致,为了保证质量,鲜食用李应分批采收。除圣玫瑰李、黑宝石李等晚熟品种外,早、中熟品种李果不耐贮藏,即使短期贮藏,也需保持在低温条件下。一般随摘、随运、随销,不加贮藏。

二、李果采收方法

李属水果,含水量高,稍有损伤极易腐烂,所以在采收时要极为仔细。采果时,应遵循由下而上、由外到内的原则,先从树的最低和最外围果实开始,逐渐向上和向内采摘。采果时,用手握住果实,用食指按着果柄与果枝连接处,稍用力扭动即可。果实采下后,将其轻轻放在筐内,尽量减少果粉损失。采果时不可拉枝、拉果,尤其是远离身边的果实不可强行拉至身边,以防折断果枝、破损花芽,影响来年的产量。另外,李果成熟度不一致,宜分期采收,一般分2~4次采摘。

任务实施

以表格形式列出当地不同李栽培品种的成熟期。

任务反思

1. 李果在什么时候采收较为适宜?
2. 怎样判断李果的成熟度?
3. 李果采摘时应怎样操作?

项 目 小 结

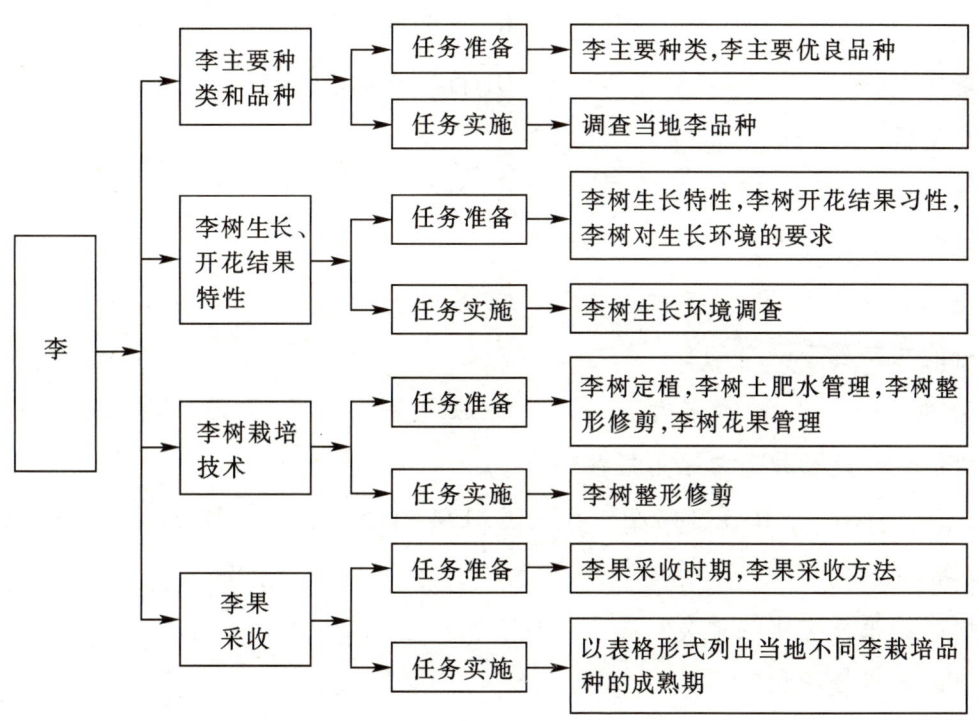

综 合 测 试

一、单项选择题

1. 李树花束状果枝的长度为( )。
   A. 5 cm 以下　　　B. 5~10 cm　　　C. 15 cm 以上　　　D. 10~15 cm

2. 李树的叶丛枝长度为( )。
   A. 5 cm 以下　　　B. 1~5 cm　　　C. 1 cm 以下　　　D. 5 cm 以上

3. 李树花芽分化属于( )。
   A. 冬季分化　　　B. 春季分化　　　C. 夏秋分化　　　D. 冬春分化

4. 徒长性结果枝因新梢营养生长过旺而造成坐果率低或难坐果,可采用( )方式培养出中、短结果枝。
   A. 短截　　　B. 长放　　　C. 回缩　　　D. 环剥

5. 李树主枝与主干的开张角度为( )。
   A. 40°~45°　　　B. 60°~70°　　　C. 20°~30°　　　D. 70°

二、多项选择题

1. 三华李的品系有( )。
   A. 大蜜李　　　　　　　　B. 小蜜李
   C. 鸡麻李　　　　　　　　D. 白肉鸡麻李

2. 奈李包括( )。
   A. 花奈　　　B. 青奈　　　C. 油奈　　　D. 以上都不是

3. 李授粉树的配置方式为( )。
   A. 等量式　　　B. 差量式　　　C. 小量式　　　D. 中心式

4. 李树的花芽属于( )。
   A. 混合芽　　　B. 纯花芽　　　C. 顶花芽　　　D. 单花芽

5. 李树的主枝延长枝通常采用短截( )。
   A. 1/2　　　B. 1/3~2/3　　　C. 1/4~1/5　　　D. 1/4

三、简答题

1. 李树的结果枝有哪些种类?各有何特点?
2. 如何配置李授粉树?
3. 李树应怎样保花保果?

项目 9

柿

项目导入

老徐于2009年冬开发了 5 hm² 柿子园,种植的品种为于都盒柿,种了三四年,年年的产量都不高,每亩产量只有 500~800 kg。离老徐柿子园相距不远的小陈也种了近 4 hm² 的柿子,品种除了于都盒柿外,还有富有甜柿,每亩产量却达到了 1 000~1 500 kg。相比之下,产量和收入都相差了一倍。老徐一打听,原来小陈种的柿子年年都修剪,还使用了环剥技术。看来,技术和勤劳一样都不能少啊。

本项目主要了解柿主要种类和品种;了解柿树生长、开花结果特性,以及对生长环境的要求;掌握柿树土肥水管理、花果管理、树体整形修剪、柿果采收技术。

任务 9.1 柿主要种类和品种

任务目标

知识目标:1. 了解柿的种类。
    2. 了解柿的优良品种。
技能目标:1. 能正确区别甜柿与涩柿。
    2. 能正确说出柿优良品种的特点。
    3. 能正确调查当地柿品种。

任务准备

一、柿主要种类

柿属于柿树科,柿属,为多年生落叶乔木果树。柿种类繁多,具有经济价值的主要有柿、君迁子和油柿三种。其中果实最有食用价值的仅有柿一种;君迁子可作柿砧木,果实制干可食;油柿主要用于取柿漆。

1. 柿

柿树为落叶乔木,新梢被有褐色茸毛。花瓣黄白色,有雄花、雌花和两性花之别;雌雄同株;两性花在普通栽培品种中少见,仅存在于野生柿树中。果实为大型浆果,有长圆、扁圆等多种形状,外表深红色、橙红色或橙黄色,果肉黄色或深红褐色。种子0~10粒,优良品种多为无核。

2. 君迁子

君迁子又名软枣、牛奶柿、丁香柿、羊枣柿等,因果实干后变为黑色,故又名黑枣。原产中国西部及土耳其、伊朗、阿富汗一带,目前在我国北方及西南山区分布甚多。君迁子为落叶乔木,雌雄同株或异株。果小,圆形或长圆形;初黄色,后有时变为蓝黑色;一般有核,但也有无核品种,10—11月成熟;未熟果可供提取柿漆,熟后可脱涩供食用。

3. 油柿

油柿又名漆柿、稗柿,为落叶乔木,原产我国中部及西南部,江苏、浙江、福建、广西等省(自治区)栽培较多。果实主要用作提取柿漆,也可供生食。实生苗可作砧木。老树树皮灰白色,成片脱落,易与柿区别。花淡黄色,雌雄同株,花较柿为小。果圆形或卵圆形,果面分泌黏液,有短茸毛,果面及果肉都呈暗黄色,一般有核。供做柿漆者,7月下旬—8月上旬即可采收;供食用者,9月下旬果面转黄时采收。

二、柿主要优良品种

柿的品种很多,依其果实在树上能否自然脱涩分为涩柿和甜柿两大类。

1. 涩柿

（1）磨盘柿：又名盖柿、宝盖柿、腰带柿等。果中大，平均果重225 g，扁圆形，近蒂部有缢痕一条，似盖子或磨盘状，故名之。果面橙黄色，微有果粉。果肉淡黄色，脱涩后，味甜多汁，品质佳，无核。9月下旬—10月下旬成熟。最宜生食，也可制饼，但因含水分多，不易干燥，出饼率低。

本品种性喜肥沃，单性结果率强，生理落果少，抗旱、抗寒。

（2）于都盒柿：产于江西于都、兴国等县。树冠高大开张。果大，平均重300 g；扁方形，橙红色；皮薄、肉质致密；纤维少，汁多，味浓甜，含糖20%以上。10月上旬成熟，宜生食。

（3）铜盆柿：产于江苏宜兴一带。果中大，扁圆形，重约280 g。果顶平，顶点稍凹入，自果顶射出浅斜沟和纵沟共6条。果面橙黄，肉鲜橙黄色；质致密，纤维少，无核。10月上旬成熟。

（4）牛心柿：产于广东、广西一带。果为心脏形，向顶部渐尖，横断面方形；重110~120 g；果面橙黄色，稍有白蜡粉；肉红色，汁多味甜。9月下旬—10月成熟，宜生食。

（5）高脚方柿：该品种主产于浙江、江西。树势强健，抗病虫害能力极强，丰产稳产。果大，重约250 g；高方圆形，橙黄色；果肉黄色，肉质致密，汁多味甜，适宜作为脆柿食用，品质上等。11月上旬成熟。

2. 甜柿

（1）富有：原产日本，为目前甜柿中较优良的品种。其果形扁圆，顶部稍平，蒂部稍凹，重250 g。果皮红黄色，完熟后则为浓红色；果肉柔软致密，甘味浓，汁多，风味佳；种子2~3个；在树上能自行脱涩，9月下旬可采收，但以11月果完熟为采收适期。单性结实力弱，不受精者易落果。故栽培时须配置有雄花的授粉品种或进行人工授粉。

（2）罗田甜柿：主产于中国湖北罗田、麻城。树势强健，枝条粗壮。果实小而扁圆，果面广平无纵沟；平均单果重100 g；果皮橙红色，肉质细密，味甜；核较多，品质中上，是鲜食、制饼兼用型甜柿品种。在罗田10月上、中旬成熟，但有早、中、晚3个类型，每期差10天左右。该品种着色后便可直接食用，高产稳产，耐湿热，抗旱。

（3）次郎柿：原产于日本静冈县。该品种树势稍弱，树姿开张，树冠呈自然圆头形，抗炭疽病。单性结实能力强，但仍需配植授粉树。果实大，单重200~300 g，扁圆形，从蒂部至果顶有4条明显的纵沟；果皮橙红色、细腻，果粉中等；果肉橙红色，肉质细脆，汁少味甜，可溶性固形物含量16%；种子小，圆形，平均1~5粒；在树上脱涩，含单宁量低，只需着色便可食用，宜脆食。10月中下旬成熟。次郎系的其他品种有若杉次郎、前川次郎、无核次郎等芽变品种。

任务实施

调查当地柿品种

1. 目的要求

了解当地栽培的柿品种;掌握现场调查方法。

2. 工具材料

图书、信息工具,皮尺、卷尺、小刀、天平、糖度仪、pH试纸等仪器工具。

3. 操作步骤

(1) 讨论调查内容、步骤、注意事项。

(2) 通过图书、报刊和互联网查阅当地的柿品种资料,选择柿品种较多的柿园,并联系调查的农户。

(3) 现场访问,用目测法看各种柿树的外形,并测量同树龄柿树的高度、冠径,记录比较。

(4) 选取当年春季抽生的叶片,观测外形、厚度,并测量各种柿树的叶片大小,记录比较。

(5) 观测各种果实的外形、大小、颜色,测量其直径、单果重,剖开观测果皮的厚度,果肉的纹理,品尝果肉果汁,测量pH、糖度。记录比较。

(6) 问询各种柿树的树龄、产量,栽培难易度,柿果的口味、价格等。

(7) 问询当地主栽柿品种有哪些。

(8) 撰写调查报告。

任务反思

1. 当地栽培的柿品种有哪些?
2. 调查当地柿栽培管理的现状。

任务 9.2　柿树生长、开花结果特性

任务目标

知识目标：1. 了解柿树的生长、开花结果特性。
　　　　　2. 掌握柿树对生长环境的要求。
技能目标：1. 能正确识别柿树的枝梢类型。
　　　　　2. 能正确观察柿树的开花结果习性。
　　　　　3. 能正确调查当地柿树生长环境。

任务准备

一、柿树生长特性

1. 根系

柿树根深，主根发达，细根较少。根系垂直分布 3 m 以上，水平分布为冠径的 2~3 倍，大多数吸收根分布在树冠滴水线内、深 10~40 cm 的土层。根系生长较迟，萌芽展叶后活动，一年中有 2 次生长高峰，分别出现在 6—7 月和 9—10 月。柿树根富含单宁，受伤后愈合能力差，因此，移栽时要注意保护根系。

2. 芽

柿树枝条在其生长后期，顶端幼尖自行枯萎并脱落，柿树枝条的"自枯"现象使其没有真正的顶芽，其顶芽，实际上是枝条顶端的第一侧芽，即伪顶芽。

柿树的芽有花芽、叶芽、潜伏芽、副芽四种。

(1) 花芽：为混合芽，肥大，饱满，着生在充实健壮的一年生枝顶端 1~3 节上；第二年春季萌发，抽生成结果枝。

(2) 叶芽：叶芽比较瘦小，着生于结果枝的顶端和结果母枝的中部，萌发后形成发育枝。

(3) 潜伏芽：是着生于枝条下部当年不萌发的芽，寿命较长；受刺激后可以萌发，并能抽生出较壮的枝条。

(4)副芽：在枝条基部两侧的鳞片下，有一对呈潜伏状态的副芽，形大而明显，一般不萌发，一旦萌发，则形成健壮的枝条。副芽是预备枝和徒长枝的主要来源，也是老树更新、重新形成树冠的基础。

3. 枝

柿树干性强，幼树顶端优势、层性明显，盛果期后，树势缓和。幼树及生长势强的植株，每年除春季抽梢外，夏季也能抽生2~3次梢。成年树每年仅抽春梢，生长期短，枝梢长约20 cm。柿的枝条分为营养枝（纤细枝、发育枝与徒长枝）、结果枝和结果母枝。

发育枝由叶芽、潜伏芽或副芽萌发而成。发育枝长短不一，长者可达40~50 cm，短者只有3~5 cm；一般长10 cm以下的为细弱枝条，它不能形成花芽，影响光照并消耗养分，修剪时应及时疏除。徒长枝生长过旺，叶片大、节间长、不充实，通常直立向上生长，长度可达100 cm以上，多是由直立发育枝的顶芽或大枝上的潜伏芽、副芽受到刺激形成的。

二、柿树开花结果习性

1. 花芽分化

柿树的花芽分化在新梢停止生长后1个月，约在6月中旬，当新梢侧芽内雏梢具8~9片叶原体时，自基部第三节开始向上，在雏梢叶腋间连续分化花的原始体。每个混合花芽内一般分化3~5个花。中部各节花的分化程度较高，所以果枝中部开花早，结果好。

2. 结果母枝

柿树的结果母枝生长势较强，一般长度10~30 cm，多着生于二年生枝的中上部。结果枝中部数节开花结果，其叶腋间不再着生芽而成为盲节。在生长旺盛的树上结果枝顶端也能形成花芽，成为下一年的结果母枝。

3. 开花坐果

柿树是多性花果树，有雌花、雄花和两性花（图9-2-1）。柿树雌花单生，雄蕊退化，多连续着生在结果枝第3~8节叶腋间；一个结果枝上通常着生4~5朵，多者10余朵，少者1~3朵。

柿树雌花可单性结实。柿雄花只有雄蕊，雌蕊退化。雄花呈吊钟状，簇生成序，每序1~4朵花，多着生于细弱的一年生枝萌发的新梢上。柿树两性花为完全花，花内有雌蕊和雄蕊，但结实率很低，果实很小。

雄花的外观　　雄花的剖面　　雌花的外观　　雌花的剖面

图 9-2-1　柿树的雄花和雌花

柿果生长全过程在 150 天左右。柿的落花落果以花后 14~21 天较重,6 月中旬以后落果减轻,8 月上中旬至成熟落果很少。

三、柿树对生长环境的要求

1. 温度

柿树喜温暖气候,但也相当耐寒。在年平均温度 10~21.5 ℃,绝对最低温度不低于 -20 ℃ 的地区均可栽培,以年平均温度 13~19 ℃ 为宜。涩柿在南北都可种植,甜柿对温度要求比涩柿高,要求生长期平均温度在 17 ℃ 以上,否则,在树上不能完全脱涩,失去原有的风味和品质,且着色不良。

2. 光照

柿树为喜光树种,但也稍耐阴。在光照充足的地方生长发育好,果实品质优良。

3. 水分

柿树耐湿抗旱,但在开花坐果期发生干旱,容易造成大量落花落果。柿树在新梢生长和果实发育期,需要充足的水分,生长期水分过多可导致枝叶贪长,影响养分贮藏,既不利于花芽分化,也影响果实成熟和自然脱涩。

4. 土壤

柿树对土壤要求不严,山地、丘陵、平地、河滩都能生长。但以土层深厚、土壤 pH 6~7.5、地下水位 1.5 m 以下、保水排水良好的壤土和黏壤土最为适宜。

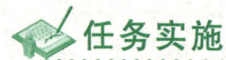

任务实施

柿树生长环境调查

1. 目的要求

了解当地柿树生长期的温度和降水量,通过与柿树最适温度、最适水分比较,明确栽培要点。

2. 工具材料

图书、信息工具,干湿温度计、风速风向仪等。

3. 操作步骤

(1) 讨论调查内容、步骤、注意事项。
(2) 通过图书、报刊和互联网查阅当地的各种柿品种的最适温度和最适水分。
(3) 到当地气象部门,调查了解当地柿树生长期的温度和降水量。
(4) 到柿园现场访问,了解当地气候条件与柿树生长的适配程度。问询极端气候条件对柿树生产造成的影响。
(5) 了解果农如何利用当地气候条件,采取哪些栽培措施进行柿生产。
(6) 现场测量气温、风向、风力和湿度。
(7) 撰写调查报告。

任务反思

1. 柿树根系生长有哪些特点?
2. 柿树的芽有哪些种类?
3. 柿树对生长环境的要求是什么?

任务 9.3　柿树栽培技术

任务目标

知识目标：1. 了解柿树的定植时期、定植密度和定植方法。
　　　　　2. 掌握柿树土肥水管理方法。
　　　　　3. 掌握柿树整形修剪方法。
技能目标：1. 能根据柿树生长情况实施土肥水的有效管理。
　　　　　2. 能进行柿树的冬季修剪和夏季修剪工作。
　　　　　3. 能进行柿树花果管理工作。

任务准备

一、柿树定植

1. 定植时期

柿树苗木在落叶后至萌芽前定植，即从 11 月中旬至翌年 4 月初均可定植，秋植比春植好。

2. 定植密度

栽植密度依地势土壤、品种、砧木、栽培管理措施等而有不同。通常坡地、贫瘠地涩柿 5 m×6 m，甜柿 4 m×5 m；肥沃平地涩柿 6 m×7 m，甜柿 5 m×6 m。

3. 授粉树的配置

柿树多数品种单一栽植可获丰产，并形成无核柿，但单一栽植时容易发生落花落果的现象。混栽具有雄花的品种时，能提高产量，但会形成有核果实。富有、次郎等品种单性结实的能力比较弱，需配植具有雄花的品种作为授粉树。

二、柿树土肥水管理

1. 土壤管理

柿园全年可中耕除草3~4次。秋末进行扩穴施基肥改土,但因柿树伤口难愈合,中耕时树冠下只能浅锄,尽量少伤根。

2. 合理施肥

(1) 基肥:9—10月施基肥,每株施堆肥 50 kg,饼肥 1.5 kg,钙镁磷肥 1 kg。

(2) 追肥:

- 幼树:3—7月份,每月施一次肥,每次每株尿素 50 g,或粪水 5 kg,施肥时离树 30~40 cm。
- 成年树:花前肥:每株施尿素 0.2~0.3 kg,过磷酸钙 0.5~0.75 kg。稳果肥:花谢后即4月底5月初施复合肥 0.5~1 kg+钾肥 0.5 kg,促进果实发育。方法是沿滴水线开浅环沟施肥,施后覆土,树盘最好能盖草。壮果肥:7—8月份是果实迅速膨大和花芽分化期,施肥对促进花芽分化、果实生长很重要。施肥方法同稳果肥,但天旱时要结合灌溉或淋水肥。采后肥:每株施尿素0.3 kg,过磷酸钙 1 kg,饼肥 2 kg。

3. 水分管理

柿树耐湿,但怕渍水,要注意开沟排水。

三、柿树整形修剪

1. 整形

根据柿树生长特性,常采用疏散分层形、自然半圆形和自然圆头形。

(1) 疏散分层形:定植后长势健壮的苗木可于距地面约1.2 m剪截定干;生长一般或偏弱的可以不加修剪,任其自然生长。

一年后,在顶部选留直立向上的壮枝作为中心干,并进行短截,剪留长度为枝条原长度的2/3~3/4。从分枝中选3个生长比较健壮,方向、位置、角度合适的枝条作为第一层主枝,剪留长度40~60 cm,剪口芽留外芽,三个主枝间的水平角度为120°。其他的枝条在不影响整形的情况下尽量保留,以增加枝叶量,辅养树体。过密或过强的枝条要及时剪除。

栽后 2~3 年，在中心干上距第一层主枝约 100 cm 处选留第二层主枝，并在第一层主枝上选留和培养 1~2 个侧枝。

栽后 4~5 年，可在距第二层主枝 70 cm 处选留第三层主枝，同时在各主枝的适当位置培养和选留侧枝，在各层之间和主侧枝上留辅养枝和结果枝组。经过 5~6 年的选留和培养可以基本成形。

（2）自然半圆形：定植后春季发芽前，于距地面约 1 m 的地方剪截定干，以后每年冬剪时，将中心干剪留 30~40 cm；从中心干分枝中选方向好、角度好的健壮枝条作为主枝培养，剪留长度一般 40~60 cm，或为原枝条长的 2/3。

2~3 年后，即可在中心干上培养出 3~5 个错落生长、方位理想的主枝。为了开张角度，防止抱头生长，幼树中心干可暂时保留，但要用重短截或促其成花结果等方法控制生长。树冠初步形成后，将中心干从基部锯掉。在选留和培养主枝的同时，要按树形的要求培养侧枝，每个主枝一般留 2~3 个侧枝。相邻两侧枝之间要保持 50~60 cm 的距离，并分别排列在主枝的两侧。侧枝与主枝的分枝角度为 50°左右，最好是背斜侧。在主枝和侧枝上培养辅养枝和结果枝组。

（3）自然圆头形：定植后春季发芽前，于距地面 0.6~1 m 的地方剪截定干。整形初期保留中心干，使主枝角度开张。保留 5 个以上主枝，各主枝上留 2~3 个侧枝培养结果枝组。随树冠扩大，逐步分段回缩中心干并疏除下部三大主枝外的其他主枝。树冠基本成形后，剪除中心干，只保留下部 3 个主枝，3 个主枝的角度由下向上依次递减，第一主枝成 50°，第二主枝成 45°，第三主枝成 40°斜上延伸。

2. 修剪

柿树的修剪以冬季修剪为主，夏季修剪主要是抹芽、摘心、剪梢（疏枝）、环剥（环刻）。

（1）冬季修剪：

- 密生枝：疏剪部分过密枝，或将过密枝留基部两个芽进行短剪，以促其生长新枝。
- 结果枝：如当年未形成花芽，可留基部潜伏芽短截，或缩剪到下部分枝处，使下部形成结果枝组。而结过果的果枝，因其顶端没有混合芽，不能抽生结果枝，可适当短截或从基部剪除。
- 结果母枝：通常结果母枝近顶端 2~3 个芽，均为混合芽，萌发后可生成结果枝，修剪时，一般不短截；强旺的结果母枝混合花芽比较多，可剪去顶端 1~3 个芽；生长较弱的结果母枝从充实饱满的侧芽上方剪去，促发新枝恢复结果能力，若没有侧芽，从基部短截，留 1~2 cm 的残桩，让副芽萌发成枝；若结果母枝基部有营养枝，可将上部已经结果的部分剪除，使基部营养枝成为来年新的结果母枝。
- 徒长枝：有发展空间的徒长枝可短截补空，无利用空间的徒长枝应尽早从基部剪除。

- 结果枝组的培养:以先放后缩为主。徒长枝可拿枝以后缓放,也可先截后放培养枝组。枝组修剪要有缩有放,对过高、过长的老枝组,应及时回缩;短而细弱的枝组,应先放后缩,增加枝量,促其复壮。

(2)夏季修剪:柿树夏季修剪在生长时期进行,可以缓和树势、增加分枝、促进成花和结果。夏剪主要用于幼树、生长过旺树和老树更新,措施有抹芽、摘心、剪梢(疏枝)、环剥(环刻)等。

- 抹芽:在春季除去不必要的萌芽和嫩梢。新栽的树苗萌芽后可将整形带以下的萌芽除掉;大树不合适的徒长枝在萌生初期应及早抹除,以减少消耗,防止扰乱树形。剪口锯口附近和粗枝弯曲处萌生的嫩梢,除留作补空的枝条外,余者也应及时抹除。

- 摘心:幼树的旺枝和有利用价值的徒长枝,长到 20~30 cm 时进行摘心,可控制延长生长,促进分枝。新栽幼树和更新的老树,可以利用夏季摘心增加枝条级次,提早成形。成形的大树生长期在新梢长度达 40~50 cm 时摘心,数次,于 7 月底停止摘心。

- 剪梢:7 月中旬到 9 月中旬,对生长过旺的夏秋梢和树冠内影响通风透光的枝梢适当剪除。

- 环剥:生长过旺、坐果率低的树,在盛花末期,于主干或大枝的基部进行环状剥皮,可以提高坐果率。剥口宽度一般为 3~5 mm,剥环呈螺旋形,这样对树体比较安全,且有利于伤口愈合。

四、柿树花果管理

1. 保花保果

(1)刻伤保花:常用的方法有环割、环剥。

- 环割:在小寒至大寒对柿树主茎或分枝的韧皮部(树皮)用环割刀或电工刀进行环割一圈或数圈。经环割后,可促进花芽分化,其方法可采取错位对口环割两个半圈(两个半圈相隔 10 cm),也可采用螺旋形环割,环割深度以不伤木质部为度。

- 环剥:清明前后可对柿树主茎进行环割,在主枝或侧枝上进行环剥促花,环剥宽度一般为被剥枝粗度的 1/10~1/7,剥后及时用聚乙烯薄膜把环剥口包扎好,以保持伤口清洁和促进愈合。环剥后约 10 天即可见效。

(2)喷药保果:在盛花期喷一次 0.2% 硼砂或芸苔素 12 000 倍液,能提高坐果率 30% 左右;在盛花期和幼果期喷 800 倍聚糖果乐,对提高坐果率效果明显。为防止幼树抽发夏梢造成落果,可在夏梢抽发前 7~10 天,用 15% 多效唑 150~250 倍液叶面喷洒,削弱枝梢长势,提高坐果率。

2. 疏花疏果

柿树可进行适当的疏蕾、疏花与疏果。一般结果枝中段所结的果实较大,成熟期早且着色好,糖度也高。因此,在疏蕾疏花时,结果枝先端及晚花需全部疏除,并列的花蕾除去 1 个,只留结果枝基部到中部 1~2 个花蕾,其余疏去。疏蕾时期掌握在花蕾能被手指捻下为适期。疏果在生理落果结束时即可进行,把发育差、萼片受伤、畸形、受病虫害侵害的果实及向上着生易受日灼的果实全部疏除。疏果程度须与枝条叶片数配合,叶果比例一般掌握在 15∶1。

任务实施

柿树疏花疏果

1. 目的要求

学习柿树疏花疏果方法,掌握疏花疏果技术。

2. 工具材料

疏花疏果剪、梯凳、箩筐;适合进行疏花疏果作业的柿园。

3. 操作步骤

(1) 疏蕾疏花:疏蕾疏花时,结果枝先端及晚花需全部疏除,并列的花蕾除去 1 个,只留结果枝基部到中部 1~2 个花蕾,其余疏去。疏蕾时期掌握在花蕾能被手指捻下为适期。

(2) 疏果:把发育差、萼片受伤、畸形、受病虫害侵害及向上着生易受日灼的果实全部疏除,叶果比例一般掌握在 15∶1。

疏花疏果应选晴天,阴雨天、气温高时不宜疏花疏果,以防果穗伤口腐烂。剪去过密果时要用疏果剪,不能用手摘。疏下的小果应用箩筐抬出园外集中处理。

任务反思

1. 成年柿树应怎样施肥?
2. 柿树的整形修剪要点有哪些?
3. 如何做好柿树花果管理工作?

任务 9.4 柿 果 采 收

任务目标

知识目标：1. 了解柿果成熟期。
         2. 了解柿果的采收方法。
         3. 了解柿果的脱涩方法。
技能目标：1. 能正确判断柿果成熟期。
         2. 能正确确定柿果采收时期。
         3. 能正确进行柿果的脱涩操作。

任务准备

一、柿果采收时期

采收时期依品种、用途而定，鲜食脆柿宜在果实大小已达要求、果顶开始着色、皮色转黄、种子呈褐色时采收，经过脱涩后供应市场。采收过早，皮色尚绿，导致脱涩后水分多，甘味少，质粗而品质不良。加工柿饼用果实应在果实成熟、全部着色、由橙转红时采收，一般都在霜降前后，此时采收的果实含糖量高，尚未软化，易削皮，制成的柿饼品质较优。加工果脯用的在着色 1/2 时采收。作软柿的柿果，最好在树上黄色减退、充分转为红色，即完熟后再采。甜柿在树上已脱涩，采收后即可食用，一般在果皮完全转黄后采收；在外皮转红色、肉质未软化时采收，则品质更佳。过熟的甜柿，果肉已软化，风味不佳，甜味减弱。可见，**甜柿的最适采收期在果皮变红初期**。

二、柿果采收方法

果实采收可用长采果杆采摘，要避免损伤果实。不同地区柿果的采收方法不同，有的用夹竿，有的用捞钩，有的用手，有的用采果器采收。柿果当年结果枝抽生的新梢第二年不能结果，所以采收时，多从结果部位以下 1~2 芽处剪截。采下的果实如作柿饼用的则留枝一小段，以便串绳进行日晒；如鲜食则自梗部近蒂处剪下。果梗应剪平，防止在装运时相互刺伤引起腐烂。高处果实可用采收袋采收。即将柿果套入袋中,再向前推或扭转向下拉,使柿果落入袋内。

三、柿果脱涩

涩柿含可溶性单宁物质较多,涩味重,采后不能立即食用,须经人工脱涩方可食用。

柿果采收后处于缺氧状态,正常呼吸受抑制,被迫进行分子间呼吸而产生酒精与二氧化碳,则果内的可溶性单宁物质就变为不溶性,使果肉无涩味。人工脱涩就是根据这一原理进行的。

现将几种简单易行的脱涩法叙述如下:

1. 温水脱涩

用大缸装入柿果,达容量70%为宜,然后注入50 ℃温水,将柿果淹没,缸口用厚草帘或旧棉胎等覆盖保温,经15~30小时,即可脱涩。

2. 石灰水脱涩

用缸或木桶按水50 kg、生石灰5 kg的比例,配成石灰水。趁石灰水温热时,将柿果放入,水以淹没柿果为度,轻轻搅拌,然后封闭缸口或桶口,经3~4天脱涩。

3. 二氧化碳脱涩

将柿果置于充满二氧化碳的密闭容器中,无氧条件下,保持温度25~30 ℃,7~10天可脱涩。若加压至(3.4×10^5)~(5.4×10^5) Pa,温度20 ℃,2~3天可脱涩。脱涩后的柿果常有刺激性气味,需在通风处挥发掉气味方可食用。处理后的果肉紧密细脆,但组织易软化,货架期短。

4. 混入其他果实脱涩

用猕猴桃与柿果同贮于一缸中,分层相间排放,密封缸口,因其他果实的呼吸,使容器内缺氧,经4~5天即可脱涩而成烘柿。其他果实容量约为柿果的1/10。若不加其他果实,也可用松针叶代替。

5. 乙烯利脱涩

将涩柿用500~1 000 mg/L的乙烯利溶液浸湿后,放置室内,经3~4天即可脱涩而成烘柿。此法优点是无需特殊设备,也不用密封,但处理后很快过熟,这是其缺点。

此外,还有冷水脱涩、熏烟脱涩、柿果树上脱涩等方法。

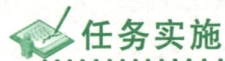任务实施

柿果脱涩

1. 目的要求

通过实习,掌握柿果脱涩的方法及使用的药剂;掌握柿果脱涩操作技能。

2. 工具材料

乙烯利、石灰、酒精、量筒,水桶,喷雾器,口罩,肥皂。柿果。

3. 操作步骤

(1) 石灰水脱涩:按 100 kg 柿果用生石灰 3~5 kg 的比例,配成石灰水,将柿果放入大缸或木桶,石灰水以淹没柿果为度,密封 3~6 天即可脱涩。因钙离子的作用,此法有保脆作用,但果实表面常有石灰附着,处理不当易裂果。

(2) 温水脱涩:用大缸装入涩果,满达容器的 70%,注入 50 ℃ 的温水将柿果浸没,加盖密封,保持恒温,隔绝空气,经 10~24 小时便可脱涩。此法关键是控制水温,方法简单易行,速度快,但处理的柿果风味变淡,不能久贮(易变褐、变软)。

(3) 乙烯利脱涩:用 250 mg/kg 的乙烯利水溶液浸果 3 分钟,然后密闭 3~10 天即可脱涩。此法简便,成本低,可用于大量柿果脱涩。

(4) 酒精脱涩:将柿果装入脱涩容器内,每装一层喷少量酒精(或每 30 kg 柿果用 30%~40%vol 普通白酒 200~300 mL),装满后封闭约 7 天即可脱涩。此方法要注意酒精用量过多使柿果变味。

任务反思

1. 柿果在什么时候采收较为适宜?
2. 怎样判断柿果的成熟度?
3. 柿果采后应怎样处理?
4. 调查当地如何对柿果进行脱涩。

项目小结

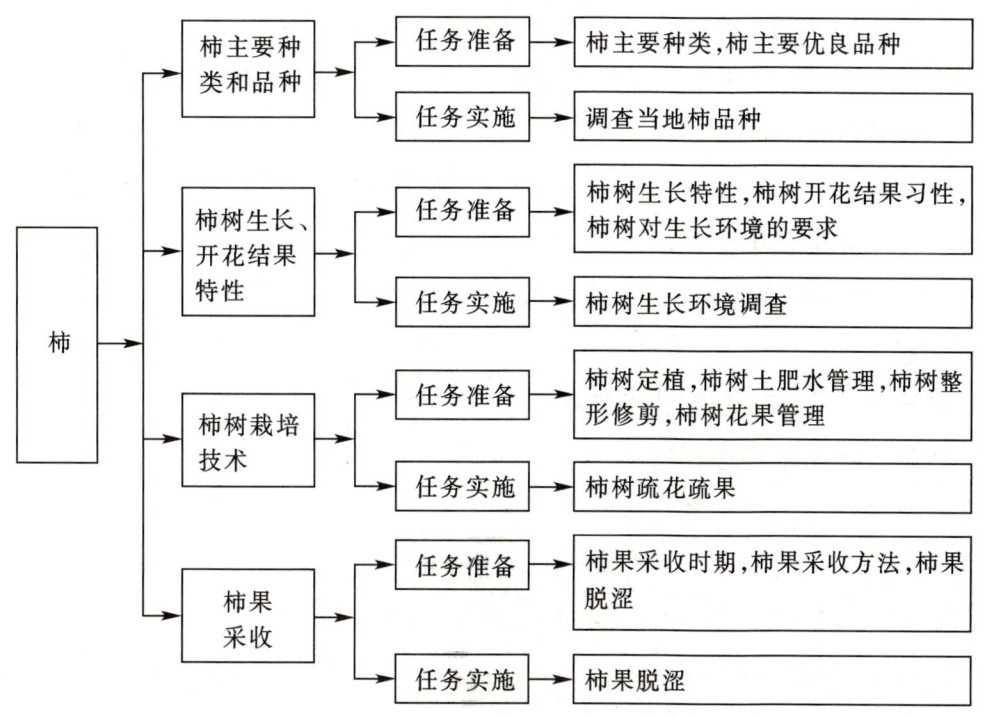

综合测试

一、单项选择题

1. 柿属于柿树科、柿属，种类繁多，但果实最有食用价值的种类是（　　）。

　A. 柿　　　　　B. 君迁子　　　　　C. 油柿　　　　　D. 以上都是

2. 柿根据果实是否含有（　　）可分为甜柿与涩柿。

　A. 单宁　　　　B. 果酸　　　　　C. 乙烯　　　　　D. 糖

3. 下列属于涩柿品种的有（　　）。

　A. 富有　　　　B. 次郎柿　　　　C. 于都盒柿　　　D. 罗田甜柿

4. 下列属于甜柿品种的有（　　）。

　A. 富有　　　　B. 牛心柿　　　　C. 铜盆柿　　　　D. 于都盒柿

5. 柿树采用环剥保果，环剥宽度为被剥枝粗度的（　　）。

　A. 1/2　　　　B. 1/3　　　　　C. 1/10~1/7　　　D. 1/4

二、多项选择题

1. 下列属于涩柿品种的有（　　）。

　A. 牛心柿　　　　　　　　　　　B. 于都盒柿

C. 次郎柿　　　　　　　　　　　D. 铜盆柿

2. 下列属于甜柿品种的有(　　)。

A. 富有　　　B. 次朗柿　　　C. 于都盒柿　　　D. 罗田甜柿

3. 柿树的芽有(　　)。

A. 花芽　　　B. 叶芽　　　C. 潜伏芽　　　D. 副芽

4. 柿树的花包括(　　)。

A. 雌花　　　B. 雄花　　　C. 两性花　　　D. 以上都不是

5. 柿树夏季修剪工作主要包括(　　)。

A. 抹芽　　　B. 摘心　　　C. 疏枝　　　D. 环剥

三、简答题

1. 柿树的芽有哪几种？各有什么特点？
2. 柿树冬季修剪应怎样进行？
3. 柿树应怎样进行保花保果？

项目 10

枣

项目导入

家住江西赣南的老李于 2005 年冬栽种了 5 hm² 的枣树,树龄已有 7~8 年,树势不比邻居老王栽种的枣树差,可就是年年结果少,而老王栽种的枣树树势强,结果也多,合计了一下,每亩产量高出了 20%~30%。为什么会出现这种情况呢?老李去找专家进行咨询。专家告诉他,邻居老王栽种的枣树每年进行枣树"开甲",增产 20%~30% 是很正常的事。

本项目主要了解枣主要种类与品种;了解枣的生长特性,掌握枣的生长、开花结果习性及其对生长环境的要求;掌握枣土肥水管理、花果管理、树体整形修剪等主要生产技术;掌握枣树"开甲"技术和采收技术。

任务 10.1 枣主要种类和品种

任务目标

知识目标:1. 了解枣的主要种类和品种。
　　　　2. 了解生产上常见枣栽培品种的性状。
技能目标:1. 能正确识别枣的主要种类、品种。
　　　　2. 能说出枣优良品种的特点。
　　　　3. 能正确调查当地枣品种。

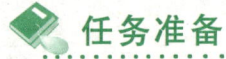
任务准备

一、枣主要种类

枣为鼠李科枣属植物,我国有 13 个种,其中在果树栽培上较重要的有两个种,即枣和毛叶枣。

1. 枣

枣也称普通枣,是主要栽培种,我国除黑龙江、吉林外,各省区均有分布,有 500 多个品种,北系枣占全国品种的 75% 以上,适宜生长结果的年平均气温为 9~14 ℃;南系枣果大,较耐热,耐寒性差,在年平均气温小于 15 ℃ 的地区生长结果不良,抗土壤酸性能力较强。

2. 毛叶枣

毛叶枣又称印度枣、大青枣、台湾青枣等,是热带、南亚热带常绿或半落叶性灌木或小乔木。我国台湾、广东、广西、海南、云南、福建是主要产区。

毛叶枣有长叶毛叶枣(长果)和圆叶毛叶枣(圆果)两类,前者果形较长,具奶香味;后者果形较圆,无奶香味,较丰产稳产、抗病,但品质风味逊于长叶毛叶枣。毛叶枣栽培适应性强,成花容易,结果早,丰产稳产,无大小年结果现象,果实清脆细腻,口感好,风味独特,营养丰富。

二、枣主要品种

1. 枣

(1) 牛奶枣:主要分布于广西灌阳,为当地的主栽品种。果实长圆柱形,果尖向一侧歪斜;平均单果重 14.3 g;果皮较薄,着色后富有光泽;果肉黄白色,质地较细,稍松脆,汁液少,味甜,可食率 96.9%;果全红时含糖量 27.9%,制干率低;蜜枣品质上等。8 月下旬—9 月上旬成熟。

(2) 米枣:又名糖枣、珠枣,主产广西灌阳、全州、临桂等地。果实短圆柱形或椭圆形,果顶微凹;平均单果重 7.1 g;果皮薄,红褐色,果点小且不明显;鲜果肉黄白色,质稍密稍硬,汁稍多,酸甜略带苦味,品质较长枣差;核大;倒卵形。8 月中旬果成熟。树势强健,枝条稠密,多刺,直立。

(3) 秤砣枣:是广西全州自河南省引入的优良品种,栽培已数十年。果实秤砣形或卵圆形至短圆柱形,梗洼深广,果顶凹;平均单果重23.3 g;果皮薄,红黄色,果点小而显著;鲜果肉黄白色,肉质松脆而细,汁液较多,风味清甜,品质上等。4月下旬—6月上旬开花,中秋前后果熟。树势强健,枝条稠密、下垂。

(4) 义乌大枣:分布于浙江义乌、东阳等地。果实圆柱形或长圆形;平均单果重14.5 g,最大果重18.5 g,大小均匀;果皮薄,果肉厚、乳白色,质地稍松,汁液少;白熟期含糖量13%,适宜制作蜜枣,品质上等。8月下旬进入白熟期,果实生育期95~100天。

(5) 湖南鸡蛋枣:主产于湖南溆浦、麻阳、辰溪、隆回、邵阳等地。果实阔卵形,平均单果重19.4 g,大小不整齐;果皮薄,开始着色时黄红色,后呈紫红色;果肉白绿色或乳白色,质地松脆,汁液较少,味较甜;鲜枣含糖量11.3%,可食率94%~96%,制干率39.8%。8月中旬成熟。树势中等,抗病虫害能力强,不抗风,产量较高,适宜鲜食、制干和加工成蜜枣。

2. 毛叶枣

(1) 高郎1号:又称五十种,是台湾选育的品种。果实呈长椭圆形,单果重100~160 g;皮薄光滑,淡绿色,颜色鲜艳;果肉白色,肉质脆嫩、细致,清甜多汁且无酸味,可溶性固形物含量10%~13%;果实贮运性好,品质优良。成熟期11上旬—翌年2月中旬。树势旺盛,枝条粗壮,枝条刺少。易栽培管理,抗白粉病。

(2) 脆蜜:从五十种中选育。果实椭圆形,果较大,单果重130~160 g;果皮鲜绿,皮薄;果肉白色,肉质脆嫩,清甜多汁,果实成熟后果肉不易变松软,可溶性固形物含量15%,品质特优,商品性好。果实成熟期12月到翌年2月。

(3) 大世界:果大,单果重130~200 g;果实味甜,质略粗,比脆蜜皮厚,耐贮运,但外观不及脆蜜。成熟期10月至翌年2月,可留果到3月,晚熟。

(4) 蜜思枣:果实近圆形,单果重100~120 g;果皮绿色、光亮,果肉白色致密,肉质脆,可溶性固形物含量15%~17%。成熟期12月至翌年3月上旬,晚熟。

任务实施

调查当地枣品种

1. 目的要求

了解当地栽培枣品种,掌握现场调查方法。

2. 工具材料

图书、信息工具，皮尺、卷尺、小刀、天平、糖度仪、pH 试纸等仪器工具。

3. 操作步骤

（1）讨论调查内容、步骤、注意事项。

（2）通过图书、报刊和互联网查阅当地的枣品种资料，选择枣品种较多的枣园，并联系调查的农户。

（3）现场访问，用目测法看各种枣树的外形，并测量同树龄枣树的高度、胸径、冠径，记录比较。

（4）选取当年春季抽生的叶片，观测外形、厚度，并测量各种枣树的叶片大小。记录比较。

（5）观测各种果实的外形、大小、颜色，测量其直径、单果重，观测果肉的厚度、果核的硬度和花纹，测量 pH、糖度。记录比较。

（6）问询各种枣的树龄、产量、栽培难易度，枣的口味、价格。

（7）问询当地新引入的枣品种有哪些。

（8）撰写调查报告。

任务反思

1. 当地栽培枣品种有哪些？
2. 调查当地枣栽培管理的现状。

任务 10.2　枣树生长、开花结果特性

任务目标

知识目标：1. 了解枣树生长、开花结果特性。
　　　　　2. 掌握枣树对生长环境的要求。
技能目标：1. 能正确识别枣树的枝梢类型。
　　　　　2. 能正确调查当地枣树的生长环境。

任务准备

一、枣树生长特性

1. 根系

枣树根系发达,垂直分布深度可达 1~4 m,其吸收根分布深度一般在土层 30 cm 以内,以 10~30 cm 处最多;水平分布范围可超过枣树冠幅 3 倍以上,以 15~30 cm 深的土层内最多,其分布状况与品种、栽培密度、土壤质地、地下水位高低等因素有关。根系在年周期中有两次生长期:第一次在 3 月下旬至 6 月下旬,第二次在 8 月上旬至 9 月底。

枣树对土壤适应性强,不论沙土、黏土、低洼盐碱地、山丘地均能适应,高山区也能栽培。对土壤 pH 要求也不高,pH 5.5~8.5 均生长良好,但以土层深厚、肥沃、疏松土壤为好。

2. 芽

枣芽分主芽和副芽两种。

(1) 主芽:着生在叶腋正中。主芽为晚熟性芽,形成后一般当年不萌发。潜伏多年,寿命很长,在枣树受刺激或衰老后,主芽可萌发形成分枝。二次枝上的主芽也可抽生枣头,用来扩大树冠或培养结果枝组。主芽有顶生和侧生。

(2) 副芽:着生在主芽的左、右上方。副芽形成后当年萌发,为早熟性芽。枣股为短缩枝,萌发后,副芽抽生枣吊。枣头一次枝萌发后,副芽抽生二次枝。

总之,枣的主芽萌发后可形成枣头和枣股,副芽则形成二次枝和枣吊,枣的花和花序也由副芽形成。

3. 枝

构成枣树骨架和结果枝系中轴的枝条称"枣头"(图 10-2-1),由主芽萌发而成。枣头直生,具有旺盛的生长能力,加粗生长很快。随着枣头的生长,其上的副芽自下而上逐渐萌发,形成二次枝,呈"之"字形弯曲生长,是枣树的小型结果枝组,夏剪通过摘心可当年开花结果,提高产量。

主芽萌发当年形成的枣头在落叶前称为当年生枣头;落叶后到第二

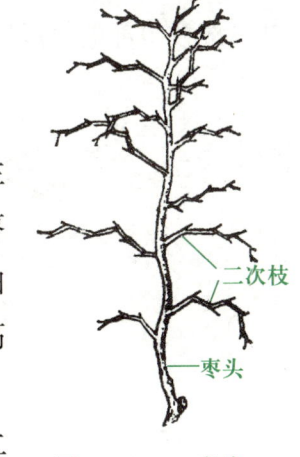

图 10-2-1 枣头

年落叶前称为一年生枣头;第二年落叶后到下一年落叶前称为二年生枣头。依此类推,枣头年龄逐年增长。三年以上的枣头统称为多年生枣头。

枣树的整形主要依赖于枣头,利用枣头扩大结果面积,增加新枣股,为枣树的增产和更新提供条件。

二、枣树开花结果习性

1. 花芽分化

枣树花芽分化从形态学上可分为苞叶期、分化初期、萼片期、雄蕊期、雌蕊期5个时期。当结果枝长至 0.2~0.3 cm 时,花芽已开始分化;幼芽超过 1 cm 时,花的各部分已形成,性器官进一步分化。因此,现花蕾时,花部器官已分化完成。

枣树果枝和发育枝上的花芽,是由下向上分化的。同一花序则是中心花先分化,然后侧花分化。**枣树花芽分化的特点是当年分化,当年开花;多次分化,多次开花;分化速度快,持续时间长**。一个单花分化需 8 天左右,一个花序分化需 8~20 天,一个结果枝分化需 30 天左右,全树花芽分化则需 100 天左右。

2. 枣吊与枣股

(1) 枣吊:枣吊即枣的结果枝,因其柔软下垂而称为"枣吊"。枣股为短缩枝,萌发后,副芽抽生枣吊(图 10-2-2)。枣树全靠枣吊结果,枣吊于秋季随落叶而脱掉,又称为脱落性结果枝,简称脱落性枝,是枣的枝条特点之一。

枣吊的每一叶腋间可着生 3~15 朵花,以中上部各节的花坐果较好,一般枣吊不具分枝能力,但在生长期枣吊因故脱落后仍能以原枣股萌发出新枣吊,具有多次萌发、多次结果的特点。

(2) 枣股:枣股是一种短缩性的结果母枝(图 10-2-3),绝大多数由二次枝主芽萌发而成,以二次枝中部的枣股质量较好。枣股的顶芽是主芽,每年延续生长,但生长量很小,仅 1~2 mm。

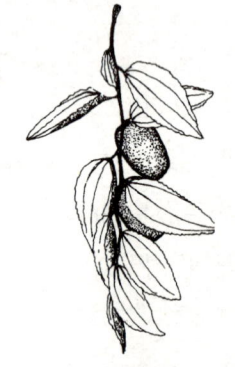

图 10-2-2 脱落性结果枝

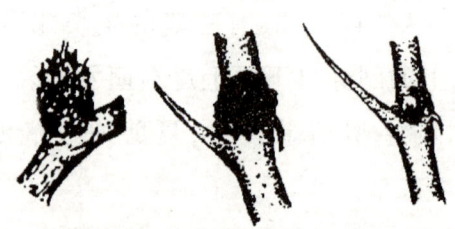

图 10-2-3 枣股

枣股的结实能力,一般以着生在结果基枝(二次枝)上的枣股和向上生长的枣股结实能力强。枝龄以 3~7 年的枣股结实力最强,幼龄(1~2 年)和老龄(10 年以上)枣股结实力较差,枣股寿命一般的 6~15 年,但也与其着生部位,栽培品种和环境条件有密切关系。枣头一次枝上的枣股寿命较长,结果基枝(二次枝)上的寿命较短,但着生在结果基枝上的枣股数量多(占 80%~90%),结果稳定,发枝力强。因此在综合管理的基础上,正确运用修剪技术,培养出大量健壮的结实力强的枣股,是获得枣树高产的重要途径。

随着枣股顶芽生长,其周围的副芽抽生枣吊 2~5 个,以后随枣股年龄的增加,枣吊数量也增加。在正常情况下,枣股顶芽每年只萌发一次,在发芽抽生枣吊的同时,顶部又随形成顶芽而停止生长,若营养充足,并受到灾害或短截等刺激后,还会第二次抽生枣吊开花结果,而本身再伸长 1~2 mm。这些特性是枣树不同枝型功能专门化的表现,同时也是枣树高产稳产的良好性状。

3. 开花坐果

枣花为完全花,由花柄、花托、花萼、花瓣、花盘、雄蕊、雌蕊等构成(图 10-2-4),开展时直径一般为 5~7 mm。枣花着生在叶腋间的花序上,枣的花序为二歧聚伞花序和不完全二歧聚伞花序,着生在脱落性枝的叶腋处。每花序上一般有花 3~10 朵,多者达 20 朵以上。在一个花序内,中心花先开,再按 1 级花、2 级花、多级花逐次开放。

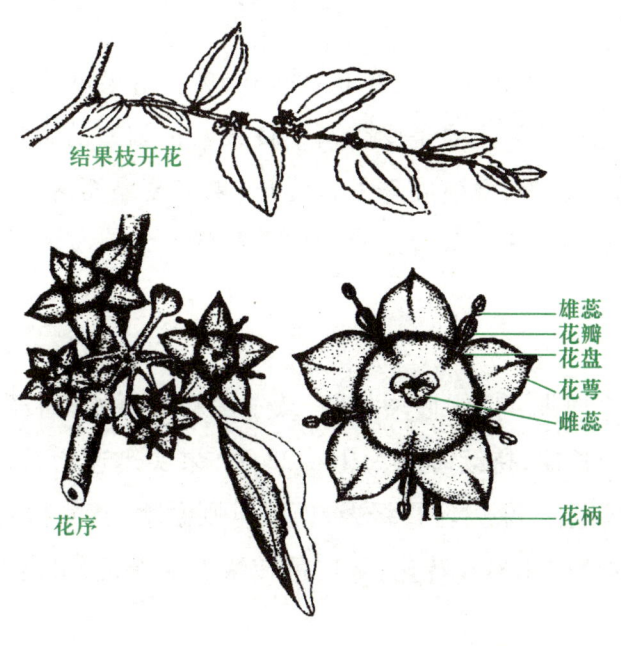

图 10-2-4　枣花

枣果为核果,由果被、种子和果柄构成,而果被又分为外果皮、中果皮和内果皮 3 层。中果皮为果肉,内果皮为果核,核内有种仁 1~2 枚(图 10-2-5)。枣树自花授粉结实率高,一般不用配置授粉树,但异花授粉可提高枣树坐果率。枣开花当天授粉坐果率最高,第二天授粉则显著地降低坐果率,在以后授粉则全部脱落,枣花粉的生活力在蕾裂至半开时最高。枣花粉的寿命较短,一般为7天左右。

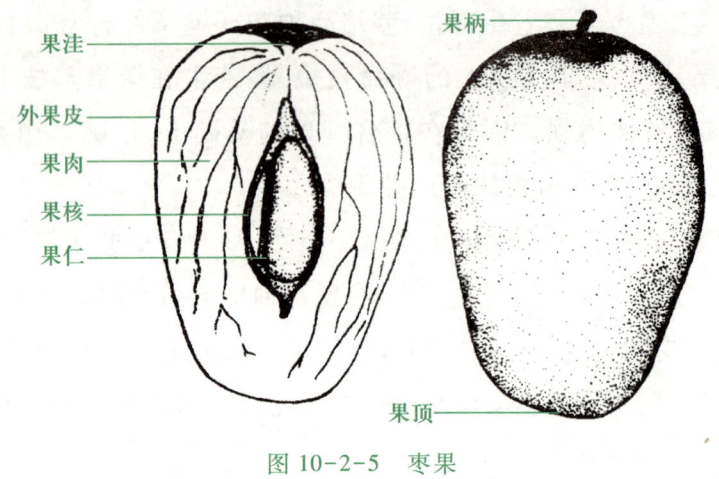

图 10-2-5　枣果

枣花经授粉受精后,子房膨大,形成幼果。枣花经授粉受精后,胚珠(种子)在发育过程中,早期退化或解体,也可以坐果,而形成无种子的果实,尤其是在花期喷施赤霉素等物质,可以诱导坐果,形成伪单性结实果。

4. 落花落果

枣树落花落果严重,自然坐果率一般在 0.1%~0.5%。落果可分为三个时期,即花期落果、生理落果和采前落果。花期落果主要是受受精不良或其他因素的影响,如低温、干旱、干热风、连阴雨、大风等气象因素的影响,致使胚珠发育终止,果实萎缩而落。生理落果是生理失调、营养不良所致。采前落果主要是病虫危害或自然因素所致。

5. 枣果发育

枣果发育可分为四个时期:① 缓慢增长期,从子房膨大开始,约经 15 天完成,本期不发生大量落花落果;② 迅速增长期,持续时间为 14~28 天,果实迅速增长;③ 缓慢增长期,持续时间为 28~49 天,枣核生长减慢,果肉增长缓慢,而果重则激增,营养物质积累迅速;④ 熟前增长期,大约 21 天,主要是物质的积累和转化,果皮色转淡而渐着色,果肉变脆,风味增进。

三、枣树对生长环境的要求

1. 温度

枣树为喜温树种,其生长发育需要较高温度。当春季气温升到 13~15 ℃时开始萌芽,17~

19 ℃时进行抽枝和花芽分化,20 ℃以上开花,花期适温为23~25 ℃,果实生长发育需要24 ℃以上的温度,秋季气温降至15 ℃时开始落叶。枣树能忍耐40 ℃的高温,也较耐寒,休眠期间能耐-30 ℃的低温。

2. 光照

枣树为喜光树种,对光照要求较高。树冠外围和向阳面由于光照条件好而结果多,品质好。生长在山阴坡或树冠郁闭的枣树,由于光照不良而坐果少,品质差。

3. 水分

枣树抗旱,年降水量不足100 mm 也能正常生长发育,但以年降水量400~700 mm 较为适宜;枣树耐涝,枣园积水不超过2个月,枣树不会因涝致死。

4. 土壤

枣树对土壤条件要求不高,适应性强,抗盐碱,耐瘠薄。土壤 pH 在5.5~8.5,均能生长。因此,山地、平原、河滩、沙地均有枣树分布,但以土层深厚的沙壤土栽培枣树生长结果最好。

枣树生长环境调查

1. 目的要求

了解当地枣树生长期的温度和降水量,通过与枣树最适温度、最适水分比较,明确栽培要点。

2. 工具材料

图书、信息工具,干湿温度计、风速风向仪等。

3. 操作步骤

(1) 讨论调查内容、步骤、注意事项。
(2) 通过图书、报刊和互联网查阅当地各种枣树品种的最适温度和最适水分。
(3) 到当地气象部门,调查了解当地枣树生长期的温度和降水量。

(4) 到枣园现场访问,了解当地气候条件与枣树生长的适配程度。问询极端气候条件对枣树生产造成的影响。

(5) 了解枣农如何利用当地气候的条件,采取哪些栽培措施进行枣生产。

(6) 现场测量气温、风向、风力和湿度。

(7) 撰写调查报告。

任务反思

1. 枣树枝芽生长有何特性?
2. 枣树对生长环境有何要求?

任务 10.3　枣树栽培技术

任务目标

知识目标:1. 了解枣树的定植时期、定植密度和定植方法。
　　　　 2. 掌握枣树土肥水管理方法。
　　　　 3. 了解枣树花果管理方法。
　　　　 4. 掌握枣树"开甲"方法。

技能目标:1. 能根据枣树生长情况实施土肥水的有效管理。
　　　　 2. 能正确地对枣树进行整形修剪。
　　　　 3. 能进行枣树花果管理工作。
　　　　 4. 能进行枣树"开甲"操作。

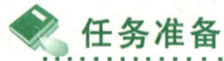

一、枣树定植

1. 定植时期

枣树定植时期一般分为秋季和春季。秋栽是在枣树落叶后到土壤封冻前进行栽植。春栽是在枣树萌芽前栽植,以春栽为宜。

2. 定植密度

定植密度依地势土壤、品种、砧木、栽培管理等而有不同。通常株距 3~4 m,行距 4~6 m,每亩栽 40~50 株。密植枣园的株行距为 2 m×3 m,每亩栽 111 株;也可采用 2 m×4 m,每亩栽 83 株。

3. 定植方法

定植前挖好深、宽各 0.8 m 的定植穴或沟,将表土与底土分开放。定植时,将表土与腐熟有机肥(如鸡粪、猪粪等)拌匀后,填放于穴中,放置枣苗,边填土边压实,最后做成高于地面 10~20 cm 的土墩,一次浇透定根水,平整树盘,以定植点为中心覆盖 1 m² 的地膜,地膜边缘要用土压实,以防大风吹开。

二、枣树土肥水管理

1. 土壤管理

(1) 合理间作:幼龄枣园可实行间作,间作物最好以低杆为好,如豆类、花生、瓜类等,套种绿肥夏季有印度豇豆,冬季有肥田萝卜等;不宜间作高杆作物,如麻、高粱、玉米等。

(2) 扩穴改土:幼龄枣园进行深翻改土、增施有机肥、改良土壤理化性质,有利于枣树根系生长。

(3) 中耕除草,除去萌蘖:生长季节要及时清除杂草,同时除掉枣园内的根蘖苗,以免耗费营养。

(4) 树盘覆盖:枣园实行树盘覆盖,可起到保水、保温、降温的作用,有利于枣树生长。通常可在枣园树盘中覆盖稻草、杂草或秸秆等,夏季可降温,冬季可保温。

2. 合理施肥

(1) 基肥:秋季在枣树果实采收后至土壤封冻前,结合耕种施入有机肥(人粪尿、畜禽粪水)每株 10~15 kg,施后覆土。

(2) 追肥:枣树追肥第一次在 3—4 月上旬,每株施尿素 0.5 kg 或碳铵 1.5 kg,其方法是在距树干基部 70 cm 处挖深 30~45 cm 的穴 2~3 个,施后最好浇水填土。第二次在幼果膨大期进行,大树、生长势弱的树每株施尿素 0.5~1 kg,施肥方法同上。

3. 水分管理

有灌水条件时,每年灌 3~4 次水。早春发芽结合追肥灌第一次水;开花前灌第二次水,保证开花;开花期灌第三次水;幼果膨大期灌第四次水。这四次灌水,第一、第三次尤为重要,不能忽视。切忌秋季灌水,因秋季灌水易造成萌芽。开花前浇水,最好是利用天降雨在树基部挖鱼鳞坑蓄水,总之枣树灌水要看天气、雨量灵活掌握。

三、枣树整形修剪

枣树树形通常有疏散分层形和自由纺锤形。

1. 整形

(1) 疏散分层形:

- 定干:定干高度 1~1.2 m。幼树栽植后,2~3 年不修剪,尽量多留枝条,树高 2 m 时定干。在定干高度以上 20~30 cm 处截干,整形带内的二次枝自基部剪除,促使剪口主芽萌发,当年长出 4~5 个新枣头,以选留第一层主枝和中央干。
- 整形:一般在定干二年后修剪,留截干剪口下第一个枣头居中直立生长,作为中央干培养,使之继续向上延伸,其下第一层配置 3 个主枝,相邻两主枝成 120°,主枝与中心干的开张角度为 60°~70°;第二层配置两三个主枝,伸展方向与第一层主枝错开;第三层一两个主枝。第一层层内距为 40~60 cm,第一层间距为 80~120 cm,第二层层内距为 30~50 cm,第二层间距为 50~70 cm。每个主枝选留两三个侧枝,每一主枝及其上的侧枝要搭配合理,分布匀称,不交叉不重叠(图 10-3-1)。

此树形特点是骨架牢靠,具有明显的中心干,层次分明,易丰产。此树形通过落头等措施,可以演变成两层或三层主枝开心形。

(2) 自由纺锤形:该树形(图 10-3-2)有明显的中心干,在中心干上错落分布主枝 6~10 个,不分层,主枝间距小于 30 cm。主枝上不培养侧枝,直接着生结果枝组,或者将主枝作为结果枝组。干高 50~70 cm。树高控制在 2.5 m 以下。此树形树冠小,适于密植栽培。

2. 修剪

(1) 冬季修剪:

- 疏枝:对交叉枝、重叠枝、过密枝应从基部疏除,有利于通风透光、集中营养、增强树势。
- 回缩:对多年生的细弱枝、冗长枝、下垂枝进行回缩修剪到分枝处,使局部枝条更新复壮,抬高枝条角度,增强生长势。

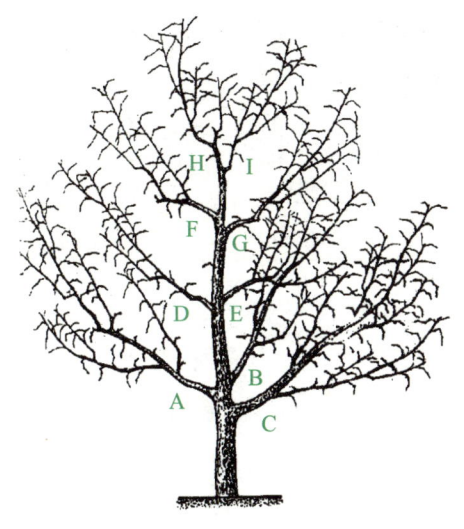

A、B、C—第一层主枝；D、E—辅养枝；
F、G—第二层主枝；H、I—第三层主枝。

图 10-3-1　疏散分层形

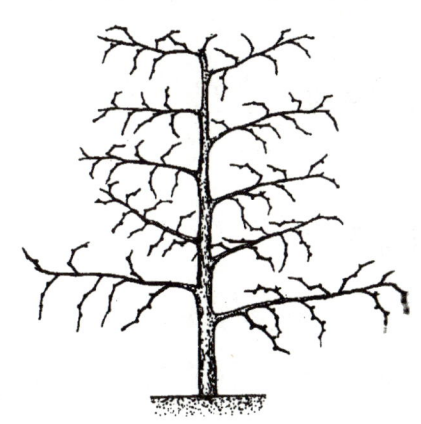

图 10-3-2　自由纺锤形

- 短截：主要对枣头延长枝进行短截，刺激主芽萌发形成新枣头，促进主、侧延长枝的生长。对剪口下的第一个二次枝必须疏除，否则主芽不萌发。
- 落头：当树冠达到一定高度，即可落头开心，一方面可控制树冠的高度，另一方面也可改善树冠内部的光照条件。

(2) 夏季修剪：

- 抹芽：5月中旬，待枣树发芽之后，对各级主、侧枝，结果枝组间萌发的新枣头，如不做延长枝和结果枝组培养，都应从基部抹掉。在5月中旬—7月上旬，每隔7天，将骨干枝上萌生的无用枣头全部抹掉。
- 疏枝：对膛内过密的多年生枝及骨干上萌生的幼龄枝，凡位置不当、影响通风透光、不计划做更新利用的，都应利用夏剪将它们全部疏除。
- 摘心：在6月上中旬，对留做培养结果枝组的枣头，根据结果枝组的类型、空间大小、枝势强弱进行不同程度的摘心。空间大、枝势强、需培养大型结果枝组的枣头，在有7~9个二次枝时摘顶心，二次枝6~7节时摘心。空间小、枝势中强、需培养中小型结果枝组的，可在枣头有4~7个二次枝时摘心，二次枝3~5节时摘边心。枣头如生长不整齐，则需进行2~3次。坐果率可提高33%~45%。
- 拉枝：6月上旬，对生长直立和摘心后的半木质化的枣头，用绳将其拉成水平状态或60°~70°的夹角，促进花芽分化，提早开花，当年结果。在树体偏冠、缺枝或有空间的情况下，可在发芽前、盛花初期将膛内枝、新生枣头拉出来，填补空缺，调整偏冠，扩大结果部位和面积。
- 环剥：枣树环剥简单易行，一般可增产30%~50%。环剥时间在6月中下旬，即大部分结果枝已开 5~6 朵花时。初次环剥的枣树,从距地面 30 cm 处的树干开始,以后隔年向上移动 3~5 cm,直至靠近第一层主枝时,再从下而上反复进行。

四、枣树花果管理

1. 保花保果

(1) 摘心:第一次在开花前进行,要求摘除开始开花结果枝的嫩梢;再过 5~7 天,对未摘心的少数结果枝全部摘心,严格控制所有枝系的营养生长,促进坐果。

(2) 花期三喷:

- 喷肥:喷肥在枣树盛花期进行,每隔半个月连续叶面喷施 2~3 次 0.3% 的尿素、0.1%~0.3% 的磷酸二氢钾和 0.2%~0.3% 的硼砂混合水溶液。选择晴天早上或傍晚喷,尤以傍晚喷为宜。喷肥量以叶面湿润为度,若喷后遇雨应及时补喷。
- 喷水:选择在盛花期 60% 的花开放时进行,时间以傍晚最好。用喷雾器向枣花上均匀喷清水,以水湿透叶片为度。喷水次数视其干旱程度而定,一般年份每 3~5 天喷一次,连喷 2~3 次,严重干旱年份可喷 3~5 次。
- 喷植物生长调节剂:在枣树初花到盛花期间进行,选择晴天早上或傍晚喷 15~20 mg/L 萘乙酸或萘乙酸钠稀释液或 5~10 mg/L 的 2,4-D 1~2 次;幼果期喷 30~60 mg/L 的萘乙酸或 30 mg/L 的 2,4-D 2 次(间隔 20 天),可有效防止其落花落果。

2. 疏花疏果

为了提高优果率,在坐果特别多的年份进行疏花疏果,通常在谢花后幼果期进行疏果,疏除过多过密的小果、畸形果、病果、虫果等。经疏果能使果实显著增大,提高其品质和商品性。

五、枣树"开甲"

所谓枣树开甲就是对枣树进行环状剥皮。切断树干韧皮部后,使叶片利用太阳光制造的营养物质暂行不能下运,有利于开花坐果,提高产量和增进品质。枣树开甲后能增产 30%~50%。

1. "开甲"时期

枣树盛花期为最适时间,也就是枣树花量占花蕾总数的 30%~40% 时进行,同时最好选择晴朗的天气中午进行。

2. "开甲"方法

初次开甲的枣树一般在距地面15 cm左右的树干上用快刀环切两圈,上下两圈要等距,宽度因树而定,强旺树可宽些,不能超过0.6 cm,弱树窄些,不少0.3 cm,一般0.4~0.5 cm为宜,深达木质部。切好后把甲口条彻底剥下,然后用塑料薄膜将甲口封闭好,以防病虫危害和水分向外蒸发,以利于愈合。正常情况下1个月左右即可愈合。这样每年进行一次,并变换环剥位置,两次甲口距离要保持3~5 cm。部位逐渐上移;移至主干分枝处后,再从下部开始,也叫"回甲"。经过开甲,树体内营养物质停留在树上部,可提高当年坐果率,是一项投资少、见效快、易掌握的保花保果措施。

3. "开甲"应注意的事项

(1) 幼树、弱树和干腐(破皮心空的树干)树不能开甲。
(2) 不伤木质,不留一丝毛茬,刀要快,切口要光滑,不能用锯拉、斧砍。
(3) 甲口要保护,为防病虫侵入,随开甲,随抹药,每隔7天一次,共涂抹2~3次农药。
(4) 开甲必须与土、肥、水管理措施相结合,方可起到良好效果,达到高产目的。

任务实施

枣树整形

1. 目的要求

通过实习,初步掌握幼龄枣树的整形方法。

2. 工具材料

枝剪、手锯、梯子、木凳、木桩、绳子,幼龄枣树。

3. 操作步骤

枣树树形通常有:疏散分层形和自由纺锤形。
(1) 疏散分层形:
• 定干:定干高度1~1.2 m。幼树栽植后,2~3年不修剪,尽量多留枝条,当树高2 m时定干,即在定干高度以上 20~30 cm 处截干,整形带内的二次枝自基部剪除,促使剪口主芽萌发,当年长出 4~5 个新枣头,以选留第一层主枝和中央干。

- 整形:一般在定干 2 年后修剪,截干剪口下第一个枣头居中直立生长,可作中央干培养,使之继续向上延伸,其下第一层配置 3 个主枝,相邻两主枝成 120°,主枝与中心干的开张角度为 60°~70°;第二层配置 2、3 个主枝,伸展方向与第一层主枝错开;第三层 1、2 个主枝。第一层层内距为 40~60 cm,第一层间距为 80~120 cm,第二层层内距为 30~50 cm,第二层间距为 50~70 cm。每个主枝选留两三个侧枝,每一主枝上的侧枝及各侧枝之间要搭配合理,分布匀称,不交叉不重叠。

(2) 自由纺锤形:该树形有明显的中心干,在中心干上错落分布主枝 6~10 个,不分层,主枝间距小于 30 cm。主枝上不培养侧枝,直接着生结果枝组,或者将主枝作为结果枝组。干高 50~70 cm。树高控制在 2.5 m 以下。

任务反思

1. 怎样进行枣树土肥水管理?
2. 怎样进行枣树"开甲"?
3. 枣树"开甲"应注意什么问题?

任务 10.4　枣 果 采 收

任务目标

知识目标:1. 了解枣果成熟期。
　　　　2. 了解枣果采收时期。
　　　　3. 了解枣果采收方法。
技能目标:1. 能正确判断枣果成熟期。
　　　　2. 能正确确定枣果的采收时期。
　　　　3. 能正确进行枣果的采收。

任务准备

一、枣果成熟期

根据枣果的成熟过程,可分为白熟期、脆熟期和完熟期3个阶段。

1. 白熟期

白熟期果皮褪绿,从绿白色,转成乳白色。果实体积和果重不再增加,肉质比较松软,汁少,含糖量低。果皮薄而柔软,煮熟后果皮不易与果肉分离。此时是加工蜜枣的采收期。

2. 脆熟期

白熟期后,果实向阳面逐渐出现红晕,果皮自梗洼、果肩开始着色,直至全红。果皮增厚,稍硬,煮熟后容易与果肉分离。果肉含糖量增加,质地变脆,果汁增多,果肉呈绿色或乳白色,体现品种特有的风味,此时为最佳食用期,也是鲜食枣的最适采摘期。

3. 完熟期

脆熟期后,果实养分继续积累,含糖量增加,最后果柄与果实连接的一端开始转黄而脱落。果肉变软,果实开始自然落地。此时是制干品种的采收期。

二、枣果采收时期

不同用途的枣果具有不同的采收期。

1. 鲜食品种

枣果在脆熟期采收为好,此时枣果颜色鲜艳,果汁多,风味好。

2. 制干品种

枣果以完熟期采收最好,此时果实充分成熟,色泽浓艳,果形饱满,富有弹性,品质最佳。

3. 加工品种

枣果因加工方法不同,采摘期也有差别。做蜜枣用的以白熟期采收最佳,此时肉质松软,糖煮时容易充分吸收糖分,成品晶亮,食用时没有皮渣。制作乌枣、南枣的则以脆熟期采收为好,此时枣果甘甜微酸,松脆多汁,能获得皮纹细、肉质紧的上品。加工醉枣也以脆熟期为好,能保持最佳风味,且可防止过熟破伤而引起浆包、烂枣。

三、枣果采收方法

1. 鲜果采摘

采用手工采摘,可以不伤果皮、不裂果,适于鲜食贮藏用果。采摘时,要轻拿轻放,果筐最好用纸箱或塑料筐,用竹筐时最好有柔软内衬,尽可能减少因碰撞、摩擦造成的机械损伤。

2. 震撼法采摘

对于制干和加工用的品种,可采用震撼法采摘。即在地面树下铺上塑料薄膜或布单,用木杆、竹竿等工具敲打树枝,使果实震落,再集中收拾,或震落地面后捡拾。这种方法要求枣果的成熟度高、容易脱落。

3. 乙烯利催熟法

在枣果脆熟期,可树冠喷施 200~250 mg/L 乙烯利溶液,以促进枣果果柄提前形成离层,喷后 7 天,落枣达 90% 以上,可提高工效,并可避免打伤枝叶,值得推广。但施用催熟剂时,浓度不能过大,喷施要均匀,以免造成提前落叶,影响树体后期营养的积累。

任务实施

采收枣果

1. 目的要求

通过实际操作,使学生掌握枣果的采收技术。

2. 工具材料

枝剪、采果梯、采果袋(或篮)、包装容器等。结果枣树。

3. 操作步骤

(1) 果实采收期的确定：不同用途的枣果具有不同的采收期。

- 鲜食品种：枣果在脆熟期采收为好，此时枣果颜色鲜艳，果汁多，风味好。
- 制干品种：枣果以完熟期采收为好，此时果实充分成熟，色泽浓艳，果形饱满，富有弹性，品质最佳。
- 加工品种：枣果因加工方法不同，采摘期也有差别。做蜜枣用的以白熟期采收为好；制作乌枣、南枣的则以脆熟期采收为好；加工醉枣也以脆熟期为好，不仅能保持较好的风味，而且可防止过熟破伤而引起浆包、烂枣。

(2) 采收方法：

- 鲜果采摘：采用手工采摘，要轻拿轻放。果筐最好用纸箱或塑料筐，用竹筐时应有柔软内衬。
- 震撼法采收：在地面树下铺上塑料薄膜或布单，用木杆、竹竿等工具，敲打树枝，使果实震落，再集中收拾，或震落地面后捡拾。
- 乙烯利催熟法：在枣果脆熟期，可树冠喷施 200~250 mg/L 的乙烯利溶液，喷后 7 天，落枣达 90% 以上时收集。

任务反思

1. 怎样确定枣果成熟期？
2. 如何确定枣果采收期？
3. 枣果采收有哪些方法？
4. 根据实际操作体会，对枣果的采摘技术及要点写一篇总结。

项目小结

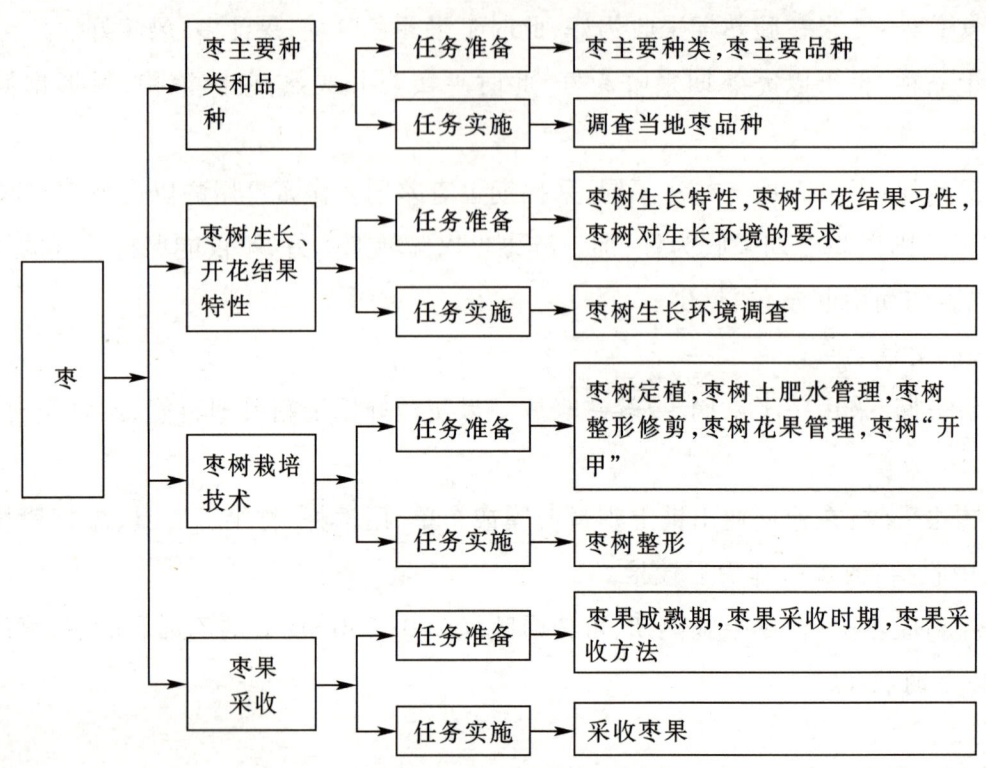

综合测试

一、单项选择题

1. 下列枣品种中属于毛叶枣的有(　　)。

　　A. 脆蜜　　　　B. 义乌大枣　　　C. 牛奶枣　　　　D. 米枣

2. 枣头的顶端只着生(　　)。

　　A. 副芽　　　　B. 主芽　　　　　C. 潜伏芽　　　　D. 花芽

3. 枣树的枣吊是(　　)。

　　A. 结果枝　　　B. 结果母枝　　　C. 生长枝　　　　D. 发育枝

4. 枣果为核果,主要由以下几部分(　　)构成。

　　A. 外果皮、中果皮、内果皮、种仁

　　B. 果被、种子、果柄

　　C. 果皮、果肉、种子、果柄

　　D. 果被、果柄、果核

5. 枣花为完全花,主要部分包括(　　)。

A. 花柄、雄蕊、雌蕊、花托

B. 花萼、花瓣、花柄、花托

C. 花柄、花萼、雄蕊、雌蕊

D. 花萼、花瓣、雄蕊、雌蕊

二、多项选择题

1. 下列枣品种中属于毛叶枣的有(　　)。
   A. 秤砣枣 B. 大世界 C. 高郎1号 D. 义乌大枣

2. 枣股的叶腋间着生有主芽和副芽两种芽,副芽着生在主芽的(　　)。
   A. 左上方 B. 左下方 C. 右上方 D. 右下方

3. 枣树种植的株行距通常有(　　)几种。
   A. 2 m×3 m B. 2 m×4 m C. 3 m×4 m D. 4 m×6 m

4. 枣的花序为(　　)。

A. 二歧聚伞花序

B. 伞房花序

C. 不完全二歧聚伞花序

D. 以上都不是

5. 枣树的枣头是(　　)。

   A. 结果枝 B. 生长枝 C. 结果母枝 D. 发育枝

三、简答题

1. 枣树疏散分层形如何整形?
2. 枣树花期"三喷"的含义是什么?
3. 如何进行枣树"开甲"来提高坐果率?

模块三　常绿果树栽培及果品采收

- 项目 11　柑橘
- 项目 12　杨梅
- 项目 13　龙眼
- 项目 14　荔枝
- 项目 15　芒果
- 项目 16　香蕉
- 项目 17　菠萝

项目 11

柑 橘

项目导入

小王于 2008 年春开发了 6 hm² 柑橘园,种植的品种为砂糖橘,连续三年每亩产量都在 1 500~2 500 kg,2012 年每亩产量达到了 3 000 kg,可 2013 年挂果少,树势出现了严重的衰弱现象,这可把小王急坏了。为了把问题搞清楚,小王请教了果树专家,这才明白,2012 年树体过度环割,肥水又跟不上,大量结果后导致了树势衰弱。这让小王悟出一个道理:"只有科学管理,提高种果水平,才能高产稳产。"

本项目主要了解柑橘主要种类与品种;了解柑橘的生长、开花结果特性,掌握柑橘对生长环境的要求;掌握柑橘土肥水管理、花果管理、树体整形修剪等主要生产技术;掌握柑橘采收与采后处理技术;掌握柑橘的防寒防冻技术及冻害后的救护措施。

任务 11.1 柑橘主要种类和品种

任务目标

知识目标:1. 了解柑橘的主要种类和优良品种。
    2. 掌握当地柑橘品种。
技能目标:1. 能正确识别柑橘的主要种类。
    2. 能说出柑橘优良品种的特点。
    3. 能正确调查当地柑橘品种。

一、柑橘主要种类

柑橘属于芸香科、柑橘亚科植物。柑橘种类繁多,其中经济价值较大的有 3 个属,即柑橘属、金柑属和枳属(图 11-1-1),其主要性状见表 11-1-1。其中柑橘属是柑橘果树中最重要的一个属,根据形态特征分为 6 类:大翼橙类、宜昌橙类、枸橼类、柚类、橙类和宽皮柑橘类。生产上的主要种类有柚类、橙类和宽皮柑橘类(柑、橘)。

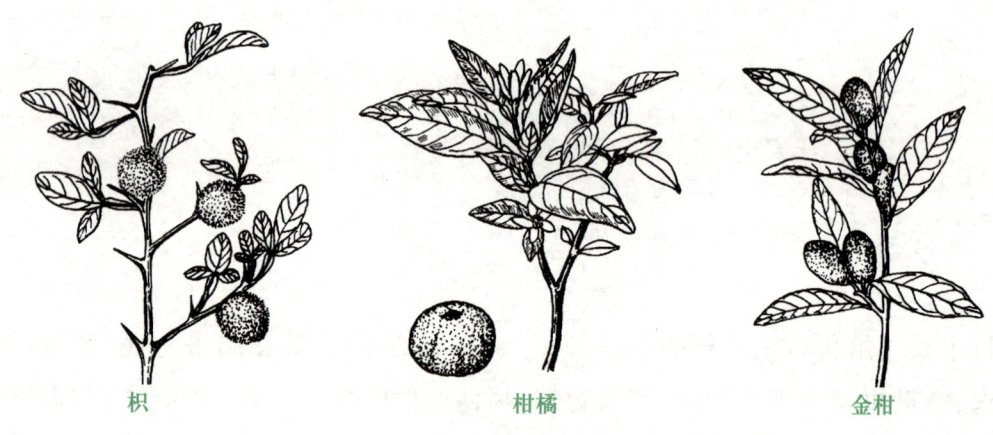

图 11-1-1　栽培柑橘三个属的代表种

表 11-1-1　柑橘属、金柑属和枳属的主要性状

属名	主要性状
柑橘属	常绿性,单生复叶,叶侧脉明显,子房 8~18 室,子房茸毛少或无,果汁无油
金柑属	常绿性,单生复叶,叶侧脉不明显,子房 3~7 室,子房茸毛少或无,果汁无油
枳属	落叶性,三出复叶,子房 6~8 室,子房多茸毛,果汁有苦油

1. 大翼橙类

叶柄上翼叶发达,翼叶与叶身同大或过大,新叶、幼果无茸毛。花小,有花序,花丝离生。果皮厚,味极酸苦,不堪生食。现有两个种和一个变种,即红河橙、马蜂柑、厚皮大翼橙。可做砧木或育种材料。

2. 宜昌橙类

叶柄翼叶大,新叶、幼果无茸毛。花较小,花丝分离联结成束。果皮厚,味极酸苦。有1个种、2个变种,即宜昌橙、香橙、香圆。可做育种材料和矮化砧。

3. 枸橼类

叶柄无翼叶或翼叶甚小,新梢和花均为紫红色,枝有刺,一年多次开花。果主要作药用或饮料。有4个种,即香橼、黎檬、绿檬、来檬;一个变种,即佛手。

4. 柚类

叶柄翼叶发达,心脏形;新叶、幼果有茸毛;花大,有花序;果实大,果皮厚,囊瓣通常为8~10瓣,难剥皮;种子大,子叶白色,单胚。有柚、葡萄柚两种(表11-1-2)。柚的主要品种有:沙田柚、文旦柚、晚白柚、官溪蜜柚等。葡萄柚是柚与橙的杂交种。

表11-1-2 柚与葡萄柚的区别

比较项目	柚	葡萄柚
1. 新叶、幼果有无茸毛	新叶、幼果有一些茸毛	新叶、幼果没有茸毛
2. 果实大小	果大,500~2 000 g,皮厚	果小,400~500 g,皮薄
3. 结果性状	单个结果	成串结果,像葡萄
4. 叶翼大小	叶翼小	叶翼大
5. 果实风味	鲜吃为主,肉脆,清香,味甜	酸甜带苦味,可鲜吃,加工

5. 橙类

叶柄翼叶较小,叶尖不分叉;果皮包得很紧;囊10~13瓣,囊瓣难分离;子叶白色,多胚。有甜橙和酸橙2个种(表11-1-3)。

表11-1-3 甜橙与酸橙的区别

比较项目	甜橙	酸橙
1. 萼片有无茸毛	萼片无茸毛	萼片有茸毛
2. 果心	果心充实	果心空
3. 果皮分离难易	果肉与果皮不易分离	果肉与果皮易分离
4. 海绵层	海绵层可吃	海绵层不能吃,味苦
5. 果皮油胞	果皮油胞凸起或平	果皮油胞凹进
6. 叶子大小	叶小	叶大
7. 果实用途	鲜吃,加工	果不鲜吃,入药、加工、做砧木

6. 宽皮柑橘类

叶柄翼叶较小,叶尖不分叉或模糊;果皮宽松易剥,囊瓣易分离;种子多胚或单胚,胚绿色。该类包括柑、橘两类(表11-1-4)。柑类主要品种有:温州蜜柑、蕉柑等;橘类主要品种有:椪柑、南丰蜜橘、本地早、红橘、乳橘等。

表11-1-4 柑与橘的区别

比较部位	柑	橘
1. 花大小	花大,花径在3 cm以上	花小,花径在2.5 cm以下
2. 春叶	春叶先端凹缺模糊,主脉先端分叉不明显	春叶先端凹缺明显,主脉先端分叉明显
3. 果面	果面多凹点,海绵层较厚	果面多光滑,海绵层较薄
4. 果蒂	果蒂果肩倾斜,皮厚粗糙,皮甜,气味浓闷	果肩圆形,皮薄,皮苦,气味辛香
5. 果皮剥皮难易	剥皮较难	剥皮较容易
6. 种胚颜色	种胚为淡绿色	种胚为深绿色

二、柑橘主要优良品种

1. 甜橙类

甜橙又称广柑、黄果。通常将甜橙分为普通甜橙、脐橙和血橙三类。

(1) 普通甜橙:树势强,树冠圆头形。单果重220~250 g;果实近圆形或圆形,果形整齐;果色橙色,有光泽;果皮较薄;果肉细嫩化渣,风味浓,有香味,近无核。成熟期在11—12月。主要优良品种有:新会橙、锦橙、柳橙、冰糖橙、无核雪柑、哈姆林甜橙等。

(2) 脐橙:树姿较开张,刺少。果实椭圆形或圆球形,单果重180~250 g;果顶有脐(图11-1-2);果皮光滑,橙色或橙红色;果肉脆嫩化渣,味甜浓香,无核,品种优良。成熟期在11—12月。主要优良脐橙品种有:纽荷尔、朋娜、萘维林娜、奉园72-1、清家、福本、卡拉卡拉、罗伯逊、吉田、森田等。

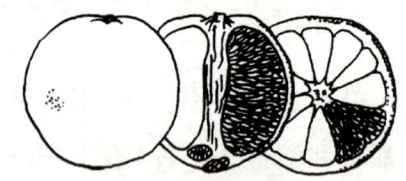

图11-1-2 脐橙

(3) 血橙:橙的变种。树势中等,开张,树冠圆头形。果实球形或椭圆形;单果重145~155 g;果皮光滑,果色橙红或红色;果肉细嫩化渣,带有深红似血色的果肉与汁液,有一种芬芳的香气,香甜多汁,无核或少核。果实翌年1—2月成熟。主要优良品种有:脐血橙、马尔他斯血橙、木索血橙、路比(红玉)血橙、塔罗科血橙、桑吉奈劳血橙等。

2. 宽皮柑橘类

宽皮柑橘类是指一类果皮宽松、剥皮容易的柑橘品种群,包括柑类和橘类。

(1) 柑类:
- 温州蜜柑:果实无核,果心空,汁泡柔软多汁,甜酸适度,品质优良,适于鲜食与加工制罐。根据成熟期不同,温州蜜柑(图 11-1-3)分为四个品系群。

特早熟品系 果实在 9 月下旬以前,果面有 2/3 着色,含酸量在 1.0% 以下时采摘。主要优良品种有:宫本、市文、山川、桥本、日南 1 号等。

早熟品系 果实在 10 月中下旬成熟。主要优良品种有:宫川、兴津等。

中熟品系 果实在 11 月份成熟。主要优良品种有:南柑 20 号、尾张、山田、米泽等。

晚熟品系 果实在 12 月份成熟。主要优良品种有:大津 4 号、青岛、石川、今村等。

- 蕉柑:又名桶柑。主产广东,是橘与甜橙的自然杂交种(图 11-1-4)。树冠矮小、开张。果实圆形或扁圆形,果重 100~150 g;果皮橙黄至深橙色,厚韧,可剥离;囊 8~13 瓣,果心较空;肉汁多、味甜、化渣、种子少。果实 12 月中旬至次年 2 月成熟,耐贮藏。主要优良品种有:南靖蕉柑、罗甸蕉柑、漳浦蕉柑、无核蕉柑等。

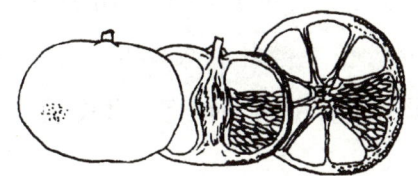
图 11-1-3 温州蜜柑

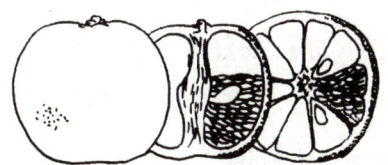
图 11-1-4 蕉柑

(2) 橘类:
- 椪柑:别名芦柑、冇柑、梅柑、白橘。椪柑(图 11-1-5)是橘类的大果优质品种,被誉为橘中之王。主产广东、福建、广西、浙江等省(自治区)。树势强健,发枝力较强,幼树枝条较直立,老树稍张开。叶片较小,长椭圆形。果实扁圆或高扁圆形,平均单果重 100~150 g;果皮较厚,橙黄至橙红色,汁泡脆嫩,多汁化渣,甜而微酸,风味优美。成熟期为 11—12 月。主要优良品种和品系有早熟优质的太田,晚熟优质的岩溪晚芦,大果优质、丰产稳产的长源 1 号、和阳 1 号、椪柑 546 号,少核或无核的广东 85-1、黔阳无核、中柑所新生系 7 号等。

- 南丰蜜橘:又名乳橘、金钱蜜橘(图 11-1-6),主产江西南丰。树势强健,枝梢稠密,无刺。果小扁圆,果重 30~50 g;果顶多有假脐;果面橙黄色,较光滑,皮薄易剥;果心小,半空;果肉柔软多汁,浓甜芳香,核少,品质中上。果实 11 月上中旬成熟,不耐贮藏。

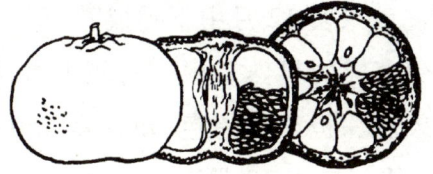
图 11-1-5 椪柑

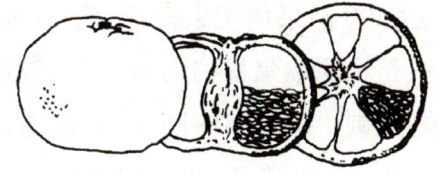
图 11-1-6 南丰蜜橘

- 本地早：主产浙江黄岩。树冠高大，呈圆头形。果实扁圆形，果重50~70 g，果皮橙黄色；囊9~10瓣，中心柱空（图11-1-7）；肉软汁多，味甜化渣，种子少。果实11月上旬成熟，不耐贮藏。

- 红橘：又名福橘、川橘、大红袍。树势高大强健，半开张，圆头形。枝梢细密、多刺。果扁圆形，果重60~120 g；果皮鲜红色，皮薄易分离；囊9~12瓣，果心空大。果实11—12月成熟，不耐贮藏。

3. 柚类

（1）沙田柚：主产广西。树冠高大，健壮。果实梨形（图11-1-8）或葫芦形，果重500~1 500 g；果皮黄色，囊13~15瓣，中心柱小而充实；肉质脆嫩汁少，纯甜味。果实10—11月成熟，耐贮藏。

（2）文旦柚：主产福建漳州。树势中等。果实呈扁圆形，单果重700~1 200 g；果皮黄色，囊16~18瓣，中心柱充实；肉质柔软多汁，味甜微酸。果实9月中旬—10月下旬成熟，耐贮藏。

（3）官溪蜜柚：原产福建平和县。树冠较开张，长势健壮。果实呈倒卵圆形或阔圆锥形，果特大，单果重2 500 g，大的可达5 000 g；果皮淡黄色，果肉淡红色，甜酸适口，化渣，味芳香。果实10月下旬成熟，耐贮藏。

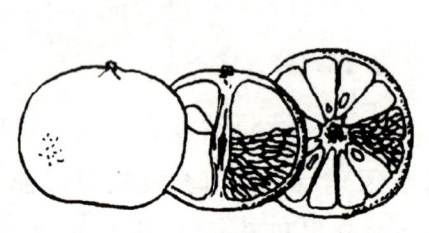
图11-1-7　本地早

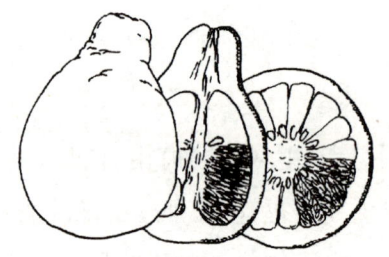
图11-1-8　沙田柚

4. 杂柑类

杂柑类是指自然杂交种或人工育成的种间杂交种。主要优良品种有：天草、秋辉、不知火等。

（1）天草：杂柑之王，从日本引进。树势健旺，果实扁球形，表面光滑；果皮橙红色，单果重200 g，大的可达500 g；果肉柔嫩多汁、化渣，易剥皮。果实12月中下旬成熟。

（2）秋辉：是用鲍威尔橘柚与坦普尔橘橙杂交育成的早熟杂柑。树势中庸，树冠圆头形，枝梢细密披散，无刺。果实阔卵圆形，果面光滑；果皮深橙至红橙色，单果重150~260 g，易剥皮；肉质脆嫩化渣，汁多，微香气，风味浓郁，品质甚佳。果实10月底成熟。

（3）不知火：树势强健。果实倒卵或扁球形；果皮黄橙色，单果重200~300 g；果肉柔嫩多汁，易剥皮。果实翌年2—3月成熟。

任务实施

调查当地柑橘品种

1. 目的要求

了解当地栽培和食用的柑橘品种;掌握现场调查方法。

2. 工具材料

图书、信息工具,皮尺、卷尺、小刀、天平、糖度仪、pH 试纸等仪器工具。

3. 操作步骤

(1) 讨论调查内容、步骤、注意事项。

(2) 通过图书、报刊和互联网查阅当地的柑橘品种资料,选择柑橘品种较多的橘园,并联系调查的农户。

(3) 现场访问,用目测法看各种柑橘树的外形,并测量同树龄橘树的高度、胸径、冠径,记录比较。

(4) 选取当年春季抽生的叶片,观测外形、厚度,并测量各种橘树的叶片大小。记录比较。

(5) 观测各种果实的外形、大小、颜色,测量其直径、单果重,剖开观测果皮的厚度,果肉的纹理,品尝果肉果汁,测量 pH、糖度。记录比较。

(6) 问询各种柑橘的树龄、产量、栽培难易度,以及口味、价格。

(7) 问询当地主栽品种和搭配品种分别有哪些,比例怎样。

(8) 了解当地新引入的柑橘品种有哪些。

(9) 撰写调查报告。

任务反思

1. 调查当地柑橘种类和品种,了解它们的栽培特点。
2. 怎样区别柑橘属、金柑属和枳属?
3. 柑橘属包括哪六大类?其主要特征是什么?
4. 怎样区别柚与葡萄柚?

5. 怎样区别柑与橘?

6. 甜橙与酸橙有什么区别?

任务 11.2 柑橘树生长、开花结果特性

任务目标

知识目标:1. 了解柑橘树生长、开花结果特性。
        2. 掌握柑橘树对生长环境的要求。
技能目标:1. 能正确识别柑橘树的枝梢类型。
        2. 能正确观察柑橘树的开花结果习性。
        3. 能正确调查当地柑橘树的生长环境。

任务准备

一、柑橘树生长特性

1. 根系

柑橘多数采用嫁接繁殖,枳壳是柑橘的主要砧木,其根系主要包括主根、侧根和须根(图 11-2-1)。其须根发达,不生根毛,而是靠与真菌共生所形成的菌根来吸收水分和养分。通过菌根增强了根系的吸收能力。

柑橘根系集中分布在树冠滴水线附近距地表 10~50 cm 的土壤中。根系的水平分布一般为树冠的 1~3 倍,垂直分布小于树高,可达 1.5 m。

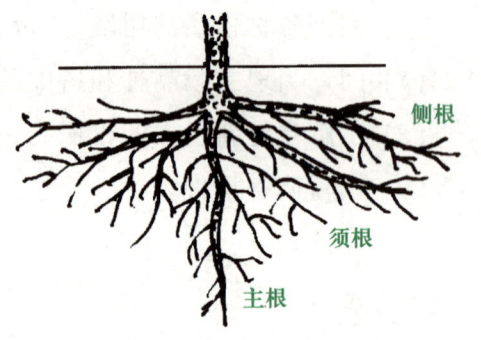

图 11-2-1　柑橘根系

柑橘根系一般在土温 12℃ 时开始生长,20~30℃ 为适宜生长温度,土温超过 37℃ 时,根系停止生长。根系生长适宜的土壤湿度一般为田间最大持水量的 60%~80%。土壤疏松、孔隙度大、含氧量在 8% 以上时,根系生长良好;微酸性土壤更有利于微生物和菌根繁殖;可溶性矿物质供应均衡,根系的吸收能力会增强,可使根系生长良好。

柑橘根系一年中有三次发根高峰,并与枝梢生长交替进行。即在每次新梢停止生长时,地上部供应一定量的有机养分输送至根部,根系才开始大量生长。

2. 芽

柑橘的芽是裸芽,无鳞片包着。花芽属混合芽,即先抽生枝叶,后开花结果。花芽与叶芽在外部形态上不易区别,花芽一般在枝梢的中上部。柑橘的芽是复芽,叶腋除一个先萌发的主芽外,还有1~3个后萌发或不萌发的副芽。生产上可人工抹除已萌发的主芽嫩梢,可以促进萌发更多的新梢。

柑橘的芽具有早熟性,因此一年可多次抽梢。一般枝梢中上部的芽质量好,生长势强,以下依次减弱,下部的芽一般不萌发,呈潜伏状态。柑橘潜伏芽寿命长,所以柑橘较易更新复壮。枝梢基部2~3节通常没有芽,称为盲节。

柑橘的芽萌发成枝梢,停止生长后1~2天在靠近顶端1~4节处产生离层而枯黄脱落,称为"自剪(自枯)",故无顶芽。"自剪"后由侧芽代替顶芽生长,所以柑橘梢没有真顶芽(图11-2-2),只有侧芽。侧芽又称腋芽,着生于叶腋中。

图 11-2-2 柑橘的形态

3. 枝梢

柑橘一年中可抽生3~4次梢,依枝条抽生的季节,可划分为春梢、夏梢、秋梢和冬梢。

(1) 春梢:2—4月抽生的梢称为春梢,即立春后至立夏前抽生的枝梢,节间短,叶片较小,枝条充实而较圆。强壮的春梢是翌年良好的结果母枝,也可以当年抽生夏梢或秋梢。

(2) 夏梢:5—7月抽生的梢称为夏梢,即立夏后至立秋前抽生的枝梢,节间长,梢长而粗壮,叶片较大,枝横断面呈三棱形。幼树抽生夏梢较多,通过对夏梢留6~8片叶摘心,可以加快幼树树冠的形成。发育充实的夏梢也是优良的结果母枝,但成年结果树的夏梢因与幼果争夺养分易引起落果,故除用于补空补缺树冠外,应严格控制夏梢的抽生,可每隔3~5天抹梢一次。

(3) 秋梢:8—10月抽生的梢称为秋梢,即立秋后至立冬前抽生的枝梢,秋梢的形态介于春梢与夏梢之间。9月中旬以前抽生的秋梢称为早秋梢,之后抽生的为晚秋梢。早秋梢均能成为优良的结果母枝,而晚秋梢在北缘地区因气温降低而不能充分成熟,在冬季易遭受冻害及病虫(如潜叶蛾)危害,生产上应严格控制或剪除。

(4) 冬梢:立冬以后抽生的枝梢称冬梢。南部地区生长旺盛的柑橘幼树上抽生冬梢较多,可利用冬梢扩大幼树树冠,尽早成形。在成年树上,冬梢生长细弱,易受冻,无利用价值,栽培中应防止冬梢抽生。

二、柑橘树开花结果习性

1. 花

柑橘的花为完全花,通常由花萼、花冠、雄蕊、雌蕊和花盘等部分构成。有些花因各种原因而发育不全,花形不同于正常花,称为畸形花。根据畸形花的形态特征可分为露柱花、开裂花、扁苞花、小型含苞花、雌蕊和雄蕊退化花等类型(图11-2-3)。

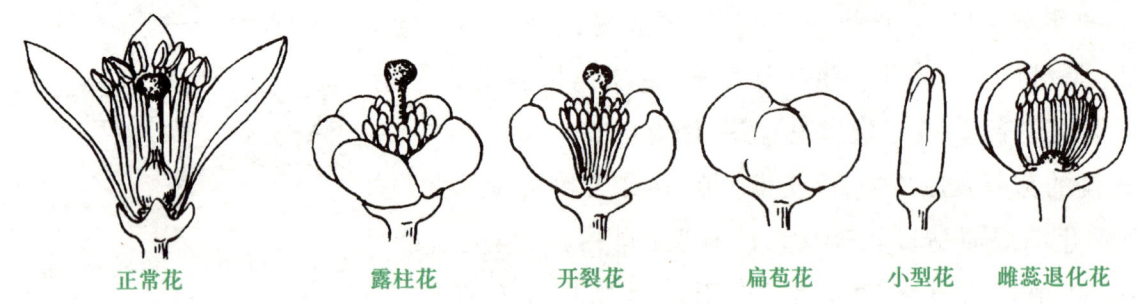

正常花　　露柱花　　开裂花　　扁苞花　　小型花　雌蕊退化花

图 11-2-3　柑橘的正常花及畸形花

柑橘正常花坐果率高,畸形花坐果率很低,除极少数露柱花能坐果外,其他几乎都不能坐果,应及时去除。

2. 花芽分化

柑橘的花芽为混合花芽,一般着生在结果母枝的中上部。

柑橘花芽分化为冬春分化型,分化时间一般都在果实采收前后至第二年春季萌芽前。影响花芽分化的因素很多,首要因素是物质基础。若糖类物质积累多,氮素适中,蛋白质含量高,激素平衡,则花芽分化良好。外界环境条件对花芽分化影响很大,充足的光照、低温和适当干旱都能促进柑橘的花芽分化。故生产上可采取冬季控水、断根、环剥、环割等措施,促进花芽分化。

3. 结果枝与结果母枝

柑橘结果枝(图11-2-4)由结果母枝的侧芽抽生而成。根据结果枝上叶片的有无,可细分为有叶结果枝和无叶结果枝。前者又可分为有叶单花枝、腋花枝和有叶花序枝。后者又分为无叶单花枝和无叶花序枝。

(1) 有叶单花枝:即有叶顶花枝,仅新梢顶端着生一朵花。这类花枝叶多花少,坐果率

| 无叶单花枝 | 有叶单花枝 | 腋花枝 | 无叶花序枝 | 有叶花序枝 |

图 11-2-4 柑橘结果枝的类型

很高。

(2) 有叶花序枝:新梢顶端着生一个花序,一般有 3~5 朵花,枝上有叶 2~5 片。这类花枝坐果率也较高。

(3) 腋花枝:新梢顶部叶的叶腋中各着生一朵花,这类花枝坐果率比前两类花枝要低。

(4) 无叶单花枝:又称无叶顶花枝,新梢顶端着生一朵花,花枝很短,叶片全部退化,但有叶痕存在,常被误认为腋生花。这类花枝坐果率很低。

(5) 无叶花序枝:新梢顶端着生花序,开花 3~5 朵,花序下部枝上叶片全部退化。这类花枝开花多,消耗树体营养多,坐果率最低。

结果母枝一般为去年萌发的枝梢,有些种类如柚类等还有多年生结果母枝。发育健壮的春、夏、秋梢都能成为良好的结果母枝。树冠外围顶部的枝坐果率高,中下部次之。树冠内部的枝条一般生长细弱,结果能力差,故要注意在内膛培育健壮的结果母枝。

4. 授粉受精与单性结实

柑橘一般能自花授粉,如普通甜橙、柑、南橘等,也有少数种类品种如沙田柚,自花授粉结实率较低,需进行异花授粉才能达到高产。有些种类品种,如温州蜜柑、脐橙、乳橘、南丰蜜橘、无核柚等不经过受精,果实也能发育成熟而形成无核果实,这种现象称为单性结实。

大多数柑橘种类品种可以自花授粉,生产上无需配置授粉树。温州蜜柑与有核品种混栽时,坐果率有所提高,但果实种子增多,降低了品质,故也宜采用单一品种栽植。沙田柚、新会橙因自花授粉坐果率低,需配置授粉树。

5. 落花落果

柑橘花量大,但坐果率低,通常只有 1%~5%。大量的花果都因各种原因而脱落。发育不完全的畸形花和衰弱花在蕾期和花期相继脱落,幼果则由于生理原因和外界原因分别引起生理落果和异常落果。

生理落果一般有两次明显高峰。第一次在谢花后 7~14 天,当柱头枯萎、子房稍膨大时,大批幼果枯黄,连同果梗一起脱落。此次落果的原因主要是花器发育不正常或授粉不正常。**第二次在第一次落果后 7~14 天**,约从 6 月上旬开始,此时幼果直径已达到 1~1.5 cm,幼果枯黄后从蜜盘处脱落。**到 7 月上旬以后,基本停止落果**。第二次落果的原因主要是树势较弱,或夏梢生长过旺,枝叶与果实争夺养分,从而造成果实得不到足够的养分而脱落。异常落果一般发生在 5 月份,主要原因是出现异常高温干旱天气,造成花果大量脱落。异常落果防治的方法有喷水降温,以提高柑橘园湿度;控制春梢数量,使新老叶比值在 1：(0.4~0.6);还有树盘覆盖、喷施磷肥等技术措施。

6. 果实发育

果实生长发育时间的长短因种类品种不同而异。同一品种成熟期的迟早还与地势、树龄、树势、砧木、年份等因素有关。一般山地柑橘比平地成熟早,成年树比幼树成熟早,弱树比强旺树成熟早,采用矮化砧比乔化砧成熟早,干旱年份比温暖湿润年份成熟早。

三、柑橘树生长对环境的要求

柑橘在长期的系统发育中,形成了喜温暖、湿润,较耐阴,喜有机质丰富的土壤等生态习性。

1. 温度

柑橘系亚热带常绿果树。温度是影响柑橘分布和种植的主要因子。影响柑橘生长的主要是年平均温度、生长期不小于 10℃ 的年活动积温和冬季能忍受的极端低温。一般适宜萌芽温度为 12.5℃,适宜生长温度为 23~29℃,37℃ 以上则停止生长。不同的柑橘种类和品种,要求相适宜的温度范围也不同,如表 11-2-1 所示。

表 11-2-1 适宜柑橘生长发育的温度指标

品种	≥10℃年积温	年均温	冷月均温	极低温
温州蜜柑、本地早、椪柑	5 000~6 500	15~20	2~8	-9
乳橘、红橘	5 500~7 500	16.5~20	3~10	-7
柚、脐橙、锦橙	5 600~7 500	17~20	5~10	-5
夏橙、柳橙、蕉柑、新会橙	7 000~8 000	20~22	10~12	-1

柑橘不耐寒,一般在气温低于 -5℃ 以下就会产生不同程度的冻害。种类品种不同,其耐寒力差别较大。耐寒力最强的是枳,能耐 -20℃ 的低温,宜昌橙可耐 -15℃ 的低温,其他种类品

种冻害的低温临界值为:金柑-12℃、酸橙-9℃、温州蜜柑及橘类-9~-7℃、柚类及橙类-5℃、柠檬-3℃、枸橼-1℃。

果实品质与温度密切相关。果实成熟期温度降到13℃左右,对果实着色有利;昼夜温差大,有利于果实品质的提高;温度过高,果实被灼伤而成为日灼果;花期和幼果期,遇到高温干旱时会加剧花果的脱落,出现异常的落花落果现象。

2. 光照

柑橘的耐阴性较强。光照充足,叶片光合作用强,光合产物多,树势强健,花芽分化好,花丰果多,产量高,果实色泽鲜艳,而且含糖量高,果实品质优良。光照不足,树体营养差,不利于花芽分化,易滋生病虫害,果实着色差,产量低,品质下降。柑橘对光照度的要求,一般在25 000~35 000 Lx。但光照过强,又易使果实遭受日灼,甚至树枝、树干灼伤裂皮。

3. 水分

柑橘要求比较湿润的环境。土壤干旱时,根系和果实发育受到影响,甚至停止生长。久旱逢雨,会使果肉汁囊迅速膨大,一些果皮薄的品种,如南丰蜜橘、脐橙等,易发生裂果。当土壤水分过多,尤其是根被水淹时,因缺氧会造成烂根,甚至死亡。因此,土壤水分过多、过少都不利于根系生长。一般适宜柑橘生长地区的年降水量为1 200~2 000 mm,而且分布均匀,土壤的田间持水量为60%~80%。柑橘园的空气相对湿度为75%左右。对于雨量不足或分布不匀的地区,种植柑橘要解决水源和灌溉设施。对于降水较多的地区,尤其是地势低或地下水位高的柑橘园,要做好排水工作,防止柑橘受涝。

4. 土壤

柑橘对土壤的适应性较广,各种类型的土壤都可栽植,但以壤土和沙壤土较好。最适宜的土壤条件是土层深约0.8 m;土质疏松、通气性好,含氧量在8%以上;土壤肥沃,有机质含量2%以上;pH为5.5~6.5;地下水位在1 m以下。

5. 地势

柑橘在平地、丘陵、山地都可栽植,但以丘陵山地较好。因为山地排水好,通风透光,病虫害少,光照充足,树体健壮,果实着色好,成熟早,品质好。利用山腰的逆温层种植,可减轻冻害。在南亚热带和热带地区,由于夏季温度过高,光照度大,易造成干旱,引起果实日灼,故最好选择北向栽培。

任务实施

柑橘树生长环境调查

1. 目的要求

了解当地柑橘生长期的温度和降水量,通过与柑橘最适温度、最适水分比较,明确栽培要点。

2. 工具材料

图书、信息工具,干湿温度计、风速风向仪等。

3. 操作步骤

(1) 讨论调查内容、步骤、注意事项。
(2) 通过图书、报刊和互联网查阅当地的各种柑橘品种的最适温度和最适水分。
(3) 到当地气象部门,调查了解当地的柑橘生长期的温度和降水量。
(4) 到橘园现场访问,了解当地气候条件与柑橘生长的适配程度。问询极端气候条件对柑橘生产造成的影响。
(5) 了解橘农如何利用当地气候条件,采取哪些栽培措施进行柑橘生产的。
(6) 现场测量气温、风向、风力和湿度。
(7) 撰写调查报告。

任务反思

1. 柑橘根的组成及生长有什么特点?
2. 柑橘枝梢有哪些特性?怎样区分春梢、夏梢和秋梢?
3. 柑橘的花芽分化与哪些因素有关?可采取哪些方法促进花芽分化?
4. 柑橘对生长环境有何要求?
5. 本地区栽培柑橘有哪些有利条件?
6. 调查当地柑橘栽培的特点。

任务 11.3 柑橘树栽培技术

任务目标

知识目标：1. 了解柑橘树的定植时期、定植密度和定植方法。
　　　　　2. 掌握柑橘树的土肥水管理方法。
　　　　　3. 掌握柑橘树整形修剪方法。
　　　　　4. 掌握柑橘树花果管理技术与冻害的防护措施。
技能目标：1. 能根据柑橘树生长情况实施土肥水的有效管理。
　　　　　2. 能根据柑橘品种、树龄进行整形修剪。
　　　　　3. 能有效进行柑橘树的花果管理和冻害的防护。

任务准备

一、柑橘树定植

1. 定植时期

选择无污染和生态条件良好的地区，海拔低于 350 m，坡度 25°以下，土层深厚，土质疏松，有机质含量>2%，pH 5.5~6.5，地下水位 1 m 以下，水源充足，排灌方便处建园定植。定植时期为春季的 2 月下旬—3 月上旬，秋季可在 10 月上中旬。

2. 定植密度

丘陵低山地区每亩栽种 40~50 株，株行距(3.5~4) m×(3.5~4) m；平地每亩栽种 40 株，株行距 4 m×4 m；在山地和河滩地，以及肥力较差、干旱少雨的地区，可适当密植，株行距为 3 m×4 m，每亩栽种 55 株。

3. 定植方法

在定植沟的定植点上或定植穴上，用表土或其他肥土做定植墩，墩面高于畦面 30~40 cm，定植墩中心挖种植穴，施入 0.5 kg 钙镁磷肥与土壤均匀拌和，然后把苗木垂直放入穴中，舒展根系,用细土填入根间,边填边压实,并使苗木嫁接口高出土面,以苗木主干为中心,做一直径 50 cm 的盘状穴,适当加盖表土后再盖上 5~10 cm 的草,一次浇透定根水,栽后保持湿润,10~15 天检查成活情况,发现死苗,立即补种。

二、柑橘树土肥水管理

1. 土壤管理

柑橘园多数是建立在丘陵、山地及荒滩地上,土壤结构差,土层薄,有机质含量少,土壤肥力低。只有通过土壤改良,增施有机肥,加强土壤耕作管理,为柑橘的生长创造一个良好的生态环境,才能获得高产优质的果品。

(1) 土壤改良:土壤改良必须达到以下标准:土层厚度达 0.8 m,对于深根性的柚类、橙类应达到 1 m;土质疏松,通气性能好,有机质含量在 2% 以上;土壤酸碱度适宜,pH 为 5.5~6.5。土壤改良的主要方法有深翻改土、树盘培土、合理间作、种植绿肥、树盘覆盖等。

(2) 土壤耕作:幼年柑橘园的土壤耕作可分为树盘管理和行间管理。幼年树的树盘可采取清耕法、覆盖法或清耕覆盖法,行间种植绿肥或间作作物,也可进行中耕和深耕。成年柑橘园的土壤耕作可采取清耕法、覆盖法、清耕覆盖法、生草法和免耕法,其中生草法是近年已逐渐推广的一种较好的方法。

2. 合理施肥

(1) 幼树施肥:一般幼龄旺树结果少,土壤肥力高的可少施肥;大树弱树结果多,肥力差的山地、荒滩要多施肥;沙地保水保肥能力差,施肥时要少量多次,以免肥水流失过多。通常一株 1~3 年生幼树的施肥量为:**基肥**以有机肥为主,配合磷钾肥,株施绿肥 30~40 kg,猪栏粪 50 kg,磷肥 1.5 kg,复合肥 1 kg,饼肥 0.5~1 kg,石灰 0.5~1 kg。由于幼树根系不发达,吸水吸肥能力较弱,**追肥**以浇水肥为主,便于吸收。一般坚持"**一梢两肥**",即每次**新梢**分别在春、夏、秋梢各施一次**促梢肥**和**壮梢肥**。春、夏、秋的促梢肥在萌发前一周,以氮肥为主,促使新梢萌发整齐、粗壮。株施尿素 0.15~0.25 kg,复合肥 0.25 kg。春、夏、秋的壮梢肥,在新梢自剪时以磷钾肥为主,促进新梢加粗生长,加速老熟。株施复合肥 0.15~0.2 kg。

(2) 成年柑橘树:**基肥**占全年施肥量的 60%~70%,以有机肥为主,配合磷钾肥,株施猪牛栏粪 50 kg,饼肥 2.5~4.0 kg,复合肥 1~1.5 kg,硫酸钾 0.5 kg,钙镁磷肥和石灰各 1~1.5 kg,结合扩穴改土进行。**追肥**占全年施肥量的 30%~40%。**花前肥:**株施复合肥 0.5~1 kg,**对树势旺或花量少的树,要控制花前肥,**防止春季芽前施速效肥,致使春梢猛长,造成枝梢与花果的养分竞争,落花落果严重,大量减产。**壮果促梢肥:**株施饼肥 4.0~5.0 kg,复合肥 0.25~0.5 kg,硫酸钾 0.25~1 kg,钙镁磷肥 0.25~1 kg。**采果肥**:株施复合肥 0.25 kg,尿素 0.15~0.25 kg。成年柑橘树一般**不提倡 5 月施稳果肥**,以防夏梢猛发而加剧第二次生理落果。必要时,可根据柑橘的花量、春梢量、挂果量及树势、叶色,进行根外追肥,即用 0.2%~0.3% 的尿素+0.2%~0.3% 磷酸二氢钾进行树冠喷施,隔 7~10 天喷一次,连喷 2~3 次。施肥方法有沟施、穴施、撒施及灌溉施肥等。

3. 水分管理

水分管理包括灌水和排水。

(1) 灌水:灌水的关键时期为:萌芽开花期、新梢萌发生长期、果实膨大期及采果后。最适宜的灌水量,应在一次灌溉中使果树根系分布范围内的土壤含水量达田间持水量的 60%~80% 为宜。灌溉方法有沟灌、浇灌、蓄水灌溉、喷灌和滴灌。

(2) 排水:土壤水分过多,尤其是低洼地果园,雨季易造成园地积水,出现黑根烂根现象,应做好柑橘园的排水工作,生产中较多采用明沟排水。

三、柑橘树整形修剪

1. 柑橘幼树整形修剪

(1) 幼树整形修剪:柑橘树常采用的主要树形有自然圆头形和自然开心形两种(图 11-3-1)。

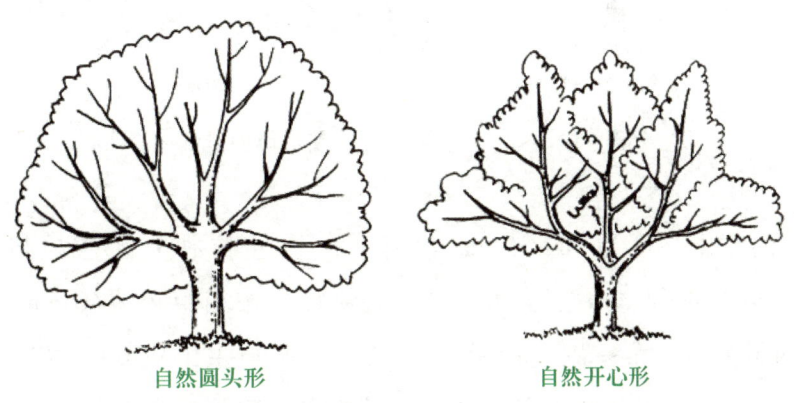

图 11-3-1 柑橘常用树形

- 自然圆头形:树冠紧凑饱满,呈圆头形。主干高度为 30~40 cm,没有明显的中心干,主枝数为 4~5 个,主枝与主干呈 30°~45°,每个主枝上配置 2~3 个副主枝,第一副主枝距主干 30 cm,第二副主枝距第一副主枝 30~40 cm,并与第一副主枝生长方向相反,副主枝与主干成

50°~70°。适用于金柑、甜橙、本地早、红橘等。整形修剪过程如下：

第一年 定植后，苗木留50~60 cm短截定干，剪口以下20 cm为整形带，整形带以下为定干高度，通常保持在30~40 cm。主干上萌发的枝、芽应及时抹除。从剪口以下萌发的新梢中选留方位适当、分布均匀、长势健壮的4~5个分枝作为主枝培养，留5~8片叶摘心，加速树冠的形成，其余的抹除。

第二年 当主枝长到60~70 cm时，在40~50 cm处短截，促进主枝抽生分枝，在主枝上抽生的分枝中选留3条长势相似的分枝，其中两条作为副主枝，另一条作为主枝的延长枝培养。

第三年 当延长枝再长到50~60 cm时，再短截，促进分枝为二级副主枝。如此再培养第三、第四层分枝，圆头形树冠即可形成（图11-3-2）。

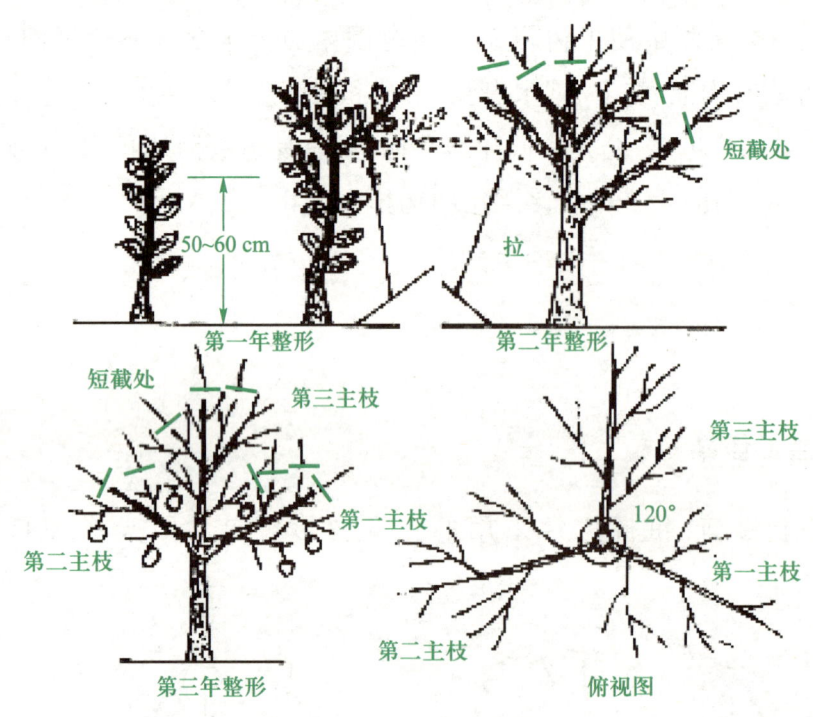

图11-3-2 自然圆头形树整形修剪过程

- 自然开心形：主干高度为30~35 cm，没有中心干，主枝数3个，主枝与主干呈40°~45°，主枝间距为10 cm，分布均匀，方位角约呈120°，各主枝上按相距30~40 cm的标准，配置2~3个方向相互错开的副主枝。第一副主枝距主干30 cm，并与主干成60°~70°。树冠开张，表面多凹凸形状，呈开心形。多用于温州蜜柑及橘类的整形。整形修剪过程如下：

第一年 定植后，苗木留50~60 cm短截定干，剪口以下20 cm为整形带，在整形带内选择3个生长势强，分布均匀和相距约10 cm的新梢，作为主枝培养，并使其与主干呈40°~45°；对其余新梢，除少数作辅养枝外，其他的全部抹去。整形带以下即为主干。在主干上萌发的枝和芽，应及时抹除，保持主干高30~35 cm。

第二年 当主枝长到60~70 cm时，在40~50 cm处短截，促进主枝抽生分枝，在先端选一强梢作为主枝延长枝,留 5~8 片叶后摘心,其余的作侧枝。在距主干 35 cm 处,选留第一副主枝。

第三年 陆续在各主枝上按相距 30~40 cm 的要求,选留相互错开方向的 2~3 个副主枝,副主枝与主干呈 60°~70°。在主枝与副主枝上,配置侧枝。经过培养,开心形树冠即可形成(图 11-3-3)。

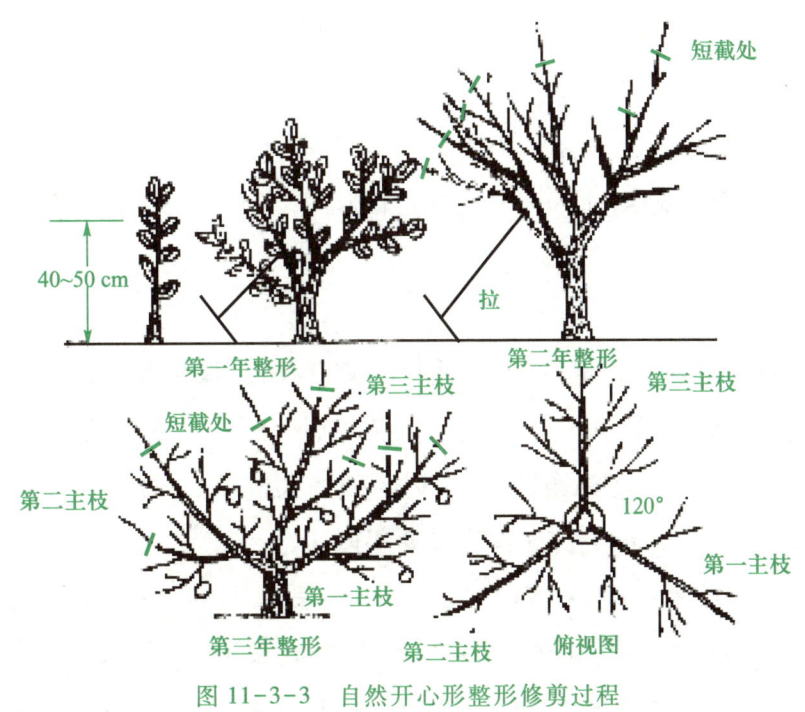

图 11-3-3 自然开心形整形修剪过程

(2) 幼树修剪:幼树生长势较强,以抽梢形成骨干枝、扩大树冠为主,修剪量宜轻,以整形为主,只作适当修剪。

- 短截延长枝:5 月下旬,短截春梢延长枝先端的衰弱部分,促发分枝,7 月中旬,留 5~7 个有效芽,短截夏梢延长枝,促发秋梢。通过剪口芽的选留方向和短截程度的轻重调节延长枝的方位和生长势。

- 夏、秋长梢摘心:对于未投产的幼年树,可利用夏、秋梢培育骨干枝,扩大树冠。对于长势强旺的夏、秋梢,可在嫩叶初展时留 5~8 片叶后摘心。通过摘心,促其生长粗壮,提早老熟,促发下次梢。经过多次摘心处理后,增加分枝,有利于枝梢生长,扩大树冠,加速树体成形。但是,**在投产前一年放出的秋梢母枝,不能摘心,以免减少来年的花量。**

- 抹芽放梢:树冠上部、外部或强旺枝顶端零星萌发的嫩梢 1~2 cm 长时,即可抹除,每隔 3~5 天抹除一次,连续抹 3~5 次。当全树大多数末级梢都萌发时,即停止抹芽让其抽梢(图 11-3-4)。

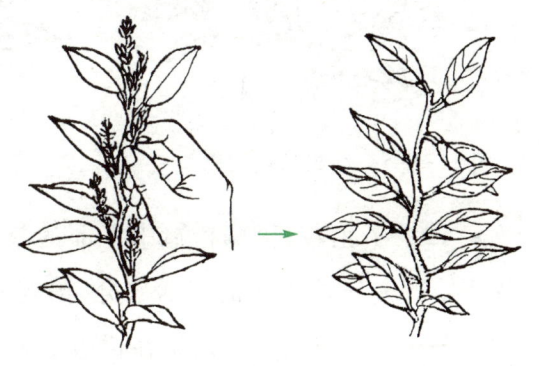

图 11-3-4 抹芽放梢

- 疏剪无用枝梢:幼年树修剪量宜轻,尽可能保留可保留的枝梢作为辅养枝。同时适当疏删少量密弱枝,剪除病虫枝和扰乱树形的徒长枝,以节省养分,有利于枝梢生长,扩大树冠。
- 疏除花蕾:幼树定植后1~2年内,应全部摘除树冠花蕾。第三、第四年后,在树冠内部、下部的辅养枝上可适量结果,而其他部位的花蕾,应全部摘除,以免影响树冠生长。

2. 柑橘成年树修剪

柑橘成年树进入结果期,以春梢作为主要结果母枝,抽生夏、秋长梢较少,夏梢抽生与幼果争夺养分,加重生理落果。秋梢抽生少,修剪的目的应促发秋梢,培养良好的结果母枝,避免形成大小年结果现象。

(1) 冬季修剪:
- 及时调冠整枝:短截相邻主枝、副主枝和交叉重叠枝,保持各枝间有足够空间。侧枝要求短而整齐,有较突出者,可在小枝部位剪除,以免妨碍邻近侧枝的生长。
- 疏剪郁蔽大枝:柑橘树进入丰产期后,树冠外围大枝较密,可适当疏剪部分2~3年生大枝,以改善内膛光照条件,防止早衰,延长盛果期年限。
- 更新枝条,轮流结果:每年冬剪时,应选1/3左右衰弱的结果枝组或夏、秋梢的结果母枝,将其从基部短截,在剪口保留1个当年生枝,并短截去1/3~2/3,防止其开花结果,从而使这些部位抽生较强的春梢和夏、秋梢,形成强壮的更新枝组,轮流结果,保持稳产。对同一侧枝上的结果母枝,可保留一侧分枝,短截另一侧分枝,作为更新枝(图11-3-5)。若结果枝充实,叶片健壮,则不宜从基部截除,只剪去果梗,使其在翌年抽发1~2个健壮的营养枝(图11-3-6)。

图11-3-5 结果母枝的修剪　　　　　图11-3-6 结果枝的修剪

- 回缩下垂枝:柑橘树冠中下部的枝梢,结果后易衰退,应逐年回缩修剪。修剪时,从它的健壮处剪去先端下垂的衰弱部分,抬高枝梢位置,使这些枝梢离地稍远(图11-3-7)。
- 徒长枝的修剪:对发生在树冠空缺且有发展空间的徒长枝可加以利用,留20~30 cm短剪,促其分枝形成枝组,其余的可从基部疏除(图11-3-8)。

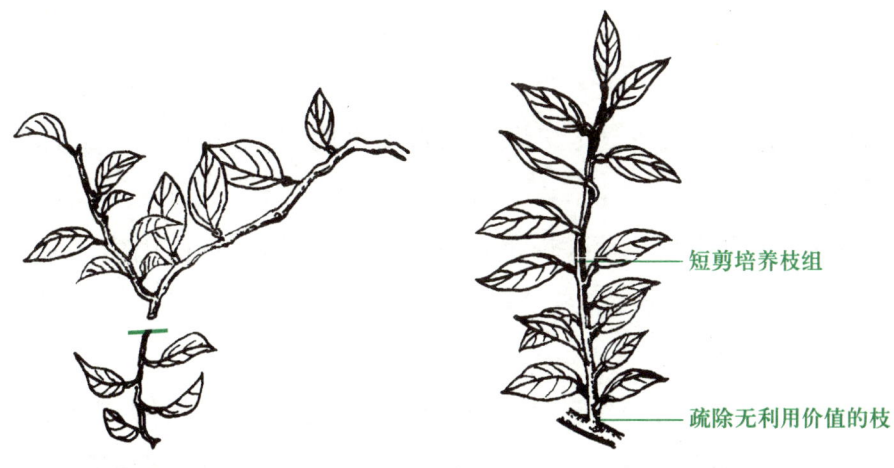

图 11-3-7　下垂枝的修剪　　　　图 11-3-8　徒长枝的修剪

- 疏剪密生、病虫弱枝，改善树体光照：对密生枝采取"三去一""五去二"的办法，去弱留强，去密留稀，及时疏剪树冠内的纤弱枝、重叠枝和病虫枝，以改善树冠内膛的光照条件，充分发挥树冠各部位枝条的结果能力。

(2) 夏季修剪：

- 抹春梢：春梢萌发量大时，可抹除春梢总量的 1/3~2/3。重点抹除树冠外围和顶部的春梢；有花的枝上春梢可全部抹除，只留结果枝；无花的枝上春梢按照"三去一，五去二"的原则抹除多余的春梢。

- 控夏梢：5—7月份，要及时抹除夏梢，防止因夏梢抽发而加重生理落果。通常每隔 3~5 天抹除一次，直到夏剪放梢时为止。

- 放秋梢：早秋梢是良好的结果母枝，特别是在春梢留量不足的情况下，要多促发早秋梢，培养优良的结果母枝。合理的放秋梢日期，既要有足够的时间使秋梢生长充实，又要有利于抑制晚秋梢及冬梢的萌发。一般盛产期挂果较多的树和弱树，宜放"大暑—立秋"梢；挂果适中、树势中庸的青壮年树，宜放"立秋—处暑"梢；初果幼龄树、挂果偏少的旺树，宜放"处暑—白露"梢。此外，树龄大、树势弱的放秋梢要早些，反之则迟些；受旱的柑橘园放秋梢宜早些，肥水条件好的柑橘园放秋梢宜迟些。要避免在酷热、干旱和蒸发量大的时候放秋梢。

进行夏剪放秋梢时，主要剪去落花落果枝、单顶果枝、病虫枝等，通常留基部 2~3 个节位进行短截，树冠上部的营养枝留 5~7 片叶短截。同时，需要有充足的肥水供应，才能攻出壮旺的秋梢。攻秋梢肥是一年中的施肥重点，应占全年施肥量的 30%~40%，以速效氮肥为主，配合施腐熟的有机肥。一般在放梢前 15~30 天施一次有机肥，施肥量为饼肥 2.5~4 kg/株。以后再在夏剪前施一次速效氮肥，施肥量为三元复合肥 0.5 kg/株，钙镁磷肥 0.15 kg/株、硫酸钾 0.15~0.25 kg/株。

修剪和施肥应结合灌溉，才能达到预期的攻秋梢目的。放梢后，还应注意防治潜叶蛾，才能保证秋梢抽发整齐和健壮。

3. 衰老树修剪

更新修剪柑橘衰老树,可使树冠尽快恢复生长结果能力,延长结果年限,更新修剪通常有树冠更新和根系更新。

(1) 树冠更新:可在采果后至萌芽前进行,但以5—6月份较好,因为此时气温较高,雨水充足,树体代谢旺盛,修剪后可萌发大量夏梢。更新修剪方法通常有枝组轮换更新、露骨更新和主枝更新三种。

- 枝组轮换更新:对于部分枝组已经衰老、部分枝组还能结果的树,应采取枝组轮换更新方法。在树冠高处回缩已衰老的3~4年生枝组,在剪口处留下较强壮的枝梢,并疏剪密生弱枝,以打开光路,增强内部光照(图11-3-9)。2~3年内,有计划地轮换更新整个树冠。柑橘树在更新期间尚有一定产量,更新后产量可迅速提高。

- 露骨更新:对结果很少或不结果的衰老树,可全部剪除树冠上部2~3年生侧枝,疏除枯枝和交叉重叠的枝条,短剪留下的侧枝和枝组(图11-3-10)。同时保留树冠下部部分有叶的枝组,这样当年即可抽生大量新梢,在生长期内及时抹芽、疏梢和摘心,即可培养成结果枝组,第二年便能结果恢复产量。

- 主枝更新:对极度衰弱或受冻害、病虫危害严重,而骨干枝尚好的树,可在侧枝或主枝处保留25~30 cm进行重度回缩,并在保留的骨干枝上,疏去细弱、弯曲、交叉的枝条(图11-3-11),这样当年即可长出强壮新梢,2~3年可恢复树势和产量。实施时,剪口要平整光滑,并涂蜡保护伤口。

图11-3-9 枝组回缩

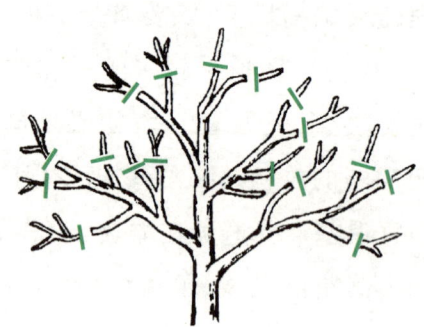
图11-3-10 露骨更新

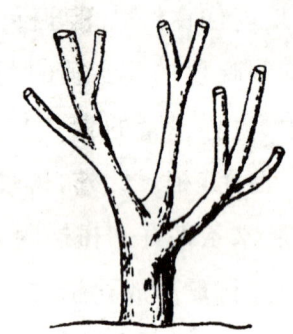
图11-3-11 主枝更新

(2) 根系更新:通常在根系生长活动期进行,第一次可在3—5月,第二次可在7月底—8月底进行。更新方法:在树冠半径距主干1/2~3/4处,切断较大的根系,直径一般在0.6~2.5 cm,用枝剪或利刀将伤口削平,并涂上150 mg/L的萘乙酸或吲哚丁酸,促其产生愈伤组织,发出新根。同时施入有机肥,使土壤疏松肥沃,以利根系生长。根系更新可分2~3年进行,第一年在树冠相对两方断根,第二年或第三年在另外两方断根。

四、柑橘树花果管理

1. 保花保果

（1）利用生长调节剂保花保果：目前用于柑橘保花保果的生长调节剂不少，主要有天然芸苔素（油菜素内酯）、赤霉素（GA_3），细胞分裂素（BA）及新型增效液化剂（BA+GA_3）等。

● 使用0.15%天然芸苔素乳油：柑橘谢花2/3或幼果0.4~0.6 cm大小时，用0.15%天然芸苔素乳油20 g稀释5 000~10 000倍，即5 000倍药液兑水100 kg，10 000倍药液兑水200 kg，进行叶面喷施，亩喷施量20~40 kg，具有良好的保果效果。

● 使用赤霉素：柑橘谢花2/3时，用50 mg/kg（即1 g加水20 kg）赤霉素液喷施花果，两周后再喷一次；5月上旬疏去劣质幼果，用250 mg/kg（1 g加水4 kg）赤霉素涂果1~2次，提高坐果率，效果显著。涂果比喷果效果好。

● 使用细胞激动素：柑橘谢花2/3或幼果0.4~0.6 cm大小时，用细胞激动素200~400 μL/L（2%细胞激动素10 mL加水50~25 kg）喷果。

● 使用新型增效液化剂（BA+GA_3）：在谢花期喷施一次，再隔10~15天，喷施第二次。使用浓度因树势而异，老树、弱树每瓶（10 mL）加水7.5 kg；幼树、强树加水10~15 kg。使用涂果型，在谢花时涂一次，弱树可涂两次，第二次涂果在第一次涂后2~3周进行。涂果浓度时，老树、弱树每瓶（10 mL）加水0.75 kg，幼树、强树每瓶加水1 kg。

（2）利用营养元素保果：营养元素与坐果有密切的关系，如氮、磷、钾、镁、锌等元素对柑橘坐果率提高有促进作用，尤其是对树势衰弱和表现缺素的植株效果更好。

● 开花坐果期（5—7月），每隔10~15天喷一次营养液，使用0.3%~0.5%的尿素与0.2%~0.3%的磷酸二氢钾混合液，或用0.1%~0.2%的硼砂加0.3%的尿素，叶面喷施1~2次。

● 盛花期叶面喷施液体肥料，如"农人"液肥，施用浓度为800~1 000倍液，补充树体营养，保果效果显著。此外，使用新型高效叶面肥，如叶霸、绿丰素（高N）、氨基酸、倍力钙等，营养全面，也具有良好的保果效果。

（3）通过合理修剪保果：

● 抹除部分春梢营养枝：在柑橘花蕾现白时，抹除密集部分的细弱短小春梢和花枝上部的春梢营养枝，可保幼果并促其生长。

● 抹除夏梢：在柑橘第二次生理落果期控制氮肥施用，防止夏梢大量萌发。在夏梢抽发期，每隔3~5天，及时抹除夏梢，也可在夏梢萌发长3~5 cm时，喷施"杀梢素"，控制夏梢，避免与幼果争夺养分水分，有利于坐果。

（4）环剥、环割与环扎保果：

- 环剥、环割：花期、幼果期，用利刀，如电工刀等，在主干或主枝的韧皮部（树皮）上环剥一圈或环割，方法同前述。
- 环扎（缢）：在第二次生理落果前 7~10 天进行，用 14 号铁丝对强旺树的主干或主枝选较圆滑的部位环扎一圈（图 11-3-12），扎的深度使铁丝嵌入皮层 1/2~2/3，扎 40~45 天，枝上部叶片由浓绿转为微黄时拆除铁丝。

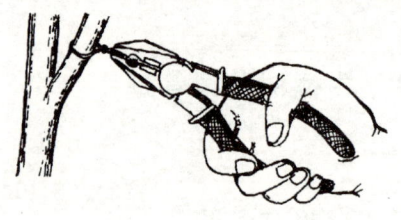

图 11-3-12　环扎（缢）

注意：环剥（环割）所用的刀具，最好用 75% 酒精或 5.25% 次氯酸钠（漂白粉）10 倍兑水稀释消毒，避免病害传播。

2. 疏花疏果

柑橘花量大，春季可剪除部分生长过弱的结果枝，减少花量。稳果后进行疏果，一般可疏去总果量的 10%。疏果时注意疏去畸形果、特大特小果、病虫果、过密果、果皮缺陷和损伤果。如以叶果比为疏果指标，最后一次疏果后，则叶果比为 60∶1。但品种不同的柑橘，疏果的叶果比也不一样，大叶品种叶果比小，小叶品种叶果比可稍大。如温州蜜柑为（20~25）∶1，脐橙为（50~60）∶1。疏果时期一年可进行三次。第一次在 5 月底，即第二次生理落果后；第二次在 7 月中旬，即果实第二次膨大前；第三次在采果前 15 天左右。

3. 果实套袋

（1）套袋前的树体管理：套袋前，应疏去畸形果、特大特小果、病虫果、机械损伤果、近地果和过密果。同时树体喷药 1~2 次，主要防治红蜘蛛、锈壁虱、介壳虫、溃疡病等。药液尽量喷在叶片正反面、果实表面、树冠内外。打药后的次日即可开始套袋，套袋应在喷药后 3 天内完成，若遇下雨需补喷。

（2）套袋时间：始于第二次生理落果结束后，至 7 月中旬完成。套袋时应选择晴天、果实叶片上完全没有水汽时进行。

（3）套袋方法：套袋时，每人备一围袋于腰间用于放果袋，方便取用果袋。套袋时用手撑开袋口，对准小果扣入袋中，在果柄处或母枝上呈折扇状收紧袋口，用绳子或铁丝绑扎。套袋时不能把叶片套进袋内或扎在袋口，尽量让果实悬于纸袋中间，不接触袋壁，一果一袋。套袋时按先上后下，先里后外的顺序进行。

五、柑橘树防冻灾害防护、补救方法

1. 冻害症状

0℃以下低温对植株造成的伤害，称冻害。冻害发生时，首先表现在叶片上，受冻之初，叶片卷曲、萎缩,以致干枯脱落。当冻害进一步发展时,一年生枝梢干枯,逐渐向下蔓延,进而到主枝和主干。受冻后,若气温骤然回升、阳光强烈时,树皮收缩造成开裂,加剧冻害。

根据冻后柑橘树树体的受害程度,冻害可分为5级,一般1~2级为轻度冻害,3级为中度冻害,4~5级为严重冻害(表11-3-1)。

表11-3-1 柑橘树冻害评级标准

级别	冻后树体表现
1	有25%~50%的叶片受冻,枯黄脱落,晚秋梢有冻斑,对树势和产量影响不大;大枝、主干完整无伤
2	有50%~75%的叶片受冻脱落,一年生枝部分冻伤;影响当年产量,主干无冻害,树势易恢复
3	有75%以上叶片枯黄脱落,1~3年生枝冻死,严重影响树势,当年无产量
4	叶片全部冻死,主枝、主干受冻,但仍能萌发抽枝
5	全株死亡,丧失萌发能力

柑橘树防冻方法:

(1) 选择抗寒品种,利用耐寒砧木:选择抗寒力强的品种,如华农本地早、金香柚、胡柚等。砧木的选择,一般以枳壳砧木抗寒力最强,能耐-20℃低温;枳橙、宜昌橙、酸橙砧木次之;甜橙、酸柚作砧木,抗寒力较差。进行柑橘嫁接,通常选择枳壳作砧木。

(2) 注意园地选择,设置防护林:园地应选择背风向阳的南坡、有逆温层的小气候区,靠近大水体的地方。在柑橘园的西北、北、东北方向营造防护林,可以防止冷空气的侵袭,减少园内土壤水分蒸发,调节园内温度,创造防冻的小区气候。防护林的树种可选择柏、杉、松、樟等常绿树种,没有设置防护林的柑橘园,可在风口用竹竿扎成篱笆,上面绑缚稻草等物,设置临时性风障,可明显降低风速,减轻冻害。

(3) 冻前灌水:冻前灌水能增加土壤湿度,防止树体失水,减少冬季落叶,同时水的潜热可提高土温2~4℃。可在冻害来临前10天左右。对柑橘园全园灌足水。缺水的地区可采取树盘灌水。灌水后铺上稻草或是撒上一层薄薄的细土,以保持土壤的墒值,减轻根系的伤害程度。

(4) 培土增温:柑橘树嫁接口距离地面10~20 cm,较贴近地面,夜温较低时,根颈部最易受到冻害。可在越冬前,通常是11月中下旬,用疏松的土壤培植于根颈部,高20~30 cm,再覆盖一层稻草。培土壅蔸后,根颈部的温度可提高3~7℃,昼夜温差减小,具有良好的防冻效果。

(5) 树盘覆盖:在树盘上覆盖一层稻草、杂草或谷壳等物,可提高土温,对防止根系受冻、保护幼树安全越冬具有积极的作用。

(6) 果园熏烟:于发生重霜冻前数小时点燃烟堆,可直接提高果园近地面的温度。熏烟物可用杂草、谷壳、木屑、枯枝残叶、沥青、油渣、油毡等堆成烟堆,堆上覆以湿草或薄泥,4~6堆/亩。选择晴朗无风、气温-5℃左右的晚间,在果园安排多点烟堆,通常可升温1~3℃,对预防霜冻有良好效果。

(7) 搭棚与树冠覆盖：对于幼年柑橘树，可在果园内围着幼树搭三角棚，南面开口，其他方位用稻草封严，防寒效果良好。也可直接在幼树树冠上面覆盖稻草、草帘、塑料薄膜等，均能起到防冻效果。

(8) 保叶防冻：保叶对防止冻害具有重要的作用，特别要防止急性炭疽病引起的大量落叶。大雪过后，及时摇落树冠积雪，可减轻叶片受冻。否则，积雪结冰后，对叶片伤害更大。

2. 冻害后的补救措施

(1) 锯干、涂伤口保护剂：柑橘树遭受冻害后，地上部分枝干受到不同程度的损伤或枯死。根据枝叶受冻程度的轻重，及时适度地进行修剪。凡受冻轻微、仅叶片枯黄挂在树上不落者，由于叶片继续消耗水分，会扩大受冻面积，应及时剪除枯叶。对已受冻的枝干，在新梢萌芽、生死界线分明时，适时剪去枯枝。对受冻严重需要锯断枝干的，应推迟至四五月份，剪锯部位在冻害部分与健康部分交界处稍低位置上。剪锯口应削平滑，及时涂刷保护剂。保护剂有：油漆，石硫合剂残渣，黄泥浆加新鲜牛粪，再加 2,4-D 100 mg/L；也可使用凡士林 250 g 加多菌灵 5 g，石蜡，"九二〇" 1 g 加 50 g 多菌灵再加 10 kg 凡士林。对于雪后已撕裂未断的枝干，不要轻易锯掉，应先用绳索或支柱撑起或吊枝固定（图 11-3-13），恢复原状，然后在受伤处涂上鲜牛粪、黄泥浆等，促其愈合，恢复生长。可暂时挽救的伤枝，应尽量保留，让其结果后再酌情处理；对无法挽救者，应锯掉，并削平锯口。对断枝断口下方抽生的新梢应适当选择 2~3 个生长健壮的新梢保留，并及时摘心促其分枝，以便更新复壮。

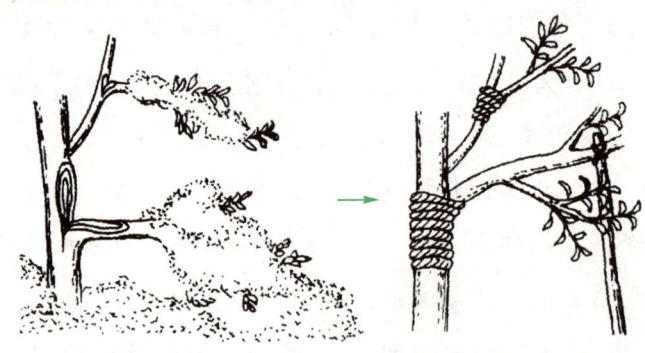

图 11-3-13　雪后撕裂未断树枝的绑缚

(2) 加强肥水管理：脐橙树受冻后，在春季萌芽前应早施肥，使叶芽萌发整齐。展叶时追施一次氮肥，注意浓度不宜过高。树冠叶面可喷施 0.3% 尿素 + 0.2% 磷酸二氢钾混合液，也可喷施有机营养肥，如叶霸、绿丰素、氨基酸、倍力钙等，有利于树体恢复。对于土壤缺水的园地应及时补充水分。

(3) 疏花疏果，促发健壮春梢：受冻轻而大量落叶的成年脐橙树，常常花量大，坐果率低，若任其开花结果，耗费树体营养，难以恢复树势。为了确保树体的迅速恢复和适量结果，应于花蕾期疏除部分无叶花序枝，减少花量，节约养分，尽快使树体恢复生长，促进损伤部位愈合；

重冻树应全部摘除花蕾,减少养分消耗,促发健壮春梢。

(4) 松土增温,灌水还阳:脐橙树受冻后,枝叶减少,树体较弱,应及时地进行松土,提高地温,增加土壤的通气性,有利于根系生长,恢复树势。

(5) 及时补栽:对受冻严重的1~2年生柑橘幼树,及时挖除,进行补栽。

任务实施

石硫合剂涂白防树木冻害

1. 目的要求

学会配制石硫合剂,能正确使用波美计,会使用石硫合剂。

2. 工具材料

生石灰、食盐、硫黄粉、猪油、铁锅、铁桶、波美计、粗布、刷子等。

3. 操作步骤

(1) 硫黄粉先用少量水调成糊状的硫黄浆,搅拌越匀越好。

(2) 把生石灰放入铁桶中,用少量常温水将其溶解开(水太多漫过石灰块时石灰溶解反而更慢),调成糊状,倒入铁锅中并加足水量,然后用火加热(图11-3-14)。

(3) 在石灰乳接近沸腾时,把事先调好的硫黄浆自锅边缓缓倒入锅中,边倒边搅拌,并记下水位线。在加热过程中防止溅出的液体烫伤眼睛。

图 11-3-14 石硫合剂的配制

(4) 然后强火煮沸40~60分钟,待药液熬至红褐色、捞出的渣滓呈黄绿色时停火,其间用热开水补足蒸发的水量至水位线。补足水量应在撤火15分钟前进行。

(5) 冷却过滤,得到红褐色透明的石硫合剂原液,测量并记录原液的浓度(浓度一般为23~28波美度),如暂时不用,装入带釉的缸或坛中密封保存。

(6) 配制涂白剂。用石硫合剂0.5 kg、生石灰5 kg、食盐0.5 kg、猪油0.5 kg、水40 kg配制涂白剂。

（7）涂白。 10月下旬以后进行涂刷，可根据树木的大小而定，一般涂刷至距地面1~1.3 m的高度；对于较小的树木，可涂刷到枝下高的部位。

4. 作业

根据实训，总结石硫合剂配制的技术要点。

任务反思

1. 柑橘园土壤改良的方法有哪些？
2. 怎样进行柑橘整形修剪？
3. 柑橘怎样进行保花保果？
4. 为什么柑橘要疏花疏果？
5. 如何防止柑橘冻害？冻害发生后应采取怎样的补救措施？
6. 怎样配制涂白剂预防柑橘树冻害？

任务 11.4　柑橘果实采收

任务目标

知识目标：1. 了解柑橘果实的采收时期。
　　　　　2. 了解柑橘果实的采收方法。
　　　　　3. 掌握柑橘果实的采后处理。
技能目标：1. 能正确判断柑橘的适宜采收时期。
　　　　　2. 能正确进行柑橘果实的采收。
　　　　　3. 能正确进行柑橘的采后处理。

一、柑橘果实采收时期

柑橘果实采收过早，会降低果实品质和产量；采收过迟，增加落果，形成浮皮果，容易腐烂，不耐贮藏。用作鲜食的果实,要求色泽、风味都达到该品种的特点,肉质开始变软时采收为宜;贮藏用果实,一般果皮有2/3转黄,果实尚坚硬而未变软时即可采收。通常柑橘果实采收期在11月中旬至12月中下旬。

二、柑橘果实采收前的准备

采收前,应准备好采果工具,并安排好劳动力,与果商取得联系,以便及时装运,减少损失。采果工具主要有采果剪、采果篓(袋)、装果箱和采果梯(图11-4-1)。

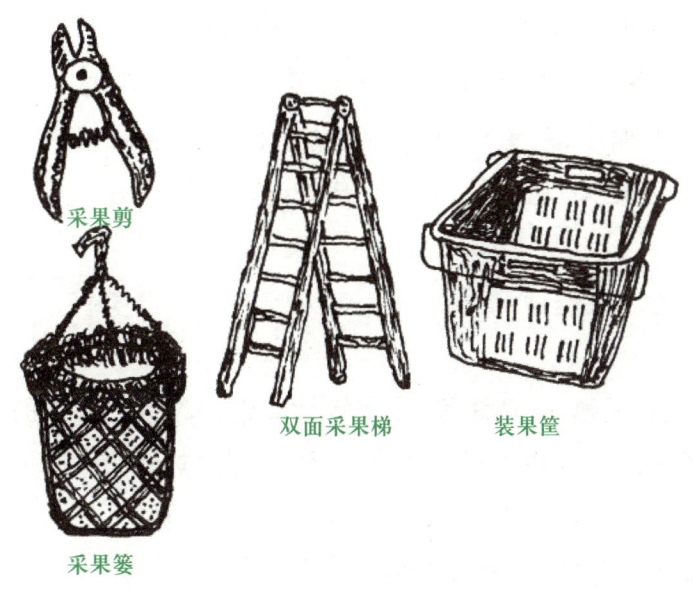

图 11-4-1 采果工具

1. 采果剪

采果时,为了防止刺伤果实,减少柑橘果皮的机械损伤,应使用采果剪。作业时,齐果蒂剪取。采果剪采用剪口部分弯曲的对口式果剪。果剪刀口要锋利、合缝、不错口,以保证剪口平整光滑。

2. 采果篓或袋

采果篓一般用竹篾或荆条编制,也有用布制成的袋子,通常有圆形和长方形等形状。采果篓不宜过大,为了便于采果人员随身携带,要求做到轻便坚固,容量以装 5 kg 左右为好。采果篓里面应光滑,不至于伤害果皮,必要时篓内应衬垫棕片或厚塑料薄膜。

3. 装果箱

装果箱要求光滑和干净,里面最好有衬垫,如用纸做衬垫,可避免果箱伤害果皮。有用木条制成的木箱,也有用竹编的箩或筐,还有用塑料制成的筐。

4. 采果梯

采用双面采果梯,既可调节高度,又不会因紧靠树干损伤枝叶和果实。

三、柑橘果实采收方法

果实成熟采摘要避开太阳暴晒和有雨露时进行。采果时,要做到"一果两剪",即第一剪带果梗剪下果实,第二剪齐果蒂剪平(图11-4-2)。采下的果实放入果篮,不能投掷果实。采果时,应遵循由下而上、由外到内的原则,避免拉枝、拉果,防止折断枝条或者拉松果蒂。此外,伤果、落地果、病虫果、黏泥果应另外放置。

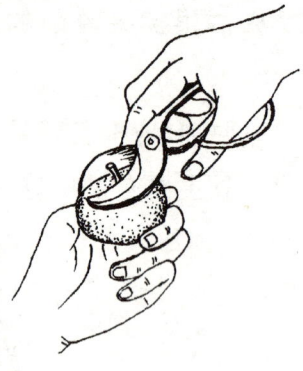

图 11-4-2 齐果蒂剪平

四、柑橘果实采后处理

果实采收后,按大小、成熟度、色泽等,依分级标准进行分级。初采的果实,体温高,果实含水分较多,先期的贮藏应让水分挥发即"发汗"。预贮有散热预冷、蒸发水分和愈伤防病的作用,可以抑制果实腐烂。果实经过防腐处理后,理想的预贮温度为7℃,相对湿度为75%,经2~4天后,用手轻捏果实有弹性时,便可包装。

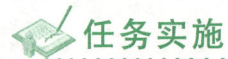任务实施

柑橘果实打蜡

1. 目的要求

学会使用机器设备,掌握柑橘打蜡的工艺流程。

2. 工具材料

柑橘打蜡流水线如图 11-4-3 所示。

图 11-4-3　柑橘打蜡流水线

3. 操作步骤

首先熟悉打蜡分级机：打蜡分级机通常由提升传送带、洗涤装置、打蜡抛光带、烘干箱、选果台和分级箱六部分组成。具体操作如下：

(1) 传送：由运输带将果实传送入清水池。

(2) 洗涤：由漂洗、涂清洁剂、淋洗 3 个程序完成。先将柑橘在水箱中漂洗，再喷洒清洁剂，经毛刷洗刷去污，接着传送到喷水喷头下进行淋洗。

(3) 打蜡抛光：经过清洗的果实，先经过泡沫滚筒擦干，减少果面的水渍。再由喷蜡嘴喷上蜡液或杀菌剂，再经打蜡毛刷旋转抛打，均匀地涂上一层蜡液。

(4) 烘干：由鼓风机将热空气吹送到烘干箱内，烘干果实表面的蜡液，形成光洁透亮的蜡膜。

(5) 选果分级：经打蜡的果实，由传送带送到选果平台，平展地不断翻动，同时由人工剔除劣果，并由小到大筛选出等级不同的果实。

(6) 装箱：按分出的不同大小组别的果实，分别装箱待售。

任务反思

1. 怎样确定柑橘果实的采收时期？
2. 怎样进行柑橘果实的采收？
3. 怎样进行柑橘果实的打蜡？

项目小结

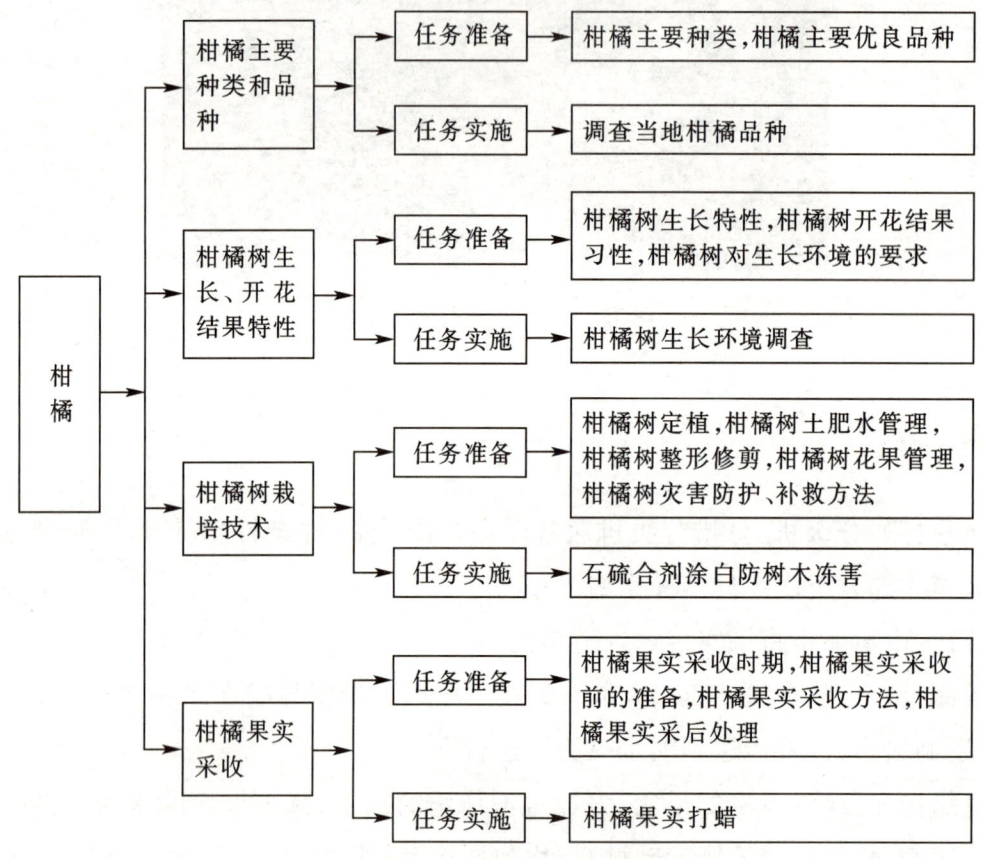

综合测试

一、单项选择题

1. 花径 3 cm 以上，春叶先端凹口模糊，果圆形稍扁，海绵层厚，剥皮稍难，子叶淡绿色的是（　　）。

　　A. 柑　　　　　　B. 橘　　　　　　C. 橙　　　　　　D. 柚

2. 柑橘根系在一年中有（　　）次发根高峰。根系生长的高峰一般在枝叶生长高峰之后。

　　A. 1　　　　　　B. 2　　　　　　C. 3　　　　　　D. 4

3. 选择抗寒性品种时，砧木一般以（　　）为好，它能耐 −20℃ 的低温，是目前国内外最抗寒的砧木，适于微酸性或酸性土壤栽培。

　　A. 枳壳　　　　　B. 宜昌橙　　　　C. 金柑　　　　　D. 香橙

4. 幼树放梢后新梢过多，可根据"（　　）"的原则，于新梢 5~8 cm 时，疏除过多的弱梢。

A. 三去一，五去二 　　　　　　　　　B. 三去二，四去三
C. 三去一，五去三 　　　　　　　　　D. 三去二，五去二

5. 贮藏用的柑橘比鲜食用的柑橘果实采收略早，一般果皮由（　　）转黄、果实已充分长成、肉质较坚实而未变软、果实已接近完全成熟时即可采收。

A. 1/3 　　　B. 2/5 　　　C. 3/4 　　　D. 2/3

二、多项选择题

1. 我国是世界上柚类资源最丰富的国家。当前优良品种主要有（　　）、金香柚、坪山柚等。

A. 沙田柚 　　　B. 官溪蜜柚 　　　C. 玉环柚 　　　D. 晚白柚

2. 柑橘的花为完全花。发育正常的花由（　　）和雄蕊、雌蕊等部分构成。

A. 花萼 　　　B. 花冠 　　　C. 花盘 　　　D. 花托

3. 柑橘常采用的主要树形有（　　）和圆柱形等。近年来，为便于矮化密植和机械化管理，有试用篱壁式整形的。

A. 自然圆头形 　　　B. 自然开心形 　　　C. 主干形 　　　D. 疏散分层形

4. 柑橘成年树冬季修剪主要采取（　　）相结合的修剪方法。

A. 短截 　　　B. 疏剪 　　　C. 扭梢 　　　D. 回缩

5. 配制石硫合剂，需要准备下列材料（　　）和猪油。

A. 熟石灰 　　　B. 生石灰 　　　C. 食盐 　　　D. 硫黄粉

三、简答题

1. 柑橘成年树怎样施肥？

2. 怎样进行柑橘成年树的夏季修剪？

3. 分析柑橘落花落果的原因，应采取怎样的保花保果措施？

四、综合分析题

柑橘是一种较易受冻害的果树，为了柑橘生产的长期性，保证柑橘高产稳产，在冬季存在冻害威胁的柑橘产区，如何做到未冻先防，保证柑橘安全越冬呢？

项目 12

杨 梅

项目导入

小杨在自己家乡,利用荒山开发了 3.5 hm² 杨梅园,挂果少,不知是何原因？相距不远的小陈也种了杨梅,年年硕果累累,2013 年单株产量达到 43 kg。小杨请来果树专家,察看了自己的果园后,才知道原来自己种的杨梅缺少授粉,坐果率低。针对这种情况,专家告诉他,一是进行人工辅助授粉,二是在建园时要配置授粉树,小杨恍然大悟,原来杨梅也有雌雄株之分。

本项目主要了解杨梅主要种类与品种；了解杨梅的生长特性,掌握杨梅生长、开花结果习性及对生长环境的要求；掌握杨梅土肥水管理、花果管理、树体整形修剪,以及果实采收技术。

任务 12.1 杨梅主要种类和品种

任务目标

知识目标:1. 了解杨梅的主要种类。
　　　　2. 认识杨梅主要优良品种。
技能目标:1. 能正确识别杨梅的主要种类。
　　　　2. 能说出杨梅优良品种的特点。
　　　　3. 能正确调查当地杨梅品种。

 任务准备

一、杨梅主要种类

杨梅属于杨梅科杨梅属,为多年生常绿小乔木或灌木,又称圣生梅、白蒂梅、树梅。世界上杨梅属有 60 个种,我国有 6 个种:杨梅、毛杨梅、细叶杨梅、矮杨梅、大杨梅和全缘叶杨梅,经济栽培主要是杨梅。

1. 杨梅

我国栽培品种多属本种,为常绿乔木,高 5~12 m。幼树树皮光滑,呈黄灰绿色,老树为暗灰褐色,表面常有白晕斑,多具浅纵裂。叶革质,叶面富光泽,深绿色,叶背淡绿色,叶面叶背平滑无毛。雌雄异株。果较大,圆球形。

2. 毛杨梅

毛杨梅又叫杨梅豆,分布于云、贵、川海拔 1 600~2 300 m 处,东南亚也有分布。毛杨梅为常绿乔木,高 4~11 m。幼枝白色,密被茸毛。树皮淡灰色。叶片无毛,叶柄稍有白色短柔毛。果小,卵形。

3. 细叶杨梅

细叶杨梅又称青杨梅,分布于广西、海南。灌木或乔木,高 1~6 m。幼枝纤细,被短柔毛及金色腺体。叶背叶面密被腺体,中脉有短柔毛,叶柄无毛。果椭圆形,红色或白色,单果重 5~10 g。10—11 月开花,次年 2—5 月果实成熟。果盐渍后可食,并可入药。

4. 矮杨梅

矮杨梅又称云南杨梅,常绿灌木,高 1 m。叶面叶脉凹下,背面凸起,叶柄极短,稍有短柔毛。果小,卵圆形稍扁。分布于云、贵海拔 1 500~2 800 m 处。

5. 大杨梅

大杨梅分布于云南南部和西南部,与毛杨梅同处一个生态环境中。叶片大,长披针形,有明显锐锯齿,叶背有长毛和密披金黄色腺体。果实大,直径在 2.5~2.8 cm,2—3 月开花,4—5 月果实成熟。

6. 全缘叶杨梅

全缘叶杨梅分布于云南西南边境海拔 900~1 400 m 处,为高大乔木,树高 8~10 m。叶披针形,长 15~18 cm,宽 3.5~5 cm,全缘,边缘略翻卷。雌雄花全为柔荑花序。果实椭圆形,平均果重约 2.67 g,果肉黄色多汁,可食用。种子长椭圆形。

二、杨梅主要优良品种

杨梅按照果实色泽分为乌梅、红梅、粉红梅和白梅四类。其中色泽深而艳丽、品质优异、商品性状良好、适应性广、具有广泛开发价值的品种有以下数种:

1. 荸荠种

荸荠种原产浙江省余姚,因果形似荸荠而得名,为当前我国分布最广,品质最优、种植面积最大、产量最高的品种,也是当前国内最佳鲜果兼加工优良品种。它鲜食加工兼用,常作为新品种培育的母本。于每年 6 月下旬成熟,果实紫黑色,果型较小,平均单果重约 11 g,核小,但品质佳,肉与核易分离,可食率 95.0%,含可溶性固形物 12.0%。该品种着果牢固,采前落果现象少,丰产、稳定、质优,适于鲜食与榨汁、罐藏加工。

2. 晚稻杨梅

晚稻杨梅原产浙江舟山。7 月上旬成熟,平均单果重约 12 g,含可溶性固形物 11.1%,可食性 96%,富含香气,系鲜食与加工的优良品种。该品种根系发达,吸收能力强,耐瘠薄,丰产性好。但对杨梅癌肿病抗性较弱,引种时苗木应严格检疫。

3. 东魁杨梅

东魁杨梅原产浙江黄岩、临海,仙居,是国内外杨梅果型最大的品种。7 月上旬成熟。果色紫红,平均单果重约 24.7 g,最大果重 51.2 g,甜酸适口,品质上等,含可溶性固形物 13.4%,可食性 92.8%。树势尚强,枝条比较稀疏,抗风力较强。产量高而稳定,适于鲜食。

4. 丁岙梅

丁岙梅原产温州茶山。6 月下旬成熟。果紫红色,果柄长,果蒂绿色瘤状凸起,单果重 15~18 g,含可溶性固形物 11.1%,可食率 96.4%,品质上等。果实固着能力强,带柄采摘,较耐运输。

5. 大叶细蒂

大叶细蒂原产江苏洞庭东西山,树势强健,叶大而厚。果中大,平均单果重约 13 g,色紫红或紫黑,肉质细而多汁,甜酸可口,品质优良。

6. 大粒紫

大粒紫产于福建福鼎前岐。树势强健。果紫红色,中大,平均单果重约 12.9 g,肉质软,味酸甜,呈青绿色。

7. 光叶杨梅

光叶杨梅原产湖南靖县,果大,球形,果顶有放射状沟,直达果实中部,有光泽感,色紫红,品种上等。

8. 乌酥核

乌酥核原产广东省汕头市潮阳区西胪镇内輋村和金灶镇东坑村。平均单果重约 16 g,紫黑色。肉厚、质松,汁多味甜,核小,品质优良。

9. 早色

早色为浙江萧山临浦实生优选良种。产地 6 月中旬成熟。果紫色,平均单果重约 12.68 g,果肉致密,较脆,汁液多,含可溶性固形物 12.4%,品质上等。

10. 早荠蜜梅

早荠蜜梅从荠荠种的实生变异中选出,比荠荠种提前 15 天开花,提前 10 天成熟,是杨梅早熟品种选种的重要突破。果实性状及品种与荠荠种相似,紫红色,含可溶性固形物 12.8%,可食性 93.1%,平均单果重约 9.0 g,明显大于同期成熟的"早酸"和"野乌"杨梅。

11. 安海硬丝

安海硬丝原产福建安海,即安海变硬肉柱杨梅。果正圆球形,平均单果重约 15 g,果面紫黑色,肉柱圆钝,长而较粗,果蒂有青绿色瘤状突起。口感较粗硬,可食率 95% 以上。极耐储运,是不可多得的适宜长途运输的品种。

12. 水晶杨梅

水晶杨梅产于浙江的上虞一都、余姚等地,为白杨梅品种中唯一的果形大、早熟、受消费者欢迎的品种。树势强健,树冠半圆形,叶为倒披针形或倒长卵形。果实大球形,平均单果重约 12 g,果面白色,完熟后呈白色或乳黄白色。肉柱圆头,果肉柔软多汁,味甜,略带酸,品质上等。核较大。

任务实施

调查当地杨梅品种

1. 目的要求

了解当地栽培杨梅品种,掌握现场调查方法。

2. 工具材料

图书、信息工具,皮尺、卷尺、小刀、天平、糖度仪、pH 试纸等仪器工具。

3. 操作步骤

(1) 讨论调查内容、步骤、注意事项。

(2) 通过图书、报刊和互联网查阅当地的杨梅品种资料,选择杨梅品种较多的园地,并联系种杨梅的农户。

(3) 现场访问,用目测法看各种杨梅树的外形,并测量同树龄杨梅树的高度、胸径、冠径,记录比较。

(4) 选取当年春季抽生的叶片,观测外形、厚度,并测量各种杨梅树的叶片大小。记录比较。

(5) 观察各种果实的外形、大小、颜色,测量其直径、单果重,观察果肉的厚度,果核的硬度,品尝果肉果汁,测量果汁 pH、糖度。记录比较。

(6) 问询各种杨梅的树龄、产量、栽培难易度,以及果实的口味、价格等。

(7) 问询当地栽培品种配置授粉树的情况,怎样配置。

(8) 撰写调查报告。

任务反思

1. 调查当地杨梅栽培的现状。

2. 当地栽培的杨梅品种有哪些?

任务 12.2　杨梅树生长、开花结果特性

任务目标

知识目标:1. 了解杨梅树的生长特性。
　　　　2. 掌握杨梅树对生长环境的要求。
技能目标:1. 能正确说出杨梅树的生长特点。
　　　　2. 能正确调查当地杨梅树生长环境。

任务准备

一、杨梅树生长特性

杨梅雌雄异株,主干上骨干枝的排列有明显的层性。雄株树形高大,枝叶茂密,雌株由于连年结果,较矮小稀疏。杨梅进入结果期的早晚,常因品种、立地条件、苗木繁殖方法的不同而异。一般实生苗需 10 年才结果,嫁接苗需 3~7 年结果,15 年左右达盛果期,30~40 年产量最高,60~70 年逐渐衰退。杨梅的经济寿命较长,一般可达70~80 年,长的可达 100 年以上。

1. 根系

杨梅的根系与放线菌共生,可生长在瘠薄的山地(图 12-2-1)。杨梅根系较浅,主根不明显,须根发达,在 60 cm 深的土层内分布最多,少数有深达 1 m 的;根系水平分布为树冠的 1~2 倍。

2. 芽

枝条上的顶芽均为叶芽,腋芽单生,着生花芽之节无叶芽。花芽圆形、较大,叶芽比较瘦小。结果枝中上部叶腋内着生花芽。生长枝顶芽及其附近 4~5 芽易抽生枝梢,而下部的芽多不萌发,成潜伏状态的隐芽。因此,枝条下半部有光秃现

图 12-2-1　杨梅的菌根

象,顶端优势明显,若遇刺激,隐芽也会萌发抽枝。

3. 叶

萌芽后约 15 天展叶,同一植株萌芽展叶比较整齐,叶互生,多簇生于枝梢中上部。叶的形状、大小、颜色均与品种、枝条种类有关,一般春叶最大,夏叶次之,秋叶最小。

杨梅叶形雌比雄大。叶的寿命为 12~14 个月,春季 2—4 月份脱落较多。叶脱落后,基部常有垫状物遗留于枝上,突起不平。

4. 枝梢

(1) 枝梢生长:杨梅的枝梢生长分春夏秋三个高峰期,枝条节间短而脆,开花结果靠春梢和夏梢。春梢一般抽生于上年生而当年未结果的春梢或夏梢上。夏梢多在当年的春梢和采果后的结果枝上抽生,少数在上年生枝上抽生。秋梢大部分于当年的春梢与夏梢上抽生。生长充实的春、夏梢当年腋芽分化为花芽成为结果枝。

(2) 枝梢类型:依性质分为徒长枝、普通生长枝、雄花枝(图 12-2-2)、结果枝(图 12-2-3)四种。徒长枝生长直立,长度在 30 cm 以上,节间长,生长不充实,芽不饱满。普通生长枝在 30 cm 以内,节间中长,芽较饱满。雌株着生雌花的枝条称结果枝,雄株着生雄花的枝条称雄花枝。

图 12-2-2 雄花枝

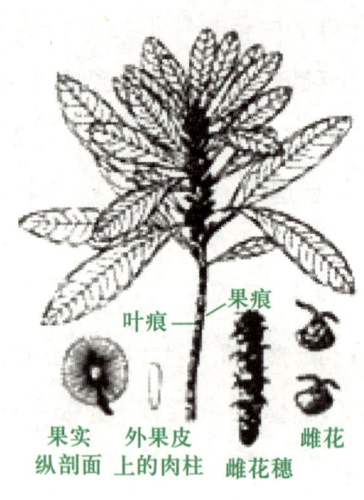

图 12-2-3 结果枝

二、杨梅树开花结果习性

1. 花芽分化

杨梅花芽分化属于夏秋型。通常在新梢生长停止后开始花芽分化。雄株花序原始体形态分化始于7月中旬,雌株为7月底—8月初。生理分化较形态分化早14天。11月底花芽分化完毕。

2. 花

杨梅花小,单性,雌雄异株。花着生在叶腋,无花被,风媒花。雄蕊为复葇荑花序,一个雄花枝雄花序轴长3~6 cm,有10~20个雄花穗,鲜红色,产生400万~500万粒花粉粒。雌花为葇荑花序,一个结果枝有6~9个花穗,一个花穗有7~26朵小花,但结实率仅2%左右(图12-2-4)。据观察,花谢后至果实成熟,不断出现落果,但以花谢后2周内和果实转色期最严重。

雄花序　　雌雄混合花序　　雌花序

图 12-2-4　杨梅的花序

3. 结果枝

按发生的季节不同,可分春梢结果枝和夏梢结果枝两种。春梢结果枝的形成又有两种情况:一种是一年生结果枝在开花结果的同时,其顶芽萌发抽生的春梢发育成结果枝。这种多为中、短结果枝,生长期长,组织充实,是最好的结果枝,但为数不多,一般只能在生长健旺树或生长特别充实的枝条上才能发生。另一种是春季在生长枝上抽生,如生长充实,能分化花芽,形成结果枝。夏梢结果枝是在上年果实采收后的结果枝顶芽萌发抽生的,这种结果枝发生数量不多,但也是主要的结果枝之一。

结果枝依其长短性质不同又可分为徒长性结果枝、长果枝、中果枝和短果枝。徒长性结果枝长度超过30 cm,花芽不多,结实率很低;长果枝枝条细弱,长度为15~30 cm,结实率也低;中果枝长度为5~15 cm,发育充实,花芽多,结实率高,为优良结果枝;短果枝枝长在5 cm以下,结果较良好。结果枝先端1~5节上的花序着果率最高,尤其是第一节占绝对优势,这是结果的主要部位。

4. 果实

杨梅树结果枝上的花序以第 1~5 节着果率最高,特别是第一节。荸荠种杨梅随树龄增加,着果率提高,对着果率太低的要采取保护措施,着果率太高的要采取疏花疏果措施。

果实为核果,每一雌花穗结 1~2 果。以顶端一果最可靠,其余的花多脱落,花序轴就成为顶端 1~2 果的果梗。杨梅果肉由许多肉柱聚集而成,初结果的杨梅树,养分充足,雨水均匀。向阴部位成熟的果实,肉柱多呈圆钝形;而树龄大、养分贫乏、天气干旱、向阳部位的果实,往往肉柱多呈尖头形。一般肉柱圆钝的汁多柔软,味美可口;尖头形的汁少味差,但组织紧密,耐贮性强,不易腐烂。

杨梅树开花后两周是落花落果期,一般在 4 月中旬;5 月中旬是硬粒期,6 月上旬是膨大着色期;7 月中下旬—8 月上旬为成熟期。

三、杨梅树对生长环境的要求

1. 温度

杨梅树是比较耐寒的亚热带常绿果树,要求年平均温度在 15~20℃,绝对最低温度不低于 -9℃。开花期耐低温,花芽分化期以 20~25℃ 为宜。4 月受 0~2℃ 的寒流侵袭,会造成花器冻害,出现大量落花现象。5—6 月果实迅速生长发育和成熟,忌高温,30~35℃ 的气温使杨梅糖分减少,酸度增加,品质下降。高温干燥对杨梅树生长不利,特别是烈日照射,易引起枝干枯焦而死亡。

2. 水分

杨梅树喜湿润,要求年降雨量在 1 300 mm 以上,特别是 4—9 月要求水分较多。4—6 月春梢生长和果实发育期如果水分充沛,则新梢生长健旺,果实肥大,肉柱顶端多呈圆钝,果肉柔软多汁。反之,会使新梢生长缓慢,果形变小,肉柱形尖,汁少味劣。7—9 月水分供应充足,有利于树体后期生长,能促发新梢,增加叶面积指数,增进光合作用,从而保证营养物质的积累和花芽分化,为次年开花结果打下基础,所以杨梅树多分布在山峦深谷间、滨海临湖河流交错地区。如遇干旱,杨梅产量品质下降,会引起"大小年"现象。

3. 光照

杨梅树是喜阴耐湿树种,山坳或太阳照射不太强烈的地方,树势健壮,寿命长,栽种在常绿落叶林混交带为宜,与芒萁、蕨类共生更佳。种植在山顶或南坡,则树势弱、寿命短、果实小、肉柱尖、汁少、品质差。因此,杨梅种植地点以北坡、东北坡为好,西或西南坡不佳,南坡也较差。

4. 土壤

种植杨梅树的土壤以疏松、深厚肥沃、排水良好并混以小石砾的砂质黄壤或红壤土,pH4.5~5.5为适宜。这种山坡上多生有杜鹃花、狼蕨、桃金娘、松、杉宽叶树、竹类等指示植物。在黏重的土壤中应掺沙砾土或施有机肥改良后才能种植,总之,杨梅树喜欢温暖湿润、酸性土壤、耐阴(不耐强光直射),对环境条件的适应性较强,在山区、半山区发展杨梅生产大有可为。

5. 风

杨梅在3月底—4月上旬易受黄沙天气和大风的影响,一方面低温对花芽分化影响严重,另一方面黄沙时传粉受精虽无毒害作用,但有阻碍花粉传播的作用。此外,杨梅根系较浅,而树冠枝叶茂盛,因此怕风,宜在避风地点种植。

6. 海拔与坡度

杨梅栽培以海拔50~500 m为宜、坡度10°~30°为宜。海拔提高,温度下降,湿度增大,成熟期推迟。这一现象可以用来调节杨梅的供应期。

杨梅树生长环境调查

1. 目的要求

了解当地杨梅树生长期的温度和降水量,通过与杨梅树最适温度、最适水分比较,明确栽培要点。

2. 工具材料

图书、信息工具,干湿温度计、风速风向仪等。

3. 操作步骤

(1)讨论调查内容、步骤、注意事项。
(2)通过图书、报刊和互联网查阅当地的杨梅品种的最适温度和最适水分。

（3）到当地气象部门，调查了解当地杨梅树生长期的温度和降水量。

（4）到杨梅园现场访问，了解当地气候条件与杨梅树生长的适配程度。问询极端气候条件对杨梅生产造成的影响。

（5）了解杨梅产地农民如何利用当地气候条件，采取哪些栽培措施进行杨梅生产的。

（6）现场测量气温、风向、风力和湿度。

（7）撰写调查报告。

任务反思

1. 杨梅有哪些生长结果特性？
2. 杨梅对环境条件有何要求？

任务 12.3　杨梅树栽培技术

任务目标

知识目标　1. 了解杨梅树的定植时期、定植密度和定植方法。

2. 了解杨梅树的土肥水管理方法。

3. 掌握杨梅树整形修剪的方法。

4. 掌握杨梅树大小年控制的方法。

技能目标　1. 能根据杨梅树生长情况，实施土肥水的有效管理。

2. 能根据杨梅树的品种、树龄正确整形修剪。

3. 能有效控制杨梅树的大小年。

任务准备

一、杨梅树定植

1. 定植时期

杨梅树苗定植分春季和秋季两个时期。在春季2—3月份，冰冻期过后，杨梅树苗萌芽前定植,并且以阴天或小雨天定植为好。

2. 定植密度

定植密度宜采用株行距为 4 m×5 m 或 5 m×6 m,每亩栽 20~40 株。

3. 定植方法

定植时,先按台面为 2 m 的规格开挖台地,之后在中央挖 50 cm×50 cm×50 cm 的塘,每塘施 15~20 kg 厩肥或土杂肥或 200 g 的复合肥,并与土拌匀。

将苗木栽入塘中,并于约 30 cm 高处定干;同时将嫁接时捆绑的薄膜全部解掉。其次,采用深栽法,特别是秋旱比较重的地方,应把砧木上的老接穗全部埋入土下,接穗上新长出的枝叶也至少有 3~5 片叶埋入土中,以促接穗部位发根,表土覆盖到苗的嫁接口以上 5 cm 处,栽植时将苗木置于穴内紧靠上壁,舒展根系,用脚踩实。栽植方法为"三埋二踩一提苗"法,参见图 2-3-11。

苗木定植以后,要设固定支柱,防止摇动。栽后浇足定根水,用 1.2 m 的塑料地膜覆盖树盘,地膜四周用土覆盖严实,并围成塘。这样做,有利于保温保湿和以后浇水。栽植后应及时检查,发现缺株及时补植,使其生长整齐一致。干旱天气需及时浇水。若苗木根部有松动,应踏实,并适当培土,以免露根。

4. 配置授粉树

杨梅树雌雄异株,在杨梅种植新区应配置授粉树。每 500~1 000 株杨梅要配置 1 株授粉树。

二、杨梅树土肥水管理

1. 土壤管理

(1) 树盘培土:在秋冬或春季进行,以减少表土冲刷,保护根系。一般就地取土,最常用的是山地表土、草皮泥等。

(2) 深翻扩穴:利用行间种植夏季绿肥或任其自然生草,并在根部培土以防露根,保护根系。每年的 3 月份第一次翻耕,深 25 cm;第二次在梅雨结束后立即翻耕,深 15 cm。树龄 5~6 年后,每隔 2 年对种植穴外靠上坡或左右两侧未深削的土壤进行深翻。

(3) 中耕除草:幼树易被山间杂草、杂树所掩盖,导致生长缓慢,甚至死亡。因此在幼树树盘直径 1 m 左右范围内,连续中耕除杂草,并进行地面覆草。4—6 月普遍进行一次中耕除草,把清除的杂草或柴枝覆盖树盘,待果实采收后,施足基肥,并将树盘的覆盖物和腐熟的有机质一并翻入土中。

有的杨梅园采用天然生草,不耕锄,只在采果前翻除树冠下的杂草,并铺于树冠下地面,便于采果和果实脱落时减少损伤。

(4) 土壤覆盖:由于杨梅树定植当年根系不发达,容易被晒死,因此当年用柴草等覆盖遮阴,尤其是7—9月高温干旱期,应做好园地覆盖,防旱、防晒。可种植绿肥或用柴草等覆盖,覆盖物应避免与幼树主干接触。

2. 施肥

杨梅树菌根能起固氮作用,一般果园都不施氮肥,但适量施氮肥能促进生长和提高果实品质。单施或过量施用过磷酸钙或钙镁磷肥时易导致果小、味酸及树势衰弱。杨梅树对钾的需要量比磷多,果实采收后施草木灰,可促进树体后期营养生长。氮钾肥要年年施,一年多次,磷肥可隔年施。此外还可通过根外追肥的方式适当补施硼肥等。通常以草木灰、菜饼、豆饼等为主,也有用土杂肥、堆肥及厩肥的。施肥方法有沟施、穴施和撒施等。

(1) 幼树施肥:每年秋季杨梅幼树要扩穴施基肥并培土。施肥以"促"为主,注重施用速效肥。宜薄肥勤施,氮、磷、钾的比例以1∶0.8∶0.8为宜,以促进枝梢生长,尽快扩大树冠。常年施肥2~3次。采取逐年扩穴深施方法。

(2) 结果树施肥:主要在生长发育期用肥,以促进结果、提高品质为主。氮、磷、钾三者比例以1∶0.3∶4为宜。

- 基肥:每年10月份以腐熟厩肥、堆肥及饼肥为主。沙质土壤每株施饼肥3 kg,加腐熟厩肥10 kg;冲积土壤和红壤土每株施饼肥3 kg,加腐熟厩肥15 kg。
- 壮果肥:壮果肥不仅有利于壮果,还可在采果后促发夏梢,而夏梢可成为次年结果枝。壮果肥每年5月份抽生夏梢前施入,以速效氮钾肥料为主。沙质土壤每株施5~7 kg草木灰或尿素1 kg,加3 kg的硫酸钾;冲积土壤和红壤土则再加1 kg的硫酸钾。大年树5月底—6月初要重施壮果肥,株施2~4 kg复合肥、3.5 kg饼肥,或堆肥20~30 kg。
- 采果肥:每年果实采后不论大小年均要重施有机肥。壮年树株施50 kg堆肥,5 kg草木灰或0.5 kg硫酸钾。如果农家堆肥不足,可用绿肥、杂草代替,并施饼肥3.5 kg。只有使杨梅树体生长健壮,具有深、密、广的根系和大、厚、绿、多的叶子,才能丰产稳产。延长叶子寿命对克服大小年也很重要。小年树采后应多施速效氮肥,如尿素、碳铵等,以促发夏秋梢生长,减少当年花芽形成。严禁使用磷肥或含磷复合肥,避免当年形成大量花芽。

施肥方法宜采取表面撒施、条施和环状沟浅施,加土覆盖。因为杨梅肉质根容易损伤,浅施可避免伤根。

3. 水分管理

杨梅苗木定植后,为保证其成活及生长发育对水分的需要,应于当年的3—5月份,每月浇水1次。其后的灌水主要在旱季进行。灌水时间一般从12月开始至次年的5月。根据实际情况,每年灌水3~4次即可满足杨梅生长发育对水分的需要。雨季应做好排水工作。

三、杨梅树整形修剪

杨梅树形有自然圆头形、自然开心形、疏散分层形、主干形等多种。一般以自然圆头形和自然开心形为主,最好采用疏散分层形(图12-3-1)。

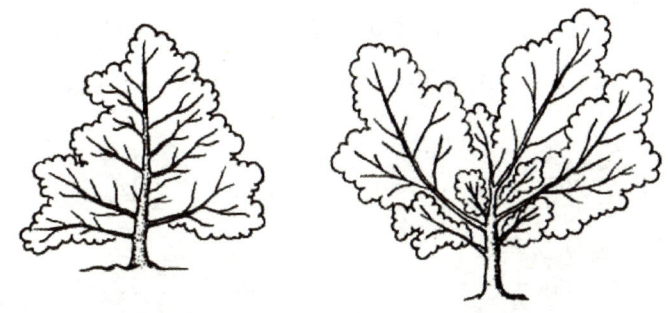

图 12-3-1 疏散分层形和自然开心形

1. 整形修剪时期

整形修剪时期分生长期修剪和休眠期修剪。生长期修剪在4月中旬—9月中旬。休眠期修剪在10月下旬—3月下旬。

2. 幼树和成年树整形修剪要点

(1) 幼树修剪要点:主要是定干造型,培养早实丰产的树体。一般采用"一干三主枝"自然开心形树冠,即对定干后萌发的新梢,选留3~4个生长强健、方位分布均匀、相互间有一定距离(20~30 cm)的枝条作为主枝,并在各主枝上选留2~3个副主枝或侧枝,在3~5年内基本形成树冠骨架。

(2) 成年树修剪要点:主要是培养丰产的群体结构,调节生长与结果的关系,促进持续、优质、高产。每年的生长期修剪在7—9月间,此时树液流动旺盛,松脆的枝条不易折断,适于拉枝作业。修剪的主要方法有开张角度、除萌、摘心、扭梢、抹芽、拉枝、撑枝、刻剥、倒贴皮等。休眠期修剪多数地区在2月下旬—3月中旬进行,树势弱的更宜实行春剪。修剪的主要方法有疏删、回缩、短截及更新复壮等。

3. 整形修剪方法

（1）侧枝修剪：幼树侧枝加大角度使之达到80°左右，以促进花芽形成。**侧枝生长过旺可去强留弱，维持侧枝健壮而不徒长，结合环剥促花。**一组侧枝群经3~4年结果后，应在适当位置培养更新枝，待原侧枝衰老及结果部位远离基枝时，逐步回缩直至疏除，以更新枝代替。

（2）结果枝修剪：**将一个侧枝上的结果枝全部留存，而对另一侧枝上的部分结果枝进行短截，使之形成强壮的预备枝供翌年结果。**一般短截全树1/5的结果枝，即能萌发足量的翌年结果枝，对克服结果大小年作用明显。

（3）徒长枝、下垂枝、过密枝、交叉枝、病虫枝及枯枝的修剪方法，与其他果树相同。

（4）更新复壮：盛果期后，大多主枝和侧枝后部角度过大，长势减弱，并逐渐衰老，有的枝甚至枯死，导致产量不断下降。应在土肥水的良好管理下，在冬剪时分期分批进行轮换回缩，刺激隐芽萌发壮枝，以代替衰老枝，由此更新树冠，复壮树势，以延长结果年限（图12-3-2）。

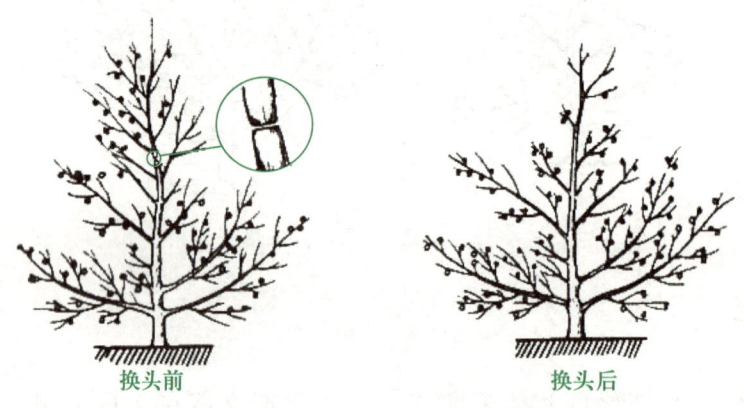

图12-3-2　中心领导干转枝换头

4. 整形修剪注意事项

更新时留下的大锯口，要涂灰粪剂，以加速愈合和防止病菌侵染；裸露枝干用稻草包扎以防日灼。灰粪剂的配制比例是：鲜牛粪8 kg，熟石灰4 kg，草木灰4 kg，细河沙或山沙0.5 kg，巴丹粉50 g，甲基托布津20 g，混合加水搅拌成糨糊状即可。

四、杨梅树花果管理

杨梅幼树常因营养生长强、枝梢旺长而不能开花结果，造成迟结果现象；杨梅的成年结果树也常因所处生长环境不利、开花结果与枝叶生长失去平衡，以及树体内营养元素含量比例失调等原因造成大小年结果现象，给杨梅生产带来严重影响。为了控制这种现象，除了加强深翻改土和重施有机肥外，还可以采取下列措施：

1. 整形修剪

不经修剪的杨梅树,次年结果枝是上年未能坐果的春梢和早抽的夏梢。如果上年气候好,坐果率高,就成为大年;而不坐果的春梢往往质量差,不是徒长就是过分衰弱,所以次年只能成为小年,而修剪能减少大小年现象。杨梅幼树一定要做好整形,经过整形的杨梅树枝条分布比较合理,便于以后修剪。10月下旬—3月下旬结合休眠期修剪,可疏除过多结果枝。具体疏除量根据树体而定。

(1) 大年修剪:春季2—3月要短截、疏删结果枝和部分2~3年生大枝,既减少花量果量,又可促发春梢,为次年结果打好基础,同时还可回缩更新结果部位,防止结果层外移。春剪时对当年花期、幼果期气候尚不清楚,因此不宜过重修剪。春剪一般可剪去全树10%~15%枝量,做到短截、疏删并重。

5月中旬生理落果后,应再次修剪,此时修剪以疏果为目的,可根据坐果情况修剪,主要修剪果多叶少的枝条,以疏删为主,短截为辅。要除去病虫枝,不剪无果枝。修剪枝量一般为全树的10%左右。此时修剪还有利于采果后促发夏梢。

在大年采果后的6月底—7月,要进行拉枝,时间越早越好,可分几次拉。此时枝条较韧,不易折断,拉枝有利于提高次年花量和坐果率。

(2) 小年修剪:小年树往往出现春梢旺发而引起梢果矛盾,因此要控春梢保果,2月下旬应疏除树冠顶部和外部没有花芽的营养枝。也可在采收后剪去部分春、夏梢,以减少成花枝数量,为明年抽发春梢创造条件,使枝梢轮换结果。

2. 人工辅助授粉

小年树可在雌花开花盛期的晴天中午,采几枝雄杨梅花枝到杨梅园中间及四周轻轻拍打,使花粉能在果园中均匀散布,增加授粉机会。

3. 化学调控

采用化学调控杨梅花果量,必须严格按剂量要求操作。

(1) 小年调控:在小年树终花期的4月中下旬,喷20~30 mg/kg赤霉素,隔15天后再喷1次,有利于保果。小年树采果后应立即喷30~50 mg/kg赤霉素,每隔15天喷1次,共喷3~4次,可减少次年花量。开花期喷0.2%硼砂液,可提高花粉活力,并能防治杨梅枯梢病。

对生长旺盛、坐果太少的树,可在夏、秋梢长度达1.0 cm时,喷330~670 mg/L烯效唑,抑制夏、秋梢生长,促进花芽形成。

(2) 大年调控:采用杨梅专用疏花剂疏花,既可以起到定量疏花、定量结果、提高果品质量的作用,还可以促进当年抽发大量的新梢,提高翌年产量。当大量夏梢抽发长达10 cm时,用

15%多效唑500倍液喷树冠,可抑制新梢继续生长,杀死雄花花粉。一般在看到少量幼果如火柴头状时喷。

(3) 迟结果树调控:对树龄5年、树冠直径2.5 m以上还迟迟不开花结果的杨梅树,采用土施多效唑能明显地抑制营养生长,根尖缩短加粗,地上部枝梢也缩短加粗,叶片浓绿,叶肉加厚,叶面光泽加深,整个树体营养物质积累增多,有利于花芽分化,进而提早结果,增加产量。

土施多效唑以每年9—11月为佳;雨量较多年份可在采果后7月下旬和8月份施用。先将杨梅树冠下面的杂草或小杂木移除,备好多效唑粉剂,拌土或冲水均可,施于主干周边树冠下,施用15%多效唑粉剂3~5 g/m²。注意不可连续施用,否则对枝梢生长有害,药量用足了的,三年内绝对不要进行高接换种。

4. 人工疏果

大年在盛花坐果后进行第一次疏果,疏去密生果、小果、病虫果和畸形果;谢花后果径迅速膨大前,进行第二次疏果,平均每果枝留果2个。

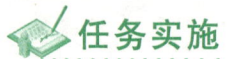任务实施

杨梅树促花

1. 目的要求

学会运用环割和化肥调控,配制和使用植物生长调节剂,促使杨梅开花。

2. 工具材料

促花王2号、硼砂、尿素、磷酸二氢钾、硫酸钾、钼酸铵、水、喷雾器、锄头、烯效唑、多效唑、天平秤等。

3. 操作步骤

(1) 环割:对于长势强、坐果率低、产量少的旺长树,采取螺旋状环割,深达木质部。环割的宽度控制在树干直径的1/8左右。环割后涂抹"促花王2号"。

(2) 喷肥:喷施硼肥,能促进花芽分化和发育。使用浓度是0.2%硼砂与0.1%尿素混合喷洒。也可喷洒0.01%钼酸铵液,在使叶片增绿增厚的同时,也有利于促花。还可喷洒0.2%磷酸二氢钾或0.2%硫酸钾液,都有利于促花与壮花。

(3) 喷生长调节剂：

- 结果小年：在终花期的 4 月中下旬，喷 20~30 mg/kg 赤霉素，隔 15 天再喷 1 次，有利于保果。采果后应立即喷 30~50 mg/kg 赤霉素，每隔 15 天喷 1 次，共喷 3~4 次，可减少次年花量。开花期喷 0.2% 硼砂液，可提高花粉活力，并能防治杨梅枯梢病。对旺树、坐果太少的树，可在夏、秋梢长度达 10 cm 时，喷烯效唑 330~670 mg/L，抑制夏、秋梢生长，促进花芽形成。
- 结果大年：当大量夏梢抽发长达 10 cm 时，15% 多效唑 500 倍液喷树冠，可抑制新梢继续生长，杀死杨梅雄花花粉。

(4) 土施多效唑法：每年 9—11 月，雨量较多年份则在采果后 7 月下旬和 8 月份施用。先除去杨梅树冠下面的杂草或小杂木，于树冠下，施用 15% 多效唑粉剂 3~5 g/m²。拌土或冲水均可，注意不可连续施用，否则对枝梢生长有害。

4. 作业

通过实训，总结杨梅促花的技术要点。

任务反思

1. 杨梅树的结果枝有哪几种？
2. 怎样进行杨梅树的整形修剪？
3. 怎样对杨梅树合理施肥？
4. 怎样进行杨梅树的大小年控制？
5. 怎样处理杨梅树迟迟不结果？

任务 12.4　杨梅果实采收

任务目标

知识目标：1. 了解杨梅的采收时期。
　　　　　2. 理解杨梅的采收方法。
　　　　　3. 掌握杨梅的采后处理。
技能目标：1. 能正确判断杨梅适宜采收的时期。
　　　　　2. 能正确进行杨梅的采收。
　　　　　3. 能正确进行杨梅的采后处理。

 任务准备

一、杨梅果实采收时期

浙江余姚有"端午杨梅挂篮头,夏至杨梅满山红"的农谚。杨梅在6月上旬—7月上旬成熟采收。一般温度高、小年、光照足、幼年树成熟偏早。

荸荠种杨梅,当树上果实色泽由红色转为紫红色或紫黑色时可以采收。西山白杨梅,当树上果实肉柱充分肥大,青绿色完全消失,变成白色水晶状、约带粉红色时,可以采收。

二、杨梅果实采收方法

杨梅果实成熟后,易腐烂落果,又由于同株树的果实成熟度不同,应分批采收,随熟随采,采红留青,每隔1~2天采1次,以早晚采收为宜,避免雨天或雨后初晴时采收。

鲜食的杨梅要手采,有的需要搭架或爬树,要注意安全;贮藏、加工用的杨梅,可摇落果实后收集。地面铺有松软的草叶,可以缓冲杨梅落地损伤和承载杨梅。

三、杨梅果实采后处理

1. 分级

采收时对所采杨梅应做好品质等级的鉴定,以便分级包装。要求杨梅新鲜洁净、无异味、无病虫害、发育正常,并根据果形、色泽、单果重、肉柱形状和果面有否缺陷分出特等品、一等品、二等品三类。

2. 包装

杨梅果实无果皮保护,极易擦伤,应轻采、轻放、轻运。浙江余姚常用的方法是:将所采果实盛于四周和底部都衬有新鲜蕨类或柴草的小竹篮或小竹篓中,随采随装,减少挤压。每篮不宜超过5 kg,以使果实完好、新鲜,好销。对于大果型杨梅,可采用类似于装鸡蛋的凹穴塑盒,2个塑盒并排装入扁平彩色纸盒内出售,可免果实受伤。所采果实应有柔软的物质垫底,并用较浅的容器盛装。包装材料外应张贴标签,注明产品名称、产地、采收日期、生产单位或经销单位、品质等级等。

3. 贮藏

杨梅是一种极易腐烂变质的鲜果,采收后的杨梅应采用无污染的交通工具,迅速组织调运。杨梅的储存场所应清洁卫生、通风,不得与有毒、有异味、有污染的物品混装混运。长途运输和储存的杨梅应有冷藏设备。

（1）低温气调保鲜：低温气调保鲜适合长途运输。应用冰块冷却运输,杨梅冷至 0~2℃,加保鲜剂,可保鲜 7 天。若装箱,抽出空气、打入氮气进行气调,可保鲜 20 天。

（2）低温和冷库保鲜：低温保鲜适合就地销售储存。利用大型冷库,应晾干果面水分,用保鲜剂层层喷施,保持冷库温度 0~2℃,相对湿度 85%~95%,可贮藏保鲜 36 天。经贮藏后的杨梅一般不鲜食,仅作加工用。

（3）速冻保鲜：速冻保鲜适合杨梅的长期保存。在果实表面喷 5℃ 的水,在 -30℃ 下冷冻 15 分钟,然后在 -18℃ 的冷库中保存 4 个月。解冻时要经包冰处理,置常温下自然解冻,解冻温度 25℃,时间十几分钟,可鲜食。

任务实施

杨梅果实采收

1. 目的要求

正确判断杨梅的成熟程度,适期采收,能用正确的方法进行杨梅的采收,注意安全,对采收后的杨梅进行合理处理。

2. 工具材料

果篮、采果梯（图 12-4-1）、蕨类、凹穴塑盒、纸箱、胶带、台秤等。

3. 操作步骤

（1）看杨梅的着色情况,当呈现本品种杨梅固有的色泽时,可以采收。

（2）看杨梅果实发育程度,果实肉柱充分肥

图 12-4-1　杨梅采果梯

大时可以采收。

(3) 试吃杨梅,具有本品种固有的风味时可以采收。

(4) 准备好采果工具,做好防护工作。

(5) 树下承接准备。杨梅成熟时容易从树上脱落,在采摘前,先在树下地面垫铺一层草或铺一层薄膜,以便收集掉落的果实。

(6) 采收杨梅时要用手指轻握全果,稍稍拉动,果实就会与果梗分离,也可用手指捏住果梗,从果枝上拉下。采下后要轻放在果篮中。

(7) 分级盛放,包装。

任务反思

1. 采摘杨梅要注意哪些事项?
2. 杨梅的保鲜方法有哪些?

项目小结

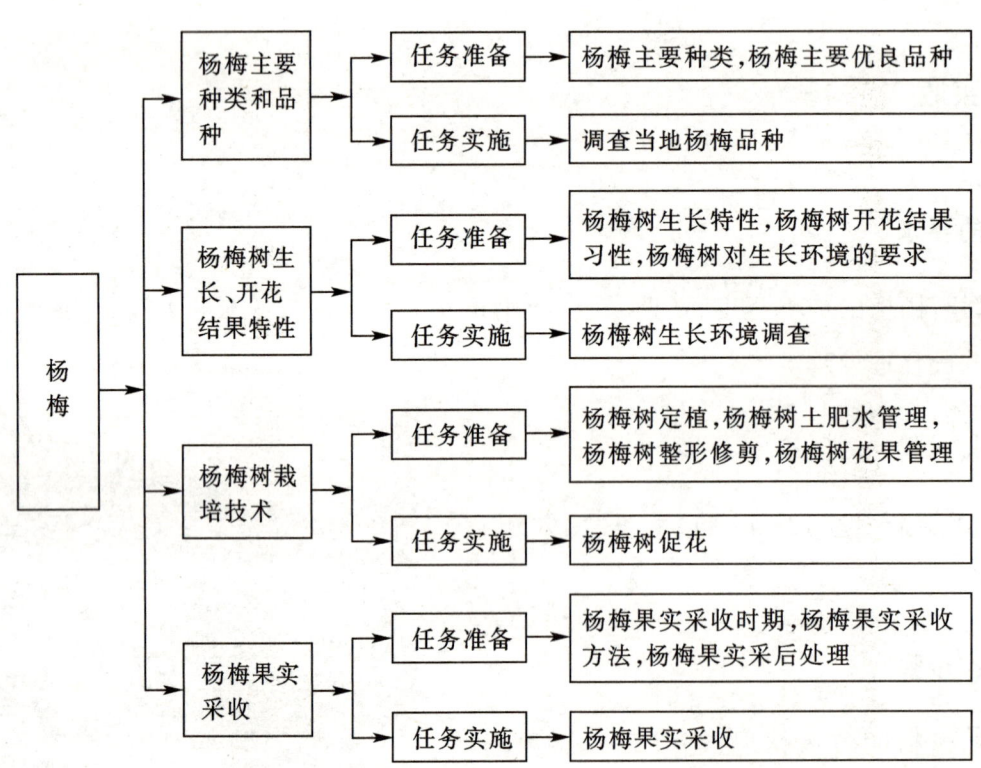

综合测试

一、单项选择题

1. 杨梅树结果枝先端 1~5 节上的花序着果率最高,尤其是第( )节占绝对优势,这是结果的主要部位。

A. 1 B. 2 C. 3 D. 4

2. 将杨梅苗木栽入塘中,并于( )cm 左右高处定干为宜。

A. 15 B. 20 C. 30 D. 40

3. 杨梅树的树形最好采用( )。

A. 开心形 B. 自然圆头形 C. 疏散分层形 D. 主干形

4. 现阶段杨梅生产的关键是( )技术。

A. 大小年控制和保鲜 B. 繁殖 C. 病虫防治 D. 保叶

5. 杨梅开花期喷( ),可提高花粉活力,并能防治杨梅枯梢病。

A. 硫酸钾 B. 硼砂液 C. 赤霉素 D. 15%多效唑

二、多项选择题

1. 我国杨梅属有( )、矮杨梅、大杨梅和全缘叶杨梅 6 个种,作经济栽培的主要是杨梅。

A. 杨梅 B. 毛杨梅 C. 细叶杨梅 D. 光叶杨梅

2. 下列原产浙江省的杨梅有( )、东魁杨梅、晚稻杨梅、丁岙梅和早荠密梅等。

A. 荸荠种 B. 火炭梅 C. 乌酥核 D. 水晶杨梅

3. 杨梅树的枝梢类型依性质分为( )和雄花枝四种。

A. 徒长枝 B. 普通生长枝 C. 结果枝 D. 雌花枝

4. 杨梅树施肥常采用( )和放射沟状施肥等方法。

A. 盘状穴施肥 B. 环沟状施肥 C. 点穴状施肥 D. 全园撒施

5. 杨梅树生长期修剪,主要方法有开张角度( )、抹芽、拉枝、撑枝、刻剥、倒贴皮等。

A. 除萌 B. 摘心 C. 回缩 D. 扭梢

三、简答题

1. 为什么杨梅适宜栽植在山丘北坡、东北坡?
2. 怎样做好杨梅树的更新复壮工作?
3. 怎样做好杨梅的保鲜工作?

四、综合分析题

杨梅生产中常遇到迟迟不开花结果和大小年现象,给杨梅生产带来严重影响,应如何解决这些问题呢?

项目 13

龙 眼

项目导入

老张家种了100多亩的龙眼,今年7月底刚采完果,收成不错,老张也挺开心的。可近段时间他很烦恼,由于采后人手不够,施肥工作做得不好,到年底了结果母枝(秋梢)却抽生得零零星星、参差不齐的,有些还抽不起来。眼看明年就要失收了,他非常焦急。该怎么办?

他赶紧跑到镇上,向技术员小王进行了咨询。小王告诉他,这是因为他采后没有做好龙眼促放梢的工作。龙眼大量采果后一定要足量施好采果前后肥,还要及时统一修剪,才会使龙眼秋梢抽生整齐和健壮。如果养分跟不上,秋梢长不好,明年将会出现小年。趁第二批梢还没有抽出,现在赶紧回去做好促第二次秋梢的修剪和施肥工作,明年还有希望。老张听到这里,如梦初醒,忙起身告别,回去布置工作了。

本项目主要了解龙眼树主要种类与品种;了解龙眼树的生长特性,掌握龙眼的生长、开花结果习性及对生长环境的要求;掌握龙眼树的土肥水管理、花果管理、树体整形修剪、果实采收等技术。

任务 13.1 龙眼主要种类和品种

任务目标

知识目标:1. 了解龙眼的主要种类和品种。

2. 了解生产上常见龙眼品种的性状。

技能目标:1. 能正确识别当地龙眼的主要种类和品种。

2. 能正确调查当地龙眼品种。

一、龙眼主要种类

龙眼(图 13-1-1)属无患子科龙眼属,共 10 个种,栽培仅龙眼 1 个种,共有 400 多个栽培品种,按成熟期分为早、中、晚熟三类。早熟品种果实成熟期为 7 月下旬—8 月中旬,中熟品种果实成熟期为 8 月下旬—9 月上旬,晚熟品种果实成熟期为 9 月中旬—10 月中旬。

图 13-1-1　龙眼

二、龙眼主要优良品种

1. 福眼

福眼别名福圆、虎眼,是福建晋江、泉州、南安栽培最普遍的品种。树冠圆头形或半圆形,树姿开张。果穗较短,坐果较密,果梗软韧,穗重 240~270 g;果实扁圆形,单果重 13~14 g;果皮黄褐色,果肉淡白、透明,果肉表面稍流汁,易离核,肉质稍脆,化渣;汁量中等,味淡甜,香气一般,品质中等;可食率 64.1%~73.4%,焙干率 30.4%,含可溶性固形物 13.5%~16%,100 g 果肉含维生素 C 64.2~66.0 mg;种子紫黑色,扁圆形。果实成熟期 8 月下旬—9 月上旬。福眼较抗鬼帚病,抗旱力较强,大小年结果较明显。

2. 乌龙岭

乌龙岭别名乌石岭、黑龙岭、霞露岭、下渡岭,原种出于福建仙游县郊尾镇塘边的乌石岭村,故而得名。乌龙岭可分红壳、青壳、白壳等品系,是福建莆田、仙游县的主栽品种。树冠圆头形,树势旺盛,树姿半开张。果实圆球形,单果重12~13.5 g,果皮褐色;果肉乳白色、半透明,离核易,肉质软脆,化渣;汁量中等,味甜,品质中上;可食率56%~64.5%,含可溶性固形物18%~20%,每100 g果肉含维生素C 114.4 mg。种子棕黑色,扁圆形。果实于8月下旬—9月上旬成熟。本品种产量高,产品外观美观,是制干果良种,也宜鲜食。

3. 东壁

东壁别名冬瓜蜜,因引自泉州,又称泉州本。树冠圆头形,树姿半开张。果实近圆形,单果重11~13.5 g;果皮黄褐色带灰,具有明显的黄白色虎斑纹,较规则地从果基向果顶纵射,为本品种的主要特征。果肉淡白色、透明、不流汁,放在纸上不沾湿,离核易,肉质脆,化渣,汁较多,味浓甜爽口,品质优,芳香似冬瓜糖,故又称"冬瓜蜜";可食率为62.5%~66.8%,含可溶性固形物24%~28%,每100 g果肉含维生素C 86~115.3 mg,种子较小,赤褐色,扁圆形。果实成熟期在8月下旬—9月上旬。本品种宜鲜食,鲜果较耐贮藏,也宜罐藏,但抗鬼帚病较差。

4. 红核子

红核子别名红核种、红仔。本类型分布较广,是福建省福州市主栽品种,长乐、闽侯、莆田、仙游等地区也有分布。树冠圆头形,树势强健,树姿开张或稍直立。果实圆球形,果重6.3~7.3 g;果皮薄、黄褐色;果肉乳白色、半透明,肉厚,果肉表面稍流汁或不流汁,离核较易或较难,肉质脆嫩,较化渣,汁量中等,味浓甜,品质上,有香气;可食率62%~66%,含可溶性固形物21%~22%,每100 g果肉含维生素C 50.7~100.1 mg;种子棕红色,为其主要特征,圆形至扁圆形。果实于9月上、中旬成熟。本品种耐旱力较强,适宜鲜食,但果较小。

5. 油潭本

油潭本是福建莆田、仙游的主栽品种。本品种树冠头形,树姿较直立。果实侧扁圆形,大小均匀,单果重12~13 g,果皮黄褐色或灰褐色;果肉乳白色,半透明,肉厚,果肉表面易流汁,离核尚易,肉脆,化渣中等,汁多,味浓甜,品质中上,香气一般;可食率64.5%,含可溶性固形物22%~24%,每100 g果肉含维生素C 86.06 mg;种子赤褐色,侧扁圆形。果实于9月中旬成熟。油潭本可分黄壳和草灰壳品系,前者果较小,果皮黄褐色,皮较薄,味较甜;后者果大,皮较厚,成熟时果面覆盖灰褐色煤灰状物。本品种为莆田制干果良种,也宜鲜食,但核较大,易患鬼鬼帚病。

6. 立冬本

立冬本是福建省农科院果树研究所选育的龙眼迟熟良种。果实近圆形，平均单果重12.5~13.3 g；可食率66%，含可溶性固形物21.5%~23.4%；果肉质优味浓甜，果实大小均匀，果色淡青白色，外观鲜艳明亮，耐贮运，是鲜食和制干良种。成熟期在10月中下旬。

7. 储良

储良原产于广东高州市分界镇储良村，现分布于粤西南、粤中、桂东南各县市。树势中等，树冠半圆形。果大，平均单果重12~14 g，扁圆形或鸡肾形，果皮黄褐色；果肉蜡白色，透明，易离核；肉质爽脆，汁较多，清甜带蜜味；果汁含可溶性固形物20%~22%，每100 mL果汁含维生素C 44~52 mg；果实可食率69%~74%，焙干率30%；鲜食品质上等，加工成果脯（桂圆肉）黄净半透明，肉身厚，干爽耐贮；种子较小，棕黑色。成熟期为7月底—8月中旬。该品种早结丰产性能好，但对肥水供应要求较高。

8. 石硖

石硖别名十叶，产地以珠江三角洲为主，广东栽种较多。树冠多圆球形，树体高大，树姿开张。果小、扁圆；皮厚，质脆透明，核小，清甜；含可溶性固形物20%~22.6%，可食率65%~70%，焙干率27%，每100 mL果汁含维生素C 71 mg，鲜食制干皆宜。本品种分为三个品系：

（1）黄壳石硖：叶色浓绿，呈长椭圆形。果穗长大，坐果较疏散；果壳深黄褐色，较厚，石硖三个品系中以黄壳石硖的果最大，平均单果重8~11 g；果肉厚，白蜡色，稍透明，肉质爽脆，果汁少、味清甜，香味浓，品质上乘；核小，红褐色；耐贮藏；焙干后果肉占比率高。广州和中山产区在8月上旬成熟。

（2）青壳石硖：小叶较黄，叶脉青绿色，花穗和果穗较短，坐果密集，结果率较高，丰产稳产。果较小，平均单果重7~8 g；果皮较薄，果肉厚，肉质稍软，果汁稍多，品质中上，果核小。果实于8月上、中旬成熟，比黄壳石硖稍迟。

（3）宫粉壳石硖：叶片较大，果皮红褐而被有灰粉，壳厚而脆；果扁圆形，平均单果重8~9 g，肉厚爽脆，甜香，果汁中等。果实8月上、中旬成熟。其特点是对环境的适应性强、丰产，但果实较小，树体易感染鬼帚病。

9. 双孖木

双孖木是粤西丘陵山坡地的主栽品种，现主要分布于高州、廉江、雷州半岛及惠阳地区各县。树势强壮，树冠圆头形或半圆头形，较开张。果实常双子房同时发育，是本品种的主要特征。果实近圆形,略扁;单果重 11~13 g;果皮黄褐色、较薄;果肉厚,淡黄白色,半透明,易离核,肉质脆;果汁较少,味清甜带香;含可溶性固形物 22%~24%,每 100 mL 果汁含维生素 C 79~130 mg,可食率 70.3%~74%,焙干率 33%;种子较大,扁圆形,乌黑色,种皮光滑无皱纹。成熟期为 7 月下旬—8 月上旬。该品种抗逆性强,较耐贫瘠土壤,少患鬼帚病。

10. 大乌圆

大乌圆别名大龙眼、砂眼、荔枝龙眼,是广西主栽品种之一。广东花都、南海、高要、增城等县、市也有分布。树冠圆头形或半圆形,树势旺盛,树姿开张。果实歪圆形,果大,平均单果重 18.3 g,最重 31 g;果皮黄褐色,中等厚;果肉蜡白色,半透明,果肉表面不流汁,极易离核,肉厚,质爽脆,味甜稍淡,品质中上;可食率 74.3%,焙干率 20%~25%,含可溶性固形物 18.5%,100 mL 果汁中含维生素 C 61.7 mg;种子棕黑色,有光泽,圆球形。果实成熟期在 8 月下旬。

11. 古山 2 号

古山 2 号主栽地区为粤东,珠江三角洲及广州郊区均有引种。树势较强,树冠半圆形,开张。果穗重 400~500 g。果实圆形略歪,平均单果重 9.4 g;果皮黄褐色,较薄;果肉乳白色,易离核,肉质爽脆、味清甜;果实可食率 70%,含可溶性固形物 20%,100 mL 果汁含维生素 C 85.7 mg;种子中等大,棕褐色。果实在 8 月上旬成熟。

12. 大广眼

大广眼为粤西和桂南、桂东南广泛栽培的龙眼良种之一。树冠圆球形。果实扁圆形,果大,但大小不均匀;单果重 12~14 g,最大达 17.7 g;果皮黄褐色,果肉蜡白色,半透明,离核易,肉质爽脆带韧,汁量中等,味甜或淡甜,品质中等;可食率 63.2%~73.6%,含可溶性固形物 18.58%~23.9%,100 mL 果汁含维生素 C 51~63 mg。果实成熟期在 8 月上旬。大广眼果实是鲜食加工兼用的良种,少患鬼帚病。

13. 赐合龙眼

赐合龙眼主产于广东普宁县。树势中等,树冠半圆形,树姿开张。果实近圆球形,平均单果重 12.5 g,最大 16.2 g;果皮黄褐带绿,果肉浅黄蜡色,半透明,易离核,肉质较脆,汁稍多,味清甜,有香气,品质上等;可食率 66.15%,含可溶性固形物 17%~20%,100 mL 果汁含维生素 C 55 mg;种子黑褐色,长圆形。果实在 8 月下旬成熟,是鲜食和加工的良种。

14. 白露

白露原产广西桂平市,因白露节气前后成熟而得名。开花期 4 月中下旬,成熟期 8 月下旬—9月上旬，单果重10~14 g，果皮黄褐色，果肉爽脆清甜（适合鲜食），可食率60%~72%，品种适应性强，丰产稳产。晚熟，抗鬼帚病。

15. 灵龙龙眼

灵龙龙眼原产广西灵山。果穗密集，平均穗重500~550 g；果实大而均匀，单果重11~15 g；果皮黄褐色，果肉白色半透明，爽脆蜜甜，干脆不流汁，品质上等，可食率约70%；种子红棕色。植株健壮，适应性强，丰产稳产，迟熟。成熟期在8月下旬。

16. 桂香龙眼

桂香龙眼又称桂热17号龙眼，由广西亚热带作物研究所选育而成。果穗紧凑，呈结球状；果实外观好，大小均匀，呈黄褐色，平均单果重12.2 g，最大达18 g；果肉厚、脆，乳白色半透明，不流汁，口感好；含可溶性固形物18.7%~20.8%；核小；可食率高，一般达73.8%。广西南宁地区成熟期在7月15—23日，比（当地）石硖早熟7~10天。

任务实施

调查当地龙眼品种

1. 目的要求

了解当地栽培的龙眼品种；掌握现场调查方法。

2. 工具材料

图书、信息工具，皮尺、卷尺、小刀、天平、糖度仪、pH试纸等仪器工具。

3. 操作步骤

（1）讨论调查内容、步骤、注意事项。

（2）通过图书、报刊和互联网查阅当地龙眼品种资料，选择龙眼品种较多的果园，并联系调查的农户。

（3）现场访问，观察各种龙眼树的外形，并测量同树龄龙眼树的高度、冠径，记录比较。

（4）观测各种果实的外形、大小、颜色，测量其直径、单果重，剖开果皮观测其厚度、果肉的纹理，品尝果肉果汁，测量pH、糖度。记录比较。

(5) 问询各种龙眼的树龄、产量、栽培难易度,以及口味、价格等。

(6) 问询当地主栽品种有哪些。

(7) 撰写调查报告。

任务反思

1. 我国龙眼栽培的主要品种有哪些?各有何性状?
2. 调查当地龙眼栽培的品种及栽培现状。

任务 13.2　龙眼树生长、开花结果特性

任务目标

知识目标:1. 了解龙眼树生长、开花结果特性。
　　　　2. 了解龙眼树对生长环境的要求。
技能目标:1. 能正确识别龙眼树枝梢的类型。
　　　　2. 能正确观察龙眼树的结果习性。
　　　　3. 能正确调查当地龙眼树的生长环境。

任务准备

一、龙眼树生长特性

1. 根系

龙眼树属深根性果树,根系发达,具有菌根。根系集中分布在深 20~50 cm 的土层内。在土层深厚、地下水位较低的红壤山地,垂直根深达 2~3 m。水平根可超出树冠 1~2.8 倍。根系好湿、忌浸、怕旱,要求土壤 pH 5.5~6.5。在年周期生长中,根系有 3~4 次生长高峰,第一次高峰在 6 月上旬—7 月上旬早夏梢老熟后,生长量中等;第二次高峰在 8 月上旬—9 月上中旬采果后至秋梢老熟后,生长量最大;第三次高峰在 10 月中旬—11 月中旬秋梢老熟后至分化前,生长量较小。

2. 枝梢

幼年树全年抽生 5~6 次新梢,低龄结果树全年抽梢 4~5 次,成年树全年抽梢 3~4 次。枝梢依生长季节分:春梢、夏梢、秋梢、冬梢。

（1）春梢:主要在上年的秋梢上抽出,生长期 40~50 天,占全年抽梢量 20%~25%。春梢萌动期多在 1 月中下旬,旺盛生长期在 2 月—3 月中旬,4 月中旬停止生长,4 月下旬基本老熟。

（2）夏梢:一般从当年的春梢或疏折花穗的短截枝、落花落果枝上抽出,生长期 20~30 天,占全年抽梢量的 70%~85%。夏梢抽生时间较长,从 5 月上旬—8 月上旬,可先后抽生 2~3 次。5 月上中旬可抽第一次夏梢,其生长量较小。6 月下旬—7 月上旬可抽第二次夏梢;这期间因气温高,雨水足,可大量抽生,也是夏梢生长的高峰。第三次夏梢在 7 月中下旬—8 月上旬抽生,可从当年早萌发的夏梢顶端或落花结果枝顶端抽出。

（3）秋梢:多在 8 月上旬—11 月初萌发,主要从两种基枝萌发:一是当年采果枝,即采果后约 15 天,从结果母枝顶部腋芽抽出,俗称夏延秋梢（图 13-2-1）。若无挂果负担,营养基础较好,一般萌发较早,枝梢质量也较好;另一种从短截枝或老枝上抽生出来,数量较少,称老枝上秋梢。

| 采果后结果枝抽出的梢 | 夏延秋梢 |

图 13-2-1 采后秋梢和夏延秋梢

（4）冬梢:在 11 月—次年 1 月抽出,沿海或粤西部分产区,11 月上、中旬气温较高,树体壮健的树于 11 月初抽出早冬梢,生长较迅速,通过加强栽培管理,可成为来年结果母枝,或扩大幼树树冠,但不宜让冬梢萌发。

二、龙眼树开花结果习性

1. 花芽分化

龙眼花芽的生理分化期,在广东为 12 月—次年 1 月中旬;形态分化期,在广东为 1 月中下旬—3月下旬以露红点为标志。龙眼花芽分化的特点是：边分化边开花，当年分化当年开花；花芽分化易受气温影响而产生冲梢。冲梢指花序在抽生过程中，由于环境的影响，花序中抽出枝叶的现象（图13-2-2）。导致冲梢的原因是：抽穗期气温高（>15℃）、湿度大，或养分不足、激素失调所致。

梢包花　　　　　　　　上梢下花　　　　　　　　花夹叶

图13-2-2　龙眼树的三种冲梢现象

2. 结果母枝

壮实的春梢、夏梢、秋梢都有可能成为次年良好的结果母枝，其中秋梢是次年主要的结果母枝。据观察龙眼枝梢的抽穗率分别是：夏梢占58%~95%（其中夏梢占20%~30%，夏延秋梢占36%~88%）；秋梢占15%~40%（短截秋梢占43%~76%，采后秋梢占8%~32%）。因此，加强科学管理是使其成为良好结果母枝的关键。

在南亚热带地区为避免植株抽发冬梢影响花芽分化，常培养第二次秋梢（10月上中旬抽生，12月上中旬完全老熟）作次年主要的结果母枝。

3. 抽穗与开花

（1）抽穗：龙眼结果母枝自2月上旬—3月下旬开始，由顶芽及顶芽附近的3~5个芽进行花芽分化，至4月上中旬才逐渐发育成完全的花穗。其形态分化表现为末级梢枝条的顶部抽穗，中后期在花穗主轴的苞片腋间形成红色点状侧花穗原基，红点最后发育成为侧花穗。随后逐渐形成包括主轴、侧轴、支穗、小穗、小叶及小花的花穗。龙眼树的抽穗特点是边抽穗边完成花芽分化，直至花序形成。

龙眼花穗多为混合芽发育而成，圆锥形或伞形花序。花芽形成至成花一般需1.5个月，花穗长12~15 cm。每支花穗有支穗13~23个，有小花400~1 800朵，支轴6~22个。花主要有雄花、雌花两种，还有少量两性花和变态花（图13-2-3）。雄花在一个花穗中占总数的60%~80%。

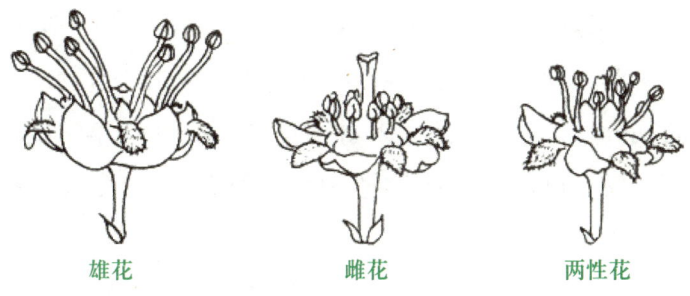

图 13-2-3 龙眼的花型

龙眼抽穗期为 2 月上旬—4 月上旬,有三类花穗:长花穗,长 20~30 cm,雄花多,坐果率低;短花穗,长 12~18 cm,雌花多,坐果率高;冲梢花穗,有结果枝型冲梢(先梢后穗)、叶包花型冲梢(花夹叶)、花包叶型冲梢(上梢下花)。

(2) 开花:龙眼树花期多在 4 月上旬—5 月上旬,历时 30~50 天,每个花穗的花期为 15~30 天,多数为 20 天。每朵单花的花期为 1~3 天。全穗花开放需 24~27 天。雌花通常集中开 3~7 天,1 次开完。有的品种,雌花会集中开 2~3 次,延续 10~20 天,这样会使授粉期拉得过长。龙眼树开花顺序为雄花先开—雌花中间开—雄花后开,以雄花开放结束花期。一般雄花占 60%~80%,雌花占 10%~30%,中性花占 5%~10%。树势衰弱的植株,其雌雄花比例为 1:(10~17),而肥水管理完善的丰产稳产单株,雌雄花比例为 1:1,可见增加树体营养,可以提高雌花比例,增加产量。

4. 果实发育

(1) 果实形态:龙眼果实(图 13-2-4)圆球形或扁圆形,多数品种果实直径 2~3 cm。果皮颜色有黄褐、青褐、红褐、赤褐等。可食部分为假种皮,果肉淡白、乳白或灰白色,透明或半透明、不透明。种核黑褐色或红褐色,光滑有光泽,种子富含淀粉。

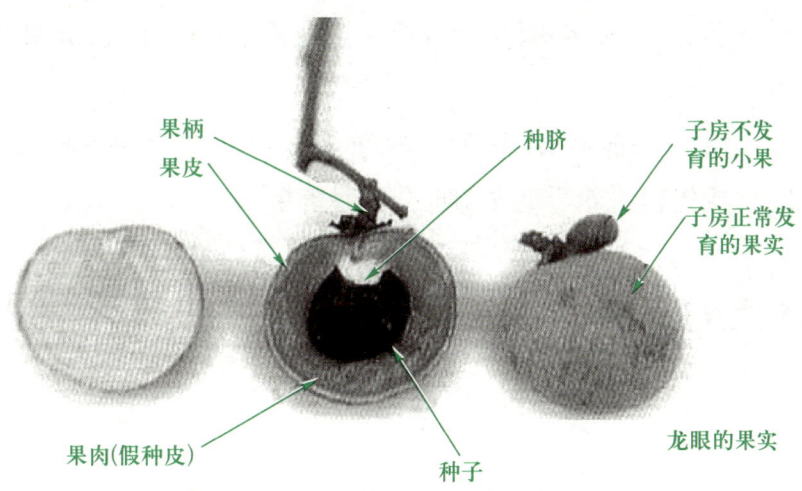

图 13-2-4 龙眼果实形态

（2）果实发育：龙眼果实发育分为三个阶段（图 13-2-5），即胚发育阶段，为果皮与假种皮开始生长阶段，历时 42 天；子叶发育阶段，子叶由薄变厚，由小变大，由软变硬，历时 14 天；果肉发育阶段，果肉增长迅速，果实膨大快，果身逐渐由长圆形变为圆球形或扁圆形。果皮进一步变薄，手压弹性明显，果实可溶性固形物达到该品种的固有要求，种子变黑。果肉发育至成熟需 55~60 天。

果实整个生长发育期为 110 天左右。生长中后期果实增长较快，栽培上要加强此期的肥水管理。龙眼树开花后 50~60 天，剥开果实可见黄色杯状子叶，是施壮果肥的最佳时期。

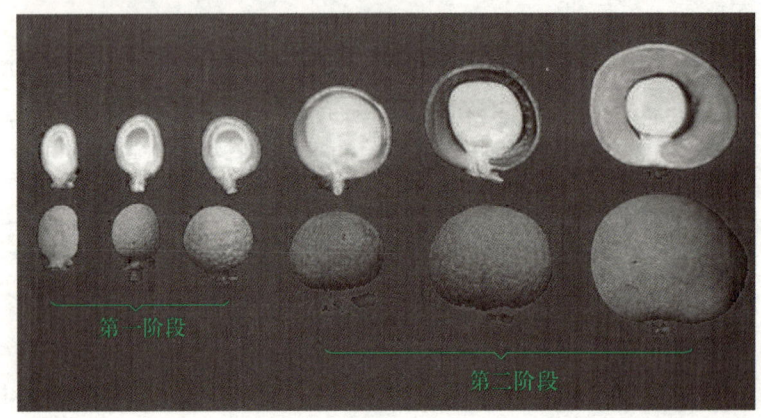

图 13-2-5　龙眼果实发育过程剖面图

5. 落花落果

龙眼落花落果严重，坐果率一般只有 10%~20%，多的有 30%~40%。落果分三个时期，即：

- 第一次落果：花谢后 1~2 周内，幼果处于"并粒期"并开始分大小，落果量占总落果数的 40%~60%，落果的主要原因是：授粉受精不良致种胚败育。
- 第二次落果：花谢后 5~6 周，此时果实开始进入迅速生长期，果肉增长，种子发育需要消耗大量养分，若树势弱、结果过多，果实发育得不到充足的肥水供应，会引起大量落果，落果量占总落果数的 30% 以上。
- 第三次落果：主要是采前落果，占总落果数的 5%~10%。采果前期遇严重自然灾害，如强台风或严重病虫害，或树体营养严重失调也会引起落果。

三、龙眼树对生长环境的要求

1. 温度

龙眼树是典型的亚热带果树，性喜温暖不耐寒，适宜生长在年平均温度 20~23.5℃、极端低温-1.5℃、冬季无霜冻的地区。年均温20℃以下的地区不适宜发展龙眼生产。龙眼树生长发育期间要求高温多湿，最适生长温度23~32℃，35℃以上则生长受抑制。

2. 水分

龙眼树要求年降雨量在1 000~1 800 mm。果实发育期遇干旱则影响果实的正常发育；开花期及果实成熟期不宜多雨，若花期阴雨连绵，会引起烂花或授粉受精不良，减少坐果率；成熟期多雨会降低果实品质，并且增加落果。过多的水分或久旱后下一场大雨，易造成裂果、落果，果园较长时间积水会引起烂根。

3. 光照

龙眼树为短日照植物，较耐阴，周年可生长，要求年日照时数在2 000 h以上。营养生长期、开花期、抽穗期、幼果期要求有充足的光照；花芽分化期，短日照有利于花芽分化；开花期遇晴朗天气，授粉受精良好，坐果率高；果实发育期阳光充足，则产量高、品质好。果实发育期日光强且逢干旱，果实易变硬，甚至产生日灼，失去商品价值。

4. 土壤

龙眼树喜疏松、肥沃、深厚、有机质丰富（>2%~3%）的土壤，要求碳氮比为1∶(7~11)，有效磷的含量在25 mg以上，土壤pH5.5~6.5为宜，以地势高燥、土层深厚、排水良好、腐殖质丰富的砾质、沙质壤土或红壤土为佳。

任务实施

龙眼树生长环境调查

1. 目的要求

了解当地龙眼树生长期的温度和降水量，通过与龙眼树最适温度、最适水分比较，明确栽培要点。

2. 工具材料

图书、信息工具，干湿温度计、风速风向仪等。

3. 操作步骤

（1）讨论调查内容、步骤、注意事项。

（2）通过图书、报刊和互联网查阅当地各种龙眼品种的最适温度和最适水分要求。

（3）到当地气象部门,调查了解当地龙眼树生长期的温度和降水量。

（4）到果园现场访问,了解当地气候条件与龙眼树生长的适配程度。问询极端气候条件对龙眼生产造成的影响。

（5）了解果农如何利用当地气候的条件,采取哪些栽培措施进行龙眼树栽培的。

（6）现场测量气温、风向、风力和湿度。

（7）撰写调查报告。

任务反思

1. 龙眼枝梢生长有何特点？为何会产生"冲梢"现象？
2. 龙眼对生长环境有何要求？

任务 13.3　龙眼树栽培技术

任务目标

知识目标：1. 了解龙眼树的定植时期、定植密度和定植方法。
　　　　　2. 了解龙眼树土肥水管理方法。
　　　　　3. 掌握龙眼树整形修剪方法。
　　　　　4. 掌握龙眼树花果管理方法。

技能目标：1. 能根据龙眼树生长情况,实施土肥水的有效管理。
　　　　　2. 懂得如何进行龙眼树的控梢促花及修剪工作。
　　　　　3. 能进行龙眼树的保花保果工作。

任务准备

一、龙眼树定植

1. 定植时期

龙眼树定植时期一般分为秋季和春季。春季 3—4 月和秋季 9—10 月为龙眼树定植的最佳时机。春季定植较好,成活率高。

定植时要选择苗木粗壮、均匀、根系发达及无病虫害的 1~2 年生、高 60~80 cm、径粗 2~3 cm 的大苗种植。种后要淋足定根水,秋季种植还要盖草保湿保温。

2. 定植密度

定植的株行距常用以下几种：① 3 m×5 m,每亩定植 44 株；② 4 m×4 m,每亩定植 42 株；③ 4 m×5 m,每亩定植 33 株；④ 5 m×6 m,每亩定植 22 株。通过加强管理,获得早期经济效益后,逐年间疏,最后保留每亩 11~22 株。

3. 定植方法

定植前挖好深 80 cm、宽 1 m 的定植穴或沟,通常提前 2~3 个月挖,将表土和底土分开堆放,定植时,先将表土与基肥,如树枝、树叶、杂草、绿肥、作物茎秆,放在底层；再将底土与腐熟的有机肥拌匀填入,每穴宜放入腐熟垃圾 100~200 kg,或禽畜粪肥 30~50 kg,过磷酸钙 1 kg,石灰 1~1.5 kg。石灰分别与基肥、腐熟肥混合,分 3~4 层埋入,再将选好的壮苗端正放入穴内扶正,四周用细土由内而外小心填实,做成直径 1 m 左右的定植盘（外高内低）,然后及时浇足定根水,使根须与土壤充分接触,重新扶正苗木,再回填细土至树的根颈部。回填的泥土应高出地面 15~20 cm。

二、龙眼幼树栽培管理

1. 土肥水管理

(1) 土壤管理：
- 树盘覆盖：树盘覆盖可以保水增温、抑草增肥。可利用山草、稻草或果园杂草等做材料,覆盖于树干周围的地面上。覆盖前先中耕松土,覆盖厚度一般为 5~10 cm。

● 土壤改良:在山坡丘陵种植的龙眼园,除定植前进行定植穴和壕沟深翻压绿改土外,定植后 2~3 年内逐年扩穴(壕沟)改土。每年 6—7 月或 11—12 月深翻改土,扩穴施肥,并分层填入绿肥、杂草,混施石灰、磷肥及土杂肥等,改善龙眼园土壤肥力。

(2) 施肥:幼树施肥应勤施薄施,做到"一梢两肥",年施肥 6~8 次。一般每株每次施复合肥 30~50 g,或尿素 20~25 g,加粪水一桶,冬季加施基肥。另外可结合喷药杀虫加 0.3% 尿素进行根外追肥。以后随着树冠逐步扩大,可增加施肥量,做到每抽一次梢施 1~2 次肥。根据树体生长情况,枝梢生长迅速期增施叶面肥,促进枝梢生长充实。

(3) 水分管理:新建果园应注意排灌系统的建设,新梢生长期间尽可能保持土壤湿润。

2. 整形修剪

龙眼理想的树形为自然圆头形。定植后树高 50~60 cm 即摘顶定干,在萌发的侧枝中选留 2~3 条壮梢作主枝,待主枝长 25~30 cm 时再摘顶促生副主枝。依此类推,待有 4~5 级分枝、末级梢达 80~120 条时,即可结果投产。投产树的标准是:树高 1~1.5 m,冠径 2~3.5 m,分枝级数 4~5 级,末级梢达 80~120 条,结果母枝径粗 0.7~1.2 cm,复叶 12~15 片。

三、龙眼结果树栽培管理

龙眼结果园的周年管理有四个技术环节:一是施肥管理,二是培养健壮秋梢结果母枝,三是控冬梢促花,四是壮花保果。

1. 施肥管理

龙眼树的施肥以有机肥为主,化肥为辅。施肥量根据品种特性、树龄大小、树势强弱、果园土壤肥力状况、上年产量和当年的花果量等情况而定。

(1) 施肥量的确定:据测定,龙眼树每产 100 kg 果需吸收养分为:氮 1~1.5 kg,磷 0.7~1.5 kg,钾 2.1~3.1 kg。氮:磷:钾 = 1 : (0.5~1) : (1.5~2.2),即每收 1 000 kg 鲜果的施肥量为:纯氮 13.8~15 kg、纯磷 7~15 kg、纯钾 20~30 kg。

(2) 初果树的施肥:以有机肥为主,配合磷、钾肥施用:① 基肥:11 月—翌年 1 月施下,株施有机肥 50~100 kg,饼肥 15~20 kg,磷肥、石灰各 1 kg。② 追肥:1 月下旬—2 月上旬施促花肥,株施饼肥 0.5~1 kg,磷肥 0.5 kg;5—6 月施壮果肥,株施氯化钾、尿素各 0.5 kg;采后株施复合肥 1~2 kg,粪水一担。

(3) 盛果树的施肥:周年施肥 5~6 次。

● 基肥:在 11 月上旬—11 月下旬施,以有机肥为主,占全年施肥量的 70%~80%,一般以禽畜粪、猪粪、垃圾及磷钾肥为主,这次施肥的作用主要是促进花芽分化,增强树体的抵抗能力,为下年开花、坐果提供物质基础。

- 追肥:有以下几种:

花前肥 开花前施叶面肥以磷、钾肥为主,不能施过多氮肥,否则会形成带叶花穗和花穗过长,对坐果不利。每 7~10 天喷一次。一般结果 50 kg 的果树,每株施复合肥 0.5 kg,或尿素 0.3 kg、磷酸二氢钾 0.3 kg、硼砂 0.1 kg、硫酸镁 0.1 kg。

花后肥 开花后应及时喷施 2~3 次叶面肥,每 7~10 天喷一次。一般结果 50 kg 的果树,每株施复合肥 1.0 kg,或尿素 0.3 kg、磷酸二氢钾 0.3 kg。谢花后 10~15 天可喷的植物生长调节剂保果,可选用:40~50 mg/L 防落素,或 20~50 mg/L 赤霉素,或 5 mg/L 的 2,4-D,或 5~10 mg/L 萘乙酸,或 0.15% 的芸苔素 5 000~10 000 倍。

壮果肥 第二次生理落果后分 1~2 次施肥(占 30%),一般在 5—6 月疏果后进行。氮占全年施用量的 20%~25%,钾占全年施用量的 40%~50%,磷占全年施用量的 30%~40%。每产 50 kg 果施饼肥 2~3 kg,复合肥 1 kg,氯化钾 1 kg。在果实生长发育期间追施 1~2 次肥,肥料以速效氮肥为主。施肥量根据挂果情况及树势而定。

采前肥 采果前 10~15 天施(占 10%),目的是恢复树势,促发秋梢,有利于后期果实的发育。每株施麸水 100 kg(含干麸 3~4 kg)或鸡粪水 20~30 kg,以及复合肥 2 kg、尿素 0.5 kg。

采后肥 采果后 7 天内秋梢开始萌发时分 1~2 次施(占 25%)。每产 50 kg 果施复合肥 2 kg,尿素、氯化钾各 0.5 kg,饼肥 2~3 kg,氮占全年施用量的 45%~55%,钾占全年施用量的 20%~35%,磷占全年施用量的 20%~35%,微肥占全年总量的 100%。

攻梢肥 早秋梢转绿后施(占 10%)。当年结果多,树势弱的应多施、早施。每产 50 kg 果施复合肥 1 kg、过磷酸钙 2~3 kg、钾肥 1 kg。

- **根外追肥** 开花前、谢花后和幼果膨大期结合防治病虫害进行根外追肥。方法是:在龙眼树开花前喷洒一次 0.1% 硼砂、0.3% 尿素、0.3% 磷酸二氢钾、1 000 倍特多收混合液。在谢花后幼果出现时喷洒一次 0.1% 硫酸镁、0.3% 尿素、0.3% 磷酸二氢钾、25 mg/L 防落素,能减少落果,提高坐果率。龙眼树挂果中后期每 7~10 天叶面喷施一次 0.1% 硫酸镁、0.3% 尿素、0.3% 磷酸二氢钾、1 000 倍特多收混合液,以均匀喷湿叶片和果实以开始有水珠往下滴为宜。

2. 培养健壮秋梢结果母枝

(1) 健壮秋梢的标准:秋梢充分老熟,不长冬梢,枝梢粗度 0.6 cm 以上,长度 25~30 cm,节间较短,叶片厚而充实,末次梢的基梢生长良好。

(2) 适时放梢:秋梢从抽出到老熟,一般需要 45 天左右。末次秋梢抽出早,则花期早、花量大、花质差、坐果率低。如遇深秋冬初气温较高又有适当的水分,11 月下旬以后容易萌发冬梢,严重影响来年开花结果。秋梢抽生过迟,老熟程度差,养分积累少,则难成花,花质量差,来年挂果少。秋梢适期抽生,则花期适时,花量适中,花质好,坐果率高,可获丰产。秋梢抽出后,选留2~3条壮梢,其余疏除。不同的品种、树龄、挂果状况、气候条件和栽培区域,龙眼秋梢抽生期不同。广东一般采果后计划放两次秋梢,第一次秋梢在8月下旬—9月上旬放出,第二次秋梢在10月中旬放出,11月底至12月上中旬老熟。

(3) 修剪:成年结果树树势较弱,采果后一般只抽1次秋梢,修剪可略迟一些,应轻剪,以保留较多叶片,有利于恢复树势。如果当年结果少,树势较壮,肥水条件好,则应在收果后立即进行修剪,促进秋梢及早萌发,放两次秋梢。修剪宜早不宜迟,应在8月中旬采果后即进行。当年挂果过多、生长势弱的,收果后应尽量保留叶片,防止太阳暴晒树干造成伤害,待抽出秋梢叶片转绿时,再进行轻剪。当年无结果的树,在7月下旬—8月上旬夏延早秋梢抽生期进行修剪。此时由于树势较壮,抽梢期早,修剪后能抽生2~3次强壮秋梢,因此以重剪为宜。

采果后的修剪方法:

- 对茎粗1.2 cm以上营养枝剪顶。剪顶后抽生分枝较多,应及时疏芽,根据母枝生长势留分布均匀的2~3条枝作为生长枝或结果母枝。
- 剪除树冠内的枯枝、过密枝、纤弱枝、重叠枝、病虫枝、荫蔽枝。
- 结果后短截留下的结果母枝和残花枝。
- 回缩衰退枝组,保留其基枝20~25 cm、茎粗1.5~2.0 cm的枝桩。
- 短截衰弱的结果母枝和徒长枝,修剪程度以中午时可以看见阳光通过绿叶层,在树盘地面上形成数量众多的铜钱大小的光点为宜。
- 新梢生长5~10 cm时,疏芽定梢,去弱留强,每条基枝留秋梢2~3条(图13-3-1),一般基枝粗度超过1 cm的,可留3条新梢;粗度1 cm以下的,留2条,其余全部疏除,以减少养分消耗,保证秋梢生长健壮。

短截修剪　　　　　　　疏芽定梢

图13-3-1　采后短截修剪及疏芽定梢

- 弱树轻剪或不剪,强树适当重剪。

(4) 加强水分管理:如遇秋旱,影响秋梢的萌发生长,应及时淋水或灌水,保证培养适时健壮的秋梢结果母枝。

(5) 喷药保梢:危害龙眼秋梢的害虫有:荔枝蒂蛀虫、荔枝尖细蛾、龙眼亥麦蛾、龙眼角颊木虱、尺蠖等。要根据虫情,及时防治。

3. 控冬梢促花

冬梢的萌发生长会消耗树体的营养物质,直接影响花芽分化和下年的开花结果,保证末次秋梢的生长,可控制冬梢的生长。

(1) 适时放梢:只要末次秋梢适时抽生,通常会控制冬梢的萌发。

(2) 控氮增钾:末次秋梢转绿后停止氮肥的施用,增施钾肥,控制营养生长,促进花芽分化,提高雌花比例。结果 50 kg 的果树,每株可施氯化钾 0.5 kg,微生物钾肥 0.1 kg,挖浅沟施,旱天加水淋施。

(3) 断根控水:末次秋梢老熟后停止灌水;亦可通过深翻断根控水,即在树冠滴水线下松土 10～15 cm,锄断部分须根控水,也可以在树冠滴水线下挖宽深各 30～40 cm 的环状施肥沟或长 100～150 cm 两条对面沟露根,20～30 天后结合施有机肥回土(图 13-3-2)。

图 13-3-2　松土断根控冬梢

(4) 环割(剥):在末次秋梢老熟后,对长势壮旺、水肥条件好的树进行环割、环剥或环扎,控冬梢促花效果好。但弱树不适用,久旱或低温时要慎用(图 13-3-3)。

环剥

环扎

环割

图 13-3-3　环剥、环扎、环割控梢

(5) 人工摘冬梢:对于萌发较迟或控制不住的冬梢,在冬梢长至 3～5 cm 时人工摘除。

(6) 药物控梢:末次梢老熟时(11月底—12月初)喷施乙烯利加多效唑或加比久控冬梢,隔 20 天喷 1 次,一般喷 2～3 次,可有效控制冬梢抽生,促进花芽分化。

可选用以下任一组激素喷施:①（300～400 mg/L 乙烯利）+（400～600 mg/L 多效唑）；

②（300~400 mg/L 乙烯利）+（1 000~1 200 mg/L 比久）。

4. 壮花保果

(1) 提高授粉率：

- 花期放蜂或诱蝇授粉：龙眼是雌雄异花，需蜂、蝇、风等传粉。在花期每亩果园放蜂1~2群，可满足传粉要求（一只蜜蜂的后脚所带的花粉团有数万粒花粉）；或每亩果园放置3~5处鱼肠、咸鱼头，或堆放垃圾，引诱苍蝇帮助授粉（图13-3-4）。开花期应停止喷施杀虫农药。

蜜蜂授粉

苍蝇授粉

图 13-3-4 蜜蜂或苍蝇授粉

- 人工辅助授粉：在蜜蜂缺乏或诱蝇不足的情况下，可采用人工授粉。方法是：早上雄花盛开时用湿毛巾在花穗上来回轻扫或轻拍，收集花粉，然后洗入水中，获取淡黄色的花粉混浊液，每50 kg花粉液中加入硼酸2 g、蔗糖500 g，及时将溶液喷在盛开的雌花上。为保证花粉的活性，花粉液应即配即用，不能在常温下放置超过半小时。

- 人工摇花，防止沤花烂花：龙眼花期遇阴雨，要及时用竹竿摇花，将花穗和花朵上的雨水，以及已凋萎的花器摇落，以减少花朵腐烂或引起霜霉病的发生。

- 及时喷水：盛花期遇干旱天气时，每天上午8—10时，下午3—4时向果树上喷水，稀释蜜糖，以延长雌花挂头接受花粉的时机和促进花粉萌发。

(2) 摘除嫩叶：春季抽生的花穗生长嫩梢和夹带叶片时，及时人工摘除新梢或嫩叶，也可用200 mg/L 乙烯利溶液或300 mg/L 多效唑溶液喷雾喷杀灭嫩梢嫩叶。

(3) 环割保果：对生长偏旺的结果树，可在雌花谢花后10天，对主枝或主干进行环割、或环剥、或环扎保果，环剥的伤口宽度为0.2~0.3 cm，环扎可用14号铁丝缚扎。

5. 疏花疏果

(1) 疏花：龙眼树花穗长、花量大，因此，在花穗长12~15 cm、花蕾未开放时，应疏除弱穗、病穗、带叶花穗,减少营养消耗。树势壮旺的疏去30%~50%的花穗,早熟种疏去20%~30%,树势弱或晚熟种疏去50%~70%。每平方米树冠表面只选留粗短花穗8~10个。

疏花通常在清明至谷雨期间进行。疏花穗可按"上层少留,下层多留;外围少留,内部多留"的原则进行。同一基枝上有2枝以上的花穗一般只选留其中的一枝,以选留20 cm以下粗短花穗为主。

由于花序顶部雄花比例大,长花穗不利坐果应短截长花穗,保留花穗基部约20 cm,并保留侧花穗5~6枝,提高坐果率。

(2) 疏果:一般在6月下旬疏果。第二次生理落果结束后幼果绿豆大时,对结果过密的果穗进行疏果,去除小果、畸形果、病虫害果。

6. 果穗套袋

在龙眼树第二次生理落果结束并疏果后,可将果穗套袋护果(图13-3-5)。套袋前喷1次10%灭百可1 500倍液加58%瑞毒霉锰锌1 000倍液防治病虫害。

图13-3-5　果穗套袋

龙眼树整形修剪

1. 目的要求

通过实习,初步掌握龙眼树整形修剪的方法。

2. 工具材料

枝剪、手锯、梯子、木凳、木桩、草绳,龙眼的幼年树和结果树。

3. 操作步骤

(1) 幼树的整形修剪:
- 定干:龙眼幼树高30~40 cm时摘顶定干,促分枝。
- 造型:摘顶后,在萌发的侧枝中选留2~3条长势壮旺、分枝角度合理(夹角45°~60°)的新梢作主枝。待主枝长25~30 cm时再次摘顶促生副主枝。主枝和副主枝要求分布合理、长势均匀。副主枝生长的方向要求在主枝的两侧或下方,过长过直的徒长枝或过弱的细枝要去除。

待副主枝长至20~30 cm时再次摘顶促分枝,新梢抽出后再选留2~3条向两侧或向外生长的三级分枝作侧枝。依此类推,分别促生侧生分枝,每级分枝长20~30 cm。待有4~5级分枝、末级梢达80~120条时,即可投产。

(2) 结果树的修剪:

春季修剪

- 疏花:对花量过多的植株,在花穗长12~15 cm花蕾未开时,疏除弱穗、病穗、带叶花穗。树势壮旺的疏去30%~50%的花穗,早熟种疏去20%~30%,树势弱或晚熟种疏去50%~70%。每平方米树冠表面只选留粗短花穗8~10个。
- 短截花穗:在花穗抽出伸长后至12~15 cm时进行短截,保留花穗基部20 cm左右,保留侧花穗5~6枝。

夏季修剪 主要的工作是疏果。第二次生理落果结束后幼果绿豆大时进行。龙眼大果型品种如大乌圆每穗留果30~35个,中果型品种如储良每穗留果40~45个,小果型品种如石硖每穗留果50~55个,其余的去除。结果多的年份可疏去总量的20%~30%。

秋季修剪 采果后的修剪是全年中最重要的一次修剪,其目的一是清园,二是培养整齐健壮的秋梢。具体修剪方法如下:

- 对径粗1.2 cm以上营养枝剪顶。剪顶后抽生分枝较多,应及时疏芽。据母枝长势留分布均匀的2~3条枝作为生长枝或结果母枝。
- 剪除树冠内的枯枝、过密枝、纤弱枝、重叠枝、病虫枝、荫蔽枝。
- 短截结果后留下的结果母枝和残花枝。
- 回缩衰退枝组,保留基枝20~25 cm、径粗1.5~2.0 cm的枝桩。
- 短截衰弱的结果母枝和徒长枝,修剪程度以中午时可以看见阳光透过绿叶层、在树盘地面上形成密集的、铜钱大小的光点为宜。
- 新梢生长至5~10 cm时,及时疏芽定梢,去弱留强,每条基枝留秋梢2~3条,一般基枝粗度超过1 cm的,可留3条新梢;粗度1 cm以下的,留2条,其余全部疏除,以减少养分消耗,保证秋梢生长健壮。
- 弱树轻剪或不剪,强树适当重剪。

上述修剪作业可按龙眼树生长的物候期和季节分别进行。

任务反思

1. 对龙眼结果树怎样施肥才合理?
2. 试述龙眼结果树的修剪。

3. 如何对龙眼树进行控梢促花和保花保果?

4. 如何克服龙眼树大小年结果的现象?

任务 13.4　龙眼果实采收

任务目标

知识目标:1. 了解龙眼果实采收时期和方法。

　　　　2. 掌握龙眼果实采收的最佳时间。

技能目标:1. 能判断龙眼果实成熟度。

　　　　2. 能进行龙眼果实采后处理。

任务准备

一、龙眼果实采收时期

龙眼应在充分成熟时采收。当果壳由青色转为褐色,果皮由粗糙转为薄而光滑,果肉由坚硬变为柔软而富有弹性且呈现浓甜,果核颜色变黑褐色或红褐色时,即为成熟。过早采收的果实含糖度低,风味淡,品质差;过迟采收则糖分下降,甜度低,味道淡,口感差。就地销售或加工桂圆肉、桂圆干的,采收成熟度可以在九成以上;用于制作糖水罐头的果实要求成熟度八至九成。供贮藏、远运的果实适宜在八成熟采收。采果宜在清晨、傍晚或阴天,避免中午高温或烈日暴晒,否则因气温过高易使果实变色变味。雨天不宜采果,以防腐烂。

二、龙眼果实采收方法

在果穗基部 3~6 cm 处带 2~3 叶剪断果穗。采下的果穗要小心轻放,并在阴凉处散热,以利于保存养分和延长保鲜期。

三、龙眼果实采后处理

采下的果先清除伤果、裂果、病虫果及细弱畸形果,然后用 500~1 000 mg/L 的特克多或多菌灵、百菌清等杀菌剂浸果1~5分钟,取出晾干后装箱,放入冷库预冷,再在3~5℃温度、80%~95%湿度的冷库冷藏保鲜。

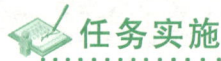

任务实施

龙眼果实采收及采后处理

1. 目的要求

通过实习,掌握龙眼果实的采收及采后处理的技术。

2. 工具材料

枝剪、采果梯、采果袋(或篮)、包装容器等。龙眼的结果树,消毒杀菌药物。

3. 操作步骤

(1) 观察果实成熟度:观察所采果实处于何种成熟度。果壳由青色转为褐色、果皮由粗糙转为薄而光滑、果肉由坚硬变柔软而富有弹性且呈现浓甜、果核颜色变黑褐色或红褐色时即为成熟。

(2) 采收方法:在果穗基部3~6 cm龙头桠处带2~3叶折断果穗,采果应在晴天早晨或阴天为宜,否则因气温过高极易使果实变色变味。采下的果穗要小心轻放,并在阴凉处散热,以利于保存养分和延长保鲜期。

采果次序应先摘树冠下部,后摘树冠上部;先摘树冠外围,再摘树冠内膛,以免碰落其他果实。采果时要严防果实落地摔伤。

(3) 采后处理:

- 消毒冷藏:采下的果先清除伤果、裂果、病虫果及细弱畸形的果实,然后用500~1 000 mg/L的特克多或多菌灵、百菌清等杀菌剂浸果1~5 min,取出晾干后装箱,每箱10~15 kg,放入冷库8~10℃预冷,再在3~5℃温度、80%~95%湿度的冷库冷藏保鲜。

- 装箱:可用竹筐简装,或纸箱、木箱精装。在装龙眼果之前,容器内需放衬垫物,或在容器底部和果实空隙间加放填充物,使果实不与内壁直接接触,以减少果实在贮运中的损耗。

- 贴标签:最后在包装容器上贴上标签,标明品种、质量及产地等。

4. 作业

观察龙眼果实采后的糖度、颜色、水分和品质的变化,并作简要分析说明。

任务反思

1. 怎样判断龙眼果实的成熟度?
2. 如何确定龙眼果实采收期?
3. 龙眼果实采后应如何处理?

项 目 小 结

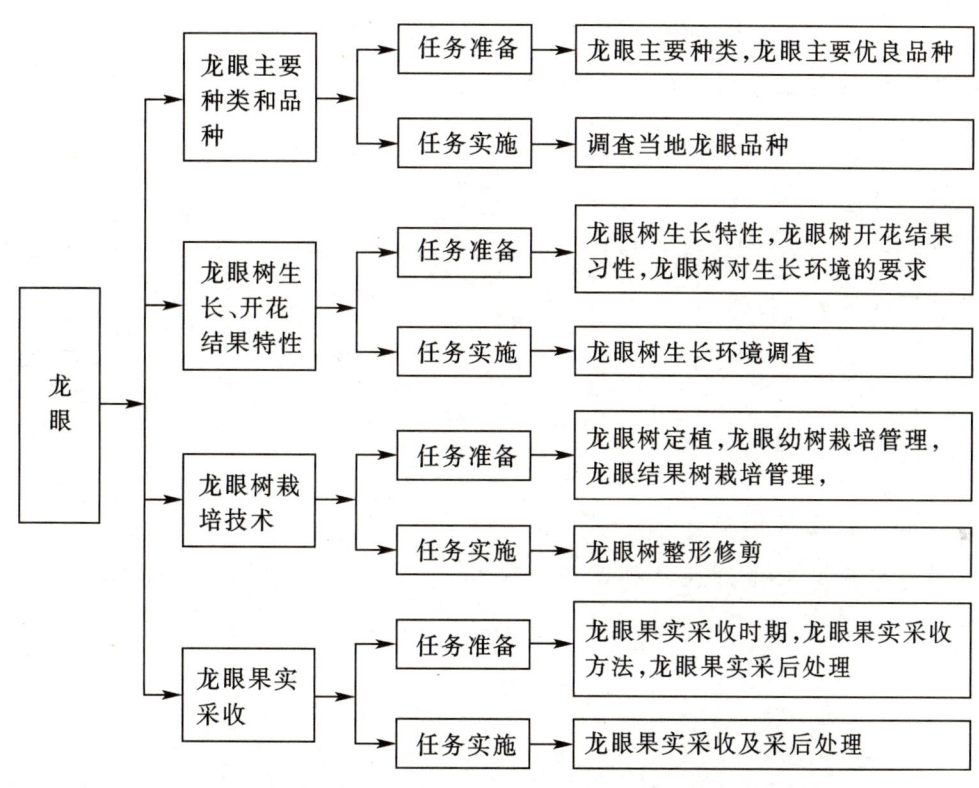

综 合 测 试

一、单项选择题

1. 龙眼的可食部分是(　　)。
 A. 假种皮　　　　B. 外果皮　　　　C. 中果皮　　　　D. 内果皮
2. 龙眼抽穗期间,出现先抽穗后抽梢的现象称(　　)型冲梢。
 A. 结果枝　　　　B. 叶包花　　　　C. 花包叶　　　　D. 杂合
3. 在龙眼各类秋梢中,抽穗率最高的是(　　)。

A. 夏延秋梢　　　　B. 短截秋梢　　　　C. 采后秋梢　　　　D. 老枝秋梢

4. 要使龙眼丰产稳产,其雌雄花比例宜控制在(　　)较为适宜。

A. 1∶1　　　　B. 1∶(5~8)　　　　C. 1∶(10~15)　　　　D. 1∶(20~25)

5. 龙眼在(　　)月抽出的新梢可称为夏延秋梢。

A. 5—6　　　　B. 7—8　　　　C. 9—10　　　　D. 10—11

二、多项选择题

1. 常见的龙眼栽培早熟品种有(　　)。

A. 储良　　　　B. 福眼　　　　C. 赤壳　　　　D. 东壁

2. 龙眼属深根性果树,根系庞大,它具(　　)。

A. 垂直根　　　　B. 水平根　　　　C. 须根　　　　D. 菌根

3. 龙眼种植的株行距通常有(　　)几种。

A. 2 m×3 m　　　　B. 4 m×5 m　　　　C. 5 m×6 m　　　　D. 6 m×6 m

4. 龙眼保花保果可选用(　　)等生长调节剂。

A. 赤霉素　　　　B. 萘乙酸　　　　C. 芸苔素　　　　D. 矮壮素

5. 龙眼果实成熟时,果壳多呈(　　)色。

A. 黄褐　　　　B. 青褐　　　　C. 红褐　　　　D. 灰褐

三、简答题

1. 龙眼树培养健壮秋梢结果母枝应怎样适时放梢?
2. 简述龙眼疏花疏果技术。
3. 龙眼树栽培应怎样做好控冬梢促花工作?

项目 14

荔 枝

项目导入

果农老邓承包了200多株黑叶荔枝,由于年景不错,荔枝挂满了枝头。荔枝将要变红了,老邓打电话给农业站的老李,邀请他过几天来吃荔枝。大约过了一周时间,满心欢喜的老邓跑去果园要看看荔枝成熟得怎么样了。可到果园一看,老邓的心顿时凉了半截。原来满树的荔枝果落了满地,真是欲哭无泪。这是怎么回事?

老李赶过来一看,全明白了。他随手捡起一粒荔枝,表面上荔枝挺好的,剥开来给老邓看,里面竟然全是虫粪。原来在荔枝果实发育的中后期,老邓由于忙于其他事情,没有做好保花保果和防治病虫害的工作,让荔枝蛀蒂虫和小灰蝶的幼虫钻进果实而造成了大量落果。老邓表示今后要多学习、多请教老李,再也不能犯这样的错误了。

本项目主要了解荔枝的不同种类与品种;了解荔枝的生长特性,掌握荔枝生长、开花结果习性及对生长环境的要求;掌握荔枝主要生产技术,包括土肥水管理、花果管理、树体整形修剪和果实采收。

任务 14.1 荔枝主要种类和品种

任务目标

知识目标:1. 了解荔枝的主要种类。
　　　　2. 了解荔枝的优良品种。
技能目标:1. 能正确识别荔枝的主要种类。
　　　　2. 能说出荔枝优良品种的特点。

3. 能正确调查当地荔枝品种。

任务准备

一、荔枝主要种类

荔枝(图 14-1-1)属无患子科荔枝属植物,为常绿乔木果树。荔枝属有两个种:一个种是荔枝,原产中国;另一个种是菲律宾荔枝,是当地野生树种,果无食用价值。荔枝种类繁多,主要栽种于广东、广西等地。

二、荔枝主要优良品种

图 14-1-1 荔枝

1. 早熟品种

(1) 三月红:又名四月荔。果呈心形或歪心形;单果重26～42 g;果皮鲜红色,较厚而脆;果肉白蜡色,多汁,味甜带微酸,肉质较粗韧,核大;果可食率为62%～86%,品质中等。5月上中旬成熟。

(2) 白糖罂:果大,呈歪心形;单果重21.4～31.8 g;皮色鲜红,龟裂片大部分平滑;果肉白蜡色,肉质爽脆清甜带浓厚的香蜜味,味清甜多汁,可食部分占全果重的70%～71.4%。品种早熟、丰产,品质优良。5月下旬成熟。

2. 中熟品种

(1) 妃子笑:果大,单果重达23.5～32.5 g;近圆球形或卵圆形,果肩一边高一边平阔;果皮淡红色,皮薄,龟裂片细微隆起,裂片峰尖锐而刺手;果肉白蜡色,质爽脆,细嫩多汁,味清甜带微香。可食部分占全果重的77.1%～82.5%,种子有大核和小核两种。6月上中旬成熟。

(2) 黑叶:果中等大,单果重16～32 g;呈卵圆或歪心形,果顶浑圆或钝;果梗较大,果皮暗红色,薄而韧,龟裂片较大而平坦,缝合线明显;果肉乳白色,软滑多汁,味甜而带香;种子中等大,可食部分占全果重的63.5%～73.3%。6月上中旬成熟,品质中上,丰产稳产性能好,是制罐、加工荔枝干的好品种。

(3) 白腊:树势中,枝条疏长而硬。果形近心形或卵圆形,单果均重约24 g;皮薄,色鲜红,肉爽脆多汁、清甜,可溶性固形物17%～20%;种子中等大,间有焦核。5月下旬—6月中旬成熟。

（4）大造：树高大，枝疏长，树冠开张。果长卵圆形或椭圆形；果中等大，均重23.8 g；皮薄鲜红色，肉爽甜微酸，大核，品质中。6月上中旬成熟。

3. 晚熟品种

（1）桂味：果中等大，单果重15～22 g；果近圆球形，果肩平；果皮鲜红色，龟裂片凸起，呈不规则圆锥形，裂片峰尖锐刺手；果肉乳白色，爽脆细嫩、清甜，汁多而带桂花香味；种子以细核（焦核）为多，果实可食率达75%～80%。6月下旬—7月上旬成熟，耐旱，丰产性能好，但大小年结果明显，较易裂果。

（2）糯米糍：果大，单果重20～27.6 g；果呈扁心形，顶浑圆；果皮鲜红色，龟裂片明显隆起，裂片平滑；果肉乳白色或黄蜡色，果肉厚，细嫩多汁，味浓甜而带香气；种子小，多退化，果实可食率达73%～86%。6月下旬—7月上旬成熟。

（3）灵山香荔：灵山香荔因其果实香味浓而得名。树势旺盛，枝条密而下垂。果实卵圆形略扁，果中等大，平均单果重21 g；果皮紫红色，果肉爽脆清甜，香味浓，核小，果顶钝圆，果肩平；肉较厚，爽脆，可食部分占全果重的73.46%，含可溶性固形物20.0%，品质上等。6月底—7月上旬成熟。

（4）鸡嘴荔：果实歪心形或扁圆形；较大，平均单果重24.3 g，大小较均匀。果皮暗红色，果顶浑圆，果肩平或一肩微耸；果皮薄而韧，果肉蜡白色，果肉厚，肉质爽脆，果汁中等多，风味清甜、微香，可食部分占全果重的74.2%；种子小核率较高，品质上等。

（5）淮枝：果实近圆形；果皮暗红色，果实中等大，均果重20.6 g，果肉白蜡色，肉质软滑，汁多味甜；种子较大，品质中上。果实7月上旬成熟，适应性强，丰产稳产。

任务实施

调查当地荔枝品种

1. 目的要求

了解当地栽培的荔枝品种；掌握现场调查方法。

2. 工具材料

图书、信息工具，皮尺、卷尺、小刀、天平、糖度仪、pH试纸等仪器工具。

3. 操作步骤

（1）讨论调查内容、步骤、注意事项。

（2）通过图书、报刊和互联网查阅当地荔枝品种资料,选择荔枝品种较多的果园,并联系调查的农户。

（3）现场访问,用目测法观察各种荔枝树的外形,并测量同树龄荔枝树的高度、冠径,记录比较。

（4）观测各种果实的外形、大小、颜色,测量其直径、单果重,剖开观测果皮的厚度、果肉的纹理,品尝果肉果汁,测量 pH、糖度。记录比较。

（5）问询各种荔枝的树龄、产量、栽培难易度,以及口味、价格等。

（6）问询当地荔枝树主栽品种有哪些。

（7）了解当地新引入的荔枝品种有哪些。

（8）撰写调查报告。

任务反思

1. 当地栽培的荔枝品种有哪些？各有何性状？
2. 调查当地荔枝栽培现状。

任务 14.2　荔枝树生长、开花结果特性

任务目标

知识目标：1. 了解荔枝树生长特性。
　　　　　2. 了解荔枝树对生长环境的要求。
技能目标：1. 能正确识别荔枝树枝梢的类型。
　　　　　2. 会调查荔枝树生长、开花结果习性。
　　　　　3. 能正确调查当地荔枝树的生长环境。

任务准备

一、荔枝树生长特性

1. 根系

荔枝为深根性果树，根系发达。根系的垂直分布多在土层 1.2 m 以内，根系水平分布通常比树冠大 1~2 倍，以距主干约 1 m 至树冠外缘土层根量最多。根系生长无明显休眠期。土温 23~26℃、含水量 23% 最适宜根系生长。一年中根系有三个生长高峰期，第一次出现在开花后夏梢萌发前的 5 月中旬—6 月中下旬，第二次出现在采果后的 7 月中下旬—8 月中旬，第三次出现在秋梢、花芽分化前的 9 月中下旬—11 月上旬，第二次生长量最大。个别年份 11 月仍有少量新根发生。根系耐旱、耐湿力较强，与真菌共生形成内生菌根，富含单宁。**荔枝树根系断后恢复慢，移栽时要注意保护根系。**

2. 枝梢

荔枝的新梢多从枝梢的顶端及其以下 2~3 个芽抽出，落花落果枝从残留的花枝、果枝基部抽出，采果枝及修剪枝从剪口端腋芽抽出，而衰弱树会从树干或老枝的不定芽萌发新梢。荔枝的新梢按生长季节划分有：春梢、夏梢、秋梢和冬梢。

（1）春梢：立春后抽出，此时气温较低，初生嫩叶多呈红铜色，梢期 80~140 天。

（2）夏梢：5 月上旬—7 月底萌发，幼年树及青年树先后有 2~3 次新梢。此时气温由低到高，梢期先后由长到短，长的 50 天以上，短的不足一个月。

（3）秋梢：7 月下旬—10 月抽出，青壮年树能萌发 2~3 次，梢期长短与夏季相反，由短到长，短的只需一个月，长的 90 天以上。秋梢是重要的结果母枝。

（4）冬梢：11 月—次年 1 月抽出。冬季温暖多雨，健壮植株会萌发冬梢。抽出后又因遇低温霜冻，嫩叶细小且不能正常转绿，甚至干枯，成为无叶光棍枝，不利于次年开花结果，应抑制其萌发。

荔枝不论是春梢、夏梢、秋梢或落花落果枝，只要是在花芽分化前老熟且不再抽生冬梢的健壮新梢，都有可能成为次年主要结果母枝。荔枝枝梢特性因品种而异，如禾荔枝条密而短；大造枝条疏而长，而且柔软下垂；三月红枝条硬而脆，较直立；糯米糍枝条则密而下垂。

二、荔枝树开花结果习性

1. 花芽分化

荔枝花芽由结果母枝的顶芽或靠近顶芽的腋芽分化而成。广东地区荔枝的花芽分化物候期如表14-2-1所示。

表14-2-1　广东地区荔枝花芽分化物候期

品种	始分化期	抽穗期	成花期	开花期	末次梢期
早熟	10月中旬	11月下旬—12月上旬	1月下旬	2月中下旬	8月下旬—9月上旬
中熟	11月中旬	1月中下旬	3月上旬	3月中旬	9月下旬—10月上旬
晚熟	12月中下旬	1月下旬—2月上旬	3月中下旬	3月下旬—4月上旬	10月中下旬

荔枝花芽分化期其外部形态表现为末级梢枝条的顶部抽穗,中后期的花穗主轴苞片腋间形成白色点状(细、密、短)的侧花穗原基,白点最后发育成为侧花穗。

2. 花序

荔枝花序为大型聚伞状圆锥花序,大多由结果母枝顶芽及其下数个腋芽抽生;其小花有三种:雄花(占大多数)、雌花(占少数)、两性花(极少)、变态花(个别)(图14-2-1)。荔枝多为雌雄异花,少数是完全花,通常雄花比雌花略小,着生在同一花穗上。也有全穗都是雄花或雌花的,但为数不多。

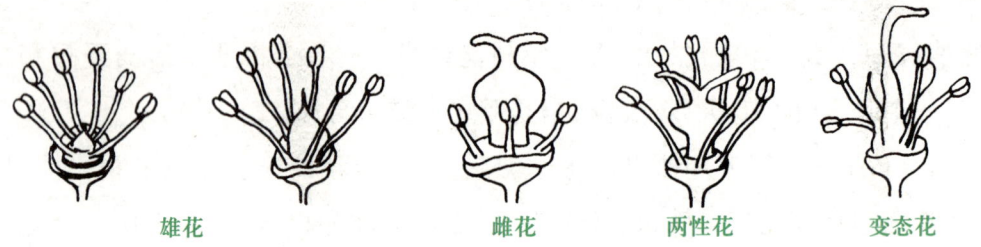

雄花　　　　雌花　　　　两性花　　　　变态花

图14-2-1　荔枝花型

3. 开花

荔枝开花期在2月中下旬—4月中下旬,其中早熟品种分别比中熟品种、晚熟品种的花期提早20~30天,单株花期20~30天。

开花习性：荔枝开花次序由下而上，以一个小穗而言，中央一朵花先开，旁边两朵后开，同一花穗雌雄花开放的高峰期不相遇，依其开放过程可分为三个类型：① 单次异熟型：雌雄蕊不同时成熟，也不同时开放；② 单次同熟型：雌雄花一次同时开放；③ 多次同熟型：雌雄花多次同时开放。雌花比例一般在30%以下，高者可达50%以上。每穗雌花量一般有100~200朵，多的可达700朵。

4. 果实

不同地区，果实发育全过程受气候条件影响，成熟期也有差异。黑叶品种雌花开放至果实成熟约需70天，淮枝约需75天。

荔枝果实由果柄、果蒂、内果皮、外果皮、果肉（假种皮）及种子组成（图14-2-2）。果实形状，果皮颜色、龟裂纹、缝合线深浅因品种而异。果形有椭圆形、圆球形或心形，直径2~3 cm，果皮有龟裂纹，未成熟时青绿色，成熟时红色或紫红色。种子长椭圆形，棕褐色，光滑，有光泽。果肉白色半透明，肉质多汁。

图14-2-2　荔枝果实结构

5. 落花落果

荔枝是多花果树，但落花落果极为严重，结果率极低。荔枝果实发育过程中有三个生理落果期。

（1）幼果落果期：即第一次生理落果期。开花后7~14天，小果大量脱落，占幼果总数的50%~60%。此期落果的主要原因是：① 授粉受精不良，种胚不能发育；② 大量开花，营养消耗大，果实发育没有足够的养分；③ 气候不良，特别是阴雨天多，光照不足。

（2）中期落果：此期落果高峰出现在假种皮（果肉）发育至种核一半位置时，占落果总数的10%~20%。此期落果原因主要是：① 夏梢大量抽发，消耗了大量的养分；② 连续阴雨、暴风暴雨，或者过分干旱，或者遭病虫危害。

（3）采果前落果：通常采果前10天内出现，占落果总数的5%~10%。主要原因是：① 果实急剧加重，养分供应不足；② 受病虫危害（如霜霉病、纹细蛾等）。

三、荔枝树对生长环境的要求

1. 温度

荔枝对温度要求严格，营养生长期要求高温高湿，阳光充足；而在花芽分化和形成期间则需要一段足够的低温和干燥天气;冬季稍微寒冷的天气容易造成冻害,甚至整株冻死。早熟品种在4℃和迟熟品种在0℃时营养生长基本停止,8~10℃时生长开始恢复,10~12℃时生长缓慢,13~18℃生长开始增快,21℃以上,尤其23~26℃生长最旺盛。荔枝受冻害的临界温度是-2℃,持续时间越长,冻害越严重。温度在0℃时不致冻害,低于-1.5℃的两天内老荔枝树不致冻伤。

荔枝花在10℃以上始开放(稳定通过13℃时),20~24℃时花粉萌发率最高,开花最盛。高于26~27℃时,花芽分化、萌芽受抑制。29℃以上开花减少,温度高于30℃,雄花花粉发芽率下降。花期遇高温要喷水降温,否则虽盛花,但难结果,造成减产或失收。

2. 水分

荔枝性喜温湿,雨量充足与否,是荔枝生长及花芽分化、开花结果的另一主要影响因素。荔枝正常生长要求年雨量1 200 mm以上。华南主产区年降雨量1 500~1 800 mm。夏季营养生长期雨量较多,冬春季雨量较少。冬季降雨量少,有利于花芽分化。相反,冬季降雨多,易萌发冬梢,不利于花芽分化,花质差。

花期忌雨,雨多影响授粉授精。幼果期阴雨天多,光合作用效能低,易落果。早熟品种三月红和白蜡等,通常在阴雨季来前的一、二月开花,故授粉授精良好,坐果率较高。谢花后小果期如遇少雨干旱,会妨碍果实生长发育,引起大量落果。果实成熟期如久旱骤雨,水分过多,则会出现大量裂果。

3. 光照

荔枝是喜光性果树。年日照时数在1 800 h以上较为适宜,充足阳光有助于促进同化作用,增加有机物的积累,利于花芽分化。增进果实色泽,提高品质。枝叶过密阳光不足,养分积累少,难于成花,故花期日照时数宜多,但日照不宜强,日照过强,大气干燥,蒸发量大,花药易枯干,花蜜浓度大,影响授粉授精。花期阴雨连绵,光合效能低,会导致大量落果。

4. 土壤

荔枝对土壤的适应性较强,无论是山地红壤土、沙质土、砾石土或是平地黏壤土、冲积土都可种植荔枝,可利用山坡丘陵地、旱坡地、河边地等地种植。但要获得丰产稳产,土壤应富含有机质、保持疏松。因此种植荔枝以土层深厚、疏松肥沃、透气性好、有机质含量较高的微酸性沙壤土最为适宜,土质较差的地块应改良后种植。

任务实施

当地荔枝树生长环境调查

1. 目的要求

了解当地荔枝生长期的温度和降水量,通过与荔枝最适温度、最适水分比较,明确栽培要点。

2. 工具材料

图书、信息工具,干湿温度计、风速风向仪等。

3. 操作步骤

(1) 讨论调查内容、步骤、注意事项。
(2) 通过图书、报刊和互联网查阅当地的各种荔枝品种的最适温度和最适水分要求。
(3) 到当地气象部门,调查了解当地荔枝生长期的温度和降水量。
(4) 到果园现场访问,了解当地气候条件与荔枝生长的适配程度。问询极端气候条件对荔枝生产造成的影响。
(5) 了解果农如何利用当地气候条件,采取哪些栽培措施进行荔枝栽培的。
(6) 现场测量气温、风向、风力和湿度。
(7) 撰写调查报告。

任务反思

1. 荔枝根系生长发育有哪些特点?生产上如何进行相应的措施管理?
2. 荔枝枝梢生长发育有哪些特点?为何会产生"冬梢"?
3. 荔枝对生长环境的基本要求是什么?

任务 14.3　荔枝树栽培技术

任务目标

知识目标：1. 了解荔枝树的定植时期、定植密度和定植方法。
　　　　　2. 了解荔枝树土肥水管理方法。
　　　　　3. 掌握荔枝树整形修剪方法。
　　　　　4. 掌握荔枝树花果管理方法。
技能目标：1. 能根据荔枝生长情况实施土肥水的有效管理。
　　　　　2. 会荔枝树的控梢促花及修剪工作。
　　　　　3. 能正确进行荔枝树的保花保果工作。

任务准备

一、荔枝树定植

1. 定植时期

分春植和秋植。春植一般在 2—5 月气温回升的清明节前后或春梢萌发前种植。秋植在 9—10 月进行，但此时雨水少，要注意淋水保湿。

2. 种植密度

一般山地以株行距为 5 m×4 m 或 6 m×5 m，每亩植 20~25 株为宜。也可考虑矮化密植栽培，但技术要求较高。永久植株行距为 7~8 m，每亩植 10~15 株，肥沃坡地株行距稍宽，以 8~10 m 为宜，每亩植约 10 株。

3. 定植方法

先挖穴深、宽各 0.8~1 m，分层压入绿肥、垃圾等物，粗料放底层，精料放上面，先填底土，后回表土。每穴放绿肥、垃圾 50~100 kg，石灰 0.5 kg。最上层放腐熟禽畜粪肥 10~15 kg 或土杂肥 20~30 kg，过磷酸钙 0.5 kg，与植穴附近土壤混匀，并整理成高于地面 30 cm 左右、宽约

1 m的土墩。种植时小心填土,用手从四周向根部轻轻压实,忌大力踩踏造成断根。植后即淋足定根水,并立支柱扶持,避免因风吹苗木摇动而伤根。种后一个月可检查成活率,缺苗时及时补种,待抽发二次新梢后,成活才较有保证。

4. 配置授粉树

荔枝为雌雄异花果树,又存在雌雄异熟、雌雄花不同时开放的现象。因此,种植荔枝时以一个品种为主,配植2~3个花期相近的不同品种作授粉,增加雌雄花相遇的机会,有利于提高坐果率。授粉品种一般占主栽品种的10%左右,并按一定距离均匀分布,才有利于授粉。例如,以黑叶为主栽品种,可混栽10%的三月红、大造;以糯米糍为主栽品种,可混栽10%的黑叶、早红。而糯米糍、桂味、淮枝、黑叶等品种混合栽种,也可以提高相互授粉的效果。

二、荔枝幼树管理

1. 松土改土

(1) 松土:幼龄果园一年松土除草6~7次,多结合间作进行。从第二年起,丘陵山地荔枝树宜深翻,结合施入有机肥扩穴改土。水位较高的荔枝园,应注重客土培土,加厚土层。**松土深度**:根际范围5~10 cm,根际以外12~18 cm。**松土除草范围**:第一年半径50~70 cm,以后每年在前一年基础上扩大20~30 cm。

幼年果园若无间种,株行间的杂草(除恶性杂草外)在6月中旬—9月中旬高温期间不除草,实行生草栽培法。

(2) 改土:坡地荔枝园及土壤贫瘠的荔枝园要逐年在定植坑外围深翻扩穴,穴深40~50 cm、宽20~30 cm,每年扩一圆周,穴内压杂草、绿肥。扩穴在每年的秋梢老熟后进行,经4~5年使全园完成改土。围田地区荔枝园7—9月遇干旱天气上泥一次,厚2~3 cm。

2. 土壤施肥

幼树施肥宜掌握"一梢二肥"或"一梢三肥"的原则。第一次新梢施肥2次,每株每次可施尿素、复合肥各10~15 g,也可以施10%尿水或30%腐熟人粪尿(每担尿水或粪水中加入150 g尿素)2~3 kg。以后每次新梢肥用量逐渐增多,每次新梢增加20%~25%。当新梢伸长基本停止、叶色由红转淡绿色时,施第二次肥,促使枝梢迅速转绿,提高光合效能,枝条增粗,叶片增厚。有的在新梢转绿后施第三次肥,加速新梢老熟,缩短梢期,利于多次萌发新梢。

此外,根据树体生长情况,枝梢生长快速期,可增喷叶面肥,常用的有尿素0.3%~0.5%、磷酸二氢钾 0.3%~0.5%、硫酸镁 0.3%~0.5%、硼砂 0.02%~0.05%、硼酸 0.05%~0.1%、硫酸锌 0.1%~0.6%及 1%~3%过磷酸钙浸出液。

3. 土壤覆盖

土壤覆盖夏可降土温，冬能保暖，防旱保湿，减少杂草生长，增加土壤有机质。覆盖方法为旱季收割后的绿肥和生草盖于土面，或埋于根际土层；也可用田间杂草、作物茎秆等盖于树盘，上培薄土。

4. 整形修剪

荔枝一般采用自然圆头型树冠。幼树定植后在主干离地面 30~50 cm 处短截，培养一级分枝 3~4 条，主枝之间彼此着生的距离较近，与主干构成的角度较大，多为 45°~70°。主枝自然延伸，并在其上先后分生二级分枝。在每条一级分枝上可培养 2~3 条二级分枝，依此类推。逐渐培养出骨干枝分布均匀和合理的丰产稳产树冠。

幼树以轻剪为主，主要剪去交叉枝、过密枝、弯曲枝、弱小枝等，使养分集中供应有效枝条，扩大树冠。对枝条较长品种，如三月红、妃子笑、大造等，在每次抽梢后，留梢长 25~30 cm，剪除顶端，促生更多的分枝，培养紧凑型树冠；对分枝较多的品种，应以疏剪为主，疏除过多的枝条，以确保选留的枝梢健壮。幼树长出的花穗应剪去，使其集中养分萌发新梢，扩大树冠。

5. 防寒护树

冬季如气温降至 -2℃ 以下荔枝幼树将受冻害。幼树发梢次数多、停止生长晚，寒冷来临之前枝叶未充分老熟，抗寒力低。因此，应及早促使末次梢充分老熟，防止 11 月以后萌发冬梢。可在幼树树冠顶部用稻草遮盖防霜冻，也可在荔枝园堆积草皮树叶，在霜冻来临前熏烟防霜，或用绿肥、作物枝叶或垃圾覆盖于根系生长范围的土面，其上再盖薄泥，也可防冻害。

三、荔枝成年树管理

1. 土肥水管理

(1) 土壤管理：

- 中耕：荔枝树每年中耕除草 2~3 次。第一次在采果前或采果后浅耕 10~15 cm，结合施肥进行，可促发新梢、加速树势恢复；第二次在秋梢老熟后深耕 15~20 cm，以切断部分吸收根，减少根群吸水能力，有利于抑制冬梢萌发；第三次在开花前约 1 个月浅耕约 10 cm，可疏松土层,促进根系的生长和吸收。

- 除草:除了结合中耕进行除草外,一般还在5月初和9月中下旬秋梢老熟后各进行一次除草。除草方法可结合浅松土(1~2 cm深)进行,对于狗芽根(铁线草)、香附子、茅草等恶性杂草,可以用除草剂杀灭。
- 培客土:在秋、冬季结合清园进行。于树冠下土面培泥厚6~10 cm,但切忌堆积过厚,以防生根土层积水缺氧伤根。

(2) 土壤施肥:
- 施肥方法:在树冠滴水线附近,有机肥宜沟状深施,沟深、宽为40~50 cm;化肥宜开沟浅施后覆土,沟深约10 cm、宽约20 cm,施肥后要覆土,并逐次轮换位置。
- 施肥时期与用量:根据各地经验,荔枝结果树施肥重点应抓好三次肥,首先是采果肥,其次是促花肥、壮果肥。

采果肥 迟熟品种和挂果多的树、弱树、老树,可在采果前7~10天施下,此期以氮为主,磷、钾配合,氮施用量占全年用肥量的45%~55%,磷、钾占全年用肥量的30%~40%。

施肥量为:按结果50 kg的树,施鸡粪20~25 kg,复合肥1.2~1.8 kg,尿素0.5~0.8 kg;或者肥效相当的其他有机肥及化肥。

促花肥 早熟品种在11—12月施,迟熟品种在1—2月施,宜以磷、钾肥为主,配合氮肥施用,施肥量占全年用肥量的20%左右。初结果的树,可稍推迟至见到花穗抽出时才施。如是小年,则这次肥可不施,以免梢果争肥而引起落果。此期氮、钾肥占全年施用量的25%~30%,磷占全年施用量的30%~40%。每株施复合肥2~3 kg。按结果100 kg的树计,施尿素3~6 kg、过磷酸钙6~10 kg、氯化钾2.5~5 kg、3%粪水50~100 kg,加土杂肥50~100 kg,并结合冬季清园,株撒施生石灰0.5~1 kg。

壮果肥 在谢花后10~15天分1~2次施下。按结果100 kg的树计算(考虑相应的树面积及当年的实际花果量两方面情况),施尿素2.5~3.3 kg,过磷酸钙3.6~5.5 kg,氯化钾3.7~4.3 kg。或按结果10 kg计算,每株施尿素100~200 g、复合肥200~250 g、氯化钾250~300 g。

- 根外追肥:荔枝以土壤施肥为主,并根据各物候期的实际需要,辅以叶面喷肥。

枝梢转绿期、抽穗期、开花期、幼果期等物候期,可采用根外追肥法施肥,迅速补充树体养分和预防缺素症,施用时间以早晨或傍晚为佳,施用部位以叶背为主。

常用肥料种类和浓度:尿素0.3%~0.4%,磷酸二氢钾0.3%~0.4%,硼砂0.02%~0.05%(或硼酸0.05%~0.1%),钼酸铵0.05%~0.10%,硫酸镁0.3%~0.5%,硫酸锌0.1%~0.2%,复合型核苷酸0.03%~0.05%,以及荔枝保果素等,施用间隔期为7~10天。

(3) 水分管理:
- 灌水:荔枝秋梢抽生期、花芽分化期、花穗抽生期、盛花期、果实生长发育期等物候期如遇干旱宜及时灌水,保持土壤湿润。灌水量达到田间最大持水量的60%~70%。灌溉尽量采用滴灌、穴灌、喷灌等节水灌溉方法。

● 排涝：排灌管理方面应特别注意：第一，在开花前（秋梢老熟后—花芽分化后期）遇涝要及时排出，保持土壤相对干燥；第二，开花期至秋梢抽发期要保持土壤湿润，水分供应均衡，遇旱要灌水（或淋水），遇雨要及时排除积水。

2. 结果树的修剪和培育

（1）初结果树的修剪：一般情况下，旺树重剪，弱树轻剪。对三月红、妃子笑等枝梢抽发条数少、枝梢较长的可采用回缩修剪法（短截），使枝梢生长紧凑，增加单位面积的枝梢数。而对枝梢生长紧密的糯米糍、鸡啃荔、白糖罂等，应疏剪，尽量剪除过密枝条，以增加通风透光度。修剪主要对象是重叠枝、交叉枝、下垂枝、荫蔽枝、病虫枝和徒长枝等。

修剪应从大枝条开始，尽量除去生长不合理的大枝条，以控制树高生长过快。如截去长势过旺的顶部大枝条，俗称"开天窗"压顶修剪（图14-3-1），可矮化树冠，使枝梢分布合理，光线能透进树冠内。

（2）成年结果树的修剪：荔枝成年结果树应该轻剪，尽量保留枝叶。在采果后7~15天内完成。弱树轻剪或不剪，强树重剪，多用短截。对粗枝大叶品种（三月红、妃子笑、黑叶），树势旺、肥水好的，在上年秋梢基部留下几个叶片，其余截去。对于细枝小叶品种（糯米糍、桂味），树势弱、肥水一般的，短截程度可轻些。除短截外，可适当剪除下垂枝、病虫枝和树冠外围过密的枝条，以及相互交叉遮蔽的内膛枝、徒长枝、荫蔽枝、弱枝、病虫枝等。冬剪则在11—12月进行。

疏剪、短截后抽生的第一次新梢，每枝留着生位置合理的1~2条新梢，其余疏去，第二、三次新梢每枝只留一条梢，其余疏去。

（3）培养健壮秋梢结果母枝：

健壮秋梢结果母枝的标准：早熟品种如三月红、白腊等，枝径达0.45 cm以上，长度以一次梢15~20 cm、二次梢总长25~35 cm为宜。中、迟熟品种如糯米糍、黑叶等，枝径0.4 cm以上，长度以一次梢12~18 cm、二次梢总长20~25 cm为宜。叶果比一般为(4~4.5)∶1。秋梢老熟后不再萌发冬梢。

培养健壮秋梢：每年在荔枝收获前10天至秋梢老熟，通过肥水管理、修剪和防治病虫害等措施，培养出健壮的秋梢（图14-3-2）。

● 施好放梢肥：

对幼年挂果树 7月上中旬放第一次秋梢，7月底至8月初老熟；8月中旬放第二次秋梢，如果9月还未出梢且树势弱，再施一次促梢肥；10月上、中旬放第三次秋梢。第一次施肥应在收果后7~10天。每挂50 kg果的树，株施尿素0.6~1 kg，加过磷酸钙0.8~3 kg和氯化钾0.6~1 kg，同时要增施有机肥，每株施塘泥100~150 kg，或鸡粪25~30 kg，果园杂草及花生藤等。

图 14-3-1　荔枝"开天窗"压顶修剪　　　　图 14-3-2　老熟秋梢结果母枝

对成年结果树　要放 2 次秋梢。当年挂果多的树,每挂 100 kg 果,在收果前 10 天施鸡粪 20~25 kg 和复合肥 2.5~3.5 kg,尿素 1~1.5 kg;如树势弱,每挂果 100 kg 的树,可施尿素 1.5 kg,过磷酸钙 1.5 kg,氯化钾 0.5~1 kg,争取 9 月下旬—10 月上旬抽出第二次秋梢;当年挂果少或未挂果,树势较壮,可于收果后的 8 月上旬,重施促梢肥,每挂 100 kg 果,施尿素 1.5 kg,过磷酸钙 1 kg,氯化钾 1 kg,争取 9 月下旬—10 月上旬抽出健壮的秋梢结果母枝。

- 合理修剪:施肥后半个月内修剪一次,剪去弱枝、重叠枝,对徒长枝进行短截,使枝条分布均匀,通风透光良好。第一次秋梢抽出后,选健壮芽梢 1~2 个留作结果母枝,其余抹除,第二次秋梢留梢方法与第一次基本相同。

- 喷药保梢:一次梢喷二次药,用安绿宝 1 000~1 200 倍液或荔虫净 1 000 倍液、乐斯本 1 000 倍液、毒丝本 1 000 倍液等交替使用。当秋梢新叶初展时,用 10% 灭扫利乳油 3 000 倍液,或用 10% 高效灭百可乳油 2 000 倍液加 25% 神州绿乳油 1 500 倍液,防治爻纹细蛾、尺蠖、叶瘿蚊、瘿螨、炭疽病等,用药时可加入复合核苷酸每包兑水 50 kg,补充叶面营养,壮梢,提高光合效率,达到保梢壮梢作用。

3. 控制冬梢,促进花芽分化(控梢促花)

(1) 适时放好秋梢:通过施肥及土壤管理,使秋梢适时抽出,有利于花芽分化。幼龄结果树的末次秋梢可根据树势适当推迟放梢,以避免发生冬梢。

(2) 控水控肥:生长壮旺的树,特别是青年树、壮旺树,应减少氮肥用量。秋梢老熟后进行控水,开通排水沟,平整园面,使土壤处于干旱状态。

(3) 喷叶面肥:促晚秋梢或早冬梢老熟,喷多次叶面肥促进枝梢老熟。

(4) 松土断根:末次秋梢老熟后深翻断根控水,在树冠滴水线内松土 10~15 cm,树冠滴水线外松土 20~25 cm,锄断部分须根,抑制冬梢生长。

(5) 环割、环剥或环扎:环割或环剥(图 14-3-3)最适宜时期为三月红:8 月中下旬—9 月上中旬;白糖罂、妃子笑:9月中下旬—10月中下旬;白腊、新兴、黑叶:9月下旬—11月上中旬;桂味、糯米糍:10月上旬—11月中下旬。

螺旋状环割

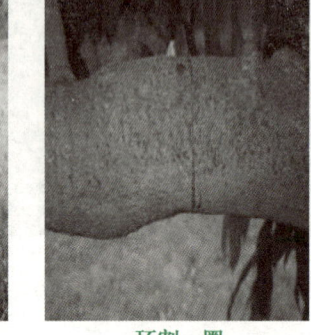
环割一圈

螺旋状环剥

图14-3-3　环割与环剥

(6) 化学药剂控梢法:目前在生产上广泛使用的荔枝控梢促花药物有多种,如荔枝控梢促花素Ⅰ号、Ⅱ号;花果灵、杀梢灵;杀梢促花素、荔枝丰产素、荔枝杀小叶素等,可根据实际情况选用。若已接近生理分化结束期,可选用"嫩梢触杀素"杀梢,或先摘除冬梢再喷施花果灵或控梢促花素。在冬梢抽出8 cm以下时,选用荔枝杀梢素7 mL或嫩梢触杀素12 mL兑水15 kg喷。或者用15%多效唑30 g加40%乙烯利10~12 mL兑水15 kg喷杀冬梢。晴天上午6:00—10:00喷施效果最好。要注意掌握好喷药浓度、喷水量和喷药时间,防止伤叶落叶,使用浓度见表14-3-1。

表14-3-1　荔枝树控杀冬梢常用药物及其使用方法

名称	主要作用	有效成分(mg/kg)及使用方法
烯效唑+乙烯利	杀冬梢	52~104,喷雾
多效唑	控梢	200~400,喷雾
多效唑+乙烯利	杀冬梢	318.8~425,喷雾
萘乙酸+乙烯利	杀花穗	83.3~100,喷雾
丁酰肼+乙烯利	控杀冬梢	240~400,喷雾

(7) 人工摘冬梢:对于萌发较迟或控制不住的冬梢,在冬梢3~5 cm时人工摘除。保留冬梢基部2~3个芽剪断或摘除。

4. 花果管理

(1) 保花保果:

- 人工短截(抹)花穗:对早花荔枝树进行抹花,促生第二次花;对长花品种在花穗长至

10~15 cm 时进行短截。这样可以减少花量，集中养分，提高雌花比例，提高产量。

- 化学杀花或缩短花穗：对早花穗用 600~1 000 倍 40%乙烯利喷杀，经 30~40 天能从花穗葫芦节处重抽侧穗，花穗短，花量少，雌花比例高。用广东省农业科学院植保所研制的"荔枝丰产素"1 000 倍液，在早花荔枝花穗抽出 3~6 cm 时（侧花穗未抽出之前），用雾点细的喷雾器对准花穗喷雾，喷药后 1~2 天主花芽便干枯，经 10~18 天，在原干枯花穗基部再抽出侧花穗，形成半球形短壮花穗（图 14-3-4）。

未疏花状　　　　　　已疏花状　　　　　　疏花后幼果生长状

图 14-3-4　疏花前后生长状态

- 除去花穗上的小叶：荔枝在形成花芽时常受温度变动的影响，加上树体间内源激素的差异，每年均有部分出现花夹叶的冲梢现象。应及时除去花穗中小叶。方法有：人工摘除花穗小叶；利用 40%乙烯利 1 200~1 500 倍液喷杀；利用 1 000 倍"荔枝杀小叶素"液喷杀。要注意的是：化学药物杀小叶应在花蕾展开前使用。

- 加强授粉工作，提高坐果率：荔枝坐果率一般为雌花的 2%~12%。一株 19 年生淮枝，雌花约达 9 万朵，如以坐果率 2%计，其产量仅 36 kg，若坐果率提高到 12%，则产量可达 200 kg以上，可见生产潜力很大。提高授粉的措施主要有以下 5 点。

花期放蜂　蜜蜂的传粉对提高坐果率有重要作用。从 3 月下旬至 4 月中旬进行放蜂，放蜂数量与荔枝群体大小成正比，成年荔枝树每亩果园放蜂 1~2 群，可满足传粉要求。放蜂期应停止喷施杀虫农药，避免蜜蜂中毒（图 14-3-5）。

人工授粉　于上午 9—12 时，在盛开雄花的荔枝树下铺塑料纸，摇动树枝采集花粉和花朵混合物，每 250 g 混合物加入 25 kg 清水和 1.25 g 硼酸配成花粉硼酸溶液，喷于雌花或两性花上，隔 2

图 14-3-5　花期果园放蜂

天喷一次,连喷3~4次。采集花粉方法有:① 湿毛巾沾着法:用湿毛巾在盛开的雄花上拖沾,并将沾有花粉的毛巾放入清水洗下花粉,然后喷于盛开的雌花上;② 脱粉板法:铁片打数个直径4.5~5 mm的圆孔,安装于蜂箱门,铁片下方置一小盒,当蜜蜂通过圆孔进入蜂箱时,脚上的花粉团被刮落在下方小盒中。盛花期每天上午2~3小时后取回,每箱可取粉10~30 g;③ 人工采摘法:人工剪下发育成熟且花药未开裂的雄花小穗贮藏备用。贮藏方法可装入有硅胶、生石灰等干燥剂的密封容器中,也可装入纸袋放入冰箱,5~12℃贮藏50天仍可使用。人工授粉以气温20~25℃为佳。可在每50 kg花粉溶液中加入硼酸2.5 g。

喷水浇蜜 天气干旱时花蜜黏滞,蜜蜂活动减弱,故干旱时每天上午9时前应对正在开花的花穗进行喷水洗蜜,以降低花蜜浓度,增加湿度,利于蜜蜂采蜜授粉。

雨后摇花 盛花期遇阴雨无风天气,待天晴即进行人工摇花,抖落花朵上的水珠和残花。

旱天喷水 雌花盛开期遇高温干燥要进行叶面喷水,每天喷1~2次,连喷3~4天,提高空气湿度,促进授粉受精。

(2) 疏花疏果:

● 依据树势、结果母枝粗壮程度和叶片数确定每枝留花量,一般为1 000~1 500朵。在花穗抽生5~10 cm时疏删或短截花穗,或喷洒150~300 mg/L的乙烯利使长花穗变短花穗,提高雌花比例。

● 对结果过量的植株在第二次生理落果后进行人工疏果,疏去小果、畸形果和过于分散的果,并依据树势、结果母枝粗壮程度和叶片数确定每枝留果量,一般为20~30个正常果。

(3) 果实套袋:对果实成熟时着色不太均匀的妃子笑品种,可在妃子笑果实似小手指大时用无纺布袋套果穗。妃子笑套袋最佳时期为第二次生理落果后(图14-3-6)。

图14-3-6 妃子笑果实套袋

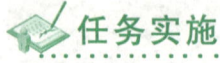

荔枝树控梢促花

1. 目的要求

通过对荔枝树控梢促花的实习,了解荔枝树秋冬管理与控梢促花的原理,掌握荔枝树控梢促花的方法。

2. 工具材料

锄头,环割刀,环剥刀,14号铁线,枝剪,喷雾器。荔枝结果树,乙烯利,比久,多效唑,常用的叶面肥和农药。

3. 操作步骤

(1) 适时放梢:荔枝树花芽分化时期依品种而异,早熟种三月红10月份开始分化,中、晚熟种则于12月开始分化。通过施肥及土壤管理等,使秋梢适时抽出,有利于花芽分化。早熟品种在粤西地区以"立秋"、"处暑"抽出较好。中、晚熟品种一般于"白露"至"秋分"抽出,壮旺树末次梢在"秋分"后、"寒露"前抽出较好。幼龄结果树的末次秋梢可根据树势适当推迟放梢,以避免发生冬梢。

(2) 控水控肥:生长壮旺的树,特别是青年树、壮旺树,应减少氮肥用量。秋梢老熟后开通排水沟进行控水。

(3) 喷多次叶面肥促进晚秋梢或早冬梢老熟。

(4) 松土断根:末次秋梢老熟后深翻断根控水,在树冠滴水线内松土深10~15 cm,树冠滴水线外松土深20~25 cm,锄断部分须根,抑制冬梢生长。

(5) 环割、环剥或环扎:对长势壮旺、水肥条件好的青幼年壮旺树,可在11月秋梢老熟后进行环割、环剥或环扎,弱树不适用。环割:在主枝或副主枝上,用刀环割1~3圈深达木质部,防止冬梢萌发。环剥:在主枝或副主枝上,用刀或专用环剥刀螺旋环剥1~1.5圈。环扎:在冬梢萌发时用14号铁线进行环扎。

(6) 药物控梢:目前在生产上广泛使用的荔枝控梢促花药物有多种,如荔枝控梢促花素Ⅰ号、Ⅱ号;花果灵、杀梢灵;杀梢促花素、荔枝丰产素、荔枝杀小叶素等,可根据实际情况选用。

(7) 人工摘冬梢:对于萌发较迟或控制不住的冬梢,在冬梢3~5 cm时人工摘除,保留冬梢基部2~3个芽剪断或摘除。

任务反思

1. 荔枝结果树应如何施肥?
2. 抑制荔枝冬梢抽生可采取哪些方法?
3. 荔枝控梢促花和保花保果技术有哪些?
4. 如何利用修剪技术适时培养荔枝秋梢?

任务 14.4　荔枝果实采收

任务目标

知识目标：1. 了解荔枝果实采收时期和采收方法。
　　　　　2. 明确荔枝果实采收的最佳时间。
技能目标：1. 能正确判断荔枝果实成熟度。
　　　　　2. 能进行荔枝果实采后处理。

任务准备

一、荔枝果实采收时期

根据用途、市场需要和品种的成熟度分期采收。荔枝果实由深绿转为黄绿色、局部出现红色是成熟的开始，成熟时有的果皮全部呈鲜红色，有的果皮红绿相间，果皮一旦转暗红色已是过熟。从开始着色至完全成熟历经 7~10 天。为保证商品质量并获得较长保鲜期，应当在果皮八成熟至九成熟时采收。皮色转暗是果实衰老的信号，这种果实不宜远运，只作近销。采收时间宜选晴天上午露水干后或阴天进行，雨天或中午烈日下不宜进行。一般早晨采收为宜，中午气温高，果色易变。

二、荔枝果实采收方法

宜采用"短枝采果"法。荔枝果穗基枝顶部节密粗大，俗称"葫芦节"，在此处剪断果枝，留下粗壮枝段。由于该枝段营养积累多，芽休眠较浅，萌发新梢快且健壮，有利于培养优良结果母枝。但早熟品种或只放一次梢的中迟熟品种，可不必短枝采果，因为树势不是太健壮时，"龙头丫"会萌发较多短、弱梢，增加养分消耗，引起树势衰弱。整个采收过程中避免机械损伤、暴晒。

三、荔枝果实采后处理

1. 分级冷藏

采收后 24 小时内要进行果品的分级、包装,贮运保鲜。

2. 包装贮运

可用竹筐加衬垫简装,或用塑料泡沫箱加冰包装保鲜。

任务实施

荔枝果实采收及采后处理

1. 目的要求

通过实习,掌握荔枝果实的采收、分级和包装方法。

2. 工具材料

枝剪,采果梯,采果袋(或篮),包装容器等。荔枝的结果树,消毒药物。

3. 操作步骤

(1) 果实成熟度的判断:观察所采荔枝果实处于什么成熟度,由深绿转为黄绿色、局部出现红色是成熟的开始,成熟时果皮全部呈鲜红色或红绿相间,果皮一旦转暗红色则已过熟。

(2) 采收技术:宜采用"短枝采果"法,即在荔枝果穗基枝顶部节密粗大、俗称"葫芦节"处剪断果枝,留下粗壮枝段。采果应在晴天早晨或阴天进行,采下的果穗要小心轻放,并在阴凉处散热,以利于保存养分和延长保鲜期。

(3) 采后处理:

- 分级冷藏:采收后 24 h 内要进行果品的分级、包装、贮运保鲜。先清除伤果、裂果、病虫果及细弱畸形的果实,然后用 500~1 000mg/L 的特克多或多菌灵、百菌清等杀菌剂浸果 1~5min,取出晾干后装箱,每箱 10~15 kg,放入冷库(8~10℃)预冷,再在 3~5℃ 的温度、80%~95% 的湿度下冷藏保鲜。

- 包装贮运:塑料泡沫箱加冰包装保鲜:箱体规格 90 cm×80 cm×40 cm,内垫 0.003 mm 聚乙烯袋。装果同时加入袋装冰块,为果重的 1/4~1/3,可保鲜 4~5 天;若用 50 cm×50 cm×40 cm 泡沫箱,泡沫层厚 2.5 cm,内装已防腐果 6 袋、每袋 3 kg,加冰 3 袋、每袋 3 kg,果与冰之比为 2∶1,贮运 5 天后,平均商品率达 94.97%。
- 标签:最后在包装容器上标明品种、质量及产地等。

4. 作业

观察荔枝果实采后的糖度、颜色、水分和品质的变化,并作简要分析说明。

任务反思

1. 荔枝果实在什么时候采收较为适宜?
2. 正确采收荔枝的方法是什么?
3. 荔枝果实采后应如何包装贮运才能保证较好的商品率?

项目小结

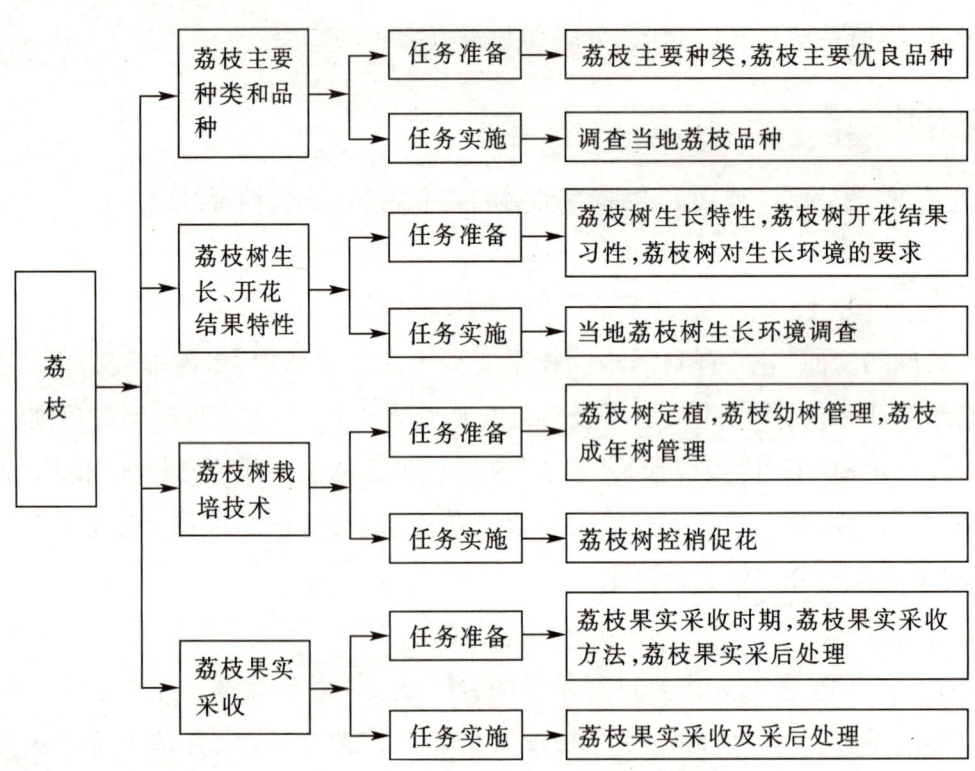

综 合 测 试

一、单项选择题

1. 荔枝树是花多果少的果树，结果率常在（ ）。
   A. 1%~5%　　　　B. 20%~30%　　　　C. 30%~40%　　　　D. 40%~50%

2. 荔枝树的花芽分化属于（ ）型。
   A. 夏秋分化　　　B. 冬春分化　　　　C. 不定期分化　　　D. 多次分化

3. （ ）是荔枝树适龄结果树最主要的结果母枝。
   A. 春梢　　　　　B. 夏梢　　　　　　C. 秋梢　　　　　　D. 冬梢

4. 荔枝绝大多数品种永久性固定种植（ ）较合理。
   A. 行距2 m、株距1 m　　　　　　　　B. 行距4~5 m、株距3~4 m
   C. 行距8~9 m、株距6~7 m　　　　　　D. 行距10~12 m、株距8~9 m

5. 促进荔枝花芽分化的环割适宜时间是（ ）。
   A. 幼果期　　　　B. 果实成熟期　　　C. 秋梢老熟后　　　D. 开花期

二、多项选择题

1. 常见的荔枝中熟品种有（ ）。
   A. 黑叶　　　　　B. 白腊　　　　　　C. 鸡嘴荔　　　　　D. 妃子笑

2. 荔枝树不论是（ ），只要在分化前老熟且不再抽冬梢，都有可能成为次年结果母枝。
   A. 春梢　　　　　B. 夏梢　　　　　　C. 秋梢　　　　　　D. 冬梢

3. 荔枝树的花有（ ）。
   A. 雄花　　　　　B. 两性花　　　　　C. 雌花　　　　　　D. 完全花

4. 荔枝树开花的次序依其开放过程可分为（ ）型。
   A. 单次异熟　　　B. 单次同熟　　　　C. 多次异熟　　　　D. 多次同熟

5. 荔枝树需要配置授粉树是因为（ ）。
   A. 雌雄异花　　　B. 雌雄同花　　　　C. 雌雄异熟　　　　D. 雌雄同熟

三、简答题

1. 荔枝树为何要配置授粉树？如何配置？
2. 荔枝树果实发育过程中有哪几次生理落果期？
3. 荔枝树应怎样培养健壮秋梢结果母枝？
4. 目前在华南地区，一年中怎样对荔枝结果树施肥？

项目 15

芒 果

项目导入

果农老李种植了150多株紫花芒,今年获得了丰收。但是,老李却高兴不起来,因为这果没人要,卖不动。这是怎么回事?原来这果表面看起来好端端的,可剥开后里面的果肉却出现海绵状的空洞或糊状的腐烂,难怪没人要了。看到这情景,老李的心一下子掉进了冰窟窿。这该怎么办?

老李赶忙跑到果树站,请教了凌站长。凌站长说:"这是施肥不全面所致。"老李说:"氮、磷、钾和复合肥我都下不少了,怎会不全面呢?"。于是凌站长给老李作了一番解释。原来种芒果和种其他果树不同,芒果生长结果不但需要比较多的氮、磷、钾,而且也需要比较多的钙。钙的用量基本上与N、K的用量持平。如果严重缺钙,芒果果实就会出现这种称之为生理病害的果肉空洞现象。听完这番话,老李这才明白,原来土地缺钙也会影响收成。

本项目主要了解芒果的种类与品种;了解芒果的生长特性,掌握芒果的生长、开花结果习性及对生长环境的要求;掌握芒果主要生产技术,包括土肥水管理、花果管理、树体整形修剪、果实采收。

任务 15.1 芒果主要种类和品种

任务目标

知识目标:1. 了解芒果的主要种类。
　　　　2. 了解芒果的优良品种。
　　　　3. 掌握和识别当地芒果品种。

技能目标：1. 能正确识别芒果的主要种类。
2. 能说出芒果优良品种的特点。
3. 能正确调查当地芒果品种。

 任务准备

一、芒果主要种类

芒果属漆树科芒果属，原产于亚洲东南部热带地区，印度是目前全球芒果生产大国。作为栽培的种类按其种胚的特性可分为单胚与多胚两个种群，按起源分为印度品种群、印度尼西亚品种群、印度支那品种群和菲律宾品种群四大品种群：

（1）印度品种群：主要有秋芒、红霞芒、椰香芒、菠萝香芒、印度8号等。
（2）印支品种群：主要有青皮芒、大青芒、象牙芒、黄玉芒、大头芒等。
（3）印度尼西亚品种群：主要有鹰嘴芒、留香芒、大青蜜芒、白玉芒、文昌芒等。
（4）菲律宾品种群：主要有吕宋芒、菲芒、田阳香芒、粤西一号等。

二、芒果主要优良品种

1. 紫花芒

紫花芒由广西农学院20世纪70年代从泰国芒的实生后代选育而成。果长椭圆形呈S状，两端尖；单果重在250～350 g；果皮灰绿，表面蜡粉厚，皮光滑，熟后果皮黄色；果肉黄色，肉质细嫩，酸甜适中，纤维少，耐贮藏，品质中等；核小单胚。成熟期在7月中旬—8月上旬，耐修剪，抗病，适应性强，丰产稳产。

2. 象牙芒

该品种有白象牙、红象牙、黄象牙三个类型。白象牙原产于泰国与马来西亚，果实成熟时果皮呈乳白色或奶黄色。红象牙单果重350～450 g，果实长椭圆形，尖端弯曲；果皮呈粉红色，果肉黄色，细嫩，纤维少，风味较淡，缺乏香气，品质中等。成熟期在8月，高产，较稳产，容易受炭疽病危害；树势强旺，树体直立高大，适于干旱肥力较差的土地种植。黄象牙单果重250～750 g，花期在1—3月，成熟期7—8月，品质上等，是鲜食优良品种，但只适于在百色等春旱地区种植。

3. 金穗芒

单果重 200~350 g,熟后的果皮黄色,果实卵圆形,肉厚皮薄,核小,纤维少,果汁多,风味甜蜜,品质上等。7月成熟。

4. 金煌芒

单果重在 600~1 500 g,有部分无胚果单果重约 150 g;果实长椭圆形,成熟时果皮和果肉呈黄色,纤维极少,品质上等,在南宁开花期4月,果实成熟期7月,树势强壮高大。

5. 台农 1 号

树冠矮,坐果率高。单果重 200~250 g,果实呈卵形、稍扁,成熟时果皮黄色,果肩粉红色,果形美观,果肉黄色,肉质细嫩多汁,味香浓甜,纤维少,品质上等,成熟期在6月中旬—7月上旬,耐贮藏,抗炭疽病。

6. 红芒 6 号

果实形状近圆形,单果重 300~350 g,有明显的果嘴。果皮红色,果肉黄色,肉质细滑,纤维少,香甜多汁,品质好。种子单胚,可食率约80%,品质中上,开花期2—3月,成熟期在8月中下旬,树势强旺,花序再生能力强,早结果丰产稳产,鲜食加工均可。

7. 爱文芒

树冠矮小,果实肾形,单果重 300~400 g,成熟时果皮呈红色,果肉黄色,香甜多汁,纤维少,但风味淡,品质中等。成熟期7月上中旬。

8. 桂热 82 号

树势中庸,树姿开张。果实香蕉形,平均单果重 212 g;果皮深绿色,果面蜡粉明显,后熟时果皮淡绿色;果肉黄色,细滑多汁,纤维少,味甜蜜、芳香;含可溶性固形物 20.1%、维生素 C 含量每 100 g 果肉 6.95 mg;种子扁薄,长椭圆形,单胚。成熟期7月下旬—8月上旬。

9. 桂热 120 号

植株较矮,树势中等。果实椭圆形,平均单果重 271 g;果皮绿色,阳面紫红色,后熟果皮盖色红、底色金黄;果肉黄色,纤维少,肉质坚实细滑,味清甜,果汁中等,可溶性固形物含量 17.8%,较耐贮运;种子长椭圆形,多胚。成熟期7月中下旬—8月初。

10. 田阳香芒

单果重 200 g 左右。成熟时果皮金黄色,熟后鲜橙黄色,果肉黄色,细嫩,核小汁多,纤维少,香气浓郁,可溶性固形物含量达 22% 以上,品质极佳。成熟期在 6 月上中旬。

11. 粤西 1 号

树形矮壮,树冠圆头形。果实长卵形,顶尖有脐突,单果重 100~200 g;果皮色淡绿,成熟时果皮黄色;果肉金黄,肉质细嫩,汁多,纤维少,味清香;核小多胚。成熟期 5 月下旬—6 月中旬。

12. 贵妃芒

树势强壮。果实长椭圆形,果顶较尖小;果实长椭圆形,单果重 300~500 g;未成熟果紫红色,成熟后底色深黄,盖色鲜红;果实较耐贮运,味甜芳香,糖度 14~18 度;种子单胚。目前在海南已经成为主栽品种之一。

此外,优良品种还有宾斯芒、肯特芒、象牙 22 号、秋芒、椰香芒、白玉芒、桂热芒 10 号、桂香芒、吕宋芒、串芒等。

调查当地芒果品种

1. 目的要求

了解当地栽培的芒果品种;掌握现场调查方法。

2. 工具材料

图书、信息工具,皮尺、卷尺、小刀、天平、糖度仪、pH 试纸等仪器工具。

3. 操作步骤

(1) 讨论调查内容、步骤、注意事项。
(2) 通过图书、报刊和互联网查阅当地的芒果品种资料,选择芒果品种较多的果园,并联系调查的农户。

(3) 现场访问,用目测法观察各种芒果树的外形,并测量同树龄的芒果树的高度、冠径,记录比较。

(4) 观测各种果实的外形、大小、颜色,测量其直径、单果重,剖开观测果皮的厚度,果肉的纹理,品尝果肉果汁,测量 pH、糖度。记录比较。

(5) 问询各种芒果的树龄、产量、栽培难易度,以及口味、价格等。

(6) 问询当地主栽品种有哪些。

(7) 了解当地新引入的芒果品种有哪些。

(8) 撰写调查报告。

任务反思

1. 芒果有哪些种类和品种?
2. 调查当地栽培的芒果品种及栽培现状。

任务 15.2　芒果树生长、开花结果特性

任务目标

知识目标:1. 了解芒果树的生长特性。
　　　　2. 了解芒果树对生长环境的要求。
技能目标:1. 能正确识别芒果树枝梢类型。
　　　　2. 能正确调查芒果树的生长结果习性。
　　　　3. 能正确调查当地芒果树的生长环境。

任务准备

一、芒果树生长特性

1. 根系

芒果树的根系发达,成年树主根粗大,深长;侧根浅生,较多分布在土层 0.2~0.4 m。芒果

的根系在热带地区只要土壤水分充足,全年均可生长,没有休眠期;在亚热带地区如遇土壤干旱和冬季低温会暂时停止生长。华南地区成年结果树的根系生长高峰期有2个,一是果实采收后到秋梢萌发时,一是秋梢停止生长到果实成熟后,但是生长量与土壤水分有关。春季虽然温度回升,雨量充足,但由于开花结果、枝叶生长等因素影响,根系的生长受到抑制。

2. 枝梢

芒果树为高大乔木,干性强,树势强壮,寿命长。芒果枝条层次明显,同一枝条各次梢有明显的界线,老熟枝条顶芽或上端附近的侧芽萌发抽生新梢,全年抽生新梢的次数与质量因气候、树龄、栽培管理水平而异。在华南地区,肥水充足的情况下,未结果的幼树一年可抽生6~8次新梢,即同一枝条可延长生长2~4次;幼龄结果树抽2~4次;成年结果树因开花结果的制约,一般不抽春梢与夏梢,只有在采收果实后抽1~3次梢。3—5月抽生的枝梢为春梢,6—8月为夏梢,9—11月为秋梢,12—2月为冬梢。其中,春梢1次,夏梢1~2次,秋梢1~2次和冬梢1次。

二、芒果树开花结果习性

1. 花芽分化

芒果树的花芽分化期一般在11月—翌年3月。青皮芒等早中熟品种在11—12月花芽分化,而紫花芒、秋芒等晚熟品种在1—3月花芽分化。

芒果树花芽分化的外界条件主要是适度的低温和干旱,一般在10~15℃有利于花芽分化,但低温并不是芒果花芽分化的必要条件,只要冬季干旱就能诱导芒果花芽分化。当花芽进入形态分化时,则要适当的高温才有利于两性花的形成,温度高于20℃时则形成混合花芽,出现花序夹带新叶的现象,甚至长出新梢;温度低于5℃时,则容易形成雄花。如遇冬季多雨、温度偏高,芒果花芽分化受影响,不利于芒果开花;如遇秋冬干旱、湿度偏高,则容易开早花,易造成坐果率低。

芒果树大部分是在最后一级枝条的顶芽和近枝条顶端的腋芽分化成花芽,如顶芽受损死亡会促进近顶端的腋芽进行花芽分化,腋生花芽一般在顶生花芽摘除后10~15天出现,生产上有时通过摘除顶生花序延迟开花,达到避免开早花而推迟开花提高坐果率的目的。

2. 花

芒果树抽生的花序(图15-2-1)是顶生或是腋生的圆锥状花序,每个花序着生几百上千朵小花。小花的花型有两性花(图15-2-2)与雄花(图15-2-3)两种,两性花有发育正常的雄蕊和雌蕊,可进行正常的传粉受精和结实;雄花没有雌蕊,开花后不能结实。

图 15-2-1　花序

图 15-2-2　两性花　　　　　　　　　图 15-2-3　雄花

早中熟品种开花在 11 月—翌年 3 月,晚熟品种开花在 3—4 月,一个花序的花期 15~25 天,一株树的花期约 50 天。开花期遇低温阴雨连绵的天气对芒果的授粉会产生严重影响,造成果实幼胚发育受阻,造成大量落花落果,甚至没有产量。开花早就容易碰上低温阴雨连绵的天气,这是华南地区早中熟品种开花早、花量大但结果少甚至不结果的重要原因,而一般开花较晚的晚熟品种则较稳产。

3. 结果母枝

芒果树的花序一般从枝条顶端抽出,因此,凡是能够及时停止生长、积累足够养分的芽,都可形成花芽开花。不论是春梢、夏梢,秋梢还是冬梢,只要是老熟后的枝条在花芽分化前不再抽发新梢,都可以成为次年的结果母枝。在不同产区,芒果在 10—12 月间产生并老熟的枝梢都能成为较好的结果母枝。

4. 落花落果

芒果果实在整个生长过程中有两次相对的落果高峰期,第一次果实发育到黄豆大小时,落果量多,主要是授粉受精不良引起;第二次是小果直径 2~3 cm 时,此次落果主要原因是肥水不足或胚发育不良引起。少数品种在成熟前也有明显的落果现象。

5. 果实发育

芒果树从开花到果实成熟,一般要 100~150 天。在整个花序谢花 4 天前子房外观生长缓慢,之后的 40 天内迅速生长,主要是果实长度、宽度和厚度增加,水分积累;紫花芒有一个缓慢生长期,约 7 天,在此期间,内果皮硬化成壳,胚发育充实。第 49 天后开始第二次迅速生长期,主要是干物质积累,果实干重迅速增加。采果前 10~15 天增长极缓慢或不增长,这时果实主要是增厚、充实、增重,从开花稔实至果实青熟,需 85~150 天,早熟种需 85~110 天,中熟种 100~120 天,迟熟种 120~150 天。

三、芒果树对生长环境的要求

1. 温度

芒果树是热带果树,喜温畏寒,经济栽培区要求平均温度高于 21℃,≥10℃ 年活动积温 6 500~7 000℃,最冷月平均温度不低于 15℃,全年无霜或霜期少于 3 天。温度较高地区所产芒果成熟期早,味甜品质好。芒果树在气温 20~30℃ 时生长良好,气温降到 18℃ 时生长缓慢,10℃ 以下停止生长。当温度下降到 5℃ 时,幼树的新叶和成年树的嫩梢开始受害。开花期与幼果发育期的气温以 20℃ 以上为宜,低于此温度授粉受精不良,坐果率低;如温度高于 37℃,加上干燥,小花与幼果会受日灼而落花落果。

2. 水分

11—2 月低温干旱(月平均温度低于 16℃,月降雨量少于 50 mm)有利于芒果树花芽分化。芒果枝梢生长、开花结果和果实发育都需要有充足的水分,但花期和新梢生长期连续降雨、大雾或空气湿度大,易发生病害,影响授粉,并引起枯叶、枯花、枯果。果实发育期多雨易诱发煤烟病和炭疽病,影响果实外观,降低品质,延缓成熟,果实采后也不耐贮运。

芒果树第一需水期是秋梢结果母枝培育期。在芒果果实采收后抽生秋梢时,一般抽梢 2~3 次,如果降水少,难以达到目标,应及时灌溉,既可促进新梢萌发,也可促使枝梢老熟。到末次梢抽出后,根据时间早晚及花芽分化的条件确定是灌溉还是控水。如果土壤湿润,就要控制水分,甚至断根,减少水分吸收。芒果树第二需水时期是果实发育期,此期一旦缺水,果实生长发育将受到较大抑制。

3. 光照

芒果树为阳性树种,生长发育要求充足的光照。光照充足则开花结果多,果实外观美,含糖量高,品质好耐贮运,特别是红芒类,在光照不足时果色淡或不显露。

4. 土壤

芒果树对土壤要求不严,pH 为 5.5~7.0 的土壤均适宜,但以土层深厚、地下水位低、排水良好、微酸性的壤土或沙壤土为好。

5. 风

芒果树是叶大、枝叶浓密的品种,6 级风会导致落果和扭伤枝条,8 级以上会导致大量落叶和折枝。因此,在有台风侵害的地区种芒果必须营造防护林。

任务实施

当地芒果树生长环境调查

1. 目的要求

了解当地芒果生长期的温度和降水量,通过与芒果最适温度、最适水分比较,明确栽培要点。

2. 工具材料

图书、信息工具,干湿温度计、风速风向仪等。

3. 操作步骤

(1) 讨论调查内容、步骤、注意事项。

(2) 通过图书、报刊和互联网查阅当地的各种芒果品种的最适温度和最适水分要求。

(3) 到当地气象部门,调查了解当地的芒果生长期的温度和降水量。

(4) 到果园现场访问,了解当地气候条件与芒果生长的适配程度,问询极端气候条件对芒果生产造成的影响。

(5) 了解果农如何利用当地气候条件,采取哪些栽培措施进行芒果栽培。

(6) 现场测量气温、风向、风力和湿度。

(7) 撰写调查报告。

任务反思

1. 芒果的枝梢生长有何特点？其结果母枝多以什么枝梢为主？
2. 芒果对环境条件有什么要求？

任务 15.3　芒果树栽培技术

任务目标

知识目标：1. 了解芒果树的定植时期、定植密度和定植方法。
　　　　　2. 了解芒果树土肥水管理方法。
　　　　　3. 掌握芒果树整形修剪方法。
　　　　　4. 掌握芒果树花果管理方法。
技能目标：1. 能根据芒果树的生长情况实施土肥水的有效管理。
　　　　　2. 能进行芒果树的控梢促花及修剪工作。
　　　　　3. 能进行芒果树的保花保果工作。

任务准备

一、芒果树定植

1. 定植时期

山地果园要开垦成梯田，定植前要进行土壤改良，挖好定植坑，放足有机肥。芒果一年四季都可定植，以春季萌芽前定植为好。

2. 定植密度

春秋季定植，株行距 4 m×5 m（33 株/亩）、3 m×5 m（44 株/亩）或 3 m×4 m（55 株/亩）。

3. 定植方法

定植前 2~3 个月挖穴，宽 80 cm，深 70 cm，每穴施腐熟的猪、牛粪或土杂肥 20~30 kg，过磷酸钙 0.5~1 kg,肥料与表土混合回穴。定植时,苗木要带土团定植,用裸根苗定植应保持根系舒展,边填土边压实,用袋装苗定植则不能踩压土团。定植深度以根颈平土面为宜,植后淋透定根水,做成高于地面 10~20 cm 的树盘,并加草覆盖(图 15-3-1)。

挖穴

做树盘

图 15-3-1 芒果树的定植

二、芒果树土肥水管理

1. 土壤管理

芒果幼年树可进行果园全园覆盖,也可以进行间种。定植第二年至第四年结合施有机肥进行扩穴改土。成年果园,每年在 5 月、9 月份对树盘各中耕一次,中耕后树盘内覆盖地膜或干草。实行株行间生草覆盖的,生草的高度控制在 40 cm 以下,以免影响芒果的生长。

2. 施肥

(1) 幼树施肥:幼树施肥以氮、磷肥为主,适当配合钾肥,过磷酸钙、骨粉等磷肥主要作基肥施用,追肥以氮肥为主。植后抽出 1~2 次梢时开始追肥,3、5、7、9 月各施一次追肥,每次每株施尿素 10~20 g,9 月施复合肥。如天旱可施 1%~2% 的液肥或 1∶4 的稀粪水,第二年用肥量加倍。在 6—8 月结合压青扩穴增施有机肥。每株施绿肥 50 kg,猪牛粪或土杂肥 20~30 kg,或花生饼、过磷酸钙 0.5~1 kg。

(2) 结果树施肥:研究资料表明:每收获 1 000 kg 的芒果,需消耗 6 kg 的纯氮、3 kg 的磷、10 kg 的钾、5.9 kg 的钙、3.6 kg 的镁。结果树合理施肥以氮、钾肥为主,并配合磷、钙、镁肥,氮、磷、钾、钙的比率应是 6∶4∶9∶6 或 6∶3∶10∶6。在生产实践中,除了上述常量元素之外,芒果对于微量元素如锰、硼、锌等也是敏感的,如果土壤中缺乏这些元素的供应,往往会出现这样或那样的生理病害。芒果结果树的施肥时期应抓好如下四次肥:

- 催花肥:10—11 月施催花肥。树冠 4 m 以内的,每株施尿素和硫酸钾各 150 g 或氯化钾 500 g、尿素 500 g、钙镁磷肥 200 g。数量约占全年施肥量的 30%。树冠增大，施肥量相应增加。

- 谢花肥：在 2 月底—3 月初现蕾前施下，这次施肥的目的在于提高树体营养水平，促进花穗发育，增强抗寒能力，提高坐果率。肥料以速效氮肥为主，配合磷钾肥施用，数量约占全年施肥量的 30%。当开花量大时，在谢花后每株施尿素 100~200 g，同时用 0.3% 硼砂、0.3% 磷酸二氢钾作根外施肥，促进坐果。
- 壮果肥：谢花后约 30 天为果实迅速增长期，也是幼龄结果树春梢抽生期。当果实横径达 2~3 cm 时施壮果肥，每株施氯化钾 200 g、尿素 200 g，促进果实发育，施肥量占全年的 5%~10%。也可以结合防病喷洒农药时加喷 0.3% 的磷酸二氢钾作根外追肥，必要时还可补充硼、镁等微量元素。
- 果后肥：采果后立即施重肥，在丰收年可于收果前后先施速效氮肥，每株施尿素 150~200 g，其后再施有机肥和磷肥。早熟的品种可在采果后及时施用速效肥料，而迟熟品种则无论是速效的肥料，抑或是迟效的有机肥料都应在采果前施下。要求 8 月下旬前施用完毕，以保证在 9 月上中旬能抽生第 1 次秋梢。这次肥料以有机肥为主，结合钾肥、磷肥和速效氮肥一同施下，施肥量占全年的 50% 以上。

3. 水分管理

芒果园除了冬季外，在春、夏、秋季如遇干旱，要及时灌水，以促进果实与枝梢的生长发育；雨水季节要及时疏通排水沟，防止园地积水；冬季要适当控制水分，促进芒果花芽分化。

三、芒果树整形修剪

1. 幼树整形修剪

（1）自然圆头形树冠整形：

- 培养主枝：芒果苗高 80~100 cm 时摘心或短截定干（图 15-3-2），促主干分枝。主干抽枝后，在 50~70 cm 处选留 3~5 条长势相当、位置适中的留作主枝（图 15-3-3），其余摘除。如长势差异大或位置不适当，可通过拉、压枝条或人工牵引予以纠正。主枝与树干夹角保持 50°~70°。
- 培养副主枝：当主枝伸长 60~70 cm 时摘顶，促进其分枝。在 50~60 cm 处选留 3 条长势相近的分枝，其中两条留作副主枝，顶上一条留作主枝延续枝。待延续枝伸长 50~60 cm 时再留第二层副主枝，依此再留第三层和第四层副主枝。所留副主枝应与主枝在同一平面上，与主枝夹角大于 45°，避免枝条重叠或交叉。副主枝长度不宜超过主枝。

图 15-3-2 短截定干　　　　　图 15-3-3 定主枝

● 辅养枝及其处理：由副主枝抽生的枝条可形成枝组，也可发育成结果母枝，不宜剪除。对徒长性的强枝宜短截，促进分枝，以保持枝条的从属性；对扰乱树形的直立枝、交叉或重叠枝应予剪除。结果 2~3 年后，一些枝组长势变弱，或位置不适当，影响树冠通风透光者应逐步疏除。

在幼树整形修剪中，主要是培养骨干枝，尽量增加分枝级数，控制徒长枝，修剪位置不适当的枝条。在定植后 2~3 年内培养 50~60 条生长健壮而不徒长、位置适宜的末级枝梢，形成矮生、光照良好的自然圆头形树冠（图 15-3-4），为早结果打好基础。

图 15-3-4 自然圆头形

(2) 自然扇形树冠整形：

● 选留主枝与副主枝：主干截顶抽芽后，选留 3 个枝，其中一条作延续主干，另两条作第一层主枝，这两条主枝相对成一直线，各与行向成 15°角。如角度不合，可通过人工牵引予以校正。待延续主干伸长后，距第一层主枝 100~120 cm 留第二层主枝，分枝方向与第一层呈斜十字形。以后整个树冠呈长圆或哑铃形。

● 副主枝及枝组的培养：与圆头形树冠的形成相同，为防结果后枝条下垂，初结果树在主干上缚一竹竿作结果后吊枝之用。

2. 结果树的修剪

芒果树修剪原则是："按树定型,抑上促下,疏松均衡,上重下轻"。芒果树的修剪按时间可分为春季修剪和秋季修剪。

（1）春季修剪:在抽穗至开花期间进行疏花,疏去过多的花穗,一般使花穗在末级梢上占70%即足够,其余30%枝条应使之抽生春梢,保证有一定的营养生长量。如花穗过长,应疏除部分小花枝,保留1/2~2/3的花量。如果幼果期坐果太多,应及早把部分小果疏去,每穗仅留5~6个发育较好的小果观察,以待日后稍大时再决定去留。同时,应及时剪除无果花枝、病弱枝,防止果实与之碰撞摩擦,影响果实的外观。

挂果偏少的幼龄结果树往往会抽生夏梢,竞争养分引起大量落果,严重影响本来不多的结果量。因此,为了保证幼树果实的正常发育,在夏梢萌发3~5 cm时应进行抹梢。

（2）秋季修剪:一般在采果后进行,所以又称采后修剪(图15-3-5),作用是促进秋梢的抽生。采果后要求最少要培育两次秋梢的抽生,末次梢的抽生不应迟于11月上旬,因此,秋季修剪应力争在8月底9月初完成。采果后及时短截结果枝至该次梢的基部2~3节。如出现株间枝条交叉,可短截至不交叉为止。对树冠中的病虫枝、过密、交叉、重叠枝和荫蔽枝予以疏除,对因多年结果而衰竭的枝条和徒长枝一般应予剪除,如位置适宜,或树冠衰弱,也可短截更新,复壮树冠。

图15-3-5 结果树采后修剪

结果树的秋季修剪要注意在修剪前后必须结合重施肥料,保证营养生长所需养分,迅速恢复树势及生理机能,积累养分进行花芽分化,为来年生产打下基础。同时,在修剪过程中,除因树体更新需要之外,一般修剪不宜太重。

3. 老弱树更新复壮

经十余年或几十年结果,或因失管和病虫害导致枝条衰老、结果少、产量低的芒果树,可进行重截更新复壮,方法是:在离主干60~80 cm处重截主枝,重新培养骨干枝和枝组。根系也进行相应的短截,促发新根,可在离树干2 m左右挖深、宽各40~50 cm的环状沟,施入腐熟的厩肥或堆肥,诱发新根。截干时间以10月—翌年3月为好。经更新的植株,在正常管理下2年后便能有较好的收成。

无论整形或修剪,都必须与施肥和病虫害防治紧密结合,才能取得预期效果。

四、芒果树花果管理

1. 促花

因营养生长过旺或其他原因而不开花的植株,可采用物理或化学措施,促使枝梢及时停止生长,积累足够的光合养分,促进花芽分化和开花。

(1) 断根促花:在11月下旬干旱季节深翻土,切断部分侧根,暴晒至叶色转黄绿时,结合施有机肥覆土,这项工作要在大寒到立春前完成。也可采用环扎技术(小寒前后用16号铁线环扎一级分枝,用铁钳扭紧至深入皮下,开花后解扎)。

(2) 多效唑促花:施用时要因树而定,2月上旬喷15%多效唑300~500 mg/L溶液,间隔7~10天喷一次,连喷2~3次;或11—12月在树盘施多效唑,每平方米树盘土施5~15 g多效唑,五龄树一般施7~30 g(商品量,有效成分为15%)。长势壮旺树冠大的可施20~40 g,反之则少。催反造花的用药量要大些,催正造花可少些。施药时在树冠下开10 cm左右的浅沟,均匀施下,覆土,在半个月内要保持土壤湿润,施下2个月后才见效。多效唑残效期长,不可年年施用,只能2~3年施一次,否则会影响树势。弱树不宜用。

图15-3-6 愈合后的环剥口

(3) 环割或环剥:12月大枝环割或环剥,剥口宽度0.4 cm。环割伤口必须在雨季来临前愈合,否则对芒果果实防病不利(图15-3-6)。

2. 保花保果

(1) 喷施叶面肥:在芒果开花期叶面喷施0.2%~0.3%磷酸二氢钾、0.3%的硼砂混合水溶液,能提高芒果坐果率。

(2) 生长调节剂的应用:在芒果盛花期和幼果黄豆大小时各喷施一次浓度为40~50 mg/L的赤霉素,可减少落果。或各喷施一次80~100 mg/L防落素溶液,防止落果也有效。

(3) 促进昆虫帮助授粉:芒果是虫媒花,主要传粉媒介是各种蝇类及少数蚂蚁。在芒果开花期每隔10~15 m放置少量的能吸引蝇类的物质如死鱼腐肉等,吸引蝇类在花间活动,可以提高授粉率。另外,开花时喷布1%蔗糖溶液,也能吸引蝇类来果园活动。

3. 疏果

5月下旬第二次生理落果结束后,即可进行疏果。疏果的目的就是为了保果。因为芒果开花很多,如果气候适合,花期往往一个果穗挂很多小果,虽然生理落果时大部分小果会自然落掉,但有些果穗仍然挂有若干小果,互相争夺养分,使养分分散,影响果实的发育及商品价值。一般丰产的树每一果穗仅留一个果已足够,个别果穗可保留两个小果。若是树冠大、挂果量少,一穗果保留3~4个发育正常的果即可。疏果的原则是留强去弱,留正去邪(有病虫及畸形的)。疏果时应将被疏的小果连果柄一起剪掉,对未结果或开花不结果的枝条可酌情短截,促进抽梢,培养来年的结果母枝,也可增加树冠的透光度。

4. 延迟花期

(1) 摘除早生花穗:2月上旬前抽生的花穗长约5 cm时从花穗基部剪掉,以促进枝条长新的花穗,推迟开花期到3—4月,避免春季阴冷天气对开花的不良影响。2月上旬以前抽生的花穗摘除后,可喷15%多效唑300~350倍液,间隔7~10天喷一次,连喷2次,促进新花穗的抽生(图15-3-7)。

(2) 培养晚秋梢:采果延迟到9月中下旬,使秋梢在10月中旬萌芽,12月才老熟,以延迟次年花期,避开早春阴冷天气。

5. 套袋护果

经验证明,花后40~45天用特制商品纸袋进行套袋,经套袋的果实不受果实蝇和吸果夜蛾危害,不受枝叶刮损果皮,保持果面鲜美。套袋材料可以用专用水果保护袋,也可用废旧报纸自制。废旧报纸具有较强的透水透气性,水湿后不会黏在果皮上,干燥快,不易霉烂,而且取材容易,成本低,效果好。一张A3开本的废旧报纸可叠成6个同样大小的纸袋,用装书钉将袋缝钉好。所谓"四钉法",即底部用一钉,侧面用两钉,套上果实以后将袋口折角再加上一钉固定即可。套袋前的2~3天喷波尔多液等杀菌杀虫农药,套后用钉书钉封袋口。下垂到地面的结果枝条要立柱支撑或拉绳子吊起(图15-3-8)。

图15-3-7 剪除早生花穗后重新长出的花序

图15-3-8 套袋和吊果护果

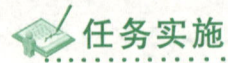任务实施

芒果树疏花疏果与果实套袋

1. 目的要求

通过实习,掌握疏花疏果和果实套袋技术。

2. 工具材料

疏果剪、喷雾器等。当地栽培的芒果果树若干株、套果袋、农药。

3. 操作步骤

(1) 疏花疏果:

- 疏花疏果时期:疏花,从露花蕾到开花期均可进行。疏果,在谢花后1周开始,至生理落果停止后,分批完成。也可根据树势、花量确定疏花或疏果时期。
- 留果量的确定:留果量应根据树势、树的枝叶量、枝的强弱与果实的分布状况来决定。确定留果量方法有多种,可根据枝果比、叶果比,也可根据树冠体积留花留果。一般强树、强枝多留,弱树、弱枝少留;树冠中下部多留,上部及外围枝少留。
- 疏花疏果方法:

人工疏花疏果:疏花疏果时应由上而下、由内而外,按主枝、副主枝、枝组的顺序依次进行,以免漏枝。先疏去弱枝上的果、病虫果、畸形果,然后按负荷量疏去过密过多的果。

化学疏花疏果:可采用1~2种药剂进行化学疏花疏果实验,观察使用药剂后对疏果及树体生长的影响。药剂可选用:西维因、石硫合剂、萘乙酸、疏桃剂、二硝基化合物等。

(2) 果实套袋:

- 套袋时期:定果后可开始套袋,一般在疏果后进行。
- 果袋材料:果袋可选用专门的果袋,有纸袋,也用塑料薄膜袋、泡沫网袋或自制报纸袋。市场销售的果袋一般都进行过防水、防晒、防虫、防病处理,结构精巧,便于操作。
- 套袋方法:套袋前先喷高效低毒防病防虫药剂。套袋时先用手撑开袋口,将袋口对准幼果扣入袋中,并让果悬在袋内,不可让果实接触袋壁,在果柄或母枝上呈折扇状收紧袋口,反转袋边用预埋扎丝扎紧袋口,再拉伸袋角,确保幼果在袋内悬空,要求一袋套一果。

4. 作业

（1）疏花疏果对产量、果实的品质有何影响？如何确定留果量？

（2）芒果应怎样进行果实套袋？

任务反思

1. 芒果的花芽分化有何特点？生产上如何调控？
2. 芒果幼树和结果树怎样施肥比较科学合理？
3. 芒果落花落果的原因是什么？生产上如何保花保果？

任务 15.4　芒果果实采收

任务目标

知识目标：1. 了解芒果果实采收时期和方法。
　　　　　2. 掌握芒果果实采收的最佳时间。
技能目标：1. 会根据芒果果实采收的标准判断其成熟度。
　　　　　2. 能正确采收芒果果实及进行采后处理。
　　　　　3. 会运用芒果果实催熟技术。

任务准备

一、芒果果实采收时期

果实停止生长，发育饱满，果肩圆满、果蒂凹陷、果皮颜色由绿变淡、果肉颜色由白转黄，果实在水中下沉等都是达到采收标准的特征。也可用果实发育期来估算，最好发育期与特征两者结合考虑。远销鲜果的果实果肩圆满、果皮色泽变淡时就可采收。本地销售和加工用的果实要使果肉转为黄色后才采收。商品果采收以青熟期（七八成熟）为宜。

二、芒果果实采收方法

在晴天上午 9 时后采果,宜用"一果两剪"方法,即第一剪保留较长果柄,第二剪准确地在果蒂与果柄的结点之上剪下果实(图 15-4-1)。果柄过短易流胶(图 15-4-2)。刚摘下的果实轻拿轻放,避免擦伤果皮。采后果柄朝下或平放果实 1~2 h 再装箱,以减少果柄排胶,果柄断口流出的白色胶汁会污染果实表面产生黑点,引起果实腐烂,因此,若果皮上沾染了乳汁,用 50℃温水浸果 10~15 分钟,并晾干。芒果皮薄肉嫩,采收不当会极大降低其商品价值,因此,不能用塑料袋或麻袋装果,也不能把果实堆放在地上,更不能让果实在阳光下暴晒。宜晴天上午露水干后采收,雨天不宜采收。

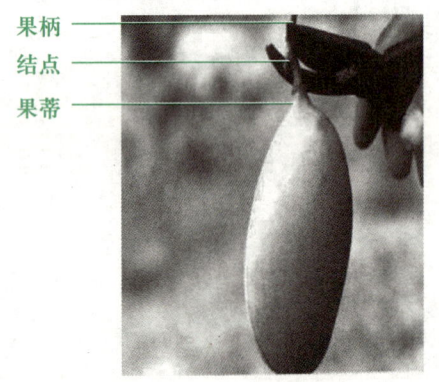
图 15-4-1　一果两剪

图 15-4-2　留果柄过短易流胶

三、芒果果实采后处理

1. 分级包装

商品果要进行分级包装,按果实大小、有无病斑、损伤等分级。凡有果蝇及吸果夜蛾危害或感染蒂腐病的果实均不能作商品果。

2. 保鲜贮藏

采收后需要 10 天左右后熟,果肉变软才能食用。常温可贮藏 7~10 天,5~6 ℃低温可贮藏一个月以上。

芒果是有呼吸高峰的水果,要延长贮藏需采取措施,抑制或延续其呼吸高峰的出现。综合国内外资料,抑制或降低芒果呼吸高峰有如下措施:

(1) 低温贮藏:可降低其呼吸作用,但应掌握适当的温度。通常青熟果贮藏在低于8℃的温度下果皮会皱缩,再放在常温下难催熟。大多数栽培品种果实最低的安全温度是10~13℃。

(2) 气调贮藏:在低氧和高二氧化碳条件下贮藏($5\%\sim10\%$ CO_2)也能降低呼吸作用,延长芒果的贮藏寿命。

(3) 利用乙烯吸附剂:一般用饱和的高锰酸钾溶液处理填料如珍珠岩和蛭石等,吸收果实释出的乙烯,延缓呼吸高峰的出现,也能延长贮藏期。

(4) 用聚乙烯塑料薄膜包装,也可延缓呼吸高峰的出现。

3. 催熟

(1) 乙烯利催熟:用40%乙烯利500~800倍药水浸果1分钟,拿出晾干后装箱置于不通风的地方,3~4天后果实就能转黄。这种方法催熟的芒果风味稍差。

(2) 电石催熟:按每千克芒果放电石1 g的比例,每一装果密封的纸箱内放入电石,24小时后取出电石,几天后箱内果实就能转黄,果皮黄色均匀,果肉硬,口感好(图15-4-3)。

图15-4-3 电石催熟果

芒果果实采收及采后处理

1. 目的要求

通过实习,掌握芒果果实的采收、分级、包装和贮藏方法。

2. 工具材料

枝剪、采果梯、采果袋(或篮)、包装容器等,芒果的结果树,消毒药物。

3. 操作步骤

采收

(1) 采收标准:果实停止生长,发育饱满,颜色变暗,果实在水中下沉,果肉开始转黄等都是达到采收标准的特征。远销鲜果的果实果肩圆满、果皮色泽变淡时就可采收。本地销售和加工用的果实要使果肉转为黄色后才采收。

（2）采收时期：商品果采收以青熟期（七八成熟）为宜，晴天上午露水干后 9—10 时采收，雨天不宜采收。

（3）采收技术：采果时用枝剪保留较长果柄剪下，防止果柄断口流出白色乳汁污染果面。采果后轻拿轻放，不让果实跌落地上，避免擦伤果皮。不能用塑料袋或麻袋装果，也不能把果实堆放在地上，或让果实在阳光下暴晒。为了提高商品价值，放果时果柄朝下，可减少病害，增加耐贮能力。

（4）采后处理：采回来的果实需洗去附在皮上的胶汁，最好用 54℃ 温水浸果 10~15 分钟，或用 1% 氯水或 1%~2% 的醋酸水清洗，并在果蒂与果柄结点之上剪平果柄，以防果柄排胶污染果面，再行包装。

分级包装

商品果要进行分级包装。一级果要求果形端正，无病斑、虫害、斑痕和任何损伤；二级果可有轻微斑痕。凡有果蝇及吸果夜蛾危害或感染蒂腐病的果实均不能作商品果。还要进行大小分级，同一箱果中要求品种相同，形状相近，大小相差不大于 50 g，可用瓦棱纸板箱装果，每箱果不宜超过 20 kg。

贮藏保鲜

常用的保鲜剂是 25% 施保克乳油和 45% 特克多胶悬剂，这两种药物低毒安全，500 倍充药水浸果 2 分钟，自然晾干，再用包装纸单果包装装箱和进行贮藏保鲜。

（1）低温贮藏：贮藏青熟芒果以 9~13℃、85%~90% 相对湿度为宜。

（2）气调贮藏：在低氧和 5%~10% 二氧化碳下贮藏。

（3）利用乙烯吸附剂：一般用饱和的高锰酸钾溶液处理填料如珍珠岩和蛭石等，吸收果实释出的乙烯，延长贮藏期。

（4）用聚乙烯塑料薄膜包装延缓呼吸高峰的出现。

任务反思

1. 芒果果实在什么时候采收较为适宜？
2. 正确采收芒果的方法是什么？
3. 芒果果实采后应如何分级和贮运保鲜？

项目小结

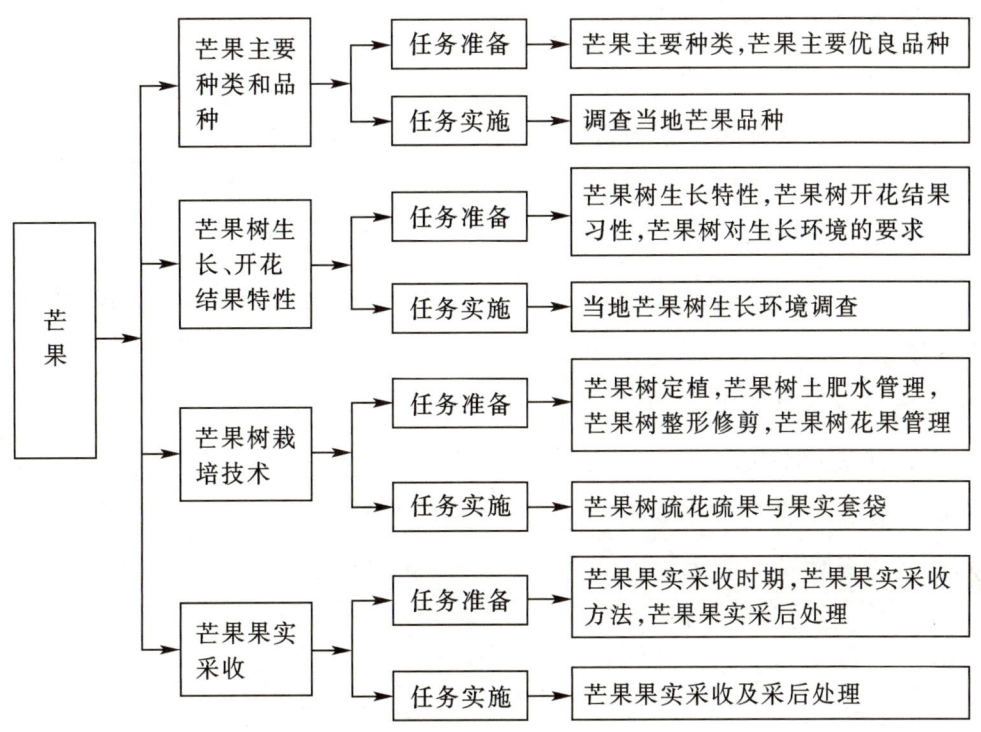

综合测试

一、单项选择题

1. 按芒果种群的分类,象牙芒属于( )品种群。

A. 印度　　　　　B. 印度尼西亚　　　　C. 印度支那　　　　D. 菲律宾

2. 芒果坐果率的高低,关键是看( )比例的高低。

A. 雌花　　　　　B. 雄花　　　　　　　C. 两性花　　　　　D. 中性花

3. 把芒果果实放入水中,如果出现( ),说明已达采收标准。

A. 完全下沉　　　B. 2/3 上浮　　　　　C. 半下沉　　　　　D. 1/3 上浮

4. 经验证明,花后( )天进行套袋是培养优质芒果,提高产量的有效措施。

A. 40~45　　　　B. 50~60　　　　　　C. 70~90　　　　　D. 100~120

5. 我国提出芒果花期气温不能低于( )℃,否则会影响授粉受精。

A. 16　　　　　　B. 18　　　　　　　　C. 20　　　　　　　D. 22

二、多项选择题

1. 芒果的花包括( )。

A. 两性花   B. 中性花   C. 雄花   D. 雌花

2. 芒果化学疏花疏果常用的药剂有(　　)等。

A. 西维因   B. 石硫合剂   C. 萘乙酸   D. 二硝基苯

3. 芒果树的修剪按时间可分为(　　)修剪。

A. 春季   B. 夏季   C. 秋季   D. 冬季

4. 芒果采果时果皮上附着的乳汁清洗剂有(　　)。

A. 54℃温水   B. 1%氯水   C. 1%~2%醋酸水   D. 开水

5. 芒果常用的促花措施有(　　)。

A. 断根   B. 多效唑   C. 环剥   D. 环割

三、简答题

1. 成年芒果树应怎样施肥？
2. 芒果应怎样进行套袋护果？
3. 芒果促花保果的措施有哪些？
4. 芒果怎样进行贮藏保鲜？

项目 16

香 蕉

项目导入

果农老王种了10多亩香蕉,由于经济困难,香蕉种苗大多是从亲戚朋友或邻居那里要来的。因此整个香蕉田看起来高高矮矮、大大小小、参差不齐,连挂果也是今天挂一棵过几天又挂一棵,时间不一致。老王虽然天天起早摸黑在地里干活,但收成却很不理想。看着隔壁老张的香蕉田,高矮一致、排列整齐、挂果划一,一片丰收在望的景象,老王心里很不是滋味。他既佩服又纳闷,为什么自己就不能种出这个水平呢?

老王怀着忐忑的心情请教了老张。于是,老张把自己的种植经验给老王作了一番介绍。原来老张种的是同一批次的香蕉组培苗,不但苗木大小高矮一致,生长期也一致,田间管理省工省时,比如施肥喷药可以统一安排,不需要区别对待,生长期没有高矮不一、参差不齐的现象了,挂果期也一致,整块地的产量也就上去了。老王暗想:原来是这么回事,不服不行啊,以后要多向老张学习香蕉栽培的技术才对。

本项目主要了解香蕉主要种类与品种;了解香蕉的生长特性,掌握香蕉的生长、开花结果习性及对生长环境的要求;掌握香蕉土肥水管理、花果管理、树体整形修剪、果实采收等主要生产技术。

任务 16.1 香蕉主要种类和品种

知识目标:1. 了解香蕉的种类。
2. 了解香蕉的优良品种。

技能目标:1. 能正确识别香蕉的主要种类品种。
2. 能说出香蕉优良品种的特点。
3. 能正确调查当地香蕉品种。

 任务准备

一、香蕉主要种类

香蕉属芭蕉科芭蕉属,真蕉亚属植物,为多年生大型草本果树。香蕉种类繁多,分为食用蕉、煮食蕉、芭蕉三大类。生产上栽培以食用蕉为主。香蕉染色体为11,属三倍体,不能形成种子,靠营养繁殖。

按照香蕉植株形态上的特征,我国习惯上将鲜食蕉分为香牙蕉(香蕉)、大蕉、粉蕉和龙牙蕉4个类型。生产上以香蕉类为主(表16-1-1)。

表16-1-1 香蕉种类

特征	香牙蕉	大蕉	粉蕉	龙牙蕉
假茎	有深褐黑斑	无黑褐斑	无黑褐斑	有紫红色斑
叶柄沟槽	不抱紧,有叶翼	抱紧,有叶翼	抱紧,无叶翼	稍抱紧,有叶翼
叶基形状	对称楔形	对称心脏形	对称心脏形	不对称耳形
果轴茸毛	有	无	无	无
果实形状	月牙弯,浅棱、细长	直,具棱,粗短	直或微弯,近圆,短小	直或微弯,近圆,中等长大
果皮	较厚,绿黄至黄色	厚,浅黄至黄色	薄,浅黄色	薄,金黄色
肉质风味	柔滑香甜	粗滑酸甜无香	柔滑清甜	实滑酸甜微香
肉色	黄白色	杏黄色	乳白色	乳白色
胚珠	2行	4行	4行	2行

二、香蕉主要优良品种

香蕉为多年生草本植物,通常食用蕉分为香蕉、大蕉和粉蕉三大类。

1. 香蕉类型

该类型生长健壮,假茎呈黄绿色并带棕褐色斑。叶片宽大,先端钝圆,叶柄粗短,叶柄槽开

张,有叶翼反向外,叶基部对阵而斜向上。吸芽紫绿色,幼叶初出时往往带有紫斑。果指弯曲向上,果皮黄绿色,果肉清甜,有浓郁的香蕉香味,无种子。产量高,一般株产在 14~30 kg,是蕉类中经济价值最高,栽培面积最大的一个类型。根据株型可分为高型、中型和矮型等品种、品系(图 16-1-1)。

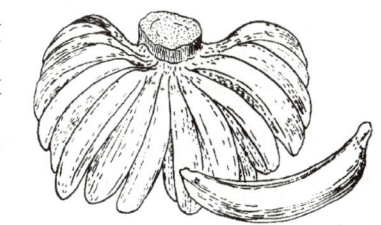

图 16-1-1 香蕉

(1) 大种高把:又称高把香蕉,为广东东莞良种。株高 250~300 cm,假茎周长 75~85 cm,果轴、花序轴打,果梳数较少,果指较长而充实,根群深广发达,耐肥、耐湿、耐旱,抗寒力较好,较丰产稳产,但易遭受风害。

(2) 大种矮把:为广东东莞良种。株高 200~230 cm,假茎周长 75~80 cm,隔壁、根系分布较浅,果轴粗大而较短,果梳较密,每梳果指数稍少,产量稍弱于大种高把,但抗风力比大种高把强。

(3) 高脚顿地雷:为广东高州良种,株高 300~400 cm,假茎周长 70~80 cm,果梳巨大,单果长而粗大,产量高,单株最高可达 70~80 kg。该品种对肥水要求高,抗风抗病力弱。因果长个大,外销比较受欢迎。

(4) 中脚顿地雷:又名齐尾,也为广东高州良种,株高 300~360 cm,假茎周长 65 cm 左右,果梳较少,但每梳果指数较多。该品种不耐瘠薄,抗风、抗寒、抗病力弱,单株产量比高脚顿地雷低,比矮脚顿地雷高。

(5) 矮脚顿地雷:高州良种,株高 230~250 cm,假茎周长 65 cm 左右,生长粗壮;果梳数较多,果指大。抽蕾较早,产量比较稳定。抗风,抗寒力较强。

(6) 河口香蕉:为云南河口,西双版纳地区主栽品种。株植高 150~250 cm,果柄粗短,果肉柔软而香甜,品质极佳。产量高,高产单株可达 30~40 kg 以上。本品种有高茎品系,株高 280~300 cm。

(7) 天宝蕉:福建闽南主栽品种。株高 160~180 cm,属矮型香蕉。果皮薄,果肉浅黄白色,肉质柔软,味甜,香气浓,品质甚佳。抗风力强,耐寒性较差。本品种有高茎品系,株高 200~220 cm,适应能力较强,产量也较高。

(8) 广东香蕉 1 号:植株矮壮,假茎高 180~240 cm,果穗较长,果梳数较多,梳距小,较丰产,品质中上,较耐贮运。

(9) 广东香蕉 2 号:株型较小,假茎高 200~260 cm,果穗中等长,果指较长,较丰产,品质中上。抗风力较强,较耐贮运。

(10) 那龙香蕉:广西那龙县主栽品种,属矮型种。株高 200 cm,假茎周长 70 cm,果穗长,产量较高,对肥水要求高,抗风力强,但不抗寒。

(11) 广西矮香蕉:属矮干香牙蕉,又名浦北矮、白石水香蕉、谷平蕉等,为广西主栽香蕉品种。据刘荣光报道:广西矮香蕉植株假茎高 150~175 cm、周长 46~55 cm,叶长 140~161 cm,

叶宽 65~78 cm,叶幅 275~310 cm;果穗长 50~56 cm,果梳 9~12 梳,果指数 135~183 个,果指长 16.2~114 cm,品质上乘;单株产量一般为 11~20 kg,抗风和抗病能力强但果指较小。

(12) 北蕉:台湾栽培品种。植株健壮,株高 250~350 cm,假茎周长 70~80 cm,小果长可达 15~18 cm,单果重可达 188g,品质佳。较抗风,但易感束顶病。

(13) 仙人蕉:为台湾省的主栽品种。植株瘦高,假茎高 270~320 cm,叶片较北蕉稍长而宽、色较淡绿;果实含糖量高但品质较北蕉稍差,因果皮较厚。果实较耐贮运;株产优于北蕉;对束顶病的抵抗力强,适于较瘦瘠的山地粗放栽培,但生育期比北蕉长 15~30d,抗风能力也较差。

(14) 威廉斯:植株高大,假茎高 250~300 cm,一般 8~10 梳,果指较长,产量较高,丰产性较好。但抗性较国内品种稍差,苗期易感花叶心瘸病,且变异株出现较多。

此外,香蕉类型的品种还有油蕉、云南高脚蕉、广西高型香蕉、波约(也称台湾青皮)、云南红河矮蕉、墨西哥香蕉、广东大种矮把、东莞中把、中山牙蕉、云南河口中把、广西龙州中把等品种。

2. 大蕉类型

植株高大健壮,假茎为绿色,吸芽青绿色。叶片宽大较肥厚,呈深绿色,叶片先端较尖,基部近心形,叶背和叶鞘多被蜡质白粉,叶柄长而闭合,无叶翼,果指粗大短直,棱角明显。果皮厚而韧,果肉杏黄色,柔软味甜,微酸无香味,偶有种子。该类型抗风、抗寒、抗病力较强。一般俗称芭蕉(图 16-1-2)。

(1) 大蕉:又名柴蕉(福建)、鼓槌蕉(广东)、牛角蕉(广西)、板蕉(四川)。植株高 3~4 m,高大粗壮,假茎高度在 1.8~4.5 m,茎干周 0.55~0.90 m;假茎青绿色或深绿色,无黑褐斑或褐斑不明显。叶片长大,叶柄长,叶柄沟槽闭合,叶基部对称或

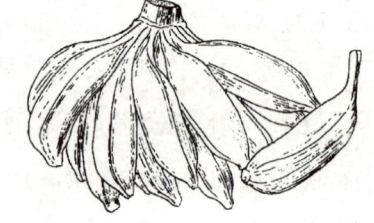

图 16-1-2　大蕉

略不对称;叶片宽大而厚,深绿色,叶背主脉披白粉。花苞片宽卵形或长卵形;果轴光滑无毛;果柄长;果指较大而直,果实棱角明显,呈 3~5 棱,果皮厚而韧,未熟时果皮青绿色,果实自然成熟时果皮呈黄色;果实偶有种子,味甜带酸,无香味。抗旱、抗寒、抗风、抗病以及对大气氟污染的忍受能力都比粉蕉和香牙蕉强。

(2) 畦头大蕉:畦头大蕉为广东新会地方品种之一。蕉植株假茎高 350~400 cm,茎周 85~99 cm。上下大小一致,果梳及果指数多,果指长 11~13.5 cm;可溶性固形物 24%~25%,品质与其他大蕉相同;单株产量一般为 15~27 kg,抗风性好,但生育期较长。

(3) 灰蕉:又名牛奶蕉、粉大蕉。植株瘦高,假茎高度在 2.3~3.5 m,茎周 0.65~0.80 m,叶柄细长,黄蜡色,叶柄和叶基部边缘有红色条纹,叶柄沟槽一般闭合,叶背、叶鞘披白粉,幼苗假茎多白粉;果形直,棱角明显,未熟时果皮灰绿色,果皮较厚带白粉;果肉柔软,乳白色,故名牛

奶蕉,味甜稍带有香味。其他性状与大蕉相似。

3. 粉蕉类型

(1) 粉蕉:又称糯米蕉、粉沙蕉、西贡蕉、蛋蕉等。植株高大粗壮,假茎高度在 3.5 m 以上,茎干周 0.75~0.85 m,淡黄绿色而有少量紫红色斑纹。叶狭长而薄,淡绿色,先端稍尖,基部对称;叶柄及基部被白粉,叶柄长而闭合,无叶翼。果轴无茸毛;果形偏直间微弯,两端钝尖,成熟时棱角不明显;果柄短,果身也较短,花柱宿存。果皮薄,果肉乳白色,汁少,紧实柔滑,肉质清甜微香,后熟果皮浅黄色。冬季成熟的果实质量稍差。一般株产 10~20 kg。对土壤适应性及抗逆性仅次于大蕉,但易感巴拿马枯萎病,也易受卷叶虫为害(图 16-1-3)。

- 西贡蕉:为广西龙州、云南河口一带常见品种。植株高大,假茎高 400~500 cm,叶柄极长,可达 70 cm,果指中大饱满,两端渐尖,成熟时呈淡黄色,果肉乳白色,口感嫩滑清甜,微有香味,产量中等,果皮甚薄,易裂,不耐贮藏。该品种抗风、耐寒力较强,适于粗放栽培。

- 象牙蕉:该品种四川种植较多,假茎高约 220 cm,为黄绿色,上有浅紫色红晕和黑褐色斑点。果指成熟后棱消失,浑圆,果皮鲜黄色,皮薄易裂,果肉柔软,甜微带酸,有特殊香味。其耐寒性仅次于大蕉。

此外粉蕉类型的品种还有孟加拉蕉、中山大粉蕉等品种。

(2) 龙牙蕉:又称过山香(图 16-1-4),为福建主栽品种,假茎高 3.4 m,色淡黄绿,具少数褐色斑点及紫色条纹。叶片狭长,基部两侧呈不对称的楔形,叶柄沟深,叶 、叶背及假茎有白粉。花苞表面紫红色披白粉。果近圆形肥满、直或微弯,熟后果皮金黄色,无斑点,皮薄易裂,果肉软滑,味甜有特殊香味。产量不及香蕉、大蕉。不耐贮运。该品种根系较粗壮,对土壤适应性广,抗寒力比香蕉稍强,很少发生束顶病。但抗风力稍差。易受象鼻虫为害,集中栽培,易感染巴拿马枯萎病,故栽培较少。

此外,龙牙蕉类型的品种还有云南景洪的云南孟加拉等品种。

图 16-1-3　粉蕉

图 16-1-4　龙牙蕉

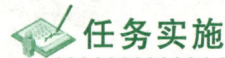

任务实施

调查当地香蕉品种

1. 目的要求

了解当地栽培的香蕉品种;掌握现场调查方法。

2. 工具材料

图书、信息工具,皮尺、卷尺、小刀、天平、糖度仪、pH 试纸等仪器工具。

3. 操作步骤

（1）讨论调查内容、步骤、注意事项。

（2）通过图书、报刊和互联网查阅当地的香蕉品种资料,选择香蕉品种较多的果园,并联系调查的农户。

（3）现场访问,用目测法看各种香蕉树的外形,并用测量同树龄的香蕉树的高度、冠径,记录比较。

（4）观测各种果实的外形、大小、颜色,测量其直径、单果重,剖开观测果皮的厚度、果肉的纹理,品尝果肉果汁,测量 pH、糖度。记录比较。

（5）问询各种香蕉的树龄、产量、栽培难易度,以及果实口味、价格等。

（6）问询当地主栽品种有哪些。

（7）了解当地新引入的香蕉品种有哪些。

（8）撰写调查报告。

任务反思

1. 香蕉有哪些种类和品种?
2. 调查当地栽培的香蕉品种及栽培现状。

任务 16.2　香蕉树生长、开花结果特性

任务目标

知识目标：1. 了解香蕉树生长特性。
　　　　　2. 了解香蕉树对生长环境的要求。
技能目标：1. 能正确识别香蕉树的各种器官和吸芽的类型。
　　　　　2. 能正确观察香蕉树结果习性。
　　　　　3. 能正确调查当地香蕉树生长环境。

任务准备

一、香蕉树生长特性

1. 根系

香蕉树根系由地下球茎抽生的肉质不定根组成，无主根，为肉质须根。通常在球茎中心柱的表面以 4 条 1 组的形式抽生，球茎上部长出的根较多，水平根常超过地面展叶宽度，可达 1~3 m，占总根量的 80%~90%，吸收根多分布于 10~30 cm 的土层中。球茎底部抽出的根不多，垂直根主要分布在近地面 10~30 cm 土层中，占总根量的 10%~20%，垂直向下生长可达 1~1.5 m。

根的生长，一般在每年立春以后，温湿度适宜时开始生长。5—8 月根系生长达到高峰期，9 月以后根系生长又逐渐缓慢，12 月—翌年 1 月根系几乎停止生长。

2. 茎

香蕉树的茎可分为球茎（香蕉树头）、真茎（果轴）和假茎（香蕉树身）三大部分。

（1）球茎：也称地下茎，即蕉头（图 16-2-1），顶部中央为生长点，是香蕉树根系、花轴、叶片、吸芽生长的地方，也是香蕉树生长、积累、吸收、合成、贮藏和运输中心。前期抽生叶片，当达到一定的叶数和叶面积时，生长点转化为花芽，形成花穗，抽生花轴，开花结果。

球茎的基本组织为贮藏营养的薄壁组织，球茎越大，假茎便越大，抽生的根也越多，产量就

越高。球茎的节间很短,每节有一个腋芽,但能发育成吸芽的仅几个至十几个。组培苗因受高浓度外源激素干扰,形成吸芽的数量较多。

(2) 真茎:由球茎顶端分生组织生长点向上发育而成。真茎白色圆棒状,由维管束和薄壁细胞组成,向上抽出形成花轴。花轴节间较长,基部节上的叶转化为鳞状叶,腋芽退化为芽痕,先端花序部分叶转花为花瓣状苞片,腋芽形成果梳(图16-2-2)。

图 16-2-1 香蕉的球茎

图 16-2-2 香蕉的假茎与真茎(果轴)

(3) 假茎:由叶鞘层层紧抱,覆瓦状螺旋重叠而成,外观呈圆柱形,大小因种类及生长状况而异,色泽为黄绿色,香蕉系带有黄褐斑。假茎颜色:大蕉青绿,粉蕉浅红,香蕉棕褐,龙牙蕉紫红带黄绿,通常养分越充足黄褐斑越多。

假茎无木质化细胞,结构疏松,且因叶片大而招风,果穗沉重,故易倒伏或折断。假茎作用是支撑运输和贮藏水分及养分,它富含钾和磷(占干物质的70%)。

3. 吸芽

由母株地下球茎腋芽萌发而成的芽称为吸芽(图16-2-3)。吸芽分为剑芽(剑叶吸芽)和大叶芽(大叶吸芽)两大类(图16-2-4)。

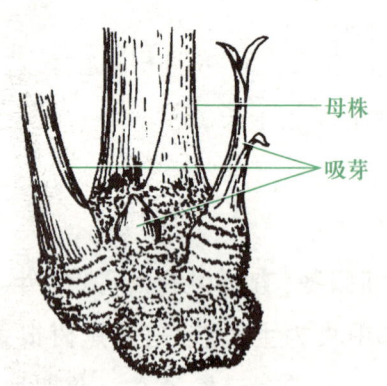
图 16-2-3 香蕉的吸芽

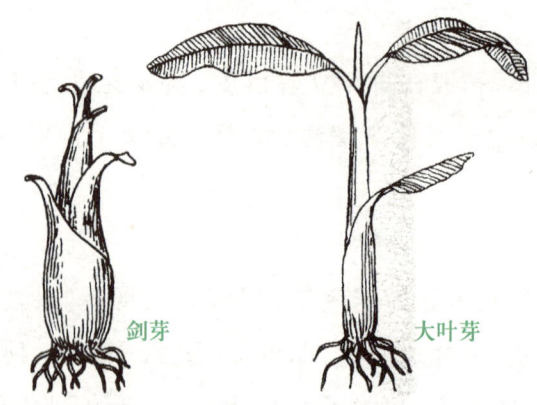
图 16-2-4 香蕉芽的类型

(1) 剑芽：芽体粗壮，小叶无叶身，形似剑而得名，是选留作接替母株或种苗的首选芽。剑芽按抽生时期不同、形态不同，又分为红笋和褛衣芽。

- 红笋：开春后，气温回暖才长出地面的吸芽。因上部尖细、叶细小、色泽嫩红而得名。
- 褛衣芽：头年秋季抽出，因叶片越冬枯萎后，仍挂在假茎上而得名。褛衣芽生长后期气温低，地上部生长慢，地下茎养分积累较多，形成下大上小的形状，根系多，是最好的接替母株和种苗。

(2) 大叶芽：大叶芽是接近地面芽眼，或弱母株、残桩上长出的吸芽。芽体细弱，初出叶即为有叶身的大叶而得名。它地下茎小，营养差，不宜留作接替母株或种苗用。

香蕉吸芽萌发过多过早消耗养分多，影响母株的生长和结果，如不以吸芽做新母株和种苗用，要随时将萌发的所有吸芽除去。

4. 叶

香蕉树的叶由叶鞘、叶柄、叶翼和叶身四部分组成（图16-2-5）。从形成吸芽到开花，其叶的形态和大小不断变化。吸芽初期长出的叶片如鳞状，具有狭小的鞘叶，无叶身；其后抽出仅有狭窄叶身的小剑形叶；再后逐渐长出正常大叶，叶片逐渐增大，直到花芽分化开始时叶片最大，是倒数第8片叶，特称为魁叶；往后逐渐缩小，叶片、叶柄变短而密集排列于假茎顶部，似一扫把，俗称"把头"（图16-2-6）；最后两片叶长在果轴上，倒数第二片叶叶端钝平似葵扇，称葵扇叶；倒数第一片叶最短，直生，有保护果穗的作用，称护叶。

图16-2-5　香蕉的叶

图16-2-6　香蕉"把头"叶基部

香蕉树一生抽叶60~70片，寿命70~280天。叶片周年可抽生，在5—8月每月抽4~6片叶，12月—翌年2月每月抽1~2片叶，其他月份每月抽2~3片叶。从第10~12片大叶抽出开始，植株生长速度最快、生长量最大。达28~36片大叶时开始分化抽蕾。结果期要保持10~12片大叶。

二、香蕉树开花结果习性

1. 花

(1) 花序分化:只要温度与植株营养条件适合,香蕉周年均可分化形成花序常年开花,故与菠萝一样有正造果与反造果之分,生产上可进行反季节栽培。一株假茎只分化抽生一条花序(图 16-2-7),开花结果一次便慢慢枯死。

香蕉花序的分化与形成与叶面积、光照、温度、植株营养状况有关。气温高、光照好、肥水充足,则出叶快,叶面积增大快,花序分化抽生可提早,反之则推迟。

香蕉不同的芽苗开始分化的时间不同。粗壮的吸芽苗抽出 20~24 片大叶、宿根苗抽出 18~24 片大叶时进入分化。香蕉分化到抽蕾夏季需 2~3 个月,冬季则需 4~6 个月。香蕉分化标志是顶部叶片密集成束形成"把头",假茎近地面处呈膨大状。

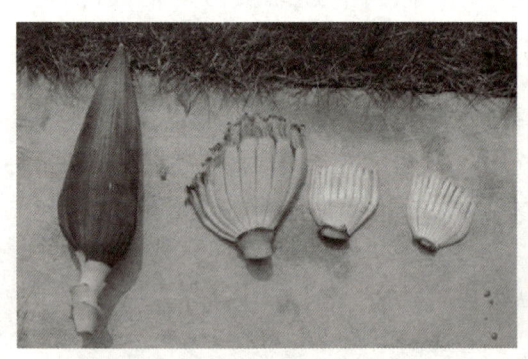

图 16-2-7 香蕉的花序

(2) 花序:香蕉的花为雌雄同株单性花,肉穗状顶生无限花序,由真茎抽出形成。同一花序上有雌花、中性花和雄花三种类型(图 16-2-8)。花序抽出后逐渐弯曲下垂。开花时苞片向外卷曲露出小花,通常每天开放 1~2 苞片。每苞片中因种类品种不同有 8~30 朵小花,成半环状 2 列排列。三类花中只有雌花能结出果实,中性花和雄花都不能结果,故生产上要及早切除中性花以上部位(即断蕾),以免白白消耗养分。

2. 果实

香蕉属单性结实,由雌花子房发育而成。香蕉单果果柄短,直或微弯,呈指状,称果指,属

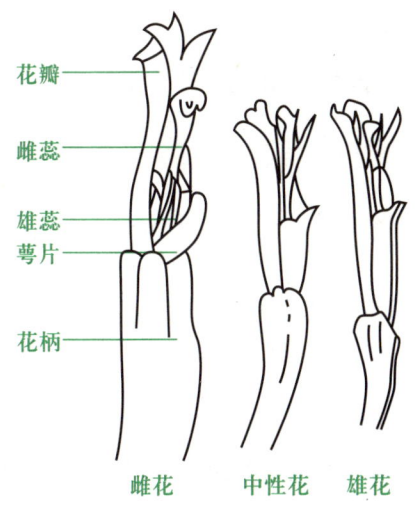

图 16-2-8 香蕉的花

浆果。未成熟时果皮青绿色,催熟后为黄色,肉质软滑香甜。栽培种香蕉是三倍体,胚珠很早退化,一般无种子,但大蕉和粉蕉偶有种子,特别在寒冷地区有种子的可能性大。种子硬质黑色。果肉未成熟时,富含淀粉,催熟后转化为糖。果皮与果肉未成熟前含有单宁,熟后转化。香蕉果穗上每一段雌花所结成的果实称为一梳(果梳或果段)(图 16-2-9),一般每果穗有 8~16 梳,每梳蕉果有 10~30 个果指(小果),分两层排列,每果指长 6~25 cm,重 50~300 g。果梳在果轴上螺旋排列。香蕉果实由花托和包藏于其内的子房构成,子房由 3 个心皮合成,一般无种子,花托发育成果皮(图 16-2-10)。

图 16-2-9 香蕉果梳

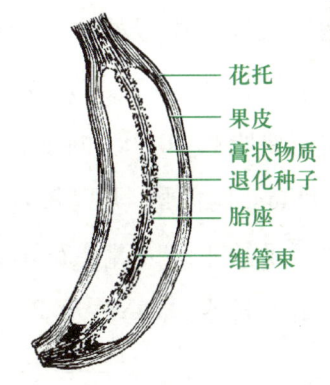

图 16-2-10 香蕉果实纵切面

香蕉栽培因吸芽苗生长先后不同,从而开花结果、收获期早迟也不同。果实发育与品种、气候条件、肥水管理有密切关系。一般在夏秋高温多雨季节,果实生长快,发育均匀,色泽好,成熟早,从抽蕾到采收需 85~105 天,而在低温干旱季节,果实细小,发育慢,从抽蕾到采收需要 120~160 天。

三、香蕉树对生长环境的要求

1. 温度

香蕉原产热带和亚热带，整个生长发育过程要求较高的温度条件。年平均温度23℃以上的地区，最适宜香蕉生长。香蕉生长温度15~35℃，最适宜的温度是24~30℃。平均气温在27~29℃时，香蕉叶片生长最快，每日可长16 cm。生长温度以不超过35℃为宜，高达40℃时，叶片、假茎会灼伤。气温在10~15℃时生长缓慢，当气温降至10℃以下时生长几乎停止。气温降至5℃时，香牙蕉的嫩叶果实受冻害；2.5℃时，叶片严重受害；1℃时叶片出现水渍状褐斑，植株出现萎蔫状态；降至0℃时，叶片、假茎、心叶以及生长点冻死，植株枯死。气温越低或持续的时间越长，香蕉植株受害程度越严重。可见，低温霜冻是香蕉商品性栽培的重要限制因子。

不同香蕉类型其耐寒性也有所不同。一般大蕉耐寒性较强，粉蕉次之，香牙蕉不耐寒。在香牙蕉品种中，以大种高把品种耐寒力较强，普通矮把品种较差。

温度过高也不适宜香蕉栽培，干燥天气高于33℃的气温会引起果皮组织变色，38~42℃可引起叶肉组织坏死和叶片干枯，果实出现日灼现象。

2. 水分

香蕉是浅根性肉质根植物，分布浅，叶片大导致水分蒸腾量大，需水量比较多。香蕉植株各器官中含水量很大，假茎含92.4%，叶鞘含91.2%，叶片含82.6%，果实含80%。香蕉每制成1 kg干物质需要吸收300 kg的水，说明香蕉在生长过程中需要充足的水分。生长季一般每月至少要有100 mm的雨量，尤以每月200 mm的降雨量最为理想，任何一个月降雨量低于50 mm时都会造成严重缺水。因此香蕉不耐旱，香蕉种植区域要求年降雨量达1 500~2 000 mm，且分布均匀。雨季排水，旱季灌水。

3. 光照

香蕉树除喜高温多湿外，还需要充足的光照。国外的研究认为：热带遮阳50%对香蕉的生长没有多大影响，适当荫蔽环境有利于其生长，过强会产生日灼。商品性蕉园，光照透到地面的有效辐射为14%~18%，当透光量降到10%以下时，植株生长受阻，果实失去商品价值。

香蕉是丛生植物，叶面积大，需要足够的阳光才能生长良好；光照太强或太弱对植株的生长发育都不利，植株的正常生理活动会受到干扰。

4. 土壤

香蕉树对土壤要求比较严格。优质丰产的蕉园,要求土壤团粒结构良好,土层深厚,肥沃疏松,有机质丰富,地下水位低的轻黏壤土和沙壤土,尤以冲积壤土和腐殖质壤土最为理想。一般在含黏土40%以上的土壤不适宜种植香蕉。香蕉生长需肥量大,根系发达但分布浅,对肥料特别敏感。

5. 风害和环境污染

香蕉树根系浅、叶片大、假茎质脆疏松,尤其是植株进入结果后,顶端负荷更重,常被人们形容为"头重、脚轻,根底浅",容易遭受风害。

蕉类对大气的洁净程度要求较高,特别是对大气中的氟化物相当敏感。经取样测定,一般外表正常的蕉叶,其含氟量在 8.89~12.43 mg/L;当叶片含氟量达 20 mg/L 时,叶片边缘有轻微黄化;当叶片含氟量达 50 mg/L 时,叶片边缘发生不同程度的干枯;当叶片含氟量高达 177.87 mg/L 时,叶片受害严重。

不同蕉类品种对氟化物的忍受程度有较大差异。一般大蕉的忍受能力高于粉蕉和香蕉。氟化物主要来自化肥厂、水泥厂、硫酸厂、陶瓷厂和砖瓦厂,在该类厂矿附近不宜栽培香蕉。

任务实施

香蕉树生长环境调查

1. 目的要求

了解当地香蕉生长期的温度和降水量,通过与香蕉最适温度、所需水分比较,明确栽培要点。

2. 工具材料

图书、信息工具,干湿温度计、风速风向仪等。

3. 操作步骤

(1) 讨论调查内容、步骤、注意事项。

(2) 通过图书、报刊和互联网查阅当地的各种香蕉品种的最适温度和最适水分要求。

（3）到当地气象部门,调查了解当地香蕉生长期的温度和降水量。

（4）到果园现场访问,当地气候条件与香蕉生长的适配程度,问询极端气候条件对香蕉生产造成的影响。

（5）了解果农如何利用当地气候条件,采取哪些栽培措施进行香蕉种植的。

（6）现场测量气温、风向、风力和湿度。

（7）撰写调查报告。

任务反思

1. 香蕉树的茎由哪几部分组成？各有何特点？
2. 香蕉树的吸芽有哪些类型？各有何特点？
3. 香蕉树对生长环境有什么要求？

任务 16.3　香蕉树栽培技术

任务目标

知识目标:1. 了解香蕉树育苗、定植技术。
　　　　2. 了解香蕉树挂果期的栽培管理技术。
技能目标:1. 能进行香蕉育苗、选苗与定植工作。
　　　　2. 能根据香蕉生长情况实施土肥水的有效管理。
　　　　3. 掌握香蕉园管理和除芽留芽技术。

任务准备

一、培育香蕉树苗

香蕉的繁殖方法有种子播种、吸芽分株、球茎切块和组织培养。除了杂交育种采用种子繁殖外,生产上主要采用吸芽分株法繁殖种苗。吸芽分株法是选择利用母株基部球茎分生的粗壮吸芽,割离母体直接栽培的育苗方式,该方法简便易行,在生产上最为常用。利用组织培养技术生产的香蕉苗称为香蕉组培苗或香蕉试管苗,其优点是种苗健壮,生长整齐,适于大规模生产,克服了传统育苗方法中存在的问题。

二、香蕉树定植

1. 定植时期

香蕉树没有明显光周期的影响,只要温度适宜,水分充足,一年四季都可以种植。一般在3月上旬开春回暖以后尽早植下,以便能在8月下旬以前出蕉,赶在霜冻前采收完毕。

2. 定植密度与方式

由于香蕉的叶片大小与高度成正比。因此,一般以植株高度来确定其种植密度,按矩形种植格式来计算(表16-3-1)。

表 16-3-1 按矩形格式确定种植数一览表

株高/m	每亩种植株数/株	株高/m	每亩种植株数/株
1.5	220	2.8	122
1.8	190	3.2	115
2.0	160	3.6	108
2.2	145	4	100
2.5	132		

定植密度因种类、品种、土壤肥力而定,并直接影响到产量。总的原则是"**肥田宜疏,瘦田宜密**"。香蕉的定植方式主要有以下几种:

(1) 矩形定植方式:参见表 16-3-1。

(2) 正三角形定植方式:株行距与矩形的种植方式一样,只是行间种植点错开。

(3) 双株(或三株)定植方式:如图 16-3-1 所示,双株间距 0.6~1.0 m,丛距 2.0 m,行距 2.5~3.5 m。

(4) 宽窄行定植方式:一般株距 1.8~2.5 m,宽行 4.0 m,窄行 1.2~2 m。

图 16-3-1 双株种植方式

3. 定植方法

(1) 挖穴施肥:种植前先挖好定植穴,定植穴一般 40~60 cm 见方。将表土,有机肥、生物肥、磷肥、石灰以及杀地下害虫的农药特定磷、呋喃丹等充分混合填入定植穴（施有机肥25~50 kg/株，过磷酸钙50 kg/亩，硫酸钾30 kg/亩，石灰0.5 kg/株，与土壤混合均匀回坑）。1~2个月后待土壤下沉后再种植。

（2）土壤消毒：如果有巴拿马病需要土壤消毒的，可以选用大荣宝丹60~80 kg/亩，与秸秆一起犁翻，然后灌水湿透，病害严重的地要用地膜覆盖，密封15~20天，揭膜2天以后可以栽植。

（3）种植：栽植前将穴填满表土，黏重土壤要起堆，以防雨季积水。同时先将种苗大小分开，剔除病虫株、变异株，高温季节应将苗叶减去2/3左右，以减少水分蒸发。

定植深度以埋过蕉头5~6 cm为宜，种植时避免根部与肥料直接接触，以免伤根。种吸芽苗时应注意用杀菌剂浸切口，防止烂头。栽时把蕉苗分级，按粗细、高矮一致，把苗摆好，吸芽切口方向保持一致，以后抽蕾方向也一致，以便留芽及其他管理。种后覆土以盖过球茎4~5 cm为宜，深浅一致。然后把泥土压实，即可淋定根水，最后在土面覆盖草或地膜保湿。

在沙土、高地和干旱地区，植穴应低于地平面。在黏壤土、低洼地和多雨地区，植穴应高于地平面，但留宿根蕉的不宜过高，过高宿根蕉容易露头。

三、香蕉树土肥水管理

1. 土壤管理

（1）除草：目前香蕉产区的园地管理多用清耕法，先用草甘膦杀死园地的杂草，再犁松土、整好地，喷丁草胺等抑制杂草的萌发。禾本科的杂草可以用精禾草防除。广谱性除草剂主要有2,4-D、草甘膦和克芜踪。前两种属内吸性，对香蕉的毒害大，喷洒时应把香蕉隔开，以免受害。

苗期也可以用黑色地膜覆盖定植穴，抑制杂草滋生，还可以用区域灌溉制水（如滴灌，小灌出流）的方法抑制杂草生长。

（2）土壤覆盖：通常有秸秆覆盖和地膜覆盖两种覆盖方法。地膜一般只覆盖在行间，株间留空或采用秸秆覆盖。覆盖地膜前应先松土，耙平园地，畦中间高两边稍低，以免积水。盖上地膜后，要用泥土压实四周，避免地膜被风掀开甚至吹走。

（3）松土和挖除旧蕉头：宿根蕉通常在早春三月雨季来临前全园深耕一次。一般松土深度为20~30 cm。松土后施农家肥及化肥。

香蕉采收后，母株残茎经60~70天后已经腐烂。要及时挖除旧蕉头（图16-3-2），填上新土，一是可以减少病虫害，二是有利于子代根系的生长。

图16-3-2 松土和挖旧蕉头

如希望残茎加速分解,可喷洒 EM 菌、酵素菌、芽孢杆菌等。

(4)培土上泥:培土有助于香蕉生长,延长结果年限,防止蕉株露头、倒伏。培土通常结合施肥和加深沟进行,雨季植穴施肥后用土覆盖肥料,中后期培土可取畦沟的积土放于蕉头处,露头严重的,要加宽畦沟,以便让更多的泥土堆在畦面。

靠近河流、湖泊、池塘等水体的蕉园,在秋冬或干旱季节,可结合灌溉,用上泥船抽取淤泥浆水灌向蕉园进行培土,俗称"上泥"。这些淤泥肥沃,富含有机质,可防止露头,对香蕉生长有利。上泥前结合施肥,效果更好。上泥应选干旱季节,雨季上泥易导致根系窒息死亡。山地蕉园应就地取材,结合中耕除草、烧火烧土、铲草皮泥等进行培土(图 16-3-3)。

图 16-3-3　培土上泥

(5)轮作与间混套作:香蕉不宜连作,应实行轮作。最好采用水旱轮作,如轮作水稻、莲藕等作物可以提高地力,减少病虫害。如无法水旱轮作,可种玉米、甘蔗、番木瓜和花生等。轮作时土壤最好重新深翻整地,换位起畦挖沟,调节土壤理化特性。

香蕉园间混套种的作物不能与其有相同病虫害,应生长期短、耐阴、与香蕉矛盾小。可选用豆科植物、牧草、玉米、生姜等作物。

2. 土壤施肥

从肥料三要素看,香蕉需钾肥最多,氮肥次之,磷肥最少,氮磷钾比例 $N:P_2O_5:K_2O=1:0.4:2$。每株年施肥量:氮 500 g,五氧化二磷 200 g,氧化钾 750 g。每亩(按 150 株计算)施肥量:氮 75 kg,五氧化二磷 30 kg,氧化钾 150 kg。

(1)新植吸芽苗的施肥:

- 春植蕉:植后 20 天左右。幼苗抽生 1~2 片新叶时开始追施稀薄粪水或麸水或尿素溶液,每隔 10~20 天 1 次,共施 3~5 次。5 月重施 1 次春末肥,促进蕉苗生长,培育壮苗。7—8 月蕉株新出总叶数 22~24 片时已进入花芽分化期,因此,7—9 月分两次施重肥,促花芽分化与幼穗形成;在两次重肥之间追施 3 次薄肥(这期间施肥,既促进花穗生长,也催下造蕉吸芽抽生），至9月前已将全年85%肥料施下。10月再追施1~2次壮果肥，11月施1次过寒重肥，为壮果和蕉株越冬打下良好基础。在全年10个月内施肥次数共12~15次，其中重肥5次，薄肥7~10次。

- 夏秋植蕉：第一年植后至入冬前施薄肥3~4次，培养壮苗，10月下旬施1次过寒重肥，提供营养生长后期的养分，增强植株越冬能力。第二年3月上旬施1次早春重肥，加速营养后期生长，为转入花芽分化期提供充足养分。4—5月已进入花芽分化，应在4—6月或5—7月分2次重施花芽分化肥，其间还追施3次薄肥，促使蕉株早抽蕾，抽壮蕾，并为培养下造壮苗提供足够养分。8—10月再追施3次薄肥壮果，同时促进下造蕉营养前中期生长。10月底重施过寒肥，12月追施越冬前薄肥，为下造蕉株营养后期生长打基础。在两年的17个月施肥合计14~15次，其中重肥5次，薄肥9~10次。

（2）宿根蕉的施肥：宿根单造蕉施肥依培育春夏蕉与正造蕉而不同。

- 春夏蕉：3月初施早春重肥1次，加速上造果实发育和当造蕉株营养前期生长。3—5月追施薄肥3次，5月下旬施重肥1次，加速当造蕉株营养前中期生长。6—7月再追施3次薄肥，促当造蕉株营养后期生长。7—9月生长总叶数达28~30片，标志着花芽分化已开始，那时应抓紧施重肥2次，促当造蕉株幼穗形成和下造蕉抽生。9—10月追施1~2次壮果、壮苗薄肥，10月底重施过寒肥，12月再追施1次薄肥，促当造果实发育和下造蕉株营养前期生长。全年12个月施肥合计13~14次，其中重肥5次，薄肥8~9次。

- 正造蕉：3月初施早春重肥1次，促进当造蕉株营养后期生长。4—7月已进入花芽分化阶段，应分两次施花芽分化肥，促当造花芽分化和下造蕉抽生，同期在重肥之间追施3次薄肥。8—10月再追施3次薄肥，促当造果实发育和下造蕉营养前中期生长。10月底施过寒肥，12月追施1次薄肥，增强蕉株越冬能力，促进下造蕉营养后期生长。全年12个月施肥合计12次，其中重肥5次，薄肥7次。

- 宿根多造蕉施肥：第一年新植蕉除下足基肥外，还须早追肥，勤施肥，全年施肥量比单造蕉多施1/4~1/3，施肥次数多2~4次。第一年在植后10~20天开始追施薄肥，3—4月间追施4次，促进蕉株早生快发。5月初施1次春末重肥，加速蕉株营养前中期生长。5—6月追施2次薄肥，加速蕉株营养后期生长，促进抽生下造壮芽。7—9月分两次重施肥，促进第一造蕉株花芽分化与幼穗形成，并加速第二造蕉株营养前中期生长，8—10月追施3次薄肥，促早抽蕾，出壮蕾，同时加速第二造蕉株生长，10月底施1次过寒肥，随后追施1次薄肥，为第一造壮果，第二造蕉株营养后期生长打基础，保证果实与蕉株顺利越冬。第二年2—3月重施1次早春肥，加速第二造蕉株营养后期生长，促进抽生第三造壮芽。4—6月分两次重施春夏肥，在重肥之间追施3次薄肥，促第二造花芽分化，加速第三造营养前期生长。7月施薄肥1次，促第二造果实发育，第三造蕉株营养后期生长。8—10月分两次重施夏秋肥，同期追施3次薄肥，促第三造蕉花芽分化。11—12月最后追施两次薄肥，促进第三造果实发育。第一年10个月共施15次,其中重肥5次,薄肥10次;第二年12个月共施14次,其中重肥5次,薄肥9次。

(3)成年蕉园施肥:每年可施肥4~5次。

第一次 在植株大量发生新根之前施入,即"立春"至"雨水"期间,株施复合肥0.2 kg,加速新根和吸芽的生长。

第二次 在营养生长旺盛期前施肥,即在"谷雨"前后,此次应重施肥。株施腐熟人粪尿25 kg,复合肥1~1.5 kg,为花序分化打好基础,促使蕉株发育抽蕾。

第三次 在花序开始分化时施入,以速效肥为主。株施复合肥为0.3~0.4 kg,以利花序抽出和果实发育丰满。

第四次 是在果实收获前施用,每株施用有机肥20~30 kg,复合肥2.5~3 kg,促进选留的吸芽迅速生长成为新田株,并促使花蕾早期分化。

第五次 是在立冬前施用过冬肥料,以有机肥为主,配施复合肥,每亩用农家肥2 500~3 000 kg、复合肥50~70 kg,保温保湿,增加植株抗寒越冬能力。

3. 排水与灌溉

香蕉叶大根浅,含水量高,生长迅速,生长量大,水分消耗多,是需水较多的果树。同时香蕉为肉质根系,积水易引起根系腐烂。一般认为,年降雨量在1 500~2 000 mm,且分布均匀的地区最适宜香蕉生长。所以,生产上应注重灌排水(图16-3-4)工作。

图16-3-4 蕉园灌排水

四、香蕉植株管理

1. 清园

主要内容包括圈蕉和除病株。

(1)圈蕉:在香蕉顶叶即将抽出时将蕉树底层黄老叶、病叶割除,每株保留10片左右正常叶。割叶后马上全树喷施一次防病虫洗身药。

(2)除病株:凡是束顶病、花叶心腐病、黄叶病危害的病株和象鼻虫严重的植株应及时清除,销毁并消毒,避免扩散蔓延。

2. 留芽与除芽

蕉树每年萌生的吸芽很多,消耗母树大量养分,故宜及时除芽留芽。生产上只选留1~2个芽,其余的芽要及时除去。有经验的老蕉农认为,"留头芽长瘦蕉,留二芽长肥蕉"。在留定接替母株的吸芽后,如见新芽浮出土面时,即及时除去。可在 3—7 月每隔半个月除一次,8 月以后隔一个月检查一次。除芽以切断芽的生长点而又少伤母株地下茎和附近的根群为宜。除芽时,可用锹沿母株地下茎与吸芽连接处切离(图 16-3-5)。

(1) 新植蕉的留芽:2—3 月定植 33 cm 左右高的蕉苗,至 5—6 月份植株已有 100 cm 高,这时已有吸芽产生,选留一个 30~40 cm 高的二路芽接替母株。这种芽明年 5—6 月可抽蕾,8—9 月可收获正造蕉。

(2) 宿根蕉的留芽:一年收获一次蕉的最佳收获期是在 7—10 月。一般 5—6 月份选留 33 cm 左右高的植株接替母株,次年 5—6 月抽蕾,8—10 月可收蕉。

(3) 多造蕉的留芽:采用"二年三造,三年五造",即第一次在 2—3 月留头路芽,第二次在 8—9 月留头路芽,第二年即可收两造蕉,其中一造在 3—6 月,另一造在 10—12 月收获(即二年三造)。第二年 5—6 月留二路芽赶上第三年正造,第三年又可一年留二次芽(即三年五造)。多造蕉留芽,两个芽之间相隔时间一般需 6 个月。**留芽原则:秋冬留头路,春夏留二路。**

3. 防风防晒

香蕉易受风害,防风首先应从选择园地入手,尽量选择背风向阳、有防护林带的地方,无防护林应营造防护林。其次应选种矮生抗风品种,再次应在台风来临前设立支柱,增强抗风能力。孕蕾期在假茎背面立防风桩,绑 2~3 道尼龙绳线或塑料片绳,即假茎高 0.5 m 处、1.5 m 处和 2.3 m 处各绑一道;挂果期在假茎侧面或背面立防风桩,绑 3 道尼龙绳,即绑在高 0.5 m 处、1.5 m 处或穗轴基端,防风桩埋深 50 cm。可选用木材或铺子作防风桩(图 16-3-6)。

图 16-3-5 香蕉除芽

图 16-3-6 香蕉防风

每年在盛夏秋初(7—9 月),特别立秋前后,高温烈日,容易晒伤果轴、果柄,尤其向西的果实,易发生日灼伤,受害后既妨碍养分运输,影响果实生长,降低产量和内在品质,又影响果穗外观,降低外观品质。因此,应做好防晒工作,可把护叶拉下覆盖果轴,用干蕉叶稻草包裹果穗,并套上蓝色聚乙烯袋,袋的下端打开。这样可防晒、防病和减少果实机械伤。另外,习惯秋植的地区,注意选用老壮大苗和植后稻草、干蕉叶等遮盖蕉心,以提高成活率。

4. 防寒冻害

香蕉忌低温,要及时做好防寒工作。

(1) 培育抗寒品种:以野生蕉类抗逆性强或抗寒性强的品种与高产优质品种进行无性杂交,选育高产优质抗寒性强的新品种,取代原当家品种,目前可选用较耐寒的矮生香蕉品种。

(2) 合理留芽,控制抽蕾期:通过留芽、施肥等管理,控制香蕉在霜冻来临前收获完毕,避免冬季抽蕾开花。增施钾肥和施好过冬肥,增强植株抗寒能力。在霜冻来临前,用稻草、枯蕉叶等遮盖植株顶部,幼苗可束起顶叶,或用草木灰填塞蕉顶丫口,防止冰水流入蕉心造成生长点腐烂死亡。

(3) 防寒越冬:在断蕾后用稻草、枯蕉叶等包裹越冻,同时套上薄膜袋,袋的下端要封口,只留袋角小孔,以提高保温能力。在蕉园风头多点薰烟防寒,霜冻前蕉园灌水等进行防寒。

(4) 香蕉受冻后的补救措施:① 回暖后,及时割除被冻叶片、叶鞘,特别是未展开的嫩叶,以控制腐烂部分向下蔓延。② 及时追施速效肥,促进植株恢复生机。③ 孕蕾的母株,因低温霜冻,花蕾抽不出时,可用小刀在假茎中上部纵割长 15~20 cm、深 3~4 cm 的口子,使蕉蕾从假茎侧面抽出。④ 根据母株受冻害程度,采用相应的留芽措施。如母株冻死或受冻严重,估计母株产蕉量不大的,应立即除去母株,促进上年预留的秋芽生长,并加强管理,争取年底收获;若母株受冻不严重,估计母株尚可抽出 6~7 片叶才抽蕾,即除去预留的秋芽(头路芽),集中养分供母株生长,以后改留二路或三路芽,并加强肥水管理。

五、香蕉树花果管理

1. 校蕾

香蕉抽蕾时,有时蕉蕾刚好落在叶柄上,任其继续下去,随着蕉蕾的伸长,会压断叶柄,蕉蕾也因骤然失去支持而折断。如有叶片及叶柄妨碍花蕾及幼果生长时,可把它移除,及早在蕉蕾抽出初期,轻轻将叶柄移开,使蕉蕾自然下垂,避免造成损失。

2. 断蕾

香蕉只有雌花能结果,中性花和雄花不结果,所以在蕉蕾雌花开展,中性花开 1~2 梳处割断,减少养分消耗,促进幼果发育。但断蕾宜在晴天下午进行,不宜在雨天、雾水未干的上午或傍晚断蕾,以免引起蕉液长流,蕉轴腐烂,影响蕉果发育。断蕾后一般留果 6~7 梳,且果轴断口至末梳果相距约 13 cm。

3. 抹花

果指上的花瓣易诱发一系列的果实病害,在开花后除去,可减少果实感病的机会。具体方法是:在开花断蕾后1~2天进行,花苞打开后果指向下转到水平指向时,花冠边黑褐色很容易脱落,用双手由下向上轻轻抹掉花瓣即可。

4. 花蕾喷药

香蕉果实易受蓟马危害。主要是蓟马在果实上产卵,引起果皮组织增生和木栓化,后期是凸起小黑点,影响果实的外观、耐贮性。在抽蕾前后,就已有蓟马钻入花苞内开始危害果实,因而在刚现蕾时就应及时喷药防治。可喷10%比虫啉可湿性粉剂1 500~2 000倍液2~3次,5~7天喷1次。

5. 果实喷药

预防黑星病和炭疽病。可选用75%百菌清800倍液、50%多菌灵800倍液或50%甲基托布津1 000倍液。在挂果初期每隔14天喷1次,连喷2~3次。为增加药液黏着力,可加0.2%木薯粉或少量洗衣粉等黏着剂。喷药时着重喷洒果实及附近的叶片。

6. 疏果

香蕉结果一般为8~10梳,高的达13~16梳。为了保证蕉果质量,使果实大小一致,应进行合理疏果。疏果应根据香蕉开花的季节、植株大小、青叶数量、植株的营养状况来决定。一般每株只留8~10梳,其余的疏去。

7. 套袋

在香蕉抽蕾开花3~4梳、花苞脱落时,应喷一次甲基托布津或多菌灵等防病护果药物,谢花后结合疏果断蕾,再喷一次防病护果药物,喷药后立即套袋(图16-3-7)。夏季高温季节宜套浅蓝色有孔聚乙烯袋,袋底要打开。冬季气温低,宜采用无孔蓝色聚乙烯袋,袋底可扎紧,两角只留一小孔。套袋的果穗能增产9%~13.5%,提早成熟8~12天,且蕉身光鲜,病虫害少,无农药残留。

图16-3-7 香蕉套袋

 **任务实施**

香蕉树分株繁殖

1. 目的要求

学会香蕉树分株繁殖的方法,了解分株过程,掌握起芽、处理、定植的主要操作技术。要求认真观察、仔细认识各种吸芽,分株时遵守操作规定,保护好芽苗。

2. 工具材料

香蕉吸芽、铁锹、洞锹、小铲、农家肥、草木灰、抬筐。

3. 操作步骤

(1) 选吸芽:春季分株栽植主要选用褛芽、红笋芽、角笋。褛芽苗高 40 cm、红笋芽苗高 80 cm 时可分株。秋季多选用角笋和蕉童。角笋宜附一部分蕉头一起移植。蕉童是已经展开大叶、苗高 12~15 cm 的吸芽。

(2) 起吸芽:先将要起的吸芽外侧土壤小心挖开,挖至吸芽球茎底部为止,再用小铲挖开吸芽与母株之间的土壤,见到吸芽球茎与母株的联结处时,用洞锹从联结处铲下,使吸芽与母株分离,然后拔出吸芽,并回土将坑填平。也可以在挖开土壤后用手从吸芽基部用力把吸芽向凹陷处推开,使吸芽脱离母株,这样伤口小,根保存多,有利成活。

(3) 起芽后的处理:吸芽取出后,剪去过大的叶片及过长的须根,切口涂上草木灰或喷 0.1%甲基托布津,以防腐烂,然后分级,分别用抬筐运至栽植地。

(4) 定植:按定植点挖出 0.8 m³ 的栽植穴,注意表土和底土分开堆放,每穴按 30~50 kg 农家肥加 1 kg 过磷酸钙拌土后施入。填土高出地面 10~30 cm,再扒穴将吸芽栽入。植苗要浅栽,深度约超过原入土部分的 2~3 cm,切口要向同一个方向。栽后覆土以盖过球茎 4~5 cm 为宜,然后压实泥土,浇定根水,并覆盖稻草,保持湿度。

4. 注意事项

在同一时期不宜在同一母株上选取过多的吸芽,以免影响母株的生长;取下的吸芽应符合壮苗的要求,即球茎粗壮肥大,尾部尖细,苗身粗矮似竹笋,无病虫害,尤其是无束顶病;吸芽最好随起随种。运输距离在一天以上者,吸芽上的叶片要从叶柄基部割去,只留下半张开的叶,以减少吸芽在运输途中的水分蒸发;此项实训在春、夏、秋三季均可进行,最好结合生产季节,选择最佳时期。

任务反思

1. 什么季节种植香蕉最好？怎样确定香蕉的种植密度？
2. 香蕉的繁殖方法有哪几种？蕉农习惯用什么芽进行繁殖？
3. 新植园和旧蕉园应怎样施肥？
4. 选择哪些吸芽接替香蕉母株最好？

任务 16.4　香蕉果实采收

任务目标

知识目标：1. 了解香蕉果实采收时期和方法。
　　　　　2. 掌握香蕉果实采收的最佳时间。
技能目标：1. 会判断香蕉果实成熟度。
　　　　　2. 会正确采收香蕉果实。
　　　　　3. 能进行香蕉果实采后消毒、分级、包装和催熟。

任务准备

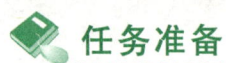

一、香蕉果实采收时期

香蕉果实自开花到成熟,需要 65~170 天。成熟期因季节、地区和栽培管理方法不同而异。5—6月开花的 60~70 天可采收, 11月开花的需 130~140 天(平地)或 160~170 天(山地)才可采收。香蕉采收期不同于其他水果可以凭皮色来决定,主要靠果指的饱满度(棱明显与否)和季节决定。一般来说果实达到七成熟时即可采收(最低限),但往往要根据具体要求、运输远近、季节等来决定。如夏季果实不耐贮运,可在七八成熟时采收,冬季果实较耐贮运,可在八九成熟时采收。远销的可在七八成熟时采收,近销的可在九成以上采收。成熟度的确定方法通常有：

1. 目测确定

按果实棱角变化确定。果穗中部的小果棱角,如明显高出,其成熟度是七成以下;果身近于平满时为七成;圆满但尚见棱角为八成;圆满无棱角为九成以上。远销的果实以七八成为好,近销的以八成以上采收为宜。

2. 时间确定

按断蕾后的天数确定。如 5—6 月断蕾的,经 70~80 天达七八成熟,即可采收。一般断蕾后,夏季 70~80 天,春秋 80~100 天,冬季 120~150 天可达采收成熟度。

二、香蕉果实采收方法

我国蕉区采收,多为一人操作。采收时先选一片完整的蕉叶,割下平铺于地面上,以备放果穗,然后一手抓住果轴,另一只手用刀把果穗割下,把果穗放到蕉叶上。如果是高杆香蕉,先在假茎高 150 cm 处,用刀砍一凹槽,让果穗和上部假茎一同慢慢垂下,然后把果穗割下。再进行开梳、清洗、包装外运。

在采收过程中,要轻收轻拿轻放,尽量避免机械伤,以免增加腐烂率和果皮变黑,降低商品率和质量。尤其是用于贮藏和远销的蕉果,最怕碰压、撞击和摩擦,因此,采收香蕉果时最好两人协同操作,一人托住果穗,将蕉穗放在肩上的海绵垫上,另一人砍断蕉轴,果穗上留果轴长约 20 cm,方便搬运。收割下的蕉穗不要乱扔、抛掷,应小心放置阴凉处,再由 2 人抬到处理车间,或放在垫有海绵的平板车上运到处理点。为了实现无伤采收,采收运输中可用空中吊绳(图 16-4-1)等措施,即使需由人工搬运,也由海绵肩垫承托整个果穗,最大限度减少机械损伤,为提高耐贮性创造有利的条件。

图 16-4-1　香蕉无伤采收

三、香蕉果实采后处理

1. 保鲜处理

（1）落梳清洗：采下香蕉果穗运到处理车间或处理点后，按果实的大小、成熟度进行分级，摘除残花，用锋利的弧形刀取蕉梳水池中，用低压喷水清洗。然后进行修整、漂洗和药物浸泡。

（2）修整：在进行漂洗前，用半月形切刀，对梳蕉柄切口处进行小心修整，重新切新，以防原切口带病菌，影响贮藏效果。经修整的切口要平整光滑，不能留有尖角和纤维须，防止在贮运时尖角刺伤蕉果和病菌从纤维须侵入。

（3）漂洗：经修整后，应立即将梳蕉放入 0.1%～0.2% 的明矾水或清洁水中漂洗，将梳蕉洗干净，然后晾干。或喷施保克 750 倍加扑海因 500 倍对果梳进行杀菌保鲜，然后用鼓风机吹干香蕉表面水滴。

（4）药物浸泡：药液处理是防止轴腐病的一项重要措施。将漂洗后晾干的梳蕉，用 1 000～2 000 倍的甲基托布津或多菌灵溶液，或用伊迈唑 500 mg/L 水溶液泡 30 s 后，捞出放入竹箩内滤干。可在药液里加入 1% 左右的蔗糖酯，效果更好。药液用大罐（池）盛装，即配即用，48 h 更换一次新药液，用明矾水漂洗的蕉梳，不要放入药液中浸泡，将梳蕉柄切口蘸取药液即可。防腐药物见表 16-4-1。

表 16-4-1 推荐的防腐杀菌剂及使用方法

通用名称	使用浓度/%	使用方法
噻菌灵	0.05～0.1	喷雾 4～6 s 或浸果 30～60 s
噻菌灵+咪鲜胺锰络合物	0.05～0.025	喷雾 4～6 s 或浸果 30～60 s
噻菌灵+异菌脲	0.05	喷雾 4～6 s 或浸果 30～60 s
咪鲜胺	0.2～0.3	喷雾 4～6 s 或浸果 30～60 s
咪鲜胺锰络合物	0.1	喷雾 4～6 s 或浸果 30～60 s
抑霉唑	0.05	喷雾 4～6s 或浸果 30～60 s

经上述药液浸泡过的蕉果，在夏天可保持 14～21 天不发霉，冬天 1～2 个月不发霉。药物处理要及时，最好当天采果当天处理，最迟不超过 2 天。当天处理防腐效果最显著。

2. 分级包装

将果实按 GB 9827—1988 进行分级，并按标准重量进行分类过磅。

目前我国北运香蕉的包装较粗放,主要用竹箩,每箩装蕉果约 25 kg。包装时先在箩内铺垫包装纸,再装放蕉果。箩底放入小梳蕉果,箩面装放较大梳的蕉果,梳果微弯,顺势正放,一梳贴紧另一梳,梳柄向箩周,稍下沉,装平箩面过秤后封上纸,盖上木盖,用细铁丝扎紧即完成。这种包装方法成本低,简单易行,但机械伤较严重,适于低档蕉的包装。

生产出口国外高档香蕉,均用耐压耐湿瓦楞纸箱(规格:长 48~49 cm,宽 32 cm,高 21.5 cm),箱内放入 1~2 层 0.03~0.04 mm 塑料薄膜,既可保持水分,抑制果实的呼吸作用,也可减少果实与箱壁的摩擦,每箱 4~6 梳,12~15 kg,装果重量依不同进口国家而定。

装箱时先将薄膜袋放箱内,再将果梳装入袋内,反扣箱中,果柄切口朝下,果指弓部朝上,果梳之间要摆放整齐紧凑,用珍珠棉等材料隔开,然后抽真空并扎紧袋口。贴上标签,送入保鲜库进行预冷。

夏季高温长途运输常在纸箱薄膜袋内放入乙烯吸收剂,用珍珠岩或蛭石吸附饱和高锰酸钾溶液,烘干后,再装入打微孔的塑料薄膜袋中,每袋 20 g 左右。如表 16-4-2 所示。

表 16-4-2　香蕉贮运期间乙烯和二氧化碳吸附剂的使用

吸附剂种类	药剂	载体	载体配制	包装	使用量
乙烯	高锰酸钾	红砖碎块(新出窑)、蛭石、珍珠岩、硅藻土、泡沫砖、活性炭或沸石等	将饱和的高锰酸钾溶液倒入多孔性物质中,并搅拌均匀,晾干	透气的无纺布袋、涤纶袋或扎有数个小孔的塑料小袋、棉纱小袋;每包 20 g	配制后的载体约占香蕉果品质量的 0.8%,即每箱放入配制后的载体 5~6 包(每箱需高锰酸钾 3~4 g)
二氧化碳	熟石灰(消石灰)	不用载体		透气的小布袋、扎有数个小孔的塑料小袋;每包 20 g	药剂占香蕉果重的 0.5%~0.8%,即每箱放入 5~6 包熟石灰

3. 果实催熟

香蕉果未成熟时含淀粉较多,肉质粗硬、味涩。经催熟处理后,能促进酶的活性,将淀粉转化为果糖和芳香醇物质,肉质变软,变甜,带芳香味,果皮转黄。所以经过催化、成熟的果实品质好。

香蕉催熟的适宜温度为 20~25℃。温度过低催熟时间延长,若低于 12℃ 以下,则无法催熟。温度过高,在 30℃ 以上,易过快催熟,导致果肉软化,味淡质差,发生青皮熟。催熟环境的空气湿度对催熟影响不大,但湿度满足,可使催熟的香蕉鲜亮饱满,外观品质好。一般在催熟初期保持空气相对湿度在 90%,中后期在 75%~80% 为宜。催熟方法有:

(1) 自然生理后熟:即靠香蕉果实自身的后熟作用,不用人为加入催熟剂即可黄熟的方法。在气温较高的季节(20~30℃),香蕉落梳后装入果箩,每箩25 kg左右,然后放入密闭的房间,堆垛3~5层,7~10天即黄熟。

(2) 薰香催熟:将落梳的香蕉整齐地放入大瓦缸、木桶或大塑料袋内,大批量的可在密闭的房间内进行,蕉果用箩装,堆垛3~5层。如容积为2 500 L的催熟室,气温30℃时用棒香10支,密闭10 h;气温20℃时,用棒香20支,密闭24 h。饱满度高的香蕉可少用棒香,缩短密闭时间;反之要多用棒香并适当延长密闭的时间。经过密闭薰香催熟后,在热天要将香蕉移运到空气流通、比较阴凉的地方,2~3天后即可食用。

(3) 加温催熟:将香蕉放入密闭的房间中,室内置火炉。烧木炭或无烟煤加温,炉上放锅煮水,使室温保持在27℃左右,相对湿度接近饱和。此法常用于冬天,效果较好。蕉果一般经2天可黄熟。

(4) 乙烯利催熟:乙烯利催熟的浓度不同及处理后的气温不同,香蕉转熟的速度也有差异。在17~19℃、浓度为0.2%~0.3%时,催熟70 h果皮即变为大黄;在20~23℃、浓度0.15%~0.2%时,催熟60 h果皮多为大黄;在22~27℃、浓度0.1%时催熟48h出现大黄;但在浓度超过0.3%时容易降低果品质量,果肉软化,失去特有风味。所以,在气温较低的情况下,应使用较高浓度并结合加温的方法,催熟的效果更好。使用时按需要的浓度配好乙烯利溶液直接喷洒(整个蕉果浸湿),然后自然晾干。一般经催熟处理4天后果皮变黄,6~7天已达到成熟。

(5) 乙烯催熟:将香蕉放在不通风的密室或大的塑料罩内,然后通入乙烯催熟。乙烯的用量按1∶1 000的容积比计算。室内温度保持在20~25℃,效果很好。室内温度过高、过低会影响催熟效果。

任务实施

香蕉果实采收及采后处理

1. 目的要求

通过实际操作,使学生掌握香蕉果实的采收、分级和采后处理的技术。

2. 工具材料

砍刀,落梳刀,修梳刀,挂蕉绳,果盘,磅秤,塑料薄膜袋,瓦楞纸箱等;香蕉的果实,杀菌剂,二氧化碳和乙烯吸收剂,其他消毒药物等。

3. 操作步骤

(1) 成熟度的判断：

- 目测确定：按果实棱角变化确定。果穗中部的小果棱角，如明显高出，其成熟度是 7 成以下；果身近于平满时为 7 成；圆满但尚见棱角为 8 成；圆满无棱角为 9 成以上。远销的果实以 7~8 成为好，近销的以 8 成以上采收为宜。
- 时间确定：按断蕾后的天数确定。一般断蕾后，夏季 70~80 天、春秋 80~100 天、冬季 120~150 天可达采收成熟度。

(2) 采收时期：采后贮藏的蕉果，以 7~8 成的饱满度为宜；近销和就地销，按 8 成以上的饱满度采收为宜。北运香蕉的采收成熟度：1—3 月份采收，成熟 7 成半或 8 成熟；4—5 月份采收，成熟度 7 成半熟；6—8 月份采收，成熟度为 7 成熟。

(3) 采收方法：采收香蕉果时最好两人协同操作。果穗上留果轴长约 20 cm，方便搬运。采下的果穗不要乱扔、抛掷，应小心放置阴凉处，地面垫上蕉叶或薄膜布。

(4) 保鲜处理：

- 质量挑选，去轴落梳：采下的香蕉经质量挑选后，去轴落梳，并按果实的大小和成熟度进行分级。用来贮藏保鲜的果实个头大小、成熟度要基本一致。然后进行修整、漂洗和药物浸泡。
- 修整：在进行漂洗前，用半月形切刀，对梳蕉柄切口处进行小心修整，重新切新，以防原切口带病菌，影响贮藏效果。经修整的切口要平整光滑，不能留有尖角和纤维须，防止在贮运时尖角刺伤蕉果和病菌从纤维须侵入。
- 漂洗：经修整后，应立即将梳蕉放入 0.1%~0.2% 的明矾水或清洁水中漂洗，将梳蕉洗干净，然后晾干。
- 药物浸泡：药液处理是防止轴腐病的一项重要措施。将漂洗后晾干的蕉梳，用 1 000~2 000 倍的甲基托布津或多菌灵溶液，或用伊迈唑 500 mg/L 水溶液泡 30 s 后，捞出放入竹箩内滤干。可在药液里加入 1% 左右的蔗糖酯，效果更好。药液用大罐（池）盛装，即配即用，48 h 更换一次新药液，用明矾水漂洗的蕉梳，不要放入药液中浸泡，将梳蕉柄切口蘸取药液即可。

(5) 包装：用耐压耐湿瓦楞纸箱，装箱时先将薄膜袋垫于箱内，再将果梳反扣箱中，果柄切口朝下，果指弓部朝上，果梳之间要摆放整齐紧凑，用珍珠棉等材料隔开，然后扎紧袋口。夏季高温长途运输常在纸箱薄膜袋内放入乙烯吸收剂，用珍珠岩或蛭石吸附饱和高锰酸钾溶液，烘干后，再装入打微孔的塑料薄膜袋中，每袋 20 g 左右。

(6) 催熟：果少的用乙烯塑料薄膜包装好，放在缸里，夏季经 2~3 天，冬天经 7 天左右，果皮转黄变黄，果具香味，即可食用；果多的用乙烯或乙烯利催熟，一般用乙烯利 0.05%~0.1% 喷果或浸果，室内气温保持在 22~25 ℃，如气温过高，乙烯利浓度相应要低些。一般经催熟处理

4天后果皮变黄,6~7天达到成熟。

任务反思

1. 怎样进行香蕉的校蕾和断蕾？
2. 鉴定香蕉果实成熟度的方法有哪些？
3. 香蕉果实在什么时候采收较为适宜？
4. 正确采收香蕉的方法是什么？
5. 香蕉果实采后应如何包装贮运才能保证较高的商品率？

项目小结

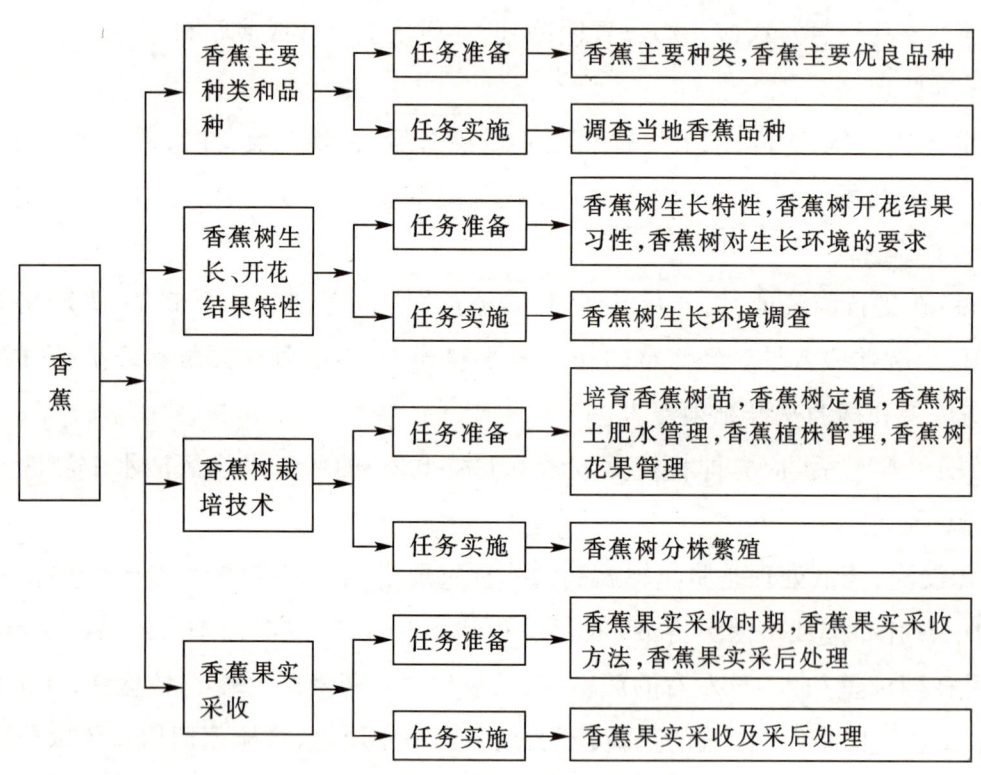

综合测试

一、单项选择题

1. 在香蕉类的各品种中,耐寒力最强的是(　　)。

A. 香蕉　　　　　　B. 大蕉　　　　　　C. 粉蕉　　　　　　D. 龙牙蕉

2. 香蕉生长所需的养分和水分主要是依靠(　　)来输送。

A. 真茎　　　　　　B. 假茎　　　　　　C. 球茎　　　　　　D. 叶柄

3. 香蕉冬季留芽宜选用(　　)芽,才能较好地安全越冬。

A. 头路　　　　　　B. 二路　　　　　　C. 三路　　　　　　D. 四路

4. 若使用吸芽种植香蕉,春季宜选用(　　)作为种苗。

A. 红笋芽　　　　　B. 褛衣芽　　　　　C. 大叶芽　　　　　D. 背芽

5. 香蕉不同品种其假茎上的色斑都不同,通常带紫红及黄绿色斑的是(　　)。

A. 大蕉　　　　　　B. 粉蕉　　　　　　C. 香蕉　　　　　　D. 龙牙蕉

二、多项选择题

1. 香蕉的繁殖方法有(　　)。

A. 种子播种　　　　B. 吸芽分株　　　　C. 球茎切块　　　　D. 组织培养

2. 球茎是香蕉的生长中心,它上面生长着(　　)等器官。

A. 真茎　　　　　　B. 假茎　　　　　　C. 吸芽　　　　　　D. 叶片

3. 香蕉没有明显的光周期,只要温度适宜,在(　　)都可种植。

A. 春季　　　　　　B. 夏季　　　　　　C. 秋季　　　　　　D. 冬季

4. 香蕉的叶由(　　)等部分组成。

A. 叶鞘　　　　　　B. 叶柄　　　　　　C. 叶翼　　　　　　D. 叶槽

5. 香蕉套袋宜选择的果袋有(　　)。

A. 夏季浅蓝色有孔聚乙烯袋　　　　　　B. 夏季浅蓝色无孔聚乙烯袋

C. 冬季蓝色有孔聚乙烯袋　　　　　　　D. 冬季蓝色无孔聚乙烯袋

三、简答题

1. 经常受风害的香蕉产区,香蕉生产常采取哪些措施防风?

2. 香蕉受冻后应采取怎样的补救措施?

3. 香蕉如何进行催熟?

项目 17

菠 萝

项目导入

家住雷州半岛的老许种了50多亩的卡因菠萝,种了将近3年,可年年的产量都不大理想,亩产只有1 000~1 500 kg。而相距不远的老赵种了近100亩的菠萝,品种是一样的,可亩产量却达到了1 500~3 000 kg。相比之下,亩产量和收入都相差了一倍。原因何在呢?老许怎么也想不明白。

于是,老许暗中作了一番调查,并且虚心向老赵讨教。原来老赵种植卡因菠萝就像看护自家的孩子,勤查看菠萝树生长发育情况,对生长各阶段的技术措施勤查资料,不懂就问网络、问专家、问身边的其他种植户,因此,种植期间不但加大了基肥的投入,同时还实施了一整套密植轮作、培土壮苗、除芽抹芽、催花壮果、防晒护果的科学栽培技术,技术实施到位,这才有了大好收成。

本项目主要了解菠萝不同的种类与品种;了解菠萝的生长特性,掌握菠萝的生长、开花结果习性及对生长环境的要求;掌握菠萝主要生产技术,包括土肥水管理、花果管理、树体整形修剪、果实采收等。

任务17.1 菠萝主要种类和品种

任务目标

知识目标:1. 了解我国菠萝栽培的主要种类和品种。
    2. 掌握和识别当地菠萝品种。
技能目标:1. 能正确识别菠萝的主要种类。

2. 能说出菠萝优良品种的特点。

3. 能正确调查当地菠萝品种。

任务准备

一、菠萝主要种类

菠萝属于凤梨科凤梨属,为多年生常绿草本植物。目前世界菠萝栽培品种有60～70个,分为七大品种类群:皇后类、卡因类、西班牙类、阿巴卡西类、马依普里类、博兰哥类和阿马多类。常见栽培的主要是皇后类、卡因类、西班牙类。

1. 皇后类

叶片较短,叶多刺,极少数无刺,叶面中间有明显彩带。果圆筒形或圆锥形,果眼深,小果两侧向上突起,果肉黄色至深黄色,肉质细,纤维少,汁多味甜,香气浓郁。代表品种有皇后。我国台湾的巴厘、神湾,广西的菲律宾等均属此类(图17-1-1)。

2. 卡因类

植株强健,较高大,叶片硬直较张开,叶无刺或尖端有少许刺。果肉淡黄色,果大,长筒形,单果重1～2.5 kg,最大的可达4.5 kg,果皮橙黄至古铜色,果肉淡黄色,纤维柔软而韧,多汁、味甜,中等酸,香气较淡,果眼浅,小果圆而扁平,不突起。无刺卡因、澳卡、台风、希路等品种均属此类(图17-1-2)。

图17-1-1 皇后类菠萝

图17-1-2 卡因类菠萝

3. 西班牙类

植株高,叶片长而阔,叶缘有硬而尖锐红色的刺,叶片黄绿,叶面两侧有红色彩带。果肉淡黄色,纤维较多,小果扁平,但其苞片基部突起,果眼下陷深入果肉。本类代表种为红西班牙。台湾的无刺或有刺红皮种,华南栽种的萝岗有刺,广西武鸣,广东潮州、汕头的北梨,福建的本地种有刺,也属本类(图17-1-3)。

图 17-1-3 西班牙类菠萝

二、菠萝主要品种

1. 卡因

卡因又称无刺卡因、沙捞越、南梨、台湾无刺等,广东、福建、台湾栽种较多。

植株健壮高大,叶阔大、厚而长,开张,叶色浓绿。一般为单冠芽,裔芽3~4个,吸芽少。果长筒形,果重1.5~3 kg,大者可达4~5 kg。果实呈黄绿色或黄色,果肉黄白色,肉质柔软多汁,纤维较多,含糖及含酸量均高,品质次于菲律宾及神湾品种,7—8月成熟。适合罐头加工,成品率高。本品种要求较高的肥水条件,易感凋萎病;果皮薄,易遭日灼及病虫危害而引起腐烂。

2. 巴厘

巴厘在广西称菲律宾,广东湛江地区称黄果,潮州、汕头地区的"崆"种也属此类。

植株较卡因种小,但生长势强健。叶片较卡因种短圆,叶缘有小而密的刺,叶片青绿带黄,有白粉,紫红色彩带明显。果一般为1.5 kg左右,果呈圆筒形或椭圆形。果眼小,呈棱状突起。果皮和果肉均金黄色,鲜艳透明,果心小,肉质细嫩而爽脆,纤维少,汁多味甜,含可溶性固形物12%~15%,含酸量0.26%~0.58%,香味浓厚,品质上等,为鲜食和制罐两用品种。6—7月成熟。

3. 神湾

神湾又名金山种、台湾种、新加坡等。广东中山、海南栽种较多。

植株中等大小,叶缘多刺,叶细窄而厚,呈赤紫色。果重0.5~1.0 kg。圆筒形,果眼小而突出,果肉淡黄色至黄色,味甜爽脆,含可溶性固形物14%~17%,含酸量0.23%~0.61%,纤维少,香味浓厚,品质佳。早熟,不耐贮运。因吸芽发生数量多,果小,产量较低,栽培日渐减少。

4. 本地种

本地种主要指广州萝岗、海南文昌、广西武鸣、福建和台湾的本地种。

植株强健而直立,叶狭长,叶缘有刺或无刺,果实中等大小,单果 1~1.5 kg,小果大而平,果眼深,果肉橙黄或淡黄色,纤维多,肉质粗,果汁少,酸味较重,品质差。

5. 台农 4 号

台农 4 号又名剥粒菠萝、甜蜜梨,是台湾菠萝鲜果主要外销品种。植株较直立、矮小而开张,叶缘带刺;单果重 1.0~1.5 kg,果眼深,圆柱果形,果肉金黄,肉质细密,脆嫩清甜,纤维少,香气浓,是鲜食良种。果实纵切后可直接剥取小果食用,无需削皮。该品种要求高积温、重肥水才能生长结果良好。

此外,生产上栽培的品种还有南园 5 号、57-236、台农 6 号、台农 11 号(香水)、台农 13 号(冬蜜)、台农 16 号(甜蜜蜜)、台农 17 号(金钻凤梨)、台农 18 号(金桂花)、台农 19 号(蜜宝)、凤山 41-1、P.R1-56 和 P.R1-67 等品种。

任务实施

调查当地菠萝品种

1. 目的要求

了解当地栽培的菠萝品种,掌握现场调查方法。

2. 工具材料

图书、信息工具,皮尺、卷尺、小刀、天平、糖度仪、pH 试纸等。

3. 操作步骤

(1)讨论调查内容、步骤、注意事项。

(2)通过图书、报刊和互联网查阅当地的菠萝品种资料,选择菠萝品种较多的果园,并联系调查的农户。

(3)现场访问,用目测法看各种菠萝树的外形,并测量同树龄的菠萝树的高度、冠径,记录比较。

(4) 观测各种果实的外形、大小、颜色,测量其直径、单果重,剖开观测果皮的厚度,果肉的纹理,品尝果肉果汁,测量 pH、糖度。记录比较。

(5) 问询各种菠萝的树龄、产量、栽培难易度,以及果实口味、价格等。

(6) 问询当地主栽品种有哪些。

(7) 了解当地新引入的菠萝品种有哪些。

(8) 撰写调查报告。

任务反思

1. 我国菠萝栽培的主要品种有哪些?各有何性状?
2. 调查当地栽培的菠萝品种及栽培现状。

任务 17.2　菠萝树生长、开花结果特性

任务目标

知识目标:1. 了解菠萝的生长特性。
　　　　2. 了解菠萝对生长环境的要求。
技能目标:1. 能正确识别菠萝的各种器官和吸芽的类型。
　　　　2. 能正确观察菠萝的结果习性。
　　　　3. 能正确调查当地菠萝的生长环境。

任务准备

一、菠萝树生长特性

1. 根系

菠萝树根系属于茎源根系,由茎节上的根生长点直接发生,包括气生根和地下根两类。通常先萌发成气生根,接触土壤后变成地下根。地下根与真菌共生,形成菌根。

(1) 气生根:分布在菠萝植株茎部和各种芽苗的叶腋。气生根能在空气中长期生存、生

活,保持吸收水分、养分的功能,当气生根接触土壤后,即转变为地下根。

吸芽的气生根如能早入土,就能够加速吸芽苗的生长,促进早结果、结大果。卡因种菠萝的位置着生较高,其气生根难以伸入土中,故易早衰。菲律宾种的吸芽比较多,着生位置较低,因而气生根易伸入土中变为地下根,不易早衰。

(2) 地下根:菠萝树的地下根属于纤维质须根,细长而多分枝。可细分为粗根、支根和细根三种。细根是吸收根,白色幼嫩,分支多,密生根毛,生长旺盛,吸收能力强。一株菠萝植株的根有 600~700 条,形成庞大的根系,吸收水分和养分。

菠萝树根系好气浅生,集中分布在 20~40 cm 深的土层内。园土积水或过于黏重及苗木种植过深会导致根系生长不良。温度升至 15℃ 根系开始生长,适宜生长温度是 29~31℃。在 43℃ 以上或 5℃ 以下,根即逐渐停止生长。

通常每年 3 月上旬天气转暖,下雨后土壤湿润,根即开始萌发,随温度上升而加速,4 月上旬—5 月下旬陆续发根;5 月下旬—7 月末根的生长达到最高峰;9—11 月秋季干旱转凉,生长缓慢,12 月以后天气转冷,根逐渐停止生长。每年 12 月—翌年 1 月近地表的根群常因干旱寒冷而枯死,到次年春暖时再发根。

2. 茎

菠萝树的茎分地下茎和地上茎。其上均着生许多休眠芽(图 17-2-1)。地上茎高 20~30 cm,被螺旋状排列的叶片紧包,不裸露。茎的顶部是生长点,在营养生长阶段不断分生叶片,至发育阶段则分化花芽形成花序。

当生长点转化为花芽、抽生花序时,休眠芽即相继萌发成裔芽和吸芽。越靠近顶部的芽越早抽生。由于吸芽着生的位置逐年上升,气生根不易伸入土中,造成早衰的现象。因此,培土是菠萝栽培管理上的一项重要措施。

茎的粗度是植株强弱的重要标志。壮苗茎粗壮,叶片短而宽厚。

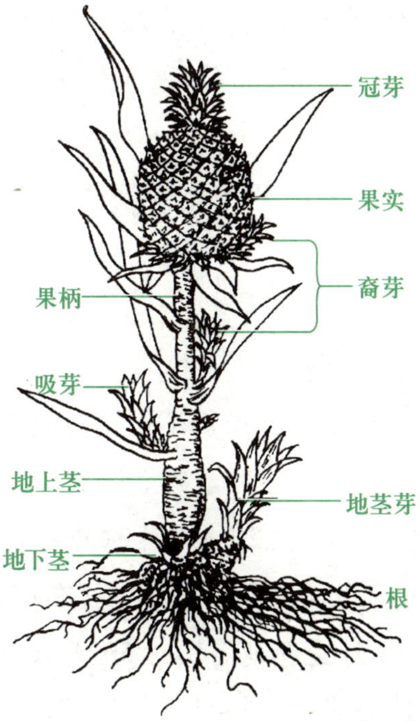

图 17-2-1 菠萝植株形态

3. 芽

菠萝树的芽体根据着生部位不同可分为:冠芽、裔芽、吸芽和地茎芽四种。

(1) 冠芽:着生于果顶,正常为单冠,发生变异时可变为复冠或鸡冠。

(2) 裔芽:自果柄长出,一般每株抽 4~5 个,多则 20 个。

(3) 吸芽:着生于母株地上茎的叶腋间,一般在母株抽蕾后抽出,开花结束后为吸芽盛发期。卡因品种较少,1~3 个;菲律宾品种为 4~5 个;神湾品种有 10 个以上。强壮植株吸芽多。

过多的吸芽在采果后摘下做种苗用。

(4) 地茎芽：由地下茎长出，因受叶丛遮蔽，接受阳光少，生长细弱，结果期较迟。但由于着生位置低，开花结果后不易被风吹倒，当植株过高时，适当保留地下芽以降低芽位，防止倒伏，便于培土。

4. 叶

菠萝树的叶片革质，狭长形，呈剑状，中部较厚，稍凹陷，两边较薄向上弯，形成叶槽，有利于雨水和露水积聚于基部（图17-2-2）。

不同菠萝品种叶片数目的变化很大，以卡因品种最多，一株可达60~80片；菲律宾品种40~60片；神湾品种最少，一般20~30片。叶片的多少和果实的大小、重量成正比。在一定范围内，叶片多而大，则果实也大。卡因种具青叶30片时，果重为1.18 kg，青叶增加3片，果重可增200 g。菲律宾品种，平均每片长30 cm以上的青叶，能增加果重20~30 g。

图17-2-2　菠萝的叶片与果实

二、菠萝树开花结果习性

1. 花芽分化

菠萝树属于能不定期分化花芽的植物，自然条件下当抽生足量的叶片后就能分化花芽。如无刺卡因青叶数达35~50片（叶面积1.5~2.5 m^2）开始分化花芽，巴厘和神湾的青叶数分别达40~50片、20~30片时开始分化花芽。整个花序分化期30~45天。高温季节比低温季节完成花芽分化需要的时间短，在广西南宁，5—6月用乙烯利人工催花后花芽分化历时约30天，而10月处理则需历时50天以上。菠萝树的花芽形态分化的过程分四个时期：未分化期、花芽开始分化期、花芽形成期和抽蕾期。

菠萝树的自然抽蕾有三期：① 2月初—3月初抽蕾为正造花；② 4月末—5月末抽蕾为二造花；③ 7月初—7月底抽蕾为三造花或翻花。

植株达到可以感受成花诱导的大小时，凡能抑制营养生长的环境因子，都能促使花芽分化。这些因子包括养分、水分的减少，温度降低，日照时数缩短等。

目前已广泛应用碳化钙（电石）、乙烯利、萘乙酸、羟基乙肼等药物人工催花。任何时间都可以促使菠萝分化花芽，达到周年结果。氮肥过多、水分充足、刺激生长过旺，则不易分化花芽。生长过旺的植株人工诱导花芽分化较困难，对此要用高浓度乙烯或多次反复处理才有效果。

2. 开花

菠萝树花序属于头状聚合花序,花轴周围聚合 100~200 朵无柄小花。小花有红色苞片 1 片,3 片三角形的萼片及雄蕊和雌蕊,子房下位,花瓣紫红色。通常基部小花先开放,逐渐向上开放,整个花序的花期 15~30 天(图 17-2-3)。自花不孕,单性结实。花序由叶丛中抽出,为头状花序,顶生、单生、椭圆形如松球(图 17-2-4);其中着生多数聚合小花成松果状,由肉质中轴发育而成复果。

图 17-2-3 菠萝的小花开放

图 17-2-4 菠萝抽蕾

小花为完全花,无花柄。花瓣紫色或紫红色。花瓣先端三裂,基部重叠成筒状。雄蕊 6 枚,子房下位。雌蕊 1 枚,柱头 3 裂,子房 3 室,每室有 14~20 个胚珠。三角形萼片 3 片,外面有一片红色的苞片,花谢后转绿,至果熟时又变红黄色。

3. 坐果

菠萝果实是由众多的小果构成松果形状的聚合果。菠萝果肉质,可食部分由花序轴、子房和花被基部共同发育形成聚花果(图 17-2-5)。果顶上着生冠芽(图 17-2-6),果梗上着生裔芽,叶腋间抽生吸芽。采果后由吸芽代替已结果母株继续结果。因为单性结实,故绝大多数菠萝没有种子。

图 17-2-5 菠萝的果实

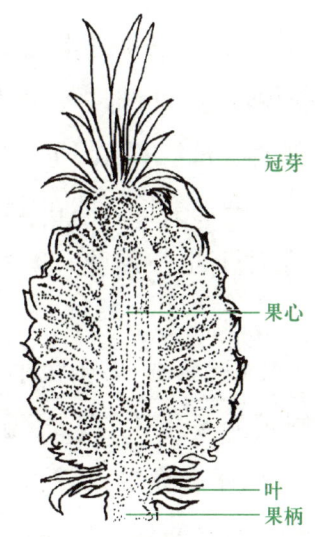
图 17-2-6 菠萝果实纵切面

菠萝幼果呈紫红色,随着果实发育逐渐变为绿色,成熟果皮呈黄色;鲜果重、纵横径增长都呈单S形,生长速度以花谢后20天内最快,蔗糖在成熟前约40天起积累量急剧增加,甜度不断增加;蛋白醇含量和活性随果实成熟度的提高而增加。开花到果实成熟需要100~180天,高温季节果实生长发育所需时间短,夏、秋成熟的果实色、香、味比冬、春季成熟的果实好。

高温高湿的气候植株健壮,小花多、果大、产量高,低温则果实小而低产。果实的大小、形状、色泽,因品种、植株强弱、冠芽保留与否及果实发育期的温度情况而异。卡因品种果最大,长圆筒形;菲律宾品种次之,微呈圆锥形;神湾品种最小,圆柱形。

菠萝果实的成熟分为三个时期:

(1) 正造果(一次花),2—3月间抽蕾,6月底—8月初成熟,约占全年结果量的62%。果柄粗短,裔芽多,果实小,品质好。

(2) 二造果(二次花),4月末—5月末抽蕾,9月收获,约占全年结果量的25%。果形、品质和正造果相似。

(3) 三造果(三次花),又称翻花果,在7月开花,10月以后采收,约占全年结果量的13%。果实较大,但糖分和香味少,纤维多,品质差。

菠萝树是异花授粉植物,一般自花不孕,具有单性结实的能力,靠风媒或虫媒进行异花授粉。同一品种即行人工授粉也不能获得种子,故一般品种均无种子。若采用不同品种进行授粉,则可获得正常的种子(杂交育种才需要)。

三、菠萝树对生长环境的要求

1. 温度

菠萝喜温暖,怕霜冻。以年平均温度24~27℃的地区最为适宜。

菠萝最适生长温度为29~31℃。我国南方亚热带地区,冬季常有周期性低温霜冻,一般短时间-1℃的低温就会受冻。根系15~16℃开始生长,29~31℃生长最旺盛,超过35℃或低于5℃时,根生长缓慢或停止生长。茎在25~30℃时生长最活跃。叶在6—8月气温在28~31℃、空气湿度为80%条件下生长最快。9月以后,气温逐渐下降,雨水减少,菠萝植株生长开始转慢。

菠萝生长期的长短、品质、果实大小与温度高低有密切关系。抽蕾至成熟期平均气温升高1℃,成熟期天数则减少5~8天。若气温高、日照强、水分充足,则成熟期短品质好。夏季果实生长发育期间温度高,水分充足,成熟需时较短,果实品质好。秋冬成熟的果,由于后期气温较低,糖分虽然不减少,但含酸量增加,品质较差(表17-2-1)。

需要注意具决定性的是各月(12月—翌年2月)的平均温度。美国夏威夷岛年平均温度虽然只有22.6℃,但冬季月平均温度大于20℃,所以适于栽培菠萝。

一般最冷月平均气温在15℃以上的地区,菠萝生产就有保证。

表17-2-1 菲律宾品种夏、秋、冬果实糖酸含量

造别	糖含量/%	酸含量/%
夏季果	13.3	0.384
秋季果	12.9	0.559
冬季果	11.3	0.578
平均值	12.5	0.507

2. 雨量

菠萝耐旱性强,忌潮湿,但在生长发育过程中仍需要适当的水分。如果水分不足,表现为叶色浅黄或红色,叶缘反卷,也影响抽蕾开花和吸芽抽生。菠萝产区月平均降雨量100 mm,即已满足正常生长。我国菠萝产区年降雨量都在1 000 mm以上,且大部分都在4—8月份,可满足菠萝生长发育需要。但8月以后秋、冬干旱时,仍需灌水。若月平均降雨量少于50 mm时,应进行灌溉。但月平均降雨量过多,对菠萝生长,特别是对根系不利,易因缺氧引起烂根,诱发茎腐及凋萎病。菠萝积水浸泡一天,根群会大量死亡,根茎腐烂,故菠萝不用沟灌及地面浸灌。

3. 光照

菠萝喜欢半阴的环境,漫射光比直射光更有利于菠萝生长结果,光照合适可以增产和改善风味品质。当光照不足时植株生长慢、果小、低产劣质、风味差;但过强光照极易灼伤果实,叶片退绿变红黄色。从各产区菠萝密植试验的结果来看,种植密度过大,其果实往往汁少,果实含酸量增加,单果重下降。要掌握好种植密度,一般每亩地种植4 000株。

4. 土壤

菠萝根系有好气性,以pH 4.5~6.0、疏松透气、肥沃、温暖湿润、土层深厚、有机质含量在2%以上的土壤为好,红黄壤、砖红壤、高岭土及黏土都能正常生长结果,以红黄壤土栽种菠萝果实风味品质最好,果皮鲜艳,果肉深黄。黏重、瘠薄、通气不良的土壤环境不适宜菠萝生长。菠萝产区的土壤多属红壤,在建园时应深翻改土,多施有机肥、石灰,起高畦种植。

5. 地势、坡向

山地园由于地势倾斜排水良好,漫射光也更充足,故山地园比平地园更有利于菠萝生长发育。15°~30°坡地可发展菠萝生产,尤以20°以下南坡为最佳,因冬季冷风冷雨会造成植株烂

心,坐北朝南的地形烂心较少或不烂心;西南、东南坡次之;西坡易日灼;北坡易冻害,且果实色泽、品质较差,成熟期要推迟7~10天,选地建园应予以注意。

6. 风

菠萝植株矮小,受风影响较小。但遇台风也会被吹断果柄,扭折叶片,吹倒植株,影响正常生长发育。因此,开辟新菠萝园,应选择受台风影响较小的地区和地形。

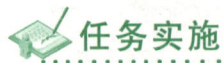任务实施

菠萝树生长环境调查

1. 目的要求

了解当地菠萝生长期的温度和降水量,通过与菠萝最适温度、最适水分比较,明确栽培要点。

2. 工具材料

图书、信息工具,干湿温度计、风速风向仪等。

3. 操作步骤

(1) 讨论调查内容、步骤、注意事项。

(2) 通过图书、报刊和互联网查阅当地各种菠萝品种的最适温度和最适水分要求。

(3) 到当地气象部门,调查了解当地菠萝生长期的温度和降水量。

(4) 到果园现场访问,了解当地气候条件与菠萝生长的适配程度,问询极端气候条件对菠萝生产造成的影响。

(5) 了解果农如何利用当地气候条件,采取哪些栽培措施进行菠萝栽培的。

(6) 现场测量气温、风向、风力和湿度。

(7) 撰写调查报告。

任务反思

1. 菠萝植株生长着哪些器官?各有何特性?

2. 菠萝的生长对环境条件有何要求？

任务 17.3　菠萝树栽培技术

任务目标

知识目标：1. 了解菠萝育苗方法。
　　　　　2. 了解菠萝的定植时期、定植密度和定植方法。
　　　　　3. 了解菠萝土肥水管理方法。
　　　　　4. 掌握菠萝整形修剪方法。
　　　　　5. 掌握菠萝花果管理方法。
技能目标：1. 掌握菠萝育苗技术。
　　　　　2. 能根据菠萝生长情况，实施土肥水的有效管理。
　　　　　3. 掌握菠萝整形修剪技术。
　　　　　4. 掌握菠萝除芽留芽及人工催花的技术。

任务准备

一、菠萝育苗

菠萝除用种子繁殖外，一般是用各种芽类进行无性繁殖。进行无性繁殖的菠萝，也常发生各种不良的变异，故在采芽时，应注意母株的选择，应选高产、优质、无病虫害、茎部粗壮、叶数多的健壮植株（图 17-3-1）。

1. 分株繁殖

菠萝的种苗可用冠芽、裔芽、吸芽和地茎芽进行分株繁殖。

（1）吸芽繁殖：用作种苗的吸芽要充分成熟，叶身变硬、开张，长 25~35 cm，剥去基部叶片后，显出褐色小根点时，即为成熟的表现。一般采果后即可摘下做种苗用。为了增加吸芽种苗数量，可在母株吸芽高 10~15 cm 时，将它全部摘下供繁殖用，然后对母株施速效肥一次，促使茎部休眠芽继续萌发，继续剥离，菲律宾品种一个母株平均可得吸芽 40 多个，如需用 20 cm 高的老熟大苗，则每一母株可分出 6~8 个。

图 17-3-1 用于种植的菠萝芽苗

（2）冠芽繁殖：用冠芽繁殖的植株果大，开花齐整，成熟期一致，通常种后 24 个月后开花结果。在芽长 20 cm、叶身变硬、上部开张、有幼根出现时即可摘下冠芽。广州卡因品种在 6 月份采作种苗；广西菲律宾品种则在 7 月份正造果摘下。

（3）裔芽繁殖：裔芽发生多影响果实发育，应分批摘除。为繁殖种苗可适当保留 2~3 个，待长到 18~20 cm 时摘下栽植。定植后经 18~24 个月才能结果。

2. 其他茎叶繁殖

（1）种苗纵切：为了多得种苗，可用 20 cm 吸芽纵切成 4~8 片，将成熟冠芽纵切 2~4 片，也可将裔芽纵切 2~4 片来育苗。在苗床育苗，加速休眠芽萌发成新植株。经 9~10 个月培育即可出圃。

（2）茎部繁殖（老茎纵切或横切）：是利用采果后老茎上的大量休眠芽可萌发成芽苗的特性，进行多次分苗，增加繁殖率，加快育苗速度。

- 老茎就地分株：将收果后的老茎上抽出的地茎芽，待长至 20~30 cm 高时，分批摘下，每一老茎可获 6~8 个种苗。
- 全茎埋植：将老茎挖出，削去大部分叶片，只留 3~4 cm 长的叶基，以保护休眠芽，剪去茎上的根，晾晒 1~2 天后，将全茎埋植在苗床。出苗后，分批摘除大芽种植。
- 老茎纵切或横切：将老茎的叶、根剪除后，纵切 2~4 片或横切成 2 cm 厚、每片带有几个休眠芽的切片，在切口上浸高锰酸钾溶液 10 min 进行消毒，晾干后，种在畦上。

（3）带芽叶插：将繁殖材料（冠芽、裔芽、吸芽）基部发育不全的几片短叶剥去，直至清楚可见叶片中央有芽点时，用利刀把叶片连同带芽的一部分茎纵切下，即成一个带芽叶片。继续切取，直至幼嫩的中心叶不能带芽时为止。将带芽叶片斜插于苗床上，以埋没腋芽为度。约 30 天幼芽可萌发。卡因品种一个冠芽可切取 40~60 片，裔芽可切取 15~20 片。

（4）整形素催芽技术：用整形素处理被乙烯利处理过的植株，可将处于花芽分化状态的植株逆转为营养生长,从而使已形成的果球状的、穗状花序上的小花变为叶芽,成为"果叶芽",基部发生"果瘤芽",顶部出现许多小冠芽。

二、菠萝树定植

1. 定植时期

在华南地区4—9月均可定植,广州地区菠萝定植期有4—5月、6—7月、8—9月三期,以8—9月较好,广西也多在8—9月定植,主要是利用采果期摘下的冠芽、裔芽和多余的吸芽作种苗。

2. 定植密度

适当增加种植密度,浓厚的叶绿层起到"自荫"和覆盖的作用:园内蒸发量减少,空气相对湿度和土壤含水量有所提高;夏季地表温度显著下降,在冬季则有所提高;密植群体抗逆性相对增强,风害、寒害和果实日灼病相对减轻。

种植菠萝的畦式有高畦、叠畦、低畦等(图17-3-2)。种植的大行距一般不少于120 cm,卡因品种小行距35 cm,株距30 cm,折合每亩植3 000株cm;菲律宾品种小行距30 cm,株距20 cm,折合每亩植4 000株。

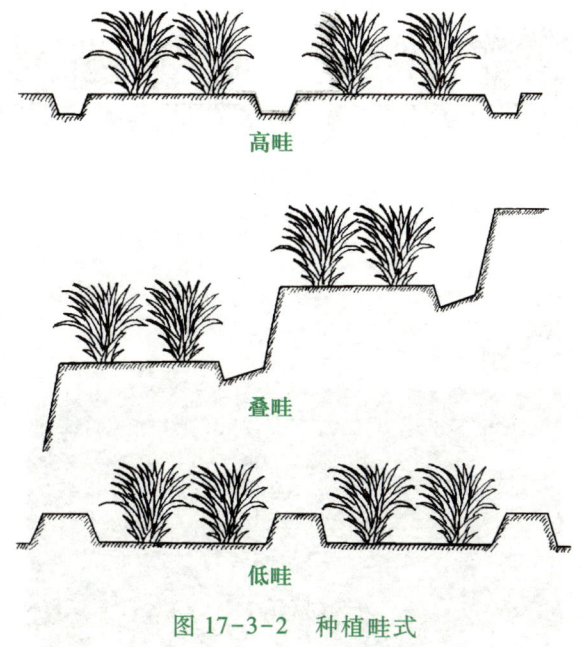

图17-3-2 种植畦式

一般巴厘品种每亩植4 000~5 000株,卡因品种每亩植2 500~3 000株,菲律宾品种每亩植4 000株。从生产条件、菠萝生长特性和经济效益来看,每亩栽植密度卡因类3 000~4 000

株,皇后类 4 000~5 000 株为宜。

3. 定植方法

定植时要施足基肥,火烧土、塘泥、草木灰、畜粪、落叶、杂草等均可作基肥。为防止地下害虫危害,在施肥的同时,每亩喷白蚁粉 2~3 kg。定植时应按各类芽苗分类、分级、分片种植,以使植后生长势和收获期一致,利于管理和采收。种植时将芽苗基部几片小叶剥去,露出根点,以利发根。种植深度,吸芽可种深达 10 cm,裔芽可浅些,约 6 cm,冠芽更浅,约 4 cm,以生长点不没入土中为原则。种植时须将小苗周围的泥土压紧,以防倒伏。

4. 定植方式

栽植方式有:单行、双行和三行等(图 17-3-3)。以双行单株品字形排列较好,因株间紧靠,叶片伸向畦间生长,能充分利用阳光和自行荫蔽,且可减少畦沟的杂草(图 17-3-4)。

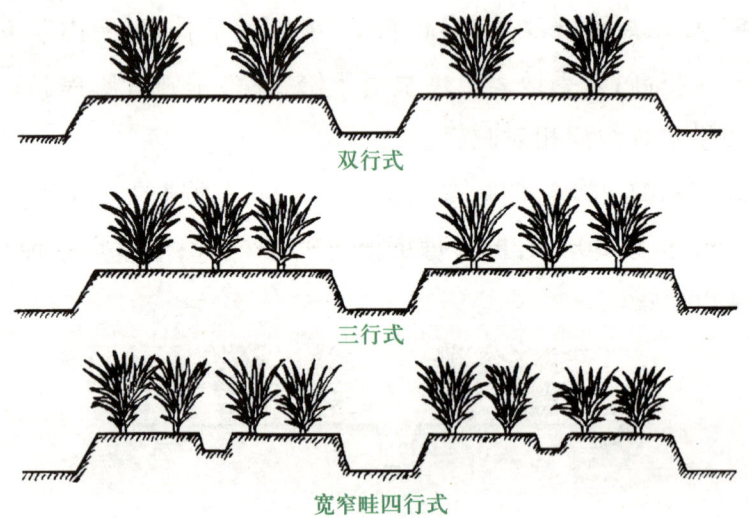

图 17-3-3　定植方式

图 17-3-4　菠萝双行单株式种植

5. 菠萝园的种植制度和轮作制度

菠萝苗定植一年即开花结果,其后代(子株)代替母株不断地结果,即"一植多收",甚至可收获 8~10 次以上,但其后抽蕾率和产量会逐年下降。

20 世纪 70 年代以来,菠萝园开始采用"一植四收""一植三收"或"一植两收",甚至"一植一收"制,生产周期缩短至 3 年及 2 年,园地更新快,每公顷每次可收果 45 000~75 000 kg。

在菠萝园实行轮作制度,可与豆科和甘蔗等经济作物轮作。

三、菠萝树土肥水管理

1. 土壤管理

(1) 中耕除草:新垦地杂草较少,每年人工除草 1~2 次。熟地至少重点除草 4 次,每次对畦面、畦沟杂草进行拔除或铲除;3—4 月苗矮小时应轻拔畦面杂草和铲除畦沟杂草,泥土不能掉入菠萝苗心影响生长;5—6 月和 7—8 月分别除草一次;秋季结合施肥、培土再除一次。

化学除草省工、省时、费用低,可选用高效、低毒、广谱性和价格低的药剂。浓度为扑草净 0.5%,敌草隆 0.6%、百草枯 0.4%,药液用水量约 750 kg/hm^2。茅草、香附子与硬骨草须提高使用浓度,用 0.75% 的茅草枯或 0.38% 的草甘膦配成水溶液喷杀(600 kg/hm^2)方有效。

(2) 土壤覆盖:在华南红壤丘陵地区种植菠萝,土壤覆盖也是一项有效的增产措施。覆盖可用稻草、绿肥、秸秆、杂草和黑色塑料薄膜等,增产效果良好。

(3) 培土:菠萝结果后,吸芽从叶腋抽生,故位置逐年上升,吸芽的气生根不能直接伸入土中吸收养分和水分,必削弱生长势,结果后容易倒伏,并易早衰,应及时培土。培土的高度要盖过吸芽的基部,同时整修畦沟,增加畦面的松土层,促进芽苗生长,这样可保持连年高产稳产。

有的品种吸芽位置高,如卡因每年都要进行培土;有的品种芽位较低,如巴厘就可以隔年培土一次。培土时把畦沟的泥培于茎部,盖住根系,以不露根为原则。

2. 土壤施肥

氮对菠萝植株的生长和果实产量有决定性作用。氮肥充足,植株生长健壮,能形成大果,吸芽发生早而壮,对下年结果有利。菠萝产区现行施肥时期、用量如下:

(1) 基肥:一般以猪牛栏粪与等量的灰肥、堆肥沤制。施时每亩 2 000~3 000 kg,加磷矿粉、麸肥各 50 kg 混合施用,使每株有 0.5 kg 以上的混合肥为好。采果后施基肥。先将果柄、干枯叶片、杂草压于行间,每亩撒施土杂肥 2 000 kg、复合肥 20 kg、饼肥粉 30 kg,施后立即进行重培土。

(2) 追肥:

• 促蕾肥:在抽蕾之前 12 月—翌年 1 月施下。每亩用磷肥 60 kg 混入农家肥,每株 0.5~1 kg,开沟或穴施于茎基周围,然后培土。

• 壮果催芽肥:4—5 月开花期间,正是果实发育和各种芽类抽生盛期,应追施一次速效肥,每株用硫酸铵 10~50 g,每亩施 25~30 kg,以壮果催芽。

• 壮芽肥:7—8 月采果后施的一次重肥。此时正造果已采完,二造果将成熟,母株上的吸芽正迅速生长,需要充足的养分供应,应以速效肥为主。每亩可用尿素 5 kg 兑水 1 000 kg。

• 花前肥:菠萝花芽分化期主要集中在 12 月中下旬,故在花芽分化前一个月施肥效果最好,每株施复合肥 0.5~1 kg,可增加果重和结果率。

此外,可在生长期进行几次根外追肥。施用尿素 0.5%,每亩用水量 150~170 kg,喷洒叶片。也可用 1∶10 的腐熟有机肥溶液。采果前两个月以喷钾肥为主,用 1%的硫酸钾喷叶片,可增加果实的含糖量。

3. 水分管理

菠萝园积水会导致烂根,建园整地时要修整好排水沟。种苗定植时要淋定根水,月降雨量少于 500 mm 时必须供水灌溉,保持畦面土壤湿润。畦面盖地膜种植保水效果好,有条件的可采用喷灌或软管滴灌系统节水灌溉。

四、菠萝树植株管理

1. 除芽与留芽

(1) 除冠芽和裔芽:目的是抑制冠芽生长,促进果实生长发育,果形美观,成熟期提早,提高产量,平均单果可增重 10 g。着生在果实基部和果柄上的裔芽,特别在封顶后生长更为迅速,影响果实发育,应及时分批摘除,因一次摘除伤口多,果柄易干缩。如要留作种苗,可选留低位的 1~2 个裔芽。

• 挖顶:当菠萝抽蕾后,开花占全花序的 1/3~1/2 时,菲律宾品种的冠芽长 1 cm,卡因品种冠芽长 3~5 cm 时,小花开至 1/3~1/2 时,用细小狭长尖利的封顶刀在第三层小叶处插入,将顶芽和几片心叶及生长点挖出,称为挖顶。

• 封顶:在冠芽长至 5~6 cm 时,用手推断,称为封顶,一般每工可摘除 4 000 个。封顶必须适时适度,不能过早、过深。封顶一般在花谢后 7 天左右进行。封顶时间及深度要掌握好,封顶过早、过深易伤及果顶数层小果,反而降低产量;过浅仍会发芽,过迟则伤口不易愈合,果肉纤维硬化而降低品质。封顶的做法:当顶芽 5~6 cm 高时用掌心与四指握果,大拇指将顶芽向外推断大部分。10天后再完全推断，不要摘除，以防伤口日晒雨淋、积水腐烂（图17-3-5）。

（2）吸芽和地茎芽的选留：吸芽是次年的结果母株。它发生的数量、迟早和位置的高低直接影响来年的产量和品质。一般植株健壮，吸芽抽生早、数量多而位置较低。选留原则是去弱留壮，每一母株留低位吸芽1~2个、地茎芽一个，以保证次年结果。如吸芽位置适宜，则留2个吸芽，要选留着生不在一个方向的两个吸芽；如吸芽位置偏高，则留吸芽、地茎芽各1个。地茎芽虽然生长较弱，结果迟，果实小，但其着生位置低，便于培土，将来抽生的吸芽位置也降低，可延长菠萝园的寿命。

图17-3-5　封顶的菠萝

由于吸芽着生的位置每年上升，生长势减弱，管理困难，菠萝园寿命也短。菠萝园种植密度越大，吸芽数越少。如何利用激素促使早生、低位较多的吸芽，是解决卡因品种高产稳产的关键问题之一。

2. 植物生长调节剂的应用

（1）人工催花：菠萝的自然采收期可分夏季果和冬季果。夏季果占全年总产量的80%，且成熟期正处于高温多湿季节，成熟期过于集中。实行人工催花，可以缩短生长期，提前收果，可调节收获季节，分期分批供应加工原料和满足市场的需要。

- 催花植株标准：菠萝催花植株须达到一定大小才起作用。一般皇后类35~40 cm长的绿叶数达25~35片；卡因类35~40 cm长的绿叶数应超过40片。菲律宾品种25片以上，产量才不会减少，单果重平均可达1 kg左右。

- 催花时期：因品种而异，皇后类品种4—5月催花，9—10月采收，6—7月催花、11—12月采收，迟于7月催花要跨年才成熟；卡因类品种果实生育期长，催花应比皇后类早一个月以上。一年中鲜果上市期的布局是：6—8月上市量占全年40%，9—10月占30%，11—12月和4—5月各占15%。

- 催花方法：菠萝催花常用的药物有乙烯利、萘乙酸及萘乙酸钠等。

植物激素不能代替肥料，因为它仅能调节营养，而不能制造营养，所以催花后，必须加强肥水管理。

（2）催芽：对一个月前曾用电石或乙烯利催花的卡因品种，每株选低位叶两片，每片叶腋注入乙烯利药液10 mL，用25~75 mg/L乙烯利催芽均有效，经处理平均每株吸芽数为1.8~2.3个，但抽芽期未提早。

催生的芽位置低，而自然抽生的芽多是高位芽，初步解决了由密植引起吸芽数少、芽位高的问题。

(3) 壮果:用激素喷洒果实,能促进果实生长发育,增加产量。

- 赤霉素喷果:在花蕾小花开放 1/2 时和谢花后用 50~100 mg/L 的赤霉素加 0.5%的尿素喷 2 次。增产效果显著,单果平均增重约 100g,但成熟期推迟 7~10 天。
- 萘乙酸喷果:在小花开放 1/2 时和谢花后用 500 mg/L 萘乙酸水溶液各喷果一次。据实验,用萘乙酸处理无刺卡因,100 mg/L 加 0.5%的尿素于开花末期喷果,可增产 13%以上。

(4) 催熟:在果实采收前 7~14 天内用乙烯利 1 000~1 500 mg/L 喷果,为使果实提早成熟,成熟一致、均匀,外观色泽美观,在果实发育到七成熟时(采果前 7~14 天),用乙烯利 500~1 000 mg/L 喷果催熟,正造果经 7~12 天果皮转黄;冬天喷 15~20 天果皮转黄。果实达七成熟,即正造果抽蕾后 100 天、秋果 110 天、冬果 120~130 天。催熟不宜过早,过早品质差、产量低。喷药液切勿喷到吸芽上,以免诱发吸芽抽蕾。

五、防灾、救灾技术

1. 防晒护果

菠萝正造果在炎热的 6—8 月成熟,易发生日灼病,必须在收获前一个月做好护果工作。一般是用本身叶片束扎遮盖果实,或用稻草、杂草遮盖保护。

2. 防霜冻

菠萝喜温怕霜冻。我国华南亚热带地区栽种菠萝,多年来冬季遇到不同程度的连续低温阴雨和霜冻天气的危害,致菠萝产量极不稳定。

因地制宜,进行防寒保护,安全越冬是菠萝稳产高产的重要措施。常用的防寒方法有:

(1) 束叶:在冬季将整株叶片束起,利用本株叶片缚牢,以保护心叶和内部几片叶不受害。

(2) 盖草:每亩用稻草或杂草 400~500 kg 覆盖菠萝植株顶部,以保护生长点。明春稻草仍可用作畦面覆盖,此法对防霜的效果最好。

(3) 覆盖塑料薄膜:在出现冷风冷雨兼有霜冻的情况下,以覆盖塑料薄膜最好,但成本较高。

(4) 霜冻后洗霜:此法适用于苗圃和水源便利的地方。

(5) 熏烟法:在丘陵山地的山底堆草熏烟,促进空气流动,可减轻霜冻危害。

3. 植株受冻后的挽救措施

(1) 施肥培土:对心叶未受害的植株,及时割除干枯的叶片,增强通风透光,加强施肥培土,每株施入混有复合肥的土杂肥 250~500 g,施后培土,以促进新根新叶抽生。

(2) 及时根外追肥:因植株受冻后,细根多死亡,吸收力弱,故须进行多次根外追肥,促使迅速恢复生长,争取二造果补回损失。

(3) 翻种更新:对受害严重的菠萝园应及早起苗,翻种更新。更新区应施足基肥,每株施土杂肥 500 g 加 50 g 复合肥。为了防灾,必须备有壮苗以便及时补种。

六、菠萝园更新周期

菠萝植株每年所留吸芽的位置不断上升,对水分、养分的吸收日渐困难,产量逐年下降。在同样肥水管理条件下,新园比老园生产潜力大。所以缩短菠萝生产周期,也是菠萝增产的一项主要措施。过去沿用稀植、8~9 年更新翻种的办法,一生产周期总产为每亩 3 000~8 000 kg。现在推广密植、催花、根外追肥等技术革新,单位面积产量显著提高。如把菠萝园生产周期缩短到 3~4 年,总产也可达每亩 6 000~8 000 kg,对生产更为有利。

老园更新的方法是:在平缓的丘陵地更新,先清理出能利用的芽苗,然后用利刀把残留的老株叶片砍短,进行全园翻犁,将老茎、杂草翻入土中,重犁一次,经风化一个月后,再进行二次翻犁晒土,修畦施肥后即可种植。在比较陡峭的坡地上进行更新,先起出芽苗放在一边,挖出老株放在畦沟内,撒上基肥,将畦面土翻犁覆盖在肥料上,作成畦,再深犁一次作成畦沟,畦面盖草即可种植。

任务实施

菠萝树人工催花

1. 目的要求

通过实际操作,使学生掌握使用植物生长调节剂进行菠萝树人工催花的技术。

2. 工具材料

50 mL 或 100 mL 的量筒,玻棒,烧杯,催花药物(乙烯利、电石、尿素),菠萝各品种的大苗。

3. 操作步骤

(1) 催花植株标准:菠萝催花植株须达到一定大小和叶数才能起作用。一般卡因品种需株龄 16 个月以上,具有长 40 cm 以上的青叶 40~50 片,皇后类 35~40 cm 长的绿叶数达 25~35 片;菲律宾品种 25 片以上。

（2）催花时期:因品种而异,皇后类品种 4—5 月催花、9—10 月采收,6—7 月催花、11—12 月采收,迟于 7 月催花要跨年才成熟;卡因类品种果实生育期长,催花应比皇后类早一个月以上。

（3）催花方法

● 乙烯利催花:乙烯利是乙烯发生剂,处理后能促使菠萝花芽分化,一般用 250~500 mg/L 较合适。每株注入药液 30~50 mL 加 2% 的尿素,催花效果显著,抽蕾率高达 90%,抽蕾期和采收期提早 10 天。5—7 月催花的,皇后类用乙烯利 270 mg/L 加尿素 1% 液每株灌 20 mL,卡因类用乙烯利 400 mg/L 加尿素 1% 液每株灌 30 mL。菲律宾品种灌心后 5 天即开始花芽分化,经 25~28 天可抽蕾,抽蕾率达 90%,比卡因品种好,缺点是心叶生长受抑制。2—4 月或 8—9 月催花时浓度应相应提高。6—7 月催花,处理后约 5 天花芽开始分化,25~28 天抽蕾。

● 碳化钙(电石)催花:小面积施用时,将电石粉粒 0.5~1 g 放入株心,加入 30~50 mL 水灌心。大面积使用时,可直接用溶化后的电石溶液 50 mL 灌心。在清晨露水未干时施用效果较好。切忌在高温烈日下施药,以免乙炔挥发,降低催花效果。该方法近年来已为乙烯利替代。

● 萘乙酸或萘乙酸钠催花:一般使用浓度是 15~20 mg/L,每株用 50 mL 灌心,处理后 35 天可以抽蕾,抽蕾率达 60%,健壮植株可达 90% 以上。其药性稳定,用量少,成本低。

（4）挂牌标记:挂牌标记处理的浓度、方法及时间,定期观察记录抽蕾的情况和结果。

任务反思

1. 菠萝要怎样施肥才能获得较高的产量?
2. 菠萝在什么时候除芽留芽较为适宜?
3. 如何进行菠萝的人工催花?其催花的标准和时间有何规则?
4. 菠萝开花后如何管理?

任务 17.4　菠萝果实采收

知识目标:1. 了解菠萝果实采收时期和方法。

2. 明确菠萝果实采收的最佳时间。

技能目标:1. 掌握菠萝果实成熟度的判断方法。

2. 掌握菠萝果实采后处理的技术。

任务准备

一、菠萝成熟度的判断

判断果实成熟度可依果皮颜色、指弹听声。菠萝果实成熟度可分为青熟、黄熟和过熟三个成熟期。

1. 青熟期

果皮由青绿色变为黄绿色,白粉脱落现出光泽,小果间隙的裂缝现浅黄色。果肉开始软化,肉色由白转为黄色,果汁渐多,成熟度达到70%~80%。需加工和外运的果实,即可在此成熟度采收,运到目的地时已达黄熟期(图17-4-1)。

2. 黄熟期

果实基部2~3层小果,显黄色,果肉橙黄色,果汁多,糖分高,香味浓,成熟度达到90%,为鲜食的最佳时期(图17-4-2)。

图 17-4-1 青熟期的菠萝

图 17-4-2 黄熟期的菠萝

3. 过熟期

皮色金黄,果肉开始变色,果汁特别多,糖分下降,香味变淡,开始有酒味,失去鲜食的价值

（图17-4-3）。

二、菠萝采收方法

图17-4-3　过熟期的菠萝

过早采收的果实，虽能后熟变黄，但含糖量低，香味差，品质不佳。当小果间裂缝变为青色时，已有一定成熟度，可用800～1 000 mg/L乙烯利药液均匀喷布果面，可使果实较快成熟，并提早7～15天采收，但果实风味稍差。

采收时，用果刀收果。保留2 cm的果柄，除去顶托芽。采收时间以早晨露水干后为宜。阴雨天不要采收，以免发生果腐病。采下后，小心轻放，避免机械损伤。采后的菠萝按大小分级，剔除有病、损伤的果实。随即移至阴凉通风处，经预冷散热并稍干燥后再分级包装。

三、菠萝分级包装

分级标准如下：卡因品种和菲律宾品种1 500 g以上为一级。各级等差250 g，共分四级。卡因品种750 g以下，菲律宾品种250 g以下为次果。

包装时先用包果纸单果包裹，直立成行，排列于包装箱内，果与果之间仍用稻草填充，每箱装10～20个为宜。

四、菠萝保鲜贮藏

1. 药剂防腐处理法

（1）将适时采收的菠萝经预冷散热后，用1%二苯胺或2.5%丙酸钠或1%山梨酸钾水溶液浸过的包果纸包裹放在果筐内，置于适宜的贮藏条件下贮藏1个月尚可食用。

（2）用0.025%的2,4-D溶液喷洒菠萝果实，对黑心病有一定程度的抑制作用。

（3）将果柄放进用联苯酚2.7 kg加水380 kg配成的药液中浸一下，放在通气较好的箱中贮运，或用聚乙烯袋包装，可贮藏15天以上。

（4）用复方多糖保鲜剂喷涂菠萝果实，晾干后，装筐堆放在室温下，能有效控制黑腐病，对黑心病也有一定的防治效果，在贮藏20～30天内，防治效果可达85%以上。留冠芽的果实经保鲜剂处理，黑心病的发生率比不留冠芽的要低得多。

2. 简易气调贮藏法

该法利用菠萝自身呼吸形成低氧、高二氧化碳气调环境,减少失重,推迟果实转黄,减缓成熟衰变过程。贮藏1个月后尚能保持果皮新鲜、果蒂青绿、果实饱满、肉质不变,具有良好的色、香、味。

具体方法:在菠萝果皮色泽全青时采收,采收后用0.1%的2,4-D钠盐或0.2%重亚硫酸钠水溶液浸果,晾干后选好果装入预先衬放在箱或筐内的薄膜袋中,袋底及袋内四周垫草纸。果实放满后,面上再覆盖一层草纸,然后密封袋口。

3. 石蜡涂封贮藏法

该法可使菠萝在常温条件下保鲜45天以上,好果率保持在90%以上,且果皮新鲜,果蒂青绿,保持原有的色、香、味。

具体方法是:待菠萝七八成熟时采收,挑选无损伤的果实进行贮藏。将石蜡放入锅中熬煮溶化,稍晾至有凝结时,把选好的菠萝浸入蜡液中,即浸即捞出,使果面均匀地封上一层薄蜡,然后置于室内或库内的适宜条件下贮藏。

菠萝果实对低温比较敏感,易受冷害;菠萝冷害的临界温度视品种而异,一般为6~10℃。同一品种,黄熟果比青熟果可忍受低3℃左右的低温。遭受低温伤害的菠萝颜色发暗,果肉呈水浸状,果心变黑,果肉味淡,出库后特别容易腐烂。菠萝果实的贮藏性与采收成熟度有很大关系,成熟度越高,菠萝的耐贮性越差。但未成熟的果实肉质坚硬,缺乏果实固有的风味。一般菠萝贮藏寿命为21~28天。

任务实施

菠萝采收

1. 目的要求

通过实际操作,掌握菠萝果实的采收。

2. 工具材料

采果刀、包果纸、塑料薄膜袋、草纸、瓦楞纸箱等,菠萝的果实。依"任务准备"中的叙述判断要采收菠萝的成熟期。

3. 操作步骤

（1）成熟度的判断：依果皮颜色，菠萝果实成熟度可分为青熟、黄熟和过熟三个成熟期。

（2）采收方法：采收时，用采果刀收果。保留 2 cm 的果柄，除去顶托芽。采收时间以早晨露水干后为宜。阴雨天不要采收，以免发生果腐病。采下后，小心轻放，避免机械损伤。采后的菠萝按大小分级，剔除有病、损伤的果实。随即移至阴凉通风处，经预冷散热并稍干燥后再分级包装。

任务反思

1. 判断菠萝果实成熟度的方法有哪些？
2. 菠萝果实在什么时候采收较为适宜？
3. 菠萝果实采后应如何分级包装和保鲜贮藏才能保证较好的商品率？

项 目 小 结

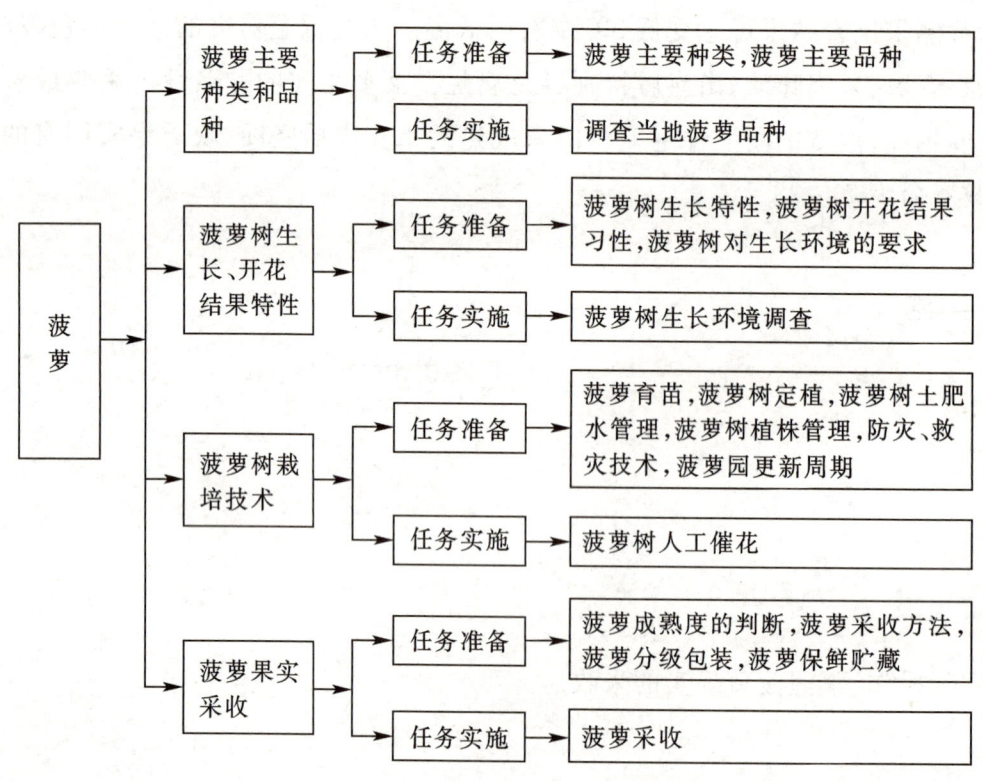

综合测试

一、单项选择题

1. 属于皇后类的菠萝品种有（　　）。
   A. 卡因　　　　　　B. 巴厘　　　　　　C. 澳卡　　　　　　D. 本地种

2. 菠萝根对温度的反应较敏感,适宜的生长温度是（　　）℃。
   A. 18～21　　　　　B. 22～25　　　　　C. 26～28　　　　　D. 29～31

3. 在冠芽长至（　　）cm 时,用手推断,称为封顶。
   A. 10～15　　　　　B. 20～25　　　　　C. 30～35　　　　　D. 5～6

4. 菠萝的自然抽蕾有三个时期,其中在（　　）抽蕾的称为正造花。
   A. 2—3月　　　　　B. 4—5月　　　　　C. 6—7月　　　　　D. 9—10月

5. 菠萝的种植畦有三种,通常较陡的山坡可用（　　）种植。
   A. 平畦　　　　　　B. 叠畦　　　　　　C. 高畦　　　　　　D. 浅沟畦

二、多项选择题

1. 菠萝催花通常使用的药物有（　　）。
   A. 多效唑　　　　　B. 乙烯利　　　　　C. 萘乙酸　　　　　D. 乙炔

2. 菠萝除用种子繁殖外,生产上多用（　　）芽进行无性繁殖。
   A. 冠芽　　　　　　B. 裔芽　　　　　　C. 吸芽　　　　　　D. 地茎芽

3. 菠萝适应土壤的范围较广,在（　　）土中都能正常生长结果。
   A. 红壤　　　　　　B. 黄壤　　　　　　C. 砖红壤　　　　　D. 沙质壤

4. 为了安全越冬,菠萝生产中常用的防寒方法有（　　）。
   A. 束叶　　　　　　B. 盖草　　　　　　C. 覆盖
   D. 培土　　　　　　E. 灌水

5. 为了分期分批供应和满足市场的需要,菠萝可以分别在（　　）进行人工催花。
   A. 3—5月　　　　　B. 6—8月　　　　　C. 9—10月　　　　　D. 11—12月

三、简答题

1. 怎样进行菠萝分株繁殖？
2. 菠萝的地下根有何生长特性？
3. 什么温度条件适宜菠萝的生长发育？
4. 菠萝怎样使用植物生长调节剂进行催花？

参考文献

[1] 殷华林.林果生产技术(南方本).北京:高等教育出版社,2002.

[2] 河北农业大学.果树栽培学总论.2版.北京:农业出版社,1987.

[3] 张克俊.常见果树整形修剪.济南:山东科学技术出版社,1990.

[4] 覃文显,陈杰.果树生产技术(南方本).2版.北京:中国农业出版社,2012.

[5] 北京市农业学校.果树栽培学实验实习指导.北京:农业出版社,1987.

[6] 王国章.宁波特产栽培.北京:高等教育出版社,2012.

[7] 胡建辉.宁波十大名果.西安:陕西人民出版社,2007.

[8] 陶尧土.余姚杨梅栽培技术.杭州:浙江科学出版社,2004.

[9] 陶尧土.舜水蜜梨栽培技术.杭州:浙江科学出版社,2004.

[10] 陶尧土.葡萄栽培技术.杭州:浙江科学出版社,2004.

[11] 沈立明.林特实用栽培技术.杭州:杭州出版社,2009.

[12] 黄辉白,陈厚彬,陈杰忠.热带亚热带果树栽培学.北京:高等教育出版社,2002.

郑重声明

高等教育出版社依法对本书享有专有出版权。任何未经许可的复制、销售行为均违反《中华人民共和国著作权法》，其行为人将承担相应的民事责任和行政责任；构成犯罪的，将被依法追究刑事责任。为了维护市场秩序，保护读者的合法权益，避免读者误用盗版书造成不良后果，我社将配合行政执法部门和司法机关对违法犯罪的单位和个人进行严厉打击。社会各界人士如发现上述侵权行为，希望及时举报，我社将奖励举报有功人员。

反盗版举报电话　（010）58581999　58582371
反盗版举报邮箱　dd@hep.com.cn
通信地址　北京市西城区德外大街4号　高等教育出版社法律事务部
邮政编码　100120

读者意见反馈

为收集对教材的意见建议，进一步完善教材编写并做好服务工作，读者可将对本教材的意见建议通过如下渠道反馈至我社。

咨询电话　400-810-0598
反馈邮箱　zz_dzyj@pub.hep.cn
通信地址　北京市朝阳区惠新东街4号富盛大厦1座
　　　　　高等教育出版社总编辑办公室
邮政编码　100029

防伪查询说明

用户购书后刮开封底防伪涂层，使用手机微信等软件扫描二维码，会跳转至防伪查询网页，获得所购图书详细信息。

防伪客服电话　（010）58582300

学习卡账号使用说明

一、注册/登录

访问http://abook.hep.com.cn/sve，点击"注册"，在注册页面输入用户名、密码及常用的邮箱进行注册。已注册的用户直接输入用户名和密码登录即可进入"我的课程"页面。

二、课程绑定

点击"我的课程"页面右上方"绑定课程"，在"明码"框中正确输入教材封底防伪标签上的20位数字，点击"确定"完成课程绑定。

三、访问课程

在"正在学习"列表中选择已绑定的课程，点击"进入课程"即可浏览或下载与本书配套的课程资源。刚绑定的课程请在"申请学习"列表中选择相应课程并点击"进入课程"。

如有账号问题，请发邮件至：4a_admin_zz@pub.hep.cn。